普通高等教育"十一五"国家级规划教材
普通高等教育农业农村部"十四五"规划教材
普通高等教育农业农村部"十三五"规划教材
中国农业教育在线数字课程配套教材

基因工程

第三版

陈 宏 主编

中国农业出版社
北 京

内 容 提 要

本教材较为全面、系统地阐述了基因工程的基本理论和基本概念，力求反映该学科的最新进展。全书涉及的内容主要有基因工程工具酶、基因工程载体、核酸分子基本操作技术、PCR 技术、基因文库的构建、目的基因的获取、DNA 体外重组与基因转移、基因组编辑技术、重组子的筛选与鉴定、基因工程受体与外源基因的表达、微生物基因工程、植物基因工程、动物基因工程、分子标记技术和其他技术及应用、核酸测序技术、生物信息学，以及基因工程规则、专利和安全性问题等。

本教材可作为高等院校生物技术、生物工程、动物科学、动物医学、农学、园艺、植物保护、食品科学等各有关专业本科生和研究生教材，同时也可作为从事基因工程的教学、科研人员的参考书。

第三版编审人员名单

主　编　陈　宏（西北农林科技大学）
副主编　孙怀昌（扬州大学）
　　　　　王　昕（西北农林科技大学）
　　　　　张金文（河西学院　甘肃农业大学）
编　者（按姓名拼音排序）
　　　　　陈　宏（西北农林科技大学）
　　　　　陈智勇（湖南农业大学）
　　　　　付建红（新疆师范大学）
　　　　　蓝贤勇（西北农林科技大学）
　　　　　李碧春（扬州大学）
　　　　　李莉云（河北农业大学）
　　　　　林良斌（云南农业大学）
　　　　　闵令江（青岛农业大学）
　　　　　潘传英（西北农林科技大学）
　　　　　孙怀昌（扬州大学）
　　　　　王　昕（西北农林科技大学）
　　　　　张金文（河西学院　甘肃农业大学）
主　审　张智英（西北农林科技大学）

第一版编审人员名单

主　编　陈　宏（西北农林科技大学）
副主编　易自力（湖南农业大学）
　　　　张金文（甘肃农业大学）
编　者　（按姓名拼音排序）
　　　　陈　宏（西北农林科技大学）
　　　　范三红（西北农林科技大学）
　　　　李碧春（扬州大学）
　　　　李浩戈（沈阳农业大学）
　　　　李景鹏（东北农业大学）
　　　　李莉云（河北农业大学）
　　　　林良斌（云南农业大学）
　　　　潘庆杰（莱阳农学院）
　　　　孙怀昌（扬州大学）
　　　　王永清（四川农业大学）
　　　　易自力（湖南农业大学）
　　　　张金文（甘肃农业大学）
　　　　朱苏文（安徽农业大学）
主　审　郭蔼光（西北农林科技大学）

第二版编审人员名单

主　编　陈　宏（西北农林科技大学）
副主编　孙怀昌（扬州大学）
　　　　易自力（湖南农业大学）
　　　　张金文（甘肃农业大学）
编　者　（按姓名拼音排序）
　　　　陈　宏（西北农林科技大学）
　　　　范三红（西北农林科技大学）
　　　　李碧春（扬州大学）
　　　　李浩戈（沈阳农业大学）
　　　　李景鹏（东北农业大学）
　　　　李莉云（河北农业大学）
　　　　林良斌（云南农业大学）
　　　　闵令江（青岛农业大学）
　　　　潘庆杰（青岛农业大学）
　　　　孙怀昌（扬州大学）
　　　　王　昕（西北农林科技大学）
　　　　易自力（湖南农业大学）
　　　　张金文（甘肃农业大学）
　　　　朱苏文（安徽农业大学）
审　稿　郭蔼光（西北农林科技大学）
　　　　张智英（西北农林科技大学）

第 三 版 前 言

基因工程是以生物化学、分子生物学、分子遗传学、细胞生物学、生物信息学、计算机学等学科为基础而发展起来的一门新兴生物工程技术学科。进入21世纪以来，该学科发展迅速，其成果广泛应用在医学、农业、工业、食品、环保、制药等行业。因此，培养能够掌握和了解基因工程的基本原理与最新相关技术和方法的人才对于充实该学科的研究队伍和促进现代生物技术发展是非常重要的。

随着现代生物科学与技术迅速发展，一系列新技术、新方法不断涌现，生物学家在揭示生命奥秘和改造生物方面不断取得丰硕成果，同时也开拓了不少新的研究领域，生物科学的发展也日新月异。因此，为了保持教材的科学性和先进性，对《基因工程》（第二版）进行修订也显得越来越迫切。

本教材共十七章，涉及的内容包括基因工程的基本原理和操作步骤，动植物、微生物基因工程，各种分子操作技术，生物信息学和基因工程的安全性问题等。本次修订在第二版的基础上增加了基因组编辑技术和核酸测序技术；由于与其他课程的内容重复，删去了分子生物学基础的内容，并对其他章节进行了内容更新和补充。本次修订的分工如下：绪论、第九章和第十三章由陈宏修订，第一章由李莉云修订，第二章由林良斌修订，第三章由闵令江修订，第四章由蓝贤勇修订，第五章由孙怀昌修订，第六章由李碧春修订，第七章由陈宏和王昕修订，第八章由王昕编写，第十章由付建红修订，第十一章由张金文修订，第十二章由陈智勇修订，第十四章由李碧春和王昕修订，第十五章由孙怀昌编写，第十六章、第十七章由蓝贤勇和潘传英修订。全书由陈宏统稿和定稿。考虑到本课程的系统性，本教材按80学时编写，根据专业需要，课堂讲授时可有所取舍。

张智英教授审阅了全书，为本次修订提出了不少宝贵的意见，西北农林科技大学教务处和中国农业出版社在本教材修订和出版过程中给予了热情的指导、帮助与支持，在此一并表示衷心的感谢。

由于基因工程的发展非常迅速，加之编写人员水平有限，不足之处在所难免，敬请读者批评指正，以便将来进一步完善。

陈 宏

2020年3月

第 一 版 前 言

近 30 年来，现代生物科学迅速发展，一系列新技术、新方法不断涌现，生物学家在揭示生命奥秘和改造生物方面已经做出了重大贡献，同时也开拓了不少新的研究领域，从而全面地改变了生物科学的研究现状。其中，最引人注目并被公认的是以重组 DNA 为中心的基因工程学。基因工程学是以生物化学、分子生物学和分子遗传学等学科为基础而发展起来的一门新兴技术学科，它的应用已广泛涉及医学、农业、工业、水产、环保等行业。

本书共 16 章，可分为 4 大块，第一部分是基因工程的基本原理和操作步骤，包括第二章（基因工程工具酶）、第三章（基因工程载体）、第六章（基因组文库的构建与目的基因的获得）、第七章（DNA 体外重组与基因转移）、第八章（重组子的筛选与鉴定）和第九章（外源基因的表达）；第二部分主要讲述基因工程的应用，包括第十章（微生物基因工程）、第十一章（植物基因工程）和第十二章（动物基因工程）；第三部分主要讲述以核酸为主的各种分子操作技术，包括第四章（核酸操作的基本技术）、第五章（聚合酶链式反应）、第十三章（分子标记及基因芯片技术与应用）和第十四章（差异显示技术及其应用）；第四部分主要讲述生物信息学和基因工程的安全性问题，包括第十五章（生物信息学）和第十六章（基因工程规则、专利及安全性）。陈宏编写第一章；李莉云编写第二章；林良斌编写第三章；王永清编写第四章；李景鹏编写第五章；孙怀昌编写第六章；朱苏文、陈宏编写第七章和第八章；李浩戈编写第九章；张金文编写第十章；易自力编写第十一章；潘庆杰、陈宏编写第十二章；李碧春、陈宏编写第十三章；李碧春、李景鹏编写第十四章；范三红编写第十五章和第十六章；全书由主编统稿和定稿。

本书可作为高等院校生物技术、生物工程、医学、农学、园艺、畜牧、兽医、植保等各有关专业本科生和研究生教材，同时对从事基因工程的教学、科研人员也是一本有益的参考书。考虑到本课程的系统性，全书按 80 学时编写，根据专业需要，课堂讲授时可有所取舍。

郭蔼光教授审阅了全书，为本书提出了不少宝贵的修改意见。西北农林科技大学教务处和中国农业出版社的同志在本教材出版过程中给予了热情的指导、帮助与支持，在此一并表示衷心的谢意。此外，本书的部分插图引自书后相关参考文献，在此向原书作者表示感谢。

由于基因工程的发展异常迅速，加之编写人员时间仓促，水平有限，缺点和错误在所难免，敬请各位读者批评指正，以便将来进一步修改完善。

陈　宏
2003 年 10 月

第 二 版 前 言

再版《基因工程原理与应用》，我们感到非常高兴，肩上的责任也更重了。现代生物科学技术发展迅速，一系列新技术、新方法不断涌现，生物学家在揭示生命奥秘和改造生物方面已经做出了重大贡献，同时也开拓了不少新的研究领域，从而全面地改变了生物科学的研究现状，因此基因工程学越来越显示出它的重要性。

基因工程学是以生物化学、分子生物学和分子遗传学等学科为基础而发展起来的一门新兴技术学科，广泛应用在医学、农业、工业、水产、环保等行业。因此，掌握和了解基因工程的基本原理和方法对于人才的培养和促进现代生物技术发展是非常重要的。

本教材在第一版的基础上增加了基因工程的分子生物学基础和目的基因的获取等内容，并对第一版的第十三、十四章内容进行了合并；对生物信息学、聚合酶链式反应技术、分子操作基本技术等内容以及基因工程的载体和克隆技术进行了更新。全书共十六章，涉及的内容包括基因工程的基本原理和操作步骤；动植物、微生物基因工程；各种分子操作技术；生物信息学和基因工程的安全性问题。全书由国内各大高校和科研院所从事基因工程教学和科研的老师编写，陈宏编写绪论，孙怀昌编写第一章和第六章，李莉云编写第二章，林良斌编写第三章，闵令江编写第四章，李景鹏编写第五章，李碧春编写第七章，陈宏、朱苏文编写第八章和第九章，李浩戈编写第十章，张金文编写第十一章，易自力编写第十二章，陈宏、潘庆杰编写第十三章，王昕、李碧春编写第十五章，范三红编写第十四章和第十六章，全书由陈宏教授统稿和定稿。考虑到本课程的系统性，全书按80学时编写，根据专业需要，课堂讲授时可有所取舍。

郭蔼光教授、张智英教授审阅了全书，为本书的修改和定稿提出了不少宝贵的意见。西北农林科技大学教务处和中国农业出版社的同志在本教材出版过程中给予了热情的指导、帮助与支持，在此一并表示衷心的谢意。此外，本教材的部分插图引自书后相关参考文献，在此向原书作者表示感谢。

由于基因工程的发展异常迅速，加之编写人员时间仓促，水平有限，缺点和错误在所难免，敬请同行、师生批评指正，以便将来进一步完善。

陈　宏
2011年2月

目 录

第三版前言
第一版前言
第二版前言

绪论 ·· 1
  第一节 基因工程的概念 ················· 1
  第二节 基因工程的诞生与发展 ········ 1
    一、基因工程诞生的理论基础 ········ 1
    二、基因工程的诞生 ······················ 3
    三、基因工程的发展 ······················ 3
  第三节 基因工程的研究内容及基本操作 ······ 4
    一、基因工程研究的主要内容 ········ 4
    二、基因工程的基本操作程序 ········ 7
    三、基因工程的基本操作内容 ········ 7
  第四节 基因工程的意义与发展前景 ······ 7
    一、基因工程的意义 ······················ 7
    二、基因工程的发展前景 ··············· 8
  本章小结 ·· 8
  思考题 ··· 8

第一章 基因工程工具酶 ·················· 9
  第一节 限制性核酸内切酶 ·············· 9
    一、寄主细胞的限制与修饰现象 ····· 9
    二、限制性核酸内切酶的类型 ······· 10
    三、限制性核酸内切酶的命名 ······· 11
    四、Ⅱ型限制性核酸内切酶的基本特性 ··· 11
    五、Ⅱ型限制性核酸内切酶的反应条件 ··· 15
    六、影响限制性核酸内切酶活性的因素 ··· 16
    七、限制性核酸内切酶的应用 ······· 18
  第二节 DNA 连接酶 ····················· 18
    一、DNA 连接酶的概念与作用机理 ···· 18
    二、DNA 连接酶的种类 ················ 19
    三、DNA 连接酶的反应体系 ········· 20
    四、影响连接反应的因素 ·············· 21
    五、DNA 连接酶的应用 ················ 21
  第三节 DNA 聚合酶 ····················· 22
    一、大肠杆菌 DNA 聚合酶 Ⅰ ······· 22
    二、Klenow 片段 ·························· 23
    三、T4 噬菌体 DNA 聚合酶 ·········· 24
    四、T7 噬菌体 DNA 聚合酶与测序酶 ··· 25
    五、Taq DNA 聚合酶 ···················· 25
    六、逆转录酶 ······························· 25
    七、高保真 DNA 聚合酶 ·············· 26
    八、DNA 聚合酶的应用 ················ 26
  第四节 末端脱氧核苷酸转移酶 ········ 26
  第五节 核酸酶 ······························· 27
    一、核糖核酸酶 ···························· 27
    二、脱氧核糖核酸酶 Ⅰ ················ 28
    三、S1 核酸酶 ······························ 28
  第六节 核酸外切酶 ························ 30
    一、大肠杆菌核酸外切酶 Ⅶ ········· 30
    二、大肠杆菌核酸外切酶 Ⅲ ········· 30
    三、Bal31 核酸酶 ························· 31
  第七节 T4 噬菌体多核苷酸激酶 ······ 31
    一、T4 噬菌体多核苷酸激酶的性质 ··· 31
    二、多核苷酸激酶的应用 ·············· 32
  第八节 碱性磷酸酶 ························ 33
    一、碱性磷酸酶的性质 ················· 33
    二、碱性磷酸酶的应用 ················· 33
  本章小结 ·· 34
  思考题 ··· 35

第二章 基因工程载体 ···················· 36
  第一节 概述 ···································· 36
  第二节 质粒载体 ···························· 36
    一、质粒的一般生物学特性 ·········· 36
    二、理想质粒载体的必备条件 ······· 38
    三、质粒载体的构建 ···················· 39
    四、常用的质粒载体类型 ·············· 42
  第三节 λ 噬菌体载体 ····················· 46
    一、λ 噬菌体的生物学特性 ·········· 46
    二、λ 噬菌体载体的构建 ············· 47
    三、常用的 λ 噬菌体载体 ············ 49

第四节　单链DNA噬菌体载体 ………… 50
　　一、M13噬菌体的生物学特性 …………… 50
　　二、M13噬菌体载体的构建 ……………… 51
　　三、M13噬菌体载体的应用 ……………… 52
　　四、噬菌粒载体 …………………………… 53
第五节　黏粒载体 ………………………… 53
　　一、黏粒载体的基本特点 ………………… 53
　　二、黏粒载体的构建 ……………………… 54
　　三、黏粒载体在基因克隆中的应用 ……… 55
　　四、常用的黏粒载体及其应用 …………… 55
第六节　动物基因工程载体 ……………… 56
　　一、概述 …………………………………… 56
　　二、SV40病毒载体 ………………………… 57
　　三、腺病毒载体 …………………………… 58
　　四、逆转录病毒载体 ……………………… 59
　　五、慢病毒载体 …………………………… 61
　　六、杆状病毒载体 ………………………… 62
　　七、痘苗病毒载体 ………………………… 63
　　八、乳头状瘤病毒载体 …………………… 63
　　九、单纯疱疹病毒载体 …………………… 64
第七节　植物基因工程载体 ……………… 64
　　一、概述 …………………………………… 64
　　二、DNA病毒转化载体 …………………… 65
　　三、单链DNA病毒转化载体 ……………… 65
　　四、RNA病毒转化载体 …………………… 66
第八节　表达载体 ………………………… 66
　　一、表达载体构建的一般原则 …………… 66
　　二、过表达载体 …………………………… 69
　　三、抑制表达载体 ………………………… 69
　　四、定位整合表达载体 …………………… 71
　　五、标签载体 ……………………………… 72
第九节　人工染色体 ……………………… 73
　　一、酵母人工染色体 ……………………… 73
　　二、细菌人工染色体 ……………………… 74
　　三、P1派生人工染色体 …………………… 74
　　四、哺乳动物人工染色体 ………………… 74
第十节　构建植物遗传转化表达载体的
　　　　元件 …………………………………… 74
　　一、启动子 ………………………………… 74
　　二、选择标记和报告基因 ………………… 77
本章小结 …………………………………… 79
思考题 ……………………………………… 80

第三章　核酸分子基本操作技术 …… 81

第一节　DNA基本操作技术 ……………… 81
　　一、基因组DNA提取技术 ………………… 81
　　二、质粒DNA提取技术 …………………… 85
　　三、凝胶电泳技术 ………………………… 87
　　四、DNA片段纯化与回收技术 …………… 91
第二节　RNA基本操作技术 ……………… 91
　　一、总RNA提取技术 ……………………… 92
　　二、mRNA提取技术 ……………………… 94
　　三、miRNA及lncRNA提取技术 …………… 96
第三节　核酸分子杂交技术 ……………… 96
　　一、探针的制备 …………………………… 96
　　二、核酸分子杂交技术 …………………… 98
第四节　基因与蛋白质互作主要技术 …… 100
　　一、染色质免疫沉淀（ChIP）技术 ……… 100
　　二、RNA免疫沉淀技术 …………………… 101
　　三、RNA Pull Down技术 ………………… 101
本章小结 …………………………………… 102
思考题 ……………………………………… 102

第四章　聚合酶链式反应（PCR）…… 103

第一节　PCR扩增原理 …………………… 103
第二节　PCR反应体系 …………………… 104
　　一、PCR的操作程序 ……………………… 104
　　二、PCR的反应成分 ……………………… 104
　　三、PCR的反应条件 ……………………… 106
第三节　PCR引物设计原则 ……………… 107
　　一、引物设计的一般原则 ………………… 107
　　二、引物3′端的末位碱基 ………………… 107
　　三、引物设计软件 ………………………… 107
第四节　PCR技术类型 …………………… 109
　　一、已知DNA序列的PCR扩增 …………… 109
　　二、逆转录PCR …………………………… 111
　　三、已知cDNA一端序列获得全长cDNA的
　　　　PCR扩增 ……………………………… 112
　　四、已知侧翼序列PCR扩增 ……………… 113
　　五、未知序列PCR扩增 …………………… 115
　　六、定量PCR ……………………………… 117
　　七、免疫相关PCR ………………………… 118
　　八、PCR技术衍生的分子标记 …………… 119
第五节　PCR技术的应用 ………………… 119
　　一、核酸的基础研究 ……………………… 119
　　二、序列分析 ……………………………… 119
　　三、检测基因表达 ………………………… 120
　　四、从cDNA文库中放大特定序列 ……… 120
　　五、研究已知片段邻近基因或未知DNA
　　　　片段 …………………………………… 120
　　六、进化分析 ……………………………… 120
　　七、医学应用 ……………………………… 120

八、分析生物学证据 …………………… 121
　　九、性别控制 …………………………… 121
　　十、转基因检测 ………………………… 121
　本章小结 …………………………………… 121
　思考题 ……………………………………… 122

第五章　基因文库的构建 ………………… 123

第一节　基因组 DNA 文库的构建 ………… 123
　　一、插入片段的制备 …………………… 123
　　二、克隆载体的选择 …………………… 124
　　三、克隆载体的制备 …………………… 126
　　四、重组 DNA 分子的产生 ……………… 126
　　五、基因组 DNA 文库的产生 …………… 127
　　六、基因组 DNA 文库的大小及代表性 … 127
　　七、基因组 DNA 文库的扩增与保存 …… 127

第二节　cDNA 文库的构建 ………………… 128
　　一、mRNA 的提取与分析 ……………… 128
　　二、克隆载体的选择 …………………… 128
　　三、cDNA 的合成 ……………………… 129
　　四、cDNA 文库的生成 ………………… 132
　　五、cDNA 文库的质量分析 …………… 132
　　六、cDNA 文库的扩增与保存 ………… 132
　　七、cDNA 末端的快速扩增 …………… 132

第三节　差减 cDNA 文库的构建 …………… 133
　　一、差减 cDNA 文库的构建策略 ……… 133
　　二、杂交方法 …………………………… 133
　　三、载体选择 …………………………… 134

第四节　基因库与畜禽遗传资源保护 ……… 135
　　一、畜禽遗传资源保护的现状 ………… 135
　　二、畜禽遗传资源保存的方式 ………… 135
　本章小结 …………………………………… 136
　思考题 ……………………………………… 137

第六章　目的基因的获取 ………………… 138

第一节　已知序列目的基因的获取 ………… 138
　　一、目的基因的化学合成 ……………… 138
　　二、从基因文库中钓取目的基因 ……… 139
　　三、mRNA 逆转录法获得真核生物目的
　　　　基因 ………………………………… 141
　　四、从 cDNA 文库中杂交筛选法 ……… 142

第二节　未知序列目的基因的获取 ………… 143
　　一、染色体步移法 ……………………… 143
　　二、杂交捕捉和释放法 ………………… 145
　　三、mRNA 差异显示技术 ……………… 146
　　四、限制性标志 cDNA 扫描法 ………… 146
　　五、"电子" cDNA 文库筛选法 ………… 147

第三节　图位克隆技术 ……………………… 147
　　一、图位克隆技术的基本原理 ………… 148
　　二、图位克隆技术的优越性与局限性 … 148
　　三、图位克隆技术的基本流程 ………… 148
　本章小结 …………………………………… 151
　思考题 ……………………………………… 151

第七章　DNA 体外重组与基因转移 ……… 152

第一节　重组 DNA 分子的构建 …………… 152
　　一、DNA 分子的体外重组 ……………… 152
　　二、载体 DNA 与外源基因片段的连接 … 152

第二节　基因转移 …………………………… 158
　　一、重组 DNA 向细菌细胞转入 ………… 158
　　二、外源目的基因向真核细胞转入 …… 159
　本章小结 …………………………………… 161
　思考题 ……………………………………… 161

第八章　基因组编辑技术 ………………… 162

第一节　概述 ………………………………… 162

第二节　人工核酸内切酶技术 ……………… 162
　　一、锌指核酸酶的构成 ………………… 163
　　二、锌指核酸酶的工作原理 …………… 163
　　三、锌指核酸酶的修复机制 …………… 163
　　四、锌指核酸酶的应用 ………………… 164

第三节　TALEN 技术 ……………………… 165
　　一、TALE 结构和 TALEN ……………… 165
　　二、TALEN 的切割和修复机制 ………… 166
　　三、TALEN 的技术优势 ………………… 167
　　四、TALEN 的构建方法 ………………… 167

第四节　CRISPR/Cas 技术 ………………… 168
　　一、CRISPR/Cas 系统的发现 …………… 169
　　二、CRISPR/Cas 系统的结构组成 ……… 170
　　三、CRISPR/Cas 系统的类型 …………… 170
　　四、CRISPR/Cas9 系统 ………………… 172
　　五、CRISPR/Cas9 系统的断裂修复机制 … 173
　本章小结 …………………………………… 174
　思考题 ……………………………………… 174

第九章　重组子的筛选与鉴定 …………… 175

第一节　遗传学检测法 ……………………… 175
　　一、根据载体表型特征的筛选 ………… 175
　　二、根据插入基因遗传性状的筛选 …… 177

第二节　核酸分子杂交 ……………………… 177
　　一、菌落印迹原位杂交 ………………… 177
　　二、斑点印迹杂交 ……………………… 178

三、Southern 印迹杂交 …………… 178
第三节　物理检测法 ……………………… 178
　一、直接凝胶电泳检测法 …………… 178
　二、限制性核酸内切酶酶切片段分析法 … 179
　三、R 环检测法 ……………………… 179
第四节　免疫化学检测法 ………………… 180
　一、放射性抗体检测法 ……………… 180
　二、免疫沉淀检测法 ………………… 181
　三、Western 印迹杂交法 …………… 181
第五节　核酸序列分析及其他方法 ……… 181
　一、核酸序列分析 …………………… 181
　二、PCR 法 …………………………… 181
　三、Northern 印迹杂交法 …………… 181
本章小结 …………………………………… 182
思考题 ……………………………………… 182

第十章　基因工程受体与外源基因的表达 …… 183

第一节　基因工程受体系统 ……………… 183
　一、受体细胞 ………………………… 183
　二、原核受体细胞 …………………… 184
　三、丝状真菌受体细胞 ……………… 185
　四、酵母受体细胞 …………………… 185
　五、植物受体细胞 …………………… 185
　六、动物受体细胞 …………………… 186
第二节　外源基因在大肠杆菌中的表达 … 187
　一、正确表达的基本条件 …………… 187
　二、常用的大肠杆菌表达载体 ……… 187
　三、原核表达策略 …………………… 192
　四、外源蛋白表达部位 ……………… 196
　五、影响外源基因表达效率的因素 … 197
　六、表达产物的检测 ………………… 198
　七、表达实例：人生长激素基因在大肠杆菌中的表达 …………………… 199
第三节　外源基因在真核细胞中的表达 … 202
　一、在酵母中的表达 ………………… 202
　二、在昆虫细胞中的表达 …………… 202
　三、在哺乳动物细胞中的表达 ……… 203
　四、在植物细胞中的表达 …………… 204
本章小结 …………………………………… 205
思考题 ……………………………………… 205

第十一章　微生物基因工程 …… 206

第一节　原核微生物基因工程 …………… 206
　一、原核微生物基因表达系统及其特点 … 206
　二、大肠杆菌基因表达调控元件 …… 206
　三、大肠杆菌基因表达载体的构建 … 210
　四、大肠杆菌中重组异源蛋白的体内修饰与体外复性 ……………………… 217
　五、重组克隆菌的遗传不稳定性及其对策 … 219
第二节　真核微生物基因工程 …………… 221
　一、真核微生物基因表达系统 ……… 221
　二、酵母基因表达载体组成元件 …… 221
　三、酿酒酵母基因表达载体的构建 … 224
　四、酵母的转化系统 ………………… 227
第三节　微生物基因工程的应用 ………… 228
　一、重组微生物工程菌与医药工业 … 228
　二、重组微生物工程菌与农业 ……… 229
　三、重组微生物工程菌与食品工业 … 232
　四、重组微生物工程菌与环境保护 … 233
本章小结 …………………………………… 234
思考题 ……………………………………… 235

第十二章　植物基因工程 …… 236

第一节　植物基因工程载体及其构建 …… 236
　一、植物基因工程载体的种类 ……… 236
　二、植物基因工程载体的构建 ……… 237
第二节　外源目的基因的导入 …………… 244
　一、植物转化的受体系统 …………… 244
　二、基因的导入方法 ………………… 245
第三节　转基因植物的检测 ……………… 250
　一、报告基因的表达检测 …………… 250
　二、外源目的基因的表达检测 ……… 252
　三、转基因沉默及提高外源基因表达水平的策略 …………………………… 254
第四节　转基因植物的整合特性及遗传特性 …………………………… 256
　一、转基因植物中外源 DNA 的整合特性 … 256
　二、转基因植物的遗传特性 ………… 257
第五节　植物基因工程的应用 …………… 258
　一、植物分子生物学研究 …………… 258
　二、改良植物品种 …………………… 260
　三、植物分子辅助育种 ……………… 264
　四、转基因植物生物反应器 ………… 266
本章小结 …………………………………… 270
思考题 ……………………………………… 271

第十三章　动物基因工程 …… 272

第一节　动物基因工程的概念与发展 …… 272
第二节　动物目的基因的选择与表达载体的构建 ……………………… 273

一、动物转基因操作的一般程序 ……… 273
　　二、目的基因的选择 ……………………… 273
　　三、表达载体的构建 ……………………… 274
　　四、外源基因的组织特异性表达 ………… 279
第三节　基因导入的方法 ……………………… 279
　　一、DEAE-葡聚糖转染法 ………………… 279
　　二、显微注射法 …………………………… 280
　　三、病毒转染法 …………………………… 281
　　四、胚胎干细胞介导法 …………………… 281
　　五、精子载体法 …………………………… 282
　　六、基因同源重组法 ……………………… 283
　　七、基因组编辑技术 ……………………… 284
第四节　转基因动物的鉴定 …………………… 285
　　一、DNA水平的检测 ……………………… 285
　　二、RNA水平的检测 ……………………… 285
　　三、目的蛋白的检测 ……………………… 286
第五节　动物基因工程技术的应用及
　　　　 存在的问题 …………………………… 286
　　一、动物基因工程技术的应用 …………… 286
　　二、动物转基因技术存在的问题 ………… 291
　　三、提高转基因动物外源基因表达水平的
　　　　方法与途径 …………………………… 292
　　四、转基因动物的应用前景 ……………… 294
第六节　基因诊断 ……………………………… 295
　　一、基因诊断的基本方法 ………………… 295
　　二、基因芯片与疾病诊断 ………………… 296
第七节　基因治疗 ……………………………… 297
　　一、概述 …………………………………… 297
　　二、基因治疗的方式 ……………………… 297
　　三、基因治疗涉及的问题及前景 ………… 300
第八节　基因工程疫苗 ………………………… 300
　　一、基因工程活载体疫苗 ………………… 301
　　二、基因缺失疫苗 ………………………… 302
　　三、基因工程亚单位疫苗 ………………… 302
　　四、合成肽疫苗 …………………………… 303
　　五、转基因植物可食疫苗 ………………… 303
　　六、DNA疫苗 ……………………………… 303
本章小结 ………………………………………… 304
思考题 …………………………………………… 304

第十四章　分子标记技术和其他技术及应用 ……………………………… 305

第一节　分子标记技术及其应用 ……………… 305
　　一、分子标记的概念 ……………………… 305
　　二、分子标记的类型 ……………………… 305
　　三、标记系统在应用时的选择 …………… 314
　　四、分子标记技术的应用 ………………… 316
第二节　基因芯片技术及其应用 ……………… 318
　　一、基因芯片的概念 ……………………… 318
　　二、基因芯片的类型 ……………………… 319
　　三、基因芯片技术的流程 ………………… 320
　　四、基因芯片技术的应用 ………………… 321
　　五、使用基因芯片时应注意的问题 ……… 322
第三节　酵母双杂交技术 ……………………… 323
　　一、酵母双杂交技术的原理 ……………… 323
　　二、酵母双杂交技术的流程 ……………… 324
　　三、酵母双杂交技术的应用 ……………… 325
　　四、酵母双杂交技术的局限性 …………… 325
本章小结 ………………………………………… 326
思考题 …………………………………………… 326

第十五章　核酸测序技术 ……………………… 327

第一节　第一代测序技术 ……………………… 327
　　一、化学降解法 …………………………… 327
　　二、双脱氧链终止法 ……………………… 328
　　三、自动化测序仪 ………………………… 328
第二节　第二代测序技术 ……………………… 328
　　一、测序文库制备 ………………………… 328
　　二、测序文库放大 ………………………… 329
　　三、测序系统 ……………………………… 329
　　四、数据分析与显示 ……………………… 332
第三节　第三代测序技术 ……………………… 333
　　一、单分子测序技术 ……………………… 333
　　二、单分子实时测序技术 ………………… 333
　　三、纳米孔测序技术 ……………………… 333
　　四、全基因组测序技术 …………………… 333
　　五、微滴珠测序技术 ……………………… 334
第四节　高通量测序技术的应用 ……………… 334
　　一、基因组测序及变异分析 ……………… 334
　　二、基因组调节信息分析 ………………… 334
　　三、基因组立体结构描绘 ………………… 335
　　四、转录组分析 …………………………… 335
　　五、微生物群系分析 ……………………… 335
　　六、重要疾病基因组测序 ………………… 335
本章小结 ………………………………………… 336
思考题 …………………………………………… 336

第十六章　生物信息学 ………………………… 337

第一节　概述 …………………………………… 337
　　一、生物信息学的基本概念及研究内容 …… 337
　　二、生物学信息的迅猛增长 ……………… 337
　　三、生物信息学研究的热点领域 ………… 338

四、蛋白质和核酸序列的测定 …………… 340
　　五、生物大分子空间结构的测定 …………… 341
第二节　生物信息数据库 …………………………… 343
　　一、核酸数据库 ……………………………… 343
　　二、蛋白质数据库 …………………………… 348
　　三、大分子空间结构数据库 ………………… 351
　　四、基因组数据库 …………………………… 354
第三节　数据的查询和提交 ………………………… 354
　　一、Entrez 数据库查询系统 ………………… 355
　　二、SRS 数据库查询系统 …………………… 357
　　三、数据提交 ………………………………… 360
第四节　序列比对及其应用 ………………………… 361
　　一、序列比对原理 …………………………… 361
　　二、BLAST …………………………………… 363
第五节　多序列比对及系统发育分析 …………… 364
　　一、多序列比对分析 ………………………… 364
　　二、系统发育分析 …………………………… 366
第六节　测序数据分析方法 ………………………… 368
　　一、DNA-seq 数据 …………………………… 368
　　二、RNA-seq 数据 …………………………… 369
　　三、ChIP-seq 数据 …………………………… 369
本章小结 ……………………………………………… 369
思考题 ………………………………………………… 370

第十七章　基因工程规则、专利及安全性 …… 371

第一节　基因工程研究实验室安全性基本要求 …………………………………… 371
第二节　基因工程产品的释放规则及要求 …………………………………………… 372
　　一、基因工程药物投放的规则和要求 ……… 372
　　二、转基因植物品种的释放要求 …………… 373
　　三、ISO 认证 ………………………………… 374
第三节　现代生物技术专利 ………………………… 375
　　一、专利申请的要求 ………………………… 376
　　二、现代生物技术专利类型 ………………… 376
　　三、专利的地域性 …………………………… 377
　　四、专利与基础研究 ………………………… 378
第四节　现代生物技术的社会伦理问题 ………… 378
第五节　基因工程产品的安全性问题 …………… 378
　　一、环境安全性 ……………………………… 379
　　二、转基因食品安全性 ……………………… 380
第六节　基因编辑技术的安全性问题 …………… 381
本章小结 ……………………………………………… 381
思考题 ………………………………………………… 382

主要参考文献 ……………………………………………………………………………………… 383

绪 论

第一节 基因工程的概念

基因工程（genetic engineering）是现代分子生物技术的重要组成部分，是 20 世纪 70 年代初发展起来的一门新兴技术学科，这一技术的兴起，标志着人类已进入定向控制遗传性状的新时代。一般认为，遗传工程是按照人们预先设计的蓝图，将一种生物的遗传物质绕过有性繁殖导入另一种生物中，使其获得新的遗传性状，形成新的生物类型的遗传操作（genetic manipulation）。遗传工程有广义和狭义之分，广义的遗传工程包括细胞工程和基因工程；狭义的遗传工程就是基因工程。

基因工程是在分子水平上进行的遗传操作，指将一种或多种生物体（供体）的基因或基因组提取出来，或者人工合成的基因，按照人们的愿望，进行严密的设计，经过体外加工、重组或基因编辑，转移到另一种生物体（受体）的细胞内，使之能在受体细胞遗传并获得新的遗传性状的技术。由于被转移的基因一般须与载体 DNA 重组后才能实现转移，因此，供体、受体和载体称为基因工程的三大要素。其中，相对于受体而言，来自供体的基因属于外源基因。除了少数 RNA 病毒外，几乎所有生物的基因都存在于 DNA 结构中，而用于外源基因重组拼接的载体也都是 DNA 分子，所以基因工程也称重组 DNA 技术（recombinant DNA technology）。另外，DNA 重组分子大都需在受体细胞中复制扩增，故还可将基因工程称为分子克隆（molecular cloning）或基因的无性繁殖。目前各种文献中经常出现的相关名词有遗传工程、基因工程、基因操作、重组 DNA 技术、分子克隆、基因克隆、基因编辑等，它们在具体内容上彼此相关，许多情况下混用。

最近的 30~40 年，是现代生物科学迅速发展的年代。随着一系列新技术、新方法的不断涌现，生物学家已经取得了许多前所未有的重大突破，开拓了不少新的研究领域，从而全面地改变了生物科学的研究现状。其中，最引人注目的是以重组 DNA 为中心的基因工程学。

传统的育种方法只能通过有性杂交获得动植物新品种，但是由于生殖隔离的制约，有性杂交只能在物种内进行，远缘杂交受到很大限制。随着分子遗传学的发展，基于生物界遗传密码的通用性和碱基配对的一致性，这就有可能用基因工程技术，实现物种间的基因交流，创造出用传统方法无法实现的生物类型。因此，基因工程最突出的特点，是打破了常规育种难以突破的物种之间的界限，可以使原核生物与真核生物之间、动物与植物之间以及人与其他生物之间的遗传信息进行重组和转移。人的基因可以转移到大肠杆菌、植物及其他动物中表达，动物的基因也可以转移到植物中表达。

基因工程的研究和应用，将为分子遗传，细胞分化，生长发育，肿瘤发生及基因的结构、功能和调控等生物学基础理论研究提供有效的实验手段；又可为解决农业、工业、医药等生产领域所面临的许多重大问题开辟新的途径。

第二节 基因工程的诞生与发展

一、基因工程诞生的理论基础

现在人们公认，基因工程诞生于 1973 年，它的诞生是数十年无数科学家辛勤劳动的成果和智慧的结晶。在此之前，科学家进行了大量的研究工作，积累了丰富的研究成果，这为基因工程的诞生从理论和技术两方面奠定了坚实的基础。概括起来，对基因工程诞生起了决定作用的是现代分子生物学领域理论上的三大发现及技术上的三大发明。

（一）理论上的三大发现

1. 证实了 DNA 是遗传物质　1944 年，Avery 通过肺炎链球菌（*Streptococcus pneumonas*）的转化实验不仅证明了 DNA 是遗传物质，也证明了 DNA 可以把一个细菌的性状传给另一个细菌，确定了遗传信息的携带者，即基因的分子载体是 DNA 而不是蛋白质，从而明确了遗传的物质基础问题，其理论意义十分重大。正如诺贝尔奖获得者 Lederberg 指出的，Avery 的工作是现代生物科学的革命开端，也可以说是基因工程的先导。

2. 揭示了 DNA 分子的双螺旋结构模型和半保留复制机理　自从证明了 DNA 是遗传物质以后，人们对基因的化学组成、结构及突变进行了深入的研究，尤其是 DNA 的 X 射线衍射分析结果。在此基础上，1953 年，Watson 和 Crick 提出了 DNA 结构的双螺旋结构模型；随后精确的实验证明了 DNA 半保留复制的机理，解决了基因的自我复制和传递的问题，从而使遗传学的研究全面进入分子遗传学阶段。

3. 遗传密码的破译和遗传信息传递方式的确定　1961 年 Monod 和 Jacob 提出了操纵子学说。1964 年，以 Nirenberg 等为代表的一批科学家，经过刻苦研究，确定遗传信息是以密码子方式传递的，每 3 个核苷酸组成一个密码子，编码一个氨基酸。到了 1966 年 64 个密码子全部破译并编排了密码表，后来 Crick 提出了"中心法则"，从而阐明了遗传信息的流向和表达问题。

这三大发现大大促进了生命科学的迅速发展，为基因工程的诞生奠定了重要的理论基础。由于这些问题的解决，人们期待已久的，应用类似于工程技术的程序，能动地改造生物的遗传特性，创造具有优良性状的生物新类型的美好愿望，从理论上讲已有可能变为现实。

（二）技术上的三大发明

20 世纪 40～60 年代，理论上的三大发现虽为基因工程的诞生提供了可能，但基因工程是涉及内容广、综合性强的生物技术学科，如何从庞大的 DNA 分子中得到单个的基因片段，并进行加工和转移，仍是科学家们面对的难题。DNA 分子进行体外切割与连接是重组 DNA 的核心技术。这一技术的建立归功于限制性核酸内切酶和 DNA 连接酶的发现。

1. 限制性核酸内切酶的发现与 DNA 的切割　1970 年，Smith 和 Wilcox 在流感嗜血杆菌（*Haemophilus influenzae*）中分离并纯化了限制性核酸内切酶 *Hind*Ⅱ，使 DNA 分子的切割成为可能。1972 年 Boyer 实验室又发现了名叫 *Eco*RⅠ的限制性核酸内切酶，这种酶每遇到 GAATTC 序列，就会将双链 DNA 分子切开形成具有黏性末端的片段。因此，具有这种 *Eco*RⅠ黏性末端的任何不同来源的 DNA 片段，便可以通过黏性末端之间的碱基互补作用而彼此"黏合"起来。由于发现了大量的类似于 *Eco*RⅠ这样的限制性核酸内切酶，而每种限制性核酸内切酶又各具有自己独特的识别序列，所以应用限制性核酸内切酶，研究者便能将 DNA 分子切割成一系列不连续的片段并利用凝胶电泳技术把这些片段按照分子质量大小逐一分开，从而可以获得所需的 DNA 特殊片段，这为基因工程的诞生提供了重要的技术基础。

2. DNA 连接酶的发现与 DNA 片段的连接　对基因工程的诞生具有重要意义的另一个发现是 DNA 连接酶。1967 年，世界上有 5 个实验室几乎同时发现了 DNA 连接酶。这种酶能够参与 DNA 裂口的修复，而在一定的条件下还能连接 DNA 分子的自由末端。1970 年，美国威斯康星大学（University of Wisconsin）的 Khorana 实验室发现了 T4 噬菌体 DNA 连接酶具有更高的连接活性。1972 年底，人们已经掌握了多种连接双链 DNA 分子的方法，为基因工程的诞生又迈进了重要的一步。

3. 基因工程载体的研究与应用　基因工程载体（vector）的研究与发现是基因工程诞生的又一重要技术基础。仅有了对 DNA 切割与连接的工具酶，还不能完成 DNA 体外重组的工作。因为大多数 DNA 片段不具备自我复制的能力。所以，为了能够在寄主细胞中进行繁殖，必须将 DNA 片段连接到一种特定的、具有自我复制的 DNA 分子上。这种 DNA 分子就是基因工程载体。基因工程载体的研究先于限制性核酸内切酶。从 1946 年起，Lederberg 开始研究细菌的性因子——F 因子，到 20 世纪 60 年代，相继发现其他质粒（plasmid），如抗药性因子（R 因子）、大肠杆菌素因子（CoE）。1973 年，Cohen 将质粒作为基因工程的载体使用。这是基因工程诞生的第三项技术发明。

二、基因工程的诞生

到 20 世纪 70 年代初期，除了以上理论和技术上的重大发现以外，基因工程的一些相关技术，如外源 DNA 对感受态大肠杆菌细胞的转化技术、琼脂糖凝胶电泳和 Southern 印迹杂交技术等都得到发展，并很快地被运用于基因操作实验。所以无论在理论上还是技术上都已经具备开展 DNA 重组的工作条件。

1972 年，美国斯坦福大学 Berg 领导的研究小组在世界上第一次成功地实现了 DNA 体外重组，并因此与 Gilbert 和 Sanger 分享了 1980 年的诺贝尔化学奖。他们使用限制性核酸内切酶 $EcoR$ I，在体外对猿猴病毒 SV40 的 DNA 和 λ 噬菌体的 DNA 分别进行酶切，然后再用 T4 噬菌体 DNA 连接酶把两种酶切的 DNA 片段连接起来，结果获得了包含 SV40 和 λ 噬菌体 DNA 重组的杂交 DNA 分子。

1973 年，斯坦福大学的 Cohen 等人也成功地进行了另一个体外 DNA 重组实验。他们将编码有卡那霉素（kanamycin，Kan）抗性基因的大肠杆菌 R6-5 质粒 DNA 和编码有四环素（tetracycline，Tet）抗性基因的另一种大肠杆菌质粒 pSC101 DNA 混合后，加入限制性核酸内切酶 $EcoR$ I，对 DNA 进行切割，然后再用 T4 噬菌体 DNA 连接酶将它们连接成重组的 DNA 分子。用这种连接后的 DNA 混合物转化大肠杆菌，结果发现，某些转化子菌落的确表现出了既抗卡那霉素又抗四环素的双重抗性特征。从此种双抗性的大肠杆菌转化子细胞中分离出来的重组质粒 DNA，带有完整的 pSC101 分子和一个来自 R6-5 质粒编码卡那霉素抗性基因的 DNA 片段。随后，Cohen 立即又与 Boyer 等人合作，应用与上述类似的方法，把非洲爪蟾（*Xenopus laevis*）的编码核糖体基因的 DNA 片段，同 pSC101 质粒重组，导入大肠杆菌细胞。转化子细胞分析结果表明，动物的基因已进入大肠杆菌细胞，并转录出相应的 mRNA 产物。这是基因工程发展史上第一次实现重组子转化成功的例子。基因工程从此诞生，这一年（1973）被定为基因工程诞生的元年。

三、基因工程的发展

基因工程的发展大致可分为以下 4 个阶段。

1. 基因工程的艰难阶段　从基因工程诞生之日起，便受到人类的极大关注，其理论和实践的意义都非常重大。但其成长过程中遇到了很大的阻力。基因工程刚诞生的前几年，人们对它有不少争论。争论的焦点是害怕基因工程创造的杂种生物会从实验室逸出，在自然界造成难以控制的危害。有害的杂种细菌或病毒与化学物质不同，它们在自然界不断增殖，造成的危害更大。当时科学界对这项新技术诞生的第一个反应便是应当禁止有关实验的继续开展，包括 Cohen 本人在内的分子生物学家都担心，两种不同生物的基因重组有可能为自然界创造出一个不可预知的危险物种，致使人类遭受灭顶之灾。于是，1975 年西欧几个国家签署公约，限制基因重组的实验规模。第二年美国政府也制定了相应的法规。至今世界上仍有少数国家坚持对基因重组技术的使用范围进行严格的限制。

然而，分子生物学家毕竟不愿看到先进的科学技术就此葬送。1972—1976 年，人们对 DNA 重组所涉及的载体和受体系统进行了有效的安全性改造，包括噬菌体 DNA 载体的有条件包装以及受体细胞遗传重组和感染寄生缺陷突变株的筛选，同时还建立了一套严格的 DNA 重组实验室设计与操作规范。众多安全可靠的相关技术支撑以及巨大的潜在诱惑力，终于使重组 DNA 技术走出困境并迅速发展起来。

2. 基因工程的逐渐成熟阶段　早在基因工程发展的初期，人们就已开始探讨将该技术应用于大规模生产与人类健康密切相关的生物大分子，这些物质在人体内含量极小，但却具有非常重要的生理功能。1977 年，日本的科学家首次在大肠杆菌中克隆并表达了人的生长激素释放抑制素基因。第一次实现了真核基因在原核细胞中表达，轰动了全世界，各种指责逐渐消失，基因工程以它旺盛的生命力向前发展。几个月后，美国的 Ullvich 克隆并在大肠杆菌中表达了人的胰岛素基因。1978 年，美国 Genentech 公司开发出利用重组大肠杆菌合成人胰岛素的先进生产工艺，从而揭开了基因工程产业化的序幕。

3. 基因工程的迅速发展阶段　20 世纪 80 年代以来是基因工程迅速发展的阶段，基因工程已开始朝着高等动植物物种的遗传特征改良以及人体基因治疗等方向发展。这一阶段不仅发展了一系列新的基因工程操作技术，构建了多种供转化（或转导）原核生物和动物、植物细胞的载体，获得了大量转基因菌株，而且于 1982 年首次通过显微注射培育出世界上第一个转基因动物——转基因小鼠，1983 年采用农杆菌介导法培育出世界上第一例转基因植物——转基因烟草。1990 年美国政府首次批准一项人体基因治疗临床研究计划，对一名因腺苷脱氨酶基因缺陷而患有重度联合免疫缺陷症的儿童进行基因治疗获得成功，从而开创了分子医学的新纪元。1991 年，美国倡导在全球范围内实施雄心勃勃的"人类基因组计划"，投资 30 亿美元，完成人类基因组 30 亿个碱基的全部测序工作。该计划于 2000 年完成了人类基因组工作框架图，2001 年公布了人类基因组图谱及初步分析结果。

基因工程基础研究的进展，推动了基因工程应用的迅速发展。用基因工程技术研制生产的贵重药物，自 1982 年美国 Lilly 公司上市了第一个基因工程产品——人胰岛素以来，到 2011 年已有基因工程药物 140 多种上市，处于临床试验或申报阶段的基因工程药物有 500 多种。至今已上市的和正在进行临床试验的基因工程药物就更多。转基因植物的研究发展很快，自从 1986 年首次批准转基因烟草进行田间试验以来，至 1998 年 4 月，全世界批准进行田间试验的转基因植物达 4 387 项。到 2017 年 4 月 25 日，仅美国批准的转基因植物田间试验就有 19 070 项，涉及 229 种生物。2018 年，全球范围内共有 87 项关于转基因作物的批准，涉及 70 个品种。转基因动物研究的发展虽不如转基因植物研究的那样快，但也已获得了转生长激素基因鱼、转生长激素基因猪和抗猪瘟病毒转基因猪等。1997 年，英国科学家利用体细胞克隆技术复制出绵羊"多莉"。如果说 20 世纪八九十年代是基因工程基础研究趋向成熟的阶段，那么 21 世纪将是基因工程应用研究的鼎盛时期，农、林、牧、渔、医的很多产品上都会打上基因工程的标记。

4. 基因定点编辑的发展阶段　随着人类基因组测序的完成以及基因组测序技术的发展与成熟，2005 年以来，几种新型的基因定点编辑技术应运而生。在这些新技术中，有锌指核酸酶（ZFN）、类转录激活效应样因子核酸酶（TALEN）以及成簇的规律间隔的短回文重复序列及相关基因（CRISPR/Cas）等，这些技术能够利用限制性核酸内切酶或在蛋白质的介导下，将基因靶点处的 DNA 双链切断，从而诱导出同源重组修复或者非同源末端连接，实现对靶基因组的编辑和修饰。基因编辑技术的出现，使基因工程研究进入一个崭新的更高的阶段。特别在 2011 年以后，这些技术已广泛应用于动、植物的遗传改良，人类的基因治疗，基因的功能研究等许多领域，已显示出十分广泛的应用前景。

第三节　基因工程的研究内容及基本操作

一、基因工程研究的主要内容

基因工程研究的内容非常广泛，目前已扩展到许多方面，主要包括以下几个方面。

1. 基础研究　自基因工程问世以来，基因工程的基础研究一直受到科技工作者的重视，包括构建一系列克隆载体和相应的表达系统，建立不同物种的基因组文库和 cDNA 文库，开发新的工具酶，探索新的基因工程技术、新的操作方法、新的基因编辑技术、新的基因克隆技术等，各方面取得了丰硕的研究成果，使基因工程技术不断趋向成熟。

2. 基因工程克隆和表达载体的研究　构建克隆载体是基因工程技术的中心环节，因为基因工程的发展与克隆载体的构建密切相关。最早构建和发展的用于原核生物的克隆载体，促进了以原核生物为对象的基因工程研究的迅速发展。Ti 质粒的发现及 Ti 质粒衍生的克隆载体的成功构建，使植物基因工程研究随之得到迅速发展。动物病毒克隆载体的构建成功，使动物基因工程研究取得进展。至今虽已构建了数以千计的克隆载体和表达载体，但是构建新的克隆载体和表达载体仍是今后研究的重要内容之一，人工染色体的构建和多基因转移也是今后一个重要的方向，尤其是构建适合用于高等动植物转基因的表达载体和定位整合载体。

3. 基因工程受体系统的研究　基因工程的受体与载体是一个系统的两个方面。前者是克隆载体的宿主，是外源目的基因表达的场所。受体可以是单个细胞，也可以是组织、器官，甚至是个体。用作基因工程的受体可分为两类，即原核生物和真核生物。

原核生物大肠杆菌是早期被采用的最好受体系统，应用技术成熟，几乎是现有一切克隆载体的宿主；以大肠杆菌为受体建立了一系列基因组文库和 cDNA 文库，以及大量转基因工程菌株，开发了一批已投入市场的基因工程产品。蓝细菌被用作廉价高效表达外源目的基因的受体系统也已有十多年了。

酵母菌是十分简单的单细胞真核生物，基因组相对较小，有的株系还含有质粒，便于基因操作。因此酵母菌是较早被用作基因工程受体的真核生物。由于酵母菌已建立了一系列工程菌株，不仅是外源基因（尤其是真核基因）表达的受体，而且成为当前建立高等动植物复杂基因组文库的受体系统。

随着克隆载体的发展，至今高等植物也已用作基因工程的受体，一般用其愈伤组织、细胞和原生质体，也用部分组织和器官。目前用作基因工程受体的双子叶植物有拟南芥、烟草、番茄、棉花等，单子叶植物有水稻、玉米、小麦等，获得了相应的转基因植物。

动物鉴于体细胞再分化能力差，目前主要以生殖细胞或胚细胞作为基因工程受体，由此获得了转基因鼠、鱼、鸡、家畜等动物。不过动物体细胞也可用作基因工程受体，获得的系列转基因细胞系，可用作基础研究材料，或用来生产基因工程药物。随着克隆羊的问世，动物体细胞作为基因工程受体的研究越来越被重视，成为 21 世纪重要的研究课题之一。人的体细胞同样可作为基因工程的受体，转基因细胞系可用于病理研究和基因治疗。

4. 目的基因研究　基因是一种资源，而且是一种有限的战略性资源。因此开发基因资源已成为发达国家之间激烈竞争的焦点之一，谁拥有基因专利多，谁就在基因工程领域占主导地位。基因工程研究的基本任务是开发人们特殊需要的基因产物，这样的基因统称为目的基因，即用于基因工程的外源基因。具有优良性状的基因理所当然是目的基因。而致病基因在特定情况下同样可作为目的基因，具有很大的开发价值。即使是那些今天尚不清楚功能的基因，随着研究的深入，也许以后成为具有很大开发价值的目的基因。

获得目的基因的途径很多，主要是通过构建基因组文库或 cDNA 文库，从中筛选出特殊需要的基因。利用 PCR 技术可直接从某生物基因组或 RNA 逆转录产物中扩增出需要的基因。对于较小的目的基因也可用人工化学合成。现在已获得的目的基因大致可分为四大类：第一类是与医药相关的基因；第二类是抗性基因，包括抗病、抗虫害和抗恶劣生境的基因；第三类是编码具特殊营养价值的蛋白或多肽的基因；第四类是与生物优异经济性状相关的基因。

5. 生物基因组学研究　近年来基因组的研究工作越来越受到重视，科学家试图搞清楚某种生物基因组的全部基因，为全面开发各种基因奠定基础。据统计，至 1998 年完成基因组测序的生物有 11 种。从 1990 年开始美国、英国、日本、德国、法国等先后加入"人类基因组计划"，我国于 1999 年

9月也获准参加这一国际性计划,承担人类基因组1%的测序任务。2000年完成了人类基因组"工作框架图"。2001年公布了人类基因组图谱及初步分析结果,对人体23对染色体全部DNA的碱基对(3×10^9个)序列进行排序,对大约25 000个基因进行染色体定位。构建人类基因组遗传图谱和物理图谱的国际合作研究计划,为人类几千种遗传性疾病的病因及基因治疗提供可靠的依据,并且将保证人类的优生优育,提高生活质量。

除此之外,我国也启动了"水稻基因组计划",并于2001年10月12日宣布中国水稻基因组"工作框架图"和数据库已经完成。这一成果标志着我国已成为继美国之后,世界上第二个能够独立完成大规模全基因组测序和组装分析能力的国家。在动物方面,中国科学院北京基因组研究所与丹麦家猪育种生产委员会于2005年6月6日在中国北京和丹麦哥本哈根发表联合声明,公开家猪基因组序列。2006年牛的基因组序列公布。2008年年底,中国参与的鸡基因组计划完成。至2010年9月来自澳大利亚、英国、德国、荷兰、韩国、西班牙以及美国的研究人员参与的火鸡基因组测序工作已完成90%以上,现均已完成。

国际千人基因组计划由中、英、美、德等国科学家共同承担研究,旨在绘制迄今为止最详尽的、最有医学应用价值的人类基因组遗传多态性图谱。2012年11月大型国际科研合作项目"千人基因组计划"的研究人员在 Nature 上发布了1 092人的基因数据,这一成果将有助于更广泛地分析与疾病有关的基因变异。最近几年,麦类作物基因组学发展迅速,物理图谱的相继完成将大大加速麦类作物遗传学、比较基因组学以及进化等方面的研究,同时也将大大加速重要农艺性状基因的分离和鉴定。由于测序技术的发展和成本的降低,基因组研究已经成为解析疾病基因、生物适应性、特定基因筛选等研究的重要方法。罕见基因突变是DNA中携带的遗传信息变化,而在一个人群中携带这种突变的人相对较少。进入21世纪,全球逐渐开始兴起万人级别基因组计划,这些计划为后续癌症和罕见病等疾病的研究和药物研发提供了理论和数据基础。2010年,英国提出"万人基因组计划",其研究成果于2015年发表在 Nature 上。2012年12月,英国启动"十万人基因组计划",希望通过收集10万人的基因组测序信息来帮助科学家、医生更好地了解罕见病和癌症,创造一种新型的"基因组医学服务"框架。时隔5年半,这项耗资5.23亿美元的宏伟计划宣布完成。2018年10月3日,英国政府又宣布将在未来5年内开展500万人基因组计划,并表示从2019年起,全基因组测序将被作为标准之一辅助重病患儿、患有难治愈或罕见疾病成年患者的治疗。这是迄今为止全球最大规模的人群基因组计划,以大型基因组计划的开展走在世界前列,标志着精准医学研究进入大数据阶段的分水岭。2015年美国宣布"精准医学百万人基因组计划"。2017年10月,在我国江苏启动了"百万人群全基因组测序计划",目标是建立中国人群特有的遗传信息数据库。2017年末,我国启动"中国十万人基因组计划",这是我国在人类基因组研究领域实施的首个重大国家计划。

6. 基因功能研究 近几年来,转基因技术已成为研究基因功能常用的重要方法之一,尤其是利用一些模式生物,如鼠、兔、斑马鱼、拟南芥等动植物进行研究。转基因技术、基因敲除技术和基因沉默技术可以在细胞和活体上进行基因功能验证。转基因技术是将未知功能的外源基因导入受体细胞,使外源基因随机整合到受体细胞的染色体上,并随着受体细胞的分裂将外源基因遗传给后代,从而获得携带外源基因的转基因生物方法,根据其转基因生物的表型、生理生化等特征的变化证明外源基因的功能。基因敲除技术是采用动物胚胎干细胞介导定向基因转移,使动物体内的特定基因丧失功能的技术,以验证基因的功能。基因沉默技术是针对mRNA的操作,旨在抑制基因表达产物的生成,反向验证基因的功能。目前已有许多生物技术公司承接转基因动物的基因功能鉴定、验证服务业务。

7. 基因工程应用研究 基因工程应用研究涉及医、农、牧、渔等产业,甚至与环境保护也有密切的关系,包括基因工程药物研究、基因工程疫苗研究、转基因植物研究、转基因动物研究以及在酶制剂工业、食品工业、化学与能源工业、环境保护等方面,其中研究成果最显著的是基因工程药物和转基因植物的研究,已取得了喜人的成果。

二、基因工程的基本操作程序

依据基因工程研究的内容，基因工程的基本操作过程概括起来如下：
① 从供体生物的基因组中分离获得带有目的基因的 DNA 片段。
② 利用限制性核酸内切酶处理外源 DNA 和载体分子。
③ DNA 连接酶将含有外源基因的 DNA 片段接到载体分子上，形成重组 DNA 分子。
④ 将重组 DNA 分子引入受体细胞。
⑤ 培养扩增带有重组子的细胞，获得大量的细胞繁殖群体。
⑥ 筛选和鉴定转化细胞，获得外源基因高效、稳定表达的基因工程菌或细胞。
⑦ 将选出的细胞克隆的目的基因进一步研究分析，并设法使之实现功能蛋白的表达。

三、基因工程的基本操作内容

作为现代生物工程的关键技术，基因工程的主体战略思想是外源基因的稳定高效表达。为达到此目的，可从以下 4 个方面考虑。
① 利用载体 DNA 在受体细胞中独立于染色体 DNA 而自主复制的特性，将外源基因与载体分子重组，通过载体分子的扩增提高外源基因在受体细胞中的剂量，借此提高其宏观表达水平。这里涉及 DNA 分子高拷贝复制以及稳定遗传的分子遗传学原理。
② 筛选、修饰和重组启动子、增强子、操作子、终止子等基因的转录调控元件，并将这些元件与外源基因精细拼接，通过强化外源基因的转录提高其表达水平。
③ 选择、修饰和重组核糖体结合位点及密码子等 mRNA 的翻译调控元件，强化受体细胞中蛋白质的生物合成过程。上述两点均涉及基因表达调控的分子生物学原理。
④ 基因工程菌（细胞）是现代生物工程中的微型生物反应器，在强化并维持其最佳生产效能的基础上，从工程菌（细胞）大规模培养的工程和工艺角度切入，合理控制微型生物反应器的增殖速度和最终数量，也是提高外源基因表达产物产量的主要环节，这里涉及的是生物化学工程学的基本理论体系。因此，分子遗传学、分子生物学以及生化工程学是基因工程原理的三大基石。

第四节 基因工程的意义与发展前景

一、基因工程的意义

近半个世纪的分子生物学和分子遗传学研究结果表明，基因是控制一切生命运动的物质形式。基因工程的本质是按照人们的设计蓝图，将生物体内控制性状的基因进行优化重组，并使其稳定遗传和表达。这一技术在超越生物王国种属界限的同时，简化了生物物种的进化程序，大大加快了生物物种的进化速度，最终将人类生活品质提高到一个新的水平。因此，基因工程诞生的意义毫不逊色于有史以来的任何一次技术革命。

概括地讲，基因工程研究与发展的意义体现在以下 3 个方面：第一，大规模生产生物分子。利用细菌（如大肠杆菌等）基因表达调控机制相对简单和生长速度较快等特点，令其超量合成其他生物体内含量极微但却具有较高经济价值的生化物质。第二，设计构建新物种。借助于基因重组、基因定向诱变甚至基因人工合成技术，创造出自然界中不存在的生物新性状乃至全新物种。第三，搜寻、分离和鉴定生物体尤其是人体内的遗传信息资源。目前，日趋成熟的重组 DNA 技术已能使人们获得全部生物的基因组，并迅速确定其相应的生物功能。

二、基因工程的发展前景

基因工程自问世以来，显示出了巨大的活力，推动社会生产力迅速发展。21 世纪，基因工程的前景将更加灿烂辉煌。各国决策者从战略上竞相拟订宏伟的基因工程研究发展计划，以争取主动权。一些有远见的企业家将越来越看重基因工程相关产业的发展，投入巨资开发基因工程产品。并且由于国家的重视和社会的需要，将会有一大批高能力的科技工作者参与基因工程研究。今后一段时间内，基因工程将重点开展基因组学、基因工程药物、动植物生物反应器、动植物精准育种、基因治疗和环保等方面的研究，这些方面的研究、开发，对人类生活质量的全面改善、健康水平的全面提高、人类赖以生存的环境从根本上得到优化具有重要的作用和深远的意义。

本章小结

基因工程是遗传工程的重要组成部分，是在分子水平上进行的遗传操作，将一种或多种生物体（供体）的基因或基因组提取出来，或者人工合成的基因，按照人们的愿望，经过设计、体外加工重组，转移到另一种生物体（受体）的细胞内，使之能在受体细胞遗传并获得新的遗传性状的技术。现代分子生物学领域理论上的三大发现及技术上的三大发明对基因工程的诞生起了决定性作用。理论上的三大发现：一是证实了 DNA 是生物的遗传物质；二是揭示了 DNA 分子的双螺旋结构模型和半保留复制机理；三是遗传密码的破译和遗传信息传递方式的确定。技术上的三大发明：一是限制性核酸内切酶的发现与 DNA 的切割；二是 DNA 连接酶的发现与 DNA 片段的连接；三是基因工程载体的研究与应用。基因工程是 1973 年诞生的，随后经历了艰难、逐渐成熟、迅速发展和基因定点编辑 4 个发展阶段。

基因工程研究的内容目前已扩展到许多方面，主要包括：①基础研究；②基因工程克隆和表达载体的研究；③基因工程受体系统的研究；④目的基因研究；⑤生物基因组学研究；⑥基因功能研究；⑦基因工程应用研究。基因工程的研究和开发，对人类生活质量的全面改善、健康水平的全面提高、人类赖以生存的环境从根本上得到优化具有重要的作用和深远的意义。

思考题

1. 什么是基因工程？
2. 基因工程诞生的理论基础是什么？
3. 基因工程研究的发展可分为几个阶段？各阶段的特征是什么？
4. 基因工程研究的内容是什么？
5. 基因工程的意义和发展前景如何？

第一章 基因工程工具酶

基因工程的操作是在分子水平上的操作，如 DNA 分子的制备、DNA 片段的切割与连接、核酸探针的标记和 cDNA 的合成等，都需要使用一系列功能各异的核酸酶来完成，所以把这些酶称为工具酶。基因工程的工具酶种类繁多、功能各异，主要包括限制性核酸内切酶（简称"限制酶"）、聚合酶、连接酶、修饰酶和核酸酶等五大类。其中，以限制性核酸内切酶和 DNA 连接酶在基因克隆中的作用最为突出。工具酶是对野生原核生物菌株或真核生物如酵母进行改造、优化而产生的生物工程产品。随着越来越多的酶分子被发现，其序列被克隆并开发成为商品，而使工具酶的数量和用途不断增加，这不仅简化了分子克隆的操作，而且拓宽了研究领域。

第一节 限制性核酸内切酶

一、寄主细胞的限制与修饰现象

在 20 世纪 50 年代，人们在研究噬菌体的寄主范围时，发现了这样一种现象：在不同大肠杆菌菌株（如 K 菌株和 B 菌株）上生长的 λ 噬菌体（分别称为 λ.K 和 λ.B）能高频感染它们各自的大肠杆菌寄主细胞，但当它们分别与其寄主菌交叉混合培养时，则感染频率普遍下降。一旦 λ.K 在 B 菌株中感染成功，由 B 菌株繁殖出的噬菌体的后代便能像 λ.B 一样高频感染 B 菌株，但却不再感染它原来的寄主 K 菌株（图 1-1）。这种现象称为寄主细胞的限制（restriction）与修饰（modification）现象。

研究发现，限制与修饰系统与 3 个连锁基因有关。其中，$hsdR$ 编码限制性核酸内切酶，它能识别 DNA 分子上的特定位点并将双链 DNA 切断；$hsdM$ 的编码产物是 DNA 甲基化酶，使 DNA 分子特定位点上的碱基甲基化，即起修饰 DNA 的作用，由于限制性核酸内切酶无法识别甲基化的序列，从而保护了自身

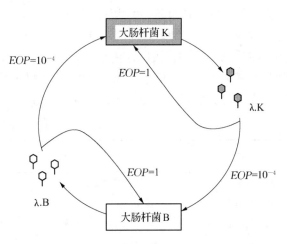

图 1-1 大肠杆菌寄主控制的限制与修饰系统
[图中数字表示生长在不同寄主中的 λ 噬菌体的成斑率（efficiency of plating, EOP）。在大肠杆菌 K 菌株上生长的 λ 噬菌体用 λ.K 表示，在大肠杆菌 B 菌株上生长的 λ 噬菌体用 λ.B 表示]

DNA 分子；而 $hsdS$ 表达产物的功能则是协助上述两种酶识别特殊的作用位点。大肠杆菌 K 菌株和 B 菌株中含有各自不同的限制与修饰系统，λ.K 和 λ.B 分别长期寄生在大肠杆菌的 K 菌株和 B 菌株中，寄主细胞内的甲基化酶已将其染色体 DNA 和噬菌体 DNA 特异性保护，封闭了自身所产生的限制性核酸内切酶的识别位点。当外来 DNA 入侵时，便遭到寄主限制性核酸内切酶的特异性降解，在降解过程中，偶尔会有极少数的外来 DNA 分子幸免于难，它们得以在寄主细胞内复制，并在复制过程中被寄主的甲基化酶修饰。此后，入侵噬菌体的子代便能高频感染同一寄主菌，但却丧失了在其原

来寄主细胞中的存活力,因为它们在接受新寄主甲基化酶修饰的同时,也丧失了原寄主菌甲基化修饰的标记。

寄主细胞的限制与修饰现象广泛存在于原核细菌中,它有两方面的作用:一是保护自身 DNA 不受限制;二是破坏入侵的外源 DNA,使之降解。细菌正是利用限制与修饰系统来区分自身 DNA 与外源 DNA 的。外源 DNA 可以通过多种方式进入某一生物体内,但是它必须被修饰成受体细胞的限制性核酸内切酶无法辨认的结构形式,才能在寄主细胞内得以生存,否则会很快被破坏。因此在基因工程中,常采用缺少限制作用的菌株作为受体,以保证基因操作的顺利完成。例如,大肠杆菌 K12 限制与修饰系统的遗传分析揭示 K12 菌株有以下四种表型:

(1) $r_k^+ m_k^+$　野生型,具有完整的限制和修饰功能。

(2) $r_k^- m_k^+$　限制缺陷型,不能降解外源 DNA,但具有修饰功能。这类突变株经常用于转化实验。

(3) $r_k^- m_k^-$　限制和修饰缺陷型,既无限制功能,又无修饰功能。这类突变株也常用于转化实验。

(4) $r_k^+ m_k^-$　修饰缺陷型,缺乏修饰自身 DNA 的功能,但具有限制功能,故也称为自杀性表型(suicide phenotype)。

几乎所有的细菌都能产生限制性核酸内切酶,事实上正是由于该酶的发现,才使我们对基因的操作成为可能,这是跨时代的突破。为此,在发现限制性核酸内切酶工作中做出突出贡献的科学家 W. Arber、H. Smith 和 D. Nathans 荣获了 1978 年诺贝尔生理学或医学奖。

二、限制性核酸内切酶的类型

限制性核酸内切酶是一类能够识别双链 DNA 分子中的某种特定核苷酸序列,并由此切割 DNA 双链结构的核酸内切酶,切断的双链 DNA 都具有 5′磷酸基和 3′羟基末端。不同类型的限制性核酸内切酶的特性见表 1-1。限制性核酸内切酶数据库 REBASE(http://rebase.neb.com)是限制性核酸内切酶和相关蛋白质的信息集合,可以查询限制性核酸内切酶的识别位点和切割位点、甲基化专一性和参考文献等。REBASE 每天更新,而且还在不断扩展。

表 1-1　限制性核酸内切酶的类型及其特性

性　质	Ⅰ型	Ⅱ型	Ⅲ型
酶分子的结构与功能	三亚基多功能酶	单一功能的酶	二亚基双功能酶
限制与修饰作用的关系	酶蛋白同时具有甲基化作用	酶蛋白不具有甲基化作用	酶蛋白同时具有甲基化作用
限制作用的辅助因子	ATP、Mg^{2+}、SAM	Mg^{2+}	ATP、Mg^{2+}、SAM
识别序列	特异性,非对称序列	特异性,旋转对称序列	特异性,非对称序列
切割位点	距识别序列至少 1 000 bp	在识别序列内部或附近	在识别序列下游 24~26 bp 处
切割方式	随机切割	特异切割	特异切割
在基因克隆中用途	无应用价值	应用广泛	用处不大

注:SAM 为 S-腺苷甲硫氨酸。

M. Meselson 和 R. Yuan(1968)最早从大肠杆菌的限制与修饰系统中分离到限制性核酸内切酶,这种酶后来被命名为Ⅰ型限制性核酸内切酶。它是一种复合功能酶,兼具修饰和切割 DNA 两种特性,需要 ATP、Mg^{2+} 和 S-腺苷甲硫氨酸(SAM)等辅助因子。Ⅰ型限制性核酸内切酶具有核酸内切酶、甲基化酶、ATP 酶和 DNA 解旋酶四种活性,若酶的识别位点上两条 DNA 链均未甲基化,就行使内切酶功能,并在切割 DNA 同时或以后转变为 ATP 酶;若位点上只有一条链被甲基化,则发挥修饰功能，使另一条链也甲基化；若位点上 DNA 两条链均已甲基化，就与位点解离。它的显著特点是能识别 DNA 分子中特定的核苷酸序列，如 *Eco*B 识别 TGANNNNNNNNTGCT 序列，*Eco*K 识别 AACNNNNNNGTGC 序列，但切割作用却是随机进行的，一般在距离识别位点上千碱基对以外的随机位置上切割，不产生特异片段。因此，Ⅰ型限制性核酸内切酶在基因操作中没有实用价值。

1970 年，H. O. Smith 和 K. W. Wilcox 首先从流感嗜血杆菌（*Haemophilus influenzae*）中分离出第一个Ⅱ型限制性核酸内切酶 *Hind*Ⅱ。与Ⅰ型限制性核酸内切酶相比，Ⅱ型限制性核酸内切酶的特点是只有一种多肽，它与甲基化酶是分开的两种蛋白质。Ⅱ型限制性核酸内切酶仅需要 Mg^{2+}，可识别双链 DNA 分子上的特定序列，并且其切割位点与识别位点重叠或靠近，产生具有一定长度的 DNA 片段，因此在基因克隆中广泛使用。在基因工程中常用的限制性核酸内切酶均为Ⅱ型限制性核酸内切酶。

Ⅲ型限制性核酸内切酶是由两个亚基组成的蛋白质复合物，具有限制与修饰双重作用，其中 M 亚基负责位点的识别与修饰，R 亚基具有核酸酶活性，酶的切割作用需要 ATP、Mg^{2+} 和 S-腺苷甲硫氨酸等辅助因子。修饰作用与限制作用取决于两个亚基之间的竞争，修饰位点在识别序列内，切割位点则在识别序列一侧的若干碱基对处，无序列特异性，只与识别位点的距离有关，而且不同酶的这一距离不同。例如，*Eco*PⅠ识别 AGACC 序列，切割位点在其 3′端 24～26 bp 处。在基因克隆中很少使用Ⅲ型限制性核酸内切酶。

除了Ⅰ、Ⅱ、Ⅲ型限制性核酸内切酶之外，在 20 世纪 80 年代又发现了其他类型的限制性核酸内切酶。

三、限制性核酸内切酶的命名

迄今为止，已发现了大量的限制性核酸内切酶，其中许多酶已经应用于基因操作中，因此需要统一的命名。目前普遍采用的是 H. O. Smith 和 D. Nathans（1973）提议的命名系统，主要内容是：

① 酶的基本名称由具有某种限制性核酸内切酶有机体属名的第一个字母（大写）和种名的前两个字母（小写）组成，注意斜体书写。

② 如果酶存在于一种特殊的菌株中，则将株名的第一个字母（大小写，根据原来的情况而定）加在基本名称之后；若酶的编码基因位于噬菌体（病毒）或质粒上，则用一个大写字母表示此染色体外遗传成分。

③ 如果一种特殊的菌株中具有几个不同的限制和修饰系，则以罗马数字表示在该菌株中发现某种酶的先后次序。

例如，从流感嗜血杆菌 d 株（*Haemophilus influenzae* d）中先后分离到 3 种限制性核酸内切酶，则分别命名为 *Hind*Ⅰ、*Hind*Ⅱ和 *Hind*Ⅲ；*Eco*RⅠ表示在 *Escherichia coli* 中的抗药性 R 质粒上发现的第一个酶。

④ 所有的限制性核酸内切酶，除了以上名称外，前面还冠以系统名称。限制性核酸内切酶的系统名称为 R，甲基化酶为 M。例如 R.*Hind*Ⅲ表示限制性核酸内切酶，相应的甲基化酶用 M.*Hind*Ⅲ表示。但在实际应用中，尤其是在上下文已交代得很清楚时，限制性核酸内切酶的系统名称 R 常被省略。

四、Ⅱ型限制性核酸内切酶的基本特性

Ⅱ型限制性核酸内切酶是一类分子质量较小的单体蛋白，其识别与切割活性仅需要 Mg^{2+}，且识别与切割的序列有严格特异性，因而在基因克隆实验中被广泛使用。

（一）Ⅱ型限制性核酸内切酶的识别序列

大多数Ⅱ型限制性核酸内切酶的识别序列长度为4～6个碱基对，而且具有双重旋转对称的回文结构（palindromic sequence）。例如 EcoRⅠ 的识别序列是：

$$5'-GAATTC-3'$$
$$3'-CTTAAG-5'$$

对称轴位于第三位和第四位碱基之间；对于由5对碱基组成的识别序列而言，其对称轴为中间的1对碱基。有少数的限制性核酸内切酶可识别6个以上的核苷酸序列，称为稀有切割限制酶，如 NotⅠ（GCGGCCGC）。

有些Ⅱ型限制性核酸内切酶的识别序列中，某一或二位碱基并非严格专一，例如，HindⅡ 可识别核苷酸序列：$5'-GTYRAC-3'$，其中，Y 表示嘧啶碱基 C 或 T，R 表示嘌呤碱基 A 或 G，即 HindⅡ 的识别序列共有4种。所以说这种不专一性并不影响限制性核酸内切酶和甲基化酶的作用位点，只是增加了酶在 DNA 分子上的识别与作用频率。

从表1-2中可以看出，Ⅱ型限制性核酸内切酶的识别序列（又称为靶位点）是多种多样的。假如 DNA 分子中的4种碱基都以相同的频率出现，且在 DNA 分子上随机排列，则其中某种限制性核酸内切酶识别序列出现的频率为 $1/4^n$，n 为识别序列的核苷酸数目。对于识别序列为4个核苷酸的酶，平均每 4^4（＝256）个核苷酸长度就会出现一个靶位点；而6个核苷酸识别序列出现的概率为 $1/4^6$（＝1/4 096）。因此，识别序列长度不同的酶，对 DNA 分子的随机切割频率也不同。此外，DNA 碱基成分也是影响限制性核酸内切酶切割频率的重要因素之一。例如野生型 λ 噬菌体 DNA 约为 49 502 bp，理论上识别序列为6个核苷酸的限制性核酸内切酶应具有12个识别位点，可实际上 BglⅡ 有6个切割位点，BamHⅠ 有5个，EcoRⅠ 有5个，SalⅠ 只有2个，其原因有二，一是核苷酸并非随机排列，二是 G+C 含量不足 50%。

表1-2 部分限制性核酸内切酶的识别序列

酶名称	识别序列	酶名称	识别序列
（1）产生5'突出末端的限制性核酸内切酶		Bsu36Ⅰ	CC↓TNAGG
AccⅠ	GT↓MKAC	ClaⅠ	AT↓CGAT
AccⅢ	T↓CCGGA	Csp45Ⅰ	TT↓CGAA
ApyⅠ	CC↓WGG	DdeⅠ	C↓TNAG
AsuⅠ	G↓GNCC	EcoRⅠ	G↓AATTC
AsuⅡ	TT↓CGAA	EcoRⅡ	↓CCWGG
AtuⅡ	CC↓WGG	Fnu4HⅠ	GC↓NGC
AvaⅠ	C↓YCGRG	HinfⅠ	G↓ANTC
AvaⅡ	G↓GWCC	HindⅢ	A↓AGCTT
AvrⅡ	C↓CTAGG	HpaⅡ	C↓CGG
BamHⅠ	G↓GATCC	MboⅠ	↓GATC
BclⅠ	T↓GATCA	MspⅠ	C↓C^{m}GG
BglⅡ	A↓GATCT	NcoⅠ	C↓CATGG
BssHⅡ	G↓CGCGC	SalⅠ	G↓TCGAC
BstEⅡ	G↓GTNACC	Sau3AⅠ	↓GATC
BstNⅠ	CC↓WGG	Sau96Ⅰ	G↓GNCC
BstZⅠ	C↓GGCCG	SinⅠ	G↓GWCC

(续)

酶名称	识别序列	酶名称	识别序列
SpeⅠ	A↓CTAGT	(3) 产生平头末端的限制性核酸内切酶	
TaqⅠ	T↓CGA	AccⅡ	CG↓CG
XbaⅠ	T↓CTAGA	AfaⅠ	GT↓AC
XhoⅠ	C↓TCGAG	AluⅠ	AG↓CT
XhoⅡ	R↓GATCY	AosⅠ	TGC↓GCA
XmaⅠ	C↓CCGGG	BalⅠ	TGG↓CCA
XmaⅢ	C↓GGCCG	DpnⅠ	G^{m}A↓TC
XpaⅠ	C↓TCGAG	DraⅠ	TTT↓AAA
(2) 产生3′突出末端的限制性核酸内切酶		EcoRⅤ	GAT↓ATC
AatⅡ	GACGT↓C	FnuDⅡ	CG↓CG
ApaⅠ	GGGCC↓C	HaeⅢ	GG↓CC
BglⅠ	GCCNNNN↓NGGC	HincⅡ	GTY↓RAC
BstXⅠ	CCANNNNN↓NTGG	HindⅡ	GTY↓RAC
CfoⅠ	GCG↓C	HpaⅠ	GTT↓AAC
HaeⅡ	RGCGC↓Y	MstⅠ	TGC↓GCA
HhaⅠ	GCG↓C	NacⅠ	GCC↓GGC
KpnⅠ	GGTAC↓C	NruⅠ	TCG↓CGA
MnlⅠ	CCTCNNNNNNN↓	PvuⅡ	CAG↓CTG
PstⅠ	CTGCA↓G	RsaⅠ	GT↓AC
PvuⅠ	CGAT↓CG	ScaⅠ	AGT↓ACT
SacⅠ	GAGCT↓C	SmaⅠ	CCC↓GGG
SacⅡ	CCGC↓GG	SspⅠ	AAT↓ATT
SphⅠ	GCATG↓C	StuⅠ	AGG↓CCT
SstⅠ	GAGCT↓C	SwaⅠ	ATTT↓AAAT
SstⅡ	CCGC↓GG	ThaⅠ	CG↓CG
XorⅡ	CGATC↓G		

注：识别序列中采用了标准的多义碱基缩写符号[国际生化联合命名委员会（NC-IUB），1985]，即R=G或A，Y=C或T，M=A或C，K=G或T，W=A或T，N=A、T、G或C。切割位点用↓表示。

（二）切割方式

已知大多数Ⅱ型限制性核酸内切酶均在其识别位点内部切割双链DNA，水解磷酸二酯键中3′端的酯键，产生3′端为羟基、5′端为磷酸基团的片段。切割后形成3种不同末端结构的DNA片段：①在识别序列的对称轴上同时切割，形成平头末端（blunt end），如EcoRⅤ；②在识别序列的双侧末端进行切割，若于对称轴的5′末端切割，可产生5′端突出的末端，如EcoRⅠ；③在识别序列的双侧末端进行切割，若于对称轴的3′末端切割，则产生3′端突出的末端，如PstⅠ（图1-2）。任何一种Ⅱ型限制性核酸内切酶产生的两个突出末端，都能在适当温度下退火互补，因此这种末端称为黏性末端（cohesive end）。

有些限制性核酸内切酶的识别序列为间断型回文结构，酶的切割位点定位于核苷酸N中，像BglⅠ（GCCNNNN↓NGGC）、DdeⅠ（C↓TNAG）、SfiⅠ（GGCCNNNNN↓NGGCC）和XmnⅠ（GAANN↓NNTTC）等。

限制性核酸内切酶识别的靶序列与DNA来源无关，也就是说没有种的特异性。所以，任何不同来源的DNA，经过适当的限制性核酸内切酶处理后，都可以通过它们的黏性末端或平头末端连接起

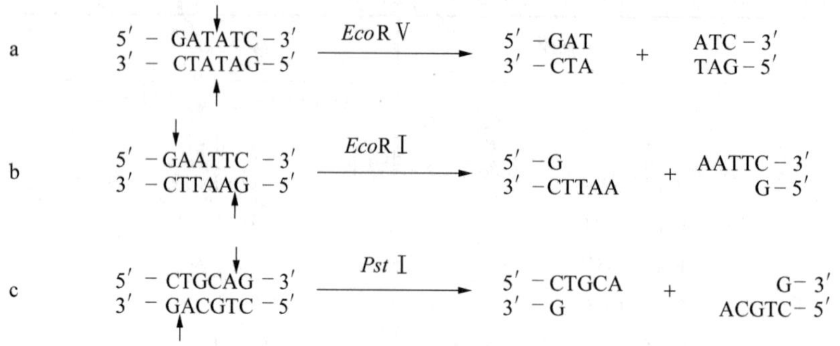

```
       ↓
a    5′ — GATATC — 3′    EcoR V      5′ — GAT         ATC — 3′
     3′ — CTATAG — 5′   ─────────→   3′ — CTA    +    TAG — 5′
             ↑

       ↓
b    5′ — GAATTC — 3′    EcoR I      5′ — G           AATTC — 3′
     3′ — CTTAAG — 5′   ─────────→   3′ — CTTAA  +    G — 5′
             ↑

             ↓
c    5′ — CTGCAG — 3′    Pst I       5′ — CTGCA       G — 3′
     3′ — GACGTC — 5′   ─────────→   3′ — G      +    ACGTC — 5′
       ↑
```

图 1-2 限制性核酸内切酶的切割方式
a. 平头末端   b. 5′突出末端   c. 3′突出末端

来。这是 DNA 分子重组的重要基础之一。根据这一特性，我们才能够将任意两个不同来源的 DNA 片段连接，构成一种新的重组 DNA 分子。

有些不同微生物来源的酶能识别相同的序列，切割方式相同或不同，这些酶称为同位酶（isoschizomer），其中识别位点与切割位点均相同的不同来源的酶称为同裂酶。例如 *Sma* I（CCC↓GGG）和 *Xma* I（C↓CCGGG），识别序列相同，但切割位点不同，前者产生平头末端，后者产生黏性末端；*Hpa* II 与 *Msp* I 的识别序列和切割位点都相同（C↓CGG），它们是一对同裂酶，但 *Msp* I 还可以识别已甲基化的序列 C^{m}CGG。

另外，还有一些限制性核酸内切酶，它们来源各异，识别序列也各不相同，但切割后产生相同的黏性末端，称之为同尾酶（isocaudarner）（表 1-3）。显然，由两种同尾酶切割产生的黏性末端可以彼此连接，如 *Bam*H I（5′-G↓GATCC-3′）与 *Bgl* II（5′-A↓GATCT-3′）的酶切片段可以重新连接起来。

表 1-3 产生相同黏性末端的限制性核酸内切酶

组别	限制性核酸内切酶	切割位点	组别	限制性核酸内切酶	切割位点
1	*Sau*3A I	↓GATC	7	*Taq* I	T↓CGA
	*Bam*H I	G↓GATCC		*Hpa* II	C↓CGG
	Bcl I	T↓GATCA		*Sci*N I	G↓CGC
	Bgl II	A↓GATCT		*Acc* I	GT↓MKAC
	Xho II	R↓GATCY		*Acy* I	GR↓CGYC
2	*Bss*H II	G↓CGCGC		*Asu* II	TT↓CGAA
	Mlu I	A↓CGCGT		*Cla* I	AT↓CGAT
3	*Sal* I	G↓TCGAC		*Nar* I	GG↓CGCC
	Xho I	C↓TCGAG	8	*Hgi*A I	GTGCA↓C
4	*Nsp* I	RCATG↓Y		*Pst* I	CTGCA↓G
	Sph I	GCATG↓C	9	*Bde* I	GGCGC↓C
5	*Cfr* I	Y↓GGCCR		*Hae* II	RGCGC↓Y
	Xma III	C↓GGCCG	10	*Mae* I	C↓TAG
	Ban II	G↓GGCCC		*Mse* I	T↓TAA
	Not I	GC↓GGCCGC		*Nde* I	CA↓TATG
6	*Nco* I	C↓CATGG		*Vsp* I	AT↓TAAT
	*Bsp*H I	T↓CATGA			

注：识别序列中采用了标准的多义碱基缩写符号［国际生化联合命名委员会（NC-IUB），1985］，即 R=G 或 A，Y=C 或 T，M=A 或 C，K=G 或 T。切割位点用 ↓ 表示。

（三）Ⅱ型限制性核酸内切酶不具有甲基化功能

与Ⅰ型和Ⅲ型限制性核酸内切酶不同，Ⅱ型限制性核酸内切酶的甲基化修饰活性由相应的甲基化酶承担。它们识别相同的 DNA 序列，但是作用不同。如 EcoRⅠ限制性核酸内切酶与 EcoRⅠ甲基化酶，两者均识别 GAATTC 序列，而前者能对靶序列进行切割（G↓AATTC），后者的作用是使第二个 A 甲基化。目前已经分离到许多Ⅱ型限制性核酸内切酶与其对应的甲基化酶。

（四）Ⅱ型限制性核酸内切酶对单链 DNA 的切割

虽然限制性核酸内切酶定义为切割双链 DNA 特异位点的酶，但实际上仍有一些限制性核酸内切酶，除双链 DNA 外，还可以特异识别并切割单链 DNA 的相应位点，只是切割效率比较低。如对于单链噬菌体 φX174 和 M13mp18 DNA，HhaⅠ、HinPⅠ和 MnlⅠ切割单链 DNA 比切割双链 DNA 效率低 50%。

五、Ⅱ型限制性核酸内切酶的反应条件

（一）标准酶解体系的建立

一个单位的限制性核酸内切酶定义为：在合适的温度和缓冲液中，在 50 μL 反应体系中，1 h 完全降解 1 μg 底物 DNA 所需要的酶量。对于大量 DNA 的酶解，反应体积可按比例适当扩大。加入过量的酶，可以缩短反应时间并达到完全酶解的效果，但是加入的酶过量，其贮存液中的甘油会影响反应，而且许多限制性核酸内切酶过量本身可导致识别序列的特异性下降，所以一般推荐稍过量的酶（2～5 倍）和较长的反应时间。

（二）酶解过程

1. 酶解体系　在保证酶液体积不超过反应总体积 10% 的前提下，尽量减小反应总体积。一般是在反应体系的其他成分加入后，最后加酶。

2. 混匀　可用移液枪反复吹打几次，或用手指轻弹管壁，使酶切反应体系中所有成分充分混匀。若底物 DNA 分子质量很大，如基因组 DNA，应避免强烈振荡，否则会导致 DNA 大分子断裂，还可使酶变性。混匀后用微量高速离心机进行短暂离心，使管壁上吸附的液体全部沉至管底。

3. 反应终止　终止酶反应的方法如下：

① 若 DNA 酶切后不需进行下一步的酶反应时，可加入乙二胺四乙酸（EDTA）至终浓度 10 mmol/L，通过螯合限制性核酸内切酶的辅助因子 Mg^{2+} 而终止反应；或加入十二烷基硫酸钠（SDS）至终浓度 0.1%（质量体积分数），使酶变性而终止反应。

② 若 DNA 酶解后仍需进行下一步反应（如连接或限制酶反应等），可将酶解溶液于 65 ℃水浴中保温 20 min，通过加热使酶失活，但这种方法只适合于大多数最适反应温度为 37 ℃的限制性核酸内切酶，对有些酶不能使之完全失活，如 AccⅢ、BclⅠ、BstNⅠ、BstXⅠ和 TaqⅠ等。

③ 用酚-氯仿抽提，然后用乙醇沉淀，此法最为有效而且有利于下一步操作。

4. 酶解结果鉴定　酶解完成后，不必立即终止反应，先取出适量反应液进行快速的微型琼脂糖凝胶电泳。在紫外灯下观察酶解结果后，再决定是否终止反应。

（三）限制性核酸内切酶对 DNA 分子的不完全酶解

如果一种限制性核酸内切酶对 DNA 分子上所有识别的位点能够全部酶解，切割反应达到了这样的片段化水平，我们称之为完全的酶切消化作用。然而实际上有时限制性核酸内切酶对 DNA 分子的完全消化作用是达不到的，称为不完全的酶切消化作用。这类不完全的酶切消化作用可以获得平均分子质量大小有所增加的酶解片段，这对于构建物理图谱和基因组文库是非常必要的。在实验中，进行局部酶解的方法有减少酶量、增加反应体积、缩短反应时间和降低反应温度等。

（四）限制性核酸内切酶酶解反应中的注意事项

限制性核酸内切酶切割 DNA 是基因重组技术中的基本环节，酶解反应正确与否，直接关系到整个实验的成败。因此在操作过程中，应注意下列问题：

① 大多数厂家供应的限制性核酸内切酶为浓缩液。通常 1 单位的酶液足以在 1 h 内消化 10 μg DNA。当需要消化的底物 DNA 量较小、只需少量酶液时，可用一次性移液器吸头轻轻接触液面，这样取出的酶约为 0.1 μL。

② 浓缩的酶液可在使用前用 1× 限制性核酸内切酶缓冲液稀释（不能用水稀释，以免酶变性），稀释的酶液不能保存过长时间，要尽快用完。

③ 限制性核酸内切酶在含 50% 甘油的缓冲液中，于 -20 ℃ 下保存稳定。一般总是在其他试剂加完后，再加入限制性核酸内切酶。将酶从冰箱中取出后，应置于冰中。每次取酶必须使用新的无菌吸头。应尽快操作，尽可能缩短酶在冰箱外放置的时间，用完后立即放回。

④ 限制性核酸内切酶应分装成小份，避免反复冻融。

⑤ 反应中尽可能少加水，使反应体积降到最小。但要确保酶体积不超过反应总体积的 1/10，否则酶液中的甘油会限制酶的活性。

⑥ 通常延长反应时间，可使所需的酶量减少。当切割大量 DNA 时，这样做比较节约。

⑦ 当用同一种酶切割多个 DNA 样品时，可先计算出所需酶的总量（考虑到转移过程中的损失，实际使用的酶量比计算数值稍过量），然后取出酶并用相应的 1× 限制性核酸内切酶缓冲液稀释，再将酶稀释液分别加入不同的 DNA 样品中。

六、影响限制性核酸内切酶活性的因素

1. 酶的纯度　高质量的限制性核酸内切酶要求不存在其他核酸内切酶或外切酶的污染，长时间酶解不出现识别顺序特异性的下降，酶解的 DNA 片段连接后能重新被识别和切割等。

2. DNA 样品的纯度　用限制性核酸内切酶消化 DNA 的反应速率，很大程度上取决于所使用 DNA 样品的纯度。如果样品中含有蛋白质、氯仿、苯酚、乙醇、乙二胺四乙酸、十二烷基硫酸钠和高浓度的盐离子等物质，即使这些物质微量存在也可能影响酶的活性，因此应该去除它们。在有些 DNA 制剂中，特别是按微量碱法制备的 DNA 样品，会有少量 DNA 酶（DNase）的污染，它能将 DNA 迅速降解。所以高纯度的 DNA 样品对于酶解反应是必需的。

3. DNA 的甲基化程度　原核生物细胞内存在限制与修饰系统，其中甲基化酶对 DNA 起修饰作用，从而使自身 DNA 不受体内限制性核酸内切酶的切割，由此可见，甲基化作用直接影响限制性核酸内切酶的活性。已知在大肠杆菌的绝大多数菌株体内，都存在着两种 DNA 甲基化酶：一种是 DNA 腺嘌呤甲基化酶（DNA adenine methylase，dam），催化 GATC 序列中的腺嘌呤 N^6 位置上的甲基化；另一种是 DNA 胞嘧啶甲基化酶（DNA cytosine methylase，dcm），催化 CCAGG 或 CCTGG 序列中的胞嘧啶 C^5 位置上的甲基化。因此从正常的大肠杆菌菌株中分离出来的质粒 DNA，都混有微量的甲基化酶，影响限制性核酸内切酶的消化作用。为了克服这种影响，在基因克隆中使用甲基化酶缺失的大肠杆菌菌株制备质粒 DNA。

限制性核酸内切酶不能切割甲基化的核苷酸序列，这一特性在某些情况下具有特殊用途：①改变某些限制性核酸内切酶的识别序列。例如限制性核酸内切酶 R. Hind Ⅱ 识别简并序列 GTYRAC，其中 Y 表示嘧啶碱基 C 或 T，R 表示嘌呤碱基 A 或 G；而甲基化酶 M. Taq Ⅰ 可以识别其中的一种序列 GTCGAC，并使腺嘌呤甲基化，因此含有这一序列的识别位点 GTCG^{m}AC 不能再被 R. Hind Ⅱ 切割，

从而改变了其切割特异性。②产生新的限制性核酸内切酶识别序列。某些腺嘌呤甲基化酶与依赖于甲基化的限制性核酸内切酶（TaqⅠ）联合使用，产生的序列不能被原来的酶切割，但是能被其他酶（DpnⅠ）识别。如：

$$
\begin{array}{ccc}
\text{-TCGATCGA-} & \text{M.}\,Taq\,\text{I} & \text{-TCG}^m\text{ATCG}^m\text{A-} \\
\text{-AGCTAGCT-} & \longrightarrow & \text{-AGCTAGC T-} \\
Taq\,\text{I} & & Dpn\,\text{I}
\end{array}
$$

③ 保护限制性核酸内切酶的切点。在使用 DNA 接头进行连接时，必须将待连接的 DNA 片段进行甲基化处理，以保证其不被切断。④利用一些同裂酶对甲基化的敏感性不同，研究细胞 DNA 位点专一性甲基化的程度和分布。例如，HpaⅡ 和 MspⅠ 均可识别 CCGG，当该序列中的胞嘧啶残基被甲基化后，HpaⅡ 不能切割，但 MspⅠ 还能识别甲基化后的该序列。

4. 酶切反应的温度与时间　对于大多数限制性核酸内切酶，最适反应温度为 37 ℃，但也有例外，如 SmaⅠ 的最适反应温度是 25 ℃，BclⅠ 是 50 ℃，TaqⅠ 是 65 ℃。酶切反应时低于或高于最适温度，都会影响酶的活性，甚至使酶失活。

酶解时间可通过加大酶量而缩短，反之酶量较少时，可通过延长酶解时间以达到完全酶解 DNA 的目的。在标准反应条件与体系下，16 h 内，0.13 单位的 ApaⅠ、HindⅢ 和 EcoRⅠ，0.25 单位的 KpnⅠ 及 0.5 单位 PstⅠ，可完全酶解 1 μg λ 噬菌体 DNA（λDNA）。不同 DNA 底物在一定酶量和一定时间内，其酶解效率不一。这些可以根据 DNA 底物上酶切位点的多少，与 λDNA 存在位点的数目进行比较后，再决定酶量和酶解时间。

5. DNA 分子的构型　不同构型 DNA 分子在进行限制性核酸内切酶酶切反应时条件不同，例如超螺旋质粒 DNA 或病毒 DNA 酶解所需要的酶量，比线性 DNA 酶解所需要的酶量高很多，甚至可高达 20 倍。另外，有些限制性核酸内切酶对于同一 DNA 分子上不同位置的识别序列，切割效率明显不同，例如 EcoRⅠ 对 λDNA 的 5 个靶位点的切割速率不一样，其中在 DNA 左侧的位点比中间位点的切割速率快 10 倍。最常见到这种现象的是 HindⅢ 对 λDNA 的切割，其中 4.3 kb 带的着色往往比 2.3 kb 带甚至 2.0 kb 带的还浅，这是由于该位点的切割速率大大低于其他位点的切割速率（约为其他位点切割速率的 1/14）。注意在用 λDNA/HindⅢ 分子质量标准估计实验样品的 DNA 浓度时，尽量不以 4.3 kb 的带型深浅作对照。据推测，这种底物位点优势效应的产生可能与侧翼序列的核苷酸成分及 DNA 空间结构有关。

6. 限制性核酸内切酶的反应缓冲液　目前，许多限制性核酸内切酶在出售时都配有 10× 的浓缩缓冲液，缓冲液的主要成分包括 Tris-HCl、NaCl 或 KCl 和 Mg^{2+}。酶活性的正常发挥，需要 Mg^{2+} 作辅助因子。对于大多数酶，反应所需的 pH 为 7.0～7.6。不同的酶对离子强度要求不同，据此缓冲液分为 3 种：低盐缓冲液 L（10 mmol/L NaCl）、中盐缓冲液 M（50 mmol/L NaCl）和高盐缓冲液 H（100 mmol/L NaCl）。另外，在缓冲液中添加 β-巯基乙醇或二硫苏糖醇（DTT）的目的是防止酶氧化，以保持其活性。牛血清蛋白（BSA）（组分 V）对于某些酶是必需的，它是一种中性蛋白质，可防止酶在低浓度蛋白质溶液中变性，由于 BSA 在 10× 缓冲液中容易沉淀，所以最好用 100× 的 BSA 贮存液在临用前添加，使用终浓度为 100 μg/mL。对于那些不需要 BSA 即可达到最高活性的限制性核酸内切酶，在反应缓冲液中加入 BSA，不会影响其活性。

由于不同的限制性核酸内切酶对缓冲液的要求不同，所以当同一个 DNA 样品需要两种或两种以上的酶切割时，如果这些酶在某种缓冲液中都能发挥作用，则反应可同时进行；若需要不同的缓冲液，可采用 3 种方法：①先使用要求低离子强度缓冲液的酶切割，然后加入适量 NaCl 以调节离子强度，并用第二种酶切割。②先用一种酶切割，然后用乙醇沉淀酶解产物，再重悬于另一种缓冲液中进行第二次酶切。③使用适合所有限制性核酸内切酶的通用缓冲液，如 KGB（谷氨酸钾缓冲液）经适当稀释可达到各种限制性核酸内切酶要求的缓冲液条件，2×KGB 缓冲液含有 200 mmol/L 谷氨酸钾、50 mmol/L Tris-乙酸（pH 7.5）、20 mmol/L 乙酸镁、100 μg/mL 牛血清蛋白（组分 V）、1 mmol/L β-巯基乙醇。

7. 限制性核酸内切酶的星号活性　限制性核酸内切酶的识别位点是在特定的消化条件下测定的，当条件改变时，有些酶的识别位点也随之改变，可能切割一些与特异识别序列相类似的序列，这种现象称为星号活性。例如 EcoR I 在高 pH（>8）、低盐（50 mmol/L）和高浓度甘油（>5%）存在的情况下，其识别序列由 GAATTC 改变为 NAATTN（其中 N=A、T、G 或 C），从而特异性大大降低，以 EcoR I* 表示这种活性。诱发星号活性产生的常见原因有：①高甘油含量（>5%，体积分数）；②内切酶用量过大；③低离子强度；④高 pH；⑤含有机溶剂，如乙醇；⑥Mn^{2+}、Cu^{2+} 和 Zn^{2+} 等非 Mg^{2+} 的二价阳离子存在。由此可见，只有在特定条件下，限制性核酸内切酶的活性才能正常发挥。为达到限制性核酸内切酶的最佳反应速率和切割专一性，应尽量遵循生产商推荐的反应条件。

8. DNA 末端长度对限制性核酸内切酶切割的影响　限制性核酸内切酶切割 DNA 时，由于酶蛋白要占据识别位点两边的若干个碱基，这些碱基对限制性核酸内切酶稳定地结合到 DNA 双链并发挥切割 DNA 作用是有很大影响的，称为保护碱基。用 DNA 片段（线性载体）检测末端长度对切割的影响时，发现识别序列的末端长度对酶切效率有明显影响，不同的酶对末端长度的要求是不同的。用 20 单位（U）限制性核酸内切酶切割 1 mg 标记的寡核苷酸做测试时，也发现不同的酶对识别序列两端的长度有不同的要求。

添加保护碱基常见于 PCR 引物设计时，为保护 5′ 端外加的内切酶识别位点，使酶切完全。另外，在分子克隆时，选择载体的酶切位点也会碰到，相邻的 2 个酶切位点往往不能同时使用，因为一个位点切割后留下的碱基过小以至于影响旁边的酶切位点切割。

七、限制性核酸内切酶的应用

限制性核酸内切酶主要应用于基因克隆中的目的片段的制备，形成特定的末端，以便于下一步的连接。限制性核酸内切酶常被称为剪刀或分子手术刀，是基因工程中的重要工具酶之一。限制性核酸内切酶的数据库 REBASE（http://rebase.neb.com）中含有已知的所有限制性核酸内切酶的内容，包括识别的序列、甲基化的敏感性、商业信息和参考文献。

第二节　DNA 连接酶

一、DNA 连接酶的概念与作用机理

DNA 重组技术的核心步骤是 DNA 片段之间的体外连接。DNA 连接本质上是一个酶促反应过程，需要 DNA 连接酶的参与。1967 年，世界上有数个实验室几乎同时发现了一种能够催化在两条 DNA 链之间形成磷酸二酯键的酶，即 DNA 连接酶（DNA - ligase）。其催化的基本反应是将一条 DNA 链上的 3′ 末端游离羟基与另一条 DNA 链上的 5′ 末端磷酸基团共价结合形成 3′,5′-磷酸二酯键，使两个断裂的 DNA 片段连接起来，因此它在 DNA 复制、修复以及体内、体外重组过程中起着重要作用。

DNA 连接酶广泛存在于各种生物体内，在大肠杆菌及其他细菌中，DNA 连接酶催化的连接反应是利用 NAD^+（烟酰胺腺嘌呤二核苷酸）作能源；在动物细胞及噬菌体中，则是利用 ATP（腺苷三磷酸）作能源。DNA 连接酶催化的连接反应分为 3 步（图 1-3）：①由 ATP（或 NAD^+）提供 AMP，形成酶- AMP 复合物，同时释放出焦磷酸基团（PPi）或烟酰胺单核苷酸（NMN）；②激活的 AMP 结合在 DNA 链 5′ 端的磷酸基团上，产生含高能磷酸键的焦磷酸酯键；③与相邻 DNA 链 3′ 端羟基相连，形成磷酸二酯键，并释放 AMP。

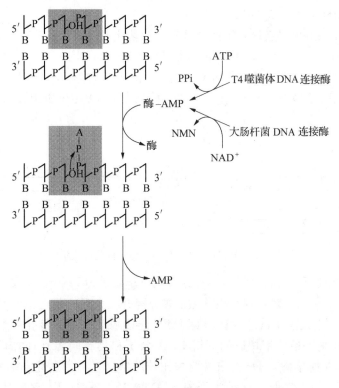

图 1-3　DNA 连接酶的作用机理
（酶-AMP 复合物与具有 3′羟基、5′磷酸的切口结合，激活的 AMP 与磷酸基团反应，
然后 3′羟基对磷原子进行亲核攻击，结果形成磷酸二酯键，使切口封闭）

值得注意的是，DNA 连接酶所连接的是 DNA 分子上相邻核苷酸之间的切口（nick），即双链 DNA 的某一条链上两个相邻核苷酸之间失去一个磷酸二酯键造成的单链断裂，两端分别具有一个 3′羟基和一个 5′磷酸基团；如果是缺少一个或几个核苷酸的裂口（gap）所形成的单链断裂，DNA 连接酶是无法连接的（图 1-4）。另外，DNA 连接酶不能连接两条单链 DNA 分子或环化的单链 DNA 分子，被连接的 DNA 链必须是双螺旋 DNA 分子的一部分。

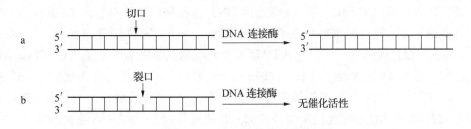

图 1-4　DNA 连接酶的功能
a. 两个相邻核苷酸之间缺少一个磷酸二酯键的切口，可以用 DNA 连接酶连接起来
b. 缺少一个或几个核苷酸的裂口，DNA 连接酶无法进行连接

二、DNA 连接酶的种类

DNA 连接酶能够将两个独立的双链 DNA 片段连接起来，而且能修复双链 DNA 中一条链上的切口。已知 DNA 连接酶主要有两种：T4 噬菌体 DNA 连接酶和大肠杆菌 DNA 连接酶。

1. T4 噬菌体 DNA 连接酶　T4 噬菌体 DNA 连接酶分子质量为 68 ku，是 T4 噬菌体基因 30 编码的产物，需要ATP作辅助因子，最早是从T4噬菌体感染的大肠杆菌中提取的。目前其编码基因已被克隆，并可在大肠杆菌中大量表达。

T4噬菌体DNA连接酶可以连接：①两个带有互补黏性末端的双链DNA分子；②两个带有平头末端的双链DNA分子；③一条链带有切口的双链DNA分子（图1-5）；④RNA-DNA杂合体中RNA链上的切口，也可将RNA末端与DNA链连接。由于T4噬菌体DNA连接酶可连接的底物范围广，尤其是能有效地连接DNA分子的平头末端，因此在DNA体外重组技术中广泛应用。

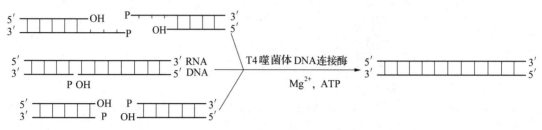

图1-5 T4噬菌体DNA连接酶的催化反应活性

2. 大肠杆菌DNA连接酶 大肠杆菌DNA连接酶分子质量为75 ku，需要NAD^+作辅助因子，由大肠杆菌基因组中的 *lig* 基因编码，现在该基因已被克隆并在大肠杆菌细胞中大量表达。

与T4噬菌体DNA连接酶不同，大肠杆菌DNA连接酶几乎不能催化两个平头末端DNA分子的连接，它的适合底物是一条链带切口的双链DNA分子和具有同源互补黏性末端的不同DNA片段。由于大肠杆菌DNA连接酶对DNA末端要求比较严格（互补的黏性末端），所以它的连接产物转化细菌后，假阳性背景非常低，这是大肠杆菌DNA连接酶较T4噬菌体DNA连接酶的一个优点。

3. T4噬菌体RNA连接酶 T4噬菌体RNA连接酶由T4噬菌体基因 *63* 编码，需要ATP作辅助因子，催化单链DNA或RNA的5′磷酸与相邻的3′羟基共价连接。此酶的主要用途是对RNA进行3′末端标记，也就是将^{32}P标记的3′,5′-二磷酸单核苷（pNp）加到RNA的3′端。

三、DNA连接酶的反应体系

由于T4噬菌体DNA连接酶既能连接黏性末端，又能连接平头末端，所以比大肠杆菌DNA连接酶应用广泛。首先，我们来了解一下T4噬菌体DNA连接酶的活性单位。T4噬菌体DNA连接酶的活性单位有多种定义，较通用的是韦氏（Weiss）单位。一个韦氏单位是指在37 ℃、20 min内催化1 nmol ^{32}P从焦磷酸根置换到γ, β-^{32}P-ATP所需的酶量。使用不同方法测定T4噬菌体DNA连接酶的催化活性，可有不同的酶活性单位。如M-L单位使用d(A-T)$_n$作为底物，黏性末端连接单位以λDNA/*Hind* Ⅲ片段为底物。韦氏单位与其他单位之间的换算关系为，一个韦氏单位相当于0.2个M-L单位或者60个黏性末端连接单位。注意，在使用T4噬菌体DNA连接酶时，一定要了解厂商所使用的酶活性单位。

用于连接的DNA末端结构不同，反应条件也有所不同。下面推荐一个较普遍的反应体系：5 μL 10×T4噬菌体DNA连接酶缓冲液、1韦氏单位的T4噬菌体DNA连接酶、0.5~1.0 mmol/L ATP、1.0 μg DNA（0.1~1.0 μmol/L 5′末端），反应终体积为50 μL。其中，10×T4噬菌体DNA连接酶缓冲液成分为：200 mmol/L Tris-HCl（pH 7.6）、50 mmol/L $MgCl_2$、50 mmol/L DTT、500 μg/mL BSA（组分Ⅴ，可用可不用）

根据DNA片段的分子质量及末端结构，在12~30 ℃反应1~16 h。对于黏性末端一般在12~16 ℃进行反应，以保证黏性末端退火、酶活性与反应速率之间的平衡。平头末端连接反应可在室温（<30 ℃）进行，并且需用比黏性末端连接大10~100倍的酶量。终止反应可加入2 μL 0.5 mol/L

EDTA 或者 75 ℃水浴 10 min。

四、影响连接反应的因素

DNA 片段的连接过程与许多因素有关，如 DNA 末端的结构、DNA 片段的浓度和分子质量、不同 DNA 末端的相对浓度、反应温度和离子浓度等。

1. DNA 末端的浓度 两个 DNA 末端之间的连接可认为是双分子反应，在标准反应条件下，其反应速率完全由互相匹配的 DNA 末端浓度所决定。在连接反应体系中，由于 DNA 末端之间的相互竞争，一般可形成两种不同构型的 DNA 分子：①线性分子，不同 DNA 片段的两个末端首尾相连而成。②环状分子，由线性分子的两端进一步连接形成。在基因克隆操作技术中，DNA 分子的构型直接影响转化过程。

重组子的分子构型与 DNA 浓度及 DNA 分子长度存在密切关系。在一定浓度下，小分子 DNA 片段进行分子内连接，利于形成环化分子，因为 DNA 分子的一个末端找到同一分子的另一末端的概率要高于找到不同 DNA 分子末端的概率。对于长度一定的 DNA 分子，其浓度降低有利于分子环化。如果 DNA 浓度增加，则在分子内连接反应发生以前，某一个 DNA 分子的末端碰到另一个 DNA 分子末端的可能性也有所增大。因此较高浓度的 DNA 有利于分子间的连接，形成线性二聚体或多聚体分子。

对于两个以上的 DNA 分子的连接，如载体 DNA 与外源插入片段，要使它们连接形成重组子，不仅要考虑反应体系中 DNA 末端的总浓度，而且还要考虑载体与插入片段的末端浓度的比例。原则上，应该保证一个 DNA 分子的末端具有较高的概率与另一个 DNA 分子连接，这样才能减少同一个分子两个末端之间的自身连接，从而达到重组的目的——DNA 分子间的连接。

2. 反应温度 对于黏性末端，连接温度介于同源黏性末端的熔解温度（T_m）值与酶的最佳反应温度（37 ℃）之间，以保证黏性末端退火、酶活性与反应速率之间的平衡，所以一般在 12～16 ℃进行反应，黏性末端中 G+C 含量高，其连接反应温度也可提高。在 DNA 浓度为 100 μg/mL 时，$EcoR\ I$ 酶解的线性 SV40 DNA（末端为 pAATT，AATT 四核苷酸的最适退火温度为 5～6 ℃），连接最适温度为 12.5 ℃，但当温度提高至 25 ℃时，连接成环状的 SV40 DNA 仍在 50% 以上。

与黏性末端的连接反应相比，平头末端连接反应受温度的影响较小。因为平头末端连接不需要考虑两个末端的退火问题，所以连接反应的最适温度原则上近似于反应中最小片段的 T_m 值，一般为 10～20 ℃，但温度过高（>30 ℃）会导致 T4 噬菌体 DNA 连接酶的不稳定。

3. ATP 浓度 ATP 作为 T4 噬菌体 DNA 连接酶的辅助因子，其浓度对酶的影响很大。一般情况下，ATP 最适的终浓度为 0.5 mmol/L。当 ATP 浓度上升至 5.0 mmol/L 时，将影响酶对平头末端的连接；当 ATP 为 7.5 mmol/L 时，对黏性末端及平头末端的连接均有抑制作用。

五、DNA 连接酶的应用

在基因工程中，DNA 连接酶的主要作用是将 2 个酶切的 DNA 片段连接起来，形成新的 DNA 分子。故 DNA 连接酶也称为基因的针线，是基因工程中的重要工具酶之一。

DNA 连接酶的主要应用：①把两个黏性末端或平头末端双链 DNA 片段连接起来，如载体的构建、DNA 的重组。②双链寡核苷酸接头与双链 DNA 连接，如 DNA 测序时，有时需要先给 DNA 片段连接上一个双链寡核苷酸接头，互补配对后用连接酶连接。③双链 DNA、RNA 或 DNA-RNA 复合体中缺口的修复。在 DNA 修复中，首先切除突变碱基，用 DNA 合成酶补缺，然后在 DNA 连接酶作用下，连接为完整的 DNA。

第三节　DNA 聚合酶

DNA 聚合酶（DNA polymerase）能在引物和模板的存在下，把脱氧核糖核苷酸连续地加到双链 DNA 分子引物链的 3′羟基末端，催化核苷酸的聚合作用，合成方向对被合成链而言是从 5′端到 3′端，并且合成的产物与模板互补。根据 DNA 聚合酶所使用的模板不同，将其分为两类：①依赖于 DNA 的 DNA 聚合酶，包括大肠杆菌 DNA 聚合酶Ⅰ、Klenow 片段、T4 噬菌体 DNA 聚合酶、T7 噬菌体 DNA 聚合酶和 Taq DNA 聚合酶等；②依赖于 RNA 的 DNA 聚合酶，包括逆转录酶等。现在已有多种 DNA 聚合酶用于分子克隆的常规操作，其特性见表 1-4。

表 1-4　依赖于模板的 DNA 聚合酶的性质

酶名称	5′→3′聚合酶活性	5′→3′外切酶活性	3′→5′外切酶活性
大肠杆菌 DNA 聚合酶Ⅰ	＋	＋	＋
Klenow 片段	＋	－	＋
T4 噬菌体 DNA 聚合酶	＋	－	＋
T7 噬菌体 DNA 聚合酶	＋	－	＋
测序酶	＋	－	－
Taq DNA 聚合酶	＋	＋	－
逆转录酶	＋	－	－

一、大肠杆菌 DNA 聚合酶Ⅰ

目前，已从大肠杆菌中分离到 3 种不同类型的 DNA 聚合酶，即 DNA 聚合酶Ⅰ、DNA 聚合酶Ⅱ和 DNA 聚合酶Ⅲ。DNA 聚合酶Ⅰ和 DNA 聚合酶Ⅱ的主要功能是参与 DNA 的修复，而 DNA 聚合酶Ⅲ与 DNA 复制有关。在分子克隆中常用的是 DNA 聚合酶Ⅰ。

DNA 聚合酶Ⅰ是 1956 年 Kronberg 等发现的第一个 DNA 聚合酶，故也称为 Kronberg 酶。它由单条多肽链组成，分子质量为 109 ku，具有 3 种活性。

1. 5′→3′聚合酶活性　大肠杆菌 DNA 聚合酶Ⅰ能以 DNA 为模板，在 4 种 dNTP 和 Mg^{2+} 存在下，催化单核苷酸结合到引物分子的 3′羟基末端，沿 5′→3′方向合成 DNA（图 1-6）。这种聚合作用需要带有 3′羟基末端的引物以及单链或双链 DNA 模板，双链 DNA 只有在其糖-磷酸主链上有一个或数个断裂时，才能作为有效模板。

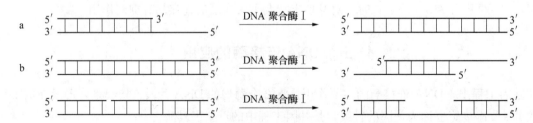

图 1-6　大肠杆菌 DNA 聚合酶Ⅰ的活性
a. 5′→3′聚合酶活性　b. 5′→3′外切酶活性

2. 5′→3′外切酶活性　DNA 聚合酶Ⅰ能从 5′端降解双链 DNA，使之成为单核苷酸；也可降解 DNA-RNA 杂交体中 RNA 成分，即 RNA 酶（RNase）H 活性。这种水解作用有 3 个特征：①待切除的核酸分子必须具有 5′端游离磷酸基团；②核苷酸分子被切除前位于已配对的 DNA 双螺旋区段上；③被切除的核苷酸既可以是脱氧的也可以是非脱氧的（图1-6）。

3. $3'→5'$外切酶活性 在一定条件下，DNA聚合酶Ⅰ还能从$3'$羟基末端降解单链或双链DNA分子，降解产物为单核苷酸；当存在dNTP时，对双链DNA分子的这种$3'→5'$外切酶活性，则被$5'→3'$聚合酶活性所抑制。其主要功能是识别并切除错配碱基，通过这种校正作用保证DNA复制的准确性。

大肠杆菌DNA聚合酶Ⅰ主要用于杂交探针的制备。在Mg^{2+}存在时，用低浓度的DNaseⅠ处理双链DNA，使之随机产生单链断裂，这时DNA聚合酶Ⅰ的$5'→3'$外切酶活性和聚合酶活性可以同时发生。外切酶活性可以从断裂处的$5'$端除去一个核苷酸，而聚合酶则将一个单核苷酸添加到断裂处的$3'$端。由于DNA聚合酶Ⅰ不能使断裂处的$5'$磷酸和$3'$羟基形成磷酸二酯键而连接，所以随着反应的进行，即$5'$端核苷酸不断去除，而$3'$端核苷酸同时加入，导致断裂形成的切口沿着DNA链按合成的方向移动，这种现象称为切口平移。如果在反应体系中加入放射性同位素标记的核苷酸，则这些标记的核苷酸将取代原来的核苷酸残基，产生带标记的DNA分子。这就是所谓的DNA分子杂交探针（图1-7）。

切口平移法是目前实验室中最常用的一种脱氧核糖核酸探针标记法。其反应体系中含有特定的DNA片段、DNaseⅠ、大肠杆菌DNA聚合酶Ⅰ、一种或多种标记的核苷酸（如$α-^{32}P-dCTP$）和其他未标记的核苷酸。在所有的聚合酶中，只有大肠杆菌DNA聚合酶Ⅰ能够催化切口平移反应。

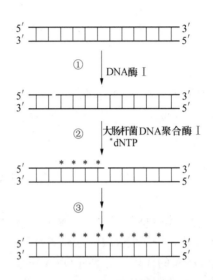

图1-7 切口平移反应原理
（①用DNaseⅠ处理双链DNA，使之随机产生单链断裂；②DNA聚合酶Ⅰ的$5'→3'$外切酶活性从断裂处的$5'$端除去一个核苷酸，同时$5'→3'$聚合酶活性将一个放射性核素标记的单核苷酸添加到断裂处的$3'$端；③反应重复进行，结果标记的核苷酸取代了原来的核苷酸残基，形成放射性标记的DNA分子。*表示放射性同位素标记）

二、Klenow片段

大肠杆菌DNA聚合酶Ⅰ可被蛋白酶切割成两个片段，一个较小的片段具有$5'→3'$外切酶活性，定位于酶分子的N末端；另一个较大的片段具有聚合酶活性和$3'→5'$外切酶活性，称为Klenow片段或Klenow聚合酶。由于大肠杆菌DNA聚合酶Ⅰ的$5'→3'$外切酶活性在使用时常引起一些麻烦，即它可以降解结合在DNA模板上的引物的$5'$端，也可从作为连接底物的DNA片段末端除去$5'$磷酸。而Klenow片段丧失了全酶的这一活性，但仍保留$5'→3'$聚合酶活性和$3'→5'$外切酶活性。

在分子克隆中，Klenow片段的主要用途是：①补平经限制性核酸内切酶消化DNA所形成的$3'$凹陷末端，包括带裂口的双链DNA的修复；②对带$3'$凹陷末端的DNA分子进行末端标记；③在cDNA克隆中，用于合成cDNA第二链；④用于Sanger双脱氧链终止法进行DNA的序列分析；⑤在单链模板上延伸寡核苷酸引物，以合成杂交探针和进行体外突变。

在使用Klenow片段进行DNA末端标记时，DNA片段应具有$3'$凹陷末端，下面以$EcoR$Ⅰ限制片段的末端标记为例，说明其操作原理（图1-8）。将待标记的$EcoR$Ⅰ限制片段与Klenow片段、$α-^{32}P-dATP$或$α-^{32}P-dTTP$混合，置25℃温育约1h即可。在进行DNA末端标记时，一般只加入一种带标记的脱氧核苷三磷酸。加入的$α-^{32}P-dNTP$的具体种类，要根据DNA $5'$突出末端的序列性质而定。例如用BamHⅠ切割形成的末端是CTAG，可以使用任意一种标记核苷酸进行标记。

```
                                              *dATP      5'—G—A—A
                                          ┌──────────>   3'—C—T—T—A—A
5'—G                         Klenow 片段   │                *  *
3'—C—T—T—A—A  ─────────────────────────────┤
                                           │              5'—G—A—A—T—T
                                           └──────────>   3'—C—T—T—A—A
                                              *dTTP              *  *
```

图1-8 *Eco*R I 限制片段的末端标记

（将 *Eco*R I 限制片段与 Klenow 片段、α-^{32}P-dATP 或 α-^{32}P-dTTP 混合，即可得到末端标记的 DNA。*表示放射性同位素标记）

与切口平移法不同，DNA 末端标记并不是将 DNA 片段的全长进行标记，而是只将其一端（5'或 3'）进行部分标记。一般标记活性不高，极少作为分子杂交探针的标记，主要用于 DNA 序列测定等所需片段的标记。另外，Klenow 片段不能直接用于 3'突出末端 DNA 的标记。

三、T4 噬菌体 DNA 聚合酶

T4 噬菌体 DNA 聚合酶来源于 T4 噬菌体感染的大肠杆菌，分子质量为 1.14 ku。与 Klenow 片段一样具有 5'→3'聚合酶活性和 3'→5'外切酶活性，缺少 5'→3'外切酶活性，而且 3'→5'外切酶活性对单链 DNA 的作用比对双链 DNA 更强，因为后者受到 5'→3'聚合酶活性的影响；与 Klenow 片段不同的是它的外切酶活性比 Klenow 片段高 100～1 000 倍。

T4 噬菌体 DNA 聚合酶和 Klenow 片段作用相似，可以补平或标记带 3'凹陷末端的 DNA 分子。除此之外，还可进行平头末端或 3'突出末端的双链 DNA 的标记以及特异探针的制备。这是由于在没有 dNTP 存在时，T4 噬菌体 DNA 聚合酶主要表现为 3'→5'外切酶活性，此时它从 3'端降解 DNA，形成 3'端凹陷的 DNA；当加入 dNTP 后，其外切酶活性被抑制而表现为聚合酶活性，于是催化核苷酸的聚合作用，将 DNA 末端填平。反应的结果是加入的核苷酸逐渐取代了被外切酶活性切除的原有核苷酸，我们把 T4 噬菌体 DNA 聚合酶的这种作用称为置换合成。如果在反应体系中加入放射性同位素标记的核苷酸，则可制备 DNA 的杂交探针（图 1-9）。但是在反应过程中，由于外切酶活性对单链 DNA 的降解速度比对双链 DNA 快得多，所以当一条 DNA 链被降解到中点时，它就一分为二成为两条半长的单链，并且它们也很快被降解。因此在酶作用达到 DNA 链的中心部位之前，及时终止外切酶反应是十分必要的。结果，这种置换合成法将产生一组末端完全标记，而从末端到中点其标记量递减的分子。

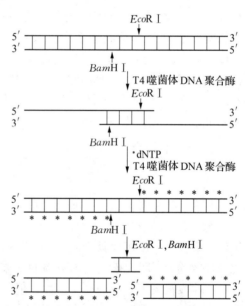

图1-9 T4 噬菌体 DNA 聚合酶的置换合成标记法

（①没有 dNTP 存在时，T4 噬菌体 DNA 聚合酶发挥 3'→5'外切酶活性，从 3'端降解 DNA；②加入 ^{32}P 标记的 dNTP 后，催化核苷酸的聚合作用，标记的核苷酸取代被切除的原有核苷酸；③限制酶消化得到两个标记的 DNA 分子。*表示放射性同位素标记）

另外，T4 噬菌体 DNA 聚合酶还能将双链 DNA 的末端转化成平头末端。T4 噬菌体 DNA 聚合酶的外切酶活性可以作用于所有的 3'羟基末端基团，无论是 3'突出末端还是凹陷末端。对于使用接头或连接子进行连接的 DNA 分子以及逆转录得到的双链 cDNA 分子，与载体连接之前需要修饰成为平头末端时，经常使用这种方法。

四、T7 噬菌体 DNA 聚合酶与测序酶

T7 噬菌体 DNA 聚合酶来源于 T7 噬菌体感染的大肠杆菌，由 T7 噬菌体 5 蛋白（84 ku）与大肠杆菌的硫氧还蛋白两种不同的亚基构成。T7 噬菌体 DNA 聚合酶是所有已知的 DNA 聚合酶中持续合成能力最强的一个酶，这是由于大肠杆菌蛋白使复合体与模板紧密结合，防止合成的链早期与模板解离；而且所催化合成的 DNA 片段平均长度比其他 DNA 聚合酶合成的 DNA 片段长很多，达上千个核苷酸。此外，T7 噬菌体 DNA 聚合酶还具有很强的 $3'\rightarrow 5'$ 外切酶活性，由噬菌体基因 5 编码，其活性约为 Klenow 片段的 1 000 倍。T7 噬菌体 DNA 聚合酶在分子克隆中主要用于催化大分子质量模板（如 M13 噬菌体）的引物延伸反应，它可以在同一引物模板上有效地合成数千个核苷酸且不受二级结构的影响；也可类似 T4 噬菌体 DNA 聚合酶应用于 DNA 分子的 $3'$ 末端标记。

通过化学修饰或基因工程方法对 T7 噬菌体 DNA 聚合酶进行改造，去除该酶的 $3'\rightarrow 5'$ 外切酶活性，保留其聚合活性。由于其具有很强的持续合成能力，因此经修饰的 T7 噬菌体 DNA 聚合酶是 Sanger 双脱氧链终止法对长片段 DNA 进行测序的理想用酶，现在已经以测序酶（sequenase）作为商品名投放市场。T7 噬菌体 DNA 聚合酶也可用于末端标记和体外诱变中合成第二链。

五、*Taq* DNA 聚合酶

Taq DNA 聚合酶是一种耐热的依赖于 DNA 的 DNA 聚合酶，它最初是从极度嗜热的栖热水生菌 *Thermus aquaticus* 中纯化而来的，目前已经以基因工程方式生产。*Taq* DNA 聚合酶具有 $5'\rightarrow 3'$ 聚合酶活性和 $5'\rightarrow 3'$ 外切酶活性，需要 Mg^{2+} 作辅助因子。对于 DNA 的聚合反应而言，该酶的具体作用温度取决于靶序列，最适温度为 75～80 ℃。由于 *Taq* DNA 聚合酶具有高度的耐热性，所以在分子克隆中主要是通过聚合酶链式反应（PCR）对 DNA 分子的特定序列进行体外扩增。但该酶无 $3'\rightarrow 5'$ 外切酶活性，即无校正功能，易产生错配碱基。使用该酶扩增得到的 PCR 产物 $3'$ 末端带 A，可直接用于 TA 克隆。

目前已从多种耐热菌中分离出耐热性更好的 DNA 聚合酶，如从 *Thermus thermophilus* 中分离出来的 *Tth* DNA 聚合酶，从 *Thermococcus litoralis* 中分离出来的"Vent" DNA 聚合酶，从 *Bacillus stermophilus* 中分离出来的 *Bst* DNA 聚合酶等。

六、逆转录酶

逆转录酶（reverse transcriptase）是分子克隆中最重要的核酸酶之一，全称是依赖于 RNA 的 DNA 聚合酶或 RNA 指导的 DNA 聚合酶。目前已经从多种 RNA 肿瘤病毒中分离到这种酶，现在常用的两种逆转录酶是分别来自纯化的鸟类骨髓母细胞瘤病毒（avian myeloblastosis virus，AMV）和 Moloney 鼠白血病病毒（Moloney murine leukemia virus，Mo - MLV）。AMV 逆转录酶是由 α 和 β 两条多肽链组成的二聚体，其分子质量分别为 62 ku 和 94 ku，反应的最适温度为 41～45 ℃，最适 pH 为 8.3。不同来源的逆转录酶虽然分子质量和亚基不同，但都具有以下催化活性：①$5'\rightarrow 3'$ 聚合酶活性，逆转录酶能以 RNA 或 DNA 为模板合成 DNA 分子，但是后者的合成很慢；②RNase H 活性，能从 $5'$ 或 $3'$ 方向特异地降解 DNA - RNA 杂交分子中的 RNA 链。

逆转录酶的最主要用途是以 mRNA 为模板合成其互补 DNA（cDNA），可应用两种引物，一种是寡聚脱氧胸腺嘧啶核苷即 oligo（dT），可特异性互补于 mRNA $3'$ 末端的寡聚腺苷酸 poly（A）；另

一种是随机序列的核苷酸寡聚体,由于寡核苷酸序列的多样性,使它们与模板中的不同序列结合,因此在理论上模板的各部分序列都可以得到拷贝。cDNA 合成的主要步骤为:在某种生物的 mRNA 分子中,加入引物使之与 mRNA 退火,并引导逆转录酶按照 mRNA 模板合成第一链 cDNA,产物是 mRNA - DNA 杂交分子;然后再以 cDNA 第一链为模板合成双链 cDNA。另外,逆转录酶还用于 3′ 凹陷末端的标记、杂交探针的制备和 DNA 序列的测定。

七、高保真 DNA 聚合酶

高保真 DNA 聚合酶是一类具有 3′→5′ 外切酶活性的酶,该活性被称为 proof - reading(校正)活性,可以切除错配碱基,是 PCR 反应具有高保真性的原因。各种耐热 DNA 聚合酶均具有 5′→3′ 聚合酶活性,但不一定具有 3′→5′ 和 5′→3′ 的外切酶活性。不同的高保真 DNA 聚合酶在保真度、扩增速度、扩增效率等方面有所差异。例如从 *Pyrococcus furiosis* 中精制而成的 *Pfu* DNA 聚合酶,均具有 5′→3′ 聚合酶活性和 3′→5′ 外切酶活性,其 PCR 产物为平头末端,无 3′ 端突出的单 A 核苷酸。Invitrogen Platinum SuperFi DNA 聚合酶保真度为 *Taq* DNA 聚合酶的 100 倍以上,非常适合克隆、突变及其他需要极高序列准确度的应用。

八、DNA 聚合酶的应用

在基因工程中,DNA 聚合酶主要应用于探针标记、序列测定等,耐热 DNA 聚合酶多应用在 PCR 扩增和 PCR 定点突变,逆转录酶用于 cDNA 的合成。

第四节 末端脱氧核苷酸转移酶

末端脱氧核苷酸转移酶(terminal deoxynucleotidyl transferase,TdT)简称末端转移酶,目前商品提供的末端转移酶是从小牛胸腺中分离纯化而来的。末端转移酶能在二价阳离子作用下,催化 DNA 的聚合作用,将脱氧核糖核苷酸加到 DNA 分子的 3′ 羟基末端。与 DNA 聚合酶不同的是,这种聚合作用不需要模板,但需要 Mg^{2+},其合适底物为带有 3′ 羟基突出末端的双链 DNA,对于平头末端或带 3′ 羟基凹陷末端的双链 DNA 和单链 DNA,末端转移酶催化的聚合作用仍能进行,但需 Co^{2+} 激活,且反应效率低(图 1-10)。

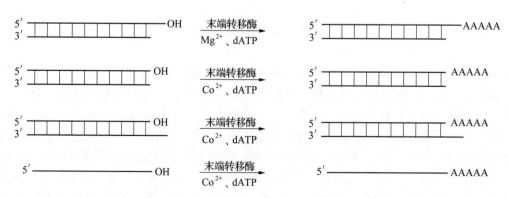

图 1-10 末端转移酶的功能

在分子克隆中,末端转移酶的主要用途是给载体和外源 DNA 分别加上互补的同聚体尾巴,以便二者在体外连接。一般说来,cDNA 的克隆经常选用接同聚体尾巴的方法。当然,随机切割的 DNA

片段的克隆也可采用接尾的方法。它可以克服随机切割的 DNA 片段末端因没有特定限制性核酸内切酶位点而不便于克隆的弊端；同时，转化寄主细胞后所得到的转化子将全部为重组的分子，不可能存在载体自身连接的产物，因为它的尾部带上了相同的核苷酸单链，不会以氢键互补连接。末端转移酶的另一个用途是进行 DNA 的 3′羟基末端标记，而且作为底物的核苷酸若经过修饰（如 dNTP），则可以在 3′末端仅加上一个核苷酸；标记物可以是放射性的，如 $\alpha-^{32}P-dNTP$，也可以是非放射性的，如生物素-11-dUTP，它们可用于 DNA 序列分析、DNase Ⅰ足迹分析和分子杂交等实验中。

第五节 核 酸 酶

核酸酶是一类能降解核酸的水解酶，它在基因工程操作中应用非常广泛。根据核酸酶对底物作用的专一性，可将其分为 3 类：①只作用于 RNA 的称为核糖核酸酶（ribonuclease，RNase）；②只作用于 DNA 的称为脱氧核糖核酸酶（deoxyribonuclease，DNase）；③既作用于 RNA 又可作用于 DNA 的称为核酸酶（nuclease）。

一、核糖核酸酶

1. 核糖核酸酶 A 核糖核酸酶 A（RNase A）来源于牛胰脏，是一种内切核糖核酸酶，可特异攻击 RNA 上嘧啶残基的 3′端，切割胞嘧啶或尿嘧啶与相邻核苷酸形成的磷酸二酯键，反应终产物是 3′嘧啶核苷酸和末端带 3′嘧啶核苷酸的寡核苷酸。无辅助因子及二价阳离子存在时，RNase A 的作用可以被胎盘核糖核酸酶抑制剂（RNasin）或氧钒-核糖核苷复合物（vanadyl-ribonucleoside complex，VRC）所抑制。RNase A 的反应条件极广，且极难失活。在低盐浓度（0~100 mmol/L NaCl）下，RNase A 切割单链和双链 RNA、DNA-RNA 杂交体中的 RNA；当 NaCl 浓度为 300 mmol/L 或更高时，RNase A 就特异性切割单链 RNA。去除反应液中的 RNase A，通常需要蛋白酶 K 处理、酚反复抽提和乙醇沉淀。

在分子克隆中，RNase A 的主要用途为：

① 从 DNA-RNA 杂交体中去除未杂交的 RNA 区。

② 确定 RNA 或 DNA 中的单碱基突变的位置。在 RNA-DNA 或 RNA-RNA 杂交体中，若存在单碱基错配，可用 RNase A 识别并切割。通过凝胶电泳分析切割产物的大小，即可确定错配的位置。

③ RNA 检测。RNase 保护分析法（RNase protection assay）是近年来发展起来的一种检测 RNA 的杂交技术。其基本原理是利用单链 RNA 探针，与待测的 RNA 样品进行杂交形成 RNA-RNA 双链分子，由于 RNase 可专一性地降解未杂交的单链 RNA，而双链受到保护不被降解，经凝胶电泳可以确定目的 RNA 的长度。该方法的灵敏度较 Northern 杂交法的高，并可进行较为准确的定量。选择适当的探针，还可进行基因转录起始位点分析及内含子（也称内元）剪切位点分析等研究。此法的灵敏度比 S1 核酸酶保护分析法高数倍。

④ 降解 DNA 制备物中的 RNA 分子。须使用无 DNase Ⅰ的 RNase（DNase Ⅰ-free RNase），市售的一般 RNase A 常含有 DNase，可在 100 mmol/L Tris-HCl（pH 7.5）和 15 mmol/L NaCl 溶液中 100 ℃加热 15 min，以去除之。

2. 核糖核酸酶 T1 核糖核酸酶 T1（RNase T1）来源于米曲霉（*Aspergillus oryzae*），它特异地作用于鸟嘌呤 3′端磷酸，切割位点在鸟嘌呤的 3′磷酸和相邻核苷酸的 5′羟基之间的磷酸二酯键，反应终产物为 3′鸟苷酸和末端带 3′鸟苷酸的寡核苷酸片段。RNase T1 的反应条件极广，且极难失活，其催化活性类似于 RNase A。

在 RNase 保护实验中，RNase T1 与 RNase A 联合使用，对 RNA 进行定量和作图；还可用于去除 DNA-RNA 杂交体中未杂交的 RNA 区。

3. 核糖核酸酶 H 核糖核酸酶 H（RNase H）最早是从小牛胸腺组织中发现的，其编码基因已被克隆到大肠杆菌中。它能特异地降解 DNA-RNA 杂交双链中的 RNA 链，产生具有 3′羟基和 5′磷酸末端的寡核苷酸和单核苷酸，但它不能降解单链或双链的 DNA 或 RNA。

在分子克隆中，RNase H 的主要用途是与大肠杆菌 DNA 聚合酶 I 和 DNA 连接酶一起参加 cDNA 克隆中第二条 DNA 互补链的合成。当用逆转录酶以 mRNA 为模板合成 cDNA 第一链之后，用 RNase H 部分消化 mRNA-DNA 杂交分子中的 RNA，产生的 RNA 片段就像冈崎片段一样，作为大肠杆菌 DNA 聚合酶 I 的引物，以 cDNA 第一链为模板合成 DNA，直到把 mRNA 全部代替。然后在 DNA 连接酶的作用下，封闭缺口形成双链 cDNA（图 1-11）。

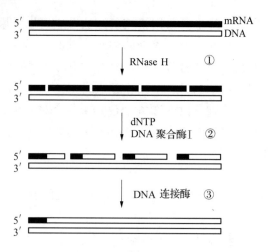

图 1-11 RNase H 参与 cDNA 克隆中第二条 DNA 链的合成

（①RNase H 部分降解，使 mRNA 产生缺口；②大肠杆菌 DNA 聚合酶 I 以 RNA 片段为引物，以 cDNA 第一链为模板合成 DNA；③在 DNA 连接酶的作用下，封闭缺口形成双链 cDNA）

二、脱氧核糖核酸酶 I

脱氧核糖核酸酶 I（DNase I），来源于牛胰脏，分子质量为 31 ku，是一种糖蛋白。通常得到的是几种同工酶的混合物。它从嘧啶核苷酸 5′端磷酸随机降解单链或双链 DNA，生成具有 5′磷酸末端的寡核苷酸。当 Mg^{2+} 存在时，能在双链 DNA 上随机独立地产生切口；而在 Mn^{2+} 存在时，则在双链 DNA 的大致同一位置上切割，产生平头末端 DNA 片段。

在分子克隆中，DNase I 主要用于：①与大肠杆菌 DNA 聚合酶 I 一起参加切口平移。②在 Mn^{2+} 存在时，通过鸟枪法制作 DNA 文库，便于大片段的测序。③使用 DNase I 足迹法（DNase I foot print）测定 DNA 结合蛋白在 DNA 上的精确结合位点。其基本原理是，活跃转录的基因存在于结构松散的常染色质上，较少受到蛋白质的保护，因而易受 DNase I 的攻击，特别是基因转录调控位点。将核 DNA 分离，与一定量 DNase I 反应，再提取 DNA 进行限制性核酸内切酶消化，根据片段大小鉴定结合位点。如果同时进行 DNA 的化学测序，即可判断出结合区的精确顺序。④使用无 RNase 的 DNase I（RNase-free DNase I）去除转录产物中的模板 DNA。

三、S1 核酸酶

S1 核酸酶来源于米曲霉（*Aspergillus oryzae*），是一种含锌的蛋白质，分子质量为 32 ku，相对耐热。催化反应通常需要 Zn^{2+} 和酸性条件（pH 4.0~4.5），其特点是：①降解单链 DNA 或 RNA，包括双链分子中的单链区域（如发夹环结构），而且这种单链区域可以小到只有一个碱基对的程度，但降解 DNA 的速度大于降解 RNA 的速度，反应产生带 5′磷酸的寡核苷酸；②降解反应的方式为内切和外切；③酶量过大时，伴有双链核酸的降解，该酶的双链降解活性远低于对单链的降解活性。

由于具有以上特性，S1 核酸酶可用于切掉 DNA 片段的单链突出末端产生平头末端、在双链 cDNA 合成时切除发夹环结构等实验操作中；而且 S1 核酸酶在测定杂交核酸分子（DNA-DNA 或

DNA-RNA）的杂交程度、RNA 分子定位、确定真核生物基因中内含子的位置、内含子与外显子剪切位点的定位、转录起始位点与终止位点的测定中，都是十分有力的工具。

已知绝大多数真核生物的基因都是不连续基因（discontinuous gene）或断裂基因（split gene）。其中，编码序列称为外显子（exon），也叫外元；不编码序列称为内含子（intron），也叫内元。在进行表达时，含有内含子的基因首先转录成原初转录物（primary transcript），这样的前体 mRNA 必须经过 RNA 剪辑（RNA splicing），即除去内含子将外显子序列连接起来，才能成为成熟的 mRNA。应用 S1 核酸酶作图法可以测定断裂基因中内含子的大小（图 1-12）。当克隆的基因组 DNA 片段与细胞的总 RNA 混合时，DNA 中的外显子序列与相应的 mRNA 之间通过碱基互补，形成杂合双链分子，而内含子序列仍保持单链，并突出成为环状。用 S1 核酸酶处理，该酶能水解所有的单链区域，结果得到一个因内含子被降解而带有切口的 DNA-mRNA 分子。再用碱处理破坏 RNA 链，回收的 DNA 片段就是该基因的编码序列，其大小和数目可通过琼脂糖凝胶电泳来判断。

虽然通过上述实验，我们可以测定真核生物基因中内含子的大小和数目，但是却无法确定它们之间的相对位置和排列顺序。针对这一问题，人们对实验方法进行了改进。其步骤如图 1-13 所示，将 DNA 片段 5′末端进行标记（或 3′末端标记），变性后与 mRNA 杂交，形成双链杂合分子。S1 核酸酶能降解未杂交的 DNA 和 RNA 单链，而 DNA-RNA 杂交双链受到保护不被降解。通过凝胶电泳检测未被 S1 核酸酶降解的 DNA 片段的长度，由此分析出 mRNA 的转录起始位点（或终止位点）。利用目的基因上不同的 DNA 片段进行杂交，即可确定 mRNA 的末端以及位于该基因内的内含子的位置。

S1 核酸酶作图法与前面讲到的 RNase 保护分析法都是近年来发展起来的检测 RNA 的技术。它们的原理相似，灵敏度均高于 Northern 杂交法，并可对 RNA 进行定量分析。

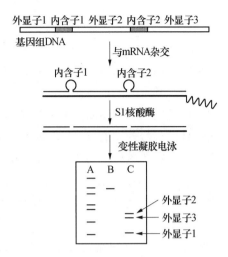

图 1-12　S1 核酸酶在测定内含子大小中的应用

（凝胶电泳中，A 为 DNA 分子质量标记；B 为未经 S1 核酸酶处理的样品；C 为经 S1 核酸酶处理的样品）

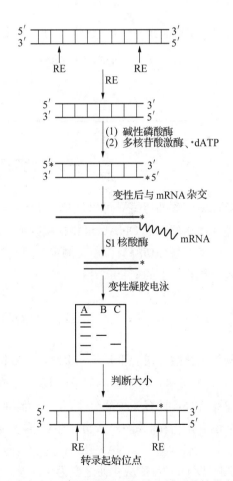

图 1-13　S1 核酸酶作图法确定转录起始位点

（凝胶电泳中，A 为 DNA 分子质量标记；B 为 S1 核酸酶消化前的样品；C 为 S1 核酸酶消化后的样品。* 表示放射性同位素标记，RE 表示限制性核酸内切酶）

第六节 核酸外切酶

核酸外切酶（exonuclease）是一类从多核苷酸链的末端开始按序催化水解 3′,5′-磷酸二酯键，降解核苷酸的酶，其水解的最终产物是单个的核苷酸。按照酶对底物二级结构的专一性，将其分为 3 类：①作用于单链的核酸外切酶，如大肠杆菌核酸外切酶Ⅰ和核酸外切酶Ⅶ；②作用于双链的核酸外切酶，如大肠杆菌核酸外切酶Ⅲ、λ 噬菌体核酸外切酶和 T7 噬菌体基因 6 核酸外切酶等；③既作用于单链又作用于双链的核酸外切酶，如 Bal31 核酸酶（表 1-5）。

表 1-5　几种核酸外切酶的特性

核酸外切酶	底 物	酶催化活性	产 物
大肠杆菌核酸外切酶Ⅰ	单链 DNA	5′→3′外切酶活性	5′单核苷酸
大肠杆菌核酸外切酶Ⅶ	单链 DNA	5′→3′外切酶活性	2～12 bp 寡核苷酸片段
	带黏性末端的双链 DNA	5′→3′外切酶活性	平头末端双链 DNA
		3′→5′外切酶活性	平头末端双链 DNA
大肠杆菌核酸外切酶Ⅲ	双链 DNA	3′→5′外切酶活性	5′单核苷酸，单链 DNA
λ 噬菌体核酸外切酶	双链 DNA (5′-P)	5′→3′外切酶活性	5′单核苷酸，单链 DNA
T7 噬菌体基因 6 核酸外切酶	双链 DNA (5′-P, 5′-OH)	5′→3′外切酶活性	5′单核苷酸，单链 DNA
Bal31 核酸酶	单链 DNA 或 RNA	内切酶活性	5′dNMP 或 5′rNMP
	双链 DNA	5′→3′外切酶活性	平头末端双链 DNA
		3′→5′外切酶活性	平头末端双链 DNA

一、大肠杆菌核酸外切酶Ⅶ

大肠杆菌核酸外切酶Ⅶ可以从单链 DNA 的两个末端降解 DNA 分子，产生短的寡核苷酸片段；对于带黏性末端的双链 DNA，可将末端削平，变为平头末端。反应不需要 Mg^{2+}。

大肠杆菌核酸外切酶Ⅶ应用于测定基因组 DNA 中内含子和外显子的位置以及回收按 dA-dT 加尾法插入质粒载体上的 cDNA 片段。

二、大肠杆菌核酸外切酶Ⅲ

大肠杆菌核酸外切酶Ⅲ是单一多肽，对双链 DNA 具有高度特异性，可降解平头末端、3′凹陷末端及有切口的 DNA，但不能降解单链 DNA 和带 3′突出末端的双链 DNA，要求 Mg^{2+} 或 Mn^{2+} 作辅助因子。除此之外，还有 3 种酶活性：①对无嘌呤或无嘧啶 DNA 的特异性内切酶活性。所谓的无嘌呤和无嘧啶位点是指在双链 DNA 分子中，各自的嘌呤或嘧啶碱基已经从糖-磷酸骨架上被切除了下来；②RNase H 活性，降解 DNA-RNA 杂交分子中的 RNA；③3′-磷酸酶活性。对于带有 3′磷酸末端的单链或双链 DNA，可磷酸化使之变为 3′羟基，但是不切割核酸内部的磷酸二酯键。

在分子克隆操作中，核酸外切酶Ⅲ主要是通过部分降解双链 DNA 片段，产生部分单链 DNA 区域，作为 DNA 聚合酶的模板。生成的 DNA 分子可以用作双脱氧序列分析及链特异探针的制备。另外，核酸外切酶Ⅲ与单链特异性核酸酶（如 S1 核酸酶）联合使用，构建单向缺失的成套突变体，这对于大片段序列的测定是非常有利的。首先使用产生不同末端的两种限制酶（如 EcoR I 和 Pst I）消化大片段目的 DNA，得到一端为 3′凹陷末端，另一端为 3′突出末端的 DNA 片段，核酸外切酶Ⅲ只能从一端（3′凹陷末端）开始降解，产生一系列单向（EcoR I 方向）缺失的不同 DNA 片段。反应产生的单链可以用 S1 核酸酶切除，按平头末端连接方式重新克隆，并转化大肠杆菌，于是建立了一系列一端删除部分 DNA 序列的次级克隆。对其分别测序，就可以拼读出该大片段的全部序列（图 1-14）。

三、Bal31 核酸酶

Bal31 核酸酶来源于 *Alteromonas espejiana* Bal31，主要表现为 3′→5′外切酶活性，同时伴有 5′→3′外切酶及较弱的内切酶活性，需要 Mg^{2+} 和 Ca^{2+}。对于单链 DNA，该酶具有特异的内切酶活性，可从 3′-OH 末端迅速降解 DNA，而 5′端切割速率较慢。对于双链 DNA，该酶具有 3′→5′外切酶活性和 5′→3′外切酶活性，可从 3′和 5′两端切除核苷酸，其机理是以 3′→5′外切酶活性迅速降解一条链，随后在互补链上进行缓慢的 5′端内切反应，带平头末端或 3′羟基突出末端的双链 DNA 被截短（对双链 RNA 分子也能发生类似反应），所形成的产物大部分为 5′端突出 5 个碱基的双链分子，少量为带平头末端的双链分子。当共价闭合双链环状 DNA 上出现单链缺口时，通过该酶的内切酶活性，将共价闭合双链环状 DNA 切开成双链线性 DNA，并按上述方式进一步降解（图 1-15）。

在进行较长片段的序列测定时，传统方法是随机克隆法或鸟枪法，即利用 DNase Ⅰ 或超声波将 DNA 随机切割成小片段后再分别克隆。目前多采用定向连续克隆法，即利用核酸外切酶Ⅲ或 Bal31 核酸酶建立系列缺失突变体，得到一系列一端缺失部分序列的次级克隆，对它们分别测序，然后拼出该大片段的全部序列。

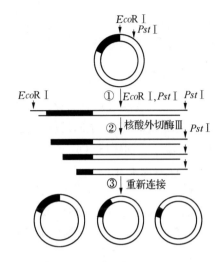

图 1-14 利用核酸外切酶Ⅲ产生嵌套缺失体
（①使用两种限制性核酸内切酶消化克隆有靶 DNA 片段的载体；②核酸外切酶Ⅲ处理不同时间，并用 S1 核酸酶削平末端；③重新环化）

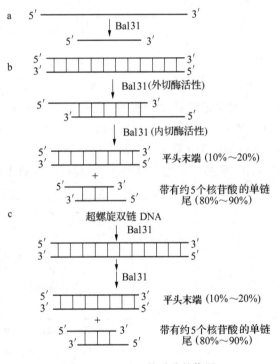

图 1-15 Bal31 核酸酶的作用
a. 单链 DNA 的内切作用 b. 3′外切酶活性和 5′内切酶活性 c. DNA 超螺旋结构的线性化作用

第七节 T4 噬菌体多核苷酸激酶

一、T4 噬菌体多核苷酸激酶的性质

T4 噬菌体多核苷酸激酶（T4 phage polynucleotide kinase）是由 T4 噬菌体的 *pseT* 基因编码的

一种蛋白质，现在已在多种哺乳动物细胞中发现了多核苷酸激酶。该酶具有多种功能，其激酶活性定位于肽链的 N 端附近，磷酸酶活性在 C 末端附近。

（一）激酶活性

T4 噬菌体多核苷酸激酶可催化 ATP 的 γ-磷酸基团转移到单链或双链的 DNA 或 RNA 的 5′羟基末端，其中包括两种反应：正向反应和交换反应。

1. 正向反应 正向反应（forward reaction）即催化 5′羟基末端的磷酸化，这是多核苷酸激酶的最主要功能。反应需要 Mg^{2+}，加入 DTT 可提高酶活性，pH 6.5～8.5。

多核苷酸激酶催化 5′突出末端磷酸化的速度比催化平端或 5′凹陷末端磷酸化快得多，对双链 DNA 切口或裂口处进行磷酸化的效率比单链末端的磷酸化效率低。但是，只要有足够的酶和 ATP 存在，平头末端、5′凹陷末端和双链 DNA 的切（裂）口都能得到磷酸化（图 1-16）。

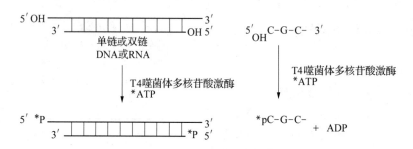

图 1-16 T4 噬菌体多核苷酸激酶的正向反应活性

（＊表示放射性同位素标记）

2. 交换反应 交换反应（exchange reaction）即在过量 ADP 存在时，DNA 的 5′磷酸转移给 ADP，然后 DNA 从 $\gamma\text{-}^{32}P\text{-}ATP$ 中获得标记的 $\gamma\text{-}^{32}P$，重新磷酸化。反应需要 Mg^{2+}，pH 6.2～6.6，效率低于正向反应。反应的底物是带有 5′磷酸末端的单链或双链的 DNA 或 RNA（图 1-17），其中含 5′磷酸末端的单链 DNA 得到标记的效率最高。

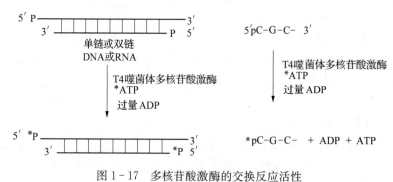

图 1-17 多核苷酸激酶的交换反应活性

（＊表示放射性同位素标记）

（二）3′-磷酸酶活性

T4 噬菌体多核苷酸激酶还能催化寡核苷酸的 3′磷酸水解成为 3′羟基，底物可以是 3′-脱氧核苷一磷酸、3′,5′-脱氧核苷二磷酸和 3′-磷酸多核苷酸。反应需要 Mg^{2+}，pH 约为 6.0。

二、多核苷酸激酶的应用

在实际应用中，主要是利用多核苷酸激酶进行 DNA 或 RNA 的 5′羟基末端标记和在连接反应之前，使缺乏 5′磷酸的 DNA 或接头磷酸化。

由于天然核酸的 5′末端为磷酸基团，而不是羟基，所以利用多核苷酸激酶进行 5′末端标记时，必须先用碱性磷酸酶处理，使其发生脱磷酸作用暴露出 5′羟基之后，才能进行。多核苷酸激酶催化的 5′末端标记效率受 5′末端结构的影响较大，一般是单链末端≥双链 5′突出末端＞双链平头末端＞双链 3′突出末端。为了提高标记效率，反应中使用高浓度、过量的 ATP。得到的 5′末端标记物可用于化学降解法测序和 S1 核酸酶分析等研究。

多核苷酸激酶还可用于寡核苷酸探针的末端标记。

第八节　碱性磷酸酶

一、碱性磷酸酶的性质

常用的碱性磷酸酶有两种，一种来源于大肠杆菌，称为细菌碱性磷酸酶（bacterial alkaline phosphatase，BAP）；另一种来源于小牛肠，称为小牛肠碱性磷酸酶（calf intestinal alkaline phosphatase，CIP）。它们都可以催化核酸分子的脱磷酸作用，使 DNA 或 RNA 的 5′磷酸变为 5′羟基末端。

实验中，在碱性磷酸酶处理后进行下一步反应前，往往需要将碱性磷酸酶完全失活。CIP 可在 68 ℃ 10 min 内失活或通过酚抽提变性失活，而 BAP 则不能。因为 BAP 对高温和去污剂的耐受性较强，故需要进行多次酚-氯仿抽提及凝胶电泳纯化 DNA 片段。此外，CIP 的活性比 BAP 高 10~20 倍，所以实验中一般选用 CIP。

CIP 的分子质量约为 140 ku，是一种含 Zn^{2+} 的金属糖蛋白，由两个亚基组成。商品碱性磷酸酶一般是悬浮在硫酸铵溶液中，4 ℃ 保存。由于铵离子会影响下一步反应中如多核苷酸激酶和 DNA 连接酶的活性，因此在 DNA 脱磷酸之后，要经过 Sephadex G-50 柱层析。

二、碱性磷酸酶的应用

1. 5′末端标记前的处理　在使用多核苷酸激酶进行 5′末端标记之前，去除 DNA 或 RNA 的 5′磷酸，以得到较高的标记效率。5′末端标记的 DNA 可应用于 Maxam-Gilbert 化学测序法、RNA 测序和特异性 DNA 或 RNA 片段的图谱构建。

2. 去除 DNA 片段的 5′磷酸基团，防止自身连接　在载体和目的基因的重组过程中，如果载体与外源 DNA 是使用同一种限制性核酸内切酶消化的，则它们的连接产物有多种形式，包括载体与外源 DNA 连接形成的重组子和载体自身连接形成的载体分子，后者称为自身环化的载体或空载。显然这种自身环化作用对于 DNA 体外重组是非常不利的。为了防止线性载体的自身环化作用，必须在连接之前使用碱性磷酸酶处理，去除其 5′末端的磷酸基团。这样载体 DNA 分子的两个黏性末端发生退火互补，失去了连接能力，不能形成共价环化结构。这种分子是不稳定的，在连接部位容易重新解链形成开环的线性分子，这就为载体接受外源 DNA 片段提供了条件。但是，如果载体与外源 DNA 退火，由于外源片段

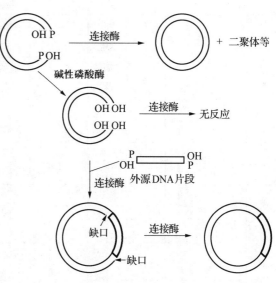

图 1-18　用碱性磷酸酶防止载体的自身环化

带有5′磷酸，所以连接酶能在其中一条链上的连接部位形成磷酸二酯键，结果在每一条链上各产生有一个切口（nick）的"重组子"，这种分子足以阻止发生重新解链作用，其上的切口可以在转化后，由受体细胞进行修复（图1-18）。

通过碱性磷酸酶预处理线性载体，有效防止了载体的自身环化，提高了载体与外源DNA的连接效率，从而降低了细菌转化时的背景。

本章小结

催化DNA各种特异性反应的酶是分子生物学家进行DNA操作的基本工具。在分子克隆过程中，制备好目的DNA之后，下一步就是使用限制性核酸内切酶将待克隆的DNA片段切割下来，与特异性切割的载体在DNA连接酶作用下连接形成重组分子。这一系列操作不仅用到了限制性核酸内切酶和DNA连接酶，而且还需要DNA聚合酶、核酸外切酶、多核苷酸激酶和碱性磷酸酶等的参与，以提高特异性DNA片段的连接效率。由于以上各种酶类的发现，特别是限制性核酸内切酶和DNA连接酶的应用，使不同分子之间的连接成为可能，而且分子克隆的方法不断创新，基因克隆工作更加简单，应用范围更广。除了基因克隆外，其他研究如DNA的生化特性测定、基因的结构分析和基因表达调控研究等，也都要用到这些酶。可以说，几乎所有的DNA操作都离不开它们，工具酶在基因工程中占据着极其重要的地位。

根据这些工具酶催化的反应类型，可将其分为四大类：①核酸酶，用于切割或降解核酸分子；②连接酶，可以把核酸分子连接起来；③聚合酶，用于核酸分子的扩增或拷贝；④修饰酶，能够给核酸分子添加或去除核苷酸或某些化学基团。注意有些酶兼有数种功能，如大肠杆菌DNA聚合酶Ⅰ，除了能合成新的DNA分子外，还有DNA外切降解作用。表1-6归纳了基因工程中常见工具酶的用途。

表1-6 基因工程中常见工具酶的用途

应用			核酸酶								连接酶			聚合酶									修饰酶			
			限制性核酸内切酶	DNase I	λ核酸外切酶	核酸外切酶Ⅲ	Ba131核酸酶	S1核酸酶	RNase H	RNase A	T4噬菌体DNA连接酶	T4噬菌体RNA连接酶	E.coli DNA连接酶	E.coli DNA聚合酶Ⅰ	Klenow片段	T4噬菌体DNA聚合酶	T7噬菌体DNA聚合酶	Taq DNA聚合酶	逆转录酶	E.coli RNA聚合酶	SP6,T3,T7 RNA聚合酶	poly(A)聚合酶	多核苷酸激酶	碱性磷酸酶	末端转移酶	甲基化酶
体外标记	DNA	3′												√	√	√	√								√	
		5′																					√	√		
		中间		√	√									√		√										
	RNA	3′										√										√				
		5′																					√	√		
		中间																			√					
序列分析	DNA				√	√								√	√	√										
	RNA																		√							
连接	DNA	单链										√														
		黏性末端									√		√													
		平头末端									√															
	RNA单链											√														

（续）

应用		核 酸 酶							连 接 酶			聚 合 酶									修 饰 酶			
		限制性核酸内切酶	DNase I	λ核酸外切酶	核酸外切酶Ⅲ	Ba131核酸酶	S1核酸酶	RNase H	RNase A	T4噬菌体DNA连接酶	E.coli DNA连接酶	T4噬菌体RNA连接酶	E.coli聚合酶Ⅰ	Klenow片段	T4噬菌体DNA聚合酶	T7噬菌体DNA聚合酶	Taq DNA聚合酶	逆转录酶	E.coli RNA聚合酶	SP6,T3,T7 RNA聚合酶	poly (A) 聚合酶	多核苷酸激酶	碱性磷酸酶	末端转移酶	甲基化酶
图谱分析	结构						✓																		
	转录						✓																		
	足迹		✓	✓																					
	限制性	✓																							✓
诱变	寡聚体				✓					✓				✓	✓	✓									
	错误修复								✓							✓									
cDNA 合成	第一链																	✓	✓						
	第二链						✓							✓											
体外转录			✓																	✓	✓				
加同聚物尾																					✓			✓	
双链缩短				✓	✓	✓									✓										
平头末端化					✓		✓							✓	✓										
RNA结构分析								✓	✓																
cDNA克隆		✓					✓			✓								✓						✓	✓

思 考 题

1. 细菌的限制与修饰系统有什么意义？
2. 说明限制性核酸内切酶的类型及其特性。
3. 限制性核酸内切酶的活性受哪些因素影响？
4. 什么是同尾酶？在基因工程中有何用途？
5. 简述DNA连接酶的作用机理及其特点。
6. 说明使用切口移位法进行DNA标记的原理及其步骤。
7. 如何进行DNA片段的末端标记？
8. 在基因克隆中，如何防止载体分子的自身环化作用？

第二章 基因工程载体

第一节 概 述

载体的构建和选择是基因工程的重要环节之一。所谓载体（vector）是指基因工程中携带外源基因进入受体细胞的"运载工具"，它的本质是DNA复制子。作为基因工程的载体必须具备以下3个基本条件：①能在宿主细胞内进行独立和稳定的自我复制。插入外源基因后仍然有着稳定的复制状态和遗传特性。②具有合适的限制性核酸内切酶酶切位点。在载体上每一种限制性核酸内切酶的酶切位点最好是单一的，这样可以将不同限制性核酸内切酶切割后的外源DNA片段准确地插入载体。这些酶切位点不在DNA复制必需区，插入外源基因后不影响载体复制。③具有合适的选择标记基因，用来筛选重组体DNA。最常用的是抗药性基因，如抗氨苄青霉素、抗四环素、抗氯霉素、抗卡那霉素等抗生素的抗性基因。

基因工程载体根据来源和性质不同可分为质粒载体、噬菌体载体、黏粒载体、噬菌粒载体、病毒载体、人工染色体等。目前基因工程中研究得最深入、使用得最多的载体是经过改造的质粒载体或噬菌体载体。根据功能和用途不同载体又可分为克隆载体、表达载体、测序载体、转化载体、穿梭载体和多功能载体等。根据受体细胞不同载体又可分为原核生物载体、真核生物载体。原核生物载体有大肠杆菌载体、芽孢杆菌载体等，真核生物载体有酵母载体、植物基因工程载体、动物基因工程载体等。其中大肠杆菌载体、酵母载体以及植物基因工程载体、动物基因工程载体已研究得相当深入，已有多种具有优良特性的载体可用于基因操作。

第二节 质粒载体

质粒载体是基因工程中最常用的载体，主要是以细菌质粒的各种元件为基础组建而成的，它必须包含3个共同的组成部分，即复制必需区、选择标记基因和限制性核酸内切酶酶切位点（克隆位点）。

一、质粒的一般生物学特性

质粒是染色体外能自我复制的小型DNA分子。它广泛存在于细菌细胞中，在霉菌、蓝藻、酵母和少数动植物细胞中，甚至线粒体中都发现有质粒的存在。质粒的大小1～200 kb不等，不同的质粒差别很大。质粒常携带编码某些酶类的基因，赋予宿主某些生物特性。例如，对抗生素的抗性、产生大肠杆菌素、降解复杂有机化合物、产生限制性核酸内切酶和修饰酶等。这些特性并非宿主细胞生命活动所必需的，但可使宿主细胞具有适应某些特殊环境的能力。

1. 质粒DNA的分子特性　虽然已发现有线性质粒，但已知的绝大多数质粒都是双链闭合环状DNA分子。除了酵母的杀伤质粒（killer plasmid）是一种RNA分子外，迄今已知的其他质粒都是DNA分子。

质粒DNA分子具有3种不同的构型：①闭合环状DNA（closed circle DNA，ccDNA）的两条多核苷酸链均保持着完整的环状结构，通常呈超螺旋构型（supercoiled），即 SC 构型。②开环 DNA（open circle DNA，ocDNA）的两条多核苷酸链只有一条保持着完整的环状结构，另一条链出现一至数个切口，此即 OC 构型。③闭合环状 DNA 分子双链断裂成为线性 DNA（liner DNA，lDNA）分子，即 L 构型（图 2-1）。在体内，质粒 DNA 是以负超螺旋构型存在的。

在琼脂糖凝胶电泳中，不同构型的同一种质粒 DNA，尽管分子质量相同，仍具有不同的电泳迁移率。其中走在最前沿的是 SC 构型，其后依次是 L 构型和 OC 构型。

2. 质粒的复制类型 虽然质粒 DNA 的复制独立于染色体，但在很大程度上是由染色体复制所需要的一套相同的酶系催化完成的。根据质粒 DNA 复制与宿主之间的关系或在宿主细胞中拷贝数的多少，可将质粒分成两种不同的复制类型，即严紧型和松弛型。

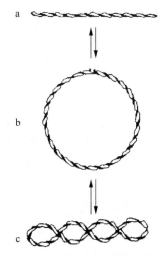

图 2-1　质粒 DNA 的分子构型
a. L 构型　b. OC 构型　c. SC 构型

严紧型质粒的复制受宿主染色体 DNA 复制的严格控制，二者紧密相关。因此，该质粒在宿主细胞中拷贝数较少，一般只有 1~3 个拷贝。松弛型质粒的复制受宿主的控制比较松，在宿主细胞中质粒拷贝数较多，一般有 10~200 个拷贝，有时可达 700 个拷贝。因此，通常选用松弛型质粒作为基因工程载体，以期获得高产量的重组质粒。当然，在另一些情况下，大量克隆化基因和基因产物可能又是有害的，此时可使用严紧型质粒来克隆在松弛型质粒上大量表达时可呈现致死效应的功能性基因。目前使用的大多数载体都带有一个来源于 pMB1 质粒的复制子，在正常情况下，其在每个宿主细胞中可维持至少 15 个拷贝。在染色体复制因蛋白质合成受阻（如氯霉素或链霉素等存在时）而终止后，这类松弛型质粒仍可继续依赖宿主提供的半衰期较长的酶（如 DNA 聚合酶Ⅰ、DNA 聚合酶Ⅲ、依赖于 DNA 的 RNA 聚合酶等）进行复制，使每个宿主细胞中质粒的拷贝数达到几千个。因此，在基因工程中常在培养基中加入氯霉素等来提高质粒 DNA 的产量。

3. 质粒的不亲和性 质粒的不亲和性，有时也称为不相容性，是指在没有选择压力的情况下，两种不同质粒不能在同一个宿主细胞系中稳定共存的现象。在细胞的增殖过程中，其中必有一种会被逐渐稀释、排斥掉，这样的两种质粒称为不亲和质粒。但必须指出，质粒的不亲和性是有相当严格的前提条件的。只有在确实证明第二种质粒 B 已经进入含有第一种质粒 A 的宿主细胞，在没有选择压力的情况下（如 B 的 DNA 并不受宿主细胞限制体系的降解作用），这两种质粒不能长期稳定共存，在这种情况下，我们才能够说 A 和 B 是不亲和性质粒。

彼此不亲和的质粒属于同一个不亲和群（incompatibility group），而彼此能够共存的亲和的质粒则属于不同的不亲和群。根据质粒的不亲和性，可将它们分成许多不亲和群。现在，在大肠杆菌质粒中至少已经鉴别出 30 个不亲和群，在金黄色葡萄球菌（*Staphylococcus aureus*）中，至少鉴定出 13 个不亲和群。属于 P、Q 和 W 不亲和群的大肠杆菌质粒，称为滥交质粒。因为这类质粒能够在许多种不同革兰氏阴性细菌中自我转移，并能在这些不同的宿主细胞中稳定地存活下去。这类滥交质粒有着将克隆的 DNA 转到广泛的周围环境中的潜在危险性。

ColE1 质粒和 pMB1 质粒及其派生质粒都是彼此不亲和的，属于同一个不亲和群。另外一种多拷贝的小型质粒 p15A 与 ColE1 或 pMB1 质粒属于不同的不亲和群。再有 pSC101、F 和 RP4 质粒，它们归属于不同的不亲和群，所以这些质粒或其派生的质粒载体彼此能够在同一个细胞中稳定地共存。

4. 质粒的转移性 质粒的转移性是指质粒从一个细胞转移到另一个细胞的特性。根据质粒是否携带控制细菌配对和质粒接合转移的基因，可将其分为接合型（conjugative）与非接合型（nonconjugative）两种。接合型质粒又称自我转移质粒，如 F 因子，其分子质量一般都较大，除了携带自主复制所必需的遗传信息之外，还带有一套控制细菌配对和质粒接合转移的基因，因此能从一个细胞自我地转移到另一个细胞中，它们多属于严紧型质粒。非接合型质粒又称不能自我转移质粒，如ColE1，其分子质量较小，虽然携带自主复制所必需的遗传信息，但不携带控制细菌配对和质粒接合转移的基因，因此不能从一个细胞自我地转移到另一个细胞中。但如果在其宿主细胞中存在一种亲和的接合型质粒，那么它也通常会自我转移。这种由共存的接合型质粒引发的非接合型质粒的转移，称为质粒的迁移作用。ColE1 从供体细胞转移到受体细胞的过程，需要质粒自己编码的两种基因参与，一个是位于 ColE1 DNA 上的特异位点 nic，另一个是编码核酸酶的 mob 基因。大约 1/3 的 ColE1 基因组（约 2 kb）与该质粒的迁移性有关。非接合型质粒多属于松弛型质粒，但也有例外。

从安全角度考虑，基因工程中所用的主要是非接合型质粒。这是因为接合型质粒不仅能够从一个细胞转移到另一个细胞，而且还能够转移染色体。如果接合型质粒已经整合到细菌染色体的结构上，那么将会牵动染色体发生高频率的转移。此外，接合型质粒还能够促使与它共存的非接合型质粒发生迁移。因此，在实验室的研究工作中，如果使用接合型质粒作载体，在理论上存在着 DNA 跨越生物种间遗传屏障的潜在危险性。基因工程中所用的非接合型质粒载体缺乏转移所必需的 mob 基因，因此不能发生自我迁移。

二、理想质粒载体的必备条件

（一）天然质粒用作载体的局限性

天然质粒一般是指没有经过体外修饰改造的质粒。虽然直接采用天然质粒用作载体简便易行，但天然质粒通常缺乏理想载体所必需的一些条件，限制了它在基因工程中的使用。常见的用于基因工程的天然质粒载体有 pSC101、ColE1 等。

第一个用于基因克隆的天然质粒是 pSC101（图 2-2），其大小为 9.09 kb，是一个严紧型质粒，每个宿主细胞中仅有 1~2 个拷贝，具有多个限制性核酸内切酶的单一酶切位点，其中 HindⅢ、BamHⅠ和 SalⅠ酶切位点位于四环素抗性基因内部，在这 3 个位点上克隆外源基因，可使 Tet^r 基因失活，即产生插入失活效应。EcoRⅠ酶切位点位于 Tet^r 基因外部，在这个位点上克隆外源基因不会产生插入失活效应。但 pSC101 只有 Tet^r 一个选择标记，故不能有效地区分重组子和自我环化的载体，即不能使用插入失活技术筛选重组子。此外，pSC101 分子质量较大，克隆外源DNA 的能力有限，拷贝数低，使得分离提取质粒 DNA 的工作难度加大。由于上述几方面的缺陷，pSC101 与许多天然质粒一样，不是基因克隆的理想载体。

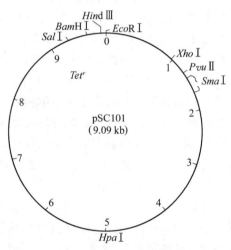

图 2-2 质粒 pSC101 的图谱
（引自 Morrow 等，1973）

另一个天然质粒载体是 ColE1，它的唯一单酶切位点 EcoRⅠ位于大肠杆菌素 E1 的编码基因内，插入外源基因后，引起插入失活，不能合成大肠杆菌素 E1，因此可以根据对大肠杆菌素 E1 的免疫性选择重组子。此外，它具有高拷贝数的优点，而且可以通过氯霉素处理得到进一步扩增。但 ColE1 的克隆位点有限，并且大肠杆菌素 E1 的免疫筛选，在化学上是相当麻烦的。因此，它在基因克隆的实际应用方面仍受到很大的限制。

（二）理想质粒载体的必备条件

一般来说，一种理想的质粒载体除了有其他类型载体相同的特点外，还应具备以下条件：

① 具有较小的分子质量和较高的拷贝数。低分子质量的质粒首先易于操作，加入外源 DNA 片段（一般不超过 15 kb）之后仍可有效地转化给受体细胞；其次，较高的拷贝数不仅有利于质粒 DNA 的

制备，同时还会使细胞中克隆基因的剂量增加，扩增后回收率高；最后，低分子质量的质粒载体对限制性核酸内切酶具有多重识别位点的概率也相应降低，易于用酶切图谱来鉴定。

② 具有若干限制性核酸内切酶的单一酶切位点，以满足基因克隆的需求。单一酶切位点在基因克隆中有双重功能，既能帮助克隆，又有助于人们在完成克隆后把插入的 DNA 片段卸下来，卸下来回收的 DNA 片段可以再克隆到专用的测序载体或高水平表达的表达载体中。而且插入适当大小的外源 DNA 片段之后，不影响质粒 DNA 的复制功能。现在基因工程中所使用的载体一般有一个多克隆位点（multiple cloning site，MCS）。多克隆位点，又称多接头、限制性核酸内切酶酶切位点库，是指载体上人工合成的含有紧密排列的多种限制性核酸内切酶酶切位点的 DNA 片段。它提供了各种各样的可单独或联合使用的克隆靶位点，以便克隆由多种限制性核酸内切酶中任意一种或几种酶切割后产生的 DNA 片段。此外，插入其中一个限制性核酸内切酶酶切位点的片段，可在切点侧翼用适当的限制性核酸内切酶切割质粒而取出。因此，将 DNA 片段插入多克隆位点，相当于在其末端加上了合成接头，这些可用的侧翼切点大大地简化了对外源 DNA 片段进行限制性核酸内切酶酶切作图的工作。

③ 具有两种及以上的选择标记基因。这样的质粒为宿主细胞提供的选择标记是易于检测的表型性状，而且在有关的限制性核酸内切酶酶切位点上插入外源 DNA 片段之后所形成的重组质粒，至少仍要保留一个强选择标记基因。

④ 缺失 mob 基因。这样的质粒就不会从一个细胞转移到另一个细胞中，减少了基因工程体扩散的危险性。

⑤ 插入外源基因的重组质粒较易导入宿主细胞并复制和表达。

三、质粒载体的构建

构建质粒载体就是在天然质粒的基础上，根据基因工程的需要，除去一些非必需元件，添加一些必需的元件，使其成为一种既带有多种强选择标记基因，又具有低分子质量、高拷贝，以及外源基因插入不影响复制的多种限制性核酸内切酶单一酶切位点等优点的理想载体。这种载体必须具备复制必需区、选择标记基因和限制性核酸内切酶酶切位点（克隆位点）这 3 个组成部分。从原则上讲，每种质粒的构建过程都十分类似，因此，本部分仅以 pBR322 的构建为例来介绍质粒载体的构建和改良。

（一）pBR322 质粒载体的构建

pBR322 是人工构建的一种较为理想的大肠杆菌质粒载体，也是应用最为广泛的克隆载体，利用它已克隆多种基因。pBR322 的构建是质粒载体构建的一个典范，它来源于下列 3 个亲本质粒：pSF2124，含有 Amp^r 基因；pMB1，含有松弛型 ColE1 的复制起点（ori）；pSC101，含有 Tet^r 基因。其构建的具体过程如图 2-3 所示。

第一步是在菌体内将 R1drd19 质粒（沙门氏菌中 R1 质粒的一种变异体）的易位子 Tn3（携带有 Amp^r 基因）易位到 pMB1 质粒上，构成一个较大的质粒 pMB3（13.3 kb）。为缩小 pMB3 质粒的体积，在 $EcoR\ I^*$ 活性下消化除去了一些非必需的片段，得到的是含有 pMB1 松弛型复制起点 ori 的 pMB8，此质粒的分子大小为 2.6 kb，具有 $EcoR\ I$ 单酶切位点和不方便使用的大肠杆菌素 E1 免疫性基因标记，但失去了对氨苄青霉素的抗性。$EcoR\ I^*$ 活性是指在一些特定的体外环境中，比如高盐或含锰离子的溶液中，$EcoR\ I$ 的正常动力学特性受到了干扰，此时它不需要 5′-GAATTC-3′ 这段完整的识别序列，而只需要其中的 4 个核苷酸即 5′-AATT-3′ 核心序列，就能进行切割。由这种切割所产生的 $EcoR\ I$ AATT 黏性末端能够重新连接起来形成环状分子。然后把这些分子导入大肠杆菌，其中只有具备质粒复制起点的分子才能成功转化大肠杆菌细胞。因此这样便可能挑选到失去了 $EcoR\ I^*$ 片段的重组子。这样的重组子之一命名为 pMB8 质粒。

第二步是从质粒 pSC101 中获得四环素抗性（Tet^r）标记。用 $EcoR\ I^*$ 切割 pSC101 和 pMB8，将

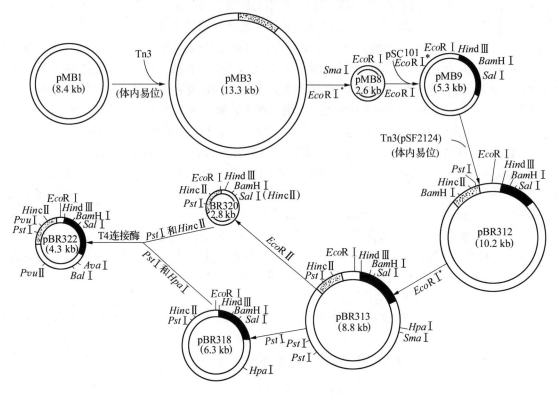

图 2-3 构建 pBR322 的步骤

(全黑部分代表 Tet^r 基因；黑点部分代表 Amp^r 基因)

(引自 R. L. Rodriguez 等，1983)

Tet^r 基因重组到 pMB8 上，形成大小为 5.3 kb 的 pMB9。虽然 pMB9 中具有 2 个选择标记（Tet^r 和大肠杆菌素 E1 的免疫性基因），在 Tet^r 中有 3 个可用于克隆的单酶切位点 HindⅢ、BamHⅠ和 SalⅠ，但这 3 个位点中插入外源 DNA 片段后均会使 Tet^r 标记失活，而另一个标记大肠杆菌素 E1 免疫性基因不是一个方便有效的选择标记。因此，为了使这 3 个位点能得以利用，还需引入有效的选择标记。

第三步是向 pMB9 中引入 Amp^r 基因。pSF2124 是一个从 ColE1 和 R1drd19 衍生而来的质粒，其含有 Amp^r 抗性标记，将 pSF2124 与 pMB9 在同一菌株中共同培养，使得 pSF2124 质粒的 Tn3 易位到 pMB9 质粒中，从而形成了具有 Tet^r、Amp^r 双标记的质粒 pBR312。为了最大限度地去除质粒中的非必需的 DNA 序列及不必要的限制酶位点，用 EcoRⅠ* 处理，除去了位于 Amp^r 基因中的 BamHⅠ位点，得到分子大小为 8.8 kb 的质粒 pBR313。由于易位子 Tn3 上的 BamHⅠ位点的序列片段已经缺失，因此，Amp^r 基因不能易位到别的附加体上。

第四步，从 pBR313 质粒上除去两个 PstⅠ位点，形成具有 $Amp^s Tet^r$ 表型的质粒 pBR318；同时将 pBR313 质粒的 EcoRⅡ片段去掉，形成具有 $Amp^r Tet^s$ 表型的质粒 pBR320。然后再将这两个来源于 pBR313 的派生质粒的酶切消化片段在体外重组，便产生出了分子质量进一步缩小的 pBR322 质粒（图 2-4）。

（二）pBR322 质粒载体的改良

由于转化效率与质粒的大小成反比，当质粒大于 15 kb 时，转化效率将成为限制因素。因此，当转化效率尚未开始显著降低时，质粒越小，可以容纳的外源 DNA 的区段就越长，即克隆容量越大。另外，质粒越大，就越难用限制性核酸内切酶酶切图谱来进行鉴定分析。由于质粒越大，复制的拷贝数就越低，致使外源 DNA 的产量也随之降低。所以，在一定意义上，越小的载体越受欢迎。正因为如此，在 20 世纪 70 年代末和 80 年代初构建了一些 pBR322 的衍生质粒，这些质粒不含有控制拷贝数与转移性有关的辅助序列，其中最为著名的质粒是 pAT153 和 pXf3 等，目前仍在使用。

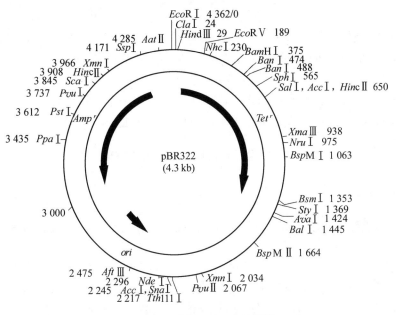

图 2-4　质粒 pBR322 的图谱
（引自 Sambrook 等，1989）

质粒 pAT153（图 2-5）是在质粒 pBR322 基础上构建的一个高拷贝的衍生载体，在其 DNA 分子中缺失了 pBR322 的 $Hae\ II$ 的 B 和 G 片段，分子变小为 3.6 kb。pAT153 的酶切位点和选择标记与 pBR322 相同，但拷贝数却高 1.5～3 倍。仅就基因工程的安全防护而言，pAT153 要比 pBR322 优越得多。我们知道 pBR322 虽是不能够自我转移的非接合型质粒，并失去了 mob 基因，但保留着这种基因编码蛋白的作用位点（nic），因此，在 F、ColK 质粒存在的条件下，由 ColK 编码产生的 Mob 蛋白作用于 pBR322 质粒的 nic 位点，通过 F 质粒提供的转移装置可完成迁移，迁移的频率可达 10^{-1}。而 pAT153 已缺失了 nic 位点，依然具有 Tet^r、Amp^r 双标记，但已不能发生迁移作用，从而为我们提供了具备基因工程防护保障的安全载体。

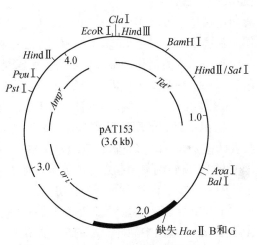

图 2-5　质粒 pAT153 的图谱
（引自 Sambrook 等，1989）

但是，质粒变小可以导致有用克隆位点的消失，例如 pXf3 缺少存在于 pBR322 和 pAT153 中的 $Bal\ I$ 和 $Ava\ I$ 位点。为了扩大有用克隆位点的范围，可在较小的质粒载体中插入"多克隆位点"。多克隆位点技术的使用极大地简化了质粒改造过程。目前使用的大多数载体中均含有多克隆位点。

插入失活作用是筛选重组质粒分子的一种常用而有效的手段。然而令人遗憾的是，应用 pBR322 的 $EcoR\ I$ 位点克隆外源的 DNA 却不会发生插入失活作用。众所周知，$EcoR\ I$ 是基因克隆中最常用的最有效的限制性核酸内切酶之一。针对这一缺陷，已经构建了两种在其选择标记上具有 $EcoR\ I$ 限制性核酸内切酶单一识别位点的 pBR322 派生质粒。第一个这种派生质粒是分子大小为 9.1 kb 的 pBR324，它是把带有大肠杆菌素 E1 的结构基因（cea）和免疫基因（imm）的 pMB9 质粒的 $Hind\ II$ 片段克隆在 pBR322 质粒的 $EcoR\ I$ 位点上形成的。在片段的连接过程中，pBR322 质粒 $EcoR\ I$ 位点被破坏了，只留下 ColE1 结构基因上唯一的 $EcoR\ I$ 位点；同时通过突变作用消除掉 ColE1 上的一个 $Sma\ I$ 识别位点，只留下另一个 $Sma\ I$ 识别位点。因此，pBR324 质粒对于克隆由 $EcoR\ I$ 和 $Sma\ I$ 限制性核酸内切酶所产生的 DNA 片段是十分有用的，可以十分容易地选择出由这两种限制性核酸内切酶所产生的 DNA 片段。第二个是 pBR325 质粒，它带有一个可用作选择标记的氯霉素抗性基因（Cml^r），这个基因位于转导噬菌体 PiCm 的 HaeⅡ片段上。将这个片段同已经用 S1 核酸酶处理而移去了黏性末端的 pBR322 质粒的 EcoRⅠ片段连接，结果便破坏了这个限制性核酸内切酶识别序列的结构，从而在重组质粒 pBR325 分子上只留下一个位于 Cml^r 基因中的 EcoRⅠ单一识别位点。因此，pBR325 质粒 Cml^r 基因 EcoRⅠ位点的插入失活作用，可以用来鉴定在该位点具有外源 DNA 插入的重组质粒。含有这种质粒的宿主细胞应具有 $Amp^r Tet^r Cml^s$ 的表型。

四、常用的质粒载体类型

（一）克隆质粒载体

克隆质粒载体是指专用于基因或 DNA 片段无性繁殖的质粒载体。目前常用的克隆质粒载体有 pBR322、pUC 及其派生质粒载体。

1. pBR322 质粒及其派生质粒　这个质粒是至今仍广泛应用的克隆载体，它具备了理想载体的所有特征：第一是分子较小，其大小为 4 363 bp，可以克隆 6 kb 的外源 DNA 片段而不影响它的功能。第二是具有两种选择标记，即 Amp^r、Tet^r，利用氨苄青霉素和四环素来筛选重组子，既经济又方便。第三是具有多种限制性核酸内切酶的单一酶切位点，特别是在基因克隆中最常用的 EcoRⅠ、$Hind$Ⅲ、BamHⅠ、SalⅠ、PstⅠ、EcoRV、SphⅠ等，其中 $Hind$Ⅲ、BamHⅠ、SalⅠ、EcoRV、SphⅠ的酶切位点位于 Tet^r 中，PstⅠ的酶切位点位于 Amp^r 中，在这些位点上克隆外源基因可利用插入失活作用筛选重组子。但 EcoRⅠ的酶切位点不位于两个标记基因上，因此在这个位点上克隆外源基因就不能利用插入失活作用筛选重组子。第四是在宿主细胞内具有较高的拷贝数，而且经过氯霉素处理扩增后，每个细胞中可积累 1 000～3 000 个拷贝，这为重组体 DNA 制备提供了极大的方便。

pBR322 的派生质粒请阅读"pBR322 质粒载体的改良"部分，这里就不赘述。

2. pUC 系列的质粒载体　pUC 系列的质粒载体通常是成对构建的，如 pUC18/pUC19（图 2-6），两者的差别仅在于多克隆位点的方向相反。一种典型的 pUC 系列的质粒载体包括以下 4 个组成部分：①pBR322 质粒的复制起点；②氨苄青霉素抗性基因，但它的核苷酸序列已发生了变化，不再含有原来的限制性核酸内切酶的单一酶切位点；③大肠杆菌的乳糖操纵子的 β-半乳糖苷酶基因（$lacZ$）的启动子和 α 肽（β-半乳糖苷酶氨基端头 146 个氨基酸片段）的编码序列，此结构特称为 $lacZ'$ 基因；④位于 $lacZ'$ 基因中靠近 5'端的多克隆位点区段，但它并不破坏读码框，而且可使少数几个氨基酸插入 β-半乳糖苷酶的氨基端。当无外源基因片段插入时，质粒表达 α 肽，它与宿主菌中 F'因子的 $lacZ'$ΔM15 基因的产物互补，即 α 肽可与 β-半乳糖苷酶的 C 端片段融为一体，形成具有酶活性的 β-半乳糖苷酶，产生 $lacZ^+$ 表型，实现了基因内互补，这种互补现象称为 α 互补。由 α 互补而产生的 $lacZ^+$ 细菌易于识别，在诱导物异丙基-β-D-硫代半乳糖苷（IPTG）存在时，它们在含有生色底物 5-溴-4-氯-3-吲哚-β-D-半乳糖苷（X-gal）的平板上形成蓝色的菌落。当多克隆位点中插入外源 DNA 片段时，α 互补作用遭到破坏，在含有 IPTG 和 X-gal 的平板上将出现白色菌落。这样，可用组织化学法筛选重组子，这种方法又称 α 筛选，比插入失活作用更加方便。值得指出的是，当插入的 DNA 片段较小，不破坏 α 肽的读码框时，重组子菌落可表现出浅蓝色。

pUC7 是最早构建的一种 pUC 质粒载体。它是由编码有 Amp^r 基因的 pBR322 质粒的 EcoRⅠ-PvuⅡ片段和包括 $lacZ'$ 基因 α 序列在内的 lac 操纵子的 HaeⅡ片段构成的，利用体内突变和体外缺失突变技术除去了 pBR322 片段的 PstⅠ、$Hinc$Ⅱ、AccⅠ的酶切位点，仅保留了 α 序列内单一的 PstⅠ、$Hinc$Ⅱ、AccⅠ的酶切位点。这个质粒没有插入多克隆位点。

后来，在 pUC7 的 α 序列内分别插入一段取向相反的多克隆位点，构建成 pUC8 和 pUC9 两种质粒载体。由于具有这样的特点，我们便能把双酶消化产生的 DNA 片段以两种相反的方向分别插入 pUC8 和 pUC9 质粒载体上。此后，又构建了 pUC12/pUC13、pUC18/pUC19 等质粒载体，除多克

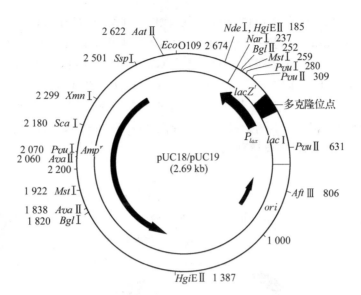

图 2-6 质粒 pUC18/pUC19 的图谱

（引自 Sambrook 等，1989）

隆位点外，它们都具有与 pUC7 质粒载体类似的特性。

与 pBR322 质粒载体相比较，pUC 质粒载体具有理想质粒载体的许多特性，特别是 pBR322 所不具备的一些特点。第一，分子更小。在 pBR322 基础上构建 pUC 质粒载体时，仅保留了其中氨苄青霉素抗性基因和复制起点，使其分子大小相应地变小了许多，如 pUC8/pUC9 为 2 750 bp，pUC18/pUC19 为 2 686 bp。第二，利用组织化学法筛选重组子，更方便、更省时。以 pBR322 作克隆质粒载体，其重组子筛选需经过两步，即还需从第一种抗性平板转移到另一种抗性平板。第三，具有多克隆位点。第四，具有更高的拷贝数。由于 pUC 质粒缺乏 rop 基因，其拷贝数要比带有 pMB1（或 ColE1）复制起点的质粒（如 pBR322 等）高得多，pUC 质粒的制备过程因而大大简化。pUC 系列质粒具有上述多方面的优越性，是目前最广泛使用的质粒载体。

3. T 载体　T 载体是一种专门用于克隆 PCR 产物的克隆载体。其原理是利用 *Taq* DNA 聚合酶扩增 PCR 产物的每一条链 3′ 端都有一个突出 dA 尾，而线性化的 T 载体的 3′ 端也正好有一个与之互补配对的 dT 尾，在连接反应时可通过突出末端的 TA 碱基互补而实现连接，这样可以大大提高目的基因和载体的连接效率。这种克隆方法称为 TA 克隆（图 2-7）。

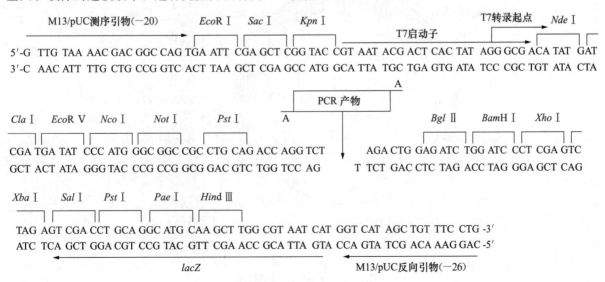

图 2-7　TA 克隆

目前，在pUC、pGEM克隆载体的基础上构建出了许多T载体，如pUCm-T（图2-8）、pGM-T（图2-9）。pUCm-T是一种传统的T载体，产生线性化T载体是经EcoR V酶切后在3′末端加T。而pGM-T是一种高效的T载体，通过XcmⅠ酶切后使其多克隆位点两侧的3′末端直接产生未配对的T碱基，因此操作更简便。3′端突出dT可以防止载体的自身环化，大大提高PCR产物的连接和克隆效率。此外，pGM-T载体在克隆位点两侧分别具有T7噬菌体和SP6 RNA聚合酶启动子时，可用于体外制备RNA探针。这2种T载体都具有lacZ选择标记基因，因此，其阳性重组子可采用蓝白斑筛选，筛选过程简捷有效。

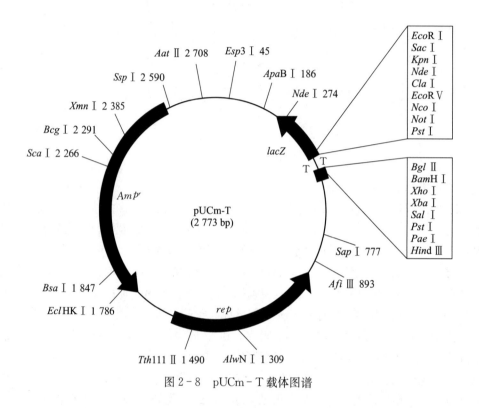

图2-8 pUCm-T载体图谱

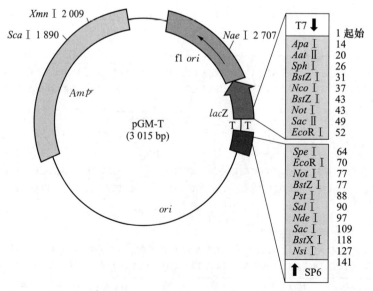

图2-9 pGM-T载体图谱

(二) 表达质粒载体

表达质粒载体是指专用于在宿主细胞中高水平表达外源蛋白质的质粒载体。在基因工程中，人们的主要兴趣往往不是目的基因本身，而是其编码的蛋白质产物，特别是那些在商业上、医药上以及科研工作方面具有重要意义的蛋白质。但真核生物基因不能在原核细胞中表达，绝大多数原核生物基因也不能在真核细胞中表达，并且一些基因在自身表达调控体系下表达水平比较低，因此，在基因工程中需要构建用来在宿主细胞中高水平表达外源蛋白质的表达载体。表达载体根据所表达的蛋白是否分泌到细胞外又可分为非分泌型表达载体（胞内表达载体）和分泌型表达载体；而根据表达所用的受体细胞又可分为原核细胞表达载体和真核细胞表达载体。在此只讨论大肠杆菌的表达质粒载体。表达载体和克隆载体的区别在于，表达载体必须含有：①强启动子，一个可诱导的强启动子可使外源基因有效地转录；②在启动子下游区和 ATG（起始密码子）上游区有一个好的核糖体结合位点序列（SD序列），促进蛋白质翻译；③在外源基因插入序列的下游区有一个强转录终止序列，保证外源基因的有效转录和 mRNA 的稳定性。大肠杆菌中常用的启动子有 P_{lac}、P_{trp}、P_{tac}、来自 λ 噬菌体的强启动子 P_L 和 P_R 以及来自 T7 噬菌体的 T7 启动子等。前几类启动子可被大肠杆菌的 RNA 聚合酶所识别起始转录，而 T7 启动子必须由 T7 噬菌体 RNA 聚合酶识别而起始转录。因此，在表达载体中用 T7 启动子时，必须要用能产生 T7 噬菌体 RNA 聚合酶的受体菌作宿主，如 JM109（DE3）菌株。

pBV221 表达质粒载体是我国科学家构建的，它利用 λ 噬菌体的 P_L、P_R 作为串联启动子，一个温度敏感的转录阻遏蛋白基因 cI857 位于其上游；在多克隆位点的下游区有一强转录终止序列 rrnB；在多克隆位点与启动子之间有 SD 序列。当外源基因插入后，质粒载体 pBV221 的表达处于被 cI857 阻遏蛋白紧密控制下的 P_L、P_R 启动子的双重调控之下。cI857 阻遏蛋白是一个温度敏感的转录调控蛋白，在 30 ℃时其同启动子紧密结合，阻止转录起始；当培养温度升到 42 ℃时，阻遏蛋白失活从启动子上解离，RNA 聚合酶与启动子结合起始转录，这种可诱导的启动子使得基因能高效表达。pBV221 是胞内表达载体，其表达产物位于细胞质中。

pTA1529 是分泌型表达载体，其与胞内表达载体的区别是在启动子之后有一信号肽编码序列。外源基因插入信号肽序列后的酶切位点，使外源基因的第一个密码子正好同信号肽最后一个密码子相接。外源基因连同信号肽基因一起转录，然后翻译成带有信号肽的外源蛋白。当蛋白质分泌到位于大肠杆菌细胞膜与细胞外壁之间的周质时，信号肽被信号肽酶所切割，得到成熟的外源蛋白。pTA1529 是用大肠杆菌碱性磷酸酶基因（phoA）启动子及其信号肽（由 21 个氨基酸组成）基因构建而成。在磷酸盐饥饿的状态下，在该启动子及信号肽序列指导下，其后的外源蛋白得以表达并分泌到细胞周质中。大肠杆菌中常用介导分泌的信号肽除 phoA 的信号肽外，还有大肠杆菌外膜蛋白（omp）类的信号肽等。

(三) 多功能质粒载体

多功能质粒载体具有多种功能，可以根据需要进行体外转录、克隆、测序以及基因表达等方面的基因操作。这种多功能载体使研究者避免了不少烦琐的重复操作，提高了工作效率。pGEM 系列质粒载体就是一类多功能载体，如 pGEM-3、pGEM-4、pGEM-3Z、pGEM-4Z、pSP64、pSP65、pGEM-3Zf 等，都是由 pUC 系列质粒载体派生而来。现以 pGEM-3Zf 为例予以介绍：其分子大小为 3.2 kb，含有 T7 噬菌体及 SP6 RNA 聚合酶的启动子及转录起始位点，它们分别位于 lacZ 基因中多克隆位点的两侧，故在体外能转录出相应的 mRNA。该质粒还具有 lac 启动子 P_{lac} 调控区及 α 肽编码区，因此插入的外源基因能在大肠杆菌中进行诱导表达。此外，该质粒还具有噬菌体 f1 的复制起点（f1 ori）以及 pUC/M13 正、反向序列分析引物的结合位点，能进行测序操作。

(四) 穿梭质粒载体

穿梭质粒载体（shuttle plasmid vector）是指一类由人工构建的具有两种不同复制起点和选择标记，可在两种不同的宿主细胞中存活和复制的质粒载体。由于这类质粒载体可以携带外源 DNA 序列在不同物种的细胞之间,特别是在原核细胞和真核细胞之间往返穿梭,因此在基因工程研究中是十分有用的。常见的穿梭质粒载体有大肠杆菌-土壤农杆菌穿梭质粒载体、大肠杆菌-枯草芽孢杆菌穿梭质粒载体、大肠杆菌-酿酒酵母穿梭质粒载体等。同其他质粒一样,这些质粒也能够在大肠杆菌细胞中进行重组 DNA 操作和增殖,然后再返回到土壤农杆菌(Agrobacterium tumifaciens)、枯草芽孢杆菌(Bacillus subtilis)、酿酒酵母(Saccharomyces cervisiae)中进行研究。

早期的穿梭质粒载体是由大肠杆菌、枯草芽孢杆菌这两种杆菌的质粒载体融合构建的。如 pHV14 是由 pBR322 和 pC194 融合而成,pEB10 是由 pBR322 和 pUB110 融合而成等。大肠杆菌可作为此类质粒载体的中间宿主,从中提取的穿梭质粒 DNA 能有效地转化感受态的枯草芽孢杆菌细胞。尤其是在大肠杆菌和枯草芽孢杆菌之间进行比较研究时,穿梭质粒载体是相当有用的。大肠杆菌-酿酒酵母穿梭质粒载体含有两种分别来自大肠杆菌和酿酒酵母的复制起点与选择标记,另有一个多克隆位点区。由于这种类型的质粒载体既可在大肠杆菌细胞中复制,也可在酵母细胞中复制,可以自如地在这两种不同的宿主细胞之间来回转移基因,并单独或同时在两种宿主细胞中研究目的基因的表达活性及其他调节功能,因此在遗传学研究中备受欢迎。例如,可将酵母的某种基因亚克隆到穿梭质粒载体上,置于大肠杆菌中进行定点突变处理后,再把突变体基因返回到酵母细胞,以便在其天然的宿主中观察研究此种突变的功能效应。根据复制模式,可将酵母的质粒分成 5 种不同的类型,即 YIp、YRp、YCp、YEp 和 YLp。其中,除了线性质粒 YLp 之外,其余的均能与大肠杆菌质粒构成穿梭载体,但究竟选用其中的哪一种,则完全取决于研究的特定要求。

在动物体系中也已经发展出类似的穿梭质粒载体,最早是由大肠杆菌质粒载体和牛乳头状瘤病毒(bovine papilloma virus,BPV)构建而成的。例如 pBPV-BV1 就是一种典型的动物细胞系统穿梭质粒载体,它既可在大肠杆菌细胞中复制,亦可在动物细胞中复制,每个细胞平均拥有 10~30 个拷贝。有人利用这个穿梭质粒载体克隆人 β 干扰素基因,先在大肠杆菌细胞中操作,然后转染到多种不同的动物细胞系,结果均表达出相似水平的干扰素。若加入聚肌胞苷酸[poly(I)-poly(C)],则可诱导其表达水平上升 400 倍。

第三节 λ 噬菌体载体

细菌质粒载体为基因克隆提供了快速、简便的方法,但这类载体可以克隆最大的 DNA 片段在 10 kb 左右,不能满足诸如构建基因组文库等的要求。因为要构建一个基因组文库,往往需要克隆更大一些的 DNA 片段,以减少文库中克隆的数量,便于克隆筛选。为此,人们把 λ 噬菌体载体发展成为了一种优良的克隆载体。

一、λ 噬菌体的生物学特性

1. λ 噬菌体的生活周期 λ 噬菌体是一种中等大小的大肠杆菌噬菌体,由一个包裹着 DNA 的正二十面体的蛋白质头部和一个中空管状的蛋白质尾部组成,属温和噬菌体。当它感染大肠杆菌时,尾部便会黏附在细胞壁上,通过尾部蛋白质收缩,迫使头部中的 DNA 经尾部注入细菌细胞中,蛋白质外壳留在外面。噬菌体 DNA 进入细菌细胞后,便有两种生活周期可走,即裂解周期(溶菌周期)和溶原性周期。在裂解周期中,λ 噬菌体的 DNA 分子便可借助宿主的复制和转录系统进行复制和合成外壳蛋白,同时二者组装成完整的噬菌体颗粒,20 min 后就可使宿主细胞发生裂解,释放出大约 100 个噬菌体颗粒。在溶原性周期中,λ 噬菌体的 DNA 分子并不马上复制,而是在特定的位点整合到宿主染色体 DNA 中,与宿主染色体形成一体,并随宿主染色体的复制而复制,随宿主的分裂繁殖而传给其子代细胞。但这种潜伏的 λ 噬菌体 DNA 在某种营养条件或环境条件胁迫下,可以从宿主染色体 DNA 上切割出来,并进入裂解周期。

2. λ噬菌体的基因组结构和功能　λ噬菌体基因组是一条双链线性DNA分子，大小为48 502 bp，在λDNA分子两端的5′链上各有12 bp的单链互补黏性末端，左边为5′-GGGCGGCGACCT-3′，右边为3′-CCCGCCGCTGGA-5′。当λDNA进入细菌细胞后，便迅速通过黏性末端配对形成双链环状的DNA分子，这种由黏性末端结合形成的双链区段称为 *cos* 位点（cohesive - end site），是将λDNA包装到噬菌体颗粒中所必需的DNA序列。

截至2019年底，在λDNA上定位了66个基因，如头部外壳蛋白基因有 *W*、*B*、*C*、*D*、*E*、*F* 等；尾部外壳蛋白基因有 *Z*、*U*、*V*、*G*、*H*、*M*、*L*、*K*、*I*、*J* 等；裂解基因有 *S* 和 *R*；复制基因有 *O* 和 *P*，DNA复制起点位于 *O* 基因的编码序列内，该基因编码一种复制启动蛋白；重组基因有 *red*、*gam*；整合删除基因有 *int*、*xis* 及 *att* 位点，*int* 基因控制整合酶的合成，*xis* 基因控制删除酶的合成；调节基因有 *N*、*Q*、*cⅠ*、*cⅡ*、*cⅢ*、*cro*，*N*、*Q* 编码的是抗终止因子，*cⅠ*、*cro* 编码的是阻遏蛋白，*cⅡ*、*cⅢ* 编码的产物可以激活 *cⅠ* 基因的表达。此外还有 b2 区段，其功能目前还不清楚。除两个正调节基因 *N* 和 *Q* 之外，其余的都是按功能的相近性成簇排列，形成4个基因簇，即与基因表达调节有关的调节基因簇、与DNA重组及整合删除有关的重组基因簇、与复制有关的复制基因簇、与头尾蛋白质合成及组装和裂解有关的结构基因簇。为了述说方便，人为地将λ噬菌体基因组分为3个区域（图2-10）：①左侧区，自基因 *A* 到基因 *J*，包含外壳蛋白的全部编码基因。②中间区，介于基因 *J* 与基因 *N* 之间，这个区又称为非必需区，与噬菌斑形成无关，被外源DNA片段取代后，并不影响噬菌体的生命活动。中间区包含重组基因和一整合切割基因。③右侧区，位于 *N* 基因的右侧，包含全部的主要调节基因及复制基因和裂解基因。

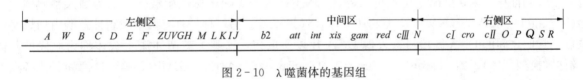

图2-10　λ噬菌体的基因组

3. λ噬菌体的DNA复制　在裂解周期的早期，环状的λDNA分子按θ形进行双向复制，其复制起点位于 *O* 基因内，并且需要 *O*、*P* 这两个基因编码蛋白的积极参与。到了晚期，控制滚环形复制的开关被启动，复制从θ形转变成滚环形复制，合成出由一系列λDNA线性排列的多聚体分子。线性的λDNA多聚体分子不能被包装进头部，必须经过核酸酶的切割作用，从 *cos* 位点将它分成单位长度的单体分子，才能够被包装起来。已知在头部入口处有4种蛋白质参与了这种切割过程，它们能识别双链线性DNA分子上的 *cos* 序列，并在 *cos* 序列处切断DNA分子，使一个正确大小的DNA分子进入头部。由此可见，*cos* 位点是λ噬菌体正确包装的必需位点。

在溶原性周期中，λDNA复制是以另外一种形式进行，即稳定地整合到宿主染色体上并随之一起复制。在进行这种复制时，只有 *cⅠ* 基因得以表达，合成出一种可以使参与裂解周期活动的所有基因被阻遏的蛋白质。λ噬菌体基因组的整合作用，是通过它的附着位点 *att* 同大肠杆菌染色体DNA的局部同源位点之间的重组反应实现的。如果大肠杆菌染色体上缺失了正常的附着位点，λ噬菌体也可以在其他附着位点发生整合作用。整合作用需要 *int* 基因的表达，它是一可逆的过程。一方面，噬菌体基因组可以整合到大肠杆菌染色体DNA上，成为原噬菌体；另一方面，在适当条件下，原噬菌体又可以脱离宿主染色体，重新变成独立的复制子，这种过程称为原噬菌体的删除作用。λ噬菌体的删除，需要噬菌体 *xis* 基因和 *int* 基因的协同作用才能实现。

二、λ噬菌体载体的构建

（一）构建λ噬菌体载体的基本原理

野生型的λ噬菌体不适于直接用作基因克隆的载体。主要原因有二：①λDNA基因组大而且复杂，特别是其中具有基因克隆常用的限制性核酸内切酶的多个识别位点（如5个 $BamH$ I 位点、6个 Bgl II 位点、5个 $EcoR$ I 位点、7个 $Hind$ III 位点等）；②λ噬菌体外壳只能接纳一定长度（相当于λ噬菌体基因组大小的75%～105%）的DNA分子。因此，λDNA只能作为小片段外源DNA分子（即2.5 kb左右）的克隆载体。这一克隆容量显然不能满足大多数基因克隆工作的要求，必须对野生型λDNA进行改造。

根据理想基因工程载体的条件，并针对野生型λ噬菌体作为基因工程载体的缺陷，对λDNA进行以下几方面的改造：①切除λDNA的非必需区段，扩充λ噬菌体载体的克隆容量；②除去λDNA必需区段中的限制性核酸内切酶识别位点，在非必需区段引入合适的限制性核酸内切酶酶切位点；③引入适当的选择标记以方便重组子的筛选；④通过在某些必需基因中引入无义突变使之成为安全载体，以利于生物学防护等。

（二）构建λ噬菌体载体的基本内容

1. 除去多余的限制性核酸内切酶酶切位点　在λ噬菌体载体的构建初期，主要是利用大肠杆菌限制与修饰系统，采用体内遗传重组技术，筛选在必需区段没有限制性核酸内切酶酶切位点而非必需区段有1个或2个合适的限制性核酸内切酶酶切位点的突变体。例如，将λ噬菌体在 $EcoR$ I 限制-修饰的宿主和 $EcoR$ I 限制-修饰缺陷型宿主之间反复地循环生长，筛选到完全失去了 $EcoR$ I 酶切位点的λ噬菌体。然后将这样的突变体同野生型λ噬菌体在体内进行重组，选择得到仅在非必需区段具有1～2个 $EcoR$ I 酶切位点的重组子噬菌体。早期构建的λ噬菌体载体有两种不同的类型。一种是只具有一个限制性核酸内切酶酶切位点可供外源DNA插入的λ噬菌体派生载体，称为插入型载体。如λgt10、λgt11、λBV2、λNM540、λNM1590、λNM607等。另一种是具有两个限制性核酸内切酶酶切位点，它们之间的DNA区段可被外源DNA片段所取代，这类λ噬菌体派生载体称为取代型载体（或称置换型载体）。如Charon4、Charon10、Charon35、λgtWES、λEMBL3等。这两种载体特点不同，用途也不尽相同。插入型载体只能承载较小的外源DNA片段，一般在10 kb以内，广泛应用于cDNA及小片段DNA的克隆；取代型载体可承载20 kb左右的外源DNA片段，常用来克隆高等真核生物的染色体DNA。随着多克隆位点技术的应用，现在常规使用的λ噬菌体载体都带有多克隆位点，其中许多酶切位点既可用作插入型又可用作取代型。

2. 切除λDNA的非必需区段　由于λ噬菌体的包装限制，在插入型载体上所切除的非必需区段是相对有限的，它只能用来克隆10 kb以下的外源DNA片段；而在取代型载体上，中间的填充片段就要大得多，因此常用来克隆20 kb左右的外源DNA片段。由此可见，以λ噬菌体载体作为克隆载体时，选择适当的载体和外源DNA组合，以便重组噬菌体DNA的大小处于可接纳的范围内是十分重要的。这种限制有时也可转变成优点。对于取代型载体，除去中间填充片段，其左右两臂通过融合所形成的基因组如果太短，就无法包装成有侵染力的噬菌体。因此，只有当一定大小的外源DNA片段插入之后，才能包装成有侵染力的噬菌体，并形成噬菌斑。由此可见，这种载体对重组噬菌体有正向选择作用。

3. 引入适当的选择标记　在λ噬菌体载体的非必需区段插入 $lacZ'$ 基因，其带有多克隆位点。如λgt11、λgt18～λgt23等，它们在生色底物（X-gal）和诱导物（IPTG）存在时，与相应的 lac^- 宿主通过α互补作用在平板上可形成深蓝色噬菌斑。用这种载体进行克隆时，β-半乳糖苷酶基因的大部分被外源DNA片段取代，引起插入失活，所产生的重组噬菌体丧失α互补能力，在含有X-gal和IPTG的平板上形成无色噬菌斑。因此，对于这类λ噬菌体载体，可通过组织化学法进行重组子的筛选。

如在与免疫功能有关的DNA区段中引入一两种限制性核酸内切酶的单一酶切位点，当由这些位点插入外源DNA片段时，就会使载体所具有的合成活性阻遏物的功能遭到破坏，而无法进入溶原性周期。因此，凡带有外源DNA片段的重组子只能形成清晰的噬菌斑，而没有外源DNA插入的亲本则形成混浊的噬菌斑。所以，不同的噬菌斑形态可作为筛选重组子的标志。

4. 引入无义突变　在 λ 噬菌体基因组的裂解周期必需的基因内引入无义突变后，λ 噬菌体便只能在具有无义突变抑制基因的大肠杆菌宿主中存活。因此，降低了重组载体从实验室传入大自然的风险。λgtWES 是在 λgt 和 λB′ 的 W、E 和 S 3 个晚期基因中引入琥珀突变的衍生载体，Charon4A 是在另外两个晚期基因 A、B 中引入了琥珀突变，从而构建出的安全的 λ 噬菌体载体。

三、常用的 λ 噬菌体载体

1. β-半乳糖苷酶失活的插入型载体　这类常用的载体有 λgt11、λgt18～λgt23、Charon2 等，都含有 lacZ′ 基因，其上具有多种限制性核酸内切酶的单一酶切位点，可用组织化学法筛选重组子。但这里必须指出的是 λgt11 及其派生载体 λgt18～λgt23 的 lacZ′ 基因上有一个 EcoR I 插入位点，当外源基因插入此位点时，如其阅读框与 lacZ′ 的阅读框相吻合时就可表达出融合蛋白，因此 λgt11 及其派生载体除作为克隆载体外，还可以作为表达载体。

2. 免疫功能失活的插入型载体　噬菌体 434 是 λ 噬菌体家族的成员之一，它的免疫区段（imm^{434}）具有 EcoR I 和 Hind III 两种限制性核酸内切酶的单一酶切位点，为外源 DNA 提供了理想的克隆位点。因此，科学工作者通过噬菌体杂交的办法，已经将 imm^{434} 免疫区段导入 λ 噬菌体基因组，构建成许多免疫功能失活的插入型载体。这类常用的载体有 λgt10、λNM1149 及 Charon6、Charon7 等，可根据噬菌斑的形态筛选重组子。

3. Charon 系列取代型载体　这类载体专门用来克隆大片段 DNA。常用的此类载体有 Charon32～Charon35、Charon40、Charon21A 等。Charon34 的中间填充片段为 16.4 kb 的大肠杆菌 DNA 的 BamH I 片段，Charon35 的中间填充片段为 15.6 kb 的大肠杆菌 DNA 的 BamH I 片段，它们二者在填充片段的两侧都有一个反向的多克隆位点，含有基因克隆中常用的 EcoR I、Sac I、Sma I、Xba I、Sal I、Pst I、Hind III 和 BamH I 等 8 种限制性核酸内切酶的单一酶切位点。Charon40 的中间填充片段是由一种短片段多次重复而成的，称为多节段区，在多节段区中的两个短片段之间的连接点可被 Nae I 识别。因此，在应用 Charon40 作克隆载体时，我们便能有效地将其填充片段清除掉，从而使存活的噬菌体大部分是重组体分子。在 Charon40 中间填充片段的两侧各有一个反向的多克隆位点，它的克隆能力为 9～22 kb。

4. λEMBL 系列取代型载体　这类载体也是用来克隆 DNA 大片段的。常用的此类载体有 λEMBL3、λEMBL4、λEMBL3A 等。λEMBL4 的中间填充片段为 13.2 kb，其两侧为含有 EcoR I、BamH I、Sal I 3 种限制性核酸内切酶的单一酶切位点。当应用 BamH I 进行克隆时，往往还要用 Sal I 切割中间填充片段，从而使两臂之间释放出 BamH I-Sal I 短片段，这样便阻止了中间填充片段和两臂重新退火形成存活的非重组子噬菌体。λEMBL3A 是在 λEMBL3 的基础上使 A 基因发生琥珀突变而构建的。

5. Spi-正选择取代型载体　这类载体的一个共同特征是在中间填充片段上都具有 λ 噬菌体的 red、gam 基因，当中间填充片段被外源 DNA 置换后，便获得 Spi$^-$ 表型，能在 P2 噬菌体的溶原性细菌中生长并形成噬菌斑。常用的此类载体有 λL47、λ2001、λDASH 及 λEMBL 系列，在它们中间填充片段的两侧都有一个反向的多克隆位点。例如 λL47 的多克隆位点含有 BamH I、EcoR I、Hind III 3 种限制性核酸内切酶的单一酶切位点。

6. λZAP 插入型载体　λ 噬菌体在限制图谱构建及基因测序方面是相当麻烦的，人们往往是在分离到含有目的基因的重组子之后，先把克隆的外源 DNA 片段亚克隆到质粒载体上，然后再进行各项分析。为此，科学工作者开发出一种可将外源 DNA 片段直接转移到质粒载体的 λ 噬菌体载体，λZAP 载体就是具有这种特性的典型代表。

在 λZAP 的基因组当中，含有一个 pBluescript 噬菌体的 DNA 片段，位于 J 基因和 c I 基因之间，其两侧是 f1 复制起点和终止子。在 pBluescript 噬菌体 DNA 序列中，含有氨苄青霉素抗性基因标记和 ColE1 复制起点序列，还有一段其两端分别带有 T3 及 T7 噬菌体启动子的多克隆位点区，具有 *Sac* I、*Not* I、*Xba* I、*Spe* I、*EcoR* I、*Xho* I 等 6 种限制性核酸内切酶的单一酶切位点，可克隆 10 kb 大小的外源 DNA 片段。当外源 DNA 片段在此插入后，会导致 *lacZ'* 基因失活，可用组织化学法筛选重组子。如插入的方向及读码结构都正确，则可合成融合的蛋白质。

当含有外源 DNA 插入序列的重组 λZAP 载体，感染了大肠杆菌 F^+ 菌株或 F' 菌株之后，再用辅助噬菌体 M13（或 f1）超感染。于是，在细胞内由此辅助噬菌体基因 II 编码的反式作用蛋白质便会首先识别位于 λZAP 载体臂上的 f1 复制起点，并在其（+）DNA 链上切成一个缺口。接着，从此缺口处开始沿着 pBluescript 噬菌体 DNA 序列按滚环模型进行单向性的（+）DNA 链合成，当其到达 f1 终止子（它与起始子具有相同的切割位点序列）时，便会被基因 II 编码的蛋白质再次切割。结果此（+）DNA 链的两端便会连接形成一个环形的单链的 pBluescript 噬菌体基因组。这样便完成了 λZAP 载体上 pBluescript DNA 序列的体内删除作用，pBluescript DNA 最终被辅助噬菌体 M13 的蛋白质包装成单链 DNA 噬菌体颗粒，并被挤压出宿主细胞。

将此感染培养物的上清液置 70 ℃下加热 20 min，以杀死大肠杆菌细胞及 λ 噬菌体，而包装着噬菌体 pBluescript DNA 的 M13 颗粒，由于其抗热性得以存活下来。再用它感染 F' 大肠杆菌细胞，并涂布在含有氨苄青霉素的平板上，选择抗性克隆，这样便得到了 pBluescript 噬菌体。因为感染进入 F' 大肠杆菌细胞内的 pBluescript（+）DNA 链通过环状 DNA 合成被转变成双链的噬菌体 DNA 之后，便能如同质粒一样从 ColE1 复制起点进行正常的 DNA 复制，获得含有外源 DNA 的小型噬菌体载体，从而便能进行限制图谱构建和 DNA 测序等。由于多克隆位点两侧具有 T3、T7 噬菌体的启动子，因此可进行体外转录，制备 RNA 探针。

尽管已构建出许多 λ 噬菌体载体，但没有适用于克隆所有 DNA 片段的万能 λ 噬菌体载体。因此，必须根据实验需要选择合适的载体。

第四节 单链 DNA 噬菌体载体

M13、f1 和 fd 是一类亲缘关系十分密切的丝状大肠杆菌噬菌体，它们都含有大小为 6.4 kb、彼此具有很高同源性的单链环状 DNA 分子。单链 DNA 噬菌体载体主要是由 M13 噬菌体构建发展起来的一类载体。它们具有其他载体所不具备的优越性：①它们不存在包装限制问题，事实上已成功地包装了总长度为 M13 噬菌体 DNA 6 倍的 DNA 分子，能克隆较大的 DNA 片段。②可从噬菌体颗粒中产生大量含有外源 DNA 序列的单链 DNA 分子。这种重组子单链 DNA 分子在基因定点突变、DNA 序列测定、杂交探针制备中特别有用。③应用这类载体，可以容易地测定出外源 DNA 片段的插入方向。④可从大肠杆菌中制备双链的复制型 DNA，如同质粒一样，能在体外进行基因克隆操作。⑤其单链和双链两种形式的 DNA 分子都能够转染感受态的大肠杆菌细胞，或产生噬菌斑，或形成侵染的菌落。因此，它们在基因工程中具有特殊重要的作用，越来越受到人们的重视。

一、M13 噬菌体的生物学特性

（一）M13 噬菌体的基因组结构

M13 噬菌体外形呈丝状，大小为 900 nm×9 nm，其中含有一个大小为 6.4 kb 的单链闭环 DNA 分子，这条感染性的单链 DNA 称为 M13 噬菌体的正链 DNA[（+）DNA]。M13 噬菌体基因组（图 2-11）的 90% 以上都是编码蛋白质基因，即基因 I、基因 II、基因 III、基因 IV、基因 V、基因 VI、基因 VII、基因 VIII、基因 IX、基因 X，这 10 个基因中大多数仅有数个核苷酸相隔，只有两个较长的基因间隔区位于基因 VIII 和基因 III、基因 II 和基因 IV 之间。但是这些非编码区并不是非必需区，其中包含复制和转录的顺式作用调控序列。由此可见，M13 噬菌体并不像 λ 噬菌体那样存在插入外源 DNA 的非必需区。但经过研究，人们发现在基因 II 和基因 IV 之间有一个长度为 507 bp（从第 5 498 bp 至第 6 005 bp）的基因间区段（intergenic region，IG 区段），虽然其上存在着复制起点，但基因 II 和基因 V 的某些突变可以部分地补偿因外源基因插入而失活的负责调控的顺式作用调控序列的功能。因此，外源 DNA 在此插入，并不影响噬菌体 DNA 的复制。

（二）M13 噬菌体的感染、复制及包装

M13 噬菌体在感染大肠杆菌时是通过性纤毛进入宿主细胞内，故其只能感染大肠杆菌雄性菌株。不过 M13 噬菌体也可以通过转染作用导入雌性大肠杆菌细胞内。对于 M13 噬菌体感染大肠杆菌的确切机理至今仍无定论，一般认为，M13 噬菌体首先吸附在性纤毛的末端，然后其外层主要外壳蛋白脱落，（+）DNA 在附着其上的基因 III 编码蛋白的引导下进入大肠杆菌细胞内。

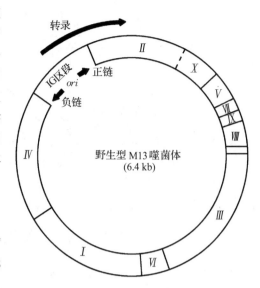

图 2-11 M13 噬菌体的基因组

（引自吴乃虎，2000）

在宿主细胞内复制酶的作用下，以（+）DNA 为模板，合成其互补的（-）DNA，形成双链 DNA，称为复制型 DNA（replication form DNA，RF DNA）。它按 θ 形进行 DNA 复制。当在宿主细胞内积累 100~200 个 RF DNA 分子后，M13 噬菌体的基因 II 产物便在 RF DNA 的正链特定位点上作用，产生一个切口，正式开始 M13 噬菌体基因组的复制。其基本特点是利用大肠杆菌 DNA 聚合酶 I，以（-）DNA 为模板按滚环形合成（+）DNA，复制叉每环绕负链整整一周时，被取代的正链由基因 II 产物切除下去，经环化后形成单位长度的 M13 噬菌体基因组 DNA。这种滚环复制是不对称的，因为基因 V 编码的单链特异结合蛋白与（+）DNA 结合，阻断（-）DNA 的合成。新产生的游离（+）DNA 按一种特异方式包装成噬菌体颗粒。这时与基因 V 产物形成 DNA-蛋白质复合物的（+）DNA 转移到细胞膜上，同时基因 V 蛋白从（+）DNA 上脱落下来，（+）DNA 从宿主细胞膜上溢出，并在此过程中被外壳蛋白包装成噬菌体颗粒。正是由于这种包装方式不需要预先形成固定的结构，因此，被包装的单链 DNA 大小不像 λ 噬菌体那样有严格的限制，这就是 M13 噬菌体载体具有较大克隆容量的原因所在。

由此可见，M13 噬菌体的繁殖并不会导致宿主细胞发生溶菌现象，感染的细胞能够继续生长和分裂，只不过其速度为正常细胞的 1/2~3/4。在培养基中，每个细胞在一个世代中释放出 1 000 个左右的子代噬菌体颗粒。

二、M13 噬菌体载体的构建

M13mp1 是构建的第一个 M13 噬菌体载体，随后构建的一系列 M13 载体都是在此基础上经改建派生出来的。例如 M13mp2、M13mp3、M13mp7~M13mp11 及 M13mp18/M13mp19 等，其中 M13mp18/M13mp19 是目前最常用的 M13 噬菌体载体（图 2-12）。

M13mp1 是在 M13 噬菌体的 IG 区段的 *Bsu* I 限制酶切位点上插入了一段大肠杆菌 DNA 片段构建而成的。这一大肠杆菌 DNA 片段是乳糖操纵子的 *Hind* II 片段，带有乳糖操纵子的调控序列及 α 肽的编码序列。因此，可利用组织化学法筛选其重组子。但在这一片段中，仅具有基因工程中不常用的 *Ava* II、*Bgl* II、*Pvu* I 的单一酶切位点及 *Pvu* II 3 个酶切位点，而没有基因工程中常用的限制性核酸内切酶酶切位点。为此，B. Gronenborn 和 J. Messing（1978）利用点突变把 α 肽的第 5 个氨基

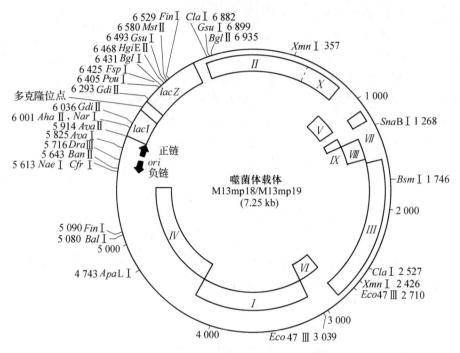

图 2-12 M13mp18/M13mp19 载体的图谱
（引自 Yanisch Perron 等，1985）

酸密码子中的鸟嘌呤转换成腺嘌呤，从而在此序列中导入了一个 EcoR I 限制酶切位点，构建出 M13mp2 载体。虽然这种碱基转换导致天冬氨酸被天冬酰胺所取代，但幸运的是这一取代对 α 互补没有实质性影响。同样在第 119 个密码子位置导入一个 EcoR I 限制酶切位点，构建出 M13mp3 载体。但它们是一种简单的载体，只有一个克隆位点，不能满足基因工程的需要。

M13 噬菌体载体改建的一个重要工作是在 M13mp2 的 EcoR I 位点上引入人工合成的多克隆位点，使其适用于多种限制性核酸内切酶的克隆载体。以此方法构建的载体有 M13mp7～M13mp11 及 M13mp18 和 M13mp19 等。虽然这类载体加了人工合成的多克隆位点，增加了 α 肽的氨基酸，但并不影响 α 互补，因此仍可用组织化学法筛选其重组子。M13mp7 的多克隆位点含有 EcoR I 酶切位点 2 个、BamH I 酶切位点 2 个、Sal I 酶切位点 2 个、Pst I 酶切位点 1 个，它们呈对称排列，即其顺序是 EcoR I - BamH I - Sal I - Pst I - Sal I - BamH I - EcoR I。这种结构有一个明显的缺点是：当用两种限制性核酸内切酶（如 EcoR I 和 Sal I）对载体进行消化时，就会产生一种具有由远端限制性核酸内切酶（EcoR I）所形成的相同限制末端的载体，它是不能克隆由同一对限制性核酸内切酶所产生具有不同限制末端的外源 DNA 片段。载体 M13mp8～M13mp11、M13mp18 和 M13mp19 等就克服了这个缺点，它们的多克隆位点是非对称排列的，对某一限制性核酸内切酶只有单一酶切位点。因此，可用来克隆具有不同限制末端的外源 DNA 片段，而且克隆片段插入的方向是固定的。例如，M13mp8 的多克隆位点具有 EcoR I、Xam I、BamH I、Sal I、Pst I、Hind III、Hae III 等限制性核酸内切酶的单一酶切位点。

三、M13 噬菌体载体的应用

大多数 M13 噬菌体载体都是成对构建的，例如 M13mp8/M13mp9、M13mp10/M13mp11、M13mp18/M13mp19 等，它们之间的区别在于相同的多克隆位点取向相反。因此，应用这种成对的 M13 噬菌体载体进行克隆，外源 DNA 片段能按两种彼此相反的取向插入载体上。这样，在一种载体的正链上含有外源 DNA 的一条链，在另一种载体的正链上含有外源 DNA 的另一条链。这种特性对于 DNA 序列分析是特别有用的，可以用一个引物（通用引物）从两个相反的方向，同时测定同一个外源 DNA 片段双链的核苷酸顺序，获得彼此重叠又相互印证的 DNA 序列结构资料。此外，这种成对的噬菌体载体还可以制备只与外源 DNA 的任意一条链互补的 DNA 探针。M13 噬菌体载体的另一个重要用途是在寡核苷酸介导的基因定点突变中来制备含有目的基因的单链 DNA 模板，高质量单链 DNA 模板的制备是寡核苷酸介导基因定点突变的关键。

四、噬菌粒载体

M13 噬菌体载体也存在明显的不足：①插入的外源 DNA 片段不稳定，片段越大，越容易发生缺失或重排。因此，克隆外源 DNA 的实际能力十分有限，一般情况下其有效的最大克隆能力仅 1.5 kb。②理论上 M13 噬菌体载体克隆外源 DNA 片段有两种插入方向，但实际上外源 DNA 总是按一种主要的方向插入。

为了解决这些问题，科学工作者设计并构建了一种新型的载体——噬菌粒载体（phagemid vector 或 phasmid vector）。这类载体集质粒和丝状噬菌体载体的优点于一体，具有很大的优越性：①分子较小，约为 3 kb，可克隆 10 kb 大小的外源 DNA 片段。②它们既具有质粒的复制起点，又具有 M13 噬菌体的复制起点。因此，在宿主细胞内可按质粒双链 DNA 分子形式复制，形成的双链 DNA 既稳定又高产。当辅助噬菌体存在时，DNA 按 M13 噬菌体的滚环形进行复制产生单链 DNA 分子。③具有多种功能，用一个噬菌粒载体可以进行多种工作。例如外源 DNA 片段的克隆、产生单链模板 DNA 用于基因定点突变、直接测定插入外源 DNA 片段的序列、对外源基因进行体外转录和翻译等。

pUC118 和 pUC119 噬菌粒载体是把含有 M13 噬菌体复制起点的长 476 bp 的 IG 区段分别插入 pUC18 和 pUC19 质粒载体的 Nde I 位点上构建而成的。除了多克隆位点的取向相反外，两者的分子结构完全一样，都含有 Amp^r 选择标记和乳糖操纵子的调控序列及 α 肽编码区，因此，可利用氨苄青霉素和组织化学法筛选重组子。此外，在多克隆位点的两侧具有 T7 噬菌体 RNA 聚合酶启动子，可进行体外转录。

第五节　黏粒载体

λ 噬菌体载体克隆外源 DNA 的能力，虽说其理论上的极限值可达 24 kb，但事实上较为有效的克隆范围仅为 15 kb 左右。而许多真核生物基因组的大小比正常预期的要大得多，有的可达 35~45 kb，甚至更大。因此，为了克隆和增殖真核生物基因组 DNA 大片段，科学工作者设计并构建了一类具有较大克隆能力的新型克隆载体——黏粒载体（cosmid vector），又称柯斯质粒载体。黏粒载体是一类含有 λ 噬菌体的 cos 序列的质粒载体。

一、黏粒载体的基本特点

目前已经构建出许多不同类型的黏粒载体（表 2-1），其基本特点可归纳如下：

第一，具有 λ 噬菌体的体外包装、高效感染等特性。黏粒载体本身不能在体外被包装成噬菌体颗粒，只有在克隆了合适长度的外源 DNA 片段，才能被包装成噬菌体颗粒，因此它具有正选择重组子的作用。这种噬菌体颗粒可以高效感染对 λ 噬菌体敏感的大肠杆菌细胞。黏粒载体的重组子 DNA 分子进入宿主细胞后，便按照 λ 噬菌体同样的方式环化起来。但黏粒载体并不含有 λ 噬菌体的全部必需基因，因此它不能形成子代噬菌体颗粒。

第二，具有质粒载体的易于克隆操作、选择及高拷贝等特性。黏粒载体具有质粒的复制起点，在宿主细胞内像质粒 DNA 一样进行复制，并且在氯霉素作用下可进一步扩增。黏粒载体通常具有抗生素抗性选择标记，其中有一些还带有引起插入失活的克隆位点。此外，黏粒载体分子较小，易于克隆操作。

第三，具有高容量的克隆能力。黏粒载体的分子较小，一般为 5～10 kb。按 λ 噬菌体的包装限制（38～52 kb），黏粒载体的最大克隆容量为 45 kb 左右，最小为 11 kb 左右。由此可见，黏粒载体用于克隆 DNA 大片段特别有效。

第四，具有与同源序列的质粒进行重组的能力。当黏粒载体与一种带有同源序列的质粒共存于同一个宿主细胞中时，它们之间便会通过同源重组形成共合体。

表 2-1 部分黏粒载体的基本特性

黏粒载体	复制子	大小/kb	选择标记	克隆位点	克隆能力/kb
c2XB	pMB1	6.8	Amp^r、Kan^r	$BamH\ I$、$Cla\ I$、$EcoR\ I$、$Hind\ III$、$Pst\ I$、$Sma\ I$	32～45
pHC79	pMB1	6.4	Amp^r、Tet^r	$EcoR\ I$、$Hind\ III$、$Sal\ I$、$BamH\ I$、$Pst\ I$、$Cla\ I$	29～46
pHS262	ColE1	2.8	Kan^r	$BamH\ I$、$EcoR\ I$、$Hinc\ II$	34～50
pJC74	ColE1	15.8	Amp^r	$EcoR\ I$、$BamH\ I$、$Bgl\ II$、$Sal\ I$	21～37
pJC75-58	ColE1	11.4	Amp^r	$EcoR\ I$、$BamH\ I$、$Bgl\ II$	16～42
pJC74km	ColE1	21	Amp^r、Kan^r	$BamH\ I$	16～32
pJC720	ColE1	24	$E1^{imm}$、Rif^r	$Hind\ III$、$Xma\ I$	11～28
pJC81	pMB1	7.1	Amp^r、Tet^r	$Kpn\ I$、$BamH\ I$、$Hind\ III$、$Sal\ I$	30～46
pJB8	ColE1	5.4	Amp^r	$BamH\ I$、$Hind\ III$、$Sal\ I$	31～47
MuA-3	pMB1	4.8	Tet^r	$Pst\ I$、$EcoR\ I$、$Bal\ I$、$Pvu\ I$、$Pvu\ II$	32～48
MuA-10	pMB1	4.8	Tet^r	$EcoR\ I$、$Bal\ I$、$Pvu\ I$、$Pvu\ II$	32～48
pTL5	pMB1	5.6	Tet^r	$Bgl\ II$、$Bal\ I$、$Hpa\ I$	31～47
pMF7	pMB1	5.4	Amp^r	$EcoR\ I$、$Sal\ I$	32～48

二、黏粒载体的构建

黏粒载体都是在克隆通用的质粒载体的基础上，引入 cos 序列以及其他一些序列改造构建而成的。如 pHC79 是由质粒载体 pBR322 派生而来，pJB8 是由质粒载体 pAT153 派生而来。下面以 pHC79 为例说明黏粒载体的构建：首先用 λ 噬菌体基因组 $cro-cII$ 的 $Bgl\ II$ 限制片段，取代 pBR322 质粒 DNA 的位于 1 459～1 666 bp 之间的 $Sau3A$ 限制片段，产生出具有 $Bgl\ II$ 单酶切位点的重组体分子。然后，将带有 cos 序列、长度为 1.78 kb 的 λDNA 的 $Bgl\ II$ 片段插入进去，于是便得到了 pHC79 黏粒载体。在这个黏粒载体中，λDNA 片段除了 cos 位点之外，在其两侧还具有与噬菌体包装有关的 DNA 短序列。而其质粒 DNA 部分没有改变，含有复制起点和 Amp^r、Tet^r 两个抗生素抗性标记。

应用黏粒载体构建基因组文库所遇到的最大问题是黏粒载体经过酶切产生的线性 DNA 片段彼此之间会首尾相连形成多聚体分子；其次是酶切的基因组 DNA 片段在随后的连接反应中，往往会出现两个或数个片段随机再连接，串联地插入载体上。而它们的结合顺序并不符合在真核生物基因中的固有排列顺序。因此，使用含有这种插入片段的克隆作 DNA 序列分析，所得出的染色体结构将是错误的。除了从克隆方法解决此问题外，还应对黏粒载体进行改良，设计并构建一些新颖的黏粒载体来解决此问题。例如，使用仅含有一个 cos 位点的黏粒载体进行克隆实验，需要经过碱性磷酸酶的脱磷酸处理和凝胶电泳纯化等烦琐的操作程序，其结果使得载体双臂 DNA 的最终获得率往往少得可怜，为此，Bates 和 Swift（1983 年）构建了一种具有两个 cos 位点的黏粒载体——c2XB。这个载体具有 $BamH\ I$ 单克隆位点，产生平头末端的 $Sma\ I$ 限制酶切位点位于两个 cos 位点之间。因此，载体经双酶切后，得到中间具有一个 cos 位点、两端分别为平头末端（$Sma\ I$）和黏性末端（$BamH\ I$）的载体双臂 DNA 片段，这样有效地阻止了载体双臂 DNA 片段自我连接形成多聚体分子，从而提高了克隆效率，降低了假阳性的比例。此外还进行了以下几方面的改良：①在黏粒载体的多克隆位点两侧引入一对 T3 和 T7 噬菌体的 RNA 聚合酶启动子。外源的 DNA 片段是被克隆在这两个启动子之间的多克隆位点上。因此，通过 T3 噬菌体 RNA 聚合酶或 T7 噬菌体 RNA 聚合酶，便能够选择性地合成出克隆 DNA 片段的任一条链的 RNA 探针，这些探针可用于鉴别黏粒载体构建的基因组文库中的重叠克隆，从而简化了由一个克隆到另一个克隆的"步查"程序，如 pWE15、pWE16。②构建与常用的大肠杆菌质粒载体没有同源性序列的黏粒载体。这样的两种质粒载体在同一宿主细胞中是不会发生重组的，而当它们被插入了具有同源序列的外源 DNA 片段时，便会通过同源重组形成共合体，从而为目的基因的筛选提供了方便，如 pcos1EMBL 与 ColE1。③在黏粒载体中导入真核细胞病毒的复制起点及相关选择标记，从而构建了大肠杆菌-真核细胞的穿梭载体，如 pWE15、pWE16 等。当然，还有不少其他改良型的黏粒载体，在此不再一一赘述。

三、黏粒载体在基因克隆中的应用

应用黏粒载体克隆真核生物基因组大片段 DNA 的技术，称为黏粒克隆（cosmid cloning）。它的一般程序是：先用特定的限制性核酸内切酶局部消化真核生物的 DNA，产生出高分子质量的外源 DNA 片段，与经同样的限制性核酸内切酶切割过的黏粒载体线性 DNA 分子进行体外连接反应。由此形成的连接产物群体中，有一定比例的分子是两端各有一个 *cos* 位点、中间为长度 40 kb 左右的真核生物 DNA 片段，而且这两个 *cos* 位点在取向上是一样的。这种分子同在 λ 噬菌体感染晚期所产生的分子是类似的。因此，当加入 λ 噬菌体的包装连接物时，它能识别并切割这种两端各由一 *cos* 位点包围着的 35～45 kb 长的真核生物 DNA 片段的重组分子，并把这些分子包装进 λ 噬菌体的头部。当然，由包装形成的含有这种 DNA 片段的 λ 噬菌体头部则不能作为噬菌体生存，但它们可以用来感染大肠杆菌。感染之后，注入大肠杆菌细胞内的这种重组分子便通过 *cos* 位点环化起来，并按质粒分子的方式进行复制和表达其抗药性选择标记。

如上所述，黏粒克隆存在技术上的两大缺陷。为此，一般都在连接反应之前，先用碱性磷酸酶对线性的黏粒载体 DNA 进行预处理，使之脱磷酸，以阻止它们之间发生自我连接作用。另一个比较有效的办法是，在进行连接反应之前，先将局部消化产物通过凝胶电泳进行大小分级分离，然后将长度为 31～45 kb 的 DNA 片段再同线性化的黏粒载体 DNA 进行连接。然而，即使经过了这样的处理，在实际的黏粒克隆中，也依然会出现一些由原非彼此相邻的两条 DNA 片段连接形成的串联插入。因此，人们在克隆方法和构建的一些新的黏粒载体等的基础上，设计了特殊的克隆方案，解决了黏粒克隆中的技术难点，如 Ish-Horowicz-Burke 黏粒克隆方案。它的具体步骤是：①取两个等份的黏粒载体 pJB8 DNA，分别用限制性核酸内切酶 *Hind* Ⅲ 和 *Sal* Ⅰ 进行局部消化。这两个限制性核酸内切酶识别位点分别位于 *cos* 序列的两侧，所以切割形成右边 *cos* 片段和左边 *cos* 片段。②加入适当的碱性磷酸酶，除去 *cos* 片段的 $5'$ 末端磷酸，以防止发生载体分子内或分子间的重组。③在经脱磷酸处理的上述反应物中，加入 *Bam*HⅠ限制性核酸内切酶进行切割反应，结果产生出具有 *Bam*HⅠ黏性末端的 *cos* 片段。④将这两种 *cos* 片段同经过 *San*3A 或 *Mbo* Ⅰ 限制性核酸内切酶（与 *Bam*HⅠ为一对同尾酶）局部消化并进行了脱磷酸处理的真核生物 DNA 片段混合连接。结果只能形成一种由左边 *cos* 片段、一条长度为 32～47 kb 的插入片段和右边 *cos* 片段组成的可包装的重组体分子。

这种黏粒克隆方案具有克隆效率高的优点，例如在黑腹果蝇基因组文库的构建中，每微克外源 DNA 可形成 $5×10^5$ μg 以上的克隆。而且经过一些修改之后，这个方案对于其他的黏粒载体也同样是适用的。

四、常用的黏粒载体及其应用

在基因工程中常用的黏粒载体有 pJB8、c2XB、pHC79、pcos1EMBL、pWE15、pWE16、Charomid 系列等。pJB8 这个黏粒载体的最大特点是在克隆位点 *Bam*HⅠ的两侧，各有一个 *Eco*RⅠ酶切位点，因此可用 EcoRⅠ切割，从重组体分子中重新获得插入 DNA 片段。它带有氨苄青霉素抗性选择标记，其克隆能力为 31~47 kb（图 2-13）。c2XB 是一个带有两个 cos 位点的黏粒载体，在其两个 cos 位点之间具有一个平头末端的限制性核酸内切酶 SmaⅠ位点，这样可阻止载体双臂 DNA 片段的自我连接，提高了克隆效率，降低了假阳性的比例，其克隆能力为 32~45 kb，带有氨苄青霉素和卡那霉素两个抗性选择标记。pWE15、pWE16 为一类可以转染哺乳动物细胞的穿梭载体，在其多克隆位点两侧引入一对 T3 和 T7 噬菌体的 RNA 聚合酶启动子，因此可以制备插入片段的 RNA 探针，用于鉴别用黏粒载体构建的基因组文库中的重叠克隆，简化了基因组克隆的"步查"程序。Charomid 系列黏粒载体带有一特殊的间隔序列，是由来自 pBR322 的一个 2 kb 片段首尾连接而成的重复序列。

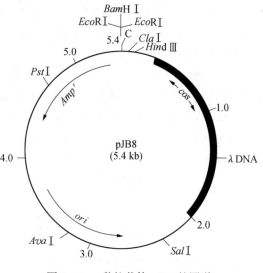

图 2-13 黏粒载体 pJB8 的图谱
（引自吴乃虎，2000）

不同的 Charomid 系列载体所携带的间隔序列的重复单元数目各不相同，因此每种载体可容纳特定大小的外源 DNA 片段，以使重组体分子大小限定在适于包装的范围内。用这种载体可使黏粒载体克隆 2~45 kb 不同大小的 DNA 片段。

黏粒载体的主要优点是克隆容量大、转化率高，因此它主要用于真核生物的基因组文库构建。这样不仅可以减少基因组文库的克隆数，大大地减少了工作量，而且可以提高筛选时阳性克隆的检出率（包装正选择等）。尽管黏粒克隆技术上的困难已基本上得到解决，但由于 λ 噬菌体载体具有多功能性和较高的克隆效率，λ 噬菌体载体仍然是目前构建基因组文库时首选的克隆载体。黏粒载体只有在以下两种特定的情况下使用：①在单个重组子中克隆和增殖完整的真核基因；②克隆与分析组成某一基因家族的真核生物 DNA 区段。总之在克隆大容量目的基因时使用黏粒载体具有明显的优势。

第六节　动物基因工程载体

一、概　　述

动物基因工程载体主要是由动物病毒构建的一类载体，如 SV40 病毒载体、杆状病毒载体在动物基因工程中已愈来愈普遍地应用。动物病毒侵入动物细胞后，呈现类似于噬菌体的两类生长状态，即裂解感染和整合性感染。裂解感染是依靠宿主细胞的酶和调控系统合成病毒核酸和结构蛋白，并在细胞内装配成完整的子代病毒颗粒，释放到细胞外，扩大感染，感染细胞则大多数因代谢障碍而死亡。整合性感染是病毒核酸整合到细胞染色体中，随着细胞 DNA 的复制而扩增。在裂解感染中，病毒 DNA 大量复制，在感染的细胞内有着大量的病毒 DNA 拷贝，因此从感染细胞中提取病毒 DNA 的效果往往比从细菌中提取质粒 DNA 更好。病毒 DNA 的重要特点是在其序列中往往具有几个很强的启动子，它可使排列在其后的基因高效表达。如果将外源基因插入在病毒 DNA 强启动子的后方，那么随病毒 DNA 在细胞内大量复制的同时，外源基因也将得到高效表达。

动物病毒是一类十分有害的微生物。因此，在构建病毒载体时，要十分重视病毒本身的致病性，往往是利用致病力弱的动物病毒或某些病毒的弱毒株，改造和构建成基因载体。

在动物基因工程中最先构建的载体是 SV40 病毒载体，现在用于基因治疗的载体主要有逆转录病毒载体、腺病毒载体和慢病毒载体。

二、SV40 病毒载体

SV40 是一种猿猴空泡病毒，含有一个长为 5 241 bp 双链环状 DNA 分子。当它感染猿猴细胞时，其 DNA 进入细胞核后，开始依次进行早期转录、DNA 复制、晚期转录（图 2-14）。在早期转录中，产生 T 抗原和 t 抗原。T 抗原启动 DNA 复制，但 t 抗原在病毒感染中的作用还不清楚。在晚期转录中，产生病毒外壳蛋白 VP1、VP2、VP3，并与新复制的病毒 DNA 装配成病毒颗粒，宿主细胞破裂，释放出病毒颗粒。当 SV40 感染啮齿动物细胞时，DNA 整合到宿主细胞的染色体 DNA 上，随染色体 DNA 复制而复制，不会使细胞破裂。SV40 致瘤的原因主要是其基因组整合入宿主基因组。整合方式多种多样，在一个宿主细胞中可以整合病毒基因组的某些片段，也可以整合 10 拷贝以上的病毒基因组。但整合机制还不清楚，有的研究者认为通过病毒基因组和宿主基因组的同源序列重组而整合；有的研究者认为不需要同源序列，病毒基因组的某些片段随机插入宿主的基因组。

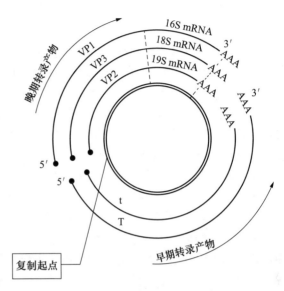

图 2-14 SV40 的转录图谱

由 SV40 DNA 构建的载体有以下两类：①取代型载体。由于 SV40 不能包装大于原 DNA 分子的重组 DNA，再加上其非必需区段很小，所以采用外源 DNA 片段取代 SV40 DNA 中的部分区域来构建载体。如此构建的载体有晚期转录区取代载体和早期转录区取代载体两种。晚期转录区取代载体由于外壳蛋白基因被取代，需要辅助病毒提供外壳蛋白，重组的 SV40 DNA 才被包装成为有效的病毒颗粒。早期转录区取代载体由于 T 抗原编码区被取代，不能合成 T 抗原，必须由一种辅助病毒提供 T 抗原启动重组病毒 DNA 的合成。后来建立一种直接提供 T 抗原的猿猴细胞系，称为 COS 细胞系。早期转录区取代载体进入 COS 细胞后，可组装成有效的病毒颗粒。②混合型载体。这类载体由 SV40 的部分 DNA 片段和大肠杆菌质粒载体重组而成，例如和 pBR322 质粒重组而成的载体有 pSV_1GT_5、pSV_1GT_7 等。在此类载体中，有的只带有 SV40 的调节区，而不含病毒基因组的编码序列，调节序列长 300 bp，包括病毒 DNA 复制起点、早期转录和晚期转录的启动子、T 抗原结合位点、两个 72 bp 的增强子；

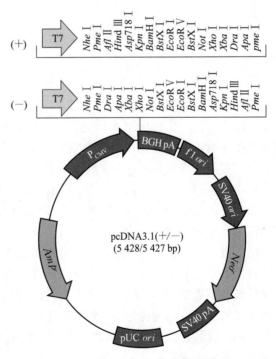

图 2-15 pcDNA3.1 载体图谱

有的还包含 SV40 T 抗原的整个转录单位；有的还加入适当的选择标记和多聚腺苷酸信号等，如 pMSG 和 pMT 等。目前常用的 SV40 混合型载体则只包含 SV40 病毒的复制起点和 T 抗原结合位点，如 pcDNA3.1 载体（图 2-15）。此外，在多克隆位点的上游是人类巨细胞病毒（cytomegalovirus，CMV）的早期启动子，下游是生长素基因的 poly（A）位点。

三、腺病毒载体

腺病毒为双链 DNA 病毒，病毒颗粒呈二十面体，其基因组大小为 35 kb，在线性 DNA 两端各存在 1 个含 100～150 bp 的反向末端重复序列（inverted terminal repeat，ITR），因此两条链可分开成单链彼此形成一个茎环结构。ITR 为腺病毒复制所必需的。腺病毒通过内吞进入宿主细胞内，随后病毒 DNA 转移至细胞核内，游离于染色体外，在宿主细胞核内进行复制。复制时两条 DNA 链的 5′端各自共价结合一个 55 ku 的末端蛋白，然后在 DNA 模板指导下，腺病毒 DNA 聚合酶把 dCMP 接在末端蛋白的丝氨酸残基上，起始 DNA 合成。这种界外起始 DNA 合成方式，它解决了新生 DNA 链不能从端头开始复制的问题，特别适合双链线性 DNA 的复制。腺病毒的末端蛋白和复制酶都是由 E2B 转录区基因编码，它转录产生一条长 22 kb 的 RNA 前体，通过不同的剪切方式产生两种 mRNA，翻译成各种蛋白质。按转录时期可把腺病毒基因分为两类，即早期转录基因和晚期转录基因。早期转录基因构成 6 个转录区，即 E1A、E1B、E2A、E2B、E3 和 E4，每个转录区各有一个启动子。晚期转录基因编码病毒的外壳蛋白，由一个启动子调控（图 2-16）。

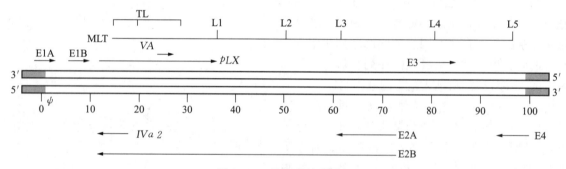

图 2-16　腺病毒的基因组

构建腺病毒载体的基本原则是以腺病毒 DNA 为基础，除去基因组上一些多余的酶切位点，在 E1、E3、E4 上只保留 1～2 个酶切位点，供外源基因插入或取代。例如，利用重复酶切和再连接的方法获得了含有 XbaⅠ单一酶切位点的 Ad5 变异株，并在此基础上构建了一系列的腺病毒载体。此外，对许多腺病毒载体还进一步删除了 E3 转录区。腺病毒载体在转移和表达外源基因方面具有许多优点：①其基因组较小，易于操作；②有多种可供选择的聚合酶Ⅱ型启动子，能高效表达外源基因；③有多个外源基因插入位点；④腺病毒 DNA 不整合到宿主染色体上，不会引起插入突变；⑤腺病毒致病性小，重组腺病毒结构稳定；⑥可转染分裂后的细胞；⑦重组病毒滴度高。不足之处是腺病毒载体克隆容量有限，E3 缺失可插入 4～5 kb 外源 DNA 片段。腺病毒载体主要用于基因治疗，目前它已成为基因治疗的研究热点。例如，腺病毒载体表达的野生型 P53 可以有效地抑制多种肿瘤细胞生长，明显延长荷瘤裸鼠的生存期，并可作为凋亡诱导剂增强化疗或放疗等治疗肿瘤的效果。将编码人 α1-抗胰蛋白酶的重组腺病毒经支气管注入仓鼠肺中可使肺上皮细胞表达和分泌人 α1-抗胰蛋白酶达 1 周之久。利用腺病毒载体在 E1 区表达了维生素 D_3 受体和乙型肝炎表面抗原 HbsAg，在 E3 区表达巨细胞病毒的膜蛋白等。

目前常用的腺病毒载体是一种大肠杆菌-动物细胞的穿梭质粒载体，如 pMIR，它包含腺病毒复制所必需的 ITR，还具有 pBR322 的复制起点（图 2-17）。在多克隆位点的上游是人类巨细胞病毒的早期启动子和报告基因（如绿色荧光蛋白 GFP 基因），在下游是 SV40 病毒基因的 poly（A）位点。

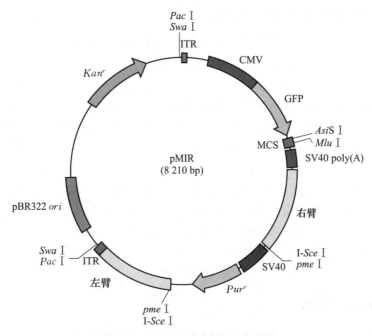

图 2-17 腺病毒载体 pMIR 的图谱

四、逆转录病毒载体

（一）逆转录病毒的侵染和基因组结构

逆转录病毒又称反转录病毒，是一类种类繁多的 RNA 病毒。该类病毒大多数具有致瘤性，故又称为 RNA 肿瘤病毒。它的特点是其基因组 RNA 进入宿主细胞后通过自身编码的逆转录酶合成双链 DNA，并随机整合到宿主细胞基因组中，成为前病毒。前病毒是逆转录病毒增殖的正常途径和必由之路。前病毒 DNA 作为宿主细胞的一部分，随宿主细胞基因组一起复制或转录，转录产生的正链 RNA 可以装配成病毒颗粒，也可以不发生装配，成为病毒蛋白合成的模板。产生的子代病毒颗粒对宿主细胞的活性没有影响，通过在宿主细胞表面出芽的方式释放。

逆转录病毒的基因组为两条相同的单链 RNA 组成的二聚体，通常长为 8~10 kb，其两端含有相同的结构，即长末端重复序列（long terminal repeat，LTR），其长度为几百个碱基（图 2-18）。病毒 cDNA 整合时每端 LTR 的末端都丢失 2 个碱基，但 LTR 周围的 DNA 含有相同的结构，即含有 4~6 个碱基的重复序列，恰是转座子结构。控制逆转录病毒基因组表达的唯一启动子位于 LTR 中。根据功能逆转录病毒基因组分为两部分：顺式作用序列，主要分布于两端的 LTR 中及相邻的区域，包括启动子、增强子、终止子、RNA 剪切及多腺苷酸信号、整合的必需序列、病毒包装信号（ψ）、逆转录引物结合位点（PB）等；反式作用序列，是蛋白质编码序列，包括 *gag*、*pol*、*env*，分别编码结构蛋白、逆转录酶、外膜糖蛋白。有的逆转录病毒还有其他基因，如 *tat* 基因编码转录激活蛋白，*onc* 基因编码转化蛋白，在细胞转化致癌中起作用，在 RNA 剪切水平上产生编码不同蛋白的 RNA。病毒的结构蛋白与 RNA 基因组及少量逆转录酶组成病毒核心结构，然后由外膜糖蛋白组成的被膜包裹形成病毒颗粒。

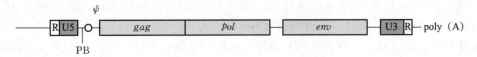

图 2-18 逆转录病毒的基因组

（二）逆转录病毒载体的构建原理和方法

顺式作用序列是逆转录病毒进行整合、复制所必需的，而反式作用序列不必自身具备，可通过互补作用由辅助病毒提供。因此，在构建逆转录病毒载体时，保留病毒基因组的顺式作用序列，用外源基因替代病毒的反式作用序列，取代的外源DNA片段可长达7 kb。这种重组子在辅助病毒的作用下，即可产生有感染性的逆转录病毒粒子，以出芽的方式释放到细胞外，感染其他细胞。同时病毒基因逆转录形成cDNA，整合到宿主细胞染色体上，达到了基因转移的目的。但由于重组病毒不含反式作用序列，不能重新包装成病毒粒子，因此逆转录病毒载体一般是只能感染一次宿主细胞的基因转移载体系统。

构建逆转录病毒载体一般分两个步骤进行：①逆转录病毒顺式作用序列与外源基因进行重组。重组分子中外源基因的两侧为病毒的LTR，形成具有逆转录病毒基因组样的结构。②重组逆转录病毒粒子的产生。将上述重组分子以普通磷酸钙转染方法转移到宿主细胞系中，在辅助病毒存在的条件下，通过互补作用产生具有感染性的重组逆转录病毒粒子。用此重组逆转录病毒感染其他细胞，病毒基因逆转录整合到宿主细胞基因组上完成基因转移过程。

（三）逆转录病毒载体的类型

逆转录病毒载体可分为单基因载体和多基因载体。早期构建的逆转录病毒载体多为单基因载体，其特点是以单个外源基因取代逆转录病毒的反式作用序列。由于这种载体的外源基因表达只受LTR中病毒的唯一启动子调控，因而应用受到限制。后来构建的并被广泛应用的逆转录病毒载体是多基因载体，这类载体又分为以下4种。

1. 双表达载体 双表达载体（double-expression vector，DEV）保留了大部分的病毒顺式作用序列。病毒载体携带2个外源基因，均处于5′端LTR中启动子的控制下，一个基因取代 *gag/pol*，另一个一般为标记基因取代 *env*。这种载体的特点是提供病毒基因转移、表达的顺式作用序列，即5′端LTR中的启动子和增强子、3′端LTR中的poly（A）信号和内含子剪切位点。不足之处是外源基因的表达依赖于两个病毒RNA的有效合成，转移的基因只在病毒启动子有活性的细胞中才能表达。

2. 含内部启动子的载体 含内部启动子的载体（VIP）的特点是标记基因直接与5′端LTR融合，在病毒启动子的控制下进行表达，而外源基因在非病毒启动子的控制下进行表达，不受病毒启动子活性的影响，可选择组织特异性的启动子进行外源基因的表达。常见的VIP载体有N_2。N_2载体保留了 *gag* 5′端的418个碱基对，转录效率高，是一种有效的逆转录病毒载体。

3. 自灭活载体 由于逆转录病毒两端LTR中的增强子整合到宿主基因组上具有潜在的激活癌基因能力，通过缺失LTR中部分启动子和增强子，产生的自灭活载体（self-inactivating，SIN）在感染宿主细胞后形成的前病毒DNA不能进行转录，外源基因由自身融合的启动子控制表达，因而不会发生插入激活作用。此类载体的特点是比较安全，但不足之处是大多数载体产生病毒感染的滴度较低（约 10^{-4} CFU/mL），不能进行有效的基因转移。

4. 自分解载体 自分解载体（self-disintegrating vector）含有逆转录病毒的内部附着序列，病毒基因组的结构不完整，病毒复制一次后前病毒DNA整合到宿主基因组中，外源基因由内部启动子控制进行特异的表达。此种载体不能产生复制性病毒粒子，因而也是一种安全的逆转录病毒载体。

以上4种载体的共同特点是均为复制缺陷型逆转录病毒载体；5′端LTR控制着病毒基因组RNA的转录及包装；在辅助病毒的作用下或在包装细胞系（其基因组整合了逆转录病毒包装必需的全部蛋白质基因，提供包装蛋白）中包装成病毒粒子。这要求5′端LTR结构及其他顺式作用序列与外源基因能够组成最佳组合以产生感染滴度高的病毒粒子。

除上述复制缺陷型逆转录病毒载体外，还有一种具有复制能力的逆转录病毒载体。此类载体构建的方法是保留病毒的顺式作用序列以及包装成病毒粒子必需的反式作用序列，以外源基因取代病毒的其他基因如转化基因等。按此方法构建的逆转录病毒载体有以下特点：不需要辅助病毒或包装细胞系即可进行复制，避免了病毒载体与辅助病毒发生重组可能性，提高了病毒载体的稳定性；重组病毒产生的滴度高；不需要筛选标记基因，外源基因随病毒基因组一起复制。不足之处是容易发生多点整合，不利于基因表达调控的研究，以及可能激活潜在有害的基因（如癌基因等）；病毒的大量增殖可能会产生其他有害的结果。

（四）逆转录病毒载体的优点及存在的问题

在 20 世纪 80 年代初，以逆转录病毒作载体进行基因转移的技术迅速发展起来，在基因治疗方面具有很好的应用前景。它具有以下一些优点：①基因转移效率高，病毒感染力达 100%；②宿主范围广泛，不仅适用于单层细胞，而且适用于悬浮培养的淋巴细胞、前髓细胞及造血干细胞等多种骨髓来源的细胞，对迅速生长的细胞尤其有效；③重组病毒进入细胞时，是以类似前病毒的形式进入 DNA，整合率较 DNA 转染以及 DNA 病毒感染高得多；④往往以低拷贝整合，避免了基因重排，易于外源基因的表达研究；⑤病毒感染宿主细胞后，细胞不发生病变，可以稳定地表达外源基因；⑥逆转录病毒较小，易于操作，克隆容量较大（10 kb 左右），即使插入 10～20 kb 的外源 DNA 仍有完全的感染性；⑦经特殊构建的逆转录病毒载体是缺陷型，不易产生感染性病毒粒子，比较安全。

尽管如此，逆转录病毒载体仍存在不少问题：①在构建逆转录病毒载体中会产生 RNA 不适当的剪切、病毒 RNA 合成过早终止和病毒中启动子相互干扰等问题；②有的病毒载体产生的病毒滴度太低，以致不能进行有效的基因转移；③有的逆转录病毒载体可能具有潜在激活癌基因的作用；④病毒 LTR 结构具有与原核生物和真核生物转座子相似的结构，转移的基因不能稳定持久地表达。随着对逆转录病毒分子生物学特性的进一步分析了解，逆转录病毒载体必将成为基因转移中最有效的工具。

五、慢病毒载体

慢病毒（lentivirus）载体是以 HIV-1（人类免疫缺陷Ⅰ型病毒）为基础发展起来的逆转录病毒载体，是一种常用的基因治疗载体。一般的逆转录病毒载体只能感染分裂期细胞，而且容量有限；而慢病毒载体对分裂细胞和非分裂细胞均具有感染能力，容纳外源性基因片段更大。与其他逆转录病毒相比，慢病毒不产生任何有效的细胞免疫应答。腺病毒载体也是一种基因治疗载体，但它一般不能整合到染色体上，只能进行瞬时感染，而慢病毒载体能整合到宿主细胞的基因组上，介导的转基因表达能持续数月。

目前使用的慢病毒载体多由 HIV-1 前病毒（HIV-1 provirus）基因组改造而来。HIV-1 病毒属于逆转录病毒，呈球形，直径为 80～130 nm。核心由两条单股正链 RNA 及逆转录酶、整合酶和蛋白酶组成。前病毒基因组包含 3 个结构基因 env、gag 和 pol，2 个与病毒复制有关的调控基因 tat、rev 和 4 个辅助基因 vpr、vif、vpu、nef，两端有 LTR，5′端 LTR 和 gag 之间有病毒包装信号（packaging signal，PS）ψ 序列。

第一代慢病毒载体系统主要应用了以下策略进行构建：①缩减载体大小，尽可能多地删除病毒基因，以提高载体的装载量。②拆分包装质粒，降低同源重组，提高慢病毒载体的安全性。③替换包膜蛋白，扩大病毒的宿主范围。④插入调控序列，提高包装效率，以提高病毒滴度。该系统由载体质粒、包装质粒、包膜质粒组成（图 2-19）。载体质粒负责装载外源基因，删除了 gag、pol、env 等基因，但保留有 5′端和 3′端 LTR、包装信号位点、Rev 应答元件（Rev responsive element，RRE），这样在提高载体装载量的同时又确保了其高效性。包装质粒在前病毒基因组中去除了两端 LTR、包装信号位点、env 和 vpu 基因，5′端 LTR 改为人类巨细胞病毒（cytomegalovirus，CMV）早期启动子，3′端 LTR 改为 poly（A）位点，使得其只提供反式包装蛋白，不会被包装从而提高了安全性。包膜质粒中由水疱性口炎病毒糖蛋白（vesicular stomatitis virus GP，VSV-G）取代了 HIV 包膜蛋白。由于 VSV-G 受体分子为广泛存在于各种细胞表面的磷脂酰丝氨酸，使慢病毒载体的宿主范围大大扩宽。

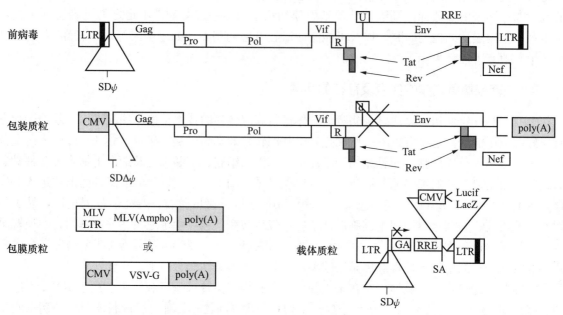

图 2-19 慢病毒载体系统

现在构建慢病毒载体主要是对载体质粒进行优化，如 pLenti-OE，在 5′端 LTR 上游是 Rous 肉瘤病毒（RSV）启动子，在 3′端 LTR 下游是 SV40 poly（A）位点，以强启动子 CMV 驱动目的基因和报告基因 *GFP* 的表达，在报告基因下游插入了土拨鼠肝炎病毒转录后调控元件 WPRE，促进转录物出核（图 2-20）。

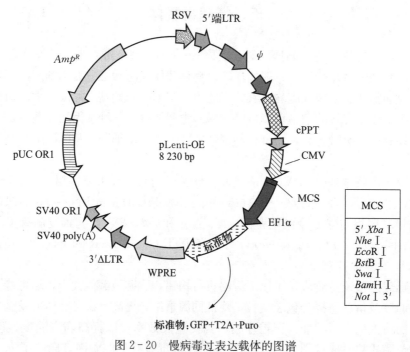

图 2-20 慢病毒过表达载体的图谱

六、杆状病毒载体

目前所用的杆状病毒载体是以苜蓿银纹夜蛾多角体病毒 DNA 为基础构建的。苜蓿银纹夜蛾多角体病毒通过吸附、内吞进入宿主细胞，而后移入细胞核，释放出病毒 DNA。感染 6 h 后，即开始

DNA复制并进行病毒颗粒组装。在病毒的生命周期中，产生两种子代病毒，即细胞外病毒颗粒（非闭合病毒）和多角体病毒颗粒（闭合病毒）。细胞外病毒颗粒在感染12 h后，通过出芽方式向细胞外释放，36～48 h达到高峰；多角体病毒颗粒是在感染18 h后，于细胞核内将病毒DNA组装入多角体蛋白中而形成，持续积累，至感染后72 h使细胞裂解。

多角体蛋白对病毒感染和复制是非必需的，其表达水平高，在感染周期晚期可达细胞蛋白的一半以上。根据这些特点，向病毒的多角体蛋白基因中引入限制性核酸内切酶酶切位点，如 Bam H I、Kpn I 等，构建成昆虫细胞的表达载体。当外源基因被插入多角体蛋白基因后，多角体蛋白基因失活，重组病毒表现出与非重组病毒不同的空斑状态，在显微镜下根据折光度不同，可筛选出重组病毒。目前应用的杆状病毒表达载体有pVL系列和pAC系列。这两个系列的克隆位点有差异，pVL适于非融合蛋白的表达，而pAC系列适于融合蛋白的表达。

杆状病毒表达载体有很多优点：①杆状病毒基因组很大（130 kb），适合于克隆大片段外源基因；②不需要任何辅助因素，即可在昆虫悬浮细胞内大量增殖，因此便于大量地表达外源蛋白；③表达蛋白在昆虫细胞内被修饰、加工和转运，因此便于这方面的研究；④表达蛋白呈溶解状态，易于分离纯化；⑤杆状病毒不感染脊椎动物，病毒启动子在哺乳动物细胞中无活性。因此，当用于毒性蛋白或癌基因表达时，该表达载体比其他表达载体显得优越和可靠。但是它仍有一些不足之处：①昆虫细胞培养周期长。以常用的sf9细胞为例，从冻存细胞至收获旋转培养细胞就需要2.5～3周的时间。②杆状病毒的生长、病毒DNA的分离以及转染后的筛选工作技术性较强，初学者较难掌握。欲获得表达特异蛋白质的重组杆状病毒，需要大量的非常精细的工作。③通过昆虫表达体系表达的蛋白质并非总是被适当地修饰。

七、痘苗病毒载体

痘苗病毒是动物病毒中最大一类——痘病毒的成员。痘苗病毒的基因组是一个双链线性DNA，十分庞大，长约187 kb，其中有一个28 kb的区域，是病毒复制的非必需区，可以被外源基因取代。痘苗病毒能在宿主的细胞质中独立地复制和转录，不会致瘤，表达产物常被修饰，如糖基化等。还有，痘苗病毒易于培养，高度稳定，宿主范围广，能在大多数哺乳动物细胞中良好地复制。因此，可以用痘苗病毒构建良好的载体。痘苗病毒载体通常具有3个主要成分，即痘苗病毒的调控序列、胸腺嘧啶核苷激酶基因（tk 基因）以及位于 tk 基因中供外源基因插入的克隆位点，利用 tk 基因插入失活作为选择标记。

痘苗病毒载体的主要用途是构建痘苗病毒活疫苗。它具有以下优点：①以它作为载体可以插入多种外源基因，构建成多价疫苗，从而可以同时预防由几种致病微生物引起的传染病；②它的表达产物常被修饰，有利于使抗原结构保持天然状态；③它是一种高效活疫苗，不断合成抗原，比灭活疫苗更能诱导免疫应答。迄今，用痘苗病毒载体表达的外源基因有人白介素6受体基因、表达人白细胞介素4基因、猴轮状病毒VP4抗原基因、乙型肝炎表面抗原基因、流感病毒血凝素基因、狂犬病毒表面糖蛋白基因，以及单纯疱疹病毒、EB病毒、水疱性口炎病毒、伪狂犬病毒和疟原虫等有关抗原基因。用含有乙型肝炎表面抗原基因的重组痘苗病毒感染猩猩，一次接种可诱发抗体，并可使其抵抗乙型肝炎病毒的攻击。用含有狂犬病毒表面糖蛋白基因的重组痘苗病毒给小鼠接种，可使其抵抗强毒株狂犬病毒的攻击，这个重组株已经用于犬、绵羊等动物的免疫。

八、乳头状瘤病毒载体

乳头状瘤病毒是一类双链DNA小病毒，通常感染包括人类在内的高等脊椎动物，已发现有多种不同的乳头状瘤病毒，牛乳头状瘤病毒（bovine papilloma virus，BPV）是其中的1种。BPV的基因组为 8 kb 的双链环状 DNA，分为早、晚基因 2 个部分。BPV DNA 在宿主细胞中游离在染色体 DNA 外，为独立的复制单位。由于 BPV 基因组中的 BPV_{69T} 片段在宿主细胞中，具有游离于细胞质中进行独立复制的能力，所以 BPV 的表达载体主要是采用 BPV_{69T} 片段或全长 BPV DNA，同大肠杆菌质粒重组构建穿梭质粒载体。如用 BPV 构建的大肠杆菌和哺乳动物细胞的穿梭质粒载体 pBPV-BV1，该质粒克隆表达的人 β 干扰素在许多细胞中的表达水平都比较恒定。

九、单纯疱疹病毒载体

单纯疱疹病毒（HSV）是一种人类嗜神经病毒，也可感染其他分裂细胞，其基因组为 152 kb 的双链线性 DNA，感染细胞后可进入潜伏状态。DNA 游离于细胞核内，不溶解宿主。潜伏状态可持续宿主终生，在一定条件下可被激活进入溶解状态。由于单纯疱疹病毒具有天然的嗜神经性，人们提出了构建单纯疱疹病毒载体用于基因治疗神经疾病的方法。单纯疱疹病毒非常适合构建神经系统的基因转移载体，这是因为它具有以下优点：①处于感染潜伏期的神经不受宿主免疫系统排斥，仍行使正常功能；②病毒进入潜伏状态并不依赖于基因表达，复制能力缺陷的病毒仍可潜伏；③可制得高滴度且在生产过程中不发生野生型重组，可尽量减少转基因对机体的损害；④病毒基因组较大，允许插入多个基因或大基因表达单位；⑤病毒基因组的限制性核酸内切酶酶切位点便于外源基因插入；⑥此病毒有天然的神经组织特异性启动子系统，可以在潜伏状态下起作用。虽有以上优点，使用单纯疱疹病毒构建载体时也应注意防止溶解性表达，以便减轻细胞毒性。

国外已构建了许多单纯疱疹病毒载体，在基因治疗神经系统疾病方面得到广泛的应用。这里以帕金森病（Parkinson disease，PD）为例进行简单介绍。多巴胺可以治疗 PD，而将酪氨酸转变为多巴胺则需要酪氨酸羟化酶（tyrosine hydroxylase，TH）的催化，因此提高 TH 的表达水平可提高治疗 PD 的效果。美国的 Bowers 等人将 TH 启动子控制的 *lacZ* 基因和 *TH* 基因插入单纯疱疹病毒载体，然后注入经过 6-羟多巴胺（6-hydroxydopamine，6-OHDA）处理表现出 PD 症状的大鼠的纹状体中，10 周后仍可观察到 X-gal/TH 双阳性细胞。这个实验表明，TH 启动子在单纯疱疹病毒载体上可以控制目的基因进行长期的有细胞特异性的表达。苏剑斌等（2000）用质粒型单纯疱疹病毒载体介导的 *GDNF* 和 *GFP* 基因在体外培养的幼地鼠肾（BHK）细胞和大鼠脊髓、背根节神经元中进行了转移和表达。

第七节 植物基因工程载体

一、概 述

20 世纪 60 年代初，人们利用萌发的种子、幼苗和离体培养的植物组织摄取核酸，希望将外源遗传物质引入植物细胞，但均未获得令人满意的结果。但人们发现一些质粒和病毒 DNA 能进入植物细胞并稳定地存在和复制。因此推测，先将外源基因插入这些质粒或病毒中，然后再引入植物细胞，这样有可能获得成功。已建立的载体转化系统是目前使用最多、机理最清楚、技术最成熟、成功实例最多的一种转化系统。植物基因工程载体主要是指这一类转化载体，包括质粒转化载体、病毒转化载体等，其中 Ti 质粒转化载体是最主要的，也是最常用的（有关 Ti 质粒和 Ri 质粒载体的详细内容将在植物基因工程一章中介绍）。一个理想的植物基因工程载体应是：①分子不太大，插入较大的外源 DNA 片段而不影响其复制和转化细胞的能力；②在受体细胞中多拷贝便于分离和纯化；③能携带外源 DNA 进入植物细胞并整合到基因组中；④具有选择标记，能有效地筛选转基因植株；⑤对若干种限制性核酸内切酶仅有一个切点。

植物病毒种类繁多，根据其所含的核酸分为四大类，即双链 DNA 病毒、单链 DNA 病毒、双链

RNA 病毒、单链 RNA 病毒。在已知的 300 多种植物病毒中，大约 91% 的是单链 RNA 病毒，其余 3 类各占 3% 左右。病毒侵染植物细胞后把其 DNA（RNA）导入宿主细胞，并且这些病毒 DNA（RNA）能在宿主细胞中复制和表达。这一过程正如农杆菌侵染植物细胞一样，也是一种自然发生的基因转移过程。因此，植物病毒可以作为植物的基因转化载体。在 20 世纪 90 年代关于植物病毒载体的研究已取得一定的进展。但是，由于植物病毒作为植物的转化载体只能以游离拷贝的形式存在，而不能整合到植物染色体上并通过有性繁殖传递给后代，不能有效地获得稳定的转基因植株，特别是农杆菌介导转化体系的完善及其优越性，在植物遗传转化中使用越来越广泛，致使植物病毒载体在植物遗传转化中几乎不用，所以后来它的研究也就不多，仍处于初级阶段。在这儿只介绍一些植物病毒载体的构建原理和早期的一些研究成果。

二、DNA 病毒转化载体

在植物病毒中，双链 DNA 病毒只有花椰菜花叶病毒组和黄瓜黄脉病毒组。其中花椰菜花叶病毒（CaMV）的性质、功能、基因组结构是研究得较清楚的，被认为是病毒转化载体的最佳候选者。

为了实现 CaMV 作为转化载体，就必须在其基因组上确定不影响病毒的侵染和复制的外源 DNA 插入位点。在 CaMV 上外源 DNA 插入位点如下：①编码区 Ⅱ，也称基因 Ⅱ 或 orf Ⅱ；②编码区 Ⅰ 和 Ⅵ 之间的大间隔区；③编码区 Ⅳ 的 C 末端区域；④编码区 Ⅵ 上有两个不同的位点，可容忍小片段（12 bp）的插入。但在编码区 Ⅰ、Ⅲ、Ⅴ 上未发现插入位点，看来这几个区域对病毒复制和传播是至关重要的。

外源 DNA 插入容量是作为转化载体必须考虑的。在 orf Ⅱ 上及 orf Ⅰ 和 orf Ⅵ 之间的大间隔区可插入 60~250 bp 的外源 DNA，仍保持 CaMV 的复制、表达和感染能力。同时插入外源 DNA 片段也能够保持其生物活性。当插入片段更大时（500 bp），大部分 CaMV 就丢失了 DNA，丧失了侵染性；在 orf Ⅳ 和 orf Ⅵ 的插入位点插入容量更少（十几个碱基对）。由此可见，CaMV 的外源 DNA 插入容量是有严格的限制，并不是一种理想的转化载体。

外源 DNA 取代 orf Ⅱ 不会影响其下游基因的表达，即外源 DNA 取代 orf Ⅱ 是可容忍的。Ohare 等（1981 年）用二氢叶酸还原酶（DHFR）基因（240 bp）取代 orf Ⅱ，通过重组病毒侵染植物后，检测表明 DHFR 在植株中能稳定存在和表达。同样有人用金属硫蛋白（MTN）基因（200 bp）取代 orf Ⅱ，这种重组病毒是稳定的，感染植物时，在被感染叶片中可检测到金属硫蛋白，达到可溶性蛋白的 0.5%。Penseick 等（1984 年）用干扰素（IFN-α-D）基因取代 orf Ⅱ，重组病毒保持相当稳定，转化植物细胞后可得到有活力的干扰素的表达。尽管如此，从 CaMV 的宿主范围、插入外源 DNA 限制等方面来看，它离用作改良农作物的基因转化载体仍还有一段距离。

三、单链 DNA 病毒转化载体

单链 DNA 病毒由两个连接在一起的正二十面体病毒颗粒组成，犹如一对孪生兄弟，因此又称为双联体病毒或孪生病毒（GeNV）。其直径为 18~20 nm，含有 1~2 个长为 2.5~3.0 kb 的单链环状 DNA 分子。如菜豆金花叶病毒（BGMV）、番茄金花叶病毒（TGMV）含有感染所必需的两个单链环状 DNA 分子，小麦矮化病毒（WDV）含有一个单链环状 DNA 分子。双联体病毒的感染范围较广，包括双子叶植物和单子叶植物，其传播媒介是昆虫。

单链 DNA 病毒作为转化载体的研究，主要来自 WDV。其 orf Ⅰ（10.1 ku）和 orf Ⅱ（29.4 ku，衣壳蛋白基因）的缺失突变体仍然具有自主复制能力。用 Npt-Ⅱ 取代 orf Ⅱ 的重组子在转染植物细胞后同样具有自主复制能力。由此可见，WDV 具有作为转化载体的最基本条件，即插入外源 DNA 后在植物细胞中能自我复制。为了利用 WDV 作为转化载体，可以用不同的外源基因取代 orf Ⅱ。

Gronenborn 和 Topfer 等（1987）用新霉素磷酸转移酶基因（$Npt-II$）取代 orfⅡ的重组 WDV 转染植物细胞，发现它除了在植物细胞培养中得到复制和表达外源基因外，还能从再生植株的种子成熟胚和机械感染的小麦叶片中得到复制和外源基因表达。在双子叶植物中，TGMV 的衣壳蛋白基因被 $Npt-II$ 和 cat 取代，并得到复制和表达。

四、RNA 病毒转化载体

植物病毒绝大多数是单链 RNA 病毒，其中有可能作为基因转化载体的是那些有正链的病毒。这类病毒颗粒的形状有杆状、棒状或多面体，如果是杆状和棒状病毒，其衣壳长度会随包裹的 RNA 分子大小而变化，这对外源 DNA 片段插入后仍能形成稳定的病毒颗粒有利。大多数这类病毒的 RNA 不需要衣壳包装即可感染植物，这有利于它发展成为转化载体。在 20 世纪 90 年代 RNA 病毒转化载体的研究取得了一定的进展。例如 Koziel 等（1985 年）利用烟草脆裂病毒（TRV）发展起一个实验性载体系统。TRV 基因组是由两段独立的 RNA 组成，每一段都包装成棒状的病毒颗粒。其中较长的一段 RNA 虽然在植物细胞中复制，但因为不含有衣壳蛋白的编码序列，因此单独存在时只能产生不包装 RNA 分子。衣壳蛋白由较短的 RNA 编码，但其复制必须有较长 RNA 的存在才能进行。利用这两种病毒颗粒共同感染植物，可以使病毒基因组得到正常的复制和表达。

一般认为，利用 RNA 病毒作为转化载体的基本方法如下：①单链的病毒 RNA 首先在逆转录酶的作用下逆转录成一条单链的 cDNA。②单链 cDNA 在 DNA 合成酶的作用下形成双链 cDNA。③将双链 cDNA 在细菌质粒中或者在黏粒中克隆。④把待转移的外源基因通过重组技术插入克隆质粒的 cDNA 当中去。⑤为了将病毒载体连同插入的外源遗传信息转移到寄主植物中去，可以尝试两条途径。第一条是用病毒 cDNA 去感染植物。由于发现动物 RNA 病毒（如脊髓灰质炎病毒，一种正链 RNA 病毒）的 cDNA 克隆同样具有感染能力，因而设想植物 RNA 病毒也可能有相同的性质。第二条是使在克隆质粒中的病毒 cDNA 连同外源基因先转录成 RNA 转录体，用此来感染植物。

第八节 表达载体

在基因工程中，人们的主要兴趣往往不是目的基因本身，而是其编码的蛋白质产物，特别是那些在商业上、医药上以及科研工作方面具有重要意义的蛋白质。利用基因工程技术在宿主细胞中高水平地表达各种外源蛋白质，无论在理论研究还是实际应用上都是十分重要的。因此，表达载体的构建在基因工程中就显得特别重要。应该指出的是，外源基因在不同的表达体系（由外源基因、表达载体、宿主细胞组成的基因表达的完整系统）中的表达是千差万别的，这种差别不仅与基因的来源和性质有关，而且与载体和宿主细胞有关。现在基因工程所涉及的宿主细胞多种多样，从细菌到高等动、植物细胞，乃至到动、植物个体，而所涉及的基因也是成千上万，各不相同。在此我们仅从共性出发讨论构建表达载体的一般原则。

一、表达载体构建的一般原则

（一）阅读框与外源基因高效表达

制约目的基因表达的最重要因素是外源目的基因本身必须置于正确的阅读框之中。阅读框是由每 3 个核苷酸为一组连接起来的编码序列。外源基因只有在它与载体 DNA 的起始密码相吻合时，才算处于正确的阅读框之中。

如果插入的外源基因和表达载体的序列及其各个酶切位点都很清楚，那么就可以选择适当的酶切位点，使外源目的基因与载体连接后，其阅读框恰好与载体的起始密码子吻合。

用同聚物接尾法连接载体 DNA 和外源基因，这样连接的重组分子，其连接处 G-C 或 A-T 配对碱基的长度不同，随机形成 3 种不同的阅读框，其中必然有一种可以表达外源目的基因。

构建一组载体，使每个载体与相对于起始密码子 ATG 的翻译位相的位点不同，分别与外源目的基因拼接，即可获得所有可能的 3 种位相，其中必有一种位相可以保证外源基因处于正确的阅读框中。

用人工接头可以调节阅读框。市售的同一酶切位点的人工接头一般都有 3 种长度，经与 DNA 片段连接，并切割成黏性末端后，各相差一个核苷酸。因此，选择适当的人工接头，就可使外源基因处于正确的阅读框中。

（二）启动子与外源基因高效表达

有效的转录起始是外源基因在宿主细胞中高效表达的关键步骤之一，也可以说转录起始的速率是基因表达的主要限速步骤。因此，选择强的启动子及其相关的调控序列，是构建一个高效表达载体首先要考虑的问题。在原核生物中最理想的强的启动子应该是：在发酵的早期阶段，表达载体的启动子被紧紧地阻遏，这样可以避免表达载体不稳定、细胞生长缓慢或由于产物表达而引起细胞死亡等问题；当细胞数目达到一定的密度，通过各种诱导（如温度、诱导物等）使阻遏物失活，RNA 聚合酶快速起始转录。P_{lac}、P_{trp}、λP_L、λP_R、P_{tac}、phoA 等都属于原核细胞的可调控强启动子。T7 噬菌体启动子则是另一种类型启动子，由于其只为 T7 噬菌体 RNA 聚合酶所识别，被 T7 噬菌体 RNA 聚合酶所起始的转录是非常活跃的，在 1~3 h 之内目标基因的 RNA 转录物可达 rRNA 水平，而宿主细胞 RNA 聚合酶不能识别它起始转录。由于 T7 噬菌体 RNA 聚合酶几乎能完整地转录在 T7 噬菌体启动子控制下的所有 DNA 序列，所以很多实验室开始选用 T7 噬菌体启动子对外源基因进行高水平表达。无论是可诱导的还是组成型的启动子，在适当的条件下都可以使外源基因高水平表达。

对于真核细胞的表达载体，启动子的概念要比原核细胞的扩展得多，真核细胞基因表达调控要比原核细胞的复杂得多。启动子和增强子作为两个重要的转录控制序列，是外源基因在真核细胞中高效表达所必需的。真核细胞的启动子也分组成型和诱导型两大类。如从 SV40、腺病毒、人类巨细胞病毒（CMV）和 Rous 肉瘤病毒（RSV）的启动子和增强子是常用的组成型转录调控序列。β 干扰素启动子则是一种诱导型启动子，在 β 干扰素基因的上游区 -77~-36 启动子序列是负责诱导的。在成纤维细胞中，β 干扰素的表达被病毒感染或 poly（rI）- poly（rC）所诱导；在中国仓鼠卵巢细胞（CHO 细胞）中通过共诱导和二氢叶酸还原酶基因的共扩增，使 β 干扰素表达量提高近 200 倍。此外，热激启动子（heat-shock promoter）以及激素诱导的启动子都是诱导型启动子。综上所述，无论是原核细胞还是真核细胞，要达到外源基因高水平表达的目的，选择好的转录调控序列是组建高效表达载体所必需的。

（三）转录的有效延伸和终止与外源基因高效表达

外源基因的转录一旦被起始，那么接下来的问题是如何保证 mRNA 有效的延伸、终止，这也是影响外源基因高效表达的重要因素。转录衰减和非特异性终止可使转录提前终止。

1. 除去衰减子 衰减子具有简单终止子的特性，在原核细胞中它处于启动子和第一个结构基因之间。由于衰减子是负调控元件，为保证 mRNA 转录完全，在表达载体的组建中要尽量避免其存在。

2. 插入抗转录终止序列 为了防止 mRNA 在转录过程中非特异性终止，抗转录终止序列可加入表达载体上。

3. 强转录终止序列 正常的转录终止子存在也是外源基因高效表达的一个因素，其作用是保证正确的转录终止，防止不必要的转录，使 mRNA 的长度限制到最小，增强表达质粒的稳定性。所以在设计表达载体时要考虑到上述因素。对于真核细胞而言，表达载体上含有转录终止序列和 poly（A）加入位点，是外源基因高水平表达的重要因素。转录终止信号使 DNA 从反向链进行转录，产生反义 mRNA 的概率减小到最小，从而减小了这种反义 mRNA 通过分子杂交阻遏基因表达的概率。poly（A）加入的信号序列 AAUAAA 对于 mRNA 3′端的正确加工和 poly（A）的加入至关重要，有实验指出，AAUAAA 位点的缺失，可使基因的表达减少 10 倍。

但无论是转录终止序列、衰减序列还是抗终止序列，都是通过宿主细胞内的反式作用因子来起作用的。从这个意义上讲，基因的高效表达是基因、载体、受体细胞协同完成的。

（四）有效的翻译起始与外源基因高效表达

有效的转录起始和翻译起始是外源基因高效表达最为关键的两个因素。翻译起始是多种成分协同作用的过程，这其中包括 mRNA、16S rRNA、fMet-tRNA 之间的碱基配对，同时还包括它们与核糖体 S1 蛋白、蛋白合成起始因子之间的相互作用，从而促进蛋白合成的起始。在原核细胞中影响翻译起始的 mRNA 结构因素有起始密码子、核糖体结合位点（SD 序列，即原核细胞 mRNA 5′端非翻译区同 16S rRNA 3′端的互补的保守序列）、起始密码子与 SD 序列之间的距离和核苷酸组成、mRNA 的二级结构、SD 序列上游的 5′端非翻译序列以及蛋白编码区的 5′端序列等。

翻译起始可达最大效率的一般条件是：①AUG 是首选的起始密码子，GUG、UUG、AUU 和 AUA 有时也用，但非最佳选择。②SD 序列至少含 AGGAGG 序列中的 4 个碱基。SD 序列的存在对原核细胞 mRNA 翻译起始至关重要。③SD 序列与起始密码子之间的距离以（9±3）nt 为宜。也有报道，如果 SD 序列同 16S rRNA 3′端的互补碱基大于 8 nt 时，上述二者之间的距离则不重要。④除 SD 序列外，处于起始密码子前的两个核苷酸应该是 A 和 U（在 -3 位置应为 A），即 AUA 序列。⑤如果在起始密码子 AUG 后的序列是 GCAU 或 AAAA 序列，能提高翻译效率。⑥在翻译起始区周围的序列应不形成明显的二级结构。有实验指出，通过突变 mRNA 5′端非翻译区减少或除去某些茎环结构可以提高翻译的起始效率。

对于真核细胞基因，在 mRNA 的 5′端非翻译区不存在 SD 序列，但对绝大多数有效的 mRNA 翻译起始而言，一个共有序列 5′-CCA（G）CCATGG-3′是必需的，而其中最重要的是在 -3 位应是嘌呤碱基，而在 +4 位是 G。通过突变改变起始密码子附近的这一共有序列，可使翻译起始下降 90%。如果在起始密码子的上游区存在另外一个起始密码子，而又不被一个符合读码框（in-frame）的终止密码子所隔断，那么这个上游起始密码子会降低正常翻译的起始效率。在表达载体构建中应注意这些问题。

（五）终止密码子选择与外源基因高效表达

在原核生物中翻译的终止由 2 个释放因子所调控，RF1 识别 UAA 和 UAG，而 RF2 识别 UAA 和 UGA。3 个终止密码子的翻译终止效率是不同的，其中 UAA 在基因高水平表达中终止效率最好。特别是在原核细胞中，由于 UAA 被 2 个释放因子所识别，因此在基因工程中，一般采用 UAA 作为终止密码子。在实际操作中，为了保证翻译的有效终止，万全之策是用一连串的终止密码子，而不只是一个终止密码子。

（六）外源蛋白的稳定性与外源基因高效表达

外源蛋白表达后能在宿主细胞中稳定积累，不被内源蛋白水解酶所降解，这是基因高效表达的一个重要因素。蛋白质水解是一个非常有选择性的、严格控制的过程，它影响到蛋白质在细胞中的积累。很多克隆的蛋白质被宿主细胞中的蛋白水解体系视为"非正常"蛋白而加以水解。这种选择性降解意味着受体细胞中的自身蛋白所具有的确定的构象特性，使其不受蛋白水解酶的降解。如果外源蛋白的构象同天然产物相似，遭到降解的可能性就低。可采取以下措施避免克隆的蛋白被选择性地降解：

1. 构建融合基因，产生融合蛋白 融合蛋白的载体部分改变构象，外源蛋白可不被选择性地降解。这对编码分子质量较小的多肽或蛋白的外源基因尤为合适。

2. 构建成可分泌的蛋白 通过基因操作将外源蛋白的 N 端带上信号肽，使外源基因表达产物可以分泌到大肠杆菌细胞的周质或直接分泌到培养基中。应该指出并不是所有外源蛋白都可以通过基因操作成为可分泌蛋白。

3. 使外源蛋白在宿主细胞中以包涵体的形式表达 过去在宿主细胞中高表达外源蛋白常常会形成包涵体。虽然这种不溶性的沉淀复合物可以抵抗宿主细胞中蛋白水解酶的降解，也便于纯化。但包涵体蛋白是没有生物活性的，从中要获得具有天然构象和活性的外源蛋白，通常要经过包涵体纯化，然后重组蛋白必须要经过变性、复性的处理，此过程没有统一的工艺过程，因此活性蛋白的获得率很低。现在已不再利用包涵体来高效表达外源基因，一般以一种稳定、可溶（或分泌）的形式进行外源蛋白高效表达。

总之，构建表达载体应根据表达体系的特性，选择性地应用上述原则，删除降低外源基因表达的一些元件，插入提高外源基因表达的一些必需元件。

二、过表达载体

过表达载体是指以强启动子驱动目的基因在宿主细胞中高效表达的表达载体，主要用于基因功能研究。植物的过表达载体主要用花椰菜花叶病毒（CaMV）35S 启动子，动物的过表达载体主要是用人类巨细胞病毒（CMV）的早期启动子。在构建过表达载体时有的甚至用 2 个强启动子来驱动目的基因表达，如大豆查尔酮还原酶基因过表达载体 pM-DC83-GmCHR（图 2-21）。在转移 DNA（T-DNA）右边界序列（RB）下游是 2 个 35S 启动子，然后依次是大豆查尔酮还原酶基因 GmCHR 和胭脂碱合成酶基因的转录终止子，在潮霉素抗性基因（Hyg^r）下游是 T-DNA 的左边界序列（LB）。

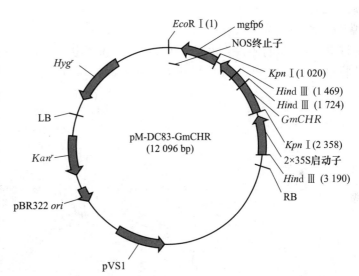

图 2-21 过表达载体 pM-DC83-GmCHR 的图谱

三、抑制表达载体

抑制表达载体是指通过转基因在宿主细胞中表达目的基因 RNA 从而抑制宿主细胞靶基因的表达而产生抑制表型的表达载体，主要用于基因的功能研究，在生物品种改良方面也有重要的作用。抑制表达载体有反义 RNA 载体和 RNA 干扰载体两种。

反义 RNA 载体是指通过转基因在宿主细胞中表达靶基因的反义 RNA 从而抑制内源靶基因表达的表达载体。其原理是在宿主细胞中表达的反义 RNA 和宿主细胞表达的内源靶基因的有义 mRNA 结合成双链 RNA，使其不能作为蛋白质合成的模板导致内源靶蛋白不能合成，从而抑制内源靶基因的表达。构建反义 RNA 载体就是利用 DNA 重组技术在启动子与转录终止子之间反向插入靶基因，如图 2-22 所示。

RNA 干扰是通过外源或内源的双链 RNA 在细胞内诱导同源序列的基因表达沉默的现象。RNA

干扰技术的关键是构建能在受体细胞中稳定表达的干扰载体。RNA干扰载体是指在宿主细胞内表达一条能加工成双链的干扰RNA分子，从而抑制内源靶基因表达的表达载体。构建RNA干扰载体就是在表达载体的启动子与转录终止子之间插入一个干扰RNA构件。例如，利用载体pFGC5941（图2-23）构建干扰RNA载体，即是在CHSA内含子两侧分别正向或反向连接相同的一个序列组成干扰RNA构件（图2-24）。干扰RNA构件就是一个反向重复序列，只不过重复序列之间是一个内含子。因此，其表达的RNA会形成发夹结构，

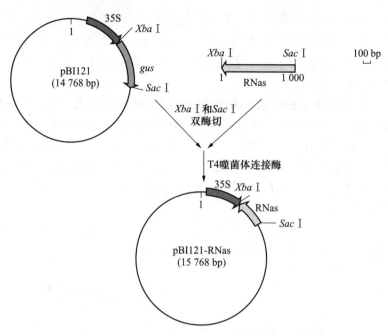

图2-22 反义RNA载体pBI121-RNas的构建流程

通过RNA剪接将内含子相应序列去掉，从而产生一个双链干扰RNA分子。干扰RNA分子可以在细胞中转录后沉默复合体将靶mRNA降解掉，从而导致内源靶基因沉默。

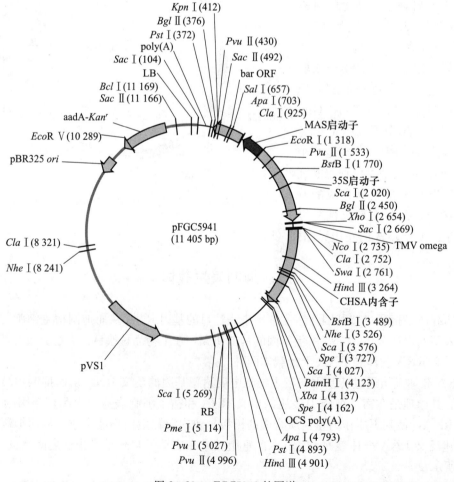

图2-23 pFGC5941的图谱

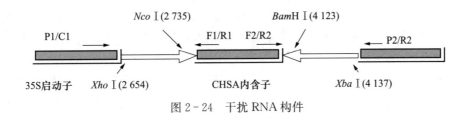

图 2-24 干扰 RNA 构件

四、定位整合表达载体

定位整合表达载体也就是基因打靶表达载体,其原理是利用 DNA 同源重组将目的基因整合到受体细胞染色体的特定位点上。因此,定位整合表达载体除了表达载体的必备元件外,还必须有 1 个或 2 个与受体细胞 DNA 序列(整合位点)同源的 DNA 片段,片段大小最好大于 1 kb。含有 1 个同源 DNA 片段的定位整合表达载体称为插入型定位整合表达载体。含有 2 个同源 DNA 片段的定位整合表达载体称为取代型定位整合表达载体。

首次报道的定位整合表达载体是以酵母细胞为受体,选择有缺失的 leu 基因作为整合平台,通过同源 DNA 片段重组,将含有完整 leu 基因的 DNA 片段整合到酵母染色体有缺失的 leu 基因区,补偿了缺失的 leu 基因。以后不断构建出不同生物特定染色体位点的定位整合表达载体。例如,蓝藻 Calothrix sp. CC7601 的染色体定位整合表达载体 pUTK(图 2-25),它具有 pUC 载体的复制起点,可在大肠杆菌中进行基因操作,但不具有蓝藻的复制起点。因此,构建好的定位表达整合载体导入蓝藻细胞内,不能进行复制和遗传,必须通过同源 DNA 片段的同源重组将目的基因整合到蓝藻染色体上才能复制和遗传。L 片段(约 1.2 kb)和 R 片段(约 1.15 kb)是蓝藻的同源 DNA 片段。在 MCS 两侧分别是蓝藻 cpc2 操纵子中扩增出 cpc2 启动子区 P(约 0.6 kb)和转录终止子 T。

用于巴斯德毕赤酵母的染色体定位整合表达载体 pPIC3(图 2-26),在 MCS 的两侧分别是醇氧化酶-1 基因的启动子($5'AOX-1$)和转录终止子($3'AOX-1$)。此外,还含有组氨醇脱氢酶基因(his4)选择标记和 $3'AOX-1$ 区。当此克隆外源基因的定位整合表达载体转化巴斯德毕赤酵母受体细胞时,它的 $5'AOX-1$ 和 $3'AOX-1$ 能与染色体 DNA 上的同源序列重组,使外源基因整合到染色体 DNA 上,并且在 $5'AOX-1$ 启动子控制下得以表达。

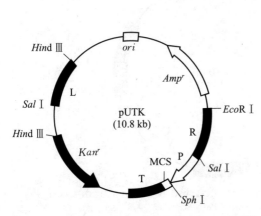

图 2-25 蓝藻定位整合表达载体 pUTK 的图谱

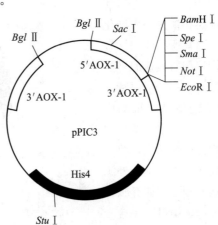

图 2-26 巴斯德毕赤酵母的染色体定位
整合表达载体 pPIC3 的图谱
(引自张明生等,2001)

水稻染色体定位整合表达载体 pURKMT(图 2-27)是以水稻染色体 DNA 的 rDNA 区为整合平台构建的。水稻染色体 DNA 中,rDNA 的拷贝数多达 850 个,这样不会因为某些 rDNA 区插入外源

DNA 片段而导致 rDNA 功能的整体消失，并且有可能获得多拷贝外源基因的转基因植株。但它只有 1 个 rDNA 片段，所以导入水稻细胞的定位整合表达载体会将整个 DNA 分子插入水稻 rDNA 位点，属于插入型定位整合表达载体。

大鼠定位整合表达载体 PWE3 是以大鼠乳清酸蛋白（WAP）基因的启动子调控序列和 3′端非翻译区（3′- untranslated region, 3′- UTR）序列作为定位整合的同源重组序列，在同源序列之间插入了人红细胞生成素基因（hEPO）而构建的定位整合表达载体（图 2-28）。

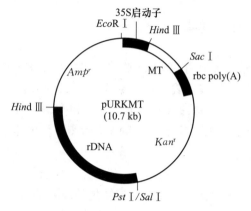

图 2-27　水稻染色体定位整合表达载体 pURKMT 的图谱
（引自徐虹等，1999）

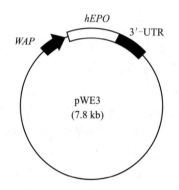

图 2-28　大鼠定位整合表达载体 PWE3 的图谱
（引自乔贵林等，1999）

五、标签载体

人们为了有效地纯化外源蛋白，常常把编码外源蛋白的基因连同一个与亲和层析柱上配基进行亲和性结合的标签的编码序列构成一个融合基因，表达出一个融合蛋白，然后就可利用亲和层析法来分离纯化外源蛋白。通常所构建的标签载体，其标签和所表达的外源基因之间插入了一个可由特异蛋白酶切割的氨基酸编码序列。纯化以后，可以用特异的蛋白酶切割掉标签蛋白，留下一个正常的或几乎正常的外源蛋白。标签有很多，如谷胱甘肽-S-转移酶、MalE（结合麦芽糖）蛋白和多聚组氨酸残基，其中多聚组氨酸残基是比较常见的。如标签载体 pBAD/His（图 2-29），其标签是 6 个组氨酸残基，在标签和 MCS 之间有个肠激酶酶切位

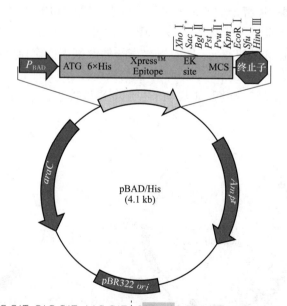

```
A  ---GAC GAT GAC GAT AAG GAT | CCG AGC TCG AGA TCT GCA GCT---
   ---Asp Asp Asp Asp Lys Asp | Pro Ser Ser Ars Ser Ala Ala---
B  ---GAC GAT GAC GAT AAG GAT | CGA TGG GGA TCC GAG CTC GAG ATC TGC---
   ---Asp Asp Asp Asp Lys Asp | Arg Trp Cly Ser Glu Leu Glu Ile Cys---
C  ---GAC GAT GAC GAT AAG GAT | CGA TGG ATC CGA CCT CGA GAT CTG CAG---
   ---Asp Asp Asp Asp Lys Asp | Arg Trp Ile Arg Pro Arg Asp Leu Gln---
                         EK裂解位点
```

图 2-29　pBAD/His 的 A、B、C 3 种变型

点（Ek site），可利用肠激酶将外源蛋白和标签切割开。肠激酶识别序列（Asp)₄Lys，然后在 Lys 残基后切割。但标签载体都有 3 种变型，其差异就在于通过插入不同数目的变异碱基使 MCS 中某种限制性核酸内切酶的识别位点序列处于 3 种不同的密码子框架中，以便表达不同阅读框的外源基因翻译出正确的外源蛋白。

标签载体也可以在标签中包含一个易于检测的蛋白基因序列，如抗原决定簇（图 2-30）。myc 是抗体 Myc 的抗原决定簇，可以通过免疫学方法对活性未知的外源蛋白进行检测，或在常规检测不方便时进行检测。

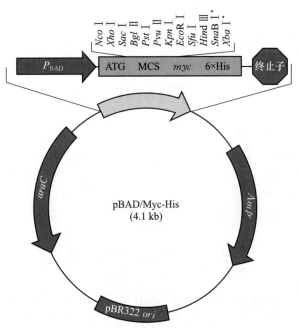

图 2-30　pBAD/Myc-His 载体的图谱

第九节　人工染色体

以 λ 噬菌体为基础构建的载体的最大克隆容量只有 24 kb，而黏粒载体也只有 45 kb。然而许多真核生物基因过于庞大而不能作为单一片段克隆于这些载体中，特别是人类基因组计划、水稻基因组计划需要能克隆更长的 DNA 片段的载体。为此，人们开始构建一系列的人工染色体（artificial chromosome），如酵母人工染色体（yeast artificial chromosome，YAC）、细菌人工染色体（bacterial artificial chromosome，BAC）、P1 派生人工染色体（P1-derived artificial chromosome，PAC）、哺乳动物人工染色体（mammalian artificial chromosome，MAC）等。

一、酵母人工染色体

酵母人工染色体（YAC）是目前能克隆最大 DNA 片段的载体，可插入 100～2000 kb 的外源 DNA 片段。人们发现，真核生物的染色体有几个部分最为关键，一是着丝粒（centromere，CEN），它主管染色体在细胞分裂过程中正确地分配到各子细胞中；二是端粒（telomere，TEL），它位于染色体末端，对于染色体的稳定及端粒复制具有重要意义；三是自主复制序列（autonomously replicating sequence，ARS），即染色体上 DNA 复制的起始位点。由此，人们想通过 DNA 体外重组技术分离这些重要元件并将它们连接起来构成人工染色体，作为克隆更大 DNA 片段的载体，因为相比其他复制子来说，染色体要大得多。YAC 是由酵母的自主复制序列、着丝粒、四膜虫的端粒以及酵母选择标记组成的能自我复制的酵母线性克隆载体。首先构建两臂,左臂含有端粒、酵母筛选标记 $Trp1$、ARS 和着丝粒,右臂含有酵母筛选标记 $Ura3$ 和端粒,然后在两臂之间插入了人的 DNA 大片段,从而构建成酵母人工染色体。后来有人把 pBR322 的单克隆位点引入载体臂上,以便进行亚克隆构建和 YAC 克隆的限制性核酸内切酶酶切分析工作;也有人在载体臂上加上了 T3、T7 噬菌体 RNA 聚合酶的启动子以及更多的单克隆位点,以便体外转录制备探针及亚克隆等。

YAC 的最大优点是可容纳较长的 DNA 片段,用较少的克隆就可以包含特定的基因组全部序列并由此保持基因组特定序列的完整性,有利于制作物理图谱。其主要的缺点是:①用其克隆外源基因易出现嵌合体(40%~60%的克隆是嵌合体,由于重组所致);②某些克隆不稳定,有从插入序列丢失其内部区段的倾向,也是由于重组所致,可以通过将 YAC 文库转化到重组缺失的品系来减少嵌合体形成和不稳定性的问题;③ YAC 克隆不容易与酵母自身染色体(15 Mb)相分离,可发展 BAC、PAC 来克服这些缺点。

二、细菌人工染色体

细菌人工染色体(BAC)是以细菌 F 因子(细菌的性质粒)为基础构建的细菌克隆载体。F 因子是一种细菌接合型质粒,其转移过程相当复杂,至少需要 25 种的转移基因编码产物的参加,这些转移基因成簇地聚集在长约 35 kb 的转移区。BAC 是通过除去了 F 因子的转移区及整合区等复制非必需区段,并引入多克隆位点及选择标记而构建成的。其特点是拷贝数低,稳定,比 YAC 易分离,克隆容量可以达 300 kb,可以通过电击导入细菌细胞。

三、P1 派生人工染色体

P1 噬菌体载体是在 P1 噬菌体的基础上构建的克隆载体,用于克隆真核生物基因组 DNA。如果将 BAC 克隆载体及 P1 噬菌体载体包装进噬菌体颗粒后注入大肠杆菌中,BAC 的 DNA 通过 P1 噬菌体的 loxP 重组位点和在受体菌中表达的 P1 噬菌体的 Cre 重组酶的作用而环化,形成一个更大的新质粒,即为 P1 派生人工染色体(PAC)。由此可见,PAC 是将 BAC 和 P1 噬菌体载体二者的优点结合起来的克隆体系,可以克隆 100~300 kb 的外源 DNA 片段。由于 P1 噬菌体载体含有卡那霉素抗性基因,所以便于筛选。并且这种质粒在宿主细胞中以单拷贝存在,避免了因多拷贝所造成的克隆不稳定性。

四、哺乳动物人工染色体

哺乳动物人工染色体(MAC)是一种人工染色体。如果能从哺乳动物细胞中分离出复制起始区、端粒以及着丝粒,就可以构建成 MAC。MAC 有广泛的应用领域:①可以使人们确定有丝分裂和减数分裂所需要的 DNA 片段的大小。②研究哺乳动物细胞中染色体的功能。③利用 MAC 的巨大包容性对大而复杂的基因进行功能分析。④用于体细胞基因治疗。由于 MAC 在宿主细胞中自主复制,它们不会插入病人的基因组,从而不能引起插入突变。因此,它们可以将整套的基因,甚至将一串与特定遗传病有关的基因及其表达调控序列转入受体细胞中,使基因治疗变得更有效。

目前,将 PAC、黏粒载体、YAC 等克隆载体用于克隆各种基因组 DNA 大片段,为基因组图谱制作、基因分离以及基因组序列分析提供了有用的工具。

第十节 构建植物遗传转化表达载体的元件

一、启 动 子

目前已从动物、植物及微生物中分离到许多适用于植物表达载体构建的启动子,表 2-2 只介绍一些常用的启动子。按作用方式及功能将这些启动子分为3类：组成型启动子、组织特异性启动子和诱导型启动子。这种分类大体上反映了它们各自的特点，但在某些情况下，一种类型的启动子往往会表现出其他类型启动子的特性。

表 2-2 植物基因工程中常用的启动子

来源	来源基因	表达特征
T-DNA	nos	组成型表达
	ocs	组成型表达
	mas（Tr-DNA）	组成型表达
	tml	组成型表达
	5号基因	组织特异性表达
	双向启动子	组成型表达，双向控制两个基因表达
病毒	CaMV 基因Ⅵ	组成型表达
	CaMV 35S 基因	组成型表达（强），细胞周期 S 特异表达
植物	叶绿素 a/b 结合蛋白基因	叶片中光诱导表达
	RuBP 羧化酶小亚基基因	叶片中光诱导表达
	查尔酮合成酶基因	光诱导表达
	大豆血红蛋白基因	根瘤中特异性表达
	玉米醇溶蛋白 Z_4 基因	胚乳特异性表达
	玉米醇脱氢酶基因	厌氧条件下表达
	玉米热激蛋白基因	高温时表达
	大豆热激蛋白基因	40 ℃时培养表达
动物	果蝇热激蛋白基因	热诱导性表达

（一）组成型启动子

目前使用最广泛的两个组成型启动子是花椰菜花叶病毒（CaMV）35S 启动子、来自根癌农杆菌 Ti 质粒转移 DNA（transferred DNA，T-DNA）区域的胭脂碱合成酶基因启动子（Nos）和章鱼碱合成酶基因启动子（Ocs）。其特点是：表达具有持续性；RNA 和蛋白质表达量也相对恒定；不表现时空特异性；不受外界因素的诱导。从结构上看，大多数组成型启动子转录起始位点上游几百个核苷酸处存在六聚体基元（hexamer motif）序列 TGACTG，其往往以重复形式出现并被 6～8 个核苷酸隔开，缺失及点突变分析指出六聚体基元序列的存在对维持 CaMV 35S 启动子、Nos 启动子和 Ocs 启动子的转录活性是必需的。目前已分离出了与六聚体基元序列相互作用的编码转录活化因子的基因。

1. Nos 和 Ocs 启动子 Nos 和 Ocs 启动子具有与植物基因启动子相似的共有序列。它们都含有与 TATA 盒同源的序列，该序列位于转录起始位点上游 30～40 bp 处，在转录起始位点上游 60～80 bp 处也有类似的 CAAT 盒的序列。研究表明，Nos 和 Ocs 启动子也具有一定的损伤诱导和激素诱导活性，例如在 -123～-114 中存在 20 个碱基对的序列（TGACGTAAGCACATACGTCA）。它含有由六聚体基元组成的反向重复序列，中间由 8 个核苷酸隔开，六聚体基元序列可以与亮氨酸拉链蛋白因子（调节因子）相互作用，该序列是对诱导其活性所必需的。另外还发现 Nos 启动子的强度依组织部位及器官位置不同而变化，在老组织内通常比新生组织中强，在生殖器官内随发育状态的不同也有所不同。值得注意的是 Nos 启动子在禾本科植物中几乎没有启动表达能力或表达能力很弱。由此可见，启动子的分类不是绝对的，在某种意义上取决于研究方式。

2. CaMV 35S 启动子 CaMV 35S 启动子来自花椰菜花叶病毒（CaMV），由于启动 CaMV 基因组的一小段重叠序列转录产物的沉降系数为 35S，故将编码该转录产物的启动子称为 35S 启动子（p35S）。相似地，将编码 19S 转录产物的基因Ⅵ启动子称为 19S 启动子（p19S）。35S 启动子起始于 CaMV 35S RNA 转录起始位点$-941\sim+208$ 的 Bgl Ⅱ片段，位于 CaMV DNA 中的$-46\sim-105$ 区段存在增强子序列，该启动子包括 TATA 盒、CAAT 盒、倒转重复序列和增强子核心序列 4 个部分。增强子核心序列与动物的增强子相同，即 GTGG/TTTG。但动物系统中的增强子是组织特异性表达，而 35S 启动子是非特异性表达，不过研究发现它启动基因表达的强弱具有组织特异性。35S 启动子可以划分为两个区域：$-90\sim+8$ 为 A 区域，主要负责在胚根及根组织内表达；B 区域（$-343\sim-90$）主要控制胚的子叶、成熟植株的叶组织及维管组织内表达。在 B 区域内的增强子序列可以提高表达水平，如果 35S 启动子中存在两个 B 区将能使 35S 启动子的活性提高 10 倍，并对异源启动子也有作用。值得注意的是对某些启动子，B 区起到一个表达的阻遏因子作用。35S 启动子-75 处含有一个 TGACGT 核苷酸的重复的基元结构，如果这一序列突变将引起转录因子与其结合力下降，导致启动子表达能力减弱。

关于上述启动子的表达强度已有许多研究，35S 启动子比 Nos 启动子的转录水平高 30 倍，但是这种差异也受植物种类、受体细胞的生理特性等影响，例如 CaMV 35S 启动子在禾本科植物细胞内的表达强度仅为双子叶植物中的 1‰~10‰。即使同一启动子、同一种植物，受体细胞的生理状态不同表达能力也有明显差异。因此在植物基因工程中要根据不同的目的选择所需的启动子，以适合表达的要求。

有研究发现，CaMV 35S 启动子加上来自紫花苜蓿花叶病毒（AMV）的一段 44 bp 的引导序列，可使其表达强度增加 5 倍。44 bp 序列是翻译增强序列，如果把加倍的 CaMV 35S 启动子与 AMV 引导序列结合构成一个复合串联启动子，则比未修饰的 CaMV 35S 启动子表达强度增加 20 倍。

（二）组织特异性启动子

组织特异性启动子（tissue-specific promoter）也称为器官特异性启动子（organ-specific promoter）。在这些启动子调控下，基因的表达往往只发生在某些特定的器官或组织部位，并常常表现出发育调节（developmental regulation）的特性。组织特异性启动子除具有一般的结构外，还有增强子（enhancer）和沉默子（silencer）的一般特性。这种特异性通常以特定的组织细胞结构和化学物理信号为存在的基础。因此，这类转录调控序列与诱导型启动子有一定的共同点。

一个典型的组织特异性启动子是马铃薯块茎蛋白基因的启动子。该蛋白是由多基因家族编码，并通常只在块茎中表达，有时也在茎秆和根系中表达，但不会在叶片中表达。研究表明，该基因家族中有些基因的 5′端上游区段调控序列与马铃薯块茎蛋白的组织特异性表达有关。其他一些植物组织特异性启动子有小麦胚乳特异表达的 ADP-葡萄糖焦磷酸化酶（ADP-glucose pyrophosphorylase）基因启动子、番茄果实成熟特异性表达的多半乳糖醛酸酶（polygalacturonase）基因启动子、花粉特异性表达基因（$lat52$）启动子和木质部特异性表达的苯丙氨酸脂肪酶基因（pal）启动子等。

组织特异性启动子为开展植物基因工程带来了便利条件，例如马铃薯叶、茎特异性表达的 $st-lsi$ 基因的 5′端上游序列与马铃薯块茎蛋白的结构基因及其 3′末端融合形成嵌合基因，可在转化烟草的叶、茎内特异性地表达，而马铃薯块茎蛋白通常只能在天然宿主的块茎中表达。另一个例子是使用从烟草中分离出的花粉绒毡层细胞特异性表达基因启动子 TA29，将其与 RNase 结构基因构成嵌合基因，在转化植物中 RNase 基因可在绒毡层细胞内特异性地大量表达，从而降解子细胞内的 RNA，抑制了绒毡层的形成，并引起花粉败育，最终导致雄性不育。

组织特异性启动子的调控往往受到组织细胞生理状态和化学物质等的诱导，还受到发育阶段的调控。组织特异性表达是多种因子相互作用的结果。一个有趣的例子是大麦 α 淀粉酶（α-amylase）组分Ⅰ基因（amy），通常 amy 在发芽大麦的糊粉层内表达，植物激素赤霉素（GA_3）可以增加其表达，脱落酸（abscisic acid，ABA）可以抵消 GA_3 的作用。把这一基因的启动子与 Npt-Ⅱ基因相连接，用以转化不同来源的原生质体。结果表明：基因 $Npt-II$ 可以在糊粉层来源的原生质体内低水平表达，GA_3 可以使表达水平提高 10 倍，ABA 可以抵消 GA_3 作用。有意思的是盾片来源的原生质体只能低水平表达 $Npt-II$，而且不受上述激素影响，在叶肉细胞原生质体中则根本不表达。对照实验使用 CaMV 35S 启动子，其在 3 种不同来源的原生质体中均可高效表达，而且根本不受激素影响。上述结果充分证明，amy 启动子不但具有激素诱导活性，而且也具有组织特异性。

（三）诱导型启动子

诱导型启动子（inducible promoter）就是在某些特定的物理或化学信号的刺激下，可以大幅度地提高基因的转录水平。该类型启动子的共同特点如下：①启动子的活化受到物理或化学信号的诱导；②启动子的分子结构都具有增强子、沉默子或类似功能的序列结构；③感受特异性诱导的序列都有明显的专一性。该类型的启动子一部分同时具有组织特异性表达的特点。该类型的启动子常以诱导信号命名，可分为光诱导启动子、热诱导启动子、创伤诱导启动子、真菌诱导启动子和共生细菌诱导启动子等。

1. 光诱导启动子　大量实验证明光对基因的转录过程和转录后加工过程都有调节作用，其中许多转录调控是通过光诱导启动子来实现的。目前研究得较为清楚的是两个光合基因：核酮糖二磷酸羧化酶小亚基因和叶绿素 a/b 结合蛋白基因。这两个基因均由核基因编码，并在胞浆内合成含有信号肽的前体蛋白，最终输入叶绿体内发挥生物学功能。它们的光调节序列均位于转录起始位点上游几百个核苷酸的一段区域，即光诱导启动子。

2. 热诱导启动子　对动植物热激基因的结构分析表明，这些基因的 $5'$ 区段含有一段保守的热激序列称为热激元件（HSE），也称为热休克因子序列。HSE 含有热诱导基因表达的调控序列。迄今已分析过的热激基因中，大多数都包含类似 HSE，并且是多拷贝的，其中有几个 HSE 常以 4 个核苷酸相互重叠。例如大豆 $Gmhsp\ 17.3-B$ 基因的 $-181\sim-154$ 这段序列对转录的热诱导是必需的，这段序列包括第一个双重叠的 HSE（靠近 TATA 盒）；在 $-298\sim-181$ 中的其他 HSE 似乎对转录起调节作用；在 $-439\sim-298$ 中没有 HSE，但有一段类似增强子功能的序列，可使 mRNA 转录水平提高 10 倍。

此外，研究表明，来自果蝇 $hsp70S$ 基因的 HSE 同样是适用于植物的理想热诱导启动子。将它与 $Npt-II$ 连接，构成嵌合基因，转入烟草后在转化愈伤组织、根、茎和叶中表现出热诱导表达，但不能在花粉中表达。这一个结果说明烟草的热休克因子可以很好地识别果蝇 HSE 的调控序列。

3. 损伤诱导启动子　损伤会引发植物的一系列生理生化变化，即一些基因的表达发生变化。已经鉴定了一些由机械损伤诱导产生的 mRNA 及相关的蛋白质。研究发现植物损伤后会产生一些小分子物质和多糖成分，它作为损伤信号诱导蛋白酶抑制剂基因的表达，这种表达不仅出现在损伤部位，也出现在整个植株。蛋白酶抑制剂能够抑制外源蛋白酶的作用，从而抵抗昆虫和其他病原体对植物的再度攻击。

二、选择标记和报告基因

作为选择标记或报告基因都必须具备以下 4 个条件：①不存在于正常受体细胞中；②较小，可构成嵌合基因；③能在转化子中高效表达；④具有相应的有效选择剂，或容易检测，并能定量分析。

（一）选择标记

为了有效地选择转化细胞，载体具有与外源基因共同转化的选择标记基因是十分重要的。选择标记基因赋予了转化细胞具有抵抗选择压力的能力，在选择压力下未转化细胞不能生长、发育、分化，而转化细胞则能生长、发育、分化，从而将转化细胞选择出来。作为选择标记，必须符合 3 点：第一，其相应的选择剂最好能抑制未转化细胞的正常生长，但并不杀死细胞。在转化试验中，毒性较低的化合物比毒性高的化合物要好得多。因为一种化合物毒性太高，能迅速地杀死受体细胞，死细胞对邻近的活细胞往往有很强的抑制作用，即邻近细胞使转化细胞也会受到抑制。第二，选择剂对转化细胞生长和器官分化的影响不大。第三，最好有一种快速、简便的方法可以检测选择标记在转化细胞或植株中的表达。因为即使在选择压力下，也不是所有存活的细胞或再生植株都是转化了的，总会有一些逃避过选择。常用的选择标记大多数属于抗生素及除草剂等抗性标记。

1. 新霉素磷酸转移酶基因 新霉素磷酸转移酶基因（$Npt-II$）又称为氨基葡萄糖苷磷酸转移酶基因，是至今在植物遗传转化中运用最广泛的选择标记。基因 $Npt-II$ 表达可使转化细胞对氨基葡萄糖苷类抗生素（如卡那霉素、庆大霉素、G418等）产生抗性。基因 $Npt-II$ 最初是从细菌的转座子 Tn5 中分离得到，所编码的新霉素磷酸转移酶通过磷酸化使抗生素失活而发生作用。$Npt-II$ 对茄科植物的转化选择特别有效，对豆科植物和单子叶植物效果不佳。

2. 双氢叶酸脱氢酶基因 氨甲蝶呤钠是一种对植物细胞毒性极大的化合物，能强烈抑制双氢叶酸脱氢酶（DHFR）的活力。在一种该酶突变的鼠中，该酶与氨甲蝶呤钠的亲和性降低了260倍，将该酶基因与35S启动子拼接后转入植物，可使矮牵牛、烟草、油菜等多种植物产生抗性。不过，研究也已发现在矮牵牛的某些品种中，利用该基因作为标记基因的转化频率不如使用基因 $Npt-II$，这可能与氨甲蝶呤毒性太强有关。

3. 潮霉素磷酸转移酶基因 潮霉素（hygromycin）是一种对大多数植物有毒性的抗生素。把从细菌中分离到的潮霉素磷酸转移酶（HPT）基因构建成能在植物细胞中表达的嵌合基因后导入植物，植物获得对潮霉素的抗性，因为该基因产物通过酶促磷酸化而使潮霉素失活。特别是在某些植物（如拟南芥）用卡那霉素不能进行有效筛选时，通过导入此基因后，再使用潮霉素作为选择剂筛选显得十分有用。在禾谷类作物上，其选择比 Kan^r 选择更有效。

4. 氯霉素乙酰转移酶基因 氯霉素乙酰转移酶（CAT）基因（cat）来自细菌转座子 Tn9，它编码的氯霉素乙酰转移酶催化氯霉素形成3-乙酰氯霉素、1-乙酰氯霉素和1,3-双乙酰氯霉素，而使抗生素失活。将基因 cat 构建成可在植物中表达的嵌合基因导入植物即可使转化细胞抗氯霉素。但在一些情况中，cat 作为选择标记并不理想，实验的重复性也很不好。虽然如此，因用 ^{14}C 标记的氯霉素试验可通过放射自显影或直接测定放射强度，即可知 cat 的表达活性，方法十分灵敏而简便，故 cat 也就成为一种常用的报告基因。然而，在芥属植物中发现有相当高的内源 CAT 活性，同时在油菜和芥菜中还存在一种 CAT 活性的抑制物，这使得测定油菜的转化细胞或转基因植株中的 CAT 活性十分困难。

5. 除草剂 PPT 乙酰转移酶基因 PPT（phosphinothricin）是一种谷氨酸结构类似物，为谷氨酰胺合成酶（glutamine synthetase，GS）的竞争性抑制剂。GS 是调节氮代谢的一种关键酶，当 GS 被抑制时，细胞中氨迅速累积，从而导致细胞中毒死亡。PPT 通过 PPT 乙酰转移酶作用使其乙酰化而失活。现已从 *Streptomyces hygroscopicus* 和 *Streptomyces viridochrogenes* 中分离到 PPT 乙酰转移酶基因（bar 或 pat）。将 PPT 乙酰转移酶基因构建成能在植物细胞中表达的嵌合基因后导入植物细胞，使其产生 PPT 抗性。作为选择剂，PPT 既可喷于整株上，也可加入培养基中。除了抗 PPT 除草剂基因作为基因工程中常用的选择标记外，还有许多其他抗除草剂基因作为选择标记，如抗草甘膦基因、抗溴苯腈基因、抗莠去津基因等。在禾谷类作物上，bar 选择比 Kan^r 选择更有效。

（二）报告基因

报告基因通常是指用于检测与其组装在一起的嵌合基因在导入细胞后是否表达的一种指示基因。理论上说，在有合适种类和浓度的选择剂存在时，存活的细胞或由之再生的植株均是转化了的，但在培养过程中有可能突变产生抗性变异体或产生生理抗性而逃脱选择；同时，转化植株通常是嵌合体，即混有未转化的细胞。因此,测定外源基因的表达,对于验证转化子便显得十分重要。但有的外源基因的表达很难检测,只有通过检测与其构建在一起的报告基因是否表达才可知外源基因是否表达。许多抗生素标记基因都可以作为报告基因,如上面提到的基因 $Npt-II$、cat 等。此外,常用的报告基因还有以下 3 种。

1. 冠瘿碱合成酶基因 冠瘿碱合成酶是位于 T-DNA 上的基因所编码的一类与冠瘿碱(如章鱼碱、胭脂碱、农杆碱等)合成有关的酶,由于大多数植物中并不存在这类酶,这类基因在农杆菌中也不表达(因为它们的启动子是真核型的),故通过鉴定冠瘿碱的存在可以确定外源基因的表达。许耀等(1987)对 Otten 等人的方法进行改良,使用纸电泳方法测定章鱼碱和胭脂碱更为简便有效。

2. β-葡糖苷酸酶基因 β-葡糖苷酸酶(GUS)基因(gus)是目前应用最广的报告基因之一。该基因从大肠杆菌中分离到,由 Jefferson 最先应用于植物细胞转化。通过组织化学染色法定位,可观察不同器官和组织中 GUS 活性,也可通过荧光分光光度计进行定量测定。两者的反应底物分别为 5-溴-4-氯-3-吲哚-β-葡糖苷酸酯(X-Gluc)和 4-甲基-伞形花酮-β-D-葡糖苷酸酯(4-MUG)。X-Gluc 使存在 GUS 活性的细胞染成蓝色,而 4-MUG 在 GUS 作用下形成 4-MU(4-甲基伞形花酮),后者在 365 nm、455 nm 光下激发荧光,这一方法相当灵敏方便。但是 Hu 等(1990)对包括被子植物和裸子植物在内的共 52 种植物的内源 GUS 活性进行了测定,发现对于所试的多种植物在营养生长阶段并没有 GUS 活性,但在大多数植物的果实、种皮、胚乳和胚中却都可以测到明显 GUS 活性。随着种子的萌发,GUS 的活性逐渐消失。因此在应用这一报告基因时,应排除假阳性存在的可能。另外,在一些植物(如烟草)中也可能存在干扰 GUS 活性测定的物质。

3. 荧光素酶基因 目前用作报告基因的荧光素酶基因来之于细菌或萤火虫。在转基因植物、细胞或提取物中,荧光素酶在存在 Mg^{2+} 和 ATP 的条件下可氧化荧光素,在此过程中产生荧光,其强弱可用荧光计测定,在一定条件下也可在暗处直接进行观察鉴定。

(三)选择标记和报告基因的选用策略

每一种标记基因或报告基因都有其特性,对于不同植物应选用适当的标记基因或报告基因。在选用时要注意以下几个原则:①不同植物对选择剂的敏感程度差异极大。就某种选择剂,对有的植物选择有效,对有的植物选择无效。选择无效有两方面的原因,一是对选择剂具有较高的耐受性,二是造成植物组织上形成枯斑而坏死。②选择剂的有效作用因外植体或组织而异,例如分化水平、类型、大小都会影响选择效果。③植物是否有本底物形成。本底物会影响检测的可信度,也就是说,如果有本底物,检测结果不准确;如果没有,检测结果的可信度就高。

本章小结

基因工程载体是指基因工程中携带外源基因进入受体细胞的"运载工具",它的本质是 DNA 复制子。作为基因工程载体必须具备 3 个基本条件:①能在宿主细胞内进行独立和稳定的自我复制。②具有合适的限制性核酸内切酶位点。③具有合适的选择标记基因。使用最多的基因工程载体是质粒载体和噬菌体载体。

质粒载体就是天然质粒 DNA 或经过改造的质粒 DNA,主要有克隆质粒载体、表达质粒载体、穿梭质粒载体、转化质粒载体、多功能质粒载体等。常用的克隆质粒载体是 pBR322 及 pUC 系列。转化质粒载体来自于 Ti 和 Ri 质粒,用于植物的基因转移。与克隆质粒载体相比,表达质粒载体具有外源基因高效表达的一些调控元件,如强启动子、增强子、强终止子、SD 序列、加 poly(A)信号序列等。表达载体根据它的用途可分为过表达载体、抑制表达载体、定位整合表达载体、标签载体等。

噬菌体载体主要有 λ 噬菌体载体和 M13 噬菌体载体。它们的克隆容量大于质粒载体,用于基因文库的构建。插入型λ噬菌体载体的克隆容量小于取代型λ噬菌体载体，前者只能克隆10 kb以下的外源DNA片段，后者可克隆20 kb左右的外源DNA片段。M13噬菌体载体在基因工程中有特殊用途，即制备单链DNA。为了克服M13噬菌体载体存在的缺点，研究者设计并构建了一种集质粒载体和M13噬菌体载体的优点于一身的载体，即噬菌粒载体。

黏粒载体是一类含有λ噬菌体的 *cos* 序列的质粒载体，它的克隆容量较大，一般为35～45 kb，主要用于真核生物基因文库的构建。但上述载体的克隆容量有限，不能满足基因组计划的大片段DNA的克隆，因此构建了一系列的人工染色体。YAC的克隆容量为100～2 000 kb，BAC的克隆容量为300 kb，PAC的克隆容量为100～300 kb，MAC的克隆容量大于1 000 kb。

利用植物病毒构建了病毒转化载体，但转移的外源基因不能整合到植物基因组上，以游离拷贝的形式存在。动物基因工程载体主要来自动物病毒，用于基因高效表达和基因治疗的研究。相对于植物病毒转化载体来说，动物病毒载体大多数都能将外源基因整合到宿主基因组上，随宿主染色体复制而遗传给后代，主要有SV40病毒载体、逆转录病毒载体、慢病毒载体、杆状病毒载体、痘苗病毒载体、腺病毒载体、乳头状瘤病毒载体、单纯疱疹病毒载体等。

思 考 题

1. 解释下列名词

基因工程载体　MCS　α筛选　Spi⁻表型　*cos*位点　黏粒克隆　取代型λ噬菌体载体　双元载体系统　穿梭载体　松弛型质粒　标签载体　RNA干扰载体　T载体。

2. 构建质粒载体的基本原则是什么？在构建质粒载体中主要做了哪些工作？
3. 构建λ噬菌体载体的主要内容是什么？
4. M13噬菌体载体的主要用途是什么？
5. 黏粒载体具有哪些优缺点？怎样克服其缺点？
6. 怎样构建一个植物表达载体表达原核基因？
7. 作为植物表达载体的选择标记，其相应的选择剂应具备什么样的条件？
8. 为什么说逆转录病毒载体是一种高效的基因转移载体？

第三章 核酸分子基本操作技术

第一节 DNA 基本操作技术

DNA 是遗传信息的载体,是最重要的生物信息分子,因此,DNA 的提取是分子生物学实验技术中最重要、最基本的操作技术之一。根据操作对象的不同,可以分为多种,在此主要就 DNA 的提取、电泳、杂交等进行阐述。

一、基因组 DNA 提取技术

(一) 基因组 DNA 的提取原则

众所周知,DNA 样品质量的好坏将直接关系到后续实验的成败,因此,基因组 DNA 提取的根本要求就是通过一定方法获得相当纯度和相对完整的基因组 DNA。理想的 DNA 样品纯度要求应达到以下 3 点:①不应存在对酶有抑制作用的有机溶剂和过高浓度的金属离子;②最大限度地降低蛋白质、多糖和脂类分子的污染;③排除 RNA 分子的污染与干扰。基因组 DNA 的完整性就是尽可能地保证核酸一级结构的完整性。通常以酚抽提法获得 100~200 kb 的基因组 DNA 片段,可用于 DNA 酶切图谱、多态性分析、基因诊断、构建基因组文库等,下面主要以该法为例进行说明。

(二) 基因组 DNA 提取的原理与方法

DNA 与组蛋白构成核小体,核小体缠绕成中空的螺旋管状结构,即染色质丝,染色质丝再与许多非组蛋白形成染色体,而染色体存在于细胞核中,外有核膜和胞膜等。从组织中提取 DNA 必须先将组织消化或剪切分散成单个细胞,然后用蛋白酶 K、十二烷基磺酸钠(SDS)或十六烷基三甲基溴化铵(CATB)等试剂破碎核膜、胞膜等,蛋白质变性并降解成小肽或氨基酸;DNA 从核蛋白中游离,与蛋白质分开,同时 RNase 降解污染的 RNA,利用饱和酚、氯仿抽提使蛋白质与 DNA 脱离,在高盐存在下用乙醇沉淀收集 DNA,最后得到欲提取的 DNA。如获得的 DNA 样品达不到纯度要求,则需要再进行纯化。

1. 样品预处理 从各种不同来源样品(如细菌、酵母、血液、动物组织、植物组织和培养细胞)或同一来源样品的不同形式(如新鲜、冷冻血液,血凝块和干血迹等)中提取高纯度的基因组 DNA,因细胞结构及所含成分不同,样品预处理的方式也各有差异。同时应注意使用的样品最好是新鲜的或取样后立即在低温(-20 ℃或-70 ℃)冷冻保存的样品,并且避免反复冻融,否则会导致提取的 DNA 片段较小且提取量下降。以下着重介绍常规组织样品、培养细胞样品和血液样品预处理的基本方法。

(1) 组织样品 在许多研究中,需要直接从新鲜或冻存的组织(如肝脏、肺脏、脑、上皮组织等)中提取基因组 DNA。在提取前一般需要确定需要处理的组织最大量,以免造成组织破碎不彻底及 DNA 的纯度和产量下降。图 3-1 显示了动物样品处理量与 DNA 产量之间的关系。

一些组织难于破碎,用一般匀浆方法捣碎组织容易引起 DNA 断

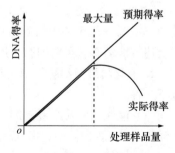

图 3-1 动物样品处理量与 DNA 产量的关系

裂，而且时间比较长，在此期间 DNA 可能会被 DNase 降解，因此用一般方法难以从该类组织中制备高分子质量的基因组 DNA。常规的组织样品处理的方式和注意事项如下：

① 分散组织。对于刚刚离体的新鲜组织，取适量用剪刀剪切成小块，移入预冷的研钵或匀浆器中，快速、用力研磨或匀浆；对于不能立刻提取 DNA 的组织样品，应置于液氮或 −70 ℃ 冰箱中保存并避免反复冻融。取出冻存样品，放入预冷的研钵或匀浆器中，加入少许液氮，快速研磨成粉末状。

某些组织样品（如富含 DNase 的胰脏、脾脏、胸腺、淋巴等组织，富含胶原蛋白的皮肤、肌腱等组织，富含角质蛋白或坚硬的骨骼等组织）因匀浆比较困难或匀浆过程中 DNA 容易降解，因此，无论是新鲜组织还是冷冻保存的样品，都应按照冻存组织样品的处理方式进行。

② 将组织样品转至 1.5 mL 离心管中，加入适量 DNA 提取液 [内含 10 mmol/L Tris‐HCl（pH 8.0）、0.1 mol/L EDTA（pH 8.0）、20 μg/mL 胰 RNase、0.5% SDS]，摇动混匀，置 37 ℃ 水浴温育 1 h。

对于石蜡包埋的组织用切片机切成 3～5 μm 厚的薄片，最多取 300 mg 组织放入 1.5 mL 离心管中。加 1 mL 二甲苯脱蜡，涡旋混匀，8 000×g 离心 5 min，弃上清，重复 1 次；加入 1 mL 无水乙醇洗沉淀，涡旋混匀，8 000×g 离心 5 min，弃上清，重复 1 次；晾干沉淀，用 DNA 提取液悬浮沉淀，每毫克组织加 1 mL，移入 50 mL 离心管中，37 ℃ 水浴温育 1 h。

(2) 培养细胞样品　培养细胞应尽可能新鲜收集即行抽提 DNA，不能及时提取基因组 DNA 时，必须将细胞存放于液氮或 −80 ℃ 中。

① 贴壁培养细胞。弃生长液，用预冷的磷酸盐缓冲液（PBS）漂洗 3 次，尽量去除残留于瓶内的 PBS。按 5×10^6 个细胞加 1 mL DNA 提取液，直接加到培养瓶内，晃动至液体变黏稠。将其移入 50 mL 离心管中，37 ℃ 水浴温育 1 h。

② 悬浮培养细胞。以 1 500×g、4 ℃ 离心 10 min，收集细胞，弃细胞培养液。用预冷的 PBS 重新混悬细胞，同上离心洗涤 2 次。按 5×10^6 个细胞加 1 mL DNA 提取液，悬浮细胞，37 ℃ 水浴温育 1 h。

(3) 血液样品　血液样品应为新鲜血液或将新鲜血液中加入 1/7 体积的 ACD（酸性的柠檬酸葡萄糖）抗凝剂抗凝后置 0 ℃ 下短期存放或 −80 ℃ 下长期保存待用。

① 新鲜血液。将 10 mL 血液 1 300×g 离心 15 min，弃上清血浆。小心吸取淡黄色下层，移至 50 mL 离心管中。重复离心 1 次，弃上层血浆相。用 7 mL DNA 提取液悬浮细胞，37 ℃ 水浴温育 1 h。

② 冻贮血液。将 10 mL ACD 抗凝剂抗凝冻贮血液于室温解冻后移入 50 mL 离心管中，加入等体积的 PBS，混匀，3 500×g 离心 15 min，弃含裂解红细胞的上清。重复 1 次，用 7 mL DNA 提取液混悬白细胞沉淀，37 ℃ 水浴温育 1 h。

③ 新鲜血液淋巴细胞分离法。抗凝血（即加入抗凝剂的血液）1～2 mL，用 1～2 倍的生理盐水或 PBS 稀释，混匀。在离心管中加入 1 倍体积的淋巴细胞分离液，上面仔细铺一层 2 倍体积已稀释的血液，室温下 1 000×g 离心 15～20 min，弃上清，小心吸出中间有核细胞层，转入 1.5 mL 离心管中。用生理盐水或 PBS 洗涤 1 次，用 1 mL DNA 提取液混悬白细胞沉淀，37 ℃ 水浴温育 1 h。

④ 低渗溶血法。抗凝血 1 mL 室温下 1 000×g 离心 10 min，弃去上清。加入 5 倍体积蒸馏水，混匀，室温下置 5～10 min。3 000×g 离心 20 min，弃上清。用等体积生理盐水洗涤白细胞沉淀，再按上述方法离心获得白细胞，用 1 mL DNA 提取液混悬白细胞沉淀，37 ℃ 水浴温育 1 h。

2. 消化与裂解细胞　消化与裂解过程应根据实验样品的不同来源选用合适的方法，主要方法有以下 3 种。

(1) 酶法　酶法主要是利用蛋白酶 K 来消化与裂解细胞。其一般过程为：上述各种来源的细胞悬浮于 DNA 提取液中，37 ℃ 水浴保温 1 h 后，加入蛋白酶 K 至终浓度为 100～200 μg/mL，上下转动混匀，液体变黏稠。50 ℃ 水浴保温 3 h 或 37 ℃ 水浴保温过夜（12～16 h），裂解细胞、消化蛋白。保温过程中，应不时上下转动几次，混匀反应液。

(2) CTAB法　CTAB法适用于植物组织、真菌等。CTAB是一种阳离子去污剂，可溶解细胞膜，并与核酸形成复合物。在高盐溶液（大于 0.7 mol/L NaCl）中是可溶的。当降低溶液盐浓度到一定程度（0.3 mol/L NaCl）时从溶液中沉淀，通过离心就可将CTAB与核酸的复合物同蛋白质、多糖、酚类等物质分开，然后将CTAB与核酸的复合物沉淀溶解于高盐溶液，再加入乙醇使核酸沉淀，而CTAB溶于乙醇。CTAB法的最大优点是能很好地去除糖类杂质，对于含糖较高的材料最为适宜。另一特点是在提取前期能同时得到高质量的 DNA 及 RNA。可以根据需要分别进行纯化，如只需要DNA，则可用 RNase 水解掉 RNA。

(3) SDS法　SDS法适用于血液、细胞、动物组织、细菌、酵母等。SDS是一种阴离子去污剂，高温（55～65 ℃）下可裂解细胞，使蛋白质变性，染色体离析，释放出核酸，然后采用提高盐浓度及降低温度的措施使蛋白质及多糖沉淀（通常是加入 5 mol/L 乙酸钾于冰上保温，在低温条件下乙酸钾与蛋白质及多糖结合成不溶物）。离心除去沉淀后，对上清液中的核酸进行反复抽提去除蛋白质，用乙醇沉淀水相中的核酸。SDS法操作简单、温和，也可提取到高分子质量的 DNA 和 RNA，但所得产物含糖类杂质较多。

3. DNA 分离纯化

(1) DNA 分离纯化的基本要求

① 核酸样品中不应存在对酶（如内切酶、DNA 聚合酶）有抑制作用的有机溶剂和过高浓度的金属离子。

② 其他生物大分子如蛋白质、多糖和脂类分子的污染应降低到最低程度。

③ 排除其他核酸分子的污染，如去除 RNA。

(2) 酚抽提法分离纯化 DNA 的一般步骤　将反应液冷却至室温后，加入等体积的饱和酚溶液，温和地上下转动离心管 5～10 min，直至水相与酚相混匀成乳状液。5 000×g 离心 15 min，小心吸取上层黏稠水相，移至另一离心管中。重复酚抽提 1 次，然后加入等体积的氯仿-异戊醇（24∶1，体积比），上下转动混匀，5 000×g 离心 15 min，小心吸取上层黏稠水相，移至另一离心管中。加入等体积的氯仿-异戊醇（24∶1，体积比），重复上一步。

(3) DNA 分离纯化的注意事项

① 尽量简化操作步骤，缩短提取过程，以减少各种有害因素对核酸的破坏。

② 减少化学物质对 DNA 的降解，为避免过酸、过碱对 DNA 双链中磷酸二酯键的破坏，操作多在 pH 为 4.0～10.0 的条件下进行。

③ 防止基因组 DNA 的生物降解。细胞内源或外来的各种核酸酶消化 DNA 双链中的磷酸二酯键，直接破坏核酸的一级结构。其中 DNase 需要金属二价阳离子 Mg^{2+}、Ca^{2+} 的激活，因此使用金属离子螯合剂，如 EDTA 或柠檬酸盐等基本上可以抑制 DNase 的活性。

④ 减少物理因素对 DNA 的降解。应着重注意剧烈振荡、搅拌、反复冻融、高温及细胞所处环境的瞬间变换等。

4. DNA 沉淀　加入 1/5 体积的 3 mol/L 乙酸钠（NaAc）及 2 倍体积的预冷的无水乙醇，室温下慢慢摇动离心管，即有乳白色云絮状 DNA 出现。用牙签或玻璃棒小心挑取云絮状的 DNA，转入新的 1.5 mL 离心管中，加 70% 乙醇 1 mL，5 000×g 离心 5 min 洗涤 DNA，弃上清，去除残留的盐。必要时重复 1 次。室温下残留的痕量乙醇尽量挥发干净，但不要让 DNA 完全干燥。按 $5×10^7$ 个细胞 DNA 提取物加 TE 缓冲液 1 mL 溶解 DNA。溶解过程通常需要 12～24 h。

5. DNA 定量与检测　对提取的 DNA 质量进行判定是后续工作顺利进行的重要前提，其判断内容往往包括 DNA 片段的分子质量、浓度和纯度等。

对分子质量的分析通常用琼脂糖凝胶电泳分析 DNA 片段的分子质量。通常以溴酚蓝为示踪染料，溴化乙锭染色，紫外灯下观察和拍照，根据已知分子质量的 DNA 标准可判断所得 DNA 的平均分子质量。高质量的基因组 DNA 在凝胶电泳上应显示为单一条带，如有 DNA 降解则表现为弥散条带。

对于DNA浓度和纯度的检测常用紫外分光光度法。此法不仅适用于DNA检测，同样也常用于RNA检测。核酸在波长260 nm处有最大的吸收峰，此处的吸光度值为1相当于50 μg/mL双链DNA；蛋白质的最大吸收峰在280 nm处；盐和小分子在230 nm处。因此，在260 nm处的读数可用于计算待测核酸的浓度。当用水稀释进行测定时（1 cm光径、1 mL体积的比色杯中加待测核酸溶液20 μL，再加蒸馏水稀释至400 μL，稀释20倍），以蒸馏水作空白对照，在紫外分光光度计上读取260 nm和280 nm处的吸光度（分别以OD_{260}、OD_{280}表示）值。按下面公式计算浓度：

$$待测核酸溶液浓度（μg/mL）= 50\ μg/mL \times OD_{260} \times 稀释倍数$$

一般用OD_{260}/OD_{280}的值检测DNA样品的纯度。OD_{260}/OD_{280}值为1.7~2.0，说明DNA纯度较好；若值小于1.7可能有蛋白质污染；值大于2.0，一般认为存在RNA污染或DNA降解现象。在此需要注意的是：由于pH和离子会影响吸光度值，如用TE缓冲液稀释，OD_{260}/OD_{280}值会偏高。对达不到质量要求的DNA样品需要再进行分离纯化，以保证后续实验得到理想的结果。

6. DNA保存　DNA为两性解离分子，在碱性条件下较稳定，因此一般用TE缓冲液（pH 8.0）保存。同时，因为无离子纯净水（ddH_2O）的正常pH值为7.0，呈中性，所以ddH_2O亦可作为DNA的贮存溶液，但实验室制备的ddH_2O呈酸性的居多，长时间保存的DNA易发生降解。

为了避免DNA降解，提取的DNA应进行分装，并置于−20 ℃或−70 ℃低温冰箱中保存。尽管−70 ℃下DNA可保存5年以上，但反复冻融会缩短DNA的保存时间。

（三）基因组DNA提取的注意事项与常见问题

1. 基因组DNA获得量　样品材料老化或反复冻融均有可能导致DNA含量下降，因此应选择新鲜的材料样品，如新鲜血液、新鲜菌液、刚离体的动物组织或细嫩的植物组织等，不能即时处理的样品应立即放入液氮或−70 ℃低温保存；样品量过大、破壁或裂解不完全会导致DNA释放不完全，所以动、植物等材料的预处理对DNA获得量有重要影响。另外，DNA沉淀过程不充分往往也是DNA获得量较少的原因之一。

2. 抗凝剂与淋巴细胞分离液的选择　血液用ACD抗凝剂抗凝，比用其他抗凝剂能更好地保存大分子DNA。提取血液样本中的DNA时，如果采用淋巴细胞分离液先分离白细胞，再提取基因组DNA，最后获得的DNA的纯度要高得多。

3. 分散细胞与蛋白酶K活性　对于组织细胞的分散，也可以用匀浆、超声等方法，会对大分子DNA有剪切作用。将分散好的组织细胞粉末加入DNA提取液时，应缓慢、少量逐渐加入，这样可以最大限度地减少因DNA成团而引起的问题。不同批次的蛋白酶K的活性有差异，因此正式实验前应先作预实验，明确其活性大小。

4. 乙醇残留与DNA溶解　有机溶剂乙醇可严重抑制内切酶、DNA聚合酶的活性，而在DNA沉淀与洗涤过程中均涉及乙醇，因此充分去除残留的乙醇是十分必要的。70%乙醇洗涤DNA后晾干时，注意不要让DNA沉淀完全干燥，否则极难溶解。加TE缓冲液后，应置摇床平台或摇摆平台上，缓慢摇动直至DNA完全溶解，通常需要12~24 h。

5. DNA制品的纯度　获得的DNA制品OD_{260}/OD_{280}低于1.7，表明有蛋白质污染。通常可再次进行酚、氯仿-异戊醇抽提去除蛋白质污染。Tris-HCl饱和酚的pH应接近8.0，过酸或过碱都会造成酚抽提离心后，水、酚两相的交界面不清楚，交界面（主要是蛋白质）有DNA滞留，进而转移水相时带动界面中的蛋白质。酚抽提离心后，转移上层水相时，应非常缓慢地将上层含DNA相转移，勿带动界面，避免将混有蛋白质的中间相带到上层水相。因为酚抽提过程中，要丢失一部分DNA。为减少DNA的丢失，在重复酚抽提时应加大TE缓冲液体积。若上相DNA溶液过于黏稠而不易转移，可以加入适量的TE缓冲液稀释，然后再用酚抽提。

DNA制品OD_{260}/OD_{280}大于2.0，一般认为存在RNA污染或DNA降解现象。造成RNA污染的原因可能是没有使用有效的RNase A或RNase A已经失活，而造成DNA制品降解可能是选取的材料不新鲜或经反复冻融，或操作过于剧烈而导致 DNA 被机械打断。提取过程每一步的混匀，动作不可剧烈，应缓慢地上下转动混匀，防止机械剪切力对大分子 DNA 的破坏而不能获得大分子的 DNA。未能有效抑制内源核酸酶作用也能造成 DNA 降解，因此器皿和试剂的无 DNase 化处理至关重要，一般通过高压、干烤等方法去除 DNase。

二、质粒 DNA 提取技术

质粒是一种染色体外的稳定遗传因子，大小为 1～200 kb，为双链、闭环的 DNA 分子，并以超螺旋状态存在于宿主细胞中。质粒主要存在于细菌、放线菌和真菌细胞中，它具有自主复制和转录能力，能在子代细胞中保持恒定的拷贝数，并表达所携带的遗传信息。

（一）质粒提取原理与流程

较常用的质粒提取方法有 3 种：碱裂解法、煮沸法和去污剂裂解法。前两种方法比较剧烈，适用于提取较小的质粒（<15 kb），第三种方法比较温和，一般用来分离大质粒（>15 kb）。

碱裂解法应用最为广泛，在此仅介绍该法的基本原理。染色体 DNA 比质粒 DNA 分子大得多，且染色体 DNA 为线性分子，而质粒 DNA 为共价闭环分子，当用碱处理 DNA 溶液时，线性染色体 DNA 容易发生变性，共价闭环的质粒 DNA 在回到中性时即恢复其天然构象。变性的染色体 DNA 片段与变性蛋白质和细胞碎片结合形成沉淀，而复性的超螺旋质粒 DNA 分子则以溶解状态存在液相中，离心去除沉淀后，就可从上清中回收质粒。碱裂解法的具体过程如图 3-2 所示。

（二）质粒的分离与纯化

将离心所得的含有质粒的上清液，经有机溶剂（如异丙醇等）沉淀可回收到质粒粗品，其中含有大量的蛋白质和 RNA 等，需经进一步纯化。纯化方法有聚乙二醇（PEG）沉淀法、氯化铯密度梯度离心法和酚抽提法等。聚乙二醇沉淀法操作简便，可有效地纯化碱裂解法获得的质粒，但缺点是不能有效地将带有切口的环状分子同闭环质粒分开。氯化铯密度梯度离心法既成本高又费时，需先利用溴化乙锭（EB）染料，再去除该染料等烦琐过程，考虑到安全因素，目前日趋少用。其基本原理是溴化乙锭能够插入双链 DNA 分子相邻的两个碱基之间，由于该染料的

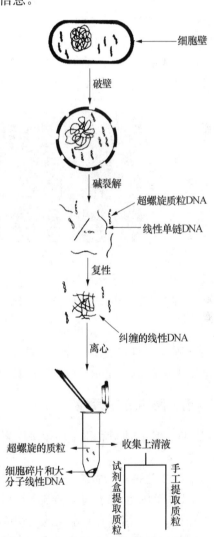

图 3-2 碱裂解法提取质粒 DNA 的过程

结合量在线性 DNA 分子、开环 DNA 分子及闭环 DNA 分子间有所差别，在氯化铯密度梯度中浮力密度有所不同，据此经过离心将质粒 DNA 分子与染色体 DNA 等分离开来。由于目前使用的质粒拷贝数很高，通常小量制备的质粒所获得的样品量足够满足大多数操作的需要。在小量制备中一般常用 RNase 去除 RNA 杂质，并用酚-氯仿提取 DNA 样品以除去蛋白质类杂质，亦可达到纯化质粒的目的。另外，市场上有不同纯度要求的质粒提取试剂盒可供选择，效果较好，费用也较为合理。

（三）质粒保存

质粒可以贮存在 TE 缓冲液中（用水溶解的质粒只能短期保存），4 ℃短期保存或 -20 ℃和 -70 ℃长期保存；亦可在含有质粒的细菌培养物中，加等体积 7% 二甲基亚砜（DMSO）置 -70 ℃ 保存。

（四）质粒鉴定与评价

1. 琼脂糖电泳检测 以琼脂糖电泳鉴定由碱裂解法提取的质粒，其理想状况只出现一条超螺旋链，但在质粒提取过程中，机械力、酸碱度、试剂等原因使质粒 DNA 链发生断裂，可能出现两条或三条带（图 3-3），其中不存在线性构型的质粒，因为质粒单酶切后经琼脂糖电泳检测，线性质粒 DNA 的位置与这三条带的位置不同。这三条带电泳迁移率从快到慢依次是超螺旋质粒、开环质粒和复制中间体（没有复制完全的两个质粒连在一起）。需注意的是有时候提取的质粒会出现 4 条或以上的条带，这是由于特殊的 DNA 序列导致了不同程度的超螺旋（超螺旋的圈数不同）。但是只要质粒经单酶切鉴定后，只有单一条带，就证明没有基因组的污染（图 3-4）。

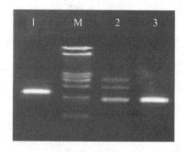

图 3-3 质粒琼脂糖电泳（0.8%）检测
M. marker 1. 质粒单酶切 2. 从下往上依次是超螺旋质粒、开环质粒、质粒复制中间体 3. 超螺旋质粒

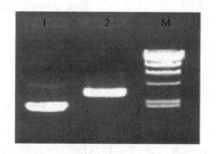

图 3-4 质粒酶切琼脂糖电泳（1%）
M. λDNA/HindⅢ marker 1. 质粒 pBS-T
2. EcoRⅠ消化的质粒 pBS-T

2. 酶切检测 质粒提取后，为了进一步鉴定质粒的正确与否，可以进行酶切鉴定。通过与 marker 对比，确定质粒的分子质量大小（图 3-4）。

3. 紫外检测 用紫外分光光度计检测质粒的纯度和浓度方法参见检测基因组 DNA 的相关内容。

（五）影响质粒提取的因素

提取的质粒质量和得率与很多因素有关，如宿主菌的种类和培养条件、细胞的裂解、质粒拷贝数、抗生素等。

1. 宿主菌种类 质粒主要存在于细菌、放线菌和真菌细胞中，多数情况下质粒从大肠杆菌中提取。大肠杆菌的菌株不同会影响质粒提取的质量。从宿主菌如 DH5α 和 TOP10 可以得到高质量的质粒。另外，有些菌株有非常高的内切酶活性，会降低质粒的得率。

2. 培养时间 从固体培养基平板上挑取一个单菌落，接种到培养物中，振荡培养 12～16 h。一般不应超过 16 h，因为这时细胞开始裂解，使得质粒的得率降低，也会导致质粒丢失或质粒变异。

3. 抗生素 无质粒的细胞在无抗生素时复制速度远大于含质粒的细胞。因此，为保证含质粒的细胞的复制速度，应在菌株生长的各阶段都加入抗生素筛选，这样有利于质粒的提取。

4. 质粒拷贝数 质粒拷贝数常用的定义是指生长在标准的培养基下每个细菌细胞中所含有的质粒 DNA 分子的数目。按照复制性质，质粒可分为两类：一类是严紧型质粒，其在宿主细胞内只有 1～3 个拷贝；另一类是松弛型质粒，细胞内一般有 20 个左右拷贝，有的甚至几百个。选择质粒拷贝数高的宿主细胞更有利于质粒的提取。表 3-1 列出了一些常用质粒的拷贝数。

表 3-1 部分常用质粒的大致拷贝数

质粒种类	拷贝数	复制起始位点	类型
pUC18/pUC19 载体	500～700	pMB1	高拷贝
pBluescript 载体	300～500	ColE1	高拷贝
pGM-T 载体	300～400	pMB1	高拷贝
pTZ 载体	>1 000	pMB1	低拷贝
pBR322 载体	15～20	pMB1	低拷贝
pACYC 及其衍生载体	10～122	p15A	低拷贝
pSC101 及其衍生载体	5	pSC101	低拷贝

5. 质粒扩增 对于松弛型质粒，可在细菌对数生长后期加入氯霉素。扩增质粒数小时，氯霉素能够抑制宿主蛋白质和染色体的复制，但质粒复制所用的酶半衰期较长，故质粒仍可继续复制，这样既可增加质粒产量，又可降低细胞的数量，使细菌裂解液的黏度降低而便于操作。扩增质粒的氯霉素浓度一般为 170 $\mu g/mL$，但有报道表明，用不能完全抑制自主蛋白质合成的氯霉素（浓度 10～20 $\mu g/mL$）处理细菌，可增加 pBR322 和 pBR327 的产量。含有大分子质量质粒的一些细菌中，经氯霉素处理后，质粒的含量仍然很低，需要用其他方法处理和培养细菌，如用 TB 培养基可使大分子质量质粒的产量提高 4～6 倍。对于含氯霉素抗性基因的质粒扩增，需要用大观霉素代替氯霉素扩增质粒。

6. 菌液收集及裂解 细菌收集可以通过离心来进行，不同的质粒拷贝数，菌液量的需求不同，对于低拷贝质粒，要相应增加菌液的量。菌液是在碱性环境下裂解的，由于不同的宿主细胞壁厚薄的差异，细胞的破壁程度不同。对于细胞壁较厚的宿主，首先要进行破壁处理。对革兰氏阴性菌不用特殊处理，碱裂解时就能有效破壁；对革兰氏阳性菌需要用溶菌酶处理。

菌液收集、重悬浮以及宿主细胞破壁后，细胞在含有 RNase A 的 NaOH-SDS 中裂解。SDS 溶解细胞膜的磷脂和蛋白质成分，使细胞的内容物如染色体、质粒和蛋白质在碱性环境下变性。最佳的裂解时间是质粒最大量释放而没有释放染色体 DNA 时，尽量缩短质粒暴露在变性环境中的时间。变性的质粒在琼脂糖凝胶上跑的较快，而且不能被限制性核酸内切酶消化。

三、凝胶电泳技术

带电物质在电场中向相反电极方向移动的现象称为电泳。各种生物大分子在一定 pH 条件下，可以解离成带电荷的离子，在电场作用下会向相反的电极移动。DNA 凝胶电泳技术是 DNA 分型、DNA 核苷酸序列分析、限制性核酸内切酶酶切分析以及限制性核酸内切酶酶切作图等的技术基础，也是分析核酸与蛋白质相互作用的重要手段。

在生理条件下，核酸分子的糖-磷酸骨架中的磷酸基团呈离子化状态。DNA 和 RNA 的多核苷酸链称为多聚阴离子。当核酸分子放在电场中时，它们就会向正极方向迁移。在一定的电场强度下，核酸分子的这种迁移速率取决于核酸分子本身的大小和构型。在核酸分子构型一样时，分子质量较小的核酸分子比分子质量较大的同类核酸分子迁移速率快；在核酸分子大小一样时，具有较紧密的超螺旋构型的 DNA 分子电泳速度比同等分子质量的松散型的开环核酸分子或线性核酸分子要快些。这就是应用凝胶电泳技术分离核酸片段的基本原理。

电泳技术根据不同的划分标准，分类有所不同。以有无支持物及支持物名称的划分如图 3-5 所示；以电压的高低又分为高、低压电泳；以支持物形状又可分为薄层电泳、平板电泳、柱电泳和圆盘柱状电泳等，平板电泳又可以分为水平平板电泳和垂直平板电泳。下面对琼脂糖凝胶和聚丙烯酰胺凝胶电泳重点介绍。

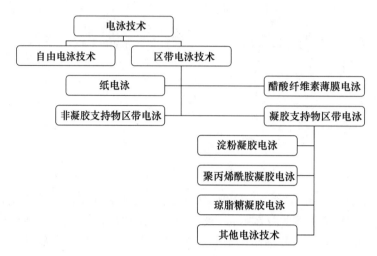

图3-5　以有无支持物及支持物名称对电泳的分类

（一）琼脂糖凝胶电泳技术

1. 实验原理　各种生物大分子在一定的pH值条件下，可以解离成带电荷的离子，在电场中向相反电极方向移动。琼脂糖在所需缓冲液中熔化成清澈、透明的溶液，将熔化液倒入胶模中，令其固化后，琼脂糖形成一种固体基质，其密度取决于琼脂糖的浓度。接通电场后，带负电荷的DNA分子由负极向正极迁移，迁移速率受多种因素影响。线性DNA分子在电场中的迁移率与相对分子质量的对数值成反比，分子越大，摩擦阻力越大，越难在凝胶孔隙中穿行，因而迁移得越慢。据此，DNA分子可以在凝胶中获得有效分离并测得其分子质量大小。

凝胶电泳不仅可以分离不同分子质量的DNA，也可以鉴别分子质量相同但构型不同的DNA分子。在抽提质粒DNA分子中，由于各种因素影响，质粒DNA分子存在共价闭环（Ⅰ型）、开环（Ⅱ型）和线性（Ⅲ型）3种构型，其迁移速率依次变小。不过有时也出现相反的情况。Ⅰ型共价闭环质粒DNA常态下为负超螺旋，当溴化乙锭嵌合在DNA碱基对之间时，Ⅰ型DNA负超螺旋逐渐解开，其分子半径增加，迁移速率下降，当溴化乙锭浓度达到临界浓度时，不再有超螺旋，Ⅰ型DNA迁移速率达到最小值；当溴化乙锭浓度继续增加时，形成正超螺旋，DNA分子迁移速率迅速增加。由于电荷的中和，也由于溴化乙锭赋予DNA较大的刚性，Ⅱ型和Ⅲ型DNA迁移速率有不同程度的降低。

提取的质粒DNA样品中，如还有染色体DNA、RNA或蛋白质，在琼脂糖凝胶电泳中也可以观察到。如蛋白质与DNA结合，在加样孔内产生荧光亮点；提取的质粒DNA如有RNA未被处理完全，在DNA条带前方有云雾状的亮带，由此可分析样品的纯度。荧光染料溴化乙锭（EB）是核酸的染色剂，它与DNA形成荧光络合物，用低浓度的溴化乙锭（0.5 μg/mL）对凝胶进行染色，可确定DNA在凝胶中的位置。而发射的荧光强度与DNA的含量成正比，如将已知浓度的标准样品作电泳对照，就可估计出待测样品中DNA的浓度。

2. 实验方法

（1）组装制胶模　选择合适的水平式电泳槽，组装成密封的制胶模。

（2）制备琼脂糖凝胶　参照表3-2的有效分离范围，确定所配胶浓度，计算并称取琼脂糖，加入电泳缓冲液，加热溶解。待冷至50 ℃左右时，加入染色剂，摇匀后倒入制胶模，迅速插入梳子。凝胶完全凝固后，将其放入电泳槽中，加入电泳缓冲液至高出胶面1 mm，移去梳子。

(3) 加样　将 DNA 样品和加样缓冲液混合均匀后，用移液器加至加样孔。同时，加入 DNA 分子质量标准作对照。

(4) 电泳及成像　电泳起始需先采用高压（80～100 V），待几分钟后调整电压至 1～5 V/cm（按两极间距离计算）继续电泳。电泳时间视具体样品而定，一般需要 30 min 以上。电泳结束后，利用凝胶成像系统成像并分析。

表 3-2　琼脂糖凝胶浓度与 DNA 分子的有效分离范围

琼脂糖凝胶浓度 （%，质量体积分数）	线性 DNA 分子的 有效分离范围/bp
0.3	5 000～60 000
0.6	1 000～20 000
0.7	800～10 000
0.9	500～7 000
1.2	400～6 000
1.5	200～3 000
2.0	100～2 000

3. 实验过程注意的主要问题

(1) 电泳装置　琼脂糖凝胶电泳槽大都采用水平式的，以便于操作及保持两电极间缓冲液不会产生较大差异。

(2) 凝胶浓度的选择　根据电泳对象 DNA 分子的大小，确定合理凝胶浓度，可参照表 3-2 进行选择。

(3) 加样缓冲液　加样缓冲液中的溴酚蓝在不同浓度的凝胶中迁移速率基本相同，二甲苯青在凝胶中迁移速率比溴酚蓝慢，以 0.5×TBE 作电泳缓冲液时，溴酚蓝的迁移速率约与 300 bp 双链 DNA 分子相同，而二甲苯青约与 4 kb 双链 DNA 分子相同。

(4) DNA 样品的上样量　DNA 样品的上样量主要决定于上样 DNA 质量，而后者取决于 DNA 样品的浓度和上样的体积。在样品浓度一定的前提下，DNA 样品上样量切忌太多，亦不可太少，要以成像明亮且轮廓清晰为准。

(5) 电泳条件

① 电泳缓冲液。常用的电泳缓冲液有 TAE、TBE 或 TPE 3 种。考虑到各自特性，推荐使用 TBE 缓冲液。缓冲液中常加入 EDTA，目的在于螯合二价阳离子，抑制 DNase 以保护 DNA。

② 电压。低电压时，线性 DNA 分子的迁移速率与电压成正比，但电场强度增加到一定程度，大分子质量的 DNA 片段的迁移速率就不再与电压成正比。要使大于 2 kb 的 DNA 片段的分辨率达到最大，一般凝胶电泳的电压不超过 5 V/cm。对于大分子质量真核生物基因组 DNA 分子的电泳常采用 0.5～1.0 V/cm 电泳过夜，以取得较好的分辨率和整齐的带型。

③ 电场方向。保持电场方向不变，50～100 kb 的 DNA 分子在琼脂糖凝胶上的迁移速率相同。但是，如果电场方向呈周期性改变，则 DNA 分子被迫改变路径。由于 DNA 分子越大，为适应新的电场方向而重新排列所需时间就越长，可以通过脉冲电场凝胶电泳来分辨极大的 DNA 分子（达到 10 000 kb）。

④ 电泳温度。温度对电泳的影响不太严格，但是琼脂糖凝胶浓度低于 0.5% 或低熔点琼脂糖凝胶较为脆弱，电泳宜在 4 ℃ 下进行。

(二) 聚丙烯酰胺凝胶电泳

常见的聚丙烯酰胺凝胶有两种：①用于分离和纯化双链 DNA 片段的非变性聚丙烯酰胺凝胶；②用于分离和纯化单链 DNA 片段的变性聚丙烯酰胺凝胶。本部分仅介绍非变性聚丙烯酰胺凝胶电泳法检测 DNA。

1. 实验原理　在催化剂 N, N, N', N'-四甲基乙二胺（TEMED）和过硫酸铵（AP）的诱发下，丙烯酰胺（Acr）单体聚合成长链，加入交联剂 N, N'-亚甲双基丙烯酰胺（Bis），链与链之间交联成凝胶。凝胶孔径大小由聚合链的长度及交联度决定。这种孔径与琼脂糖凝胶的不同，只有 DNA 的小片段（5～500 bp）能进入凝胶内。这种凝胶介质既具有分子筛效应，又具有静电效应，可根据电泳样品的电荷、分子大小及形状差别来分离样品 DNA，其分辨力高于琼脂糖凝胶电泳，理论上相差 1 bp 的 DNA 片段也能分开，所以它还适用于寡聚核苷酸的分离和 DNA 的序列分析。

表 3-3 列出不同浓度的非变性聚丙烯酰胺凝胶对 DNA 的有效分离范围以及溴酚蓝和二甲苯青两种指示剂在同样迁移速率时相当于双链 DNA 分子的大小。

表 3-3 非变性聚丙烯酰胺凝胶浓度对 DNA 分子的有效分离范围

聚丙烯酰胺凝胶浓度 （%，质量体积分数）	有效分离范围/bp	二甲苯青/bp	溴酚蓝/bp
3.5	1 000～2 000	460	100
5.0	80～500	260	65
8.0	60～400	160	45
12.0	40～200	70	20
15.0	25～150	60	15
20.0	6～100	45	12

2. 实验方法

（1）准备工作　包括玻璃板、间隔片的清洗及硅化玻璃板。

（2）制胶　主要包括制胶器的组装、胶液配制、灌胶、插梳子、聚合、固定凝胶板及填充电泳缓冲液等过程。可根据表 3-4 制备不同浓度的凝胶，每 100 mL 胶液中加 35 μL TEMED 混匀。

表 3-4 制备不同浓度聚丙烯酰胺凝胶所用试剂的体积

试　剂	凝胶浓度				
	3.5%	5.0%	8.0%	12.0%	20.0%
30%丙烯酰胺胶液/mL	11.6	16.6	26.6	40.0	66.6
水/mL	67.7	62.7	52.7	39.3	12.7
5×TBE/mL	20.0	20.0	20.0	20.0	20.0
10%过硫酸铵/mL	0.7	0.7	0.7	0.7	0.7

（3）加样　样品与加样缓冲液混合均匀后，用微量注射器加样，加样时速度要快。

（4）电泳　一般在 1～8 V/cm 的电压下进行电泳，待指示剂迁移到合适的位置，停止电泳。

（5）取胶、染色及成像分析　卸下玻璃板，放在操作台上，撬开并移走上面的玻璃板，取下凝胶，放入染色液中。染色结束后，可成像分析。

3. 实验过程注意的主要问题

（1）间隔片的厚度　间隔片的厚度通常介于 0.5～2.0 mm，根据实验需要选择合适厚度的间隔片。凝胶越厚，电泳时产生的热量就越大，过热会导致出现"微笑"DNA 条带或其他问题。

（2）胶液不凝聚　这时应考虑：①丙烯酰胺凝胶的配方、配制时间及保存方法；②过硫酸铵是否潮解；③TEMED 是否过期。

（3）防止胶液渗漏的方法　根据情况，可选择：①琼脂糖封边；②胶带纸封闭；③间隔片封闭。

（4）气泡的影响　电泳时气泡会影响 DNA 分子条带的形状与迁移方向。易产生气泡的原因：①玻璃板清洗不干净；②灌胶时胶液不连续；③插梳子时梳子底部产生气泡。

（5）点样孔　拔出梳子后，应及时用相应缓冲液冲洗点样孔，以去除残留的丙烯酰胺。

（6）电泳条件　应依据凝胶的厚薄、大小来确定电压大小，一般用 1～8 V/cm。电泳缓冲液的离子强度与 pH 对 DNA 的迁移速率影响较大，通常 1×TBE 缓冲液用于聚丙烯酰胺凝胶电泳。在配胶时所用的 TBE 缓冲液的浓度与电泳时所用的 TBE 缓冲液的浓度应一致，上下电泳槽缓冲液也应一致;同时在电泳槽中的缓冲液和配制凝胶所用的缓冲液务必是同一批次配制的缓冲液,以防止 DNA 片段的迁移发生严重扭曲。

四、DNA 片段纯化与回收技术

DNA 片段纯化和回收方法主要有玻璃棉离心法、低熔点琼脂糖挖块法、DEAE 纤维素插片法、透析袋洗脱法、冻融法及从聚丙烯酰胺凝胶中回收的压碎浸泡法等,目前也有各种回收纯化试剂盒可供选择,在使用上日趋广泛。下面简要介绍玻璃棉离心法及低熔点琼脂糖挖块法。

(一)玻璃棉离心法

1. 实验原理　利用玻璃棉为支持介质,通过离心,目的 DNA 片段直接从凝胶中析出,经离心管底部的小孔流入套管,用酚纯化、乙醇沉淀,获得所需的目的 DNA 片段。

2. 实验方法　实验过程依次为实验用玻璃棉的制备、实验用离心管的准备、DNA 片段的电泳分离、含有目的 DNA 片段的凝胶块的切割、目的 DNA 片段的玻璃棉纯化、沉淀回收 DNA 及回收效果检测等,详细实验步骤请参阅有关实验手册。

3. 注意事项

(1) 琼脂糖的选择与 DNA 样品杂质的去除　实验中应尽量减少琼脂糖中硫酸脂多糖等酶抑制剂的污染,要选择质量好的琼脂糖;操作时尽量去除不含目的 DNA 片段的凝胶块;回收 DNA 片段的溶液沉淀后,应用 70% 乙醇多次洗涤,以去除一些有害有机分子和无机盐沉淀。

(2) 提高 DNA 片段的回收率　DNA 片段的回收率与其分子质量大小、凝胶中的含量有关系。提高 DNA 片段的回收率需要正确选择回收 DNA 片段的方法,增加 DNA 上样量,尽量减少 DNA 回收时洗脱容积。

(3) 精心准备,减少污染　盛玻璃棉的离心管时,底部小孔不要大,所装的玻璃棉要适量,约占管体积的 2/3,并应对其高压灭菌,烘干备用,防止外源酶的污染。

(二)低熔点琼脂糖挖块法

1. 实验原理　琼脂糖主链被羟乙基修饰后,其凝固点温度降为 30 ℃,熔化温度为 65 ℃,这一温度低于绝大多数双链 DNA 的变性温度。利用这类凝胶纯度高、熔点低的特点,通过水平琼脂糖凝胶电泳,使所需的目的 DNA 片段转移到低熔点琼脂糖凝胶内,经 65 ℃ 水浴 5~10 min,使之熔化成液态,用饱和酚抽提,就可以分离到所需的 DNA 片段。

2. 实验方法　先灌制普通凝胶,然后在离加样孔适当距离处切下一定大小的普通凝胶,用相应浓度的低熔点琼脂糖填充;待分离的 DNA 样品上样电泳,当目的 DNA 片段迁移至低熔点凝胶内时,停止电泳;切下含所需 DNA 片段的低熔点凝胶,熔化低熔点琼脂糖凝胶,纯化和回收目的 DNA 片段。详细实验步骤请参阅有关实验手册。

3. 注意事项

(1) 回收 DNA 片段可直接用于某些反应　低熔点琼脂糖凝固点温度为 30 ℃,由于其在 37 ℃ 时仍为流体,可以直接将熔化的凝胶块直接加至许多反应混合物中进行酶学反应。

(2) 细心操作,减少污染　实验使用的材料均应硅化,减少损失,并应高压灭菌,烘干备用,防止外源酶的污染。

第二节　RNA 基本操作技术

RNA 是一种重要的遗传信息分子,是联系 DNA 和蛋白质的重要桥梁,因此获得高质量的 RNA

是进行 Northern 印迹杂交、逆转录 PCR（RT-PCR）、cDNA 合成及文库构建、定量 PCR、差异显示、RNase 保护测定等相关研究的重要前提。

一、总 RNA 提取技术

目前，提取总 RNA 有不同试剂盒及其相应技术说明可供选用，另外最传统、常用的应该是采用试剂提取，具体的方法有很多，可根据样本来源和最终用途选择合适的分离方法。Trizol 试剂一步分离 RNA 是近几年来实验室应用较多的方法，分离 RNA 的产率高、纯度好，RNA 不易降解，方法简便、快速，一次可同时提取大批量样品 RNA，适用于一般实验室进行基因表达检测。下面主要以试剂提取 RNA 为例加以说明。

（一）RNA 提取的基本原理

细胞中的三大类 RNA 都存在于细胞质中，因此不同组织总 RNA 提取的实质就是将细胞裂解，释放出 RNA，并通过不同方式去除蛋白质、DNA 等杂质，最终获得高质量 RNA 产物的过程。

（二）RNA 提取的基本流程

1. 提取总 RNA 的一般流程　在传统的试剂提取 RNA 法中一般需要样品的预处理、细胞裂解、纯化、沉淀、洗涤、溶解 RNA 沉淀等，另外获得纯净的 RNA 后，还需要对其进行鉴定和保存等处理。

（1）样品的预处理　最好使用新鲜的样品或取样后立即在低温冷冻保存的样品，并尽量避免反复冻融。对不同来源样品，因细胞结构及所含的成分不同，样品预处理的方式也各有差异。植物材料、酵母多采用液氮研磨；动物材料可以使用匀浆或液氮研磨；培养细胞一般需要用蛋白酶 K 处理，而细菌则需要加入溶菌酶进行破壁。

（2）细胞的裂解　细胞裂解可以采用多种方法，其各有优缺点。下面主要介绍异硫氰酸胍-苯酚法和胍盐-β-巯基乙醇法。

① 异硫氰酸胍-苯酚法。该法是一种较为传统的方法，适用于大部分动、植物材料，但对于次生代谢产物较多的植物材料提取 RNA 效果较差。异硫氰酸胍能使核蛋白复合体解离，并将 RNA 释放到溶液中，再采用酸性酚-氯仿混合液抽提，低 pH 的酚使 RNA 进入水相，而蛋白质和 DNA 仍留在有机相中，从而达到提取 RNA 的目的。

② 胍盐-β-巯基乙醇法。该法适用于各种不同动物材料和次生代谢产物少的植物材料。该法中胍盐使细胞充分裂解，β-巯基乙醇作为蛋白质的变性剂在实验中起到抑制 RNase 活性的作用，以便保护 RNA 不被降解。

对多糖、多酚含量较高或木质化程度较高的植物材料植物，建议选择相应的试剂盒。

（3）RNA 的纯化　纯化的目的就是尽可能去除产物中的对后续反应有抑制作用的有机溶剂和不必要的金属离子；避免其他生物分子如蛋白质、多糖、脂类分子以及 DNA 的污染。在使用 RNA 提取试剂进行 RNA 提取时，常使用氯仿进行抽提，以去除蔗糖、蛋白质等杂质，并促进水相与有机相的分离，以达到纯化 RNA 的目的。

（4）RNA 的沉淀　氯仿抽提 RNA 后，一般采用异丙醇或乙醇来沉淀水相 RNA。加入 3/5 体积的异丙醇或等体积的异丙醇，室温沉淀 20～30 min 或 −20 ℃放置至少 5 min 以沉淀 RNA，然后高速离心，可获得 RNA 沉淀。

（5）RNA 沉淀的洗涤　加入无 RNase 的 70% 乙醇，将 RNA 沉淀振荡悬浮，使 RNA 沉淀中的盐离子被充分溶解。然后 $10\,000\times g$ 再离心 10～30 min，再次沉淀 RNA。离心后，小心倒掉上清，随后快速离心 1～2 s，将残留在管壁上的乙醇收集到管底后，小心吸净乙醇。真空离心干燥 3～

5 min，或室温下自然晾干，但不能太干，否则 RNA 很难溶解。

（6）RNA 沉淀的溶解　加入适量的无 RNase 的 ddH$_2$O 或用适量焦碳酸二乙酯（DEPC）-TE 溶液溶解 RNA 沉淀。

2. Trizol 试剂提取总 RNA 的原理与具体方法　下面以从组织或培养的细胞中提取总 RNA 为例加以说明。

（1）实验原理　Trizol 试剂是在 Chomezynski 和 Sacchi 一步分离 RNA 方法的基础上进行改进的复合试剂，含有高浓度强变性剂异硫氰酸胍和酚等成分，可迅速破坏细胞结构，使存在于细胞质及核中的 RNA 释放出来，并使核糖体蛋白与 RNA 分子解离。同时，高浓度异硫氰酸胍和 β-巯基乙醇还可使细胞内的各种 RNase 失活，保护释放出的 RNA 不被降解。细胞裂解后的裂解溶液内除 RNA 以外，还有核 DNA、蛋白质和细胞残片，通过氯仿等有机溶剂抽提、离心，可将 RNA 与其他细胞组分分离开来，得到纯化的总 RNA。该试剂适用于从多种组织和细胞中快速分离总 RNA。

（2）实验方法

① 样品的准备。组织样品的匀浆与变性或者细胞样品的收集与变性。

② RNA 提取。加入细胞裂解液→加入 NaAc（pH 4.0）→加入等体积酚-氯仿-异戊醇（25∶24∶1）离心→沉淀 RNA→离心→溶解 RNA 沉淀→沉淀 RNA→离心→乙醇洗涤→再离心→适当干燥→溶解备用。具体可根据实际情况，并参照实验手册进行。

（三）总 RNA 的鉴定

对获得的 RNA 溶液进行相关的质量检测，是保证后续实验理想效果所必要的。不同的后续实验对其要求有很大的差异。cDNA 文库构建要求 RNA 完整且无酶等抑制物残留；Northern 印迹杂交对 RNA 完整性要求较高，对酶反应抑制物残留要求较低，而 RT-PCR 实验相反。

1. RNA 的浓度测定　取适量 RNA 溶液，用蒸馏水稀释 200～500 倍，以蒸馏水作为空白对照，读取紫外分光光度计 260 nm 处吸光度值（OD_{260}）。按下面的公式计算总 RNA 的浓度：

$$RNA 浓度（\mu g/mL）= OD_{260} \times 稀释倍数 \times 40$$

上式中 40 为 RNA 的消光系数，即 $OD_{260}=1$ 的 RNA 相当于大约 40 μg/mL。

2. RNA 的纯度测定　将 RNA 样品稀释 200～500 倍，以去离子水作空白对照，读取紫外分光光度计在 260 nm、280 nm 及 230 nm 波长下的吸光度，计算 OD_{260}/OD_{280} 及 OD_{260}/OD_{230} 的值。RNA 溶液在 260 nm、230 nm、280 nm 下的吸光度分别代表了核酸、杂质（多肽、苯酚等）和蛋白质等有机物的吸收值。用标准样品测得在波长 260 nm 处，1 μg/mL RNA 钠盐吸光度为 0.025（光径为 1 cm），即 $OD_{260}=1$ 时，样品中 RNA 浓度为 40 μg/mL。纯 RNA 样品的 OD_{260}/OD_{280} 值应为 1.9～2.1；如低于 1.8，则表明蛋白质较多，通常可以通过酚-氯仿-异戊醇再次抽提，小心抽吸离心后的上层水相，避免将混有蛋白质和 DNA 的中间相带到上层水相。因为酚抽提过程中，要丢失一部分 RNA，所以重复酚抽提时应将样品用 DEPC 处理过的蒸馏水加大体积；如果 OD_{260}/OD_{280} 值大于 2.2 就表明 RNA 已经降解；RNA 样品的 OD_{260}/OD_{230} 应大于 2.0，低于此值则表明有异硫氰酸胍盐和 β-巯基乙醇的污染，可再经异丙醇沉淀，去除残留的胍盐的污染。

3. RNA 的完整性检查　经典方法是通过甲醛变性琼脂糖凝胶电泳进行检测。快速检测可利用 1% 普通琼脂糖凝胶电泳检测。应用变性琼脂糖凝胶电泳分离总 RNA 后真核细胞 rRNA 中的 28S、18S 及 5S RNA 条带浓度较高，通常以 28S 和 18S rRNA 的量或显色强度比是否为 2∶1 判断有无 RNA 降解。如果该比值逆转，则表明有 RNA 降解，因为 28S rRNA 可特征性降解为类似 18S rRNA。

（四）总 RNA 制品的保存

制备的总 RNA 制品中常常有微量的污染，造成总 RNA 制品降解失活。因此制备的总 RNA 制品，可以采用下列方法保存。

1. 水溶液保存法　RNA可以制成水溶液或0.5% SDS溶液，适量分装，于-80℃冰箱或液氮中存放。该法方便，但稳定性较差。如果短期（2~3 d）内用，可以贮存于-80℃冰箱；如果保存时间较长，最好保存于液氮中。

2. 悬液保存法　RNA的水溶液中加入3倍体积的无水乙醇，适量分装，于-80℃冰箱中保存。临用前取出一管，加入1/10体积3 mol/L NaAc（pH 4.0），4℃下12 000×g离心15 min，重新溶于无RNase水中。悬液法较为可靠，保存时间长，但操作烦琐，可能会丢失部分RNA。

（五）注意事项及主要原因分析

1. RNase污染及RNA的降解　保持洁净的实验室环境及操作过程各环节的无菌化处理，避免外源性RNase的影响。制备组织总RNA时，组织的匀浆一定要充分，且保持在冰浴状态下进行。电泳检查RNA的完整性时，28S RNA与18S RNA之比为1:2或出现模糊的条带，则显示有RNA降解，应分析原因，并避免下次污染。在实验过程中，由于试剂、器械及环境中的RNase处理不好，抑制内源RNase的试剂失效或用量不够及操作过程温度过高等均可造成RNA降解；样品没有及时在液氮中速冻、未在液氮条件下研磨以及裂解液的用量不足也是RNA降解的可能原因。

2. 杂质污染　蛋白质、苯酚及多糖、多酚等污染往往造成OD_{260}/OD_{280}值偏低。在操作的过程中吸入了中间层或有机相、加入氯仿后未充分混合、离心分层的离心力和时间不够等均可能造成这类污染。

3. 溶液配制　配制的各种溶液应加0.1% DEPC，37℃处理12~16 h，然后高压去除残留的DEPC。不能高压灭菌的溶液，用经DEPC处理过的无RNase的去离子水配制，然后用0.22 μm滤膜过滤除菌。同时应注意DEPC可与胺类迅速发生化学反应，不能用来处理含有Tris一类的缓冲液。

4. RNA提取得率低　RNA提取得率低，首先应考虑组织或细胞等RNA含量是否偏低。不同细胞和组织中RNA的丰度不同，如肝脏、胰腺、心脏等为高丰度组织，脑、胚胎、肾脏、肺脏、胸腺、卵巢等是中丰度组织，膀胱、脂肪、骨骼等为低丰度组织。因此，在可能的条件下，样品的选择尽可能地使用高丰度组织，是提高RNA得率的关键所在。

在有些情况下，由于样品的起始量的限制，造成了获得的RNA量少。解决此类问题，可以在样品中加入无RNase糖原或tRNA以提高RNA的产率。相反，如果样品起始量过多，超过裂解液的裂解能力，也会导致RNA得率低的问题出现。

二、mRNA提取技术

mRNA仅占细胞总RNA的1%~5%，大小从数百至数千碱基不等。mRNA主要存在于细胞质中，大部分mRNA均与蛋白质结合在一起形成核蛋白体。提取mRNA是进一步研究基因的结构及其表达调控的前期工作，是顺利开展cDNA合成、构建cDNA文库、Northern印迹杂交及基因表达调控等研究的重要基础。目前，具体分离mRNA的方法有多种，以层析法为主。无论哪种方法，要成功提取mRNA，尽可能完全抑制或去除RNase的活性是至关重要的。因RNA很容易被RNase降解，而RNase又极为稳定，变性后容易复性，煮沸后还能保持大部分活性，操作者的手、唾液等含有较丰富的RNase。因此，mRNA的提取过程应尽可能避免RNase的污染。

（一）mRNA提取的基本原理与方法

原核细胞mRNA代谢很快，半衰期极少达到10 min以上，3′端没有poly（A）的序列，而且与真核细胞一样，各种mRNA常混在一起，所以直到目前原核细胞mRNA的提纯比真核细胞困难；而真核细胞的mRNA为单顺反子，代谢慢，半衰期可达数小时到几天，大多数在3′端都有poly（A）序列，并且真核细胞分化程度高，易得到相对较均一的mRNA。

真核生物 mRNA 的提取一般有两条途径。一是总 RNA 途径：提取细胞总 RNA 后，再从中分离带 poly（A）的 mRNA。其二是多聚核糖体途径：先提取多聚核糖体，再将蛋白质与 mRNA 分开。有生物活性的 mRNA 常与多个核糖体结合形成多聚核糖体，多聚核糖体既保护了 mRNA 免受机械剪切力破坏，也容易提取。利用抗原、抗体的反应，还可以将含量极微的特异 mRNA 提取出来，因为没有合成完的蛋白质还停留在多聚核糖体上。这些新生肽链能与完整蛋白质的抗体发生抗原、抗体的反应，因此可以选择性沉淀特异的 mRNA。通过多聚核糖体途径提取 mRNA 的步骤如下：

1. 破碎细胞 破碎细胞的方法可参阅前面 RNA 提取部分。破碎时，为了使 mRNA 上的核糖体不解离，缓冲液中 Mg^{2+} 浓度需维持在 50 mmol/L 以上，同时加入肝素等抑制剂来抑制 RNase 活性，防止 mRNA 降解。加入 Triton X-100 或 Nomidet P40 等增溶剂以使细胞内含物解离。

2. 沉淀多聚核糖体 上述细胞匀浆液经离心除去细胞碎片，再通过铺有 2 mol/L 蔗糖垫的高速离心（$10\,000\times g$，3 h）制得多聚核糖体沉淀。蔗糖垫的作用是防止高速离心时多聚核糖体压得太紧而导致进一步操作中 mRNA 的断裂。

3. 释放 RNA 一般用氯仿-酚-SDS 方法解联核糖体复合物，使 mRNA 游离。SDS 可解联核蛋白使 RNA 释放，也能部分抑制 RNase 的活性。通过这一步的处理，便得到各种 RNA 的混合物。

（二）mRNA 纯化的方法

1. 层析法 常用的层析法有 oligo（dT）-纤维素层析法、批量层析法等。其主要原理是：大多数真核细胞 mRNA 的 3'端均有一个 poly（A）尾巴，其长度一般足以吸附 oligo（dT）-纤维素，可通过亲和层析法从总 RNA 中分离 mRNA。其分离效果主要取决于带有 poly（A）尾巴的 mRNA 与连接在纤维素介质上的短链 oligo（dT）（一般为 18～30 bp）形成杂合链的稳定程度。然后将不含 poly（A）的 mRNA 从介质中洗去，在用低盐缓冲液稳定双链的基础上，把带有 poly（A）的 mRNA 从介质中洗脱出来。

2. 超速离心法 超速离心法是纯化 mRNA 最常用的方法之一，第一次证实 mRNA 存在用的就是差速超速离心法，第一个初步纯化的 mRNA（珠蛋白 mRNA）用的也是差速超速离心法。其基本原理为：mRNA 的分子质量一般都大于 tRNA、小于 rRNA，少数大于或接近 rRNA，故可用超速离心法除去 tRNA、rRNA 杂质；另外 mRNA 的沉降系数很不均一，从 4S 到 65S 都有，可用超速离心法将它们分开。

3. 免疫法 对分化程度较高的组织，含 mRNA 比较单纯，用亲和层析法和超速离心法可初步纯化 mRNA。而对多数分化程度不高的组织，含 mRNA 比较复杂，则需要用免疫法。该法有液相双抗免疫法和固相双抗免疫法两种。

多聚核糖体上，一般都带有正在合成中的肽链。如果加入这种蛋白质的抗体（第一抗体），就可与肽链形成抗原-抗体复合物，因而这种多聚核糖体就沉淀出来。由于此沉淀颗粒较小，因此再加入第一抗体的抗体（第二抗体），就进一步形成大颗粒沉淀。而合成其他蛋白质的多聚核糖体仍处于溶解态，这样即可分离出合成某一种蛋白质的多聚核糖体。然后再从这种多聚核糖体中去除蛋白质、rRNA、tRNA，即可分离出这种蛋白质的 mRNA。这种方法称为液相双抗免疫法。如果将第二抗体固定在不溶于水的支持物上，则分离效果更好，而且第二抗体可重复使用，这种方法称为固相双抗免疫法。

4. 其他方法 其他方法有 poly（U）-琼脂糖凝胶层析法、磁珠法等，其基本原理还是基于 poly（A）进行的，在此不再赘述。

（三）提纯 mRNA 的主要问题及原因分析

mRNA 获得量很少，关键原因可能是没有洗脱出 mRNA。这一现象与如下原因有关：①RNA 样品与 oligo（dT）-纤维素混合不充分；②用洗脱缓冲液洗脱不彻底；③沉淀不彻底。解决这些问题，一般是将依次用高盐、低盐洗脱下来的洗脱液收集在一个新离心管中，进行再处理上柱，更充分地混合、洗脱和沉淀，这样有可能将漏掉的 mRNA 回收一部分。

三、miRNA 及 lncRNA 提取技术

微小 RNA（microRNA，miRNA）是一类内生的、长度为 20～24 nt 的小 RNA，其在细胞内具有多种重要的调节作用。每个 miRNA 可以有多个靶基因，而几个 miRNA 也可以调节同一个基因。这种复杂的调节网络既可以通过一个 miRNA 来调控多个基因的表达，也可以通过几个 miRNA 的组合来精细调控某个基因的表达。据推测，miRNA 调节着人类 1/3 基因的表达。传统的 RNA 提取方法如硅胶膜法不能有效吸附回收 miRNA，酚-胍抽提和乙醇沉淀也不能有效沉淀回收 miRNA。miRNA 的成功提取依赖于样本中核酸的充分裂解和释放。目前，针对不同来源的样本（培养细胞、动物组织、血清、石蜡包埋组织等），主要是通过选择相应的提取试剂盒达到提取的目的。

长链非编码 RNA（long non-coding RNA，lncRNA）是一类不编码蛋白的 RNA 分子，长度在 200 nt 以上，起初被认为是 RNA 聚合酶 II 转录的副产物，不具有生物学功能。但研究表明 lncRNA 具有保守的二级结构，可以与蛋白质、DNA 和 RNA 相互作用，参与调控多种生物学过程，尤其在肿瘤形成当中发挥了重要的调控角色，如染色质修饰、转录激活和抑制、转录后调节以及作为 miRNA 的诱导分子干扰基因的表达等。随着高通量测序技术的发展，越来越多的 lncRNA 被注释，但是绝大多数的 lncRNA 的功能仍然不清楚，因此 lncRNA 具有极大的研究价值和科学意义。体外获得 lncRNA，一般需要依次经过提取总 RNA、逆转录、lncRNA PCR、纯化、T7 噬菌体体外转录及其产物纯化等过程。

第三节　核酸分子杂交技术

核酸分子杂交所依据的原理是带有互补的特定核苷酸序列的单链 DNA 或 RNA 混合在一起时，其相应的同源区段将通过 Watson-Crick 碱基配对而退火形成双链结构。如果彼此退火的核酸来自不同的生物有机体，那么如此形成的双链分子就称为杂交核酸分子。形成 DNA-DNA 或 DNA-RNA 杂交分子的这种能力，可以用来揭示核酸片段中某一特定基因的位置。鉴别重组子、分离基因、分析 DNA 片段、研究表达等工作中都涉及核酸分子杂交。核酸分子杂交技术，如同 DNA 快速分离法以及凝胶电泳，都是分子生物学中 DNA 分析的基础。

通常核酸分子杂交实验在尼龙滤膜或硝酸纤维素滤膜上进行，包括以下两个步骤：①将核酸样品转移到固体支持物滤膜上，这个过程称为核酸转移（nucleic acid blotting）。核酸转移主要的方法有电泳凝胶核酸印迹法、斑点印迹法（dot blotting）、点槽印迹法（slot blotting）、菌落和噬菌斑印迹法（colony and plaque blotting）。②将具有核酸印迹的滤膜用带有放射性同位素标记或其他标记的 DNA 或 RNA 探针进行杂交。所以有时这类核酸分子杂交也称印迹杂交。

一、探针的制备

探针（probe）是指经放射性或非放射性等物质标记的已知或特定的 DNA 或 RNA 序列。利用探针通过核酸分子杂交可检测特定的基因或转录产物。在基因克隆、筛选和分析的许多方面都涉及利用探针进行杂交。如鉴定 cDNA 和基因组 DNA 文库，需要用标记探针与菌落或噬菌斑杂交；分析目的基因转录和加工情况需要用标记探针与 RNA 杂交；定位特定目的基因在染色体上的位置，需染色体原位杂交；鉴定特定目的基因，需要 Southern 印迹杂交；构建限制性核酸内切酶图谱也可利用杂交。由于杂交是在目的 DNA 与标记探针之间进行，故在利用杂交的分子克隆工作中需要制备各种核酸探针，目前主要以同位素、生物素、地高辛或辣根过氧化物酶标记核酸探针。

（一）同位素标记探针

制备核酸探针时，一般用同位素标记核苷酸，如 $[\alpha-^{32}P]$ dNTP 或 $[^3H]$ dNTP，通过切口平移的过程进行。以大肠杆菌 DNA 聚合酶 I 处理 DNA 链，此酶具有 $5'\rightarrow 3'$ 聚合酶、外切酶的两种活性。用作探针的 DNA 片段先以 DNase I 作轻微处理，使其形成许多缺口，随后加入大肠杆菌聚合酶 I 和 4 种 dNTP。由于大肠杆菌聚合酶 I 的外切酶作用，DNA 分子从切口处开始沿 $5'\rightarrow 3'$ 方向发生水解，同时又将反应体系中的 dNTP 掺入缺失了核苷酸的部位。如果在反应体系中具有以同位素标记的一种或几种 dNTP，按碱基配对的原则，就可以将同位素标记的 dNTP 掺入新合成的 DNA 互补链内。如此切口平移的结果，是 DNA 链仍然保持其原有的序列不变，但同位素标记的 dNTP 已使这一 DNA 片段具有放射性。这段 DNA 即可作为探针，检测未知的核酸片段。

应用核酸人工合成相应长度的核苷酸链，就更简单、方便。除有已知的 DNA 片段，还需切口平移的其他试剂：①4 种 dNTP，其中 1~2 种是同位素标记物，其余是未标记的。②大肠杆菌 DNA 聚合酶 I。③DNase I。将欲标记的 DNA 片段与这些试剂混合，相互作用反应之后，加入终止液停止反应，然后将整个反应液通过葡聚糖凝胶层析柱，经 β 射线计数器测定，收集第一峰（第二峰是未掺入 DNA 片段中的游离的标记 dNTP），并进行适当的浓度调整后，即可供应用的同位素标记的核酸探针。

（二）非同位素标记探针

近年来，发展了几种用非同位素标记探针进行杂交筛选的方法，以避免放射性同位素对研究人员的危害和造成环境污染。目前用非放射性标记方法制备杂交探针的策略大多采用分子杂交与酶标结合，即在核酸分子上，主要是在碱基上，直接或间接地与酶结合，然后再以显色方法显示被结合的酶。通过显色强度显示出酶量的多少，测出探针被杂交的程度。

1. 生物素标记探针　生物素是一种水溶性维生素，它可通过酰胺键与嘧啶环的 C^5 位共价结合。生物素标记的 dUTP（biotin-11-dUTP）可代替 dTTP 而被合成进 DNA 探针，这种探针能特异地与抗生物素蛋白（avidin）结合。抗生物素蛋白上结合的碱性磷酸酶可使反应中的底物产生颜色，从而表现出探针所在位置。

在适当浓度的 DNase I 作用下，在一双链 DNA 上制造一些缺口，再利用大肠杆菌 DNA 聚合酶 I 的 $5'\rightarrow 3'$ 外切酶活性依次切除缺口下游的核酸序列，同时将 4 种 dNTP（其中一种有 biotin-11-dUTP 标记）利用该酶 $5'\rightarrow 3'$ 聚合活性补入缺口，得到生物素标记的核酸探针。

2. 地高辛标记探针　地高辛（digoxigenin）-11-dUTP 是由类固醇半抗原地高辛与 dUTP C^{11} 位结合形成。先将地高辛苷元通过一手臂连接至 dUTP C^{11} 位上，用随机引物法标记 DNA 制成探针，平均每 20~25 个核苷酸中标记一个地高辛苷元，然后用抗地高辛抗体的 Fab 片段与碱性磷酸酶的复合物和 NBT-BCIP 底物显色检测，灵敏度达 0.1 pg DNA，因此可做 1 μg 哺乳动物 DNA 中单拷贝基因分析。

此种探针有高度的灵敏性和特异性，安全稳定，操作简单，可避免内源性干扰，是一种很有推广价值的非同位素标记探针。

3. 辣根过氧化物酶标记探针　该法是将辣根过氧化物酶（HRP）与带正电荷的聚乙烯亚胺（polyetheyleneimine）交联结合，然后由这种带正电荷的复合物与带负电荷的单链或双链 DNA 结合，在戊二醛稀溶液作用下，HRP 与 DNA 形成共价键，产生酶标记探针。该反应迅速可靠，平均一个 HRP 结合 30~50 bp DNA。标记探针与待测 DNA 杂交并清洗后，加入显色底物，HRP 可使无色底物产生颜色，因此可定位目的序列。

4. 光敏生物素标记探针　光敏生物素（phytobiotin）是一种化学合成的生物素衍生物，分子中含有可光照活化的叠氮代硝苯基。它的乙酸盐易溶于水，在水溶液中光敏生物素乙酸盐与待标记核酸混合，在强可见光短暂照射下能与核酸的碱基反应，生成光敏生物素标记核酸探针。

一般在规定条件下，核酸中每 100~150 bp 可结合一个生物素。这种生物素标记的探针不会影响探针序列与其互补靶序列之间的杂交。该标记方法的优点是简单易行，单、双链 DNA 和 RNA 都能以此法标记形成稳定的共价结合，且生成的标记探针为橙红色，便于观察反应结果。此法标记的探针稳定性好，-20 ℃可保存 12 个月，并可检出 0.5 pg 滤膜结合 DNA。

二、核酸分子杂交技术

（一）DNA Southern 印迹杂交

通过凝胶电泳和限制性核酸内切酶分析的结果，可以准确地绘制出 DNA 分子的限制性核酸内切酶图谱。但是为了进一步构建出 DNA 分子的遗传图，或进行目的基因的序列测定以满足基因克隆的特殊要求，还必须掌握 DNA 分子中基因编码区的大小和位置。有关这类的数据资料则要应用 Southern 印迹杂交（Southern blotting）技术才能获得。利用毛细管作用，使在电泳凝胶中分离的 DNA 经转膜后与探针杂交以检测这些被转移的 DNA 片段，这种实验方法称为 DNA Southern 印迹杂交技术。

研究表明，如果应用硝酸纤维素滤膜进行 Southern 印迹转移，那么只要当滤膜结合上 DNA 两条互补链之一，便能成功进行核酸分子杂交。具体步骤是将 DNA 电泳分离的琼脂糖凝胶经过碱变性等预处理之后，平铺在已被转膜溶液饱和了的两张滤纸上，在凝胶上部覆盖一张硝酸纤维素滤膜，接着加一叠干滤纸，最后再压上一重物。这样通过干滤纸的吸引作用，凝胶中的单链 DNA 便随着电泳缓冲液一起转移。这些 DNA 分子一旦同硝酸纤维素滤膜接触，就会牢牢地缚结在上面，而且是严格按照它们在凝胶中的谱带模式，原位地被吸印到滤膜上。在 80 ℃下烘烤 1~2 h，DNA 片段就会牢固地固定在硝酸纤维素滤膜上。另一种方法是通过紫外交联仪固定 DNA。其基本原理是 DNA 分子上的一小部分胸腺嘧啶基团同尼龙膜表面的带正电荷的氨基基团之间形成交联键（crosslink），然后将此滤膜移放在加有放射性同位素标记探针的溶液中进行核酸分子杂交。一旦探针同滤膜上的单链 DNA 杂交后，就很难解链。因此，可漂洗掉游离的没有杂交上的探针分子。用 X 光底片曝光后所得的放射自显影图片，同溴化乙锭染色的凝胶谱带作对照比较，便可鉴定出究竟哪一条限制片段是与探针的核苷酸序列同源的。Southern 印迹杂交方法十分灵敏，在理想的条件下，应用放射性同位素标记的特异性探针和放射自显影技术，即便每个电泳条带仅含有 2 ng 的 DNA 也能被清晰地检测出来，在分子生物学及基因克隆实验中应用极为普遍。

为了进行有效的 Southern 印迹转移，对电泳凝胶作预处理是十分必要的。我们知道，分子超过 10 kb 的 DNA 片段与较短的小分子 DNA 相比，需要更长的转移时间。因此，为了使不同大小的 DNA 片段能够同步从电泳凝胶转移到硝酸纤维素滤膜上，通常是将电泳凝胶浸泡在 0.25 mol/L HCl 溶液中作短暂的脱嘌呤处理之后，再进行碱变性。由于在脱嘌呤位点发生了碱水解作用而使 DNA 分子断裂成短片段。而且在转移之前，DNA 片段经过碱变性作用，亦会使之保持单链状态而易于同探针分子发生作用，从而被检测出来。最后，电泳凝胶需放置在中和溶液中平衡之后再作印迹转移。Southern 印迹杂交见图 3-6。

（二）RNA Northern 印迹杂交

关于印迹杂交技术的应用，最初只限于 DNA 的转移杂交，后来逐步扩展到包括 RNA 和蛋白质转移杂交在内的更加广泛的领域。由于 RNA 分子不能同硝酸纤维素滤膜结合，所以 Southern 印迹杂交技术不能直接应用于 RNA 的印迹转移。1979 年 Alwine 等发展出了一种新的方法，其基本步骤是将电泳凝胶中的 RNA 转移到叠氮化的或其他化学修饰的活性滤纸上，通过共价交链作用而使它们永久地结合在一起。由此可见，这种方法同 DNA Southern 印迹杂交技术十分类似，所以称为 RNA Northern 印迹杂交技术。

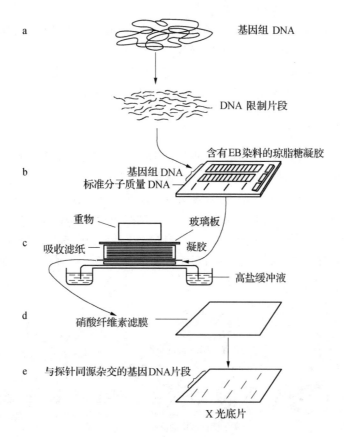

图 3-6 Southern 印迹杂交技术
a. 大分子质量的基因组 DNA，经一种或数种限制性核酸内切酶消化作用，形成分子质量较小的 DNA 片段群体　b. DNA 酶酶切消化物通过琼脂糖凝胶电泳分离　c. 电泳凝胶经碱变性、酸中和，然后进行 Southern 印迹转移，使凝胶中的 DNA 谱带原位转移到硝酸纤维素滤膜上　d. 滤膜烤干后，同 ^{32}P 标记的 DNA 分子探针杂交　e. 曝光后在 X 光底片上显现出杂交的 DNA 图谱带

在 RNA Northern 印迹杂交中，RNA 分子同活性滤纸共价结合得十分牢固。但杂交核酸分子在不稳定状态的温度条件下漂洗杂交滤纸，可以将上次杂交反应中已同 RNA 分子同源结合的探针分子洗脱掉。因此，这类印迹转移的滤纸是可以反复使用的。应当指出，活性滤纸不仅能够同 RNA 分子牢固结合，而且也能够有效地结合变性的 DNA 分子。事实上，叠氮化的活性滤纸比硝酸纤维素滤膜能更加有效地转移并结合小片段的 DNA。

1980 年，Thomas 发现在适当的实验条件下，硝酸纤维素滤膜也能够直接用来转移 RNA 分子。之后，人们又发展出可以用来转移核酸分子的适用的尼龙滤膜。这种形式的 Northern 印迹杂交技术已不需要预先制备活性滤纸，得到了广泛的采用。现在关于 Northern 印迹杂交技术的定义是：将 RNA 分子从电泳凝胶转移到硝酸纤维素滤膜、尼龙滤膜或其他化学修饰的活性滤纸上，进行核酸分子杂交的一种实验方法。

（三）斑点印迹杂交

斑点印迹杂交（dot blotting）是在 Southern 印迹杂交的基础上发展的快速检测特异核酸（DNA 或 RNA）分子的杂交技术。其操作步骤是通过抽真空的方式将加在多孔过滤进样器上的核酸样品，直接转移到适当的杂交滤膜上，然后再按如同 Southern 或 Northern 印迹杂交一样的方式同核酸分子探针进行杂交。在实验的加样过程中使用了特殊设计的加样装置，众多的待测核酸样品能够一次同步转移到杂交滤膜上，并有规律地排列成点阵。

斑点印迹杂交更适用于核酸样品的定量检测，而不是定性检测。例如，在实验中补加以已知浓度的靶核酸序列作为对照样品的情况下，此类技术便可以用来检测核酸混合物中某种特殊DNA（或RNA）序列的相对含量；同时使用分光光度计法也可对核酸斑点印迹的相应杂交信号进行定量分析。已有许多研究者使用RNA斑点印迹杂交技术测定目的基因在某种特定组织或培养细胞中的表达强度。

（四）菌落（噬菌斑）杂交

1975年，Grunstein和Hogness根据检测重组体DNA分子的核酸分子杂交技术原理，对Southern印迹杂交技术进行了一些修改，发展出了一种菌落杂交技术。之后，1977年，Benton和Davis又发展出了与此类似的筛选含有克隆DNA的噬菌斑杂交技术。这类技术是把菌落或噬菌斑转移到硝酸纤维素滤膜上，使溶菌变性的DNA同滤膜原位杂交。这些带有DNA印迹的滤膜烤干后，再与放射性同位素标记的特异性DNA或RNA探针杂交。漂洗除去未杂交的探针，同X光底片一起曝光。根据放射自显影所揭示的与探针序列具有同源性的DNA印迹位置，对照原来的平板，便可以从中挑选出含有插入序列的菌落或噬菌斑（图3-7）。

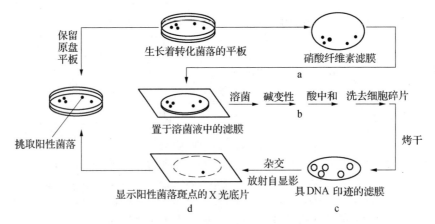

图3-7 检测重组体克隆的菌落杂交技术

a. 将硝酸纤维素滤膜铺放在生长着转化菌落的平板表面，使其中的质粒DNA转移到滤膜上　b. 取出滤膜，做溶菌、碱变性、酸中和等处理后，置80℃下烤干　c. 带有DNA印迹的滤膜同^{32}P标记的适当探针杂交，以检测带有重组质粒（含有被研究的DNA插入片段）的阳性菌落　d. 将放射自显影的X光底片同保留下来的原菌落平板对照，从中挑选出阳性菌落供做进一步的分析研究

菌落杂交或噬菌斑杂交有时也称原位杂交（*in situ* hybridization），因为生长在培养基平板上的菌落或噬菌斑，是按照其原来的位置不变地转移到滤膜上，并在原位发生溶菌、DNA变性和杂交作用。要从成千上万个菌落或噬菌斑组成的真核生物基因克隆库中，鉴定出含有期望的重组体分子的菌落或噬菌斑，原位杂交技术有着特殊的应用价值。

第四节　基因与蛋白质互作主要技术

一、染色质免疫沉淀（ChIP）技术

（一）基本原理

在活细胞状态下固定蛋白质-DNA复合物，并将其随机切为一定长度范围内的染色质小片段，然后通过免疫学方法沉淀此复合体，特异性地富集目的蛋白结合的DNA片段，通过对目的片段的纯

化与检测，获得蛋白质与DNA相互作用的信息。其主要用途就是研究转录因子（蛋白A）是否调控其预期靶基因（基因B）的转录调控区。下面依此简单介绍其基本的流程。

（二）基本流程

1. 交联与固定 在活细胞状态下，使用交联剂（常为甲醛）将蛋白质-DNA复合物固定下来。

2. DNA的切割 通过理化方法（常为酶消化法或超声破碎）将这种复合物中的DNA随机切割为一定长度范围内的染色质小片段。

3. 标记并形成复合物 用蛋白质A的特异性抗体Ⅰ（一般要求ChIP级别）处理，标记并形成含有蛋白质A的抗体-蛋白质-DNA片段复合物。

4. 分离目的复合物 利用可以结合抗体的蛋白（一般偶联到分选柱和磁珠上，便于分离），将含有抗体的复合物从作用体系中富集分离出来，未被抗体标记的蛋白质-DNA则被洗脱去除。

5. 目的复合物的解交联 将得到的抗体-蛋白质-DNA复合物解交联，纯化富集其中的DNA片段。

6. PCR检测 利用针对目的基因B转录调控区的特异性引物（一般设计多个位点，覆盖多个区域）进行PCR等检测。

二、RNA免疫沉淀技术

（一）基本原理

RNA免疫沉淀（RNA immunoprecipitation，RIP）技术运用针对目的蛋白的抗体，把细胞内相应的RNA-蛋白质复合物沉淀下来，然后通过荧光定量PCR等手段对结合在复合物上的RNA进行分析。该技术是研究细胞内RNA与蛋白结合情况的技术，是了解转录后调控网络动态过程的有力工具。

（二）基本流程

根据拟检测的RNA种类的不同以及实验条件的差异，其实验具体步骤会有差异。

1. 交联固定 通常用4%甲醛溶液固定，可视情况优化固定时间，终止交联常用2 mol/L甘氨酸溶液。

2. 裂解细胞 常用多聚核糖体裂解液对细胞进行裂解与超声破碎处理，可加入RNase抑制剂保证效果。往往用DNase Ⅰ进行DNA片段的清除。

3. 免疫共沉淀 加入抗体进行孵育，使RNA结合蛋白与抗体充分结合。孵育结束后离心取上清，通常加入连有蛋白A的磁珠进行孵育，清洗后用洗脱液将RNA-蛋白复合物从磁珠上洗脱，获得细胞内RNA结合蛋白免疫沉淀。

4. 解联与RNA纯化 通常使用蛋白酶K进行结合蛋白的消化。而后可选用酚-氯仿法纯化RNA，并溶解备用。

5. RNA的检测与分析 对蛋白结合的RNA序列，通过定量RT-PCR或高通量测序等方法检测鉴定。

三、RNA Pull Down技术

（一）基本原理

生物素与链霉亲和素间可发生高强度的非共价作用，而活化生物素可以在蛋白质交联剂的介导下，与已知的几乎所有生物大分子偶联。因此用生物素标记核酸后，利用生物素和链霉亲和素之间的亲和作用，可以纯化出各种生物大分子复合物。RNA Pull Down技术利用生物素标记的RNA探针使

其与胞浆蛋白提取液共孵育，形成生物素-RNA-蛋白质复合物。该复合物便可与链霉亲和素标记的磁珠结合，从而与孵育液中的其他成分分离。复合物洗脱后，可通过质谱分析等手段，检测和分析RNA结合的蛋白。该技术是体外检测RNA结合蛋白与其靶RNA之间相互作用的主要实验手段之一。

（二）基本流程

大致流程如下，具体操作细节请参阅相关实验手册。

1. RNA 生物素标记 用生物素标记体外转录的靶 RNA 分子。

2. 磁珠富集 RNA 利用链霉亲和素标记的磁珠富集靶 RNA 分子，形成 RNA-生物素-链霉亲和素-磁珠复合物。

3. RNA 结合蛋白孵育 裂解细胞，得到胞浆蛋白溶液，与 RNA-生物素-链霉亲和素-磁珠复合物共孵育，获得靶蛋白-RNA-生物素-链霉亲和素-磁珠复合物。

4. RNA 结合蛋白洗脱 磁力架上吸去上清液，加入洗脱液洗脱，对靶蛋白做检测前的准备。

5. Western 印迹杂交或质谱检测 可采用 Western 印迹杂交或质谱等手段继续下游蛋白的检测分析。

本 章 小 结

本章介绍核酸分子基本操作技术，包括 DNA 和 RNA 基本操作技术、核酸分子杂交技术、基因与蛋白质互作主要技术。核酸提取主要涉及基因组 DNA、质粒 DNA 提取，也对 miRNA 及 lncRNA 做了简单介绍。在核酸提取中，应去除蛋白质和多糖等的污染；在 RNA 提取中，还要特别严格防止 RNase 的污染。核酸凝胶电泳的常用方法有琼脂糖凝胶电泳、聚丙烯酰胺凝胶电泳等，本章对这些方法的原理和一般操作步骤都有介绍。在核酸分子杂交技术中，介绍了探针的制备（包括同位素标记探针和非同位素标记探针的制备）和核酸分子杂交的主要方法，包括 DNA Southern 印迹杂交、RNA Northern 印迹杂交、斑点印迹杂交、菌落（噬菌斑）杂交等。在基因与蛋白质互作方面，主要介绍了 ChIP、RIP 及 RNA Pull Down 技术的基本原理和基本流程。

1. 核酸分离提取的一般步骤是什么？
2. 真核生物 mRNA 分离纯化的基本原理是什么？
3. 凝胶电泳的原理是什么？
4. 聚丙烯酰胺凝胶电泳、脉冲电场凝胶电泳、琼脂糖凝胶电泳各有何特点及优缺点？
5. 核酸分子杂交技术的基本原理是什么？
6. 如何制备同位素标记探针？
7. DNA Southern 印迹杂交、RNA Northern 印迹杂交、斑点印迹杂交、菌落（噬菌斑）杂交技术的原理和基本步骤是什么？
8. ChIP、RIP 及 RNA Pull Down 技术的主要原理是什么？

第四章 聚合酶链式反应（PCR）

聚合酶链式反应（polymerase chain reaction，PCR）由美国科学家 Kary Mullis（1983）首创，它是一种体外 DNA 快速扩增技术。1989 年，Guyer 在 Science 发表文章称 1989 年为"分子年"，列 PCR 为十余项重大科技发明之首。DNA 扩增通常在细胞内进行，且需要的时间较长，而 PCR 法很快，30～45 个循环一般只需几个小时。PCR 体外扩增技术简便易行、成本低廉，理论上讲可以扩增任何 DNA 片段，是核酸分析技术的一项重大突破。30 多年来，该技术广泛应用于生命科学、医学研究、遗传工程、农业科学、疾病诊断、法医学及考古学等各个领域。

第一节 PCR 扩增原理

DNA 双螺旋结构的生物功能主要是复制和转录。以加热或变性作用可以使 DNA 双螺旋的氢键断裂，双链解离，形成单链 DNA，这称为 DNA 变性（denature）。解除变性条件之后，变性的单链可以重新结合起来，形成双链，此过程称为 DNA 复性（renature），也称退火（annealing）。变性和复性在一定条件下是完全可逆的。DNA 双链解离一半时的温度称为解链温度（melting temperature，T_m）。不同的 DNA 解链温度不同，一般认为，DNA 解链温度随 G+C 含量增加而升高，G+C 含量每增加 1%，解链温度增加 0.4 ℃。T_m 范围常为 85～95 ℃。基因组 DNA 中 G+C 含量为 40% 时，T_m 为 87 ℃，而含量达 60% 时，T_m 为 95 ℃。PCR 变性温度在 90～95 ℃ 之间选择，加热时间为 1～2 min。

PCR 扩增是一种特定区段的 DNA 复制，这仍然遵循 DNA 生物合成的基本规律，其复制方式以半保留形式进行。PCR 法扩增 DNA，必须有 DNA 模板（template）、DNA 聚合酶（DNA polymerase）、DNA 引物（primer）、4 种 dNTP 和 Mg^{2+}。要扩增模板 DNA 中的 A～B 区间的 DNA 片段，首先要设计两条寡核苷酸引物，而 PCR 扩增 DNA 的特异性和长度是由人工合成的这两条引物所决定。引物 1 和引物 2 这段 DNA 的序列是已知的，这是 PCR 扩增的必要条件，而它们之间的序列未必清楚。引物 1 和引物 2 序列的长度一般为 15～30 个碱基，可以用 DNA 合成仪合成。PCR 扩增系统中模板 DNA 经过高温变性后，解链为两条单链。然后，系统温度降低到退火温度（38～65 ℃），引物与其互补的模板 DNA 结合，形成局部双链，这是 DNA 复制的固定起点，即延伸的固定起点，如图 4-1 所示。

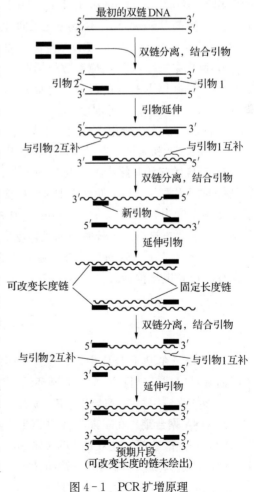

图 4-1 PCR 扩增原理

在 PCR 扩增过程中，DNA 链的延伸是有方向性的。目前使用的 DNA 聚合酶，合成 DNA 的方向都是从 5′端到 3′端。当 PCR 扩增系统温度升至 60～72 ℃时，从已经与引物退火的固定延伸起点开始，在聚合酶的作用下会迅速地以旧链为模板，在引物的 3′端连续掺入 4 种 dNTP，合成新的 DNA 互补链，完成第一轮高温变性、低温退火和中温延伸 3 个阶段的循环过程。理论上讲，反复进行变性、退火和延伸循环过程，每循环一次模板 DNA 的拷贝数增加一倍，循环 n 次可得到 2^n 个分子。

PCR 扩增的特定 DNA 区段，是由人工合成的两条寡核苷酸引物决定的，引物是 PCR 扩增的关键。PCR 扩增片段的长度范围，可从数百个至数千个碱基，但实际上还受到 DNA 聚合酶作用范围的影响。普通的 *Taq* DNA 聚合酶有效扩增范围在 2 kb 左右，扩增 1 kb 之内的 DNA 片段效率最高，扩增 3 kb 以上的 DNA 片段时无效。当然，使用长片段扩增 *Taq* DNA 聚合酶，也可扩增 20 kb 以上的 DNA 大片段。

一般的扩增循环数为 30～35 个，有时扩增循环亦可以达到 45 个，最后形成特定的 DNA 片段。

第二节　PCR 反应体系

一、PCR 的操作程序

通常进行 PCR 反应主要考虑以下 3 个方面内容：

1. 反应体系　以 50 μL PCR 反应体系为例，加入的试剂与其对应的终浓度如下：上游引物和下游引物各 20 pmol，20 mmol/L Tris - HCl (pH 8.3，20 ℃)，1.5 mmol/L $MgCl_2$，25 mmol/L KCl，0.05% 去污剂 Tween 20，100 μg/mL 明胶或无核酸酶的牛血清蛋白，50 μmol/L dNTP，2U *Taq* DNA 聚合酶，100～200 ng DNA 模板。加入完成将试剂混匀。

2. 反应参数　PCR 反应参数包括循环中 3 个阶段的温度及持续时间，以及循环的个数，这在一定程度上影响 PCR 反应的成败。通常 PCR 反应所采取的反应参数为：变性温度 95 ℃，60 s；退火温度 38～65 ℃，60 s；延伸温度 72 ℃，1～2 min。循环个数 30～35 个（偶尔达到 45 个）。

复性温度决定于所用引物的长度与碱基组成，一般需要通过实验来确定。循环个数决定于所用模板 DNA 的浓度和质量，有时与扩增目的片段的特殊结构有关，一般也需要通过实验来确定。

3. 反应的起始与终止　PCR 反应的好坏，与起始和终止过程密切相关，为此 DNA 变性时间与终延伸时间很重要。为了使模板 DNA 双链充分打开，开始时模板 DNA 变性时间要适当延长，一般设预变性温度为 94～95 ℃，3～5 min。在扩增反应完成后，PCR 产物中可能含有长短不一的 DNA 分子，这需要再进行一步长时间的延伸反应，称为终延伸。为了获得尽可能完整的产物，延伸时间要保持在 10 min 左右，这对后续进行克隆或测序反应尤为重要。反应终止后可以将扩增产物放到 4 ℃ 中保存，以备电泳检测。

二、PCR 的反应成分

1. 引物　在 PCR 反应中，要注意所用的引物浓度，一般引物浓度控制在 10～200 μmol/L，这种浓度通常足以保证进行 30 个以上循环的扩增。若引物浓度偏高，会引起错配和非特异性产物的扩增，同时能增加生成引物二聚体的概率。相反，若引物浓度不足，则 PCR 反应的效率极低。

2. DNA 聚合酶　在早期进行的 PCR 反应中，使用的是大肠杆菌 DNA 聚合酶 I 的 Klenow 片段，但这种酶是热敏感的，在双链 DNA 解链所需的高温条件下会被破坏掉。因此，在每一个循环反应中，都需通过人工操作不断补充新的聚合酶。这样的实验过程不仅费时而且成本较高。此外，Klenow 片段酶的最佳聚合反应温度是 37 ℃，在这样低的温度条件下，容易促使引物与模板序列之间形成非专一的碱基错配，或易受某些 DNA 二级结构的影响。结果使扩增反应混合物中产生出非特异的 DNA 条带，降低 PCR 产物的特异性。1988 年，Saiki 等人成功地将热稳定的 *Taq* DNA 聚合酶应用于 PCR 扩增，提高了反应的特异性和灵敏度，是 PCR 技术定向实用化的一次突破性进展。*Taq* DNA 聚合酶最初是由 Erlich 于 1986 年从一种生活在温度高达 75 ℃ 温泉中的细菌水生栖热菌（*Thurmus aquaticus*）中分离纯化出来的。在有 4 种 dNTP（dATP、dGTP、dCTP、dTTP）的反应体系中，*Taq* DNA 聚合酶能以高温变性的靶 DNA 分离出来的单链 DNA 为模板，从分别结合在扩增区段两端的引物为起点，按 $5'→3'$ 的方向合成新生互补链。这种 DNA 聚合酶具有耐高温的特性，其活性半衰期为 92.5 ℃ 下 130 min、94 ℃ 下 40 min、95 ℃ 下 30 min、97 ℃ 下 5 min。其最适的活性温度是 75 ℃，连续保温 30 min 仍具有相当高的活性，而且在比较宽的温度范围内都保持着催化 DNA 合成的能力，一般 PCR 反应中延伸温度采用比最适温度稍低的 72 ℃，一次加酶即可满足 PCR 反应全过程的需求。因此，*Taq* DNA 聚合酶的开发利用有力地促进了 PCR 操作过程自动化的实现。

在 50 μL 的 PCR 反应体系中，*Taq* DNA 聚合酶用量为 1～2.5 U。然而，由于 DNA 的不同及其他条件的差别，聚合酶的使用量也有所不同，可根据模板 DNA、引物及其他因素的变化进行适当的增减。聚合酶的实验用量一般为 0.5～5 U，根据电泳的结果决定酶的最佳用量。若酶用量偏高，会使非特异性扩增产物增加；若酶用量偏低，则合成产物量少，电泳条带很暗。此外，由于酶的生产厂家不同，其 *Taq* DNA 聚合酶的性能亦有差异，用量也应进行调整。

普通 *Taq* DNA 聚合酶除具有 $5'→3'$ 聚合酶活性外，还有 $5'→3'$ 外切酶活性，但没有 $3'→5'$ 外切酶活性，无 $3'→5'$ 方向的校正活性，因此在典型的一次 PCR 反应中，*Taq* DNA 聚合酶造成的核苷酸错误掺入的概率大约是每 $2×10^4$ 个核苷酸中有 1 个。这对于大批量的 PCR 产物分析而言，并不会构成什么严重的问题，因为具有同样错误掺入核苷酸的 DNA 分子，仅占全部合成的 DNA 分子群体的极小部分。然而，如果 PCR 扩增的 DNA 片段用于分子克隆，那么核苷酸的错误掺入则是值得重视的事件。现在已经发现另一种扩增反应精确性有所提高的热稳定的 DNA 聚合酶，如高保真 *Pfu* DNA 聚合酶，这种酶具有 $3'→5'$ 方向的校正活性，将有助于克服核苷酸错误掺入的问题。

另外，普通 *Taq* DNA 聚合酶在聚合链末端不依赖模板多聚合出一个腺苷酸，其机理不明。人们根据这种性质，设计出了一种线性克隆载体——T 载体，其 $5'$ 末端有一个突出的 T，正好与 PCR 产物 $3'$ 端突出的 A 互补，这样就可方便地将 PCR 产物直接连接于其上。

3. 脱氧核苷三磷酸　一般商品化供应的 dNTP 溶液 pH 应为 7.0，各 dNTP 的浓度为 2.5 mmol/L，一般使用浓度控制在 20～200 mol/L。4 种 dNTP 分子浓度必须相等，以减少错配。使用较低的 dNTP 浓度，能减少在非靶位置启动和延伸时核苷酸的错误掺入。例如，在 50 μL 的反应体系中，4 种 dNTP 的浓度用 20 μmol/L，基本足够合成 2.6 μg DNA 或 10 pmol 的 400 bp 长的片段，而且扩增特异性较高。

4. 镁离子　Mg^{2+} 浓度对 PCR 反应影响很大，既影响到 *Taq* DNA 聚合酶的活性和真实性，又影响到引物退火、模板和 PCR 产物的解链温度、产物的特异性以及引物二聚体生成等。PCR 体系中的 Mg^{2+} 浓度为 0.5～2.5 mmol/L。对于一种新的 PCR 反应，可以用 0.1～5 mmol/L 的递增浓度的 Mg^{2+} 进行预备实验，选出最适的 Mg^{2+} 浓度。如果溶液中存在 EDTA 或引物贮备液中有其他螯合物，就会干扰 Mg^{2+} 的浓度。因此，要适当调节 Mg^{2+} 的用量，以保证最适 Mg^{2+} 浓度。

5. 模板　PCR 反应的模板 DNA 可以是单链分子，也可以是双链分子；可以是线性分子，也可以是环状分子，线性分子比环状分子的扩增效果稍好。就模板 DNA 而言，影响 PCR 的主要因素是模板的数量和纯度，一般反应中模板数量控制在 $10^2～10^5$ 个拷贝较好。对于单拷贝基因，这需要 0.1 μg 的人基因组 DNA、10 ng 的酵母 DNA、1 ng 的大肠杆菌 DNA。扩增多拷贝序列时，模板的用量更少。模板量过多则可能增加非特异性产物。

6. 其他反应成分

（1）Tris-HCl　在 PCR 中使用 10～50 mmol/L Tris-HCl（pH 8.3，20 ℃）。Tris 缓冲液是一

种双极化离子缓冲液，温度每升高1 ℃，pH下降0.02，因此在典型的热循环条件下其pH在6.8～7.8之间变化。

（2）氯化钾　KCl浓度在50 mmol/L时，能促使引物退火。但在NaCl浓度为50 mmol/L，KCl的浓度大于50 mmol/L时，将会抑制 Taq DNA 聚合酶的活性。

（3）二甲基甲砜　在使用Klenow片段进行PCR时二甲基亚砜（DMSO）是有用的。但其浓度超过10%将会抑制 Taq DNA 聚合酶50%的活性。因此，大多数人并不使用DMSO。

（4）其他成分　其他成分如明胶、牛血清白蛋白或非离子型生物去污剂，能帮助稳定酶的作用。一般用量为100 μmol/mL。在一些操作中，不加蛋白亦可得到良好的结果。

此外，如果按照以上所列出的PCR反应成分，在每次实验过程中都添加各个组分，将很容易造成试剂污染和添加量不准确等问题，同时实验操作烦琐。因此，目前很多生物公司开发了商业化的PCR反应试剂盒（mix PCR试剂盒），按照PCR反应过程中所需要的每种成分的量，将 Taq DNA 聚合酶、PCR缓冲液、dNTP等按照一定的比例进行混合和优化，使用者只需要在使用时加入适量的引物、水和模板DNA即可，极大地简化了实验操作。

三、PCR的反应条件

1. 变性的时间和温度　模板DNA和PCR产物的变性不充分是PCR失败的重要原因。一般在第一轮循环前先进行94 ℃预变性3～10 min，以便使模板DNA完全解链，然后加入 Taq DNA 聚合酶趁热启动（热启动），这样可减少聚合酶在低温下仍有部分活性而引起的非特异扩增。对G+C比较丰富的模板序列，可使用更高的变性温度（如95～97 ℃）。在循环过程中，一般变性温度与时间为94 ℃、1 min。温度太高或反应时间过长，都会导致酶损失。

2. 引物的退火　引物退火温度和所需时间长短取决于反应体系中扩增的基因组成及引物的长度、浓度和碱基组成。实际使用的退火温度要比引物的 T_m 值低5 ℃。退火温度在55～72 ℃之间都会得到好的结果。一般当引物中G+C含量高、长度较长并与模板完全配对时，应提高退火温度。退火温度越高，所得产物的特异性越高。因为提高退火温度会防止不正确引物的结合，同时能降低引物3′端不正确核苷酸的错误延伸。如果想提高扩增的特异性，应严格规定退火温度，特别是前几个循环。前3～5个循环采用较高的退火温度可以提高扩增的特异性，在以后的循环中降低退火温度又可提高扩增产物的产量。有些反应甚至可将退火与延伸两步合并，只有两种温度（如用94 ℃和70 ℃）就完成了整个扩增循环，既省时间又提高了特异性。当然，退火温度也不能过高，否则引物不能与模板很好地结合，得不到扩增产物。在典型的引物浓度（如0.2 μmol/L）下，退火仅需数秒即可，但为了使整个反应体系达到合适的温度，反应中退火时间通常需要30～60 s。

3. 延伸时间和温度　延伸时间长短取决于目的序列的长度、浓度及延伸温度。实际上，引物延伸在退火时即已开始，因为 Taq DNA 聚合酶的活性温度范围很宽，为20～85 ℃。一般引物延伸是在72 ℃下进行，在此温度下核苷酸补位的速率为60 nt/s以上，其速率取决于PCR缓冲液组成和pH、盐离子的浓度和DNA模板的性质。对2 kb长的产物扩增时间多采用1 min（72 ℃时）。如果底物的浓度非常低时，采用较长的延伸时间对初期的循环是有利的。

4. 平台效应　平台效应是指PCR循环的后期，合成的产物到达0.3～1 pmol的水平。由于产物的堆积，原来以指数增加的速率变成平坦曲线，扩增产物不再随循环个数而明显上升。引起平台效应的因素主要有：①dNTP或引物等消耗殆尽；②酶活性逐渐降低；③最终产物的阻化作用（焦磷酸盐、双链DNA）；④非特异性产物或引物的二聚体与反应模板的竞争作用；⑤浓度在 10^{-8} mol/L 时的特异引物的重退火（延伸率减低、 Taq DNA 聚合酶消耗、产物链分叉、引物移位）；⑥变性和在高产物浓度下产物分离不完全。

随着PCR反应中循环次数的增加，低浓度时产生少量错配的非特异产物开始大量扩增，可能会形成高产物浓度环境，也可出现反应的平台。合理的 PCR 循环个数是避免这些产物扩增的最好办法。此外，如果在 PCR 反应结束后需要进一步扩增，将扩增的 DNA 样品稀释 $10^3 \sim 10^5$ 倍后作模板再进行 PCR，可防止发生平台效应。

第三节　PCR 引物设计原则

在 PCR 扩增体系中，引物的设计是十分重要的。PCR 作为一个体外酶促反应，其效率取决于两个动力学因素：一是引物与模板的特异性结合；二是聚合酶对引物的有效延伸。由于基因组具有庞大数量的 DNA 序列，除了特异性的扩增，往往很容易产生非特异性产物。引物的设计总原则就是提高特异性扩增的效率，抑制非特异性扩增。

一、引物设计的一般原则

通常情况下较好的引物在结构和组成上应满足以下条件：
① 引物长度应为 15～30 nt，T_m 接近 72 ℃较佳。引物的 T_m 可按下列简单公式计算：
$$T_m = (G+C) \times 4 + (A+T) \times 2$$
② 碱基的分布应当是随机的，避免出现一连串的单一碱基或产生二级结构。
③ G+C 的含量为 45%～55%。
④ 两个引物在 3′端均必须与模板互补，5′端可以不互补。
⑤ 引物自身连续互补碱基小于 4 个。
⑥ 引物之间连续互补碱基也应小于 4 个。

二、引物 3′端的末位碱基

引物 3′端的末位碱基在很大程度上影响着 *Taq* DNA 聚合酶的有效延伸。实验表明，引物 3′端末位碱基存在错配时，不同碱基的引发效率存在很大的差异。当末位碱基为 T 时，即使在错配的情况下也能引发链的合成；而末位碱基为 A 时，错配时的引发效率大大降低。G、C 居于其间。如果是用于扩增一个已知基因序列，3′端的末位碱基最好选 A、G、C，不要选 T。如果已知一种蛋白的末端氨基酸序列而基因序列未知时，通常设计简并引物来分离该蛋白基因，此时简并引物的 3′端末位碱基选 T 会得到较好的效果。

三、引物设计软件

引物设计可借助于一些计算机引物设计软件。目前用于引物设计的软件有多种，其中 Oligo 7.57、Oligo 6.57、Primer 6.0、Primer 5.0 是非常方便且功能强大的引物设计分析软件。由于 Primer 5.0 是目前使用非常广泛且经典的版本，故在此主要介绍 Primer 5.0 版本的引物设计软件（图 4-2）。其主要界面分为序列编辑（Genetank）窗口、引物设计（Primer Design）窗口、酶切位点（Restriction Site）窗口和基序（Motif）分析窗口。这里主要介绍其引物设计功能。

打开程序，首先进入序列编辑窗口，输入序列后。点击该界面的"Add"按钮即可进入到程序的引物设计窗口。

该界面共分为三层，最上面一层是控制按钮，用于实现引物设计中的各种功能，包括引物自动寻找（Search）、结果查看和引物编辑；右边是观察两个引物在模板上结合位置的直观图以及对正链还是负链引物进行选择；第二层是显示模板序列（右侧）和引物序列（左侧）及二者间的配对情况的显

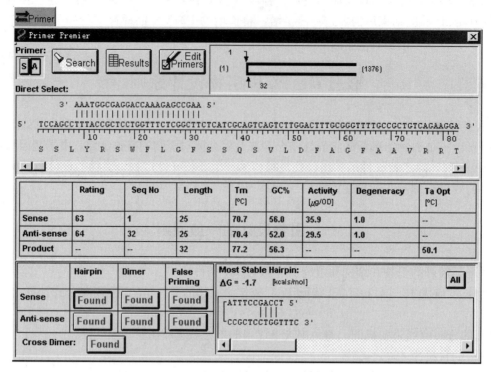

图 4-2 Primer 5.0 版本的引物设计软件界面图

示；第三层是显示"Primer Properties""BLAST information"和"SNP Information"。点击"Primer Properties"按钮，可以查看两个引物的各种参数，包括给引物的打分，引物的起始位置、长度、T_m 值、G+C 的含量（%）、二聚体结构（dimer）、发卡结构（hairpin）、错配情况和引物间二聚体结构的预测，以及产物的长度、T_m 值、G+C 的含量（%）和最适退火温度。

通过点击"Primer Parameters"按钮可以设置一些引物参数，这些参数包括引物的 T_m 值、引物长度、引物位置、产物长度等。点击"Search Parameters"按钮设置一些搜寻参数，设置引物搜寻的范围，避免二聚体、发卡结构和模板相关的可能错配情况。这些参数的设定可以根据要求变化，程序本身根据一定的标准分成从极高严谨性到极低严谨性 5 个档次。该程序对引物的自动搜索过程采用的是排除法，根据用户设定的引物范围和产物长度，在所规定区域内所有的符合设定的引物长度的寡核苷酸都被视为可能的引物，然后根据以上各个参数逐步去除不符合条件的寡核苷酸，经过层层剔除，最终筛选到符合用户所设定的标准的引物，如果找不到合适的引物可以逐步降低要求来进一步搜寻。

在结果窗口中程序会给出各对引物的得分（rating），上、下游引物的起始位置和长度，以及产物的长度。通过直接点击各对引物，在相应引物搜寻界面中显示引物的各种信息，包括其各种参数和各种可能存在的不利结构。用"File"菜单中的"Parameter"命令可以对系统参数、PCR 反应条件和程序打分系统进行设置，以帮助用户根据自己的特殊要求来进行引物设计，其中反应条件的设置包括引物浓度、单价离子浓度和 Mg^{2+} 浓度等。

用户还可以利用引物设计窗口对程序自动找到的或手工找到的引物序列进行编辑，以便用户能在引物中引入突变及加入特定的酶切位点，并对修改后的序列二聚体结构、发卡结构和错配进一步评估，还可对修改后的引物再次搜寻找出其最合适的位置。

此外，用户还可以利用在线网站设计引物。目前已经有很多在线网站可以设计引物，其中应用较多的是利用 NCBI（National Center for Biotechnology Information）网站中的 Primer-BLAST 程序（https://www.ncbi.nlm.nih.gov/tools/primer-blast/）设计引物。具体步骤：输入目的序列的

accession，gi，或 FASTA 格式的序列，并注明想要设计的上下游引物位置（也可以输入已有的引物设计另一条引物），设置引物的长度、想要的退火温度等参数。除了设置引物的参数，NCBI 引物设计还具有一个很大的优势，即选择一个物种的序列，软件可以将设计的引物与数据库中的选中物种序列信息进行比对，并给出比对的结果，让使用者更方便地观察引物的特异性和可能存在的非特异性扩增情况。

第四节　PCR 技术类型

PCR 技术是分子生物学的最基本技术，其应用十分广泛，由 PCR 的基本技术衍化出了许多方法，下面进行简单介绍。

一、已知 DNA 序列的 PCR 扩增

1. 巢式 PCR　巢式 PCR（nested PCR）是为了增加扩增的灵敏度，对已知序列设计出第一对引物，扩增 25 个循环。然后根据已知序列设计出第二对引物，它和用第一对引物扩增出的序列内部的两条链序列互补，继续再扩增 25 个循环。如此扩增不受平台效应限制，而且比单一的一对引物 PCR 扩增灵敏度增高 1 000 倍。

2. 热巢式 PCR　热巢式 PCR（hot nested PCR）是巢式 PCR 的改进技术。第一对 PCR 引物按常规扩增后，再用第二对引物与模板进行扩增。与巢式 PCR 不同点是第二对引物之一标记了放射性物质，相应的扩增产物一端也随之携带了放射性标记。对带标记产物进行电泳技术等分析时，灵敏度增高，可测出 10^6 个细胞中的 1 个 DNA 分子。

3. 半巢式 PCR　为了节省材料，在设计巢式引物时，往往利用第一对引物中的一个引物从靶序列内部设计出另一个引物，进行 PCR，称为半巢式 PCR（half nested PCR）。其效果与巢式 PCR 相同。

4. 不对称 PCR　不对称 PCR（asymmetric PCR）多用于序列分析。在扩增靶片段时，上游引物和下游引物按照 50∶1 或 1∶50 比例加入反应体系中。经若干次扩增后，其中一个引物消耗殆尽，这时已经积累了一定数量的双链 DNA。其后的扩增反应只对模板一条链合成对应互补链，实际扩增产物大部分是单链 DNA，可用于对靶序列按双脱氧链终止法予以分析。

5. 等位特异性 PCR　等位特异性 PCR（allele specific PCR，AS-PCR），是为检测点突变而设计的。在引物的 3′端设计突变碱基，由于 Taq DNA 聚合酶没有 3′→5′外切酶活性，所以 3′端错配的引物不易形成磷酸二酯键，阻碍扩增。由此可知，突变引物与常规模板、常规引物与突变模板之间放大片段受阻，电泳分离时，不出现谱带；反之则会出现特定区带。目前这种方法还存在一定问题，有些碱基错配类型不能完全阻止引物延伸，在应用时要具体分析。

6. PCR-限制性片段长度多态性技术　PCR-限制性片段长度多态性（PCR-restriction fragment length polymorphism，PCR-RFLP）技术又称酶切扩增多态序列位点-PCR（cleaved amplification polymorphism sequence-tagged sites-PCR，CAP-PCR）技术，这种技术主要是为了检测基因突变或单核苷多态性（SNP）位点设计的。当特定位点的碱基突变、插入或缺失数很少（一般为 1 个突变位点），以至很难通过电泳技术直接对个体基因型进行区分的时候，则可以利用 PCR-RFLP 对突变位点进行检测。其基本原理是利用 PCR 技术扩增包含突变位点的区域，然后利用能够识别突变位点的限制性核酸内切酶对 PCR 产物进行消化。由于存在不同的等位基因，而限制性核酸内切酶只能识别一种等位基因，因此酶切后会产生不同长度的 DNA 片段条带，从而可以根据酶切后的电泳条带区分个体的基因型。目前，可以应用在线网站 http://helix.wustl.edu/dcaps/dcaps.html（dCAPS Finder 2.0）设计 PCR-RFLP 引物。

7. 强制性-PCR-限制性片段长度多态性　如果想用 PCR-RFLP 的方法检测许多生物个体的基因变异，而变异位点所在的序列存在极不常见的限制性核酸内切酶，或者并没有相应限制性核酸内切酶可以识别的位点怎么办？这时候可以采用强制性-PCR-限制性片段长度多态性（forced PCR-RFLP）的方法设计引物进行检测。强制性-PCR-RFLP 又称为人工创造限制性酶切位点-PCR（artificial creation of restriction site PCR-RFLP，ACRS-PCR-RFLP），其基本原理与 PCR-RFLP 类似，不同的是在设计引物的时候，该技术利用引物序列在变异位点的附近位置改变 1~2 个碱基，人为地引入酶切位点。这就要求在设计引物的时候，注意一些基本问题：①不能改变突变位点紧邻着的碱基；②最多只能改变突变位点附近的两个碱基；③如果想改变两个碱基，那么这两个碱基尽量不要紧挨着；④要分析扩增的 PCR 产物中是否还含有其他的该限制性核酸内切酶的识别位点，不要影响分型；⑤由于强制性-PCR-RFLP 对产物进行酶切后，切开的 PCR 产物和没切开的 PCR 产物只差了引物的长度（15~30 bp），因此 PCR 扩增片段长度不要太长，一般为 80~300 bp。

8. 四引物扩增受阻突变体系-PCR　四引物扩增受阻突变体系-PCR（tetra-primer amplification refractory mutation system-PCR，T-ARMS-PCR）是利用 4 条引物同时进行扩增，然后根据电泳条带进行区分突变位点不同基因型的方法。其基本原理与等位特异性 PCR（AS-PCR）类似，均基于 Taq DNA 聚合酶无 3′→5′外切酶活性，所以 3′端错配的引物不易形成磷酸二酯键，阻碍扩增。具体分析方法是针对 1 个 SNP（如 G>A）位点设计 2 个延伸方向相反的内侧引物（inner primer），2 个引物 3′末端碱基分别与 SNP 位点的 1 个碱基相同（或互补），再引入错配碱基增加引物的特异性，然后按正常的方法设计 2 个方向相反的外部引物（outer primer）；用这 4 个引物在 1 个 PCR 反应中进行扩增，扩增产物用凝胶电泳检测，出现 2 个条带的是纯合型（G-G 或 A-A），出现 3 条带的是杂合型（G-A）。目前，可以应用在线网站 http://primer1.soton.ac.uk/primer1.html（PRIMER1：primer design for tetra-primer ARMS-PCR）设计 T-ARMS-PCR 所需的引物。该方法的优点是只需要设计引物、进行 PCR 扩增和电泳检测，操作简单，节省时间和成本。但需要注意的是，在检测引物效率的时候，要尝试不同的扩增程序、不同的引物比例等，以筛选出最优的扩增条件用于基因分型。

9. 重叠延伸 PCR　重叠延伸 PCR（overlap PCR）主要是用来研究定点突变或克隆基因，该方法可以快速高效地在基因中特定位点引入特定突变。其基本原理就是采用具有互补末端的引物，使 PCR 产物形成一小段的重叠链，在随后的扩增反应中通过重叠链的延伸，将不同来源的扩增片段重叠拼接起来。其基本步骤是：设计包含突变位点的下游引物以及与其相对应的上游引物，设计包含突变位点的上游引物以及与其相对应的下游引物，并以 DNA 为模板分别进行扩增；将两个 PCR 扩增所得的产物混合作为模板，用两个外侧的引物进行扩增，扩增产物中的特定位点即被人为改变了。

10. PCR-单链构象多态性　PCR-单链构象多态性（PCR-single strand conformation polymorphisms，PCR-SSCP）检测突变的原理是：单链 DNA 分子在凝胶中的泳动率取决于分子质量的大小和空间构象，如果在碱基长度相同的情况下，单链 DNA（single strand DNA，ssDNA）由于碱基序列的差异，就可导致空间构象改变，其泳动率也会发生改变。所以，通过 PCR 扩增的 DNA，经变性并进行非变性聚丙烯酰胺凝胶电泳，就可区分扩增产物 DNA 的多态带型，选定多态带型进行序列分析，就可获得扩增区段的 DNA 的 SNP。该技术的优点是简单、快速、灵敏度较高。它适用与 400 bp 以内碱基长度的多态性检测，同时可处理多个样本。

11. 竞争引物 PCR　竞争引物 PCR（competitive oligonucleotide primer PCR，COP-PCR）针对靶 DNA 一个侧点突变设计出两个等位特异性寡核苷酸（allele specific oligonucleotide，ASO），一个为正常引物，另一个为突变引物。与 AS-PCR 引物不同的是它的突变点在引物中间，长度以 12~16 nt 为宜。两个 ASO 引物与模板竞争同一位点复性，则完全互补引物复性机会比单碱基错配引物大 20~100 倍。如果只有一个引物作标记，对于不同的模板，竞争扩增结果则不同。已证明适用于本技术的 12 种类型的错配碱基中有 7 种，即 A-A、G-G、G-A、C-A、C-C、T-C 和 T-G。有人已用 COP-PCR 测定了次黄嘌呤鸟嘌呤磷酸核糖转移酶基因和 *Hbs* 基因的点突变。

12. 降落 PCR　降落 PCR（touch-down PCR，TD-PCR）主要用于 PCR 的条件优化。如设计的引物在许多情况下使 PCR 难以进行，或者特异性不够而容易产生错配等，这时 TD-PCR 可以很好地解决这些问题。TD-PCR 是利用一个反应管或一小组反应管，在一个多循环反应程序中进行 PCR 扩增。设计多循环反应程序的退火温度越来越低，开始时的退火温度选择高于估计的解链温度（T_m）值，随着循环的进行，退火温度逐渐降到 T_m 值，最终低于这个水平。这个策略有利于确保第一个引物-模板杂交事件发生在最互补的反应物之间。TD-PCR 不应该被看作一种确定某个 PCR 最佳条件反应的方法，而应被看作一种潜在的一步找到最佳扩增条件的方法。在引物和模板的同源性未知时，常根据氨基酸序列设计引物。在扩增多基因家族成员时，TD-PCR 尤其有价值。如有时用与一个物种的同源片段相同的引物来扩增另一物种 DNA。

二、逆转录 PCR

先用逆转录酶作用于 mRNA，以寡聚 dT [oligo (dT)$_n$] 为引物合成第一链 cDNA，然后用已知一对引物，扩增嵌合分子，称为逆转录 PCR（reverse transcription PCR，RT-PCR）。这种方法已广泛用于动植物病毒扩增、时间调节基因表达研究等。在基因克隆和表达中，也常用到 RT-PCR。如先对细胞中表达的 mRNA 提取，逆转录后得到 cDNA，经 PCR 扩增获得不含内含子的基因或表达量的检测等。RT-PCR 使 RNA 检测的灵敏度提高了几个数量级（较 Northern 印迹杂交灵敏 5×10^3 倍），也使一些极微量 RNA 样品分析成为可能。该法不仅可用于单链 RNA 扩增，也能用于双链 RNA 扩增。

1. RNA 样本的制备　用异硫氰酸胍法提取 RNA。

2. 逆转录反应　用于该反应的引物可以是随机六聚体核苷酸，也可以是 oligo (dT)$_n$。多数情况下，引物的种类并不重要，一些研究显示使用随机六聚体引物延伸法的结果较为恒定，并能引起靶序列的最大扩增。尽管不同来源的 RNA 模板影响逆转录进行，但均可较好地合成第一链 cDNA。提高逆转录温度（55 ℃）或增加 1~3 倍的酶量，可克服 RNA 二级结构的影响。对某些 RNA 而言，第一链 cDNA 合成后于 95 ℃加热反应混合物 3 min，并立即冷却至 4 ℃后再重复一次第一链 cDNA 合成的逆转录反应，可明显提高灵敏度。加热会破坏逆转录酶的部分活性，加热后补加一些逆转录酶会更有效地合成第一链 cDNA。

3. PCR 反应　在获得第一链 cDNA 后，设计 PCR 扩增引物。在 PCR 反应中，需将上述反应产物稀释 5 倍后才能用于 PCR 反应。dNTP 浓度不应超过 200 μmol/L。由于 Mg^{2+} 浓度受加入的 dNTP、模板和引物浓度的影响，而这些因素均可降低 Mg^{2+} 浓度。因此，在具体反应时都应在 0.5~8.0 mmol/L 之间优化 Mg^{2+} 用量。通常 Mg^{2+} 浓度在 2 mmol/L 左右。

对 RT-PCR 而言，循环数不能太多，否则会出现非特异扩增带。一般采用出现最佳结果的最少循环数。

设计 RT-PCR 引物时需要注意以下几点：①引物限定区最好为 180~500 bp，当然长片段也可有效扩增；②引物 5′ 和 3′ 端不应存在回文序列结构；③用 oligo (dT)$_n$ 作逆转录第一链 cDNA 的引物时，有义引物应尽量位于 RNA 的 3′ 端，以免合成的第一链 cDNA 全长作为 PCR 的模板；④引物限定区的原染色体 DNA 中最好有一内含子，这样可检测污染情况，或使引物设计在拼接后 RNA 的接头处；⑤PCR 引物限定区内最好有一酶切位点，以便鉴定产物；⑥若待扩增基因的基因组结构不清楚，因脊椎动物在编码区 5′ 端很少有大于 300 bp 的外显子存在，因此引物限定区最好位于编码区 5′ 端 300~400 bp 范围内，可使引物位于不同的外显子内。若待研究基因没有内含子，或是细菌、病毒的 RNA，就需要对 RNA 样品用无 RNase 污染的 DNase Ⅰ 处理除去染色体 DNA。

三、已知 cDNA 一端序列获得全长 cDNA 的 PCR 扩增

1. 快速扩增 cDNA 末端技术　PCR 用于扩增代表 mRNA 转录物某单一位点与其 3′或 5′末端之间区域的部分 cDNA 称为快速扩增 cDNA 末端技术（rapid amplification cDNA end，RACE）。如果已知目的 mRNA 的一段链内短序列，据此可设计基因特异引物，用原先存在的 poly（A）尾（3′末端）或附加的同聚尾（5′末端）互补的序列作末端引物，就可以获得从未知末端直到已知区域的部分 cDNA 序列。为获得 3′末端 cDNA 克隆，mRNA 逆转录时需用杂合引物（Q_T）。Q_T 由 17 个核苷酸长的 oligo（dT）及特定的 35 个碱基的寡核苷酸序列（Q_I-Q_O）构成，17 个核苷酸长的 oligo（dT）被命名为锚定引物。为获得 5′末端部分 cDNA 克隆需用基因特异引物，产生第一链产物，可用末端脱氧核苷酸转移酶及 dATP 加 poly（A）尾。通过 Q_T 引物和逆转录使用的上游基因特异引物生成第二链 cDNA。

为了最大限度降低实际扩增的同聚尾长度，Borson 等（1992）发展了一种锁定式的引物。引物 3′末端最后两个核苷酸是简并的，如扩增链有 poly（A）尾的 cDNA，锁定式引物应为：5′-XXXXXXXXXX-AAAAAAAA-MN-3′，M 为 G、T 或 C，X 代表引物 5′末端的一个或多个限制性核酸内切酶切位点（图 4-3）。该方法的优点在于它可以迫使引物与带有天然或附加同聚尾的 cDNA 序列退火，缺点是必须合成 4 个引物。而大多数合成仪只能从确定的 3′末端起始合成引物，操作略显烦琐。

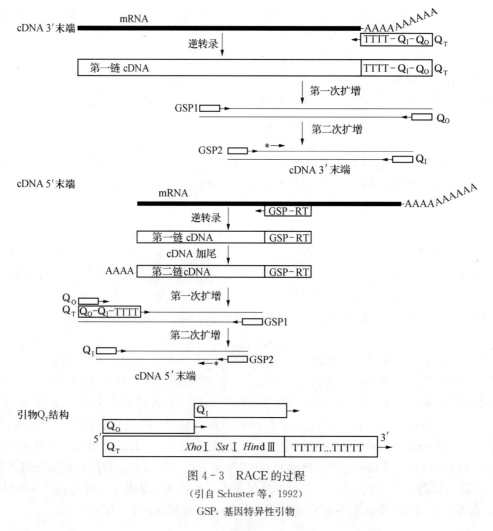

图 4-3　RACE 的过程
(引自 Schuster 等，1992)
GSP. 基因特异性引物

2. 新 RACE 经典 RACE 在技术上最具挑战性的一步是通过逆转录酶将目的 mRNA 完整地合成第一链 cDNA。因为过早终止的第一链 cDNA 其有效性像全长 cDNA 一样，可用末端转移酶同样有效地加尾，所以主要由过早终止第一链组成的 cDNA，会导致非全长 cDNA 末端的扩增和回收。某些基因通常在 5′ 末端 G+C 含量十分丰富，常含有阻止逆转录的序列。

新 RACE 与经典 RACE 不同之处在于：锚定引物在逆转录之前就连接到 mRNA 的 5′ 末端，因此，如果通过目的 mRNA 全长进行逆转录（和通过相对较短的锚定序列进行逆转录），则锚定序列就会整合进第一链 cDNA。

开始新 RACE 之前，mRNA 要先用牛小肠磷酸酶（CIP）脱磷酸化。该反应对全长 mRNA 实际上是没有用的，因为全长 mRNA 在其末端有甲基化的 G 帽，但该反应可使末端脱帽的降解 mRNA 脱磷酸化，因此降解的 mRNA 在下一步的连接步骤中显示生物惰性，这是因为连接反应需要磷酸基团驱动。用烟草酸性焦磷酸酶（TAP）处理全长 mRNA，使之脱帽，即可使 RNA 带有活性的磷酸化的 5′ 末端。用 T4 噬菌体 RNA 连接酶将此 RNA 连接到一段短的合成 RNA 寡核苷酸上，随后用基因特异性引物或随机引物逆转录 RNA 寡核苷酸与 mRNA 杂合体，以产生第一链 cDNA。最后用另外的基因特异性引物及来自 RNA 寡核苷酸序列的引物，通过两次嵌套 PCR，放大 cDNA 5′ 末端。

新 RACE 方法也可用于合成 cDNA 3′ 末端，并特别适用于未多聚腺苷化的 RNA。总之，细胞质 RNA 是脱磷酸化的，可按如上所述连接到合成的短 RNA 寡核苷酸上。尽管上面一再强调寡核苷酸是连接到 RNA 5′ 末端，但实际上它可以连接到细胞质 RNA 的两端。对逆转录而言，需使用来自 RNA 寡核苷酸的引物。碰巧连接到细胞质 RNA 3′ 末端的 RNA 寡核苷酸，其逆转录可生成 RNA 寡核苷酸序列与 3′ 末端互补的 cDNA。在 5′→3′ 方向的基因特异性引物和新 RACE 引物可用于嵌套 PCR，以扩增 3′ 末端。

四、已知侧翼序列 PCR 扩增

1. 染色体步移-反向 PCR 利用反向 PCR 研究与已知 DNA 区段相连接的未知染色体序列的策略称为染色体步移-反向 PCR（chromosome crawling - inverse PCR）。PCR 通常用于扩增位于两寡核苷酸引物之间的 DNA 区段，但是经特殊设计的 PCR 也可用来扩增那些位于已知序列外侧的序列，这就是反向 PCR。它的基本原理如图 4-4 所示。

首先用一种在靶序列中无切点的限制性核酸内切酶完全消化基因组 DNA，使带有靶序列的 DNA 片段<3 kb。随后将 DNA 稀释并在有利于单分子自身环化的条件下进行连接。鉴于 Taq DNA 聚合酶对线性 DNA 的作用要比环状 DNA 更有效些，也可再用一种限制性核酸内切酶将模板 DNA 重新线性化，这种酶在靶 DNA 已知序列中具有单一切点。无论是使用线性还是环状模板，反向 PCR 都可利用与靶序列 5′ 端互补的寡核苷酸引物，对靶序列两侧未知的 DNA 序列进行扩增。

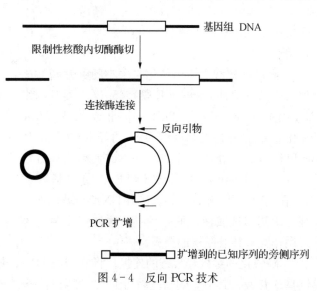

图 4-4 反向 PCR 技术

因此，只需常规的克隆程序，就可以迅速产生合适的杂交探针，用于鉴定 DNA 文库中与靶序列邻近的或重叠的 DNA 片段的克隆。这种方法称为染色体步移（chromosome crawling）。

2. 锅柄 PCR PCR 是一种可对特异 DNA 序列进行扩增并进行序列测定的技术，一般 PCR 要求靶序列的起始区序列是已知的。目前进行了克服 PCR 这一局限性的研究，可以从非常复杂的混合物中，对未知侧翼序列的 DNA 进行扩增。锅柄 PCR（panhandle PCR）可省去大量常规的克隆实验步骤，可从复杂混合物中直接获得目的 DNA 序列信息，因此在分子生物学领域具有广泛的应用前景。

(1) 锅柄 PCR 的原理　这种方法所形成的模板形状就像一柄带把的平底锅，因此形象地称为锅柄 PCR，也有人将其译为平底锅 PCR。该 PCR 的模板是利用一种限制性核酸内切酶消化基因组 DNA，使 5′端突出暴露，并将一个单链的寡核苷酸连接到经消化的基因组 DNA 产物上，最终每条链的 3′端得到修饰。这段寡核苷酸被设计成与未知序列上游的一段已知序列互补。通过稀释溶液引起变性，并诱导发生链内退火。这样经修饰过的基因组 DNA 链内部即会形成一个茎环结构。其中茎环区形成一个 3′凹陷末端，利用 5′端已知序列为模板，通过 DNA 聚合作用，将已知 DNA 加到未知 DNA 的一端，其中未知 DNA 序列位于茎环结构中的环区上，这样就形成了可进行随后 PCR 扩增的锅柄 PCR 的模板。由于形成的模板使已知 DNA 置于未知序列的两端，因此 PCR 可用于扩增未知序列。实际上，在此 PCR 扩增过程中要利用到两个引物，其中之一（P1）与连接的寡核苷酸退火位点和未知 DNA 片段之间的序列同源配对。首先开始 PCR 扩增，利用前一种引物 P1，就得到互补的 DNA 序列，其扩增效率很低。因此在随后的 PCR 扩增中用初始 PCR 扩增的引物（P1）与嵌套引物（P2）同时使用，就可直接从生物基因组中引物退火位点一端原始侧翼开始，进行连续的 DNA 未知序列扩增（图 4-5）。

(2) 锅柄 PCR 操作过程　以 Douglas 等人对人类基因组中 β 珠蛋白（2 307 bp）的扩增为例，简述锅柄 PCR 技术的具体操作过程及方法。

① 寡核苷酸磷酸化。2 μg 寡核苷酸用 10 U T4 多核苷酸激酶在 37 ℃下孵育 30 min，随后，68 ℃下灭活激酶 10 min。将此寡核苷酸分装，−20 ℃下冻存备用。

② 限制性核酸内切酶消化与牛小肠碱性磷酸酶处理（或部分填补 Klenow 片段）。5 μg 人类基因组 DNA 用 40 U BamH I、20 U Aur II 或 30 U Hind III 消化 2 h。消化后的基因组 DNA 再经 0.05 U 的牛小肠碱性磷酸酶处理孵育 30 min，或者利用部分填补反应，将 Klenow 片段与 dNTP 一同与基因组 DNA 在 23 ℃下孵育 30 min。接着 DNA 经玻璃珠法提纯，用基因洗胶液洗脱，用 TE 缓冲液重悬，冻存以用作无寡核苷酸链的模板。

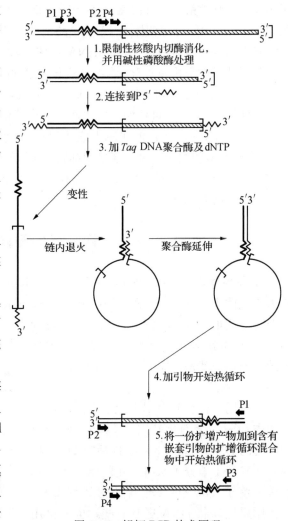

图 4-5　锅柄 PCR 技术原理

③ 磷酸化的寡核苷酸链的连接。将基因组 DNA 的 3′端连接上磷酸化的 30～35 个核苷酸长度的单链寡核苷酸，其中 5′端与基因组 DNA 经限制性核酸内切酶消化所获得的单链末端相互补。这个寡核苷酸的 3′区 30～33 个核苷酸与基因组 DNA 已知区相互配对，利用 T4 噬菌体 DNA 连接酶在 23 ℃下作用 4 h 即可连接。

④ 锅柄形成。用 2×PCR 反应物混合物解冻，加 10 μL 水，用 50 μL 矿物油覆盖其上。80 ℃预热，然后再加 2 μL 模板，以防止非特异退火或聚合作用发生。混合物经变性、退火、聚合作用的一

个热循环，保持在80℃。由于基因组DNA总浓度小于4 ng/μL。变性与退火步骤使链内互补序列发生链内退火，接下来就是3′凹陷末端的聚合酶延伸；同时作一个无模板DNA的对照样。

⑤ 首次PCR扩增的准备。于3支管中加12.5 pmol的P1与P2，在矿物油下层加5 mL水，保持在80℃，使每种引物终浓度均为0.25 mol/L，加dNTP，使终浓度为200 μmol/L。

⑥ 首次PCR扩增。30个PCR扩增循环，72℃ 7 min作最后延伸，然后过渡到80℃保温。扩增 $BamH\ I$ 切割的β珠蛋白参数：94℃ 30 s，56℃ 30 s，72℃ 30 s。

⑦ 嵌套式PCR扩增的准备。利用一根细长的胶管插入矿物质油层下面，吸出1 μL未经纯化的PCR扩增产物。并将其转移到相应的PCR试管中（其中已有嵌套引物P3、P4，并已经80℃预热），并加入与首次PCR扩增相同的酶、试剂、引物浓度。

⑧ 嵌套式PCR扩增。3支试管用嵌套式引物经35个循环94℃ 30 s、56℃ 30 s、72℃ 30 s扩增，最终在72℃延伸7 min，热循环次数与首次PCR基本相同。

⑨ PCR产物的克隆。用pUC19通过 $Hind\ III$ 酶切，并与PCR产物相连接，转化到大肠杆菌DH5α菌种中，可用作序列测定。

(3) 锅柄PCR的应用　在各种克隆技术中，锅柄PCR提供了一种快速可靠的方法克隆YAC终端。这将有助于连续的YAC克隆的增殖，可使个体染色体大片段有计划地克隆到YAC载体上。这可将来自于大型人类基因组DNA片段进行扩增，以取代目前为进行人类基因组测序工作的基础性克隆步骤，并且允许基因进入未能克隆的DNA区。

锅柄PCR也可用于节省染色体步移的步骤。进行染色体步移时，大型的限制片段只有一端是已知的，为了使位于片段的已知序列与位于片段另一端的未知序列相邻，要将这个大型的限制性片段进行环化。这种大型环状DNA再通过限制性核酸内切酶消化，获得常见的切点，其5′端为突出的单链序列，可将一条单链的寡核苷酸与此末端相连。这个寡核苷酸链可以设计成与原片段一端已知区相互补，这样原片段就与我们感兴趣的未知区相邻了。这些片段变性后，在高度严格控制下进行自身退火，并进行模板的聚合反应，最终获得的DNA片段是原有的大型限制性片段的未知端序列两侧均有已知DNA侧翼，这样就可以对未知端序列进行扩增。

锅柄PCR还可用于扩增特异性的连接片段。这些连接片段与用切割位点罕见的酶（如 $Not\ I$）消化的大型基因组DNA片段相连接，经脉冲场凝胶电泳分离，并被克隆到YAC载体上。为获得特异性的连接片段，可用此方法直接对来自于基因组的靠近大片段一端的一小段DNA进行扩增。目前，此方法已得到了较好的应用，包括相邻cDNA片段（如调节区、内含子、外显子接头）的扩增、病毒以及转座子整合位点等的鉴定。

五、未知序列PCR扩增

为了分离一个表达基因，只要是同源生物，其中一部分发生同一个表型突变，即可用下述方法克隆未知基因。采用的方法有岛屿获救PCR（island rescue PCR）、差异显示技术（differential display）、代表性差异分析（representational difference analysis）技术和抑制性差减杂交（suppressive subtractive hybridization，SSH）技术等。对于差异显示技术、代表性差异分析技术和抑制性衰减杂交技术，其相关内容在后面章节中有具体介绍，这里只介绍岛屿获救PCR。

要了解并准确地诊断人类疾病基因，一个重要的步骤就是通过定位克隆，从染色体中分离致病基因。这些基因的分离研究通常需要克隆大基因组。一旦候选的区域被克隆到酵母人工染色体上，接下来在如此大量的无特征的基因克隆中鉴定出编码序列将是极困难的。一个常规的战略是利用进化保守性，在基因组中筛选小的单一基因片段。目前更多的研究是利用5′端与3′端剪接受体来分离外显子。对于编码序列富集区，可用磁珠捕捉法，也可利用凝胶纯化的YAC质粒来直接筛选cDNA文库。然而，这些方法都要求DNA游离于宿主序列，并且通常很难适用于YAC。而岛屿获救PCR是针对此现象进行改进的一种方法，可合成高质量的富含外显子的探针，以利于 cDNA 文库的筛选。

1. 岛屿获救 PCR 的原理 岛屿获救 PCR，此称谓是基于许多基因的 5′端连接着 CpG 岛。CpG 岛一词是用来描述哺乳动物基因组 DNA 中的一部分序列，其特点是胞嘧啶（C）与鸟嘌呤（G）的总和超过 4 种碱基总和的 60%，每 10 个核苷酸约出现一次双核苷酸序列 CG。具有这种结构特点的序列仅占基因组 DNA 总量的 1% 左右，每一个单位长度约 1 000 个碱基对。

CpG 岛在分析基因组结构中占有重要地位。从已知的 DNA 序列统计中发现，几乎所有的管家基因（house-keeping gene，是在所有细胞中都能表达的基因，它能提供所有细胞类型生命所需的基因功能）及约 40% 的组织特异性基因的 5′末端都含有 CpG 岛，其序列可能包括基因转录的启动子及第一个外显子。因此在大规模 DNA 测序计划中，每发现一个 CpG 岛，则预示可能在此有一个基因。CpG 岛内含有罕见的 EagⅠ、SacⅡ、BssHⅡ、HapⅡ、HhaⅠ等酶切位点，这些罕见的酶切位点称为稀切酶位点。许多缺乏 CpG 岛的组织特异性基因含有较短的（<100 bp）富含 G+C 序列，它仍然有稀切酶位点。SINE（Alu）重复则较为均一地分布在基因组内，约每 3 kb 出现一次。利用由 CpG 岛延伸至相邻的 Alu 重复探针，可以分离与 CpG 岛相关联的基因（图 4-6a）。

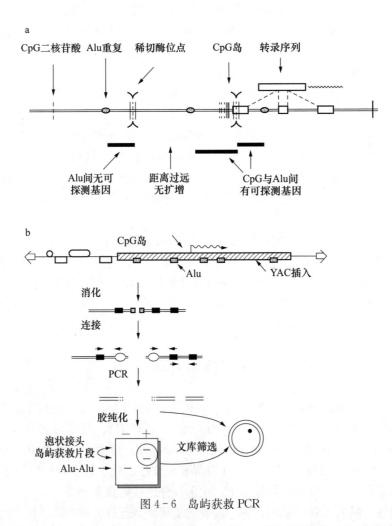

图 4-6 岛屿获救 PCR

利用位点罕见的稀切酶，切割酵母人工染色体（YAC），酶切片段连上泡状接头（接头里有一段非互补区），然后用泡状引物和 Alu 特异的引物进行 PCR 扩增。所扩增的片段经琼脂糖凝胶电泳分离，找出特异片段（与 Alu 引物单独扩增的产物比较），确认后可用来筛选 cDNA 文库（图 4-6b）。

选用泡状接头及泡状引物是为了保证 PCR 反应的选择性，其中泡状引物序列和泡状接头序列与非互补区的一条链的序列相同。由于泡状引物不能与泡状接头内对应的链互补，只有 Alu 引物能启动 PCR 反应而进行第一个扩增循环，这样不含 Alu 重复的 DNA 片段将不能被扩增。

2. 岛屿获救 PCR 的操作过程

（1）模板的制备　溶液中的酵母人工染色体 DNA 利用稀切酶 $Sac\;\mathrm{II}$ 与 $Eag\;\mathrm{I}$ 消化（浓度为 250 ng/μL）4 h，65 ℃灭活酶。将 1 μL 消化后的 DNA 与退火的泡状接头混合，总体积为 10 μL（泡状接头包含与相应的酶切位点上游相同的序列），连接反应在 16 ℃过夜进行，连接产物最终稀释为 200 μL，分装，在 4 ℃保存。

（2）PCR 扩增　PCR 反应体系为 50 μL，包含每种引物 500 ng（泡状接头与人类 Alu 序列引物），连接后的模板 5 μL，dNTP 200 mmol/L（一般用 dGTP/脱氮 dGTP 为 5∶3 的混合物）。热循环条件为：100 ℃预变性 5 min；98 ℃ 1 min，60 ℃ 1 min，72 ℃ 4 min，循环 30 次，每次循环中延伸步骤前必须在 7 s 内升温达到 72 ℃；最后 72 ℃温育 10 min 结束反应。聚合酶在预变性后加入。PCR 产物用 1%的琼脂糖凝胶电泳分析。利用溴化乙锭显色，在初始试验中获得的单链通过特定酶切特定标记用于 cDNA 文库筛选。

3. 岛屿获救 PCR 的应用　利用岛屿获救 PCR 合成的产物进一步筛选获得的 cDNA 克隆，可通过与原始的酵母人工染色体对照定位得到比较，快速筛选>500 kb 的人类基因的插入片段，并且该方法对酵母序列的污染具有一定的耐受性，还可同样作用于载体工具。目前，利用岛屿获救 PCR 方法从 YAC 基因组中合成的探针，已成功地从 cDNA 克隆中筛选出了神经纤维瘤 I 型基因（neurofibromatosis type I gene），从 YAC 中分离获得了 8 种其他基因，它们位于染色体 4p16.3 至 17q21 之间。

岛屿获救 PCR 是目前各种基因克隆方法中一种很有效的方法，由于这种方法所利用的筛选标准不同于其他方法，因此可获得转录序列不同的亚型。这种方法要利用高质量的随机引物筛选 cDNA 库，并要以基因 5′端为目标，而基因 5′端通常是最难分离的。那些缺乏 CpG 岛而有 Alu 重复的基因常会被漏掉，这是该方法的一个缺陷。可利用多种稀切酶消化 DNA，并且进行长距离 PCR 等方法来尽量减少该缺陷造成的漏掉现象，但不可能完全避免。岛屿获救 PCR 为我们快速分离感兴趣的基因提供了方便，丰富了研究转录序列的方法。

六、定量 PCR

1. 竞争性 PCR　设计一个竞争模板 cDNA，它的碱基排列基本与特定 mRNA 相同，只是内部设计出一个限制性核酸内切酶酶切位点。当靶 mRNA 逆转录合成 cDNA 后，即把竞争模板加入反应体系，在同一对引物作用下进行 PCR 扩增。扩增产物用所设计的限制性核酸内切酶切割后，电泳分离两种产物。由于加入的竞争模板含量已知，即可通过电泳带的荧光测出每条带的 DNA 含量。亦可用内参标法测之，原理和上述方法相同，只是用已知质粒作竞争模板的载体。在质粒上有多对引物互补序列，这样它可作为标准，定量测定多种靶序列的含量。

2. 荧光定量 PCR　荧光定量 PCR 的探针原理是 Taq DNA 聚合酶的 5′→3′外切酶活性可以在链延伸过程中实现链替换，并将被替换的单链逐渐切除。在反应体系中，不仅有两条普通的 PCR 引物，还有一条荧光标记探针，这条探针的 5′端和 3′端分别标记了荧光报告基团（R）和荧光猝灭基团（Q）。当这条探针保持完整时，荧光报告基团（R）的荧光信号被荧光猝灭基团（Q）猝灭；一旦探针被切断，猝灭作用消失，R 的荧光信号就可以被测定。此方法不用常规方法电泳分离谱带，而直接用荧光检测仪通过扩增管测定含量。另外，根据一些荧光染料只有结合在 DNA 双链中间才能接受激发光的原理，把染料加在 PCR 反应体系中，扩增出来的产物即可被定量检测出来，这种方法不用合成探针，简单方便，但灵敏度不如前者。一般来说，荧光定量 PCR 可分为绝对荧光定量 PCR 和相对荧光定量 PCR。

绝对荧光定量 PCR 是用已知浓度的标准品绘制标准曲线来推算未知样品的量。具体操作：将标准品稀释为不同的浓度作为 PCR 模板进行反应，以标准品拷贝数的对数值为横坐标，以测得的 C_t 值（C_t 值为实时定量 PCR 反应中每个 PCR 反应管内荧光信号到达设定的域值时所经历的循环数）为纵坐标，绘制标准曲线。对未知样品进行定量分析时，根据所得的 C_t 值，即可在标准曲线中得到样本的拷贝数。

相对荧光定量 PCR 不能得到样本的具体拷贝数，而是将检测的不同样本的结果进行比较分析，以获得样本间的相对表达量。试验操作时需要选择一个在不同样本中均稳定表达的基因作为内参基因，然后对样品中的目的基因与内参基因分别做标准曲线，通过标准曲线确定两个基因的扩增效率是否一致或接近，将扩增效率优化为一致；对同一样品分别进行内参基因和目的基因的扩增；利用 $2^{-\Delta\Delta C_t}$ 方法对数据进行分析，用内参基因的 C_t 值归一目标基因的 C_t 值，用校准样品的 ΔC_t 值归一试验样本的 ΔC_t 值。

七、免疫相关 PCR

1. 免疫 PCR 免疫 PCR（immune PCR）是指将 PCR 技术和免疫学技术结合起来的一项检验技术，在此以双引物双标记法为例介绍这种技术的原理。在 PCR 的一对引物中，其中一条引物用生物素（biotin）标记，另一条引物用地高辛标记。在酶标微孔板上，首先分别包被可溶性待测样品和阳性与阴性对照，以后每包被一次均用缓冲液洗涤，除去未结合的残余物质；然后用第一抗体反应，再用标记有生物素的第二抗体包被，再加入生物素；最后，经链亲和素搭桥。PCR 扩增后经纯化去除引物、dNTP、引物二聚体等小分子后，将纯化片段加入微孔板中。此时，微孔板上如果有特异性抗原，则和加入的抗体反应，第一抗体和第二抗体相继反应，最终将与引物上的生物素结合而捕捉 PCR 片段。再在微孔板中加入碱性磷酸酶或辣根过氧化物酶标记的抗地高辛抗体，该抗体将与另一引物上的地高辛结合从而形成链亲和素-生物素-PCR 片段-地高辛-抗地高辛抗体-酶的复合物。加入酶的相应底物进行显色，便可判断样品中有无特异抗原。

本实验的关键步骤是获得适当的抗体-DNA 复合物。以上讲述的是用链亲和素将生物素标记的抗体与生物素标记的 DNA 偶联的方法，因每个链亲和素分子可与 4 个生物素分子结合，因此要优化反应条件，以使每个链亲和素分子既能结合上抗体分子，又能结合上 DNA 片段。此外，还可用化学方法将 DNA 片段与抗体分子共价偶联，即将抗体分子和 5′端氨基修饰的 DNA 片段分别与不同的双功能偶联剂结合，然后通过自发的反应偶联到一起。如用 N - succinimidyl - S - acetyl thioacetate（SATA）活化氨基修饰的 DNA 片段，用 sulfo - succinimidyl - 4 - (maleimidomethyl) cyclohexane - 1 - carboxylate（sulfo - SMCC）修饰抗体分子，然后将二者在一个小管中混合，通过加入盐酸羟胺（hydroxylamine hydrochloride）使二者偶联在一起。

由于免疫 PCR 具有高度敏感性，抗体和标记 DNA 的任何非特异性结合均会导致严重的本底问题。因此在加入抗体和标记 DNA 后必须尽可能彻底地清洗，即使有些特异性结合的抗体或标记 DNA 被洗掉了，亦可在最后通过增加 PCR 的循环次数得以弥补。此外，应用有效的封闭剂对防止非特异性结合也是非常重要的，可用牛血清白蛋白作蛋白封闭剂，用蛙鱼精 DNA 作核酸封闭剂。

产生本底信号的另一个重要因素是污染，这也是所有敏感的检测系统存在的问题。即使每一步实验都做得非常仔细，重复使用同样的引物和标记 DNA 也会产生假阳性信号。而 PCR 的一个主要优点是标记 DNA 序列完全由人为选定，因此标记的 DNA 及其引物可经常变换，以避免由于污染造成的假阳性信号。

免疫 PCR 可以检测常规免疫学方法无法检测的样品，因此应用免疫 PCR 可在微观水平（单细胞）检测到抗原，可以检测出每毫升标本中 10 fg 的靶物质，用于估计某一标本中的抗原数量。

2. ELISA - PCR ELISA - PCR 是将酶联免疫吸附分析和 PCR 技术结合在一起的一种方法。与免疫 PCR 技术不同的是，该方法用一对生物素标记引物特异地扩增靶 DNA，然后在结合包被抗生物素（avidin）的聚氟乙烯板上，再用地高辛标记的特异性探针与 PCR 产物杂交，最后用抗地高辛的酶联反应检测。本法灵敏度与同位素标记相当，但避免了放射性的危害，不过在应用时要注意防止污染和非特异性反应。

八、PCR 技术衍生的分子标记

在 PCR 技术的基础上，已发展了多种分子标记，如随机扩增多态 DNA、扩增片段长度多态性和微卫星标记等。这些分析方法将在第十四章详细介绍。

第五节　PCR 技术的应用

PCR 技术可以广泛应用于科研和实际检测中，如用于 DNA 研究、序列分析、测定基因表达、从 cDNA 库放大特定克隆、构建基因图、进化分析、生物证据分析、医学研究与临床检验、性别控制和转基因生物检测等。

一、核酸的基础研究

PCR 体外扩增靶 DNA 片段，不需重组、转化和克隆等程序，简单、省时。但是它的误差率较高，用它扩增的 DNA 片段在研究时要予以注意。

① 用 PCR 扩增时，在引物的 5′端附加限制性片段可多至几十个碱基，这并不影响扩增的特异性和效率。据报道，在引物 5′端附加一个启动子，扩增特定 DNA 片段成功，可以用此产物连接载体后，直接进行表达。

② 在引物 5′端标记放射性物质、生物素或荧光物质，其扩增产物可直接用于检测，灵敏度大幅度增高。

③ 在引物 5′端加入所需要的酶切位点（注意加上 2～3 个保护碱基），便于扩增产物与其他片段相连，以利于研究和应用。

④ 在引物 5′端添加多聚 G，有助于提高扩增片段解链温度，用于变性梯度凝胶电泳（denaturing gel gradient electrophoresis，DGGE），可分离和鉴定扩增的 DNA 片段。

⑤ 通过引物中碱基的改变，可引起扩增片段定点突变或碱基置换；也可在引物中间加入一段碱基序列，产生嵌入；此外还可在引物中间减少一段碱基，造成扩增后的缺失，或一对引物末端互补，产生大片段缺失。

二、序列分析

结合 PCR 扩增和双脱氧链终止法进行序列分析，省去了载体连接后克隆等步骤，使测序更加简捷。*Taq* DNA 聚合酶聚合能力强，可以合成几千个碱基甚至更长的 DNA 片段；聚合时温度很高，一般模板的二级结构展开，解决常遇到的难题；用不对称 PCR 或只标记单个引物在扩增后即可进行电泳分离。虽然 *Taq* DNA 聚合酶错配率较高，但是在前几个循环就出现差误的概率很小。以后即使出现错配，由于合成出的分子个数按几何级数迅速变化，在电泳谱带上难于体现出来。而且，按当今水平扩增，模板分子在 10^3 个以上，个别碱基变化在电泳分析时根本不会被表现出来。由此可见，结合 PCR 技术进行序列分析，是完全可靠的。另外，只要能设计出引物，它可以按人们的需要测定任何一段靶序列。而按常规方法，很难做到这一点。如果用 PCR 产物克隆时，应测序 3～5 个克隆，选用相同序列多者为最终目的克隆。

三、检测基因表达

检测基因表达有许多方法，如原位杂交、斑点试验、Northern 印迹杂交、S1 核酸酶分析和 RNase 保护试验等。但 PCR 方法较以上方法更加灵敏，理论上 10 个靶分子 DNA 或更少也能予以检测。PCR 可以检测细胞 RNA，用以研究细胞分化调节，理论上一个细胞即可用于观察。观察方法是通过逆转录 mRNA，合成出 cDNA 第一链，不必去掉 RNA 模板，只用这种杂交分子作模板进行 PCR 扩增。动植物 RNA 病毒检测方法，即前述检查病原的 RT - PCR 法，亦可用于亚克隆分析 RNA 序列。

四、从 cDNA 文库中放大特定序列

从 cDNA 文库中筛选出特定克隆，一般采用探针杂交或用特异抗体检查表达的抗原。后者必须测定表达了的产物，如果特定序列逆转录时有缺失或与载体连接不当，抗体法就无能为力了。PCR 法可直接从一个混合保存的库中，把特定序列扩增出来，简化了筛选成千上万个克隆的繁重工作；亦可根据有限蛋白质序列信息设计出引物，直接筛选库存克隆；还可以在引物 5′端设计出酶切位点或其他序列，直接与表达载体相连，简化了调整基因上游与载体启动子距离等程序。此法也可用于直接筛选 DNA 文库中的特定序列。

五、研究已知片段邻近基因或未知 DNA 片段

用反向 PCR、RACE、锅柄 PCR 或其他分子生物学技术，扩增已知 DNA 片段邻近序列或未知 DNA 片段，做序列分析或功能研究以及克隆 cDNA 全序列。利用三点杂交检测方法构建基因图谱，可以同时扩增 5 个位点，互相不干扰，样本用几百个细胞即可；研究重组与生理距离；分析单个精子细胞，研究重组与分子体系。

六、进化分析

由于生物进化的保守性，采用通用引物扩增 rRNA，一对引物 NS1 和 NS2 可以扩增多种微生物保守片段，由此估计在自然群体中多种微生物不同种属的数量，或检查从动植物细胞中分离出 DNA 中真菌的污染程度。

线粒体 DNA 以高频突变发生变化，比细胞核 DNA 快 10 倍，用线粒体 DNA 引物进行扩增，可比较研究生物的进化。例如大部分哺乳动物细胞色素 b 基因结构相似，用 L14841 和 H15149 一对引物，扩增 376 bp 片段后予以分析就可发现哺乳动物间的进化关系；亦可用 MVZ3 和 MVZ4 这对引物放大引物 L14841 和 H15149 内部 366 bp 片段，进行分析。

利用 PCR 技术，人们可以对防腐保存的标本和石蜡包埋的组织，甚至几千万年前的标本进行研究，发现 HLA - DQα 位点序列的许多等位基因在人类诞生之前业已出现，这为分子进化和群体生物学研究开辟了新的领域。

七、医学应用

PCR 技术可用于诊断单基因遗传疾病。对镰状细胞贫血的检查，以前诊断需用 2 周以上的时间，1985 年首次将 PCR 方法用于该病的检测，结果只用 1 d 就可以完成。现在，可用 AS - PCR 或 COP -

PCR 检查因突变引起的遗传病，其做法是通过常规 PCR 扩增结合限制性片段长度多态性分析、斑点杂交或直接测序来进行检查。

利用 PCR-RFLP 可以诊断易感染性疾病。例如，通过 PCR 检测可获得不同个体 MHC 基因分型，而 MHC 基因多态性分析可用于解析不同 MHC 基因型与类风湿关节炎及胰岛素依赖性糖尿病的关系等。基于 PCR 技术可以检查肿瘤基因与某些肿瘤发生相关基因（如抑瘤基因突变），可直接诊断肿瘤性疾患者，如对 B 细胞白血病和视网膜母细胞瘤等疾病的诊断。

PCR 技术还可应用到动植物传染性疾病的诊断，如对于乙型肝炎病毒的检测，基于 PCR 技术的检测，只要有 3 个感染粒子就足以做出正确判断，不过需要充分注意气溶胶的污染。2003 年，由冠状病毒 SARS-CoV 引发的严重急性呼吸综合征（SARS）在中国大范围暴发，对国民人身安全、国民经济和社会稳定等产生巨大的不良影响，而基于荧光定量 PCR 的 SARS-CoV 检测诊断试剂盒，具有准确和高效的特点，为 SARS 的防治起到了重要作用。

八、分析生物学证据

理论上推算，只要有一根毛发、一滴血液、一个精子或一个细胞，就可用 PCR 方法做出判断，这在侦破案件中显示出了巨大潜力。迄今为止，还未发现 DNA 有完全一样者。可以设想，对某个犯罪嫌疑人用 DNA 分析构建档案，只要有一点生物学证据，用 PCR 技术即可迅速予以分析，做出准确的判断和决策。照射等引起的 DNA 损伤，并不造成 PCR 分析的人工伪像。对于人类历史上遗留下的问题和生物界揭不开的谜底，只要有标本存在，用 PCR 技术或许能够得出一个答案。

九、性别控制

为了提高动物生产力，控制新生畜性别，经过几十年的研究，直到采用 PCR 技术才获得了最满意的结果。用早期胚胎 DNA 经 PCR 鉴定雄性动物，其阳性准确率达 100%。如果结合胚胎分割技术可在 8 细胞期，取出一个细胞经性别鉴定后，分割其他细胞则可发育成一个个体。

十、转基因检测

转基因生物迅猛发展，人们需要对其识别，尤其是一些农作物及其产品，有人对其安全性持保留态度。为了执行知情同意原则，很多国家制定了农产品转基因标识法规。转基因检测最方便快捷的方法即 PCR 技术，主要检测选择标记和启动基因，最终要检测特定转化的靶基因。

综上所述，自从 Mullis 创建 PCR 技术以来，经过多年的发展，不断衍化出许多新方法，在基础研究和实践中应用越发广泛，已经成为一般实验室常用的研究和检测手段。

本章小结

本章介绍了 PCR 技术原理与多种 PCR 技术类型。PCR 反应实质是一个变温过程（高温变性—中温延伸—低温复性），其中的低温复性是 PCR 扩增成功的关键环节之一。在 PCR 反应体系中，Taq DNA 聚合酶是主要因素，扩增前要预试其活性。另外，dNTP 也较容易失活。此外，合适的引物是成功进行 PCR 扩增的必要前提，在进行引物设计时，要注意引物 3′端必须与 DNA 模板相互补，同时一对引物的 T_m 值要相近。在进行 PCR 时，常会遇到扩增出引物二聚体、出现片状扩增和无扩增条带等问题。因此，充分理解 PCR 原理是解决扩增失败问题的关键。如果引物之间不互补则不会出现二聚体扩增；片状扩增现象可能是由于退火温度过低或循环次数过多所致；无扩增条带时，要核查酶活性、dNTP 质量、模板是否过少等。此外，在实验室的组建中也应注意防止气溶胶的污染。

目前，由 PCR 的基本技术已衍化出了多种类型，例如已知 DNA 序列的 PCR 扩增、逆转录 PCR、未知序列 PCR 扩增、定量 PCR 等。其中，已知模板两端序列的 PCR 扩增是目前最常用的一种技术，包括巢式 PCR、热巢式 PCR、PCR-限制性片段长度多态性（PCR-RFLP）、强制性-PCR-限制性片段长度多态性（forced-PCR-RFLP）、四引物扩增受阻突变体系-PCR（T-ARMS-PCR）、重叠延伸 PCR（overlap PCR）、竞争引物 PCR（COP-PCR）、降落 PCR（TD-PCR）等。这些 PCR 衍生技术对 DNA 模板的纯度要求不严格，检测门槛较低，应用广泛。而已知模板一端序列的扩增技术和已知靶序列侧翼扩增技术，如快速扩增 cDNA 末端技术（RACE）、新 RACE、染色体步移-反向 PCR、锅柄 PCR 等。岛屿获救 PCR 等是对未知序列扩增，常用于克隆新基因。在进行这些反应时，必须用两组同系生物（或组织、细胞），二者只有少数差异，如果是由于基因变化而引起的，即可克隆出此目的基因。免疫相关的 PCR 技术是免疫学技术与分子生物学技术相结合的方法，既增加了灵敏度，又可以对表达产物进行分析。

以 PCR 为基础的分子标记技术，在遗传育种、群体分析、个体鉴定、新基因克隆和易感染性疾病诊断等方面具有重要意义。目前，该方法已经成为最常规的实验方法之一。为此，掌握 PCR 技术的应用原理及其延伸技术，将有利于进一步推动生命科学研究领域的发展进程。

1. 试述 PCR 技术的基本原理。
2. 试述 PCR 技术引物设计的主要原则。
3. 试述以 PCR 为基础的分子标记技术的原理和应用。
4. 试述 RACE 技术的原理和方法。
5. 如何克隆已知序列侧翼的 DNA 片段？
6. PCR 技术产生污染的主要原因和预防方法有哪些？
7. PCR 技术主要应用在哪些领域？

第五章 基因文库的构建

基因文库（gene library）是用分子克隆方法，将某种生物或组织细胞所有的 DNA 片段插入适当载体，转化细菌后进行扩增和保存的克隆集合。通常所说的基因文库主要包括基因组 DNA 文库（genomic DNA library）和 cDNA 文库（cDNA library）。基因组 DNA 文库用基因组 DNA 构建，包含编码序列和非编码序列，主要用于基因组测序和相关研究。cDNA 文库用 mRNA 的互补 DNA（cDNA）构建，仅包含表达序列，主要用于重组蛋白表达等研究。近年来快速发展的测序文库（sequencing library）是高通量测序技术的关键环节，将在第十五章介绍。

第一节 基因组 DNA 文库的构建

构建基因组 DNA 文库的主要步骤包括插入片段制备、克隆载体选择与连接、连接产物转化和文库生成。

一、插入片段的制备

1. 基因组 DNA 提取 基因组 DNA 质量是构建基因组 DNA 文库的关键，提取的染色体 DNA 分子越长、酶切产物的有效末端越多，连接效率越高。因此在提取染色体 DNA 时，必须尽量避免基因组 DNA 机械损伤和减少线粒体 DNA 污染。

制备高质量基因组 DNA 的经典方法是在 EDTA 和 SDS 存在条件下，用蛋白酶 K 消化细胞裂解液，然后用酚-氯仿混合物抽提去除杂蛋白质，并用透析等方法去除低分子质量杂质。获得的基因组 DNA 大小通常为 100～150 kb，能满足基因组 DNA 文库构建的需要。目前有很多制备高质量基因组 DNA 的商品化试剂盒可用，具有快速、简便等优点。

2. 插入片段制备 将基因组 DNA 剪切成大小适中的随机片段是制备基因组 DNA 文库的关键，常用的方法有机械剪切法和限制性核酸内切酶消化法。机械剪切法主要有超声波裂解法，虽然理论上随机性最强，但产生的 DNA 片段以平头末端为主，而且参差不齐，需用 DNA 聚合酶补平，操作比较烦琐；限制性核酸内切酶消化法能产生黏性末端 DNA 片段，可直接与载体进行有效连接，但由于基因组 DNA 酶切位点分布的非随机性，酶切产物往往有非随机倾向。为了最大限度地进行随机切割，通常选用识别序列较短的限制性核酸内切酶进行基因组 DNA 消化。其中，限制性核酸内切酶 *Sau*3A I 最为常用，识别序列是 5′-↓GATC-3′（↓代表切割部位），产生的 DNA 片段可与 *Bam*H I（5′-G↓GATCC-3′）消化的载体连接。在选择限制性核酸内切酶时，除需考虑消化片段的平头末端或黏性末端外，还需考虑基因组 DNA 甲基化修饰等问题。

理论上基因组 DNA 每 256 bp 就有一个 4 bp 识别位点，完全消化仅能产生 256 bp 的基因片段，不仅与噬菌体、黏粒等载体的可插入片段（15～25 kb）相差甚远，而且增加筛选基因组 DNA 文库的工作量。部分消化法可以解决这一问题，通过控制限制性核酸内切酶用量或消化时间，仅切割基因组 DNA 的部分酶切位点，从而获得长度适中的克隆片段，但部分消化的控制难度较大，需用预试验摸索反应条件。

重组噬菌体装载的外源DNA既有上限又有下限，太短、太长的插入片段与载体的连接效率低，产生的重组噬菌体无法包装。因此在基因组DNA部分消化后，有必要对消化片段进行分离选择。常用的方法有蔗糖密度梯度离心法和基因组DNA凝胶回收试剂盒，前者操作较烦琐，目的片段回收率不高；后者具有快速、简便等优点，但成本较高。当基因组DNA来源有限时，可通过严格控制限制性核酸内切酶用量和反应时间，让基因组DNA消化成35~45 kb的片段，然后用碱性磷酸酶处理，可抑制DNA小片段与载体的连接。但若去磷酸化不完全，有可能发生DNA小片段互连，形成难以鉴定的多片段插入重组子。

二、克隆载体的选择

基因组DNA文库的重组子数目主要由基因组大小和克隆载体的装载量决定。对于给定的基因组，克隆载体和插入片段越大，需要从文库中筛选重组子的数目越少。目前，可用于基因组DNA文库构建的克隆载体有λ噬菌体载体、质粒载体、黏粒（cosmid）载体、P1噬菌体载体、P1人工染色体（P1 artificial chromosome，PAC）、细菌人工染色体（bacterial artificial chromosome，BAC）和酵母人工染色体（yeast artificial chromosome，YAC），这些载体的外源DNA装载量不同（表5-1），可根据需要选择使用。其中，黏粒载体、λ噬菌体载体和酵母人工染色体载体使用较多，分别介绍如下。

表5-1 构建基因组DNA文库的克隆载体

克隆载体	最大插入片段/kb
质粒载体	10
λ噬菌体载体	25
黏粒载体	45
P1噬菌体载体	100
P1人工染色体	150
细菌人工染色体	300
酵母人工染色体	2 000

（一）λ噬菌体载体

λ噬菌体载体是构建基因文库最常用的克隆载体。在感染大肠杆菌时，噬菌体颗粒先将其线性DNA分子注入宿主细胞，连接成环形DNA分子后开始复制过程，子代噬菌体既可通过溶菌方式释放，也能以部位特异重组方式与宿主菌基因组整合，即溶原性感染。

λ噬菌体DNA大小为48.5 kb，两端各有一个12 bp黏性末端即cos位点，负责噬菌体线性DNA分子在细胞内的环化。对于溶原性感染，噬菌体基因组中央大部分是非必需DNA，可用于外源DNA插入。构建基因组DNA文库的λ噬菌体载体有插入型和取代型，取代型载体更为常用。当使用插入型载体时，可用适当限制性核酸内切酶切割非必需DNA的单一酶切位点，以供外源基因片段插入，可插入基因片段长度为9 kb左右；取代型载体的非必需DNA含人为设置的限制性核酸内切酶酶切位点，经限制性核酸内切酶消化后，取纯化的左、右同源臂用于基因组DNA文库构建，可插入片段长度为9~25 kb。噬菌体载体构建基因组DNA文库的过程如图5-1所示。

（二）黏粒载体

许多真核生物基因都有内含子，基因长达20 kb以上，超过普通质粒载体和噬菌体载体的装载容量。黏粒载体的外源DNA装载量高达45 kb，不仅能克隆完整的真核生物基因，甚至能克隆某些真核生物基因家族。最简单的黏粒载体就是含噬菌体包装序列的质粒DNA，其他元件包括质粒自主复制序列、抗性基因和多克隆位点。重组载体既可体外包装后以噬菌体颗粒感染宿主菌，也可用质粒转化法导入宿主菌。

黏粒载体构建基因组DNA文库的过程如图5-2所示。先将DNA插入片段两端分别与黏粒载体连接，形成黏粒-外源DNA的多联体分子；然后用λ噬菌体包装蛋白将同向排列的两个cos位点切

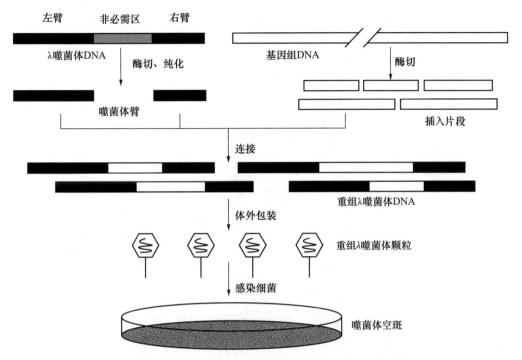

图 5-1　λ噬菌体载体构建基因组 DNA 文库的策略

开，并将两位点间的 DNA 包装到噬菌体颗粒。黏粒载体携带抗性基因，并能以质粒形式复制，因此可用抗性筛选重组子。

在黏粒载体的基础上构建了卡隆质粒（Charomid）载体，卡隆质粒文库的构建过程与黏粒文库的相似。因卡隆质粒含有不同的重复序列，因此可容纳不同长度的 DNA 片段，从而将可包装的重组分子长度限定在需要的范围内。

（三）酵母人工染色体

真核细胞染色体的稳定复制和均等分离主要由自主复制序列、端粒和着丝粒控制。酵母菌的自主复制序列、端粒和着丝粒序列都已清楚，因此可进行酵母人工染色体的构建。酵母人工染色体能容纳长达 2 000 kb 外源 DNA，可满足任何真核生物基因克隆的需要，在动物基因组计划中得到广泛用。

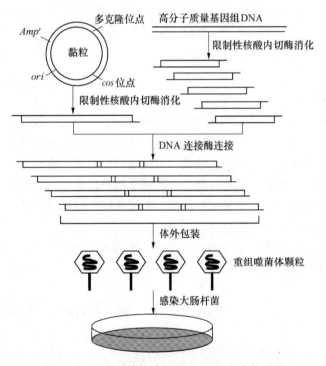

图 5-2　黏粒载体构建基因组 DNA 文库的过程

酵母人工染色体构建基因组 DNA 文库的过程与黏粒构建基因组 DNA 文库的过程相似（图 5-3），先将两个载体片段与 DNA 插入片段连接，然后将重组子导入酵母细胞获得基因组 DNA 文库。由于酵母菌缺少合适的抗性基因，通常采用营养缺陷型培养基进行重组酵母菌筛选。例如，自养型 TRP1 突变株不能合成色氨酸，在补充色氨酸培养基上才能生长，酵母人工染色体的 TRP1 基因能弥补其缺陷，可用不含色氨酸的培养基进行重组子筛选。

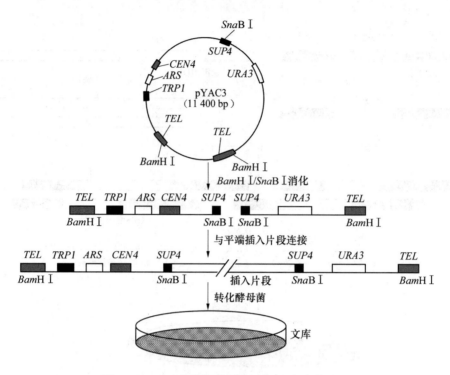

图 5-3 YAC 载体构建基因组 DNA 文库的过程

TEL. 端粒 DNA 片段，由酵母细胞的端粒酶负责延伸　CEN4. 面包酵母第四条染色体的着丝点序列，负责子代染色体的分离　ARS. 自主复制序列，具有酵母自主复制序列作用　TRP1、URA3. 酵母选择标记，在两者共同作用下，仅构建正确的重组酵母人工染色体才能在酵母细胞中存活　SUP4. 红白选择基因（在重组子中被插入失活）

三、克隆载体的制备

1. 克隆载体的酶切　在构建基因组 DNA 文库时，基因组 DNA 通常用限制性核酸内切酶 Sau3A Ⅰ进行部分消化，克隆载体用同尾酶 BamH Ⅰ进行完全消化，从而产生匹配的黏性末端。载体 DNA 可单酶切或双酶切，消化一定时间后先取部分消化产物进行电泳分析。如果酶切不完全，可适当增加酶用量或延长消化时间，直到完全酶切为止。酶切结束后，载体片段需用碱性磷酸酶去磷酸化，以减少载体自连和非重组子比例，但应严格掌握酶的用量，反应结束后还需灭活或去除碱性磷酸酶，以免影响后续的连接反应。

2. 酶切载体的纯化　酶切的黏粒载体可用酚-氯仿混合物抽提和乙醇沉淀法进行纯化，噬菌体载体需用蔗糖密度梯度离心等方法去除基因组中央的非必需片段。

四、重组 DNA 分子的产生

重组 DNA 分子的产生是将基因组 DNA 片段与克隆载体连接形成重组子的过程。鉴于重组噬菌体、黏粒和酵母人工染色体的构建过程大体相同，下面以重组噬菌体构建为例加以叙述。

基因组 DNA 片段与 λ 噬菌体载体的连接效率主要由两者的物质的量比和 DNA 浓度决定。DNA 插入片段与噬菌体臂的物质的量比通常为 2∶1，但有些插入片段可能因末端损伤而无法连接，理论计算值仅供参考。在正式连接反应前，需用预试验确定载体与插入片段的最佳比例（表 5-2），同时分别设单独噬菌体臂、插入片段的连接反应对照。反应结束后，先取少量连接产物进行凝胶电泳分析，如果产生的重组分子与野生噬菌体 DNA 大小接近，说明连接反应成功。然后再取部分连接产物进行体外包装，每微克噬菌体臂连接产物应至少产生 10^6 个噬菌体空斑。最好是一次制备足够量的 λ 噬菌体载体和插入片段，因为重新制备的连接反应条件需重新测试。预试验连接效率较高的连接产物不要轻易丢弃，只要按照同样条件重复 1～2 次，就有可能满足文库构建需要，不必从头再来。

连接效率直接影响重组噬菌体的滴度和文库大小。当重组噬菌体滴度偏低时，需从以下几个方面加以考虑：①进一步调整载体与插入片段的用量，摸索两者的最佳比例；②尽量使用新购连接酶，连接酶及其缓冲液应分成小包装保存，以免反复冻融而失活；③重新纯化基因组 DNA，去除可能抑制连接反应的杂质；④重新制备基因组 DNA 片段，去除可能损伤基因组 DNA 黏性末端的核酸酶。

表 5-2 连接反应预试验中噬菌体臂与基因组 DNA 片段连接反应的用量

插入片段大小/kb	插入片段用量/ng
2～4	6～200
4～8	12～400
8～12	24～600
12～16	36～800
16～20	48～1 000
20～24	60～1 200

注：每连接反应的噬菌体臂用量为 1.0 μg。

五、基因组 DNA 文库的产生

基因组 DNA 文库的产生是指用体外包装的噬菌体颗粒感染宿主菌，获得重组克隆的过程。虽然噬菌体 DNA 体外包装抽提物可自行制备，但制备过程较烦琐，质量难以保障，商业化包装抽提物不仅质量稳定，而且价格也较合理。噬菌体颗粒体外包装非常简单，仅需将包装抽提物与重组 DNA 以适当比例混合，室温孵育 1 h 即可。包装反应完成后，先取少量包装产物感染宿主菌，涂布琼脂平板并培养一段时间后，随机挑取 20 个左右噬菌体空斑，液体培养后制备 DNA，经限制性核酸内切酶消化后，用凝胶电泳分析重组噬菌体的比例及插入片段大小。

六、基因组 DNA 文库的大小及代表性

代表性是衡量基因组 DNA 文库质量的关键指标之一，文库涵盖的 DNA 序列越全，代表性越好。在正常情况下，基因组 DNA 文库代表性与文库大小（克隆数量）成正比，文库大小和筛选目的序列的概率可用下列公式计算：

$$N=\ln(1-p)/\ln(1-f)$$

式中，N 表示重组克隆数量；p 表示所需概率；f 表示目的基因片段与基因组 DNA 大小的比值。例如，大肠杆菌和人基因组 DNA 大小分别为 4.6×10^6 bp 和 3×10^9 bp，以 0.99 概率从两种文库筛选 20 kb 目的基因片段所需的克隆数量分别是：

$$N_{E.coli}=\ln(1-0.99)/\ln[1-(2\times10^4/4.6\times10^6)]=1.1\times10^3$$
$$N_{human}=\ln(1-0.99)/\ln[1-(2\times10^4/3.0\times10^9)]=6.9\times10^5$$

七、基因组 DNA 文库的扩增与保存

构建基因组 DNA 文库是一项烦琐的工作，通常在获得初级文库后，利用扩增培养获得可供多次使用的放大文库，商业化基因组 DNA 文库多为放大文库。文库扩增的最大问题是生长不均衡导致的克隆丢失（特别是低丰度克隆），扩增次数越多克隆丢失越多，基因组 DNA 文库的代表性越差。

基因组 DNA 文库的扩增方法主要有液体培养法、影印膜培养法和重组噬菌体超感染法。其中，液体培养法最简便，但不同克隆生长速率差异较大，需要严格限制培养时间以减少克隆丢失。影印膜培养法是用包装噬菌体感染宿主菌，在硝酸纤维素滤膜上培养后，将滤膜上的文库影印到新的滤膜

上，以供筛选和低温保存。该方法的优点是文库失真较小，但保存大量滤膜较为麻烦。黏粒载体构建的基因组 DNA 文库可用包装噬菌体对重组细菌进行超感染，用产生的线性 DNA 重新包装噬菌体颗粒，其转导菌裂解物可在低温下长期保存。

所有基因组 DNA 文库都以小包装保存为宜，避免反复冻融导致文库滴度下降，也为以后寻找目的克隆提供方便。对于噬菌体构建的基因组 DNA 文库，将包装反应置于密封试管内，加入少许氯仿，4 ℃可保存 6 个月，低温可保存数年。

第二节 cDNA 文库的构建

将 mRNA 逆转录产生的 cDNA 插入克隆载体，转化受体菌获得的基因文库称为 cDNA 文库。自 20 世纪 70 年代 cDNA 克隆技术问世以来，目前已经建立了许多全长 cDNA 合成方法，克隆载体也有了较大改进。本节将重点介绍 cDNA 文库构建的步骤，并介绍一些 cDNA 克隆新方法。

一、mRNA 的提取与分析

1. mRNA 来源 mRNA 的丰度越高，克隆相应 cDNA 的成功率越大。多数哺乳动物基因表达都有组织特异性或发育阶段性，不同发育阶段或不同组织细胞的 mRNA 丰度存在较大差异，丰度为总 mRNA 90% 左右的为高丰度，50% 左右的为中丰度，小于 0.5% 的为低丰度。因此，从特定发育阶段或组织细胞分离 mRNA 能增加 cDNA 克隆的成功率。

2. mRNA 提取 所有真核细胞 mRNA 3′端都有 poly（A）尾，可与 poly（dT）互补结合，为真核细胞 mRNA 提取及 cDNA 合成带来了方便。常用的 mRNA 提取法有 poly（dT）层析法、磁珠分离法等。poly（dT）层析法是将细胞总 RNA 过柱时，mRNA 通过 poly（A）尾与交联在柱子上的 poly（dT）结合，用适当缓冲液洗去未结合 RNA 和其他杂质后，再用特定缓冲液洗脱便可获得纯净的 mRNA。虽然获得的 mRNA 质量高，但操作较为烦琐，需时较长。磁珠分离法根据同样原理设计，先将 mRNA 与交联在磁珠上的 oligo（dT）结合，然后在磁场作用下将 mRNA "拖" 出来。该方法简单快速，可降低核酸酶对 mRNA 的降解作用。另外，mRNA 还可用蔗糖密度梯度离心法从 mRNA-核糖体复合物提取。

3. mRNA 完整性分析 构建 cDNA 文库前有必要进行 mRNA 完整性检测，检测方法有无细胞转译系统、蛙卵细胞注射和凝胶电泳。其中，兔网状细胞裂解物等无细胞转译系统和蛙卵细胞注射法根据特定转译产物检测来间接判断 mRNA 的完整性。凝胶电泳是较直观的方法，经电泳分离和溴化乙锭染色后，如果 mRNA 样品为 0.5~10 kb 的 "拖影"，18S 和 28S rRNA 条带明亮且整齐，提示 mRNA 样品无明显降解。

4. mRNA 富集 合成 cDNA 前用适当方法进行 mRNA 富集有助于 cDNA 克隆，这对低丰度 mRNA 很重要。mRNA 富集方法主要有琼脂糖凝胶电泳、蔗糖密度梯度离心法和杂交捕捉法。其中，琼脂糖凝胶电泳能有效分离 mRNA，但 mRNA 回收率较低；蔗糖密度梯度离心法的回收率较高，离心后分部收集并进行 RT-PCR 或 Northern 杂交检测，选择目的 mRNA 检测阳性的组分用于文库构建；杂交捕捉法的基本原理与构建 cDNA 差减文库相似。上述 mRNA 富集方法都有操作烦琐、需时较长等缺点。由于 cDNA 不易被核酸酶降解，凝胶电泳分离更加准确，所以富集 cDNA 是更加可行的方法。

二、克隆载体的选择

鉴于 cDNA 长度一般为 0.5~10 kb，所以可用质粒载体进行 cDNA 文库构建，但表达文库多用噬菌体载体构建。在限制性核酸内切酶消化后，用碱性磷酸酶对克隆载体进行去磷酸化，不仅可防止载体自连，而且有利于重组分子形成。

三、cDNA 的合成

（一）第一链 cDNA 的合成

第一链 cDNA 的合成以 mRNA 为模板，利用逆转录酶进行。常用的逆转录酶有禽成髓细胞瘤病毒（AMV）逆转录酶和莫洛尼小鼠白血病病毒（M-MLV）逆转录酶，两者都无 $3'\rightarrow 5'$ 外切酶活性，各有优缺点。AMV 逆转录酶的 RNase H 活性较强，能降解真核细胞 mRNA 的 poly（A）尾和 cDNA-RNA 杂合分子中的 RNA，不利于全长 cDNA 合成。M-MLV 逆转录酶的 RNase H 活性较弱，删除 C 端 180 个氨基酸后 RNase H 活性完全丧失，适合全长 cDNA 合成。AMV 逆转录酶最适反应温度为 42℃，M-MLV 逆转录酶最适反应温度为 37℃，C 端折短 M-MLV 逆转录酶最适反应温度为 45℃。较高的反应温度有利于 RNA 二级结构消除，因此有利于全长 cDNA 合成。用 AMV 逆转录酶合成的第一链 cDNA $3'$ 端带有发夹结构，M-MLV 逆转录酶合成的很少有这种结构，在选择第二链 cDNA 合成策略时应予以考虑。

由于真核细胞 mRNA 都有 poly（A）尾，所以第一链 cDNA 多用 poly（dT）引物合成，逆转录酶向引物 $3'$ 端添加互补核苷酸，对 mRNA 模板进行连续拷贝，反应产物为 mRNA-cDNA 杂合分子（图 5-4）。合成第一链 cDNA 的反应体积一般为 25 μL，mRNA 用量为 2 μg，每增加 1 μg mRNA 需增加 10 μL 反应体积。第一链 cDNA 的合成效率不高，构建一个 cDNA 文库至少需要 10 μg mRNA。反应体系中加入一定量 RNase 抑制剂，不仅能减少试剂用量，而且有利于全长 cDNA 合成。

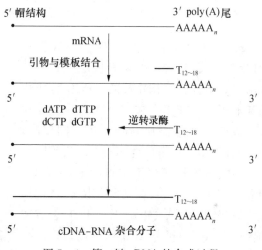

图 5-4 第一链 cDNA 的合成过程

（二）第二链 cDNA 的合成

1. 自身引导合成法 该方法是合成第二链 cDNA 的经典方法。其基本过程是：先用加热或碱处理第一链 cDNA 合成产物，让 cDNA-mRNA 杂合分子变性和 mRNA 降解，以便第一链 cDNA $3'$ 端环化形成发夹结构；然后在 DNA 聚合酶作用下，以 $3'$ 端发夹为引物进行第二链 cDNA 的合成；最后用单链特异性 S1 核酸酶消化发夹结构，获得可克隆的双链 DNA 分子（图 5-5）。S1 核酸酶的消化反应难以控制，容易导致 mRNA $5'$ 端序列缺失、重排和克隆效率降低，因此自身引导合成法已逐步被其他方法取代。

2. 置换合成法 该方法是在焦磷酸钠存在条件下进行第一链 cDNA 的合成，先用 RNase H 处理 cDNA-mRNA 杂合分子，使 mRNA 产生一系列缺口；然后在大肠杆菌聚合酶 I 作用下，以切断 mRNA 为引物进行第二链 cDNA 的合成，反应体系中加入 DNA 连接酶可避免异常结构产生，有利于全长 cDNA 合成；最后用 T4 噬菌体 DNA 聚合酶进行 cDNA 平端化，以便与接头分子连接（图 5-6）。置换合成法是使用较多的 cDNA 合成方法，其优点有：①非常有效；②直接用第一链 cDNA 反应产物进行第二链 cDNA 合成，不必另外处理和纯化；③无需用 S1 核酸酶切割发夹结构，避免 cDNA 损失。

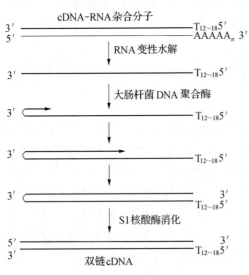

图5-5 自身引导法合成第二链cDNA示意图

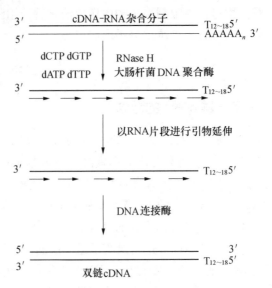

图5-6 置换合成法合成第二链cDNA示意图

3. PCR合成法 随着 Taq DNA 聚合酶保真性不断改进，PCR合成法已经成为常用的cDNA文库构建策略。PCR合成法的基本原理是在第一链cDNA合成后，先向合成产物3′端添加poly（dC）同聚尾，降解mRNA后获得单链cDNA；然后以带限制性核酸内切酶酶切位点的poly（dG）和poly（dA）为引物，经PCR扩增获得多拷贝双链cDNA（图5-7）。PCR合成法的优点有：①由于PCR扩增的高效性，可用有限生物材料进行cDNA文库构建；②第一链cDNA可用总RNA合成，不必进行mRNA纯化，能避免信息分子丢失；③用同聚尾引物进行第二链cDNA合成，容易获得全长cDNA。

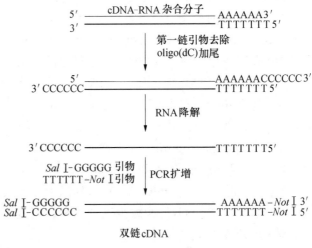

图5-7 PCR合成第二链cDNA的过程

（三）cDNA加尾

有些方法合成的cDNA需要末端加尾才能成为可克隆分子，常用方法有同聚物加尾法和接头添加法。

1. 同聚物加尾法 该方法先用牛胸腺末端转移酶将同聚物加到cDNA末端，然后通过互补同聚物与载体相连接。以前多根据poly（dA）与poly（dT）配对关系，将加尾cDNA与载体相连接，缺点是很难用限制性核酸内切酶将cDNA从载体上切下，克隆效率和重复性较差，目前已很少用。GC加尾是将poly（dC）添加到双链cDNA末端，将poly（dG）添加到酶切载体末端（图5-8）。同聚物加尾法有些难以克服的弊端：①仅适合质粒载体，其cDNA文库难以保存和复制；②同聚物添加速率难以控制，加尾长度不齐，克隆效率低；③重组DNA分子转化效率受宿主菌遗传背景影响，不同菌株的转化效率差异很大。

2. 接头添加法 该方法利用DNA聚合酶的3′→5′外切酶活性去除cDNA 3′凸端，利用聚合酶活性填补cDNA 3′凹端，获得平头末端cDNA分子；然后用T4噬菌体DNA连接酶将接头分子与cDNA连接；最后用限制性核酸内切酶消化连接产物，使cDNA能以黏性末端与载体连接。除与载体相连外，cDNA也可互连，多拷贝插入会导致重组克隆鉴定困难，可通过调整cDNA与载体比例

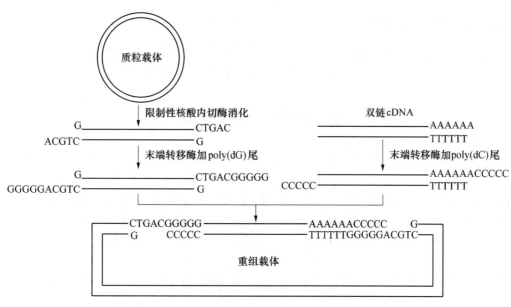

图 5-8 同聚物加尾法克隆 cDNA 过程

来解决这个问题。当 cDNA 和接头分子存在相同的酶切位点时，往往导致多个消化片段与载体的连接，所以在设计接头分子时，应尽量选用稀有酶切位点，或用甲基化酶处理双链 cDNA，封闭其内部酶切位点，然后再与接头分子连接。

3. 衔接头添加法 该方法的原理与接头添加法基本相同（图 5-9），区别在于衔接头平头末端与双链 cDNA 连接，黏性末端与载体连接，连接后无需进行限制性核酸内切酶消化。在连接反应前，需用层析等方法去除多余衔接头和其他低分子质量产物。在连接反应时，应尽量减小反应体积，衔接头与 cDNA 比例至少为 100∶1，以减少 cDNA 以平头末端与载体的连接。

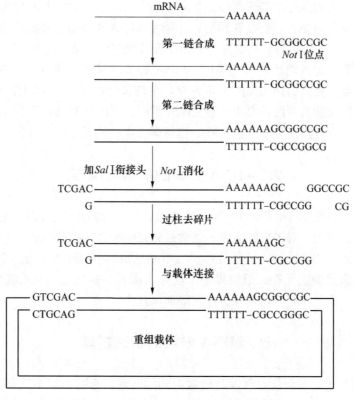

图 5-9 衔接头添加法克隆 cDNA 过程

(四) cDNA 与载体的连接

在进行连接反应时，需要考虑 cDNA 与载体的比例，既要获得尽可能多的重组子，又要避免多拷贝插入。因此在正式连接反应前，通常需要进行连接反应预试验，以确定最佳的连接反应条件。

四、cDNA 文库的生成

当确定连接反应条件后，按比例增加各成分用量进行正式连接反应，并设载体自连对照，尽可能一次连接反应就能满足建库需要（至少产生 10^5 个重组子）。对于 cDNA 质粒文库的构建，大肠杆菌感受态也是制约转化效率和文库大小的重要因素。感受态大肠杆菌的转化效率需要 $\geqslant 10^9$ PFU/μg DNA 才能满足建库需要，实验室难以自行制备，最好从商业公司购买。噬菌体的细菌感染效率很高，用噬菌体载体进行文库构建不仅容易获得较大文库，而且不需制备感受态细菌。

五、cDNA 文库的质量分析

cDNA 文库质量主要包括文库代表性和插入片段完整性。代表性是指文库包含的重组 cDNA 分子反映来源细胞表达信息的完整性，可用原始文库包含的独立重组子的克隆数即库容量来衡量。库容量取决于来源细胞的 mRNA 种类及其拷贝数，可用 Clack‐Carbor 公式

$$N=\ln(1-P)/(1-1/n)$$

式中，P 表示文库中任何一种 mRNA 序列信息的概率（通常为 99%）；N 表示文库以 P 概率出现细胞任何一种 mRNA 序列理论具有的最少重组子克隆数；n 表示细胞最稀有 mRNA 序列的拷贝数。

文库插入片段完整性是指反映细胞中各种 mRNA 序列的完整性。尽管 mRNA 的具体序列不同，但多由 5′端非翻译区、编码区和 3′端非翻译区 3 部分组成。其中，非翻译区对基因表达具有重要调控作用，因此应尽量用全长 cDNA 进行文库构建，才能获得序列和功能完整的目的基因。

cDNA 文库质量评价的常用方法是取部分原始文库转化感受态细菌或包装噬菌体颗粒，将感染细菌涂布琼脂平板并培养一定时间后，随机挑取 20 个左右菌落或噬菌体空斑，按常规方法制备 DNA 进行酶切分析。如果重组克隆的插入片段大小各异，平均长度在 1.0 kb 以上，表明所建文库符合要求。如果多数重组克隆无插入片段，表明所建文库背景高，原因可能是载体去磷酸化或未连接接头分子去除不完全。如果插入片段显著小于 1.0 kb，则所建文库的质量不高，有必要重新进行文库构建。

六、cDNA 文库的扩增与保存

cDNA 文库的扩增和保存与基因组 DNA 文库相似。在进行 cDNA 文库扩增时，也需考虑重组菌生长不均衡导致的信息丢失。对于质粒文库，通常是先将原始文库在琼脂平板上培养一定时间，然后将所有混合菌落进行液体培养，加入适量甘油或二甲基亚砜后，以小包装在 −70 ℃下保存，也可将菌落转移到硝酸纤维素滤膜上保存，但效果都不能令人满意。相比之下，用噬菌体载体进行 cDNA 文库构建不仅效率高、重复性好，而且几乎可无限期保存。

七、cDNA 末端的快速扩增

在 cDNA 克隆过程中，非全长 cDNA 是经常遇到的问题，有时不得不反复进行文库构建和筛选才能获得全长 cDNA。cDNA 末端快速扩增（rapid amplification of cDNA end，RACE）可以解决这

一问题。RACE首先将mRNA逆转录成第一链cDNA，然后用PCR扩增cDNA内部特定位点到3′或5′端的核苷酸序列，因此RACE有3′和5′ RACE之分。3′ RACE可用poly（dT）和cDNA序列特异引物进行，5′ RACE可用第一链cDNA加尾引物进行。

第三节 差减cDNA文库的构建

利用差减cDNA文库进行基因差异表达研究，对揭示表型差异的遗传基础、病理发生的分子基础和病原微生物的毒力差异具有重要意义。构建差减cDNA文库的主要方法有差减杂交法、mRNA差异显示法、抑制差减杂交法和代表性序列差别分析法，其中差减杂交法最常用。

一、差减cDNA文库的构建策略

差减cDNA文库的构建策略是从两种遗传背景相同或相似、个别或部分基因表达有差异的组织提取mRNA，逆转录成cDNA后，用过量、不含目的基因部分作为驱赶方（driver），与含有目的基因的试验方（tester）进行杂交，选择性去除两方共有的杂交复合物，经过多次杂交去除后，收集含有目的基因的未杂交部分用于cDNA文库构建。在很大程度上，差减杂交效率决定差减cDNA文库构建成功率。差减杂交的方法主要有羟基磷灰石层析法、生物素-亲和素结合排除法、限制性核酸内切酶酶切与PCR结合差减法、抑制差减杂交法和磁珠介导的差减杂交法。

二、杂交方法

1. 羟基磷灰石层析法 羟基磷灰石层析法是较早应用的差减杂交方法，其基本原理是：将试验方mRNA逆转录成cDNA，与过量驱赶方mRNA进行杂交，将杂交产物过羟基磷灰石层析柱，cDNA-mRNA复合物被层析柱吸附不能洗脱，未杂交cDNA则能被洗脱。尽管该方法相对简单，但实际应用时存在下列问题：①mRNA需要量较大，有时难以获得；②层析在较高温度下进行，可能导致mRNA降解和差减杂交效率降低；③羟基磷灰石结构复杂，层析操作往往导致样品被稀释。鉴于这些缺点，羟基磷灰石层析法目前已很少使用。

2. 生物素-亲和素结合排除法 该方法先将试验方mRNA逆转录成cDNA，与生物素标记的驱赶方mRNA进行杂交，加入一定量链亲和素后，用酚-氯仿混合物抽提去除链亲和素-生物素-cDNA-mRNA复合物，收集含有未杂交目的基因的离心上清进行文库构建。其中，生物素标记是成功的关键，目前多用光激活生物素代替dUTP-生物素进行标记，可提高标记效率。虽然该方法目前仍在使用，改进后的杂交效率也有所提高，但仍存在下列问题：①驱赶方mRNA用量较大；②高浓度核酸分子在杂交过程中易形成网络结构，导致杂交效率降低；③酚-氯仿抽提导致的目的基因损失较多。

3. 限制性核酸内切酶酶切与PCR结合差减法 该方法的操作程序是：①将mRNA逆转录成cDNA，用限制性核酸内切酶将其消化成0.2~2.0 kb片段；②消化产物两端添加含酶切位点的接头分子，用接头引物进行PCR扩增；③用限制性核酸内切酶消化扩增产物，与光激活生物素标记驱赶方cDNA进行长杂交（20 h）；④加入链亲和素，用酚-氯仿抽提去除杂交复合物后进行短杂交（2 h）；⑤用酚-氯仿再次抽提后进行PCR扩增，用扩增产物进行4~5轮杂交。其中，长杂交旨在去除部分低丰度cDNA，短杂交是去除驱赶方与试验方共有的高丰度序列，重复杂交的目的是放大低丰度组织特异性表达基因。尽管该方法杂交效率较高，样品用量较小，但也存在一些弊端：①杂交获得的多为cDNA片段，一般只能作为检测探针使用；②多轮杂交操作较烦琐，富集产物中有驱赶方cDNA残留。

4. 抑制差减杂交法 抑制差减杂交的操作流程如图5-10所示：①分别将试验方和驱赶方mRNA逆转录成cDNA，用限制性核酸内切酶 *Rsa* I消化成大小适中的片段；②将试验方cDNA分为两等份，分别添加两个不同接头分子，与过量驱赶方 cDNA 进行第一步差减杂交，相同部分形成双链杂合分子，差异部分以单链形式保留；③将两份第一步杂交产物混合，进行第二步差减杂交；④末端填平后加入两个不同引物，利用抑制 PCR 对试验方和驱赶方杂合分子进行扩增，双链和单链驱赶方以及单链试验方不能扩增；⑤用套式引物进行第二轮 PCR 扩增，试验方-试验方杂合分子扩增受抑制，差异序列获得对数扩增，将 PCR 产物用于文库构建。抑制差减杂交的优点有：①两步杂交和 PCR 扩增能提高目的序列的获得率，假阳性率大大降低；②敏感性较高，能富集低丰度 cDNA，因此能检测低丰度 mRNA。

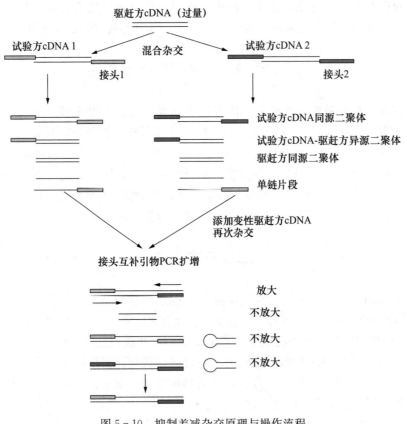

图 5-10 抑制差减杂交原理与操作流程
(引自 Natalia E. Broude, 2002)

5. 磁珠介导的差减杂交法 磁珠介导的差减杂交操作过程：①将 poly（dT）固定于链亲和素包被磁珠上，与驱赶方总 RNA 混合进行杂交，在磁场力作用下收集捕捉 mRNA 的磁珠，反复洗涤后获得纯化产物；②以 poly（dT）为引物，以捕获 mRNA 为模板合成第一链 cDNA；③以 5′端固定在磁珠上的第一链 cDNA 为驱赶方 cDNA，与试验方 mRNA 进行杂交，两者所有互补序列杂交形成磁珠-cDNA-mRNA 复合物，在磁场力作用下将捕获的 mRNA 去除，用 cDNA 吸附磁珠反复进行差减杂交；④经过几轮差减杂交后，用磁珠收集试验方 mRNA 用于差减 cDNA 文库构建。磁珠介导的差减杂交的优点：①操作简便、快捷，文库构建时间大大缩短；②材料用量较少，产物回收率较高；③所建文库含全长 cDNA，筛选的基因可用于表达研究。因此，磁珠介导的差减杂交是使用较多的全长 cDNA 文库构建方法，目前已有成熟的试剂盒出售。

三、载体选择

虽然差减 cDNA 文库可用质粒载体构建，但使用较多的仍是噬菌粒载体。这类载体含 *lacZ* 报告基因，cDNA 片段插入导致 *lacZ* 基因失活，因此可用蓝白斑筛选重组分子。噬菌粒可在宿主菌中复制，不仅具有拷贝放大作用，经过 M13 噬菌体等辅助噬菌体超感染后，载体能以滚环方式进行单链 DNA 复制，利用辅助噬菌体包装蛋白可产生较高滴度的噬菌体颗粒。在无辅助噬菌体存在时，噬菌粒可从 λ 噬菌体上切离形成双链 DNA 质粒。另外，噬菌粒还可作为表达载体，用抗体进行文库筛选。

第四节　基因库与畜禽遗传资源保护

生物多样性资源是人类社会可持续发展的重要物质基础和不可替代的自然资源。就畜牧业而言，畜禽品种资源是畜牧业发展和人类需求的根本保障。因此，畜禽遗传资源的保存和保护对遗传育种以及抗病性、适应性、稀有性状的有效利用都具有十分重要的意义。

一、畜禽遗传资源保护的现状

发达国家对畜禽遗传资源的保护和管理相当重视。早在 1975 年，西班牙就建立了鸡品种保护群。1992 年，联合国粮农组织在我国举办了"亚洲基因库培训班"，旨在加强亚太地区畜禽遗传资源保护的技术力量。1985 年，日本开始农林水产基因库的建设。我国也很重视动物种质资源的研究、保护和利用。1996 年，农业部批准成立了国家畜禽遗传资源管理委员会，下设畜禽品种审定委员会、技术交流培训部、基金会和专门办公室。2006 年，农业部常务委员会审议通过了《畜禽遗传资源保种场保护区和基因库管理办法》，各项管理工作逐步走向正规。

畜禽遗传资源保护是一项长期、艰巨的工作，尽管各国政府都十分重视，也采取了相应的措施，但现状却不容乐观。例如，除牛和一些观赏性鸡品种外，日本的地方畜禽品种已很少。我国拥有世界上最为丰富的畜禽遗传资源，目前已发现的地方品种 545 个，引进品种 104 个，以地方品种为素材培育的新品种、配套系 101 个。许多地方品种都是我国所特有，是培育优质畜禽新品种、配套系不可缺少的原始育种素材。由于生产者为了追求更高的经济效益，对市场竞争力不强的地方品种进行改良或者淘汰，再加上引入的外种和自主培育的规模化品种对地方遗传资源的冲击，导致我国部分地方品种的濒危或灭绝。据统计，自 20 世纪 90 年代以来，我国濒危和濒临灭绝的地方畜禽品种约占地方品种总数的 18%，其中处于濒危的 15 个，濒临灭绝的 44 个，已灭绝的 17 个，这种趋势将随着集约化程度的提高和大量的引种而进一步加剧。

二、畜禽遗传资源保存的方式

就基因收集和保存而言，以活体、精子、卵、胚胎、细胞和组织 DNA 等方式保存基因都是有效的，但从减少保种费用、防止遗传变异和避免疾病等方面考虑，生殖细胞冷冻保存是最好的方法。

1. 保种场　保种场是指有固定场所、相应技术人员、设施设备等基本条件，以活体保护为手段，以保护畜禽遗传资源为目的的单位。我国《畜禽遗传资源保种场保护区和基因库管理办法》规定，国家级畜禽遗传资源保种场应具备下列条件：①场址在原产地或与其自然生态条件一致或相似的区域。②场区布局合理，生产区与办公区、生活区隔离分开。办公区设技术室、资料档案室等。生产区设饲养繁殖场地、兽医室、隔离舍、畜禽无害化处理、粪污排放处理等场所，并配备相应的设施设备，防疫条件符合《中华人民共和国动物防疫法》的有关规定。③有与保种规模相适应的畜牧兽医技术人员。主管生产的技术负责人具备大专以上相关专业学历或中级以上技术职称；直接从事保种工作的技术人员需经专业技术培训，掌握保护畜禽遗传资源的基本知识和技能。④符合种用标准的单品种基础畜禽数量要求。猪数量要求为母猪 100 头以上，公猪 12 头以上，三代之内无血缘关系的家系数不少于 6 个；牛、马、驴、骆驼数量要求为母畜 150 头（匹、峰）以上，公畜 12 头（匹、峰）以上，三代之内无血缘关系的家系数不少于6个；羊数量要求为母羊250只以上，公羊25只以上，三代之内无血缘关系的家系数不少于6个；鸡数量要求为母鸡300只以上，公鸡不少于30个家系；鹅、鸭数量要求为母禽200只以上，公禽不少于30个家系；兔数量要求为母兔300只以上，公兔60只以上，三代之内无血缘关系的家系数不少于6个；犬数量要求为母犬30条以上，公犬不少于10条；蜂数量要求为60箱以上。抢救性保护品种及其他品种的基础畜禽数量要求由国家畜禽遗传资源委员会规定。⑤有完善的管理制度和健全的饲养、繁殖、免疫等技术规程。

2. 保护区 保护区是指国家或地方为保护特定畜禽遗传资源，在其原产地中心产区划定的特定区域。我国《畜禽遗传资源保种场保护区和基因库管理办法》规定，国家级畜禽遗传资源保护区应具备下列条件：①设在畜禽遗传资源中心产区，范围界限明确。②区内应有2个以上保种群，保种群之间的距离不小于3 km；蜂种保护区具有自然交尾隔离区，其中山区隔离区半径距离不小于12 km，平原隔离区半径距离不少于16 km。③保护区具备一定群体规模，单品种资源保护数量不少于保种场群体规模的5倍，所保护的畜禽品种质量符合品种标准。

3. 基因库 基因库是指在固定区域建立的，有相应人员、设施等基础条件，以低温生物学方法或活体保护为手段，保护多个畜禽遗传资源的单位。基因库保种范围包括活体、组织、胚胎、精液、卵、体细胞、基因物质等遗传材料。我国《畜禽遗传资源保种场保护区和基因库管理办法》规定，国家级畜禽遗传资源基因库应具备下列条件：①有固定的场所，所在地及附近地区无重大疫病发生史。②有遗传材料保存库、质量检测室、技术研究室、资料档案室等，有畜禽遗传材料制作、保存、检测、运输等设备，具备防疫、防火、防盗、防震等安全设施，水源、电源、液氮供应充足。③有从事遗传资源保护工作的专职技术人员。专业技术人员比例不小于70%，从事畜禽遗传材料制作和检测工作的技术人员需经专业技术培训，并取得相应的国家职业资格证书。④保存单品种遗传材料数量和质量要求。牛、羊单品种冷冻精液保存300剂以上，精液质量达到国家相关标准；公畜必须符合其品种标准，级别为特级，谱系清楚，无传染性和遗传疾病，三代之内没有血缘关系的家系数不少于6个；牛、羊单品种冷冻胚胎保存200枚以上，胚胎质量为A级，胚胎供体必须符合其品种标准，系谱清楚，无传染性和遗传疾病，供体公畜为特级，供体母畜为1级以上，三代之内没有血缘关系的家系数不少于6个；其他畜禽冷冻精液、冷冻胚胎以及其他遗传材料（组织、细胞、基因物质等）的保存数量和质量根据需要确定。⑤有相应的保种计划和质量管理、出入库管理、安全管理、消毒防疫、重大突发事件应急预案等制度，以及遗传材料制作、保存和质量检测技术规程；有完整系统的技术档案资料。⑥活体保种的基因库应当符合保种场条件。

本章小结

基因文库是研究基因结构、表达调控和获取目的基因的主要手段之一。根据所用材料不同，基因文库可分为基因组DNA文库和cDNA文库。

基因组DNA文库包含基因组编码序列和非编码序列，主要用于基因组测序、同源重组序列获取和基因组相关研究。构建基因组DNA文库的主要步骤包括基因组DNA提取、随机片段化、与克隆载体连接、连接产物转化细菌和文库生成，其中高质量基因组DNA提取及其随机片段化是关键，常用载体有噬菌体、黏粒和酵母人工染色体。代表性是衡量基因组DNA文库质量的关键指标之一，文库涵盖的DNA序列越全，代表性越好。

cDNA文库仅包含基因组的表达序列，主要用于目的cDNA筛选及重组蛋白表达。随着分子克隆技术的飞速发展，cDNA合成新方法不断涌现，特别是日益完善PCR技术的应用越来越广泛。cDNA文库质量主要包括文库代表性和插入片段完整性，代表性是文库包含的重组cDNA分子反映来源细胞表达信息的完整性，插入片段完整性是反映细胞中各种mRNA序列的完整性。其中，差减cDNA文库是研究不同发育阶段或不同生理、病理状态下基因差异表达的常用手段。

畜禽遗传资源保护对生物多样性的维持、优良性状基因的开发利用和濒危、珍稀动物的保护具有十分重要的意义，以引起各国政府的高度重视，保存方式有保种场、保护区和基因库。

思 考 题

1. 基因文库的定义是什么？
2. 试述构建基因文库的目的和意义。
3. 根据插入片段来源和所用载体不同，基因文库可分为哪几种？
4. 基因文库载体的选择原则是什么？
5. 在制备基因组 DNA 克隆片段时，应注意哪些问题？
6. 基因文库扩增的利弊是什么？
7. 试述 mRNA 完整性的确定方法及其对 cDNA 合成的影响。
8. 合成第二链 cDNA 的主要策略有哪些？
9. 简述构建差减 cDNA 文库的基本原理。
10. 畜禽遗传资源保护的主要方式有哪些？

第六章
目的基因的获取

需要研究的基因称为目的基因。基因工程的第一步，就是要获得目的基因。已知序列目的基因的获取相对容易，可用已有的任何来源的基因片段作为筛选文库的探针，也可用特异抗体作为筛选表达文库的探针，还可以根据已知序列合成寡聚核苷酸探针，而 PCR 技术合成探针的选择余地更大、探针标记更为方便。相比之下，未知序列目的基因的获取则较为复杂，需在构建基因文库的基础上，结合其他基因克隆方法加以分离。

目前，已有多种方法可以获得目的基因。已知序列基因目的的获取可采用化学合成目的基因、从构建的基因文库中钓取目的基因、应用 mRNA 逆转录法合成 cDNA、PCR 法等。未知序列目的基因的获取可采用染色体步移法、杂交捕捉和释放法、mRNA 的差异显示技术、限制性标志 cDNA 扫描法等。

第一节 已知序列目的基因的获取

一、目的基因的化学合成

随着基因工程的发展，定向地修改、设计生物基因组，快速合成 DNA 片段的方法就显得十分重要，通常采用化学合成法来合成目的基因。目的基因的化学合成是以核苷或单核苷酸为原料，采用有机合成反应或酶促合成反应进行的寡核苷酸或核酸大分子的合成。1970 年，Khorana 等首次成功合成了转录酵母丙氨酸 tRNA 基因，但因没有调控因子，合成的基因没有活性，不能表达。1976 年他们又用此法合成了具有启动子和终止子，具有活性的大肠杆菌酪氨酸 tRNA 的基因。1977 年，K. Itakura 利用化学途径合成了编码脑激素的基因，并在大肠杆菌中成功表达，从此，化学合成基因得到了快速发展。

目的基因的化学合成包括有机化学合成和酶促合成两个方法。有机化学合成是以核苷或者单核苷酸为原料，完全用有机化学的方法来合成核酸；酶促合成是通过酶促反应将化学合成的小片段连接为大片段，或者从已经合成的单链制成双链，大肠杆菌 DNA 连接酶和 T4 噬菌体 DNA 连接酶是两种常用的 DNA 连接酶。在基因的化学合成中，首先是合成出一定长度（150～200 bp）的、具特定序列结构的寡核苷酸片段，即单链 DNA 短片段，然后在 DNA 连接酶的帮助下，将它们按顺序共价地连接起来。与细胞中合成 DNA 不同的是，化学合成是把新的脱氧核糖核苷酸（dNTP）加到 DNA 链的 $5'$ 羟基末端。化学合成的寡核苷酸除了可作合成基因的元件外，还可作为 DNA 序列测定的引物、核酸分子杂交的探针及用于扩增目的基因、引入突变等。

有机化学合成 DNA 的方法有磷酸二酯法、磷酸三酯法、亚磷酸三酯法，以及在后两者基础上发展起来的固相合成法和自动化法。DNA 合成仪就是根据固相亚磷酸三酯法原理设计的，合成的一个循环周期分为脱三苯甲基作用、偶联反应、封端反应、氧化反应，按照序列要求将脱氧核苷酸单体一个个接上去，每接一个单体就是一个循环反应，反复重复以上步骤。目前，化学合成寡聚核苷酸片段的能力一般局限于 150～200 bp，而绝大多数基因的大小超过了这个范围，因此需要将寡聚核苷酸适当连接组装成完整的基因。

采用有机化学合成 DNA 时，首先要知道这种 mRNA 的核苷酸顺序，并由此推出它的基因的核苷酸顺序，然后用有机化学方法把单核苷酸缩合成具有几个核苷酸的小片段，并使各个小片段间有部分碱基互补。通过碱基配对，互补的区段形成双链，未配对部分又与另一核苷酸小片段的互补部分配对，通过连接酶的作用，把同一链上的片段连接起来。依次重复这些步骤，就可以合成所需的基因。化学合成通常出现两种情况：一种情况是各片段退火以后就可以得到全长基因，但是在基因中间存在一些切口，这时可用 T4 噬菌体 DNA 连接酶将这些切口连接起来（图 6-1）。另一种情况是合成一套包括具有重叠区域的核苷酸片段，在适当的条件下退火，这样就形成包括全基因但每条单链上都有缺失的双链 DNA，然后用大肠杆菌 DNA 聚合酶 I 补足缺失的部分，并用 T4 噬菌体连接酶将基因中间的切口连接起来，就得到完整的基因（图 6-2）。

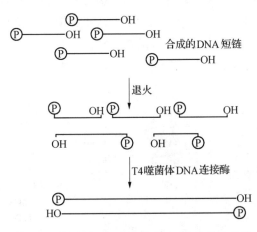

图 6-1 合成的 DNA 片段通过 T4 噬菌体连接酶连接形成完整的 DNA 片段

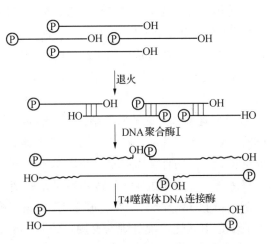

图 6-2 DNA 聚合酶 I 和 T4 噬菌体连接酶共同参与 DNA 片段的合成

此法的缺点是必须先了解所要合成基因的核苷酸顺序，而且费时、费力、合成成本高；优点是准确性高，自动化程度高，它为研究基因的结构和功能、人工改造核苷酸、控制定向变异提供了重要途径。

二、从基因文库中钓取目的基因

基因文库包括基因组文库和 cDNA 文库。由于基因文库中有某种生物的基因组片段或 cDNA 片段，所以常常可以从基因文库中钓取目的基因。从基因文库中获取目的基因的方法有核酸分子杂交法、差示杂交法、PCR 筛选法、表达文库的免疫学筛选等方法。

（一）核酸分子杂交法

核酸分子杂交是从基因文库中筛选目的基因最常用、最可靠的方法之一，它可以同时迅速地分析数目巨大的克隆，可在各种严格的条件下使用，从而最大限度地减少非特异性交叉反应的发生。核酸分子杂交已有 40 多年的历史，其理论基础已得到充分阐明，并由此发展了一大批不同的技术，以满足各种试验目的之需要。

1. 用于核酸分子杂交的探针 核酸探针指的是用来探查基因文库中是否存在相应序列的核酸片段。几乎任何来源的核酸片段都可用作核酸分子杂交的探针，包括天然的基因组 DNA 和 RNA，以及人工合成的 cDNA、寡核苷酸和 PCR 产物。

根据探针与目标克隆之间序列同源性的相近程度，可将核酸探针分为同源探针和部分同源探针。

同源探针至少含有一部分与目标克隆完全相同或十分接近的序列，主要用于从基因文库中筛选出较之更长或与之相连的基因片段，或从 cDNA 文库中筛选出全长的克隆用于表达研究。利用同源探针筛选目的克隆要求严格，杂交反应的特异性较强，获得目的克隆的成功率较高。而部分同源探针常用来探测与其序列相关但不同的克隆，其来源包括不同种属之间相同的基因，或同属某一基因家族的不同基因。在通常情况下，由于难以确切知晓探针序列与目的克隆之间的同源程度，杂交反应的最佳条件（如杂交及洗涤温度和盐浓度）往往需要通过一系列预试验来摸索。

RNA 探针一般是通过对克隆在质粒载体中的核酸片段进行体外转录来获得，制备过程较为烦琐。由于 RNA-DNA 杂合分子的结合牢固，所以洗涤可在较为严格的条件下进行。

寡核苷酸探针是根据明确的序列人工合成的。当目标克隆的核苷酸序列明确时，合成一定长度的寡核苷酸是相当容易的事。但若仅知道目标克隆编码产物的氨基酸序列，由于遗传密码子具有简并性（即一种氨基酸可由多个密码子编码），合成寡核苷酸则较复杂，常用的解决办法是根据每个氨基酸常用的密码子来合成，或合成一组囊括编码给定氨基酸的所有可能密码子的核苷酸。

随着 PCR 技术的日益完善和普及，用 PCR 制备核酸探针不仅快速、简便，而且可以同时进行探针标记。

2. 菌落和噬菌体空斑的原位杂交 虽然质粒构建的基因文库的重组子形成菌落，噬菌体构建的基因文库的重组子形成空斑，但是两种文库的筛选步骤基本相同。其第一步都是将菌落或空斑中的 DNA 转移到尼龙或硝酸纤维素滤膜等杂交膜上（图 6-3）。在完成 DNA 向杂交膜转移之后，下一步是用碱性溶液处理杂交膜，使其 DNA 变性成单链 DNA，然后用烘烤或紫外线交联的方法，使单链 DNA 与杂交膜结合。

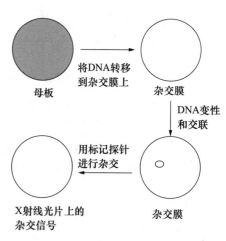

图 6-3 噬菌体空斑原位杂交

经过上述处理的杂交膜便可用于核酸分子杂交。杂交以后，将杂交膜与原平板进行准确对位，以便找到杂交阳性的克隆。对于第一轮杂交获得的阳性克隆，一般还需以较低的密度涂布平板，进行重复杂交，才能确认单个阳性克隆。

（二）差示杂交法

在探针杂交法并不容易或根本无法获得期望重组子的情况下，此时可采用差示杂交法来筛选目的基因 cDNA 重组子。差示杂交法的过程：将一种含有目的基因转录成相应的 mRNA 的细胞和另一种含有同样的目的基因但并不表达的细胞，同时涂布在两个培养皿 A 和 B 上，在 A 中加入血清（含生长因子）使细胞生长一段时间后，分别从两组细胞系中分离纯化细胞总 mRNA。由 A 组 mRNA 合成 cDNA 并克隆，形成 cDNA 重组克隆，用硝酸纤维素滤膜复制两份。同时分别由 A、B 两组 mRNA 制备放射性 cDNA 探针，然后杂交经过处理后的硝酸纤维素滤膜，并对两张放射自显影 X 光胶片进行原位比较。在 A 组 cDNA 探针杂交膜上存在，而在 B 组 cDNA 探针杂交膜上不出现相应的 cDNA 重组克隆，必定含有目的基因，并可从原始 cDNA 重组克隆平板的相应位置上分离得到。

上述方法对筛选表达率较高的目的基因颇为有效，但在分离低丰度 mRNA 克隆的 cDNA 重组子时相当困难。还有一种方法是用 T 淋巴细胞和 B 淋巴细胞作为两组细胞进行分离低丰度 mRNA 克隆的 cDNA 重组子，原理是根据 T 淋巴受体只能在 T 淋巴细胞中表达，而不能在 B 淋巴细胞表达。

（三）PCR 筛选法

长期以来，核酸分子杂交法一直是基因文库筛选的经典方法。随着 PCR 技术的不断改进，该项技术在基因文库的筛选方面也逐步得到广泛的应用，其显著特点是快速、简便。该方法的基本策略是将基因文库分装到 96 孔培养板，经液体培养一定时间后，分别从各孔中吸取少量培养物，并将同一行（横向）和列（纵向）孔中的培养物合并，以此混合物为模板进行 PCR 扩增，最后根据凝胶电泳的结果判定相应行或列混合孔中是否含有阳性克隆。对含有阳性克隆的行或列混合孔中的培养物再次分装到培养板上，并经培养后进行第二轮 PCR。如此反复操作，直至获得阳性克隆或将其范围缩减到最小。

（四）表达文库的免疫学筛选

对于用表达质粒或噬菌体（如 λgt11）构建的 cDNA 文库，可以用表达产物的特异抗体为探针进行目的克隆的筛选。值得注意的是，如果表达文库是用含翻译起始密码子的载体构建的，由于基因表达受其插入方向和阅读框的限制，插入的 cDNA 仅有 1/6 的机会表达正确的产物。同样，如果 cDNA 被克隆在 lacZ 等报告基因下游的某个位点，也只有那些插入方向和阅读框正确的重组克隆才能表达含 cDNA 编码产物的融合蛋白。

用免疫学方法筛选表达文库的基本过程与噬菌体空斑原位杂交非常相似，区别在于前者转移到杂交膜（通常是硝酸纤维素滤膜）上的是细菌的表达产物而不是核酸。由于细菌不具备转译后加工能力，表达产物无法形成复杂的构象抗原决定簇，因此所用的第一抗体必须能有效地识别变性的蛋白抗原（即在 Western 印迹杂交的薄膜上产生信号）。因为高效价的多克隆抗血清能与多个不同的抗原表位反应，所以用其筛选到阳性克隆的机会随之增加。其缺点是往往含有针对细菌裂解物的抗体，导致杂交反应的高背景和假阳性，在筛选文库前应设法去除这些交叉反应抗体。选用单克隆抗体进行表达文库的筛选可明显降低非特异结合背景，但识别的抗原表位单一，筛选到目的克隆的机会随之减少，因此最好是将几种单克隆抗体混合使用。

三、mRNA 逆转录法获得真核生物目的基因

鉴于化学合成 DNA 片段的能力局限于 150~200 bp，且许多 DNA 片段的组装过程并非易事。从基因文库中筛选复杂的真核生物基因是件十分繁重的工作，一般的基因工程实验室是难以完成的。故在基因工程中，为得到真核生物基因，一般会采用逆转录 PCR（reverse transcription-PCR，RT-PCR）法。

RT-PCR 是一种酶促合成法，即以 mRNA 为模板，在逆转录酶的作用下，以 4 种脱氧核苷三磷酸为材料合成 DNA（cDNA），再经复制后即成双链 DNA。从真核生物中提取 mRNA，由于 mRNA 后有 100~200 bp 的 poly（A），用与 poly（A）互补的 12~18 nt 的 oligo（dT）合成一种组织中所有 mRNA 对应的 cDNA 第一链。然后使用末端转移酶在 cDNA 第一链末端加上多聚 C，经变性和水解 mRNA 后，加入 1 个末端为多聚 G 的引物合成其互补链（第二条链），再经 PCR 进行大量扩增（图 6-4）。

因为真核生物的基因由编码的外显子和大量不编码的内含子两种序列组成，用这种方法得到的基因没有内含子，不具有启动子和终止子，所以缺乏功能活性。如果外接一段调节序列，就能在受体细胞中表达，所以此法是克隆真核生物基因的有效方法。自从 1970 年 Temin 等发现逆转录酶以来，此法已广泛应用于人、猪、田鼠、鸭等动物基因的克隆。

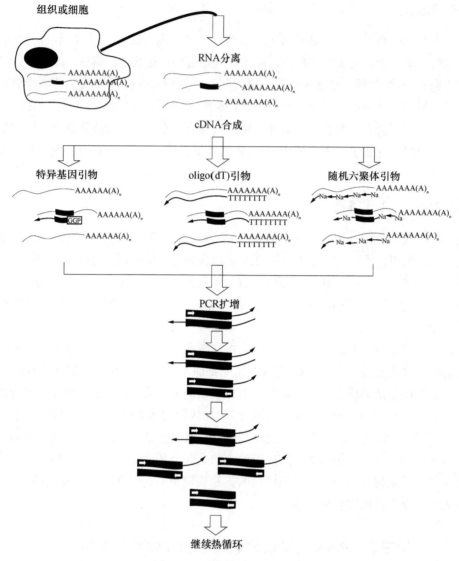

图 6-4 逆转录 PCR 原理示意图

四、从 cDNA 文库中杂交筛选法

（一）从非全长 cDNA 文库中筛选新基因

1. RACE 法 RACE 即快速扩增 cDNA 末端（rapid amplification of cDNA end，RACE）法，只需知道 mRNA 内很短的一段序列即可扩增出其 cDNA 的 5′端（5′RACE）和 3′端（3′RACE）。该法的主要特点是利用一条根据已知序列设计的特异性引物和一条与 mRNA 的 poly（A）（3′RACE）或加至第一链 cDNA 3′端的同聚尾（5′RACE）互补的通用引物，由于同聚体并非良好的 PCR 引物，同时为了便于 RACE 产物的克隆，可向同聚体引物的 5′端加入一内切酶位点。所用的 cDNA 模板可以使用多聚 dT 引物延伸合成（3′RACE、5′RACE 均可）。当 RACE 扩增产物为复杂的混合物时，可取部分产物作模板，用另一条位于原引物内侧的序列作为引物与通用引物配对进行另一轮 PCR（巢式 PCR）。早在 1988 年，Frohman 等用此方法成功地获得了 4 种 mRNA 的 5′和 3′末端序列。

迄今已有几种改良的 RACE 方法，通过修饰与优化，与最初的 Frohman 等（1988）报道的有所不同：①Barson 等（1992）采用锁定寡聚脱氧胸腺嘧啶核苷酸引物"锁定"基因特异性序列的 3′末端与其 poly（A）尾的连接处，进行第一条 cDNA 链的合成，消除了在合成第一条 cDNA 链时寡聚（dT）与 RNA 模板 poly（A）尾任何部位结合而带来的影响。②Edwards（1991）和 Troutt（1992）小组利用 T4 噬菌体 RNA 连接酶把寡核苷酸连接到单链 cDNA 的 5′末端，然后用一个 3′末端特异性引物和一个锚定引物就可以直接对锚定连接的 cDNA 进行体外 PCR 扩增和克隆。随后，Bertling 等（1995）又用 DNA 连接酶代替 RNA 连接酶。这些方法都避免了在第二条 cDNA 链内同聚序列区互补而导致截断 cDNA 的产生。③Maruyama 等（1995）提出 cRACE 法，采用的引物为基因特异性的，所以非特异性 PCR 产物基本上不会产生。有关公司也根据 RACE 法的更新，相继推出了 RACE 的相应试剂盒，为克隆 cDNA 提供了方便的工具。

2. 用 PCR 法从 cDNA 文库中快速克隆基因 高质量的 cDNA 文库是筛选目的基因的基本保证。如果目的基因的序列已知，可以设计引物，利用 PCR 法就可快速扩增出目的基因。如果目的基因的序列未知，用 PCR 法从 cDNA 文库中快速克隆基因的方法，只需提取 λ 噬菌体 DNA 作为模板，按保守序列设计 PCR 引物便可将未知片段进行克隆。特别是在基因的两端变异较大而中间某区域保守的情况下，用 PCR 法很容易获取 cDNA 的全长。同一转录产物，又是存在着不同的拼接方式，通过文库筛选的办法同时将不同拼接方式的克隆筛选出来的可能性较小，而使用 PCR 扩增后，有利于观察到不同的拼接方式。另外，为研究基因在不同组织中的表达情况，常根据差异显示分析找出特异的 mRNA。

（二）从全长 cDNA 文库中进行杂交筛选

1. 标记探针 cDNA 文库筛选法 cDNA 文库通常涂抹到母盘培养基上，然后把这些菌落的样品吸印到硝酸纤维素滤膜或尼龙滤膜上。这时加入标记的探针，如果出现杂交信号，那么从母盘上就可以把包含杂交信号的菌落分离、培养出来。以此筛选出阳性克隆，进行序列分析，以获得 cDNA 全长。该方法能避免 PCR 扩增的非特异性扩增或错配，是一种比较准确、可靠的 cDNA 克隆方法。主要缺点是克隆过程需要一系列的酶促反应、产率低、费时、工作量大。该方法适合于表达丰度高的基因的筛选分离。用于作标记探针的 DNA 片段可以是其他生物的基因片段，在这种情况下筛选出来的基因往往是已分离基因的同源基因；如果用于作标记探针的 DNA 片段是通过新分离蛋白质的氨基酸反推设计的 DNA 序列，或者是特异分子标记 DNA 序列，那么可以筛选得到新功能基因。

2. 反向 PCR 反向 PCR 克隆 cDNA 全长的原理是：双链 cDNA 合成后进行尾-尾连接，环化的 cDNA 用位于已知序列内的限制性核酸内切酶酶切位点造成缺口或用 NaOH 处理使之变性，然后用 2 条基因特异性引物对重新线性化或变性的 cDNA 进行扩增。反向 PCR 的优势在于它采用了 2 条基因特异性引物，因此不易产生非特异性扩增。该方法可以快速、高效地扩增 cDNA 或基因组中已知序列两侧位置的片段。

第二节 未知序列目的基因的获取

一、染色体步移法

随着全基因组高通量测序技术的发展，得到了如人、线虫、大豆、拟南芥等一些物种的基因组序列，为研究提供了极大的便利。但是，对于大多数生物而言，在不了解它们的基因组序列以前，想要知道一个已知区域两侧的 DNA 序列，只能采用染色体步移技术。在某些情况下，从基因文库中筛选到的仅是基因的一个片段，或长或短地缺少 5′或 3′端。而在另外一些情况下，需要弄清特定基因在染色体上的排列以及与其他基因的相邻关系。上述两种情况都需要从基因组 DNA 文库中反复筛选相互重叠的基因组片段，此方法称为染色体步移（图 6-5）。其基本策略是根据已克隆的基因片段的末端序列合成探针，或是以限制性核酸内切酶酶切下的末端片段为探针，反复进行基因组文库的筛选，直至满足需要为止。

分离侧翼序列的染色体步移法主要有两种，一是结合基因组 DNA 文库为主要手段的染色体步移技术，构建基因组 DNA 文库进行染色体步移。尽管步骤比较烦琐，但是适于长距离步移，可以获得代表某一特定染色体的较长连续区段的重叠基因组克隆群。随着亚克隆文库构建条件的优化及测序技术的进步，这种方法也将更加快捷、准确。二是基于 PCR 技术的染色体步移技术。基于 PCR 技术的染色体步移技术步移距离相对较短，但是操作比较简单，尤其适合于已知一段核苷酸序列的情况下进行的染色体步移。

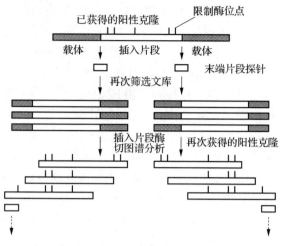

图 6-5 染色体步移的技术路线

1. 结合基因组 DNA 文库的染色体步移技术 基因组 DNA 文库是指生物体全部 DNA 经过合适的限制性核酸内切酶消化或机械切割以后，克隆到适当的载体分子中，构成重组体分子群体，然后转化给诸如大肠杆菌这样的寄主菌株进行复制繁殖，如此构建的理论上含有生物体整个基因组全部遗传信息的克隆集合体。它是进行基因组学研究的重要技术平台，在基因组物理图谱的构建以及基因的图位克隆中发挥了重要作用。构建基因组 DNA 文库的载体主要有 λ 噬菌体、酵母人工染色体（YAC）、P1 噬菌体和细菌人工染色体（BAC）等。其中，用 BAC 构建的基因组 DNA 文库因其插入片段大、嵌合率低、遗传稳定性好、易于操作等优点而备受青睐。进入 21 世纪以来，小麦、棉花、水稻等越来越多的物种用 BAC 构建了基因组 DNA 文库。在水稻、棉花等作物中，不同的研究者用 BAC 构建了不同品种的基因组 DNA 文库，含有特殊基因的品种用 BAC 构建的基因组 DNA 文库对于克隆某些特殊功能基因是非常必要的，如抗病虫害基因、逆境相关基因、生殖发育相关基因等。

结合精细定位的染色体步移技术通常用来确定 DNA 大分子中各基因的相关位置，并克隆目的基因。在基因克隆中，该方法用于鉴定一系列彼此重叠的 DNA 限制片段、分离序列及表达产物未知的基因，特别是与发育相关的基因。利用基因组 DNA 文库克隆目的基因，首先要有一个根据目的基因建立起来的遗传分离群体，找到与目的基因紧密连锁的分子标记，然后用遗传作图将目的基因定位在染色体的特定位置，找到与目的基因紧密连锁的分子标记。用 BAC 或 YAC 构建含有插入大片段 DNA 的基因组文库，以与目的基因连锁的分子标记为探针筛选基因组 DNA 文库，鉴定出分子标记所在的大片段克隆，再以该克隆为染色体步移的起点，用外侧克隆末端作为探针筛选基因组 DNA 文库，分离新的重叠克隆再用于获得阳性克隆，多次重复上述步骤，逐渐逼近目的基因，构建目的基因区域的重叠群。随后通过亚克隆文库获得含有目的基因的小片段克隆，最后通过遗传转化和功能互补验证最终确定目的基因的碱基序列。目前构建亚克隆文库比较常用的 DNA 片段化方法主要有两种：物理剪切法和限制性核酸内切酶法。

2. 基于 PCR 技术的染色体步移技术 PCR 技术自发明以来，发展突飞猛进，在此基础上又发明了反向 PCR，并首次应用于基因组染色体步移。自此以后的几十年中，先后有十几种扩增未知序列的染色体步移方法的报道。这些方法都有独特的技术特点以及特定的应用环境，但根据其技术原理，这些方法体现了 3 种主要的策略：连接成环 PCR 策略、外源接头介导 PCR 策略和半随机引物 PCR 策略。

（1）连接成环 PCR 策略　反向 PCR 是连接成环 PCR 策略最为典型的代表，是在常规 PCR 基础上提出的扩增位于靶 DNA 区段两侧未知序列的一种 PCR 方法。此法选择的引物虽与已知 DNA 序列互补，但是引物延伸的方向与常规 PCR 相反。反向 PCR 成功与否的关键在于限制性片段分子内成环效率的大小。选择一个已知序列中没有的限制性核酸内切酶对 DNA 进行酶切，用连接酶将限制性片段自身环化作模板，根据已知序列末端设计反向引物进行 PCR，即可获得两侧未知核苷酸序列。

(2) 外源接头介导 PCR 策略　外源接头介导 PCR 策略是在包含待分离侧翼序列区域的限制性片段外侧连接载体或接头，和原片段一起构成一个序列"已知—未知—已知"的结构，根据两侧的已知序列设计引物，就可以扩增得到中间未知的序列。接头可以是双链也可以是单链，所连接的载体或接头不同，实验程序也存在较大差异。

(3) 半随机引物 PCR 策略　早在 1991 年 Parker 就提出目标基因步移 PCR (targeted gene walking PCR)，1993 年 Sarkar 又报道了限制位点 PCR (restriction-site PCR)，其策略都是通过设计一批随机引物和已知序列的特异引物组合扩增已知序列的侧翼序列。和前两种策略相比较，半随机引物 PCR 减少了酶切、连接等烦琐的操作。但是长期以来由随机引物引发的非特异性扩增无法有效地得以控制，所以一直没有被广泛应用。近年来，随着研究的不断深入，新 Alu-PCR、复性控制引物的 DNA 步行 PCR (DNA walking-annealing control primer PCR，DW-ACP-PCR) 和热不对称交错 PCR (thermal asymmetric inter laced PCR，TAIL-PCR) 等新的方法相继问世，很大程度上降低了非特异扩增。

在实际操作中研究者往往将上述方法中的两个或两个以上的技术联合使用，尤其是结合基因组文库的染色体步移技术与基于 PCR 技术的染色体步移技术在实验中的联合使用，二者优势互补，实现了长距离快速染色体步移。随着生命科学在国计民生中的重要性不断提高，利用染色体步移技术克隆重要功能的新基因也将越来越普遍，相信随着众多科研工作者的不懈努力，染色体步移新技术将会不断涌现，染色体步移方法的操作也将会更加简单、快速。

二、杂交捕捉和释放法

杂交捕捉和释放法利用克隆 DNA 与其编码的蛋白质之间的对应关系，通过无细胞转译系统表达出的蛋白质来检测目的 mRNA。目前杂交捕捉和释放法主要分为杂交捕捉转译和杂交释放转译。

1. 杂交捕捉转译　杂交捕捉转译 (hybrid arrested translation，HART) 是通过其在无细胞转译系统中与特定 mRNA 杂交并因此阻止翻译的能力来鉴定重组 DNA 克隆的手段。该方法是用混合的 cDNA 与 mRNA 进行杂交，然后将 mRNA 在体外无细胞转译系统中转译，只有那些不能碱基配对的序列可以在体外转译，而配对的序列不能进行转译。在此基础上，通过对混合 cDNA 再次分组，并反复进行杂交捕捉转译，最终可以鉴定出抑制某一特定蛋白转译的单个 cDNA 克隆。其中，无细胞转译系统 (cell-free translation system 或 in vitro translation system) 指没有完整细胞的体外蛋白质翻译合成系统。该方法通常利用无细胞提取物提供所需要的核糖体、转移核糖核酸、酶类、氨基酸、能量供应系统及无机离子等，在试管中以外加的信使核糖核酸 (mRNA) 指导蛋白质的合成。常用的无细胞提取物有兔网织红细胞裂解物和麦胚抽提物等。

在高浓度甲酰胺溶液的条件下，将转化的含有目的基因的重组质粒 DNA 变性后同未分离的总 mRNA 进行杂交；从杂交混合物中回收核酸，并加入无细胞转译系统进行体外转译；由于在转译系统中含有 S 标记的甲硫氨酸，转译合成的蛋白质可以通过电泳和放射自显影进行分析。与未杂交的 mRNA 转译产物作比较，直到发现杂交的 mRNA 转译产物电泳自显影结果有差异为止，筛选出含有目的基因的重组子菌落。这种方法主要用于高丰度 mRNA 的检测筛选。

2. 杂交释放转译　杂交释放转译 (hybrid release translation，HRT) 是能使一克隆的 DNA 与它所编码的蛋白质相关联的方法。在 cDNA 与 mRNA 杂交以后，可以用磁珠分离等方法提取 cDNA-RNA 杂合分子，然后将其中的 mRNA 释放，并进行体外转译，从而鉴定编码该蛋白的 cDNA 克隆。杂交释放转译过程：首先将克隆的特定 DNA 结合到硝酸纤维素滤膜上，并与未分离纯化的 mRNA 或细胞总 RNA 杂交，然后漂洗滤膜；杂交的 mRNA 在含低盐缓冲液或甲酰胺的缓冲液中加热洗脱下来，然后将回收的 mRNA 在无细胞转译系统中进行转译；通过电泳和放射自显影技术，把经放射性标记的多肽产物用凝胶电泳分离。这种方法主要应用于低丰度 mRNA 的检测筛选。

杂交捕捉转译和杂交释放转译的区别在于前者由于mRNA-DNA杂交体不会在体外转译，所以克隆DNA与mRNA群体的杂交可用于鉴定互补mRNA；而后者使用与固体支持物结合的克隆DNA来分离互补的mRNA，然后在体外洗脱和转译。

上述方法适用于克隆两种组织，或同一组织在不同发育阶段及病理生理条件下表达有差异的基因，但这些方法均有费时、费力、成本高、效果差等缺点，难以满足成批样品的检测和筛选。

三、mRNA差异显示技术

真核生物基因组中，仅10%~15%的基因在细胞中表达，而且不同发育阶段、不同生理状态和不同类型的细胞中具有差异性表达。基因的差异性表达不仅是细胞形态和功能多样性的根本原因，而且也是各种生理及病变过程的基础，因此分离、鉴定差异表达的基因具有重要的意义。1992年，科学家梁鹏和A. D. Pardee根据高等生物成熟的mRNA带有poly（A）的特性创立了mRNA差异显示技术。1994年，Erric Haay等将这种方法正式命名为mRNA差异显示逆转录聚合酶链式反应（differential mRNA display reverse transcription PCR，DDRT-PCR），它是在逆转录反应、PCR反应和聚丙烯酰胺凝胶电泳这3项技术的基础上发展起来的。其原理是根据大多数真核生物成熟mRNA的3′端有多聚腺嘌呤序列，即poly（A）尾巴，因此用3′端含有poly（T）的引物锚定于来自两组或多组样品的mRNA poly（A）尾上，逆转录成cDNA。用不同组合的锚定引物，可以将mRNA逆转录形成若干个亚群的cDNA。以这些cDNA为模板，利用锚定引物及5′端随机引物组成的引物对其进行扩增，理论上可以获得所有mRNA的特异扩增片段。将扩增产物进行聚丙烯酰胺凝胶电泳可以有效筛选、分离到差异表达的cDNA片段，然后对获得表达差异的基因片段进行回收、克隆、鉴定及分析。

mRNA的差异显示技术为差异表达基因的分离、克隆提供了一个全新的思路。该技术因操作简便、快速，一次能分析多个样品而成为分离新基因的首选方法。目前，科研工作者们已经应用该技术在医学、动物、植物、昆虫以及菌类等科研领域进行了更多的研究和探索。

与其他常规分离基因的方法相比较，mRNA差异显示技术具有以下优点：

（1）操作简便　mRNA差异显示技术基础是PCR和DNA测序，目前这2种技术已十分成熟，因此在具体操作上比较简便。

（2）灵敏度高　mRNA差异显示技术可对低丰度mRNA进行鉴定，最初需要几百纳克RNA，经过技术改良后能对单个细胞的RNA进行分析。

（3）效率高　可以同时比较、分析多个来源不同的样品；重现性好，90%~95%的条带都能重现。

（4）快速　用mRNA差异显示技术仅需较短时间即可检测到mRNA的差异，可实时检测实验的进行情况。

mRNA差异显示技术的建立为新基因的发现及特定生理或病理过程机制的研究提供了方便，已被广泛地应用于生命科学研究，并取得了较大进展。利用DDRT-PCR对不同生理状态或病理过程中基因的表达进行分析，能揭示生理活动或病理过程的分子机制。例如，采用DDRT-PCR技术发现梅山猪甲状腺激素β亚基过量表达。目前DDRT-PCR已广泛应用于动物特定的生理阶段、器官、组织基因表达和动物病理学等研究。

四、限制性标志cDNA扫描法

1993年，Hayashizaki等发明了限制性标志基因组扫描（restriction landmark genomic scanning，RLGS）法。RLGS是最早适用于基因组范围DNA甲基化分析的方法之一。

1996年，Suzuki等在RLGS基础上发明了限制性标志cDNA扫描（restriction landmark cDNA scanning，RLCS）技术，它同时以二维凝胶点定量显示多种cDNA。该方法利用限制性核酸内切酶为每个 mRNA 制备长度均一的 cDNA 文库。在限制性核酸内切酶位点进行同位素标记，标记的片段进行高分辨率的二维凝胶电泳。RLCS 是一个 cDNA 显示系统，它对寻找差异表达基因是有用的。其主要原理是用限制性核酸内切酶处理 cDNA，对酶切片段进行放射性标记，然后用高分辨率双向电泳对标记片段进行分离，定量地显示不同的 cDNA，从而展示表达基因的差异，并进一步克隆差异基因。当然，RLCS 有其缺点，即在检测非常罕见的物种的 mRNA 时，RLCS 的灵敏度要求要高，同时 RLCS 的操作在技术上也比其他分离未知基因的方法复杂得多。但是 RLCS 具有以下明显优势：由于使用了高效扫描技术，能同时扫描上千个内切酶标记；能用一系列电泳分析不同的标记；由于直接标记内切酶位点，且不需杂交过程，故能用于任何物种的基因分析；通过斑点可以区别单倍体和二倍体基因组 DNA。

五、"电子" cDNA 文库筛选法

"电子" cDNA 文库筛选主要是指采用生物信息学的方法延伸表达序列标签（expressed sequence tag, EST）序列，以获得基因的部分乃至全长 cDNA 序列。EST 序列是指来源于 cDNA 克隆的短片段序列（400 bp 左右）。虽然 EST 序列数据相对不精确（允许 2% 错误），但实践证明 EST 序列策略可大大加速新基因的发现与研究，EST 序列克隆成为基因识别、基因表达和表达重组蛋白研究非常有价值的资源。EST 序列数据库的迅速扩张，将使识别与克隆新基因的策略发生革命性的变化。

"电子" cDNA 文库筛选的基本过程为：采用 BLAST 程序检索 GenBank 的 dbEST 数据库，检出与起始序列有同源性的或有部分重叠的 EST 序列，把检出序列组装为连续体，以此连续体序列为被检序列再进行 BLAST 检索，重复以上过程，直至没有更多的重叠 EST 检出或者说连续体序列不能继续延伸（图 6-6）。

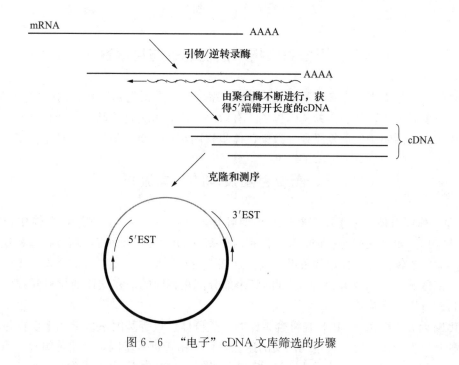

图 6-6 "电子" cDNA 文库筛选的步骤

第三节 图位克隆技术

图位克隆（map-based cloning）是新型分离和克隆植物基因的方法之一，又称定位克隆（positional cloning），1986 年由剑桥大学的 Alan Coulson 提出。用该方法分离基因是根据目的基因在染色体上的位置进行基因克隆的一种方法。

一、图位克隆技术的基本原理

图位克隆是在利用分子标记技术对目的基因进行精确定位的基础上,使用与目的基因紧密连锁的分子标记筛选 DNA 文库,从而构建目的基因区域的物理图谱,再利用此物理图谱通过染色体步移逼近目的基因或通过染色体登陆(chromosome landing)找到包含该目的基因的克隆,最后通过遗传转化和功能互补验证确定目的基因的碱基序列(图 6-7)。图位克隆技术是在不知道基因的表达产物、未知基因的功能信息又无适宜的相对表型用于表型克隆时最常用的基因克隆技术,它是通过获悉突变位点与已知分子标记的连锁关系来确定突变表型的遗传技术。随着相关配套技术(序列数据库、分子标记等)的日渐成熟,图位克隆技术应用范围越来越广。

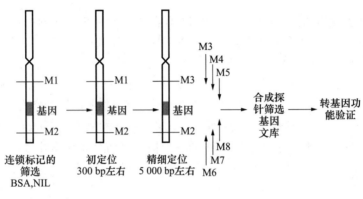

图 6-7 图位克隆

二、图位克隆技术的优越性与局限性

图位克隆的优点是无需预先知道基因的 DNA 顺序,也无需预先知道其表达产物的有关信息,这为克隆许多有重要经济价值的农作物基因提供了有效的手段,因为这些基因的产物大多是未知的。而其局限性则体现在基因组中的重复序列导致染色体步移困难,甚至将步移引入歧途。

三、图位克隆技术的基本流程

1. 构建遗传作图群体 用于作图群体的类型可有多种。一般说来,在这类群体中,异花授粉植物分子标记的检出率较自花授粉植物的高。但是对于基因的图位克隆而言,培育特殊的遗传群体是筛选与目标基因紧密连锁的分子标记的关键环节。这些遗传材料应该满足这样的条件,即除了目标基因所在座位的局部区域外,基因组 DNA 序列的其余部分都是相同的,在这样的材料间找到的多态性标记才可能与目标基因紧密连锁。

目标基因的近等基因系(NIL)是符合条件的一类群体。近等基因系是指几乎仅在目标性状上存在差异的两种基因型个体,可通过连续回交的途径获得。由于近等基因系的遗传组成特点,一般凡是能在近等基因系间揭示多态性的分子标记就极有可能位于目标基因的两翼附近。Martin 等(1993)就是用随机扩增多态性 DNA(randomly amplified polymorphic DNA,RAPD)技术分析番茄 PTO 基因的近等基因系而获得了与该基因表现共分离的分子标记,以该分子标记为探针筛选基因组文库而实现了染色体登陆。又如在玉米上,利用 AFLP 技术分析玉米 CMS-S 型雄性不育的恢复基因及近等基因系,已获得与目标基因紧密连锁的分子标记并以其用作分离 RF3 基因的探针。

一般来说,当标记为显性遗传时,欲获得最大遗传信息量的 F_2 群体,须借助于进一步的子代测验，以分辨 F_2 中的杂合体。为此，Michelmore 等（1991）发明了分离群体分组分析法（bulked segregant analysis，BSA）以筛选目标基因所在局部区域的分子标记。其原理是将目标基因的 F_2（或 BC_1）代分离体的各个体以目标基因所控制的性状按双亲的表型分为两群，每一群中的各个体 DNA 等量混合，形成两个 DNA 混合池（如抗病和感病、不育和可育）。由于分组时仅对目标性状进行选择，因此两个 DNA 混合池之间理论上主要在目标基因所在局部区域有差异，这非常类似于近等基因系，故也称作近等基因池法。研究表明，近等基因系法、分离群体分组分析法再结合 AFLP 等强有力的分子标记技术使人们能够在短时间内从数量众多的分子标记中筛选出与目标基因紧密连锁的标记。更为有意义的是，这种策略在尚未构建遗传图谱的物种中也是可行的。

2. 筛选与目标基因连锁的分子标记 筛选与目的基因连锁的分子标记是图位克隆技术的关键，常用的分子标记有 RFLP、RAPD、SSR 和 AFLP 等。这些技术有别于最初的形态标记、细胞学标记和生化标记，一般有稳定、可靠的特点，有的使用成本也相对较低，特别适用于筛选与目标基因紧密连锁的标记，尤其是与目标基因共分离的标记，因此能够加快克隆基因的进程。研究者可依据不同的研究目标、对象、目的、条件等，选择使用这些技术。值得提及的是随着分子标记技术的发展，一些植物的遗传图谱构建和比较基因组的研究也有了长足的发展，它们相得益彰，互为促进，为基因的图位克隆提供了有益的借鉴。

3. 借助连锁图谱筛选分子标记 当基因图位克隆策略刚刚提出的时候，植物分子连锁图谱的构建尚处于萌芽阶段，当时找到一个与目标基因连锁的分子标记通常要花费数月甚至数年的时间。在过去的十年里，这种状况有了显著改善。由于可以很方便地建立和维持建图所必需的较大的分离群体，因而植物分子连锁图构建工作的发展速度超过了动物的同类研究。现在业已建图的植物多达几十种，其中包括了所有重要的农作物，水稻、玉米、番茄、小麦、马铃薯、拟南芥等重要经济作物和模式植物的遗传图谱已相当精细，含有数百甚至数千个标记。高密度分子连锁图的绘制为筛选与目的基因紧密连锁的分子标记提供了良好的开端。例如番茄的遗传图谱含有 1 000 个分子标记，其基因组大小约为 9×10^9 bp，因此对任何基因都可以找到与之相距在 1 000 kb 之内的分子标记。

4. 借助比较基因组共享分子标记 比较基因组研究主要是利用相同的 DNA 分子标记（主要是 cDNA 标记和基因克隆）在相关物种之间进行遗传或物理作图，比较这些标记在不同物种基因组中的分布特点，揭示染色体或染色体片段上的基因及其排列顺序的相同（共线性）或相似性（同线性），并由此对相关物种的基因组结构和起源进化进行分析。已有的研究表明，存在生殖隔离的不同植物物种之间在标记探针的同源性、拷贝数及连锁顺序上都具有很大程度的保守性。如番茄、马铃薯和辣椒，水稻、小麦和玉米，小麦、黑麦和大麦，高粱和玉米，拟南芥和芸薹属，大麦和水稻等。更为有趣的是，Moore 等（1995）同时对水稻、小麦、玉米、谷子、甘蔗及高粱等 6 种主要禾本科物种的基因组进行了比较作图研究，结果表明其中基因组最小的水稻居于中枢的位置，即这些禾本科植物基因组的保守性可归结到水稻基因组的 19 个连锁区段上。由这 19 个连锁区段可实现对所研究的全部禾谷类作物染色体的重建，并可构成一个禾谷类作物祖先种的染色体骨架。通过这一研究，人们对禾谷类作物的进化演变历程有了更深入的认识。植物比较基因组的研究成果表明，在更广的范围内，包括禾本科、十字花科、豆科植物及一些树木的基因组在基因组成和基因排列顺序上都存在很高的一致性。而在包括小麦、玉米和水稻等重要农作物的禾本科作物上，基因组成和排列顺序的一致性非常完好，人们可以在模式植物水稻上用图位克隆技术克隆相关物种的大多数重要基因。此外，比较基因组研究还给人们一个重要的启示，那就是在模式植物上遗传作图的成果可推而广之，这对那些遗传作图工作相对滞后的植物尤其重要。比较基因组作图使建立高密度遗传连锁图可利用的标记显著增加，从而大大提高获取离目标基因很近的分子标记的可能性。

5. 局部区域的精细定位与作图 一旦把目标基因定位在某染色体的特定区域后，接下来要对其进行精细的作图及筛选与目标基因紧密连锁的分子标记。目前的作图类型分为两类，分别是遗传图谱和物理图谱。

(1) 遗传图谱的构建　染色体的交换与重组是遗传图谱构建的理论基础,通过作图群体的分析,如果一个基因与两侧最近的分子标记距离均在 2 cM 以上,就需要构建精细的遗传图谱。因为即使在小基因组水稻中,平均 1 cM 也相当于 250 kb 左右的物理距离,如果在着丝粒附近就可能相当于 1 000 kb 左右,需要进行若干步的染色体步移,费时费力。因此,精细的遗传图谱对图位克隆显得非常重要,而增加遗传图谱上的分子标记数目是精细作图的基础。在一个已知区域内增加分子标记有两种方法:第一种方法是整合已有的遗传图谱,如将生理、生化、分子标记图在同一区域内整合在一起,就会提高分子标记的密度;第二种方法是寻找新的分子标记。在植物上,精细作图的发展速度超过了动物的同类研究,这是因为在植物上可很方便地建立和维持较大的分离群体,并开发了几种不同的检测标记间连锁关系的统计软件。现在,业已建图的植物已多达几十种,其中包括了所有重要的农作物(Tanksley,1995),如玉米、番茄、水稻、小麦、大麦、燕麦、大豆、高粱、油菜、莴苣、马铃薯等。尤其值得一提的是,过去被公认为难以开展遗传作图的木本植物,如今也涌现出了许多密度可观的分子标记连锁图,如苹果和松树等。经许多科学家的共同努力和连年的工作积累,已有越来越多生物的遗传图谱趋于饱和,这为构建生物的物理图谱奠定了基础。

(2) 物理图谱的构建　由于分子标记与目标基因之间的实际距离是按碱基数(bp)来计算的,它会因不同染色体区域基因重组值不同而造成与遗传距离的差别,所以物理图谱是真正意义上的基因图谱。物理图谱的种类很多,从简单的染色体分带图到精细的碱基全序列都是物理图谱。最为常用的物理图谱有限制酶切图谱、跨叠克隆群和 DNA 序列图谱等。限制酶切图谱是用几种限制性核酸内切酶消化 DNA,通过电泳检测限制性片段长度的办法确定它们的排列顺序。制作跨叠克隆群则需具有一定容量的大片段基因组文库。比较各个克隆的插入片段,将它们排列成与染色体中原来的顺序一样的连续克隆群,即跨叠克隆群(也称重叠克隆群)。

6. 染色体步移、登陆　找到与目标基因紧密连锁的分子标记(最好分布在基因两侧)和鉴定出分子标记所在的大片段克隆以后,接着是以该克隆为起点进行染色体步移,逐渐靠近目标基因,以该克隆的末端作为探针筛选基因组文库,鉴定和分离出邻近的基因组片段的克隆,再将这个克隆的远端末端作为探针重新筛选基因组文库。继续这一过程,直到获得具有目标基因两侧分子标记的大片段克隆或跨叠克隆群。如果目标基因所在区域已经完成分子作图,就有一套现成的顺序排列的大片段克隆可以利用。当遗传连锁图谱指出基因所在的特定区域时,即可取回需要的克隆,获得目标基因。

染色体步移的主要困难在于,当必须经过一个无法克隆的片段时(如对寄主无害),步移的过程会被打断;当克隆的一端是重复序列时,步移的方向会步入歧途。为了克服这些困难,发展了染色体登陆、跳步和连接等方法。染色体登陆是无需遗传图谱或染色体步移,直接产生高密度的区域特异性标记,鉴定出相互重叠的含有靶基因的克隆。染色体跳步、连接是使用一个识别位点很少的酶和一个识别位点很多的酶构建跳步文库和连接文库。跳步文库的插入片段是大片段克隆末端经过双酶切的部分,由同样的文库进行克隆。连接文库的插入片段是由酶切位点较少的酶产生的,具有酶切位点较少的那个酶的识别位点。在染色体步移的过程中,交替应用两个文库进行跳步和连接,最终逼近目标基因。

7. 鉴定目标基因　筛选和鉴定目的基因是图位克隆技术的最后环节。在与目的基因紧密连锁的分子标记及插入大片段基因组 DNA 文库都具备的情况下,就可以以该分子标记为探针通过菌落杂交、蓝白斑筛选的方式筛选基因组 DNA 文库而获得可能含有目的基因的阳性克隆。在用覆盖目的基因区域的大片段基因组 DNA 克隆筛选区域特异的 cDNA 后,仍需对目的基因编码的 cDNA 作进一步证实。

阳性克隆中可能含有多个候选基因,从一系列候选基因中鉴定目的基因是图位克隆技术的最后一个关键环节。现在最常用的方法是用含有目标基因的大片段克隆如 BAC 克隆或 YAC 克隆去筛选 cDNA 文库,并查询生物数据信息库,待找出候选基因后,把这些候选基因进行下列分析以确定目标基因:精确定位法检查 cDNA 是否与目标基因共分离;检查 cDNA 时空表达特点是否与表型一致;

测定 cDNA 序列，查询数据库，以了解该基因的功能；筛选突变体文库，找出 DNA 序列上的变化及与功能的关系；进行功能互补实验，通过转化突变体观察突变体表型是否恢复正常或发生预期的表型变化，这是最直接、最终鉴定基因的方法。

本章小结

　　获得目的基因是基因工程的第一步，目前以研发出了多种获取目的基因的技术和方法。已知序列目的基因获取的方法有化学合成法、从基因文库中钓取法、mRNA 逆转录法（RT-PCR）、从 cDNA 文库中杂交筛选法等。未知序列目的基因获取的方法有染色体步移法、杂交捕捉和释放法、mRNA 差异显示技术、限制性标志 cDNA 扫描法、"电子" cDNA 文库筛选法、图位克隆技术等。

　　化学合成法是首先是先合成出一定长度的、具特定序列结构的单链寡核苷酸片段，然后在 DNA 连接酶的帮助下，将它们按顺序共价地连接起来。mRNA 逆转录法是以提取的 mRNA 为模板，在逆转录酶的作用下，合成 cDNA，复制为双链 DNA，再用特定基因序列的引物 PCR 扩增就可得到目的基因。从基因文库中钓取目的基因的方法有核酸杂交法、菌落和噬菌体空斑的原位杂交、差示杂交法、PCR 筛选法、免疫学筛选等。前四种方法是用已知的序列作为探针或引物进行筛选，免疫学筛选是以表达产物的特异抗体为探针进行筛选。从 cDNA 文库中杂交筛选法可以用杂交法和 PCR 法直接获得目的基因。

　　染色体步移法是根据已克隆的基因片段的末端序列合成探针，或以限制酶切下的末端片段为探针，反复进行基因文库的筛选，直到获得目的基因。杂交捕捉和释放法是利用克隆 DNA 与其编码的蛋白质之间的对应关系，通过无细胞翻译系统表达出的蛋白质来检测目的 mRNA。目前主要分为杂交捕捉翻译法和杂交释放翻译法。mRNA 差异显示技术是在逆转录反应、PCR 反应和聚丙烯酰胺凝胶电泳三项技术基础上发展起来的，用于获得表达差异基因的一种方法。限制性标志 cDNA 扫描法是用限制性核酸内切酶处理 cDNA，经标记和电泳分离，筛选克隆表达差异的基因。图位克隆技术是新型分离和克隆植物基因的方法之一。

思考题

1. 为什么需要获得目的基因？
2. 简述对已知序列基因的分离方法及优缺点。
3. 简述对未知序列基因的分离方法及优缺点。
4. 简述从 cDNA 文库中获得目的基因的分离方法及优缺点。
5. 简述限制性标志 cDNA 扫描的原理和优缺点。
6. 简述"电子" cDNA 文库筛选的过程。
7. 简述图位克隆技术的基本流程。

第七章
DNA 体外重组与基因转移

基因工程的核心是基因重组，即目的基因的 DNA 片段与适当的表达载体在 DNA 连接酶的作用下连接形成重组 DNA 分子，再转入相应的受体细胞进行繁殖，从而使外源目的基因得到表达。关于 DNA 重组在前面一些章节中已经提到，本章重点讨论表达载体和目的基因的各种连接方法及重组 DNA 分子如何导入受体细胞。

第一节　重组 DNA 分子的构建

一、DNA 分子的体外重组

通过各种分离、纯化、扩增等方法，获取了目的基因，再根据欲使目的基因有效表达的受体细胞，选择适当的基因载体，下一步工作是将目的基因与表达载体在体外连接起来，即 DNA 分子的体外重组。

基因重组是依赖于限制性核酸内切酶、DNA 连接酶和其他修饰酶的作用，分别对外源目的基因的片段和表达载体 DNA 进行适当切割和修饰后，将外源基因片段与表达载体 DNA 巧妙地连接在一起，再转入受体细胞，实现目的基因在受体细胞内的正确表达。在外源目的基因同表达载体分子连接的基因重组过程中，一般需要考虑到下列 3 个因素：①实验步骤简单易行，连接效率较高，易于重组 DNA 分子筛选；②重组 DNA 分子应能被一定的限制性核酸内切酶重新切割，以便回收插入的外源 DNA 片段；③外源基因必须在表达载体 DNA 的启动子控制之下，并置于正确的阅读框之中，以便目的基因的高效表达。

可以说，正是由于限制性核酸内切酶和 DNA 连接酶的发现，才使人们可以按照自己的意愿在体外将两个不同 DNA 片段连接起来，从而构建出一种新的 DNA 杂合分子。这是基因工程操作的核心步骤。

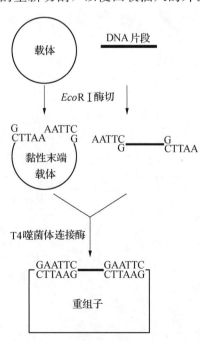

图 7-1　由一种限制性核酸内切酶产生的黏性末端的连接

二、载体 DNA 与外源基因片段的连接

（一）黏性末端 DNA 分子间的连接

1. 一种限制性核酸内切酶酶切的黏性末端间的连接　大多数限制性核酸内切酶切割 DNA 分子，能够形成具有 4~6 个核苷酸的黏性末端。当载体和外源 DNA 用同一种限制性核酸内切酶处理时，就会产生相同的黏性末端。这样的两个 DNA 片段混合在一起退火，黏性末端单链间便进行碱基配对，并被 T4 噬菌体 DNA 连接酶共价地连接起来，形成重组 DNA 分子（图 7-1）。当然，所选用的限制性核酸内切酶在表达载体 DNA 分子上应只有一个识别位点，而且还是位于非必需区段内。例如 pBR322

质粒用 BamH I 切割后，形成具有 BamH I 黏性末端的线性 DNA 分子，如果外源基因的 DNA 片段也用 BamH I 酶消化，二者再混合起来，那么，在连接酶的作用下，由于它们的黏性末端互补，因此能够彼此退火形成环状的重组质粒。当需要回收外源基因片段时，可以再用 BamH I 酶消化重组 DNA 分子，将外源 DNA 片段切割下来。

单一酶切黏性末端连接法的最大优点是实验操作简单，并且易于回收外源 DNA 片段，但不足之处是：①载体易自身环化；②用同一种限制性核酸内切酶产生的黏性末端连接不易定向克隆；③难插入特定的基因；④大片段 DNA 的重组率较低，即使用碱性磷酸酶处理了载体，载体也有成环的倾向；⑤用这种方法产生的重组 DNA 分子往往含有不止一个外源片段或不止一个载体连接起来的串联重组 DNA 分子，增加筛选工作的困难。为了克服自身环化这一缺点，通常用碱性磷酸酶 (BAP 或 CIP) 预先处理线性 DNA 载体分子，以除去其 5' 末端的磷酸，这样质粒载体两端都是羟基，失去了相互共价连接的能力，就不可能自我环化，从而保证了外源 DNA 片段的 5'-P 基团同载体质粒的 3'-OH 基团进行连接。这样形成的重组 DNA 分子中，载体 DNA 的两端都只有一条链同外源 DNA 连接，而另一条链由于失去了 5'-P 基团不能进行此连接，故留下一个具有 3'-OH 和 5'-OH 的缺口（图 7-2）。尽管如此，这样的 DNA 分子仍可导入细菌细胞，并在受体细胞内完成缺口的修复工作。

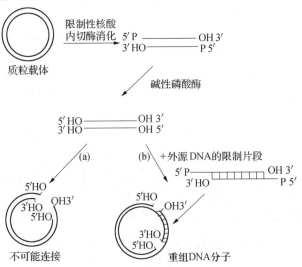

图 7-2 碱性磷酸酶防止线性质粒 DNA 分子自身环化

为使外源 DNA 片段按一定的方向插入载体分子上，可以采用不同的限制性核酸内切酶酶切黏性末端间连接的方法进行定向克隆。

2. 不同限制性核酸内切酶酶切黏性末端间的连接 根据限制性核酸内切酶作用的性质，用两种识别序列完全不同的限制性核酸内切酶同时消化一种特定的 DNA 分子，将会产生出具有两种不同黏性末端的 DNA 片段。显然，如果载体分子和外源 DNA 分子都是用同一对限制性核酸内切酶切割，然后混合起来，那么在 DNA 连接酶作用下，载体分子和外源 DNA 片段就只能按一种方向退火形成重组 DNA 分子。例如，pBR322 质粒和外源 DNA 片段分别都用 BamH I、Sal I 这两种限制性核酸内切酶作双酶切消化，那么当二者混合后，质粒分子的 BamH I 黏性末端就会和外源 DNA 分子的 BamH I 黏性末端碱基配对，而质粒分子的另一个 Sal I 黏性末端就会和外源 DNA 分子的另一个 Sal I 黏性末端碱基配对，最后在 DNA 连接酶的作用下，形成外源 DNA 片段定向插入载体分子的重组子。

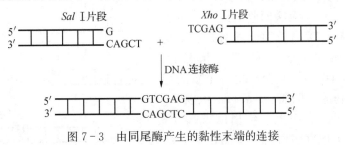

图 7-3 由同尾酶产生的黏性末端的连接

为了获得更高的重组效率，还可以应用同尾酶产生的黏性末端进行连接。同尾酶是一类识别序列不完全相同，但产生的黏性末端至少有 4 个碱基相同的限制性核酸内切酶。常用的 BamH I、Bcl I、Bgl II、Sau3A I 和 Xho II 就是一组同尾酶，它们切割 DNA 后都形成 GATC 的黏性末端；Sal I 和 Xho I 是一组同尾酶，它们切割 DNA 后都形成 TCGA 的黏性末端。用这些同尾酶处理载体和外源

DNA 得到的黏性末端可以像完全亲和的黏性末端那样进行连接,但是它与完全亲和的黏性末端连接不同的是,多数同尾酶产生的黏性末端连接后形成的重组 DNA 分子中,一般不会在连接部位上存在原来限制性核酸内切酶的识别位点。例如 SalⅠ与 XhoⅠ的酶切片段连接后,得到的杂合靶位点既不能被 SalⅠ切开,也不能被 XhoⅠ切开(图 7-3)。但有时连接后的产物却又能够被另外一种同尾酶识别。这样用同尾酶进行体外重组时,在限制性核酸内切酶切割反应之后不必将原有的限制性核酸内切酶失活,而可以直接进行重组连接。由于连接体系中有原有的限制性核酸内切酶的存在,载体自连就不会发生,从而保证了载体同外源 DNA 的连接。所以在这种连接反应中不必用碱性磷酸酶进行载体的脱磷酸反应而得到最高的连接效率。

有时,在一组同尾酶中,有些酶识别四核苷酸序列,另一些酶识别六核苷酸序列,显然这种四核苷酸序列是包含在六核苷酸序列中的。例如 MboⅠ和 Sau3AⅠ识别序列(5'-↓GATC-3')完全包含在 BamHⅠ的识别序列(5'-G↓GATCC-3')中,它们产生相同的四核苷酸突出末端,这样的一组酶在基因工程操作中非常有用。由于四核苷酸识别序列与六核苷酸识别序列在 DNA 分子中出现的频率不同,因此可选择 MboⅠ和 Sau3AⅠ等识别序列出现频率高的限制性核酸内切酶切割基因组 DNA,使之成为大小合适的片段,再与 BamHⅠ消化的载体连接。在这种情况下,重组 DNA 片段虽可被 MboⅠ和 Sau3AⅠ重新切开,但往往不能被 BamHⅠ切开。

反应中通常要涉及 3 种不同的限制性核酸内切酶,其中两种是识别六核苷酸的酶,另一种是识别四核苷酸的酶。例如,限制性核酸内切酶 BglⅡ识别的序列为 A↓GATCT,BamHⅠ识别的序列为 G↓GATCC,用它们分别切割载体 DNA 和外源 DNA,不必使酶失活,就可以直接通过黏性末端连接法进行连接。当需要重新回收外源 DNA 片段时,就可用 Sau3AⅠ(↓GATC)消化回收。

(二)平头末端 DNA 分子间的连接

有许多情况下选择不到合适的限制性核酸内切酶,使载体和外源 DNA 片段产生出互补的黏性末端,而只能形成非互补的黏性末端或平头末端。这时,通过调整反应条件,就可以用 T4 噬菌体 DNA 连接酶将平头末端的 DNA 片段有效地连接起来;两个不能互补的黏性末端无法直接相连,可将它们修饰变成平头末端,然后在 T4 噬菌体 DNA 连接酶作用下进行连接。通常将黏性末端变为平头末端的方法有:①5'突出末端的补平,一般选择大肠杆菌 DNA 聚合酶Ⅰ的 Klenow 片段进行填补;②3'突出末端的切平,一般使用 T4 噬菌体 DNA 聚合酶或单链 DNA 的 S1 核酸酶切平。变成平头末端之后,一样也可以使用 T4 噬菌体 DNA 连接酶进行有效的连接。由于平头末端 DNA 片段间的连接效率比黏性末端要低得多,故在其连接反应中,T4 噬菌体 DNA 连接酶的浓度要比黏性末端连接时高 10~100 倍,外源 DNA 及载体 DNA 浓度也要求较高。通常还需加入低浓度的聚乙二醇,以促进 DNA 分子凝聚而提高转化效率。

采用上述方法连接产生的重组分子常会增加或减少几个碱基对,并且破坏了原来的酶切位点。一般情况下,该法重组之后外源 DNA 片段便不能被原位切割下来,导致插入片段无法回收,给下一步工作(如特异性探针制备、DNA 序列结构分析和重组子克隆鉴定等)带来极大困难。但在有些情况下,也会恢复一个原始酶切位点,甚至产生一个新的酶切位点,这是非常有利的。例如,BamHⅠ识别 5'-GGATCC-3'序列,切割后产生 5'突出的末端 3'-CCTAG-5',而 TaqⅠ识别序列 5'-TCGA-3',切割后产生 3'突出的末端 5'-CGA-3';若将上述两个片段连接,可先分别补平变为平头末端,然后在 T4 噬菌体 DNA 连接酶作用下进行连接,连接后可恢复 BamHⅠ的识别顺序(图 7-4)。

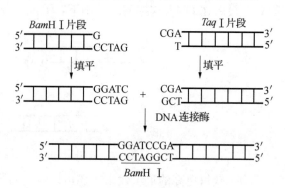

图 7-4 非互补黏性末端的连接
(BamHⅠ与 TaqⅠ限制片段分别补平后连接,可恢复 BamHⅠ的识别位点)

理论上任何一对平头末端均能在 T4 噬菌体 DNA 连接酶催化下进行连接,这给不同 DNA 分子的连接带来了极大的方便。因为除了限制性核酸内切酶切割直接产生平头末端外,3′突出或 5′突出末端经过修饰也可变为平头末端。虽然平头末端的连接适用范围广,但是仍存在一些缺陷:①连接效率低;②平头末端连接常常破坏原有的识别序列;③由于平头末端连接没有黏性末端的碱基互补限制,只要是平头末端均能连接,所以平头末端的外源 DNA 片段在载体中的插入方向有两种可能性;④在平头末端连接要求的较高底物浓度下,可产生多拷贝外源 DNA 片段插入载体的现象。为了克服以上缺陷,目前对平头末端连接常采用的方法有同聚物加尾法和人工接头法。

(三) 同聚物加尾法

同聚物加尾法就是利用末端转移酶分别在载体分子及外源双链 DNA 片段的 3′端各加上一段寡聚核苷酸,人工制成黏性末端。外源 DNA 片段和载体 DNA 分子要分别加上不同的寡聚核苷酸,如 dA 和 dT 或 dG 和 dC,然后在 DNA 连接酶的作用下,两条 DNA 分子便可通过互补的同聚物尾巴的碱基配对作用而彼此连接起来,成为重组的 DNA 分子(图 7-5)。这种方法的核心是利用末端转移酶的功能,它能够催化脱氧核苷三磷酸逐个地加到 DNA 分子的 3′- OH 末端,反应中不需要模板的存在,4 种 dNTP 中的任何一种都可以作为它的前体物。因此,当反应混合物中有一种 dNTP 时,就可以将核苷酸转移到双链 DNA 分子的突出或隐蔽的 3′- OH 上,形成仅由一种核苷酸组成的同聚物尾巴。以 Mg^{2+} 作为辅助因子,该酶可以在突出的 3′- OH 端逐个添加单核苷酸;如果用 Co^{2+} 作辅助因子,则可在隐蔽的或平头末端的 3′- OH 端逐个添加单个核苷酸。

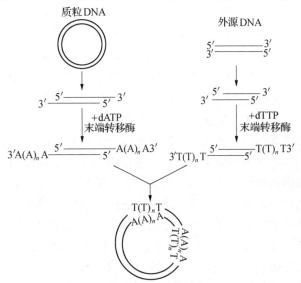

图 7-5 同聚物加尾法 DNA 分子的连接

同聚物加尾法实际上是一种人工黏性末端连接法。很明显,它的优点在于:①不易自身环化,这是因为同一种 DNA 分子两端的尾巴是相同的,所以不存在自身环化;②因为载体和外源片段的末端是互补的黏性末端,所以连接效率较高;③用任何一种方法制备的 DNA 片段都可以用这种方法进行连接。同聚物加尾法的不足之处:①方法烦琐;②外源片段难以回收。另外,由于添加了许多同聚物的尾巴,可能会影响外源基因的表达。还要注意的是,同聚物加尾法同平头末端连接法一样,重组连接后往往会重新产生某种限制性核酸内切酶的酶切位点。

实际上,两个互补尾巴的长度往往是不会完全相等的,因此可以用大肠杆菌 DNA 聚合酶Ⅰ去填补,然后再由 DNA 连接酶合成磷酸二酯键将二者连接。但这种修复反应并不一定要在体外试管中完成。如果互补的一对同聚物尾巴长度超过 20 个核苷酸,那么它们结合形成的碱基对结构则是相当稳定的,足以忍受导入受体细胞的转化过程的实验操作。一旦进入受体,细胞内部的 DNA 聚合酶和 DNA 连接酶就会对重组 DNA 分子进行修复。

(四) 人工接头连接法

人工接头连接法可分为两种,一种是 DNA 连接子(linker)法,一种是 DNA 接头(adapter)法。

1. DNA 连接子法 DNA 连接子是一段人工合成的具有平头末端的双链寡聚脱氧核糖核苷酸片段,长度一般为 8~12 个,其上有一个或数个限制性核酸内切酶的识别位点。由此可以看出,DNA 连接子的作用主要是在 DNA 末端添加一个限制性核酸内切酶识别位点,以产生黏性末端,利于

DNA 片段的连接。常用的连接子见表 7-1。

表 7-1 常见的磷酸化连接子

连接子名称	序列结构	连接子名称	序列结构
pBamH I	d (pCGGATCCG) d (pCCGGATCCGG) d (pCCCGGATCCGGG)	pNot I	d (pGCGGCCGC) d (pAGCGGCCGCT)
		pSal I	d (pGGTCGACC)
pEcoR I	d (pGGAATTCC) d (pCGGAATTCCG) d (pCCGGAATTCCGG)	pSma I	d (pGCCCGGGC)
		pXba I	d (pCTCTAGAG)
pHind III	d (pCAAGCTTG) d (pCCAAGCTTGG) d (pCCCAAGCTTGGG)	pXho I	d (pCCTCGAGG)

对平头末端的 DNA 片段，可直接在两端加上连接子，如果要连接的是与载体分子非互补的黏性末端 DNA 片段，可先用 DNA 聚合酶 I 或 Klenow 片段、T4 噬菌体 DNA 聚合酶或 S1 核酸酶除去外源 DNA 的黏性末端，形成平头末端，再按平头末端连接法通过 T4 噬菌体 DNA 连接酶给它的两端加上人工 DNA 连接子。这样外源 DNA 片段就会形成新的、只在人工 DNA 连接子中具有的唯一限制性核酸内切酶识别位点，随后用相应的限制性核酸内切酶切割之，结果就会产生出能够与载体彼此互补的黏性末端。这样便可以按照常规的黏性末端连接法，将外源 DNA 片段与载体分子连接起来，其操作过程如图 7-6 所示。首先将 BamH I 接头与外源 DNA 片段连接，然后用 BamH I 切割，即可得到带有 BamH I 黏性末端的 DNA 片段，这样就可以按照常规的黏性末端连接法进行连接。

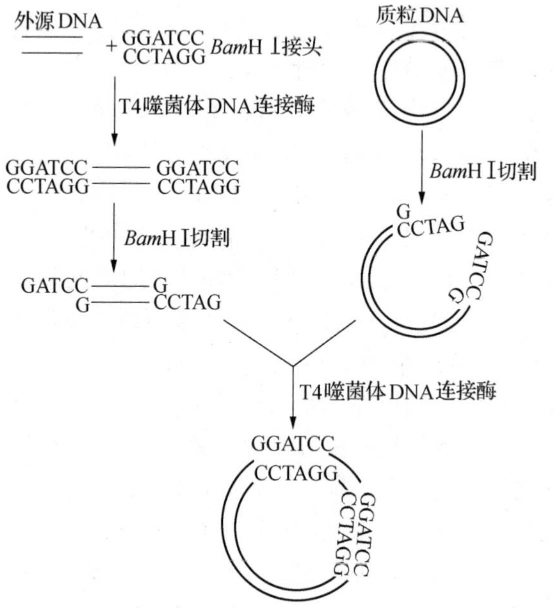

使用 DNA 连接子进行 DNA 片段连接时，需要考虑以下因素：

① 接受连接子的 DNA 片段必须是平头末端，对于黏性末端则需预先修饰成平头末端。

② 连接子的 5′端只有带上磷酸基团才能和 DNA 片段的 3′端羟基形成磷酸二酯键相连。厂商提供的连接子有磷酸化和非磷酸化两种形式，后者在使用前需要用多核苷酸激酶处理，才能成为连接酶的合适底物。

图 7-6 DNA 连接子法重组 DNA 分子

③ 目的 DNA 片段中，若存在与连接子相同的限制性核酸内切酶位点，在添加连接子之前，必须先用相应的甲基化酶修饰，防止限制性核酸内切酶切割连接子时降解目的 DNA 片段。

④ 连接子与 DNA 片段的连接属于平头末端连接，但它与 DNA 片段的平头末端之间的连接又不完全类似。因为连接子分子质量很小，而且能大量合成，所以连接时很容易达到 T4 噬菌体 DNA 连接酶连接平头末端所要求的高末端浓度，从而提高了连接效率。

⑤ 连接子自身也会连在一起形成链状结构，不过这种结构对于后面的实验影响不大，因为用连接子包含的限制性核酸内切酶切割时，就可将该链状结构消除，产生一个带黏性末端的靶 DNA 分子。

DNA 连接子法是进行体外 DNA 重组操作的一种有效手段，它不仅克服了用平头末端或同聚物加尾法连接后，无法获得插入片段的缺陷，而且还可以根据实验的具体情况，设计具有不同限制性核酸内切酶识别位点的连接子，使任意两个不同末端的 DNA 片段都能连接起来。另外，在基因表达研究中，通过使用不同长度的连接子，可以提供正确阅读框或提供调节表达所需的特定序列。

2. DNA 接头法　尽管 DNA 连接子法具有许多优点，但也存在一些弊端，如靶 DNA 内部含有与连接子相同的识别序列时，在进行限制性核酸内切酶切割之前，必须先进行甲基化，以保护靶 DNA 不被破坏。这一系列步骤，使得 DNA 连接子法操作较为烦琐。

1978 年，美国康奈尔大学吴瑞博士发明了 DNA 接头法，克服了上述缺陷。DNA 接头也是一条人工合成的寡聚脱氧核糖核苷酸链，与连接子不同的是，它的序列中包含了限制性核酸内切酶的突出黏性末端，不需要用限制性核酸内切酶切割产生。接头有单链的，也有双链的。单链接头通过与其他单链接头互补配对形成双链，再与靶 DNA 连接。双链接头一端为平头末端，一端为黏性末端。在与靶 DNA 连接时，将接头的平头末端与靶 DNA 的平头末端相连，而黏性末端向外，使靶 DNA 成为具有黏性末端的分子，便于与载体连接。但实际上，由于接头含有黏性末端，接头本身极易形成二聚体甚至多聚体，这样产生的目的 DNA 仍为平头末端（图 7-7）。

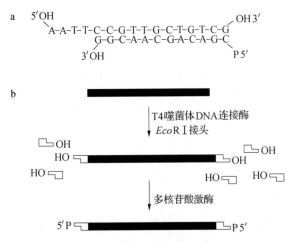

图 7-7　DNA 接头分子的结构及其连接机理
a. EcoRⅠ接头的结构　b. 利用接头技术产生 EcoRⅠ黏性末端

当然也可以像连接子那样用限制性核酸内切酶消化，但这使合成黏性末端的接头分子失去了意义，还不如一开始就使用连接子。针对这一情况，科学家们对接头进行了修饰，即将接头黏性末端的 $5'-P$ 换成 $5'-OH$，使 $5'-OH$ 和 $3'-OH$ 之间无法形成磷酸二酯键，这就意味着接头之间不能通过黏性末端形成二聚体。这种黏性末端被修饰的 DNA 接头分子虽然丧失了彼此连接的能力，但其平头末端仍能与其他平头末端连接。当然带上这种接头的目的 DNA 分子也无法与其他分子连接，还需要再通过多核苷酸激酶处理加上 $5'-P$ 基团（图 7-7）。

如今由于连接子与接头技术的发展，就重组技术而言，几乎不存在不能连接的 DNA 分子。如由 mRNA 逆转录得到的非均一末端的 cDNA 分子，通过连接子或接头的修饰，即可改造成适于连接的黏性末端。除此之外，连接子与接头的应用还非常广泛，如多插入片段的定向连接、插入突变等。插入突变是通过在重组 DNA 分子中随机位点上引入连接子或接头，使目的基因失活，观察生物表型变化，从而分析基因的功能。科研工作者使用该方法鉴定了 RSE1050 质粒青霉素抗性基因和 DNA 复制起始位点，其技术路线如图 7-8 所示。用胰 DNase Ⅰ 切割环状质粒 DNA 成为线性，其切割位点是随机的，修平线性 DNA 末端后，将其中的 EcoRⅠ位点甲基化，然后加入 EcoRⅠ连接子。用 EcoRⅠ切割后，重

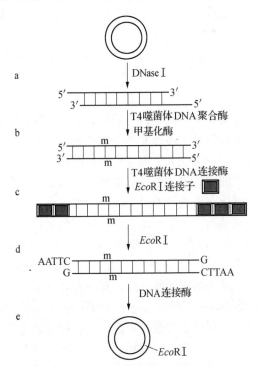

图 7-8　连接子插入突变
a. 用胰 DNase Ⅰ 切割环状质粒 DNA　b. 修平末端，并将其中的 EcoRⅠ位点甲基化　c. 加入 EcoRⅠ连接子　d. 用 EcoRⅠ切割　e. 重新连接成环状质粒

新将线性 DNA 连接成环状质粒。由于 DNase I 切口是随机的，故添加的 EcoR I 位点也随机插入质粒中。据转化后菌株的表型变化，再通过凝胶电泳确定该菌株中所含重组子 EcoR I 插入位点的位置，可以推断出该位点的功能。

在实际进行重组 DNA 的连接反应中，无论采用上述哪一种方法，其目的都是尽可能地提高 DNA 片段的插入效率，增加重组 DNA 克隆的比例，以减少后期筛选重组 DNA 克隆的工作量。为此，防止载体分子经限制性核酸内切酶切割后又重新自身环化是问题的关键所在。而防止自身环化的主要方法有：①利用碱性磷酸酶处理线性载体分子。碱性磷酸酶可以除去线性载体 DNA 分子的 5′-P 末端，而形成 5′-OH 基团。这样只有插入了外源 DNA 片段，载体 DNA 分子才能够重新环化导入受体细胞。②使用同尾酶产生的黏性末端连接方法，可以自动地防止线性载体 DNA 分子的自身环化。③采用同聚物加尾法，使线性 DNA 分子的两个 3′-OH 末端因具有同样的碱基结构而无法自身环化。除此之外，还可应用柯斯质粒载体，防止质粒 DNA 分子的自身再环化作用。

DNA 片段的连接过程与许多因素有关，其连接反应体系和影响因素见第一章第二节。

第二节 基因转移

要使外源基因得到正确表达，必须把目的基因或重组 DNA 分子引入受体细胞。受体细胞可以是原核细胞，也可是真核细胞，其所选择的受体细胞根据目的而定。原核细胞多用大肠杆菌，真核细胞可选择胚胎细胞、培养的体细胞及酵母细胞等。由于受体细胞的结构不同，转入的方法也差别较大。

一、重组 DNA 向细菌细胞转入

向细菌细胞转入重组 DNA 的方法有化学转化法和电击转化法等。

1. 化学转化法

（1）细菌的感受态细胞　把以质粒为载体的重组 DNA 分子引入受体细胞的过程称为转化（transformation）；把以噬菌体或病毒为载体的重组 DNA 分子引入受体细胞的过程称为转染（transfection）。

将重组 DNA 分子导入感受态大肠杆菌的转化实验，是一种十分有效的导入外源 DNA 的手段，转化实验包括制备感受态细胞和转化处理。在自然条件下，很多质粒都可通过细菌接合作用转移到新的宿主内，但在人工构建的质粒载体中，一般缺乏此种转移所必需的 mob 基因，因此不能自行完成从一个细胞到另一个细胞的接合转移。如需将质粒载体转移进受体细菌，需诱导受体细菌产生一种短暂的感受态以摄取外源 DNA。

对细菌细胞进行转化或转染的关键是细胞处在感受态。所谓感受态细胞，就是受体细胞处于摄入外源 DNA 的状态。一般用 0.01～0.05 mol/L $CaCl_2$ 处理受体细胞，可以引起细胞膨胀，增大细胞的通透性，使重组 DNA 进入细胞，提高转化效率。

感受态细胞无特异性，对各种外来 DNA 都可接收。一种缺乏标记的重组 DNA 分子可与有识别标记的 DNA 同时转化（非亲缘关系），有利于转化子的筛选。

（2）感受态细胞的制备　大肠杆菌感受态细胞可采取如下方法制备：

① 取 5～10 mL SOB（super optimal broth）液体培养基［不含氨苄青霉素（Amp）］，加入新活化的宿主单菌落，37 ℃振荡培养过夜，直至对数生长后期，再将该菌悬液以 1:(50～100) 的比例接种于 100 mL SOB 液体培养基中，37 ℃振荡培养至 OD_{600} 为 0.5 左右。

② 将培养物于冰上放置 10 min 后，分装成 20 mL/管，4 ℃下 5 000 r/min 离心 10 min。

③ 弃上清，加约 10 mL 预冷的 100 mmol/L $CaCl_2$，悬浮沉淀，置于冰上 15 min 后，在 4 ℃下

5 000 r/min 离心 10 min。

④ 弃上清，加约 1 mL 预冷的 100 mmol/L $CaCl_2$，轻轻悬浮，即为感受态细胞。

(3) 重组 DNA 分子向受体细胞的导入　感受态细胞的转化效率在 24 h 内最高，因此转化反应最好紧接其后进行。若不马上转化，感受态细胞应置于终浓度为 15% 的灭菌甘油内，−70 ℃可存 1~2 个月，−20 ℃可保存 2~3 周，总之储存时间越短越好。

将重组质粒 DNA 分子同经过 $CaCl_2$ 处理的大肠杆菌感受态细胞混合，置冰浴中一段时间，再转移到 42 ℃下作短暂（约 90 s）的热刺激后，迅速置于冰上，向其中加入非选择性的肉汤（SOC）培养基，保温振荡培养一段时间（1~2 h），使细菌恢复正常生长状态，以促使在转化过程中获得的新抗生素抗性基因（Amp^r 或 Tet^r）得到充分表达。该法转化效率一般可达每微克 DNA 10^5~10^6 个转化子。

重组 DNA 分子的转化通常还包括以噬菌体、病毒作为载体构建的重组 DNA 分子导入细胞的过程（即转染过程）。具体操作比质粒 DNA 的转化要简单，即将重组的噬菌体 DNA 分子同预先培养好的大肠杆菌细胞混合，37 ℃保温约 20 min，直接涂布在琼脂平板上，经过一段时间之后，重组噬菌体 DNA 就在大肠杆菌细胞中复制增殖，最终在平板上形成噬菌斑。

2. 电击转化法　该法也称电穿孔法，最初用于将 DNA 导入真核细胞，自 1988 年起被 Dower 等人用于转化大肠杆菌。其基本原理是将受体细胞置于一个适当的外加电场中，利用高压脉冲对细菌细胞的作用，使细胞表面形成暂时性的微孔，质粒 DNA 得以进入细胞质内，但细胞不会受到致命伤害，一旦脱离脉冲电场，被击穿的微孔即可复原。然后置于丰富培养基中生长数小时后，细胞增殖，质粒复制。

电击转化法有专门的仪器，但影响导入效率的因素较多，故需优化操作参数。电压太低，不能形成微孔，DNA 无法进入细胞膜；电压太高，易导致细胞的不可逆损伤，故电压多为 300~600 V/cm。脉冲时间一般为 20~100 ms，温度以 0~4 ℃为宜，使穿孔修复迟缓，增加 DNA 的进入机会。

电击转化法的特点是操作简单，不需制备感受态细胞，适用于任何菌株。其转化效率一般可达每微克 DNA 10^9~10^{10} 个转化子。

二、外源目的基因向真核细胞转入

1. 借助于载体的基因转移　在真核生物中，借助于载体的基因转移主要是以重组的动植物病毒或逆转录病毒直接转染受体细胞，把外源 DNA 引入。如逆转录病毒感染细胞，并能把它们的基因插入宿主的染色体，用重组 DNA 技术制备携带外源基因的逆转录病毒，并保持其插入宿主染色体和繁殖感染的能力，这种重组病毒就是一种高频率整合的载体。Wilmut 等用这种方法已将外源基因成功地导入小鼠和绵羊的卵细胞中。由于鸡的卵原核不可能用显微镜注射法导入 DNA，逆转录病毒感染是制备转基因鸡的可行方法。这种方法具有定向性好、效率高、重复性好的优点。但也存在一些缺点，如载体的侵染范围有限。因此人们除了不断改进载体系统之外，还一直在探索不需载体的基因转移方法。

2. 不需载体的基因转移

(1) 磷酸钙沉淀法　磷酸钙沉淀法是较早应用于哺乳动物培养细胞基因转移的一种传统方法，其机理是将转移基因的 DNA 溶液与适量的 $CaCl_2$ 溶液混合，再加入一定量的磷酸盐溶液，逐步生成 DNA-磷酸钙共沉淀物。将适量的 DNA-磷酸钙共沉淀物加入细胞培养液中，通过细胞的胞饮作用进入细胞质或进而转移到细胞核内，然后整合到染色体上，或游离于细胞质中逐渐被降解。应用这种方法，可以使任何 DNA 片段都能有效地导入动物细胞中，因而此法在许多实验室被广泛使用。

该法的具体操作步骤为：将目的基因片段与 $CaCl_2$ 适量混合形成混合液，在混合搅拌过程中逐滴缓缓加入 Hepes-磷酸钙溶液中，形成 DNA-磷酸钙共沉淀物；用吸管转移共沉淀物使之黏附到培养的动物细胞表面；保温数小时后洗涤转染细胞，更换培养液后继续培养到转入基因在细胞内高水平表达。目前已有人利用此方法将兔的珠蛋白基因转入培养的哺乳动物细胞中。研究人员还发现，在外源DNA中掺入少量的受体细胞内源DNA可以提高转化效率。这可能是因为内源DNA与外源DNA混合后形成了一个转移基因组，从而有助于细胞对DNA的吞噬或吞入的DNA整合到目的细胞染色体上。

磷酸钙沉淀法转染细胞受到不同因素的影响，其中，共沉淀物中的DNA浓度水平是影响细胞获取外源基因片段的重要因素，这可能是因为DNA的浓度影响了共沉淀物的性质，从而改变了可被细胞获取的外源基因的比例。不同的细胞类型与DNA-磷酸钙共沉淀物接触的保温时间不同，寻找所研究细胞适宜的保温时间是获得较好转染效果的关键因素之一。另外，许多化学成分会影响外源基因在被转染动物细胞中的表达效率，如DMSO可明显提高外源基因在一些动物细胞中的表达水平，然而化学成分的最适宜浓度和作用时间以及在细胞转染后加入的最佳时间，对于不同细胞类型都要进行组合、筛选。

（2）脂质体介导法　脂质体是磷脂在水中形成的一种由脂类双分子层围成的囊状脂质小泡结构，其直径一般为 1~5 μm，外周是脂双层，内部是水腔。它可以与DNA通过静电结合或直接把DNA包裹在其内，并透过细胞膜把DNA运送到细胞内，实现外源基因的有效转染。同时脂质体几乎不具有通透性，因而可以保护包裹在其中的DNA免受细胞核酸酶的降解。

脂质体的制备较为简单，并可根据需要通过不同的方法制备不同直径的脂质体颗粒。脂质体介导法有两种途径：一种是DNA-脂质复合物转染法，即通过外源DNA与阳离子型的脂质体混合形成DNA-脂质复合物来实现细胞的有效转染。阳离子型的脂质体与带负电荷的DNA分子结合形成复合物，然后与表面带负电荷的受体细胞结合，致使脂质体与细胞膜之间发生融合，以便把DNA-脂质复合物转入细胞内。复合物能继续以该法进入细胞核内，最终实现基因的转移。另一种是脂质体载体转染法。脂质体将DNA包裹在其内部，通过脂质体的双层膜同受体细胞膜间发生融合作用，从而实现外源基因的导入。

脂质体介导法的转染效率可达到磷酸钙沉淀法的 5~100 倍，但比DEAE-葡聚糖（二乙氨乙基葡聚糖）转染法低至少 90%。有研究认为，细胞与脂质体混合后，加入高浓度的聚乙二醇或甘油，可使DNA-脂质复合物的感染性提高 10~200 倍。虽然脂质体介导法的效率不是很高，但该法具有脂质体制备程序简单，可进行常规消毒灭菌，毒性小，包装容量大以及保护DNA免受核酸酶降解等优点，因而在转基因动物研究中得到了较为广泛的应用。

（3）血影细胞介导法　血影细胞（blood shadow cell）是指哺乳动物的红细胞在机械作用、病毒诱导、低渗等条件下发生溶血，血红蛋白大量溢出，最后形成仅有被细胞膜包被的细胞核的结构。在溶血过程中，由于外界条件的作用，细胞膜的通透性加强，不仅血红蛋白能够溢出，外源DNA也容易进入；而当外界条件发生改变后，细胞膜又可以恢复原来的选择通透性。因此，可以先将外源DNA转入血影细胞，然后让血影细胞与受体细胞在适当条件下发生细胞融合，从而将外源DNA导入受体细胞。

（4）电击转化法　在一定强度的脉冲电压刺激下，细胞膜发生临时性破裂而形成微小孔洞，从而导致外源DNA透过细胞膜进入细胞内实现外源基因的转移。这种方法就是外源DNA的电击转化法。该法操作简单，具有较好的转染效果，是处理大批量细胞进行基因转移的方法。

电击转化法的一般操作程序为：将细胞与DNA按一定比例混合，放入电穿孔槽中，置于电脉冲仪的正负电极间，在适宜温度下，施加高压数分钟；将处理的细胞转移到新鲜培养基中复壮生长一段时间后，进行中靶细胞的筛选。一般情况下，经过处理的细胞能存活 60%~80%。有研究认为，在电击前使用化学试剂使细胞分裂停顿，并使细胞核处于无膜状态或通透性较高的状态，可能会提高细胞的转染效果。

影响电击转化法转染效率的因素有多种，主要是脉冲的最大电压、脉冲持续的时间和细胞类型，而与DNA的浓度关系不密切。一般来说，每 10^7 个细胞所用DNA总量在 10~40 μg，可以得到很好的转染效果。现今实验所用的细胞类型很多，淋巴细胞、成纤维细胞，甚至一些类型的成体细胞也都得到了很好的转染效果。该法在基因打靶研究中是一个有力的手段。

除此之外，重组 DNA 分子的转染方法还有精子载体法、胚胎干细胞（ES）介导法、染色体片段注入法、显微注射法、农杆菌 Ti 质粒转化法等。这些方法将在以后的有关章节中介绍。

外源 DNA 与载体分子在体外连接形成重组子，通常采用黏性末端连接法、平头末端连接法、同聚物加尾法和人工接头法进行重组。为了提高连接效率，必须防止载体 DNA 分子的自身环化。常采用的方法是对载体或目的基因的 $5'-P$ 末端脱磷酸化变成 $5'-OH$ 末端及其他一些方法。重组子形成后，通过导入受体细胞，才能得到复制、增殖和表达。对于向原核细胞的基因导入可采用化学转化法和电击转化法。对于真核细胞的基因转移有借助于载体的基因转移和不需载体的基因转移，前者主要是靠动植物病毒或逆转录病毒的感染来完成；后者有磷酸钙沉淀法、脂质体介导法、血影细胞介导法、电击转化法等。还有一些方法将在后面的章节中介绍。

1. 外源 DNA 片段与载体 DNA 的重组主要有哪几种方法？各有何缺点？
2. 如何防止线性载体 DNA 分子的自身环化问题？
3. 怎样将一个平头末端 DNA 片段插入 *Eco*R I 限制酶切位点中？
4. 如何将重组质粒 DNA 转入大肠杆菌的感受态细胞？
5. 如果在转化实验中，对照组不该长出菌落的平板上长出了菌落，这说明实验可能会存在哪些问题？

第八章 基因组编辑技术

第一节 概　　述

基因组编辑（genome editing）技术是指在特异性人工核酸内切酶技术的基础上，实现对特定 DNA 序列的删除、插入或修饰，从而获得具有特定遗传信息的生物材料的一种手段。基因编辑技术起源于 19 世纪 80 年代，是利用细胞自有的同源重组（homologous recombination，HR）修复机制将目的基因序列整合到基因组靶点处，但效率极低（10^{-6}）且脱靶现象严重。后来有研究者发现了一种归巢核酸内切酶Ⅰ——SceⅠ切割染色体产生双链断裂后，能够激活损伤修复机制参与断裂修复，提高基因的编辑效率。但是由于归巢核酸内切酶的 DNA 识别和切割功能位于同一结构域，编辑位点受到序列的限制，因此基于 DNA 靶向蛋白与核酸内切酶结合的策略对目的位点进行定点切割的技术逐步发展起来，这其中就包括了锌指核酸酶（ZFN）技术、转录激活效应样因子核酸酶（transcription activator‐like effector nuclease，TALEN）技术以及 CRISPR/Cas9 系统。真核生物中产生 DNA 双链断裂（double‐strand break，DSB）后的修复途径主要为非同源末端连接（non‐homologous end joining，NHEJ）。与同源介导修复（homology‐directed repair，HDR）相比，NHEJ 发生的频率更高，而且直接对断裂位点进行修复而不依赖于模板，但容易引起 DNA 接口处碱基的插入或缺失，造成移码突变。

传统的基因组编辑（traditional genome editing）方法只是基于生物体细胞内对 DNA 损伤的自发修复机制而实现对基因碱基的插入或删除（insertion‐deletion，Indel），并依赖细胞中天然存在的同源重组将外源基因片段整合到基因组中。为了得到理想的基因突变类型，研究者不断改进，直到将靶向特定 DNA 序列的蛋白质与具有 DNA 切割活性的蛋白质相融合得到可以人工改造的核酸酶（artificial nuclease），使得基因组编辑技术的开发和应用迅速地发展起来。通过能够定点切割基因组的人工核酸酶，可以在基因组的特定位置引入 DSB，从而提高获得特定位点编辑细胞的效率。

近几年，CRISPR/Cas9 系统定点打靶技术发展成熟，使基于 NHEJ 的基因敲除（knock‐out）和基于 HDR 修复机制的基因敲入（knock‐in）等基因工程手段获得极大发展，并使得对目标基因组的"精确编辑"成为可能。生物的遗传信息主要以 DNA 的形式储存并传递，随着越来越多的物种的基因组 DNA 序列得到解读，为研究基因的功能提供可能。采用基因组定点编辑（specific genome editing）技术，可以在基因组的特定位点对基因组进行编辑，目前已成为现代生物技术研究的一个热门领域，并应用于基因功能、畜禽优良新品种的培育、模式动物生产、疾病的发病机制和新型基因疗法等方面的研究中。

第二节　人工核酸内切酶技术

锌指核酸酶（zinc finger nuclease，ZFN）技术是最早发展起来的一种可用于动植物转基因、人类遗传疾病基因治疗以及微生物基因组改造的新兴技术。在发展初期，该技术就以其高效性和特异性受到高度重视，有多篇研究成果在 *Nature*、*Science* 等杂志上发表。

一、锌指核酸酶的构成

锌指核酸酶是一种人工合成酶,含有锌指蛋白DNA结合域和非特异性核酸酶(FokⅠ)催化结构域。单个锌指含24～30个氨基酸,这些序列在锌离子存在时折叠形成紧密的β-β-α结构,其中两个Cys和两个His与一个锌离子共价结合。从α螺旋开始-1、+2、+3、+6位点的氨基酸残基与DNA相互作用,形成对碱基位点识别的特异性。除识别位点以外,其他位点高度保守(图8-1)。典型的锌指蛋白含有3个锌指结构,每个锌指可特异性地识别DNA链上3个核苷酸碱基,3个锌指能识别9个连续碱基,因此锌指蛋白与DNA的结合具有高度特异性。而且3锌指核酸酶比多锌指核酸酶更有效,对细胞的毒性较低。

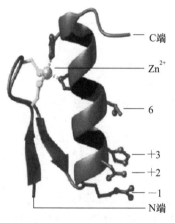

图8-1 C_2H_2型锌指结构

二、锌指核酸酶的工作原理

锌指核酸酶技术就是利用锌指蛋白对DNA的特异性结合和核酸酶对DNA双链的切割机制,形成一种具有高效性和特异性的基因修饰新技术。锌指核酸酶有一个特异的DNA结合域和非特异的核酸酶催化结构域,两个锌指核酸酶以二聚体的形式特异地结合到目标DNA上,然后二聚锌指核酸酶将中间的6个核苷酸切断(图8-2)。这种核酸酶就像一把剪刀,可识别特异的DNA位点并切割DNA,通过细胞内固有的DNA双链断裂修复机制,在引入外源基因的前提下,达到在该位点插入外源基因或者将该位点的基因敲除的目的。这一技术的特异性和高效性已经在果蝇、植物细胞和人类细胞中得到验证。

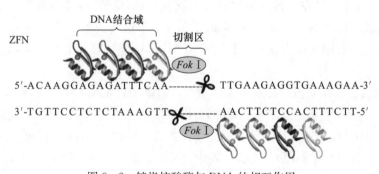

图8-2 锌指核酸酶与DNA的相互作用

三、锌指核酸酶的修复机制

细胞对锌指核酸酶产生的DNA双链切口具有自我修复功能,修复的方法有非同源末端连接(NHEJ)修复和同源介导修复(HDR)两种。应用细胞固有的非同源末端连接机制,需要去掉断口处几个核苷酸,导致碱基缺失,从而改变该基因的阅读框。应用同源介导修复机制,可以在该位点插入一个外源基因,达到转基因的目的。两种修复机制的模式如图8-3所示。

1. 非同源末端连接修复 当DNA受到损伤后,DSB可能导致大片段染色质区域的丢失,在DNA损伤类型中危害最大。NHEJ修复不需要同源DNA序列的参与,直接依赖DNA连接酶将两个断裂的

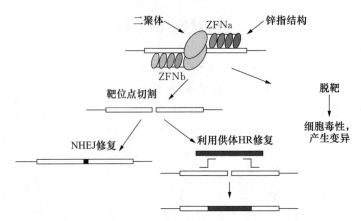

图 8-3 细胞内修复双链断裂结构的两种模式示意图

DNA 双链末端连接起来，因此 NHEJ 修复可以发生在细胞整个周期中（有丝分裂可能受到抑制），是哺乳动物细胞中产生 DSB 后的主要修复方式。

NHEJ 修复的基本过程：当 DNA 双链发生断裂损伤后，Ku70/Ku80 蛋白形成异源二聚体，识别 DNA 双链断裂末端并与之结合，防止 DSB 产生的游离末端被 DNA 核酸酶进一步降解，与此同时，Ku 二聚体结合到 DNA 末端后开始作为一种工具纽带或载体蛋白招募其他非同源末端连接蛋白。依赖 DNA 的蛋白激酶催化亚基（DNA-PKcs）对 Ku 二聚体-DNA 末端结构具有高度吸附性，DNA-PKcs 吸附至 Ku 二聚体后形成 DNA-PK 全酶复合体。该全酶经激活后进一步募集促进连接酶Ⅳ和 XRCC4 等因子，此时完成招募工作的 PK 全酶从 DNA 末端释放，细胞中的多核苷酸激酶（PNK）、一种修剪损伤 DNA 末端的核酶 Artemis 和 DNA 聚合酶（pol λ/μ）开始对 DNA 末端进行修饰，最后连接酶Ⅳ-XRCC4-XLF 复合体对经修饰的 DNA 末端执行有效连接功能，使断裂的 DNA 双链重新连接。

2. 同源介导修复 DNA 损伤后除了启动 NHEJ 修复机制外，为了保护基因组的完整性，还存在另一种修复机制。这种有较高保真度的修复途径发生在含有同源序列 DNA 之间，称为同源介导修复（HDR）。真核生物染色体中非姊妹染色单体的交换、姊妹染色单体的交换，细菌及某些低等真核生物的转化，细菌的转导与结合及噬菌体重组等都属于这一类型。真核生物中，由于需要未受损的姊妹染色单体的同源序列作为修复模板，所以 HDR 过程一般发生在细胞周期的合成期后期到合成后期。

HDR 过程中起重要作用的蛋白有 Rec 家族蛋白，该家族以发现的第一个成员 RecA 命名，RecA 在大肠杆菌的 HDR 过程和 DNA 复制中起重要作用。RecA 存在很多同源蛋白，如噬菌体中的 UvsX 和哺乳动物中的 Rad51 等，统称为 RAD52 异位显性集合（RAD52 major epistasis group），其中最重要的蛋白有 Rad51、Rad52 和 Rad54。真核生物中 HDR 的基本过程：DSB 发生后，在解旋酶和核酸内切酶的共同作用下，双链断裂末端同样形成一个突出的 3′单链 DNA，之后 Rad52 蛋白连接到 DNA 单链末端，在 Rad52 的作用下，MRX 同源重组修复复合物（Mre11-Rad50-Xrs2）被募集至 DSB 断裂处，从而启动 Rad51 蛋白介导的以同源 DNA 为模板的链交换，修复 DSB 引起的碱基缺失并使断裂的 DNA 重新连接。

四、锌指核酸酶的应用

ZFN 出现之后，人们对其构建方法（主要是锌指蛋白的组装方法）进行了很多改进，先后出现了 modular assembly 法、OPEN/CoDA 法、two-finger archive 法和 extended modular assembly 法等。研究者可以根据自己的需要订购 ZFN。作为第一代基因组定点编辑技术，ZFN 技术已经成功地应用于人、牛、羊、猪、兔、小鼠、大鼠、鱼类、番茄、酵母和藻类等物种的基因组编辑研究。虽然 ZFN 技术获得了巨大的成就，但是设计 ZFN 的时候需要考虑靶位点上、下游基因组的序列，相应的表达载体构建比较费时、费力，获得 ZFN 的工作效率还难以保证，可能会存在脱靶效应。这些不足严重限制了 ZFN 的适用范围，同时也使得科研工作者继续寻求、开发新的人工核酸内切酶工具。

第三节 TALEN 技术

ZFN 技术的出现促使基因组定点修饰技术向前迈进了一大步，但是设计和筛选高效率、高特异性的 ZFN 仍然存在一些技术难题，而且降低 ZFN 的细胞毒性也是一个相当大的技术挑战。转录激活效应样因子（transcription activator-like effector，TALE）是在植物病原体黄单胞菌（Xanthomonas）中发现的一种，TALE 的发现和其结合 DNA 的特点为开发更简易的新型基因组定点修饰技术提供了新途径。

植物病原体黄单胞菌将 TALE 蛋白通过Ⅲ型分泌系统注入植物细胞，TALE 细菌蛋白与转录因子行为相似，穿过核膜进入细胞核内与特定的 UPT（Up-regulated by TALE）盒结合，调控植物基因组中与疾病和抵抗力相关基因的表达。目前在植物病原菌中发现的该类蛋白已达 10 余种。TALEN 是由 TALE DNA 结合域和限制性核酸内切酶 FokⅠ的切割域融合而成。其中 TALE 的 DNA 结合域能够识别特异的 DNA 序列，FokⅠ可通过二聚体产生核酸内切酶活性，在特异的靶 DNA 序列上产生双链断裂。在修复双链断裂的过程中，可产生各种类型的序列改变。根据 TALE 的结构特点，理论上可以设计出能够识别并结合任意靶序列的 TALEN。而且 TALEN 技术操作简单，没有筛选的过程，组装完成后即可进行活性验证，因此该技术在酵母、动植物细胞的基因组定点修饰、遗传疾病的基因治疗及基因的功能研究等方面应用广泛。

一、TALE 结构和 TALEN

TALE 具有特殊的结构特征，包括 N 端分泌信号、中央的 DNA 结合域、一个核定位信号（NLS）和 C 端的激活域（AD）（图 8-4）。通过对目前发现的所有 TALE 蛋白分析发现，TALE 蛋白中 DNA 结合域有一个共同的特点：由 12~30 个高度保守的重复单元组成，每个重复单元含有 33~35 个氨基酸。这些重复单元的氨基酸组成相当保守，除了第 12、13 位两个氨基酸可变外，其他氨基酸都是相同的，这两个可变氨基酸称为重复序列可变的双氨基酸残基（repeat variable di-residues，RVD）。TALE 识别 DNA 的机制在于每个重复序列的两个 RVD 可以特异识别 DNA 4 个碱基中的一个，目前发现的 RVD 共有 5 种：HD、NI、NN、NG、NS。统计分析发现，HD 特异识别 C 碱基，NI 识别 A 碱基，NN 识别 G 或 A 碱基，NG 识别 T 碱基，NS 可以识别 A、T、G、C 中的任一种。通过对天然 TALE 的研究发现，TALE 蛋白框架固定识别一个 T 碱基，所以靶序列总是以 T 碱基开始。

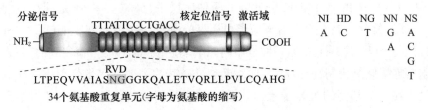

图 8-4 黄单胞菌中分离的天然 TALE 的结构及 RVD 对碱基的识别关系

自然界中，不同 TALE 的 DNA 结合域的氨基酸重复序列数目不同，因此其结合靶 DNA 的碱基数目也不同（图 8-5、图 8-6）。TALE 蛋白的这一特点可以用来设计基因组修饰的操作工具，理论上可以根据实验目的对 DNA 结合域的重复序列进行设计，得到特异识别任意序列靶位点的 TALE，因而通过对 TALE 重复序列进行人工设计并将其与一些功能域融合产生的 dTALE（designer TALE - type transcription factors）和 TALEN 引起了人们极大的兴趣。这些功能域包括激活子、抑制子、核酸酶、甲基化酶和整合酶等。TALE 的 DNA 结合域与 FokⅠ核酸内切酶的切割域融合，就产生了能够在特定位点产生 DSB 的嵌合酶——TALEN（图 8-7）。

LTPEQVVAIASNIGGKQALETVQRLLPVLCQAHG
LTPEQVVAIASHDGGKQALETVQRLLPVLCQAHG

图 8-5　基于核磁共振波谱的 1.5 个 TALE 重复的结构模型

图 8-6　串联的 TALE 重复与 DNA 双螺旋结合的晶体结构

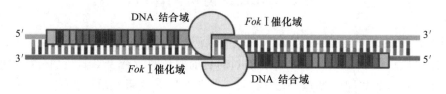

图 8-7　TALEN 结构示意图

二、TALEN 的切割和修复机制

与 ZFN 对基因组 DNA 的切割以及诱导细胞对双链断裂修复一样，两个 TALEN 单体以尾对尾的方式通过 TALE 部分特异性结合到靶 DNA 上，非特异性的 FokⅠ通过形成二聚体对识别位点间的间隔区（spacer）的几个核苷酸进行切割。研究证明，间隔区和 C 端的长度对 TALEN 的切割效率有很大的影响。TALEN 产生的 DSB 能够通过以下两种途径进行修复：一种是同源重组（homologous recombination，HR）修复，在一个具有同源臂的 DNA 模板存在下，细胞能够将含有同源臂的外源基因整合到靶位点的 DNA 序列上；另一种是非同源末端连接（NHEJ）修复，直接修复断裂的 DNA 双链。非同源末端连接修复机制往往导致 DNA 断裂处碱基的突变，多数情况下发生碱基缺失。这种错误修复如果发生在一个基因的外显子上，能够改变该基因的阅读框，达到 DNA 定点敲除的目的（图 8-8）。

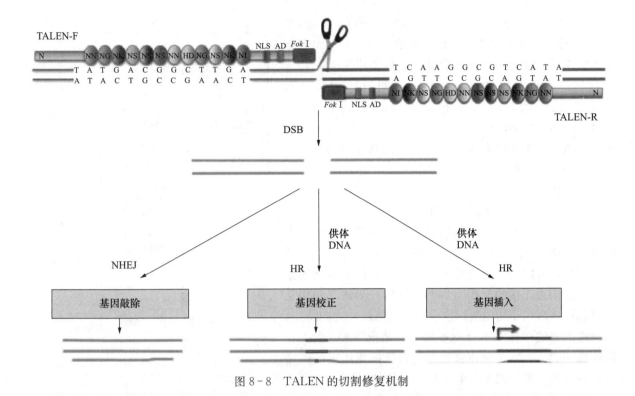

图 8-8 TALEN 的切割修复机制

三、TALEN 的技术优势

作为一项新兴技术，TALEN 以其便捷的组装方式、较高的切割效率、较低的毒性引起了人们的重视。

TALE 的 DNA 结合域是由可变的重复序列组成的，理论上可以将 TALE 的重复序列进行组装，得到可以识别并结合任意靶序列的 TALEN。基于 Golden Gate 方法的 TALE 组装方案方便可行，可以在短时间内组装成识别不同序列的 TALEN。

ZFN 的出现使基因组定点敲除的效率达到 20%，而且被成功用于线虫、酵母、斑马鱼、果蝇、植物和人类细胞中。但是对于许多研究者而言，设计出特异性的 ZFN 仍然是一个相当大的技术挑战，ZFN 的特点远不能满足要求，如时间比较长、效率低和重复性较差等。与筛选 ZFN 耗费的巨大人力、物力相比，TALEN 可以直接应用 4 个 RVD 的重复单元（NI、HD、NN 和 NG）按照识别序列进行设计，没有筛选的过程，组装完成后即可进行活性验证，TALEN 定点修饰人内源基因的突变率可以达到 25%。另外，在细胞毒性方面，TALEN 比 ZFN 要低得多。

四、TALEN 的构建方法

设计和构建 TALEN 的最大挑战是如何把这些能够结合靶 DNA 的重复序列（即 RVD）组装起来。基于 Golden Gate 方法，研究者发展了几种组装不同重复个数 TALEN 的方法。Golden Gate 方法的核心是应用Ⅱ型限制性核酸内切酶在识别位点以外对 DNA 进行切割，从而达到将多个 DNA 片段连接起来的目的（图 8-9）。

基于 Golden Gate，总结了另外可以特异结合靶位点、实现基因组定点修饰、比较简单实用的

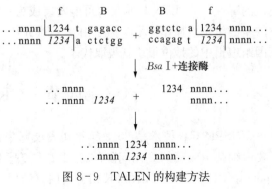

图 8-9 TALEN 的构建方法

TALEN 的构建方案（图 8-10），主要包括以下步骤：

① 选择组装方案并寻找合适的靶位点。不同组装方案组装的 TALE 的 DNA 结合域有不同的重复数，特异结合靶位点的碱基数也不同，而且间隔区的长度对 TALEN 的切割效率有很大的影响。靶位点的选择可以在 http://boglabx.plp.iastate.edu/TALENT/ 进行在线搜索，搜索引擎可以根据天然 TALE 识别序列的特征在输入的序列中寻找合适的结合位点。

② 构建 TALE 单体库。组装的第一步是按照设计将 TALE 单体两端加上不同的悬臂。

③ 根据靶位点应用"酶切-连接一步法"构建 TALE 模块。"酶切-连接一步法"（cut-ligation strategy）是指 II 型限制性核酸内切酶与连接酶在同一反应体系内共同作用，边酶切边连接的过程。"酶切-连接一步法"利用 II 型限制性核酸内切酶的酶切位点不在识别位点处的特点，被连接起来的单体在不会再被切开的情况下将 DNA 片段连在一起。TALE 单体被切割后只能按照指定的顺序连接在一起，组装成含多个 TALE 单体的模块。

④ 继续应用"酶切-连接一步法"连接 TALE 模块并与载体相连（Golden Gate 方法是将多个重复单体按照设计的顺序组装起来，并构建到表达载体上的过程）。

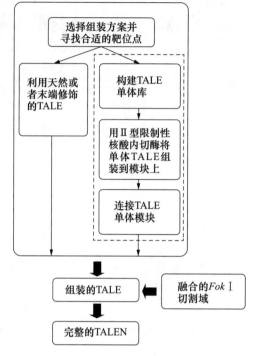

图 8-10 基于 Golden Gate 方法构建 TALEN 的步骤

⑤ 将组装的 TALE 与 FokI 相连，完成 TALEN 的构建。与 FokI 连接时可以通过合适的酶切位点的切割改变 C 端氨基酸的个数，筛选活性较高的 TALEN。

⑥ 在体外或细菌、酵母中检测 TALEN 的切割活性，并在动植物细胞上对 TALEN 的工作效率、毒性等进行验证。

自 Boch 等人提出 TALE 不同类型的 RVD 对不同的碱基具有特异性以来，天然的和人工的 TALE 被证实在哺乳动物细胞中可以调控基因转录。由 TALE 改造来的 TALEN 作为一种新兴的基因组定点修饰工具，被成功应用于人细胞内源基因的修饰并产生突变。TALEN 的活性在体外、酵母、植物和一些哺乳动物细胞中相继得到验证。作为继 ZFN 之后的新兴的基因组定点修饰技术，TALEN 以其便捷的组装方式、较高的切割效率、较低的毒性引起人们的重视。

TALE 的 DNA 结合域是由可变的重复序列组成的，理论上可以将 TALE 的重复序列按照一定顺序进行组装，得到可以识别并结合任意靶序列的 TALEN。基于 Golden Gate 方法的 TALEN 组装方案方便可行。与 ZFN 技术相似，TALEN 技术可以通过 TALE 蛋白对 DNA 序列的识别及 FokI 核酸内切酶的切割活性在基因组 DNA 上定点产生 DNA 双链断裂。再加上具有有待进一步提高的活性、更低的毒性，TALEN 技术很有可能发展成为一种操作方便、特异性强、切割效率高并能应用于动物体的基因组定点操作技术。但是由于 CRISPR/Cas 技术的出现，最终 TALEN 犹如昙花一现，其在基因组编辑中的地位很快就被取代了。

第四节 CRISPR/Cas 技术

CRISPR/Cas 技术是 2013 年年初发展起来的一项新的基因组定点修饰技术。CRISPR/Cas 系统主要由细菌中成簇的规律间隔的短回文重复序列（clustered regularly interspaced short palindromic repeats，CRISPR）和 CRISPR 相关蛋白（CRISPR - associated，Cas）免疫系统组成。由于 CRISPR -

Cas 蛋白结合的位点特异性是由 RNA 分子而不是 DNA 结合蛋白控制的，因此 CRISPR 系统与锌指、TALE DNA 结合蛋白相比具有一定的优势。

一、CRISPR/Cas 系统的发现

细菌和古细菌在漫长的生物进化过程中，形成了多种应对噬菌体入侵的生物机制，CRISPR/Cas 系统就是存在于这些细菌和古细菌中的一种由 RNA 介导的获得性防御系统。1987 年，Ishino 等识别出大肠杆菌 *iap* 基因下游一个成簇的 29 bp 重复序列，随后在超过 40% 的细菌和 90% 的古细菌中都发现了这种成簇的重复序列，如革兰氏阳性菌、沙门氏菌和痢疾杆菌等，这类短重复序列被统称为成簇的规律间隔的短回文重复序列（CRISPR），通常由非重复的短间隔 DNA 序列隔开。CRISPR 位点位于原核生物基因组上或者一些质粒中，并且 CRISPR 中包含的重复序列的数目在不同物种间差异很大。随着 4 个 Cas 基因被发现，人们猜测 CRISPR/Cas 系统可能在生物进程中发挥重要作用，而且有些间隔序列与噬菌体的 DNA 序列同源。细菌经感染后，CRISPR 系统会将噬菌体基因组 DNA 潜在的前间隔区序列邻近基序（protospacer adjacent motif，PAM）附近约 20 bp 的 DNA 片段插入细菌或古细菌中，从而延长了 CRISPR 表达盒。当细菌再次被感染时，存在于细菌体内的这些间隔序列可以阻止外源质粒或噬菌体的入侵（图 8-11）。将 CRISPR 与防御外源 DNA 入侵的免疫系统结合起来，能够发挥类似 RNA 干扰的机制而起到免疫防御的功能。随后，Barrangou 等（2007）将噬菌体

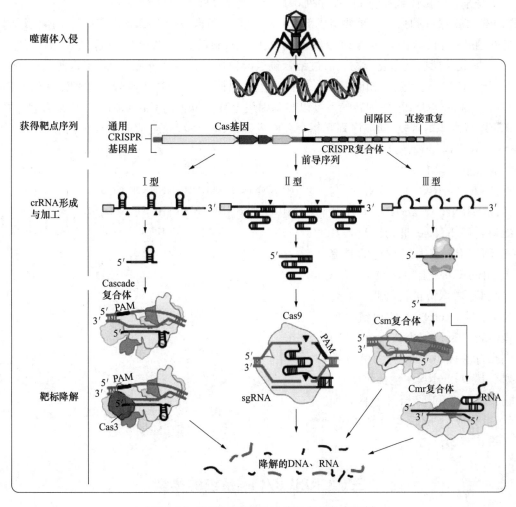

图 8-11 细菌 CRISPR 系统的自然免疫机制
（引自 P. D. Hsu 等，2014）

间隔序列插入嗜热链球菌后，能够抵抗噬菌体的感染，从而证实 CRISPR 诱导的免疫系统保护细菌抵抗噬菌体入侵。2008 年，Marraffini 等在表皮葡萄球菌上发现细菌 CRISPR 系统可以阻止外源质粒的转移。2010 年，Garneau 等研究嗜热链球菌时发现间隔序列可以引导 Cas 基因簇中的 Cas9 切割 DNA。这些重要的发现，为研究 CRISPR/Cas 系统的作用机制奠定了基础，使得 CRISPR/Cas9 系统在短时间内得以迅速发展。

二、CRISPR/Cas 系统的结构组成

CRISPR/Cas 系统由 CRISPR 序列和 Cas 基因组成。前导序列（leader）、重复序列区（repeat）和间隔区（spacer）组成 CRISPR 序列。大多数 CRISPR 都有 5′端长为 300～500 bp 且富含腺嘌呤的前导序列，前导序列有转录起始位点，可以启动 CRISPR 序列的转录，但没有开放阅读框，不能编码蛋白。前导序列的保守性并不强，在同一物种中大约 80% 的序列相同，不同物种中则变异性很高。重复序列是一段长 24～48 bp 的正向重复序列，两端 5～7 bp 是相对保守成对称结构的回文序列 GTTTG 和 CAAAC，转录成熟后形成的 CRISPR RNA（crRNA）有稳定的茎环结构，与 Cas 蛋白相结合形成复合物。重复序列之间并不是连续的，而是被长度为 26～72 bp 的间隔序列隔开。不同的 CRISPR 序列中间隔序列的数量也不同，从几个到几百个，目前发现含有间隔序列个数最多的是一种黏液细菌 *Halian gium ochraceum* DSM 14365，有 587 个间隔序列。这些序列并不是细菌自身的基因组序列，而是来自噬菌体或质粒 DNA 序列，是细菌主动防御抵抗的结果。

CRISPR/Cas 系统的另一个重要组成部分 Cas 基因，通常位于 CRISPR 序列的上游区域附近，是一组保守的蛋白编码基因，包含核酸酶、聚合酶、解旋酶、核糖核酸结合结构域，这些蛋白与 crRNA 结合形成核糖核蛋白复合物，通过结合位点特异切割、降解外源 DNA 来行使免疫功能。一般有活性的 CRISPR 序列附近有相应的 Cas 基因，但如果同一细菌中有多个 CRISPR 序列，部分邻近区域无 Cas 基因的 CRISPR 序列转录后可以与基因组上其他位置的 Cas 基因结合成复合物发挥作用。

CRISPR 基因座由重复-间隔序列互相交替构成。CRISPR 转录生成 CRISPR 前体 RNA（precursor CRISPR RNA，pre-crRNA），随后被切割成很多小段的 RNA 分子，即 CRISPR RNA（crRNA）。crRNA 与反式激活的 crRNA（tracrRNA）小片段互补配对，经 RNase Ⅲ 切割后，共同引导与 CRISPR 基因座相连的具有核酸酶功能的 Cas9 蛋白，在 crRNA 的指导下对 DNA 双链进行切割。融合表达 crRNA 与 tracrRNA 的单链小向导 RNA（small guide RNA，sgRNA）能够识别目标基因组 DNA 上 PAM 前的靶序列。其中，crRNA 包含 20 nt 向导 RNA（gRNA）和 12 nt 重复区，而 tracrRNA 被分成 14 nt 反向重复区和 3 个茎环（图 8-12）。

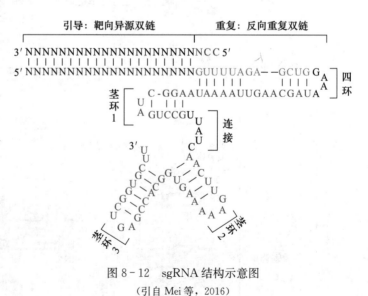

图 8-12　sgRNA 结构示意图
（引自 Mei 等，2016）

三、CRISPR/Cas 系统的类型

CRISPR/Cas 系统常在最极端的生态条件下的细菌和古细菌中发现。Cas 基因丰富多样，先后报

道了45个Cas蛋白。根据Cas蛋白序列和结构的不同,将CRISPR/Cas系统分成了Ⅰ型、Ⅱ型和Ⅲ型3种类型,至少10个亚型。

Ⅰ型CRISPR/Cas系统存在于细菌和古细菌中,由6种不同亚型(Ⅰ-A到Ⅰ-F)组成。干扰反应中的保守标记蛋白是Cas3,含有一个组氨酸/天冬氨酸结构域(histidine-aspartic acid domain,HD)磷酸水解酶区域和一个DExH样解旋酶区域。这两个区域是由两个不相关的基因单独编码的,依靠ATP和Mg^{2+}在解旋酶区域解旋dsDNA,在HD磷酸水解酶区域切割ssDNA。Cas3和不同的抗病毒防御CRISPR相关复合体(CRISPR-associated complex for antiviral defense, Cascade)相互作用结合并运送crRNA,crRNA和Cascade的复合物能识别DNA靶序列,招募的Cas3蛋白依靠形成负超螺旋DNA的方式降解靶病毒DNA分子。

Ⅱ型CRISPR/Cas系统仅仅在细菌基因组中发现,具有明显特征的最小Cas基因。在这类系统中,多功能蛋白Cas9既参与crRNA的成熟,又参与随后的干扰反应。crRNA成熟的过程要依靠邻近CRISPR位点的包含25 nt、与crRNA重复序列配对的tracrRNA来完成。Cas9可以促进tracrRNA和pre-crRNA的碱基配对形成RNA双链,随后在RNaseⅢ作用下产生成熟的crRNA。切割靶dsDNA需要crRNA、tracrRNA和Cas9三者共同参与,Cas9的一个McrA/HNH核酸酶区域切割与crRNA互补的DNA链,RNase H折叠区在Mg^{2+}存在的情况下切割非互补的DNA链(图8-13)。对于互补链,精确的DNA切割位点在PAM上游3 bp处,而非互补的DNA链则在PAM序列上游3~8 bp的位置发生切割产生钝端。

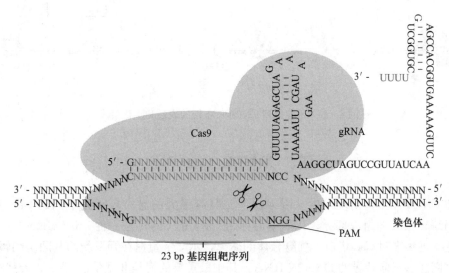

图8-13 CRISPR/Cas9系统的工作原理

两种已知的Ⅲ型CRISPR/Cas系统(Ⅲ-A和Ⅲ-B)主要存在于古细菌的基因组中,编码CRISPR特异的核糖核酸内切酶-Cas6蛋白和Cas10蛋白的特异亚型,很可能参与靶向干扰。由于Cas10蛋白编码一个靶向降解HD核酸酶的区域,因此Ⅲ型系统靶向DNA不需要特异的PAM序列,但是不能打靶与crRNA 5′标签8个核苷酸互补的序列。嗜热古细菌(*Pyrococcus furiosus*)的Ⅲ-B型系统,在crRNA成熟过程之后,Cas6不是干扰复合体中必需的一部分,但是5′重复序列标签的8个核苷酸提供固定组装6个蛋白(Cmr1~Cmr6)的Cmr复合体。硫黄矿硫化叶菌(*Sulfolobus solfataricus*)中含有7个蛋白(Cmr1~Cmr7)的Cmr复合体在UA两个核苷酸处表现内切核苷酸活性切割入侵的RNA。对于以上两种Cmr复合体,靶RNA不需要PAM序列。与其他亚型不同的是这两类Cmr复合体能够特异地靶向RNA而非DNA。但是随着研究的深入,发现Cmr蛋白在体内能够以不依靠PAM序列的方式靶向质粒DNA(图8-14)。

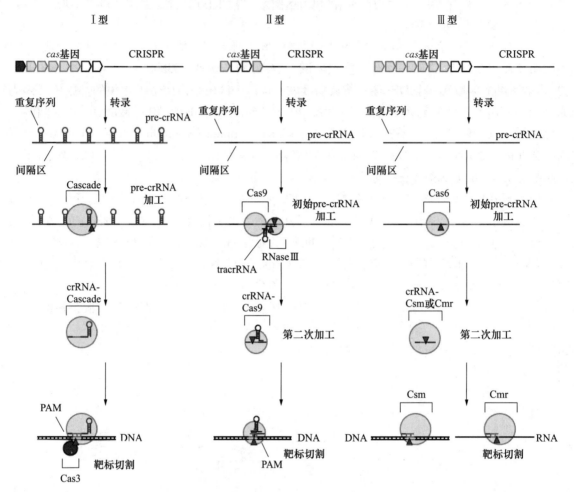

图 8-14 3 种类型 CRISPR 系统的表达和干扰阶段

四、CRISPR/Cas9 系统

将不同的 CRISPR/Cas 系统作为基因组操作工具有很大的潜力，研究不同的 Cas 蛋白的活性，从而开发不同编辑工具的组成部分。比如早前称为 Csy4 的 Cas6f 是一种 pre-crRNA 过程酶，用于预测基因表达。近年来对 Cas 蛋白干扰复合体的研究显示 Cas 蛋白在开发新的基因组编辑工具中具有很大作用，它们能够靶向特异的 DNA 或 RNA，其中最重要的就是 Ⅱ 型蛋白 Cas9。天然的 Cas9 介导的基因组编辑是通过两步来实现的。首先，Cas9 通过 crRNA 中一段 20 nt 的导向序列诱导基因组 DNA 靶位点产生 DSB，接着通过 NHEJ 或 HDR 的方式修复断裂的双链。天然的 Cas9 系统需要 3 个基本的部分发挥作用：Cas9 核酸酶、tracrRNA 和可设计的 crRNA。随后，Ⅱ 型的 CRISPR/Cas 系统进一步简化，只需要 Cas9 核酸酶和可设计的指导 RNA（gRNA）两部分（图 8-15）。Cas9 干扰实验表明 crRNA 和 tracrRNA 融合的产物与 RNaseⅢ 加工的 crRNA-tracrRNA 双链有类似的效率。因此利用 Cas9 和特异的小导向 RNA（sgRNA）的设计方法与融合的 crRNA-tracrRNA 序列相似，形成的核糖核蛋白称为 RNA 导向核酸内切酶（RNA guided endonucleases，RGEN）。RGEN 可以靶向单个的基因甚至多基因，对靶序列进行高效特异的编辑，打靶反应的特异性由 sgRNA 的序列决定。单个 Cas9 蛋白可以对不同的 sgRNA 进行重复打靶，甚至可以同时用几个 sgRNA 对多个基因进行靶向编辑，而无需像蛋白导向的人工核酸酶那样需要进行重新组装。CRISPR/Cas9 系统易于使用并且简单高效，可以轻松地同时修改多个目标，被视为是可以有效替代 ZFN、TALEN 及其他诱导靶基因改变的核酸内切酶系统，可用于从酵母到人类的几乎所有真核生物的基因组编辑研究中。

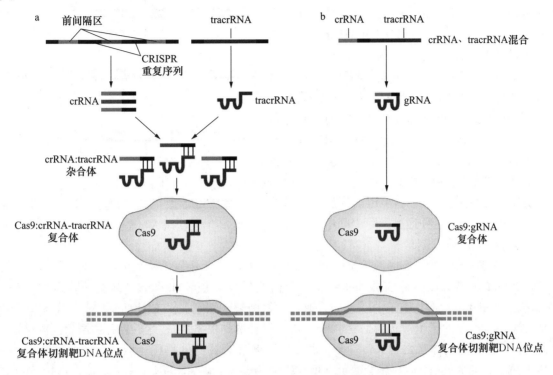

图 8-15　自然的和改造过的 CRISPR/Cas9 系统
a. 自然的 CRISPR/Cas9 系统　b. 改造过的 CRISPR/Cas9 系统

为了实现序列特异性基因组调控，研究人员设计了不具有核酸酶活性的 Cas9（dCas9），结合可编码 DNA，用来引导 FokⅠ等效应蛋白（图 8-16）。采用 dCas9 的转录调节子可以在不改变基因组序列的情况下，通过干扰 RNA 聚合酶结合或延伸来调节基因组中特异性基因的表达。当 dCas9 与转录激活因子和阻遏蛋白结合时可用于基因调控，或通过 dCas9 靶向组蛋白修饰酶从而进行表观遗传调节、染色体标记研究等。另外，为了提高基因组操作的准确性，可以对 Cas9 核酸酶进行突变，突变后的 nCas9 只能切割 DNA 双链中的一条链，通过两个 gRNA 引导突变后的 nCas9 对 DNA 双链的邻近位置分别进行切割，可以显著提高基因组编辑的特异性，降低脱靶效率（图 8-16）。

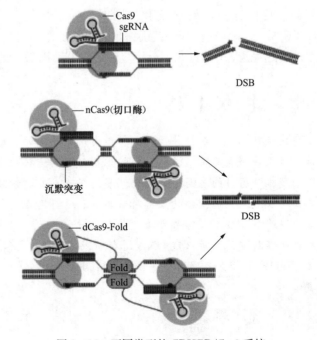

图 8-16　不同类型的 CRISPR/Cas9 系统

五、CRISPR/Cas9 系统的断裂修复机制

DNA 产生双链断裂（double strand breaks，DSB）后，细胞中存在着多种修复机制以此维护遗

传信息的完整性和准确性，主要包括非同源末端连接（NHEJ）修复、同源介导修复（HDR）和单链退火（single-strand annealing，SSA）修复3种方式。由于在前面已经介绍了NHEJ和HDR的修复机制，本部分只介绍SSA的修复机制（图8-17）。

SSA修复是在DNA同一方向上相距较近的两段同源序列之间产生DSB时发生的一种特殊的修复机制。当DSB形成后，断裂缺口两侧游离的双链通过外切活性产生3'单链DNA（single strand DNA，ssDNA），同源互补的两条3'ssDNA经单链退火的方式相互结合形成新的双链中间产物。该双链中间产物再经切除无关序列及3'ssDNA尾巴等加工后最终连接形成DNA双链。这种通过删除中间序列及一个重复序列修复DSB的机制最早在1984年由Sternberg实验室提出，他们将含有同源重复序列的DNA质粒转染至小鼠细胞后证明并建立了该修复通路的模型。之后该机制又在多种哺乳动物细胞中和模式生物中被证明。SSA修复的基本过程是：当DNA双链发生断裂损伤后，包含同源重复序列的双链断裂末端经关键末端切除因子CtIP修饰后产生3'ssDNA（3'ssDNA的产生被认为是发生SSA修复过程的先决条件），之后互补的两条同源单链发生单链退火，形成双链前体，之后Rad52和ERCC1/XPF复合物共同作用于双链前体并切除退火后的3'ssDNA尾巴，与此同时DNA聚合酶负责填补缺失的DNA碱基，DNA连接酶负责连接SSA单链使其重新恢复DNA双链结构。

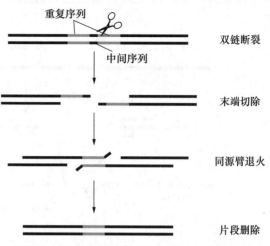

图8-17 DNA双链断裂引起的SSA修复机制

CRISPR/Cas9系统与ZFN和TELEN技术相比，起步相对较晚，虽然功能强大但系统仍存在部分问题，亟待进一步解决优化。同时，为了快速、方便、经济地达到实验目的，大部分利用CRISPR/Cas9系统进行基因精确编辑的相关工作仍主要集中于常见模式动物及人的细胞中。随着该技术的日趋完善，CRISPR/Cas9系统在基因治疗以及动物基因编辑育种等方面的应用将会逐步实现。

本章小结

基因编辑技术是在特异性人工核酸内切酶技术的基础上，实现对特定DNA序列的删除、插入或修饰，从而获得具有特定遗传信息的生物材料的一种手段。最初基因编辑技术是利用细胞自有的同源重组修复机制将目的基因序列整合到基因组靶点处，但效率极低且脱靶现象严重。因此基于DNA靶向蛋白与核酸内切酶结合的策略对目的位点进行定点切割的技术逐步发展起来，这其中就包括了锌指核酸酶（ZFN）技术、转录激活效应样因子核酸酶（TALEN）技术以及CRISPR/Cas9系统。这些技术都能在特定位点对双链DNA进行特异性切割，DNA双链断裂后的修复途径主要为非同源末端连接（NHEJ）修复、同源介导修复（HDR）和单链退火（SSA）修复，从而达到基因敲除的目的。

1. ZFN的工作原理是什么？
2. 简述TALE蛋白的结构。
3. 简述CRISPR/Cas系统的结构组成。
4. DNA双链断裂后，主要通过哪些方式进行修复？

第九章 重组子的筛选与鉴定

将目的 DNA 片段与载体连接形成重组子，然后通过不同的方法将重组子导入宿主细胞，得到所需要的带有重组 DNA 的转化子是基因工程的目的所在。所谓转化子就是导入外源 DNA 后获得的新的遗传标志的细菌细胞或其他受体细胞。在转化反应中，并非所有的细胞都转入了重组 DNA 分子，即使所有的受体细胞都变为转化子，所获得的转化子仍是多种类型的 DNA 分子，因为在连接产物中既有载体和一个或数个串联目的基因的连接，也有载体的自连、目的 DNA 分子的自连，更多的是未发生连接反应的载体和目的 DNA 片段。因此在成千上万个转化子中，真正含有期望的重组 DNA 分子的比例很少，如何将含有外源 DNA 的宿主细胞和不含外源 DNA 的宿主细胞分开，以及如何将含有正确重组子的宿主细胞和含有其他外源 DNA 的宿主细胞分开，这就需要设计出最易于筛选重组子克隆的方案并加以验证。这就是我们这一章要讨论的内容。

阳性克隆的筛选与鉴定可以从不同的层次、利用不同的方法进行。图 9-1 是对各种方法的概括。总的来说重组子的鉴定可以从直接和间接两个方面分析，可以从 DNA、RNA 和蛋白质三个不同的水平进行鉴定，也可对目的基因的代谢产物进行鉴定。筛选方法的选择与设计可依据载体、受体细胞和外源基因三者不同的遗传与分子生物学特性来进行：可以利用载体本身的某些特性与表现，如抗药性、营养缺陷型、显色反应、噬菌斑形成能力等，可以在大量群体中进行筛选；也可以直接分析重组子中的质粒 DNA，根据目的基因的大小、核苷酸序列、基因表达产物的分子生物学特性，选择酶切图谱分析法、分子杂交法、核苷酸序列分析、免疫反应等，这些方法要求高，灵敏度好，结果准确。通过检测蛋白不仅可以知道目的基因是否整合到载体中，而且可以确定目的基因在宿主细胞中是否可以正常表达。有时可以通过间接分析和目的基因相连的基因或蛋白的表达来检测目的基因的表达，比如将目的基因和报告基因同时整合到宿主细胞中，如果报告基因表达，则说明目的基因也正确表达。通常可根据实验的具体情况，在初筛后确定是否进一步细筛，以保证鉴定结果的可靠性。

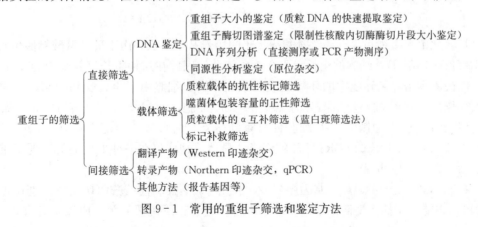

图 9-1 常用的重组子筛选和鉴定方法

第一节 遗传学检测法

一、根据载体表型特征的筛选

根据载体分子所提供的表型特征，选择重组 DNA 分子的遗传选择法，可适用于大量群体的筛选,因此这是一种比较简单而又十分有效的方法。在基因工程中使用的所有载体分子,都至少含有一个选择标记。质粒常有抗生素抗性基因,如氨苄青霉素抗性基因(Amp^r)、四环素抗性基因(Tet^r)、卡那霉素抗性基因(Kan^r)。根据载体分子所提供的选择标记进行筛选,是获得重组 DNA 分子必不可少的条件之一。实际操作中,最典型的方法是使用抗药性标记的插入失活作用,或 β-半乳糖苷酶基因的显色反应,将重组 DNA 分子的转化子同非重组的载体转化子区别开来。而对于 λ 噬菌体的置换型载体来说,λ 噬菌体头部外壳蛋白质容纳 DNA 的能力是有一定限度的,其包装能力应控制在野生型 λ 噬菌体 DNA 长度的 75%~105%(36~51 kb),这样才能形成噬菌斑。因此,包装限制这一特性保证了体外重组所形成的有活性的 λ 重组体分子,一般都应带有外源 DNA 的插入片段,噬菌斑的形成本身就是对 λ 重组子的一种筛选特征。由于这些方法都是直接从平板上筛选,所以又称为平板筛选法。

(一)抗药性标记插入失活筛选法

检测外源 DNA 插入作用的一种通用方法是插入失活作用。例如,在 pBR322 质粒上有两个抗生素抗性基因:Amp^r、Tet^r。Amp^r 基因内有一个 Pst I 限制性核酸内切酶的唯一识别位点,Tet^r 基因内有 Bam H I 和 Sal I 两种限制性核酸内切酶的单一识别位点。在 Amp^r 和 Tet^r 这两个基因内的任一插入作用,都会导致 Amp^r 基因或 Tet^r 基因出现功能性失活,于是所形成的重组质粒都将具有 $Amp^s Tet^r$ 或 $Amp^r Tet^s$ 的表型。如图 9-2 所示,当外源 DNA 限制片段插入 pBR322 质粒 DNA 的 Bam H I 或 Sal I 位点时,四环素抗性基因(Tet^r)失活,重组转化子必定具有 $Amp^r Tet^s$ 表型。因此,将转化菌先涂布在含有氨苄青霉素(Amp)的琼脂平板上,并将存活的 Amp^r 菌落原位影印到另一个含有四环素(Tet)的琼脂平板上,那么凡是在 Amp 平板上生长,而不在 Tet 平板上生长的菌落,就必定是已经插入了外源 DNA 限制片段的重组质粒转化子克隆。

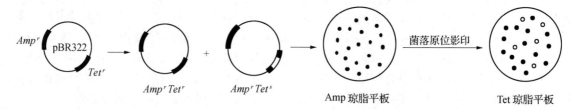

图 9-2 应用抗生素抗性基因插入失活筛选重组子

也可以将转化菌先接种在含有环丝氨酸和 Tet 的培养基中生长。由于环丝氨酸能使生长的细胞致死,而 Tet 仅仅是抑制 Tet^r 细胞的生长,不会杀死细菌,因此在这种生长培养基中的 Tet^r 细胞由于能够生长,便被周围培养基环境中的环丝氨酸所杀死;Tet^s 细胞由于生长受到抑制,反而避免了环丝氨酸的致死作用。将经过环丝氨酸处理富集的 Tet^s 细胞,通过离心洗涤解除 Tet,涂布在含有 Amp 的琼脂平板上,受到抑制的 Tet^s 细胞便可重新生长,所形成的菌落都具有 $Amp^r Tet^s$ 的表型,即已经插入了外源 DNA 片段的 pBR322 质粒克隆。显然,这样仅在一种平板上就实现了重组子的筛选,简化了插入失活的检测程序。

同样,在 pBR322 质粒的 Amp^r 基因序列中,利用 Pst I 限制性核酸内切酶的识别位点,插入外源 DNA 片段,也能应用插入失活作用检测重组质粒。当然,所挑选的菌落应该是具有 $Amp^s Tet^r$ 的表型。

(二)β-半乳糖苷酶显色反应筛选法

质粒载体除了可以应用抗生素抗性筛选之外,有许多质粒载体还具有 β-半乳糖苷酶显色反应的检测功能。应用这样的载体系列,将外源 DNA 插入它的 lacZ 基因上,造成 β-半乳糖苷酶的失活效应,就可以通过大肠杆菌转化子菌落在添加 X-gal-IPTG 培养基中的颜色变化鉴别出重组子和非重组子。

例如，在 pUC 质粒上带有 β-半乳糖苷酶基因（*lacZ*）的调控序列和 β-半乳糖苷酶 N 端 146 个氨基酸的编码序列。这个编码区中插入了一个多种限制性核酸内切酶单一识别位点的多克隆位点，但并没有破坏 *lacZ* 的阅读框，不影响其正常功能。大肠杆菌菌株带有 β-半乳糖苷酶 C 端部分序列的编码信息。在各自独立的情况下，pUC 质粒和大肠杆菌编码的 β-半乳糖苷酶的片段都没有酶活性。但当质粒转化大肠杆菌后可形成具有酶活性的蛋白质。这种 *lacZ* 基因上缺失近操纵基因区段的突变体与带有完整的近操纵基因区段的 β-半乳糖苷酶阴性突变体之间实现互补的现象称为 α 互补。由 α 互补产生的 lac^+ 细菌较易识别，它在生色底物 X-gal 的存在下被 IPTG 诱导形成蓝色菌落。当外源片段插入 pUC 质粒的多克隆位点上后，会导致阅读框改变，表达蛋白失活，产生的氨基酸片段失去 α 互补能力，因此在同样条件下含重组质粒的转化子在生色诱导培养基上只能形成白色菌落。由此根据这种 β-半乳糖苷酶的显色反应，可将重组质粒与自身环化的载体 DNA 分开。

二、根据插入基因遗传性状的筛选

重组 DNA 分子转化到大肠杆菌受体细胞之后，如果插入在载体分子上的外源基因能够实现其功能性的表达，而且表达的产物能与大肠杆菌菌株的营养缺陷突变形成互补，那么就可以利用营养突变株进行筛选。例如，当外源目的基因为合成亮氨酸的基因时，将该基因重组后转入缺少亮氨酸合成酶基因的菌株中，在仅仅缺少亮氨酸的基本培养基上筛选，只有能利用表达产物亮氨酸的细菌才能生长。因此，获得的转化子都是重组子。

第二节 核酸分子杂交

利用碱基配对的原理进行分子杂交是核酸分析的重要手段，也是鉴定基因重组子的常用方法。杂交的双方是待测的核酸序列和由插入片段基因制备的 DNA 或 RNA 探针。根据待测核酸的来源以及将其分子结合到固体支持物的不同，核酸分子杂交主要有菌落印迹原位杂交、斑点印迹杂交和 Southern 印迹杂交。这些方法都是通过一定的物理方法将菌落（噬菌斑）或提取的 DNA 从平板或凝胶上转移到固体支持物上，然后同液体中的探针进行杂交。菌落（噬菌斑）或 DNA 从平板或凝胶向滤膜转移的过程称为印迹，故这些杂交又都称为印迹杂交。

一、菌落印迹原位杂交

将被筛选的菌落或噬菌斑从其生长的琼脂平板中通过影印方法，小心地原位转移到放在琼脂平板表面的硝酸纤维素滤膜上，并保存好原来的菌落或噬菌斑平板作为参照。将影印的硝酸纤维素滤膜用碱液处理，促使细菌细胞壁原位裂解，释放出 DNA 并随之原位变性。然后 80℃下烘烤滤膜，使变性 DNA 原位同硝酸纤维素滤膜形成不可逆的结合。将这个固定有 DNA 印迹的滤膜干燥后，同放射性标记（或非放射性标记）的特异性 DNA 或 RNA 探针杂交，漂洗除去多余的探针，最后经放射自显影检测杂交的结果。含有同探针序列同源的 DNA 的印迹，在 X 光底片上呈现黑色的斑点，将胶片同原先保存的参照平板作对比，即可确定阳性菌落或噬菌斑的位置，从而获得含有目的基因插入片段的重组子克隆（图 9-3）。

这种方法的优点是适于高密度菌落的筛选，对于噬菌斑平板它可以连续影印几张同样的硝酸纤维素滤膜，获得数张同样的 DNA 印迹。因此能够进行重复筛选，效率高，可靠性强，而且可以使用两种或数种探针筛选同一套重组 DNA 分子，是一种最常规的检测手段。

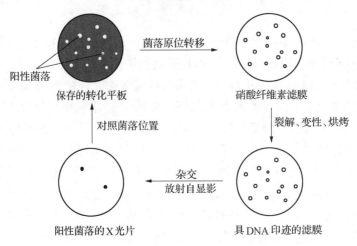

图 9-3 菌落（噬菌体）原位杂交筛选重组子

二、斑点印迹杂交

斑点杂交法与菌落原位杂交的原理一样，但方法更简单、迅速，可直接将噬菌体的上清液或是由转化子提取的 DNA 或 RNA 样品直接点在硝酸纤维素滤膜等固体支持物上，然后同核酸探针进行分子杂交。通过放射自显影，从底片中找出黑点即为阳性斑点。此方法常用于病毒核酸的定量检测。

三、Southern 印迹杂交

由 E. M. Southern 于 1975 年首创的 Southern 印迹杂交是进行基因组 DNA 特定序列定位的通用方法，常用于上述原位杂交所得到的阳性克隆的进一步分析，检测重组 DNA 分子中插入的外源 DNA 是否是原来的目的基因，并验证插入片段的分子质量大小。该法的主要特点是利用毛细管现象将 DNA 转移到固相支持物上。它首先将初筛的重组子 DNA 提取出来，用合适的限制性核酸内切酶将 DNA 切割，并进行凝胶电泳分离，然后经碱变性，利用干燥的吸水纸产生的毛细管作用，让液体流经凝胶，使 DNA 片段由液流携带从凝胶转移并结合在硝酸纤维素滤膜的表面，最后将此膜同标记的核酸探针进行分子杂交。如果被检测 DNA 片段与核酸探针具有互补序列，就能在被检测 DNA 的条带部位结合成双链的杂交分子，并通过放射自显影显示出黑色条带来。

Southern 印迹杂交与斑点印迹杂交都可用于分析混合 DNA 样品中是否存在能与特定探针杂交的序列。但是斑点印迹杂交与 Southern 印迹杂交相比，被检测的 DNA 不需经限制性核酸内切酶消化和琼脂糖凝胶电泳分离，操作步骤少，并可同时分析多个样品。Southern 印迹杂交由于滤膜是从凝胶上原位印迹而来，因而能够显示出与探针杂交的 DNA 片段的大小。所以，Southern 印迹杂交能测出基因重排而斑点印迹杂交不能。

第三节 物理检测法

一、直接凝胶电泳检测法

利用凝胶电泳可以检测重组质粒 DNA 分子的大小，也可以初步证明外源目的基因片段确已插入载体。因转化子数目众多，采用快速细胞破碎法快速检测质粒 DNA，就不必对每一个转化子中的质粒 DNA 进行培养扩增、提取纯化，这样可以减少工作量，且操作简单方便，一次实验可同时检测数十个转化子。具体方法是：分别挑取单个转化菌落悬浮于约 100 μL 的破碎细胞缓冲液（50 mmol/L

Tris-HCl、1% SDS、2 mmol/L EDTA、400 mmol/L 蔗糖、0.01%溴酚蓝）中，37 ℃保温使细胞破裂，蛋白质沉淀，再高速离心，除去细胞碎片、蛋白质、大部分的染色体 DNA 和 RNA，将含有质粒 DNA 的上清液直接点样电泳分离，经染料染色，凝胶成像系统拍摄，可显示含有染色体 DNA、不同大小的质粒 DNA 以及 RNA 的电泳图谱。因为质粒 DNA 的电泳迁移率与其分子质量大小成反比，所以那些带有外源 DNA 插入序列的重组 DNA 分子电泳时迁移率较非重组质粒要慢（滞后质粒），这样很容易就判断出哪些菌落是含有外源 DNA 插入序列的重组质粒。

除了用细胞破碎法鉴定转化子之外，还可以使用煮沸法快速分析转化子 DNA。此法对于从大量转化子中制备少量部分纯化的质粒 DNA 十分有用，不仅快速简便，能同时处理大量试样，而且所得 DNA 有一定纯度，需要时可满足限制性核酸内切酶的切割、电泳分析的要求。其方法是：从琼脂平板上分别挑取单克隆接种液体培养基中培养过夜，取 1.5 mL 菌液离心，剩余培养液保存，等待结果出来选择重组子备用。将沉淀悬浮于 STET（0.1 mol/L NaCl、10 mmol/L Tris-HCl、10 mmol/L EDTA、5% Triton X-100）中，破碎细胞壁与细胞膜后，立即在沸水中煮沸 40 s，让质粒 DNA 快速释放出来，离心，使变性的大分子染色体 DNA、蛋白质及大部分 RNA 与细胞碎片等一起沉淀而弃去。取上清质粒 DNA 点样电泳，根据分子质量增大这一特性，即可判断出具有外源 DNA 插入序列的重组质粒。

上述根据分子质量大小鉴定重组子的方法，适用于分子质量差别较大的载体 DNA 与重组 DNA 的区分，如果两种 DNA 分子质量之间相差小于 1 kb，加上各 DNA 之间还有 3 种构型的差异，通过 DNA 的大小比较就难以区分。在这种情况下，一般将快速抽提出的转化子 DNA 和原载体 DNA 用单一识别位点的限制性核酸内切酶切割后，再进行琼脂糖或聚丙烯酰胺凝胶电泳比较。

二、限制性核酸内切酶酶切片段分析法

经过遗传筛选得到的阳性克隆还必须进一步进行鉴定，酶切鉴定是最常用的方法之一。利用电泳酶切图谱对照的方法，不仅可以判断出重组质粒 DNA 的分子质量大于非重组质粒 DNA，而且当用适当的限制性核酸内切酶消化重组质粒 DNA，使插入片段原位删除下来，并同时电泳原供体的插入 DNA 片段时，就可以确定插入片段的大小与供体片段的大小是否一致，即使有目的基因自连后与载体连接获得的多聚体转化子，电泳图谱上出现的是类似正常酶切片段，但插入片段的亮度比正常的条带要强一倍以上，因此，也能够准确地辨别出来。

这种方法判断的标准是目的 DNA 分子和载体的分子大小及酶切图谱。分析时，首先提取质粒 DNA 后酶切，通过电泳观察其图谱。图 9-4 是一个酶切鉴定的结果。从该图中可看出，4、5、9 泳道为不含插入 DNA 片段的空载体，是假阳性克隆，6、12 泳道虽然含有目的 DNA 片段，但由于插入片段的大小和酶切图谱与目的片段不同所以为假阳性克隆，7、8、10、11、13、14 泳道和 2 泳道的电泳图谱相同（除空载体对应的条带外），所以是阳性克隆。

此外，从大量转化子中筛选到分子质量已增大的重组子后，利用酶切电泳图谱分析，从中可以筛选到以正确方向插入的重组子。

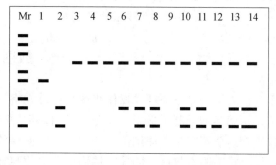

图 9-4 酶切鉴定克隆示意图
Mr. DNA 分子 marker 1. 目的 DNA 片段
2. 目的 DNA 片段 EcoRⅠ酶切 3. 空载体 EcoRⅠ酶切
4~14. 不同"阳性克隆"质粒的 EcoRⅠ酶切分析

三、R 环检测法

这种方法是采用 mRNA 作探针，利用电子显微镜观察其核酸杂交分子结果。它的基本原理是，在临近双链 DNA 的变性温度下和高浓度（70%）的甲酰胺溶液中，双链的 DNA-RNA 分子要比双

链的 DNA-DNA 分子更为稳定。因此，当 RNA 探针及待测 DNA 的混合物置于这种退火条件下，RNA 便会同它的双链 DNA 分子中的互补序列退火形成稳定的 DNA-RNA 杂交分子，而被取代的另一链处于单链状态。这种由单链 DNA 分支和双链 DNA-RNA 分支形成的泡状体，称为 R 环结构。R 环结构一旦形成就十分稳定，而且可以在电子显微镜下观察到（图 9-5）。所以，应用 R 环检测法，可以鉴定出双链 DNA 中存在的与特定 RNA 分子同源的区域。

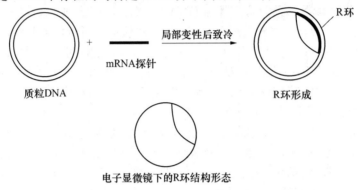

图 9-5 R 环结构的形成

根据这样的原理，在有利于形成 R 环结构的条件下，待检测的纯化的质粒 DNA 在含有 mRNA 分子的缓冲液中局部变性。如果质粒 DNA 分子上存在着与 mRNA 探针互补的序列，那么这种 mRNA 就将取代 DNA 分子中相应的互补链，形成 R 环结构。然后放置在电子显微镜下观察，便可以检测出重组质粒的 DNA 分子。

第四节 免疫化学检测法

免疫化学检测法是一种间接的筛选方法，它利用特异性抗体与外源 DNA 编码的抗原的相互作用进行筛选，是一种特异性强、灵敏度高的检测方法。该法特别适用于检测不为宿主提供任何选择标志的基因。使用这种方法的前提是插入的外源基因必须在受体细胞内表达，并且具有目的蛋白质的抗体。该法通常包括放射性抗体检测法（radioactive antibody test）、免疫沉淀检测法（immunoprecipitation test）及 Western 印迹杂交法。

一、放射性抗体检测法

该方法的基本原理及操作步骤是：首先将长有转化子菌落的琼脂平板影印复制，备用。把原平板放置在氯仿蒸气中，使细菌菌落裂解，以便释放出抗原。将吸附有抗体的固体支持物聚乙烯薄膜轻轻放在先前裂解的菌落上，相互接触，以利于个别菌落的抗原吸附到抗体上，形成抗原-抗体复合物。取出含有抗原-抗体复合物的聚乙烯薄膜，放入预先用同位素 ^{125}I 标记的抗体溶液中温浴，薄膜上的抗原就会与 ^{125}I 标记的抗体相结合。最后经放射自显影，显示出抗原与 ^{125}I 标记的抗体结合的位置，并由此确定复制平板上能够合成抗原的菌落，即重组子菌落（图 9-6）。

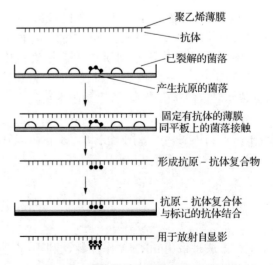

图 9-6 放射性抗体免疫法筛选重组子

二、免疫沉淀检测法

免疫沉淀检测法是在平板培养基上直接进行免疫反应,以鉴定产生蛋白质的重组菌落。具体方法是:将熔化的补加抗体和溶菌酶的琼脂小心倾注到菌落的上面,并使之凝固。在溶菌酶的作用下,菌落表面的细菌发生溶菌反应,逐步释放出细胞内部的蛋白质。如果有某些菌落的细胞能够分泌出目的基因编码的蛋白质,它们就会同包含在琼脂培养基中的抗体发生反应,在菌落周围产生白色的沉淀圈。

三、Western 印迹杂交法

Western 印迹杂交法是在蛋白质水平上检测或研究基因表达功能的一种方法。Western 印迹又称免疫印迹,从细胞中提取蛋白质并通过聚丙烯酰胺凝胶电泳将不同大小的蛋白质分开,分开的蛋白质被转移到硝酸纤维素滤膜或尼龙滤膜上,然后与特定蛋白质标记的抗体(同位素或化学发光物标记)结合,经放射自显影出现带纹,根据带纹的密度可确定蛋白质表达的相对量。目前这种方法与 Northern 印迹杂交结合已广泛应用于基因表达调控的研究。

第五节 核酸序列分析及其他方法

一、核酸序列分析

核酸序列分析是指通过一定的方法确定 DNA 分子上的核苷酸排列顺序,也就是测定 DNA 分子的 A、T、G、C 碱基的排列顺序。测序的结果直接反映了转化子中有无目的基因的存在。

核苷酸序列分析的方法主要有 Maxam - Gilbert 化学降解法和 Sanger 双脱氧链终止法(酶法)。这两种方法对 DNA 测序的原理大致相同,都是建立在高分辨率的变性聚丙烯酰胺凝胶电泳技术之上,将差别仅有一个核苷酸的单链 DNA 区分开来,其分离长度可达 300~500 bp,第三代测序技术可测几千个碱基。

随着 DNA 测序技术的不断发展和其重要性的日益提高,DNA 序列分析已变得越来越简单快速,朝着自动化和商品化的方向发展,从而极大地提高了 DNA 序列分析的速度及其准确性。

二、PCR 法

PCR 可以载体或目的基因的序列设计扩增引物进行检测,PCR 技术的具体方法已经在前面讲过,在此不再叙述。

三、Northern 印迹杂交法

Northern 印迹杂交是检测特定基因是否转录和转录的强弱情况。它不但用于基因工程中检测目的基因的转录情况,而且已广泛用于功能基因调控的研究。具体方法是从细胞中提取 mRNA,经电泳将不同大小的 mRNA 分子分开后,印迹转移于硝酸纤维素滤膜或尼龙滤膜上,与特定的 cDNA 探针杂交后,洗去未杂交上的标记探针 DNA。经放射自显影显带,根据带密度的强弱就可确定其表达的相对值。

本章小结

得到所需要的带有重组DNA的转化子是基因工程的目的所在。可以从直接和间接两个方面分析，从DNA、RNA和蛋白质三个不同的水平鉴定，其方法可依据载体、受体细胞和外源基因三者的不同遗传结构、功能与特性来选择，在DNA水平上有遗传表型直接筛选法、核酸分子杂交法、PCR法、DNA序列分析法、直接凝胶电泳法和限制性核酸内切酶酶切片段分析法等；在RNA水平上，主要是检测特定外源基因是否转录和转录的强弱情况，具体有Northern印迹杂交法等；在蛋白质水平上，有免疫化学检测法等，其中包括放射性抗体检测法、免疫沉淀检测法和Western印迹杂交法。选择适当的筛选方案，不仅可以保证结果的可靠性，同时可以节省大量的人力、物力。

思考题

1. 什么是重组子筛选？主要有哪些方法？
2. 一个携带氨苄青霉素和卡那霉素抗性基因的质粒被仅在卡那霉素基因中有识别位点的 $EcoR\,I$ 消化。消化物与酵母DNA连接后转化对两种抗生素都敏感的大肠杆菌菌株，试问：

   (1) 利用哪一种抗生素抗性选择接受了质粒的细胞？
   (2) 怎样区分接受了插入酵母DNA的质粒的克隆？
3. 以pBR322 DNA作为载体，从四环素抗性基因区克隆外源DNA时，可采用环丝氨酸富集法筛选重组子，说明其基本原理和操作过程。
4. 斑点印迹杂交与Southern印迹杂交相比，主要有哪些差别？
5. 说明Southern印迹杂交的原理和方法。
6. 说明限制性核酸内切酶酶切片段分析法的基本原理和方法。
7. 试比较不同检测方法的特点。

第十章
基因工程受体与外源基因的表达

基因转移现象在自然生物界中普遍存在，无论是低等生物还是高等动植物都可能发生基因转移。基因转移与基因突变是推动生物进化的主要原因，现代进化论认为基因转移和基因突变会导致整个群体的基因组成发生变化，最终演变成不同的物种。在自然界中微生物会通过接合或转导等方式实现个体间的基因转移，从而获得新的生物性状。植物会利用转座子等方式实现基因转移，形成新的生物性状。自然突变是在自然条件的影响下产生的自发突变。自然突变主要发生在相同或相近的物种之间，基因转移频率非常低，且是随机的，因此其突变是不确定的，形成一个新的物种往往要经过漫长的时间。

利用基因操作技术可以实现不同物种间的基因重组，大大缩短基因转移的时间，提高基因突变的效率。基因克隆的最终目的是为了获得目的基因表达产物或具有新性状的生物个体。利用基因重组技术，对基因转移的受体细胞进行改造，突破了细胞间和物种间的屏障，使受体细胞可接受任何来源的供体基因。同时通过对供体基因进行设计和改造，提高被转移的基因在受体细胞中的稳定性和表达效果。

第一节　基因工程受体系统

一、受体细胞

外源目的基因与载体在体外连接重组后形成重组 DNA 分子，该重组 DNA 分子必须导入适宜的受体细胞中方能使外源目的基因得以大量扩增和表达。随着基因工程的发展，从低等的原核细胞到简单的真核细胞，进一步到结构复杂的高等的动、植物细胞都可以作为基因工程的受体细胞。选择适宜的受体细胞已成为重组基因高效克隆或表达的基本前提之一。

受体细胞（receptor cell），又称为宿主细胞或寄主细胞（host cell）等，从实验技术上讲是能摄取外源 DNA 并使其稳定维持的细胞；从实验目的上讲是有应用价值和理论研究价值的细胞。显然，并不是所有的细胞都可用作受体细胞。一般情况下，受体细胞的选择应符合以下基本原则。

① 便于重组 DNA 分子的导入。以细菌细胞为例，易诱导形成感受态的大肠杆菌菌株细胞要比不易形成感受态的菌株细胞更容易导入重组 DNA 分子，因此前者较后者更适宜于作为受体细胞。

② 能使重组 DNA 分子稳定存在于细胞中。从受体细胞的角度出发，通常对其作适当的修饰改造，如选用某些限制性核酸内切酶缺陷型的受体细胞就可以避免其对重组 DNA 分子的降解破坏作用。

③ 便于重组子的筛选。选择与载体所含的选择标记相匹配的受体细胞基因型，从而易于对重组子进行筛选。

④ 遗传稳定性高，易于扩大培养或发酵生长。对动物细胞而言，受体细胞应对培养条件有较强的适应性，可以在无血清培养基中进行贴壁或悬浮培养。

⑤ 安全性高，无致病性，不会对外界环境造成生物污染。一般选用致病缺陷型细胞或营养缺陷型细胞作为受体细胞。

⑥ 选用内源蛋白水解酶基因缺失或蛋白酶含量低的细胞，利于外源基因蛋白表达产物在细胞内的积累，或促进外源基因的高效表达。

⑦ 受体细胞在遗传密码的应用上无明显偏倚性。

⑧ 具有较好的转译后加工机制，便于真核目的基因的高效表达。

⑨ 在理论研究和生产实践上有较高的应用价值。

以上是受体细胞选择的总原则，在实际应用过程中，可根据具体需要或用途重点考虑上述部分要求即可。下面简要介绍基因工程中常用的受体细胞类型。

二、原核受体细胞

原核细胞是较为理想的受体细胞类型，其原因是：①大部分原核细胞无纤维素组成的坚硬细胞壁，便于外源 DNA 的进入；②没有核膜，染色体 DNA 没有固定结合的蛋白质，为外源 DNA 与裸露的染色体 DNA 重组减少了麻烦；③基因组小，遗传背景简单，并且不含线粒体和叶绿体基因组，便于对引入的外源基因进行遗传分析；④原核生物多为单细胞生物，容易获得一致性的实验材料，并且培养简单，繁殖迅速，实验周期短，重复实验快。

鉴于上述原因，原核生物细胞普遍作为受体细胞用来构建基因组 DNA 文库和 cDNA 文库，或者用来建立生产目的基因产物的工程菌，或者作为克隆载体的宿主菌。但是，以原核生物细胞来表达真核生物基因也存在一定的缺陷，有为数不少的真核生物基因不能在大肠杆菌中表达出具有生物活性的功能蛋白。其原因是：①原核生物细胞不具备真核生物的蛋白质折叠复性系统，即使许多真核生物基因能得以表达，得到的也多是无特异性空间结构的多肽链；②原核生物细胞缺乏真核生物的蛋白质加工系统，而许多真核生物蛋白质的生物活性正是依赖于其侧链的糖基化或磷酸化等修饰作用；③原核生物细胞内源性蛋白酶易降解空间构象不正确的异源蛋白，造成表达产物不稳定等。这在一定程度上制约了原核受体细胞作为生物反应器进行异源真核生物蛋白的大规模生产。至今，在研究和应用领域被广泛用作受体细胞的原核生物有大肠杆菌、枯草芽孢杆菌和蓝细菌等。

1. 大肠杆菌 大肠杆菌（*Escherichia coli*）是一种革兰氏阴性短杆细菌，单个细胞大小为 $0.5\ \mu m \times (1 \sim 3)\ \mu m$，周身鞭毛，能运动，无芽孢，它是迄今为止研究得最为详尽、应用最为广泛的原核生物种类，也是基因工程研究和应用中发展最为完善和成熟的受体系统。目前已有多个大肠杆菌菌株的染色体 DNA 测序完毕，如 K-12 MG1655 菌株的全基因组长约 4 000 kb，共含有 4 405 个开放阅读框，大部分基因的生物功能已被鉴定。由于大肠杆菌繁殖迅速、培养简便、代谢易于控制，利用重组 DNA 技术建立的大肠杆菌工程菌已用于大规模生产真核生物基因尤其是人类基因的表达产物，具有重大的经济价值。目前已经实现商品化的多种基因工程产品中，多数是利用大肠杆菌工程菌株生产的，如人胰岛素、生长素和干扰素等。但是，大肠杆菌具有多种毒力因子，包括内毒素、荚膜、黏附素和外毒素等，可引起人体致病。

2. 枯草芽孢杆菌 枯草芽孢杆菌（*Bacillus subtilis*）是一种革兰氏阳性菌，单个细胞大小为 $(0.7 \sim 1.2)\ \mu m \times (2 \sim 4)\ \mu m$，产芽孢，无荚膜，周生鞭毛，能运动。芽孢大小为 $(0.6 \sim 0.9)\ \mu m \times (1.0 \sim 1.5)\ \mu m$，椭圆形至柱状，位于菌体中央或稍偏，芽孢形成后菌体不膨大。枯草芽孢杆菌作为基因工程受体菌的最大优势是：①具有胞外酶分泌的调节基因，能将基因表达产物高效分泌到培养基中，大大简化了蛋白表达产物的提取和加工处理等；②在多数情况下，真核生物的异源重组蛋白由枯草芽孢杆菌分泌表达后具有天然的构象和生物活性；③枯草芽孢杆菌不产生内毒素，无致病性，是一种安全的基因工程菌；④枯草芽孢杆菌具有形成芽孢的能力，易于保存和培养。此外，枯草芽孢杆菌也具有大肠杆菌生长迅速、代谢易于调控、分子遗传学背景比较清楚等优点，这些特点在一定程度上弥补了大肠杆菌作为受体菌的不足。现已成功地用枯草芽孢杆菌表达了人的 β 干扰素、白细胞介素、乙型肝炎病毒核心抗原和动物口蹄疫病毒 VPI 抗原等。

3. 蓝细菌　蓝细菌又名蓝藻或蓝绿藻，革兰氏染色为阴性，细胞一般比细菌大，通常直径为3～10 μm，最大可达60 μm，无鞭毛，含叶绿素 a（缺乏叶绿素 b）和藻蓝素，具有光合系统，能进行产氧光合作用，可分为单细胞蓝细菌和丝状体蓝细菌两大类。蓝细菌的细胞有几种特化形式，包括异形胞、静息孢子、链丝段和内孢子等。蓝细菌在细胞结构和生化特性方面与细菌很相似，亲缘关系也比较近。蓝细菌作为基因工程受体细胞具有以下特点：①营光合自养生长，可利用叶绿素 a 进行光合作用，其培养简便易行，只需光、CO_2、无机盐、水和适宜的温度就能满足生长需要，可大规模生产；②基因组简单、遗传背景比较清楚，便于基因操作和外源 DNA 的检测；③由于密码子的偏向性和启动子的通用性，某些蓝细菌可成为植物基因表达的宿主。目前已有多种酶制剂或蛋白因子基因在蓝细菌受体细胞中获得高效表达。以蓝细菌细胞作为廉价高效的生物反应器，大量生产高价值产品，如药物、生物燃料等，具有广阔的应用前景。

三、丝状真菌受体细胞

霉菌（mold）是一类丝状真菌，在分类上属真菌门，构成霉菌体的基本单位称为菌丝，呈长管状，宽为2～10 μm，可不断自前端生长并分枝。菌丝无隔或有隔，具1至多个细胞核。霉菌在固体基质上生长时，部分菌丝深入基质吸收养料，称为基质菌丝或营养菌丝；向空中伸展的菌丝称为气生菌丝，可进一步发育为繁殖菌丝，产生孢子。大量菌丝交织成绒毛状、絮状或网状等，称为菌丝体。菌丝体常呈白色、褐色、灰色，或呈鲜艳的颜色，有的可产生色素使基质着色。霉菌的基因结构、表达调控机理以及蛋白质的加工与分泌都具有真核生物的特征。霉菌作为基因工程受体细胞具有以下特点：①霉菌培养条件简单，可以大规模培养；②霉菌可以分泌表达目的基因产物，大大简化目标产物的分离纯化过程。以霉菌作为受体细胞可以高效表达抗生素、纤维素酶等产品，在医药、纺织、能源等领域有广泛的用途。

四、酵母受体细胞

酵母是一群以芽殖或裂殖进行无性繁殖的单细胞真核微生物，是人类文明史中被应用得最早的微生物。目前已知有1 000多种酵母，根据酵母产生孢子（子囊孢子和担孢子）的能力，可将其分成3类：形成孢子株系的子囊菌和担子菌，不形成孢子但主要通过芽殖来繁殖的称为不完全真菌，又称假酵母。酵母是外源真核基因最理想的表达系统，其优势表现在：①酵母是结构最为简单的真核生物之一，其基因表达调控机理比较清楚，遗传操作相对比较简单；②具有真核生物蛋白翻译后修饰加工系统；③不含有特异性病毒，不产生毒素，有些酵母（如酿酒酵母等）在食品工业中有着几百年的应用历史，属于安全型基因工程受体系统；④培养简单，利于大规模发酵生产，成本低廉；⑤能将外源基因表达产物分泌至培养基中，便于产物的提取和加工等。在基因工程研究和应用中，酵母具有极为重要的经济意义和学术价值。

五、植物受体细胞

植物是能够进行光合作用的多细胞真核生物，含有叶绿素，有组织和器官的分化。在植物界中与人类关系最为密切的是种子植物，它又可分为裸子植物和被子植物，是基因工程改造的主要对象。植物细胞具有由纤维素参与组成的坚硬细胞壁，但经纤维素酶等处理获得的原生质体同样可摄取外源 DNA 分子，且原生质体在适当培养条件下可再生细胞壁，进行细胞分裂。另外，即使不预先制备成原生质体，利用基因枪等仪器和农杆菌介导等方法，同样可使外源 DNA 进入植物细胞。作为基因转移的受体细胞，植物细胞最突出的优点就是全能性，即一个分离的活细胞在合适的培养条件下，较容易再分化成植株，这意味着一个获得外源基因的体细胞可以培养出能稳定遗传的植株或品系。鉴于上述原因，以植物细胞为受体的转基因工作得以迅速发展。现在用作转基因受体的植物有水稻、棉花、玉米、马铃薯、烟草等经济作物和拟南芥等模式植物。

六、动物受体细胞

动物是多细胞真核生物，有组织器官的分化，它与人类的关系非常密切，为人类提供了主要的氮素营养来源。动物转基因受体细胞包括体细胞和生殖细胞，目前多数采用性细胞、受精卵或胚胎细胞等作为受体细胞，并由此培育出转基因动物。近年来，随着体细胞克隆技术的发展和完善，越来越多的动物体细胞被用作转基因的受体细胞。目前作为基因转移的受体动物包括昆虫、鱼类、牛和羊等哺乳动物、猴和猩猩等灵长类动物。

1. 昆虫受体细胞 昆虫是动物界中种类最多的一类生物，它具有惊人的繁殖能力，多数昆虫都经过卵、幼虫、蛹、成虫等发育阶段。自20世纪80年代发现杆状病毒多角体蛋白基因（*polh*）的强启动子以来，利用重组杆状病毒在家蚕等昆虫细胞中表达外源蛋白已成为外源基因表达的重要方式之一。果蝇则是另一新型的昆虫细胞表达系统，它在稳定性和表达效率方面有着更为突出的优点。昆虫表达系统是一类应用广泛的真核表达系统，它具有同大多数高等真核生物相似的翻译后修饰、加工以及转移外源蛋白的能力。目前已经利用昆虫表达系统成功地生产了鼠源单克隆抗体、人/鼠嵌合抗体、单链抗体及人单克隆抗体等多种抗体分子，还将抗体分子与尿激酶型纤溶酶原激活物等肿瘤相关蛋白进行了融合表达，这些抗体分子多数能正确组装，完成糖基化过程，具有相当的活性。昆虫表达系统与大肠杆菌表达系统相比，有能对所表达的蛋白进行更为复杂的加工和修饰等许多优点。

2. 哺乳动物受体细胞 哺乳动物作为受体细胞的优点有：①能识别和除去外源真核基因中的内含子，剪接加工成成熟的 mRNA；②真核基因的表达蛋白在翻译后能被正确加工或修饰，产物具有较好的蛋白质免疫原性，为酵母细胞的 16～20 倍；③易被重组 DNA 质粒转染，具有遗传稳定性和可重复性；④经转化的动物细胞可将表达产物分泌到培养基中，便于提纯和加工，成本低。缺点是组织培养技术要求高，如培养和筛选一个高度扩增转化子的中国仓鼠卵巢细胞，通常需要数月之久，难度较大。常用的动物受体细胞有小鼠 L 细胞和 Hele 细胞、猴肾细胞、中国仓鼠卵巢细胞（CHO 细胞）和非洲绿猴细胞（COS 细胞）等。

不同宿主细胞表达的重组蛋白的稳定性和蛋白糖基化类型不同，需根据要表达的目的蛋白选择最佳的宿主细胞。COS 细胞是进行外源基因瞬时表达用途最广的宿主，其重组载体易于组建，便于使用，而且对插入 DNA 的量或者采用基因组 DNA 序列的情况都没有限制，便于通过检测表达情况来验证 cDNA 的阳性克隆，也利于快速分析克隆化 cDNA 序列中的突变。CHO 细胞则利于外源基因的稳定整合，易于大规模培养，是用于真核生物基因表达较为成功的宿主细胞，已用于多种复杂的重组蛋白的生产，但其产量较低，一般仅占细胞蛋白的 2.5%。

3. 人体胚胎干细胞 人体胚胎干细胞（embryonic stem cell，ESC）是一种高度未分化细胞，是受精卵分裂发育成囊胚时的内细胞团（inner cell mass）细胞，它具有体外培养无限增殖、可自我更新和多向分化的特性，无论在体外还是体内环境，ESC 都能被诱导分化为机体几乎所有的细胞类型。研究和利用 ESC 是当前生物工程领域的核心问题之一。人体 ESC 的研究工作引起了全世界范围内的很大争议，出于社会伦理学方面的原因，有些国家甚至明令禁止进行人体 ESC 研究。无论从基础研究角度来讲还是从医学临床应用方面来看，人体 ESC 的研究带给人类的益处远远大于在伦理方面可能造成的负面影响，它对解决人类的分子遗传病和进行基因治疗等具有特别重要的意义，以人体胚胎干细胞为受体细胞研究基因的表达与调控将成为基因工程研究的热点。

第二节　外源基因在大肠杆菌中的表达

克隆的基因只有通过在宿主细胞中表达才能进一步研究其功能和调控机理，同样，也只有通过其表达才能获得克隆基因所编码的蛋白质，即具有特定生物活性的目的产物。克隆基因可以转化到不同的宿主细胞中进行表达。这种表达外源基因的宿主细胞就称表达系统，它可分为原核生物（主要是大肠杆菌）和真核生物（酵母、昆虫细胞、哺乳类动物细胞、植物细胞）表达系统两类。要使克隆基因在宿主细胞中表达，就要将它放入带有基因表达所需要的各种元件的载体中，这种载体就称为表达载体（expression vector）。对不同的表达系统，需要构建不同的表达载体。

目前应用最广泛的是原核生物表达系统，如大肠杆菌表达系统、芽孢杆菌表达系统、链霉菌表达系统和蓝细菌表达系统等。随着基因工程技术的发展，越来越多的原核生物被用作外源基因表达系统。原核生物作为基因表达系统的受体细胞的特点：①原核生物大多数为单细胞异养，生长快，代谢易于控制，可通过发酵迅速获得大量基因表达产物；②基因组结构简单，便于基因操作和分析；③多数原核生物细胞内含有质粒或噬菌体，便于构建相应的表达载体；④生理代谢途径及基因表达调控机制比较清楚；⑤不具备真核生物的蛋白质加工系统，表达产物无特定的空间构象；⑥内源蛋白酶会降解表达的外源蛋白，造成表达产物不稳定。

在所有的表达系统中，大肠杆菌表达系统是目前最受青睐的一种，这是因为大肠杆菌培养方便、操作简单、成本低廉，基础生物学、分子遗传学等方面的背景知识较清楚，对其基因表达调控的分子机制也比较了解，而且历经20多年的基因工程实践，大肠杆菌已被发展成为一种安全的基因工程实验体系，有多种适用的宿主菌株和载体系列，此外，其还易于进行工业化批量生产。因此，大肠杆菌作为基因表达系统得到了广泛的应用，并且取得了一系列成果。1978年，人类胰岛素基因首次在大肠杆菌中得到表达，此后，生长激素、人干扰素等基因在大肠杆菌中相继得到了高效的表达。至今，它仍是目前应用最多的一种表达系统。

一、正确表达的基本条件

克隆的真核基因在大肠杆菌细胞中实现正确有效表达的基本条件是必须能够正常转录和翻译，在许多情况下还需进行转录后加工以及在细胞中正确定位，这些过程中的任何一步发生差错，都会导致该基因表达失败。所以必须考虑表达载体、外源基因的性质、原核细胞的启动子、SD序列、开放阅读框（open reading frame，ORF）及宿主菌调控系统等基本条件，即必须满足以下条件：①外源基因不能带有间隔序列（内含子），因而必须用cDNA或全化学合成基因，而不能用基因组DNA；②必须利用原核细胞的强启动子和SD序列等调控元件控制外源基因的表达；③外源基因与表达载体连接后，必须形成正确的开放阅读框；④通过表达载体将外源基因导入宿主菌，并指导宿主菌的酶系统合成外源蛋白；⑤利用宿主菌的调控系统，调节外源基因的表达，防止外源基因的表达产物对宿主菌的毒害。

二、常用的大肠杆菌表达载体

（一）表达载体的一般组成

基因工程表达载体是适合在受体细胞中表达外源基因的载体。除了要具备一般载体的特性，如含有选择标记基因、决定载体拷贝数的复制起点（ori）、供外源基因正确插入的多克隆位点（polylinker）之外，还需要能控制插入的外源基因进行有效转录的序列以及适当的翻译调控序列，即启动子、核糖体结合位点和翻译起始点AUG等。大肠杆菌表达载体的主要组成有以下几个部分。

1. 复制子　复制子是一段包含复制子起始位点和反式作用因子区在内的DNA片段。大肠杆菌表达系统的表达载体一般是质粒表达载体，含有大肠杆菌内源质粒复制起始位点和有关序列组成的能在大肠杆菌中有效复制的复制子。在大肠杆菌质粒载体中常见的复制子有 pMB1、p15A、ColE1 和 pSC101 等。其中含 pMB1、p15A 和 ColE1 复制子的质粒载体以松弛方式复制，每个细胞内的拷贝数为 10~20 个。含 pSC101 复制子的质粒载体以严谨方式进行复制，每个细胞内质粒的拷贝数少于 5 个。在同一大肠杆菌细胞内，含同一类型复制子的不同质粒载体不能共存，但含不同类型复制子的不同质粒载体则可以共存于同一细胞中。

2. 启动子　启动子（promoter）是一段提供 RNA 聚合酶识别和结合的 DNA 序列，它一般位于表达基因的上游。其长度因生物的种类而异，一般不超过 200 bp。一旦 RNA 聚合酶定位并结合到启动子序列上，即可启动转录。启动子是基因表达调控的重要顺式作用元件。

（1）原核生物启动子的特征

① 序列特异性。在启动子的 DNA 序列中，通常含有几个保守的序列框，序列框中碱基变化会导致转录启动的滞后和转录速度的减慢。

② 方向性。启动子是一种有方向性的顺式调控元件，在正反两种方向中只有一种具有启动功能。

③ 位置特异性。启动子只能位于所启动转录基因的上游或基因内的前端，处于转录基因的下游或离所要启动的基因太远，一般都不会起作用。

④ 种属特异性。原核生物的不同种属、真核生物的不同组织都具有不同类型的启动子。但一般来说，亲缘关系越近的两种生物，其启动子通用的可能性也越大。

（2）原核生物启动子的组成　原核生物的启动子一般由转录起始位点、2 个六联体保守序列区和间隔区组成（图 10-1）。

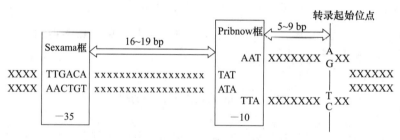

图 10-1　原核生物启动子结构模式

① 转录起始位点。大多数细菌启动子转录起始区的序列为 CAT，转录从第二个碱基开始，该碱基为嘌呤碱基（A/G）。

② Pribnow 框。在距转录起始位点上游 6 bp 处存在一个六联体保守序列 TATAAT，由于中间的碱基位于转录起始位点上游的 10 bp 处，又称为−10 序列区。少数 Pribnow 框中间碱基的位置为 −9~−18。

③ Sextama 框。在转录启动区的另一个六联体保守序列位于距转录起始位点上游 35 bp 处，通常称为−35 区，该保守序列为 TTGACA，其中前 3 个碱基具有较强的保守性，它是 RNA 聚合酶的识别位点。

④ 间隔区。原核生物启动子在转录起始位点与 Pribnow 框之间、Pribnow 框与 Sextama 框之间存在长度不等的间隔序列。间隔序列内部无明显的保守性，其序列的碱基组成对启动子的功能并不十分重要，但间隔序列的长度却是影响启动子功能的重要因素。转录起始位点与 Pribnow 框之间的距离为 5~9 bp。Pribnow 框与 Sextama 框之间的距离为 15~21 bp，大多数为 16~19 bp。基因突变研究表明，大肠杆菌及其亲缘关系较近的原核细菌启动子的 Pribnow 框与 Sextama 框之间的最佳间隔序列为 17 bp，当间隔序列的长度大于或小于 17 bp 时，都会减弱启动子的转录活性；而 Pribnow 框的最佳位置则是位于转录起始位点上游 7 bp 处。

启动子是表达载体至关重要的部分,也是影响外源基因表达的重要因素。可使克隆的外源基因高水平表达的最佳启动子,必须具备以下几个条件:第一,必须是一种强启动子,能够使克隆基因的蛋白质产物表达量占细胞总蛋白的30%以上;第二,这个启动子应能呈现出一种低限的基础转录水平,因为在表达毒性蛋白质或是有损于宿主细胞生物的蛋白质的情况下,使用高度抑制型的启动子(repressible promoter)是一种极为重要的条件;第三,这种启动子应是诱导型的,能通过简单的方式使用廉价的诱导物加以诱导。

(3) 几种原核生物启动子

① lac启动子。lac启动子(P_{lac})来源于大肠杆菌的乳糖操纵子。乳糖操纵子由启动子、活化蛋白结合位点、操作子及与乳糖代谢相关的几种酶的结构基因组成(图10-2)。lac启动子包括了上述操纵子中的启动子、活化蛋白(CAP)结合位点、操作子及 lacZ。该操纵子受活化蛋白和cAMP的正调控,受阻遏蛋白的负调控。即当培养基中不含乳糖时,lac阻遏蛋白与启动子结合,因而使启动子处于关闭状态,该操纵子不能转录。当加入乳糖或一种半乳糖苷类似物,如异丙基-β-D-硫代半乳

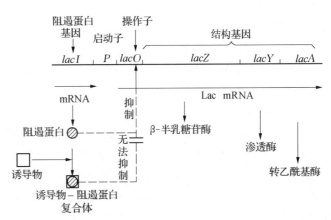

图10-2 lac操纵子的结构及调控示意图

糖苷(IPTG)、硫甲基半乳糖苷(TMG)和邻硝基苯基半乳糖苷(ONPG)时,就可诱导该启动子的表达。因为这几种物质都可以与阻遏蛋白结合,阻止其结合到lac启动子上,从而使该操纵子能够被转录。实际操作中人们常用lac UV5启动子,它是由lac启动子衍生而来的,部分序列有些改变。野生型lac启动子要启动转录必须具备两个条件:要有活化蛋白和cAMP等正调控因子、乳糖或IPTG等解除负调控的诱导物同时存在。而lac UV5启动子比野生型lac启动子活性更强,且对分解产物抑制不敏感,可以不需要活化蛋白和cAMP,在仅有乳糖或诱导物IPTG存在时就能够启动转录。

含lac启动子的表达载体目前已有多种,它们最大的特点是带有编码 lacZ (β-半乳糖苷酶)的序列。当外源基因插入之后,如果能够保持正确的开放阅读框(ORF),那么就能合成由外源基因编码的多肽和β-半乳糖苷酶组成的融合蛋白。含lac启动子的表达载体可以被IPTG诱导表达。

pOP203-13是一个含有lac启动子的表达载体(图10-3)。它来源于pBR322质粒载体,并插入了强启动子lac UV5及在启动子的下游加入了β-半乳糖苷酶基因(gal)的21 bp片段和一个EcoRⅠ接头,以保证ORF的正确性。这样合成的融合蛋白的N端为β-半乳糖苷酶的前7个氨基酸和由EcoRⅠ接头编码的少数几个氨基酸,C端为完整的外源蛋白。

lac启动子载体大都不编码阻遏蛋白Ⅰ,要选用可编码阻遏蛋白Ⅰ的F'因子细菌作为宿主菌。

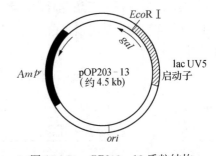

图10-3 pOP203-13质粒结构

② trp启动子。trp启动子(P_{trp})来源于大肠杆菌色氨酸操纵子。色氨酸操纵子由启动子、衰减子、操纵基因和色氨酸生物合成过程中所需的5种酶的编码序列构成(图10-4)。trp启动子包括了其中的启动子、衰减子、操作子及 trpE 的部分结构基因。在色氨酸操纵子中,其调控主要由阻遏蛋白和衰减子完成。由 trpR 基因产生的阻遏蛋白前体只有与色氨酸结合之后才能成为有活性的阻遏蛋白,它可以与操作子结合从而阻止转录的起始。当细胞内没有色氨酸存在时,该阻遏蛋白前体不能与操作子结合,也就不能发挥阻遏作用。另外,色氨酸操纵子还受衰减子的调控。当细胞中色氨酸浓度高时,在衰减子的作用下,操纵子DNA可以形成类似终止

子的茎环结构，从而只能翻译出一段 14 肽，称为前导肽。3-β-吲哚丙烯酸（IAA）是色氨酸的结构类似物，它可以与色氨酸竞争结合阻遏蛋白前体。阻遏蛋白前体与 IAA 结合后就会失去活性，不能再与操作子结合，从而解除了阻遏蛋白对转录的抑制。因此，使用 trp 启动子时，除去色氨酸或加入 IAA 均可提高活性，trp 启动子中的衰减子缺失也可提高转录活性。

含 trp 启动子的表达载体产生表达蛋白的量高于含 lac 启动子的表达载体。含 trp 启动子的表达载体可以被 IAA 诱导表达。

pDR720 是一个含 trp 启动子的表达载体，它来源于 P51，trp 启动子在 $Sma\ I$ 位点插入，启动子的下游有 3 个位点（$Sal\ I$、$BamH\ I$ 和 $Sma\ I$）可以插入外源基因（图 10-5）。

③ tac 启动子。tac 启动子（P_{tac}）来源于 lac 启动子和 trp 启动子的一组杂合启动子，但比 lac 启动子和 trp 启动子都强得多。所有的 tac 启动子都可被 IPTG 诱导，同时受 lac 阻遏蛋白的调控。含 tac 启动子的表达载体的表达效率很高，且能被 IPTG 诱导表达。

④ P_L 启动子。P_L 启动子是一种来自 λ 噬菌体的启动子，它控制 λ 噬菌体左向操纵子从基因 N 到 int 的早期转录，受 cI 所编码的阻遏蛋白调控（图 10-6）。cI 阻遏蛋白可以与 P_L 启动子相结合，阻止基因转录的起始。在实际应用中，人们筛选到一个来源于温度敏感型的 λ 溶原菌的温度敏感型突变株（$cIts857$）。这个温度敏感型突变株含有一个温度敏感的突变的等位基因（$cI857$ 基因），它可整合在大肠杆菌的染色体上，也可以存在于相容性的质粒上。当在 28~30 ℃下培养时，该突变体能合成有活性的阻遏蛋白阻碍 P_L 启动基因的转录；当温度升高到 42 ℃时，该阻遏蛋白失活，P_L 启动子启动转录。P_L 启动子活性比 trp 启动子的活性高，因而应用十分广泛。

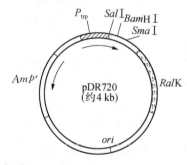

图 10-5　pDR720 质粒结构

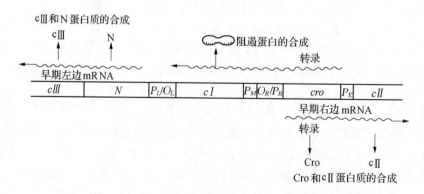

图 10-6　λ 噬菌体的阻遏蛋白-操纵子系统

N. 抗终止蛋白质　Cro. 阻遏蛋白　L. 左边　R. 右边　$cIII$、cII、cI. 阻遏基因　P. 启动子　O. 操作子

pP$_L$-λ 是一个含有 P_L 启动子的表达载体，它来源于 pBR322 质粒，是 pBR322 的 EcoR I/BamH I 片段被 P_L 启动子和 N 基因取代（图 10-7）。外源基因可插入 N 基因中的 Hpa I 位点。在 29~31 ℃下，P_L 启动子处于阻遏状态；当温度升高到 42 ℃时，阻遏蛋白失活，P_L 启动子的阻遏状态被解除，可以启动转录。这个载体有两个 λ 溶原菌受体，其中之一是 N99 cI$^+$，它可以合成 cI 阻遏蛋白，使载体在 37 ℃时能大量复制；另一个受体是 N4830，它含有来源于温度敏感型突变株的 cIts857，它能在不同温度下对 P_L 启动子的活性进行调节。

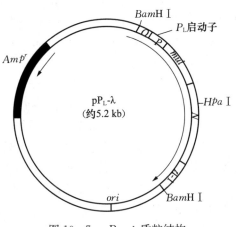

图 10-7 pP$_L$-λ 质粒结构

3. 转录终止子 由上游启动子驱动的转录作用，当其通读过下游启动子时，便会使该启动子的功能受到抑制，所以如果在克隆基因编码区的 3′末端接上一个有效的转录终止子，便能够阻止转录通读到下游的启动子从而妨碍下游基因的正常表达。我们还知道，由强启动子驱动的持续转录作用，当其进入到复制区之后，便会导致参与质粒拷贝数控制的 Rom 蛋白质的超量合成，使质粒处于不稳定的状态。除此之外，转录终止子还能增强 mRNA 分子的稳定性，从而大大地提高蛋白质产物的表达水平。上述种种原因说明，在表达载体的构建中，在外源基因编码区的下游安置一个有效的转录终止子是十分必要的，尤其是在这个部位串联地接上两个 T_1 和 T_2 转录终止子，转录终止作用非常有效。

转录终止子对基因的正常表达有重要的意义。转录终止子可分为本征终止子和依赖型终止子两类。

本征终止子指不需要其他蛋白辅助因子便可在特殊的 RNA 结构区内实现终止作用的转录终止子，它具有两大特征：发夹结构、由 6 个 U 组成的尾部结构，两者均为转录终止必需的。依赖型终止子要依赖专一的蛋白辅助因子（如 ρ 因子），终止子终止位点上游 50~90 bp 是 ρ 因子的识别位点。

4. 翻译起始序列 mRNA 分子 5′端的结构是决定 mRNA 翻译起始效率的主要因素，所以在构建表达载体时，需认真选择有效的翻译起始序列（translation-initiation sequence）。虽然目前尚未鉴定出通用有效的翻译起始序列的保守结构，但发展出多种可以有效降低 mRNA 分子 5′末端形成二级结构的实验方法，从而提高了克隆的外源基因的表达效率。这些方法包括：①在核糖体结合位点（RBS）的序列结构中，增加腺嘌呤和胸腺嘧啶脱氧核苷残基含量的比例，诱发特异碱基发生定点突变；②使用翻译偶联系统进行克隆基因表达，等等。

5. 翻译增强子 大肠杆菌和噬菌体中存在着能够显著增强异源基因表达效率的特殊序列元件，称为翻译增强子（translational enhancer），如 T7 噬菌体基因 10 前导序列（简称 g10-L 序列）、以大肠杆菌 atpE 基因为代表的一些 mRNA 分子 5′-UTR 中富含 U 的区段，以及直接位于 T7 噬菌体基因起始密码子下游的下游元件等，均属于此类翻译增强子。尽管翻译增强子的作用机制还不很清楚，但它们的应用的确有助于提高外源基因的表达水平。

6. 翻译终止子 mRNA 翻译终止的一个必不可少的条件是必须存在着一个终止密码子。因此在构建大肠杆菌表达载体时，人们通常是设计上全部的 3 个终止密码子，以便阻止发生核糖体的跳读（skipping）现象。已知大肠杆菌偏爱使用终止密码子 UAA，尤其是当在其后连上一个 U 而形成 UAAU 四联核苷酸的情况下，翻译终止的效率便会得到进一步的加强。

（二）常用的表达载体

1. 非融合型表达蛋白载体 pKK223-3 此载体可在大肠杆菌中极有效地高水平表达外源基因。

如图10-8所示，它具有一个强的tac启动子，这个启动子是由trp启动子的-35区、lac UV5启动子的-10区、操作子及SD序列组成，tac启动子可在lacⅠ宿主菌（如JM105）中受IPTG诱导表达。紧接tac启动子的是一个取自pUC8的多克隆位点，便于插入外源基因，从而使外源基因定位在启动子和SD序列后。在多克隆位点下游的一段DNA序列中，还包含一个很强的rrnB核糖体RNA的转录终止子，目的是为了稳定载体系统。因为上游强的tac启动子控制的转录必须由强终止子抑制，才不至于干扰与载体本身稳定性有关的基因表达。载体的其余部分由pBR322组成。在使用pKK223-3质粒时，应相应地使用一个lacⅠ宿主菌，如JM105。一个具有pKK223-3质粒类似结构的载体用于表达Lambda $cⅠ$ 基因时，经IPTG诱导产生的阻遏蛋白占可溶性细胞抽提液中蛋白的18%~26%。

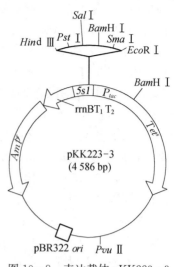

图10-8 表达载体pKK223-3的结构

2. 分泌型表达载体pINⅢ系统 此载体系统是以pBR322为基础构建的。它带有大肠杆菌中最强的启动子之一，即Ipp（脂蛋白基因）启动子。在启动子的下游装有lac UV5的启动子及其操作子，并且把lac阻遏蛋白的基因（$lacⅠ$）也克隆在这个质粒上，这样，目的基因的表达就成为可调节的了。在转录控制的下游再装上人工合成的高效翻译起始序列（SD序列及AUG）。作为分泌克隆表达载体中关键的编码信号肽的序列，是取自于大肠杆菌中分泌蛋白的基因 $ompa$（外膜蛋白基因）。在编码序列下游紧接着的是一段人工合成的多克隆位点，其中包括3个单一酶切位点 $EcoRⅠ$、$HindⅢ$ 和 $BamHⅠ$。为了使不同密码子阅读框的目的基因片段都能在克隆位点上和信号肽密码子阅读框正确衔接，分别合成了适用于所有3种密码子阅读框的多克隆位点片段。使用这3个多克隆位点片段的载体分别为pINⅢ-ompA1（图10-9）、pINⅢ-ompA2、pINⅢ-ompA3。

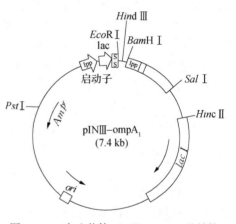

图10-9 表达载体pINⅢ-ompA1的结构

用这个分泌型载体来表达金黄色葡萄球菌的核糖核酸酶A的基因，不仅产物能分泌到细胞间质中，而且产量达300 mg/L，占细胞总蛋白量的9%。为了进一步提高载体的表达效率，对Ipp启动子做了以下修饰：把启动子-35区的DNA序列AATACT改造为TATACT，结果目的基因的表达水平提高到1 500 mg/L，占细胞总蛋白量的42%。

3. 融合型表达载体pGEX系统 pGEX系统由3种载体pGEX-1λT、pGEX-2T、pGEX-3X以及一种用于纯化表达蛋白的亲和层析介质Glutathione Sepharose 4B组成。载体的组成成分基本上与其他表达载体相似，含有lac启动子及lac操纵子、SD序列、lacⅠ阻遏蛋白基因等。这类载体与其他表达载体的不同之处在于SD序列下游是谷胱甘肽巯基转移酶基因，而克隆的外源基因则与谷胱甘肽巯基转移酶基因相连。当进行基因表达时，表达产物为谷胱甘肽巯基因转移酶和目的基因产物的融合体。这个载体系统具有以下优点：①可诱导高效表达；②载体内含有lacⅠ阻遏蛋白基因；③表达的融合蛋白纯化方便；④使用凝血酶（thrombin）和Xa因子就可从表达的融合蛋白中切下所需的蛋白质和多肽；⑤用 $EcoRⅠ$ 从λgt11载体中分离的基因可直接插入pGEX-1λT中。

三、原核表达策略

为了在大肠杆菌中合成某种特殊的真核生物的蛋白质以满足商品生产的广泛需求，仅仅停留在检测水平上的表达是远远不够的，所以必须设法提高克隆基因的表达效率。就目前所知，启动子的强度、DNA 转录起始序列、密码子的选择、mRNA 分子的二级结构、转录的终止、质粒的拷贝数及稳定性和宿主细胞的生理特征等许多因素都会不同程度地影响克隆基因的表达效率，而且大多数都是在翻译水平上发生影响作用的，因而必须从分析这些因素入手，寻找提高克隆基因表达效率的有效途径。

1. 启动子对表达效率的影响　大肠杆菌的启动子区域有两段保守序列，又称一致序列（consensus sequence），即 -35 区的 $5'-TTGACA-3'$ 序列和 -10 区的 $5'-TATAAT-3'$ 序列（Pribnow 盒）。这两段保守序列中碱基的改变往往引起表达效率的很大变化。对大量启动子的研究结果表明，启动子序列与上述保守序列之间相似程度越高，其表达能力越强。此外保守序列两侧的核苷酸序列的改变也会影响启动子的活性。大量的研究还表明，-35 区和 -10 区之间的距离也是一个重要的影响因素。如果间隔 17 个碱基对，启动子表现很强，如果大于 17 个碱基对，启动子表现较弱。此外，对特定的外源蛋白来说，并非强启动子就必定有利于它的表达，有些外源蛋白对启动子有一定的选择性。Surek 等（1991）发现，表达尿激酶原（pro-UK）时，tac 启动子最好，trp 启动子次之，P_L 最差。Shibui 等（1988）在表达人的 cardiodilatin 蛋白时使用了两个串联的 tac 启动子，有效地提高了表达效率。

2. 启动子同克隆基因间的距离对表达效率的影响　启动子与结构基因间的距离在蛋白质翻译上有重要作用。进一步的研究表明：①翻译的起始位点和 SD 序列必须接近到一定程度；②翻译的起始包括活化的 30S 核糖体亚基和 mRNA $5'$ 末端区域间的互作，这时 mRNA 的 $5'$ 末端已折叠成特殊的二级结构。基因表达水平的改变是 mRNA 二级结构的反映。

根据上述原理，可采用构建克隆库的方法来提高克隆基因的表达效率。在库中，将外源基因分别放置在离启动子远近不同的地方。转化后，筛选重组克隆，从中挑选出外源基因表达最强的克隆。具体做法是（图 10-10）：将携带外源基因的 EcoRⅠ限制片段与经过 EcoRⅠ酶切消化好的载体相连接。在载体上距离外源基因 $5'$ 端的 100 bp 以内含有质粒上唯一的 BamHⅠ切点，用 BamHⅠ酶切重组质粒，并以核酸外切酶Ⅲ和 S1 核酸酶处理后，得到一系列不等长的重组 DNA 分子，然后将启动子所在的片段从此处插入（95 bp 的 lac 启动子），再通过 T4 噬菌体 DNA 连接酶将质粒环化。这样就形成一套质粒，它们的启动子距离外源基因的远近不等。

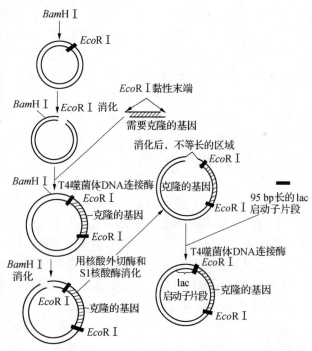

图 10-10　改变 lac 启动子和克隆基因间距离的一般方法

3. 翻译起始序列对表达效率的影响　在 mRNA 翻译序列中除了起始密码子 AUG 之外，至少还有 3 种特征性的保守结构。第一种，也是最重要的一种是 SD 序列，它含有多聚嘌呤序列 $5'-UAAGGAGGU-3'$ 的全部或其中的一部分；第二种（至少在多顺反子的 mRNA 分子中可以见到）是在核糖体的结合位点上有一个或数个终止密码子；第三种，编码诸如噬菌体外壳蛋白或核糖体蛋白质的基因，它们的核糖体结合位点含有全部的或部分的 $P_UP_UUUUP_UP_U$ 序列。

连接在 SD 序列后面的 4 个碱基成分的改变会对翻译效率发生很大的影响。如果这个区域是由 4 个 A 或 T 碱基组成，其翻译作用最为有效；而当这个区域是由 4 个 C 或 G 碱基组成，其翻译效率仅为最高翻译效率的 50% 或 25%。

直接位于起始密码子 AUG 左侧的密码三联体的碱基组成，同样也会对翻译的效率发生影响。以

β-半乳糖苷酶 mRNA 的翻译为例，当这个三联体碱基组分是 UAU 或 CUU 时，其翻译最为有效，而如果是 UUC、UCA 或 AGG，那么它的翻译水平将下降 20 倍。

4. 转录终止区对克隆基因表达效率的影响　在克隆基因的末端，有一个转录终止区是十分重要的，其原因有如下方面：①大量的非必需转录本的合成和翻译，会使细胞消耗巨大的能量；②在转录本上有可能形成一些不利于进行翻译的二级结构，从而降低翻译的效率；③偶尔会出现启动子阻塞现象（promoter occlusion），也就是说，克隆基因启动子所开始的转录，可能会干扰位于其下游的另一个必要基因的翻译。而转录终止区的存在，可以使上述这几种不利的现象得以避免。因为有研究者已经发现，有些强启动子的通读会干扰质粒的复制，结果使质粒的拷贝数反而下降。所以，在基因内部的适当位置上存在着转录终止区，就能够保证质粒的拷贝数（也就是基因的表达效率）控制在一个正常的水平上。

5. 质粒拷贝数及稳定性对表达效率的影响　细胞体内 mRNA 分子的多寡是限制蛋白质合成的第一步，因为与核糖体结合的 mRNA 分子数目的增加，相应地也会增加翻译的蛋白质产物的数量。因此增加 mRNA 分子的数量是提高克隆基因表达效率的方法之一。怎样才能达到这样的目的呢？影响 mRNA 分子合成速率的因素有两种：一是启动子的强度；二是基因的拷贝数。提高基因的拷贝数（即基因的剂量）最简单的办法是将基因克隆到高拷贝的质粒表达载体上。

但质粒的拷贝数也并非多多益善。根据实验观察，随着克隆基因表达水平的上升，宿主细胞的生长速率便会相应地下降，同时形态上也会出现一些明显的变化，例如细胞纤维化和脆性增强等。如果细菌产生了某种突变而失去了重组质粒，或是经过结构的重排使重组基因无法进行表达，或是质粒的拷贝数大大降低，那么这样的突变菌株便会被"稀释"掉，使克隆的基因无法得到表达。

质粒的稳定性也会影响基因的表达。天然的质粒具有一段分配功能区（par 区）可以保证质粒在每次细胞周期中都能准确地进行分离，并均等地分配到子代细胞中去。而在 pBR322 质粒中这个 par 区已经丢失了，所以在宿主细胞分裂时，pBR322 质粒只能作随机的分离。尽管 pBR322 质粒仍然是高拷贝数的，而且产生无质粒细胞的概率也极小，但是在某种特定的条件下，例如营养缺乏或在宿主细胞快速生长期间，照样有可能产生出无质粒的细胞。为了避免出现这种情况，一般通过对细胞群体保持抗生素的选择压力，就能达到目的。

与上述利用 par 区来防止质粒丢失相反，另一种解决质粒分离不稳定性的途径是，对无质粒的细胞进行反选择。其大体步骤包括：使携带目的基因的质粒载体同时也带上编码 λ 噬菌体启动子的 λ 噬菌体 cI 基因，形成特殊的重组质粒。然后用一种启动子缺陷的 λ 噬菌体突变体感染携带着这种重组质粒的大肠杆菌宿主细胞，使之成为溶原性细菌。在这种溶原性细菌中，重组质粒的丧失伴随着发生 λ 噬菌体阻遏物的丧失。而也正是由于 λ 噬菌体阻遏物的丧失，原噬菌体便被诱发进入溶菌生长周期，从而使宿主细胞裂解死亡，于是达到了对无质粒细胞反选择的目的。

6. 提高翻译水平常用的途径

（1）调整 SD 序列与 AUG 间的距离　SD 序列和起始密码子 AUG 之间的距离是影响外源基因表达水平的关键因素之一，此距离过长、过短都会影响真核基因的表达。Marquis 人工合成核糖体结合位点（RBS）使 SD 序列与起始密码子 AUG 的距离为 5~9 bp，并分别连入 7 个不同启动子的下游。测试其表达 λ 噬菌体启动子 IL-2 的水平，结果发现，在同一种启动子的带动下，SD 序列与 AUG 间的距离不同，IL-2 表达水平可相差 2~2 000 倍。这表明根据不同的启动子，调整好 SD 序列与起始密码子 AUG 之间的距离，可提高外源基因的表达水平。

（2）用点突变的方法改变某些碱基　翻译的起始是决定翻译水平高低的一个重要因素。有资料表明，由于紧随起始密码子下游的几组密码子不同，可使基因的表达效率相差 15~20 倍。这主要是改善了翻译的起始和 mRNA 的二级结构。此外，大肠杆菌对 64 组密码子的使用频率并不相同，存在着偏爱密码子。一些研究显示，在不改变氨基酸编码序列的情况下，将外源真核生物基因的密码子改变成大肠杆菌的偏爱密码子，可以提高蛋白质的表达水平。

(3) 增加 mRNA 的稳定性　多数情况下，细菌 mRNA 的半衰期很短，一般仅为 1~2 min，而外源基因 mRNA 的半衰期可能更短。若能增加 mRNA 的稳定性，则有可能提高外源基因的表达水平。研究表明，大肠杆菌的重复性基因外回文序列（repetitive extragenic palindrome sequence）具有稳定 mRNA 的作用，能防止 $3'\to 5'$ 外切酶的攻击。因此，在外源基因下游插入此序列或其他具有反转重复顺序的 DNA 片段可起到稳定 mRNA、提高表达水平的作用。

7. 减轻细胞的代谢负荷　外源基因在宿主中高效表达必然影响宿主的生长和代谢，而宿主代谢的损伤又必然影响外源基因的表达。合理地调节好宿主细胞的代谢负荷与外源基因高效表达的关系，是提高外源基因表达水平不可缺少的一个环节。目前常用的方法有以下几种。

(1) 将宿主菌的生长与外源基因的表达分开　将宿主菌的生长与外源基因的表达分开成为两个阶段是减轻宿主细胞代谢负荷最为常用的一个方法，一般采用温度诱导或药物诱导。如采用 λ 噬菌体 P_L 启动子时，则应用 λ 噬菌体 $cI875$ 基因的溶原菌。在 32 ℃时，cI 基因有活性，它产生的阻遏物抑制了 λ 噬菌体 P_L 启动子下游基因产物的合成，此时，宿主菌大量生长。当温度升高到 42 ℃时，cI 基因失活，阻遏蛋白不能产生，λ 噬菌体 P_L 启动子解除阻遏，外源基因得以高水平表达。而应用 tac 启动子时，则常用 $F'tac4$ 的菌株或者将 $lacI$ 基因克隆在表达质粒中。当宿主菌生长时，$lacI$ 产生的阻遏物与 lac 操作子结合，阻碍了外源基因的转录及表达，此时，宿主菌大量生长。当加入诱导物（如 IPTG）时，阻遏蛋白不能与操作子结合，则外源基因大量转录并高效表达。有研究者认为，化学诱导比温度诱导更为方便和有效，并且将相应的阻遏蛋白基因直接克隆到表达载体上，比应用含阻遏蛋白基因的菌株更为有效。

(2) 将宿主菌的生长与表达质粒的复制分开　当宿主菌迅速生长时，抑制质粒的复制；当宿主菌生长量积累到一定水平后，再诱导细胞中质粒 DNA 的复制，从而增强外源基因表达水平。质粒 pCI101 是温度控制诱导 DNA 复制最好的例子。用此质粒转化宿主菌，25 ℃时宿主中质粒的拷贝数为 10 个，宿主细胞大量生长；但当温度升高到 37 ℃时，质粒大量复制，每个细胞中质粒拷贝数可高达 1 000 个。

8. 提高表达蛋白的稳定性，防止其降解　在大肠杆菌中表达的外源蛋白往往不够稳定，常被细菌的蛋白酶降解，因而会使外源基因的表达水平大大降低。因此，提高表达蛋白的稳定性，防止细菌蛋白酶的降解是提高外源基因表达水平的有力措施。

(1) 克隆一段原核序列，表达融合蛋白　这里的融合蛋白是指表达的蛋白质或多肽 N 末端由原核 DNA 编码，C 末端是由克隆的真核 DNA 的完整序列编码，这样表达的蛋白是由一条短的原核多肽和真核蛋白结合在一起，故称为融合蛋白。融合蛋白是避免细菌蛋白酶破坏的最好措施。在表达融合蛋白时，为得到正确编码的表达蛋白，在插入外源基因时，其阅读框与原核 DNA 片段的阅读框一致，只有这样，翻译时插入的外源基因才不致产生移码突变。在融合蛋白被表达之后，必须从融合蛋白中将原核多肽去掉。常用的方法有化学降解法和酶降解法。一般而言，化学降解法缺乏特异性，且反应条件剧烈（如溴化氰）；而酶降解法特异性较高，但切割效率不高（如牛的血细胞凝集因子 Xa）。

(2) 采用某种突变菌株，保护表达蛋白不被降解　大肠杆菌蛋白酶的合成要依赖肌苷（lon），因此采用 lon 缺陷型菌株作受体菌，可使大肠杆菌蛋白酶合成受阻，从而使表达蛋白得到保护。Baker 发现大肠杆菌 $htpR$ 基因的突变株也可减少蛋白酶的降解作用。Bull 利用 lon 和 $htpR$ 双突变的菌株表达出稳定的生长调节素 C。另外，T4 噬菌体的 pin 基因产物是细菌蛋白酶的抑制剂，将 pin 基因克隆到质粒中并转入大肠杆菌中，细菌的蛋白酶活性便受到抑制，外源基因的表达产物受到保护。有人应用此法成功地在大肠杆菌中表达了人 β 干扰素。

(3) 表达分泌蛋白　表达分泌蛋白是防止宿主菌对表达产物的降解，减轻宿主细胞代谢负荷及恢复表达产物天然构象的最有力措施。在大肠杆菌表达系统中，蛋白质的分泌至少要具备 3 个要素：①有一段信号肽；②在成熟蛋白质内有适当的与分泌相关的氨基酸序列；③细胞内有相应的转运机制。由于原核生物和真核生物蛋白的分泌机制十分相似，真核生物中的分泌蛋白大多能在大肠杆菌中得到很好的分泌表达。还有一些相对分子质量小的多肽也往往能得到分泌表达。并非所有蛋白质都可以在大肠杆菌中得到分泌表达。这主要是受所表达的成熟蛋白质的氨基酸序列和构型的限制。但对原属真核细胞的非分泌蛋白，很难在大肠杆菌表达后再分泌到周质，而最多只能结合到细胞内膜上。因此欲在大肠杆菌中表达分泌外源蛋白时，必须首先考虑目的蛋白被分泌的可能性；其次，要考虑到在应用分泌蛋白技术路线时，可能遇到目的蛋白的某些序列被信号肽酶错误识别，以致把目的蛋白切割成碎片进而部分或大部分失去生物活性。因此，要慎用这一技术路线。

四、外源蛋白表达部位

作为革兰氏阴性菌的大肠杆菌，被内膜和外膜隔开形成 3 个腔（compartment）：胞内、周质和胞外。相应地在大肠杆菌中表达的外源重组蛋白也可定位于胞内、周质间隙或胞外培养基中。这种外源蛋白表达场所的选择主要取决于目的蛋白的类型、数量和纯化要求，它们有着各自的优势和缺陷。

1. 在胞内直接表达重组蛋白 这是研究最早、采用最多的表达策略，目前已经积累了许多成功的经验。重组蛋白在胞内表达（又称细胞质表达）时，常常以不溶性蛋白聚集成的晶状物，即包涵体（inclusion body）的形式存在。包涵体的形成是外源蛋白高效表达时的普遍现象，这是由于肽链在折叠过程中部分折叠的中间态发生了错误聚合，而不是形成成熟的天然态或完全解链的蛋白。包涵体的形成与引起折叠的中间态的溶解性和稳定性有关。此外，影响包涵体形成的因素还有分子伴侣和折叠酶、蛋白质性质（形成转角的残基数目、带电性等）、生长条件（宿主、培养温度、培养基组成、pH）等。

以包涵体的形式表达的重组蛋白的优点是重组蛋白易于分离，可以受到保护而免受胞内蛋白酶的降解作用，同时由于重组蛋白没有活性，因此不会使宿主细胞受伤害，蛋白的产量比较高。但从包涵体中回收有活性的蛋白质较为困难，通常要采用强变性剂，才能溶解包涵体，溶解后还需要复性，才能得到有正确折叠的重组蛋白，这使目的蛋白的终产量相对降低。为了克服包涵体的形成，常用的策略是在表达外源基因的同时，共表达分子伴侣或折叠酶，通常将这些辅助蛋白的基因克隆到相容质粒中或与外源基因构成双顺反子系统实现共表达，这样可以在一定程度上防止包涵体的形成。此外，严格控制发酵条件，如降低发酵温度等，也有一定效果。但迄今为止还找不到一种通用的办法来解决所有蛋白的包涵体形成问题。

2. 重组蛋白分泌到周质 由于外源基因在大肠杆菌胞内表达时易于形成包涵体，而且胞内的折叠组装能力非常有限，人们试图采用分泌途径表达重组蛋白。严格地讲，蛋白质跨内膜定位于周质间隙（称为转运，translocation）或穿过细菌外膜到达胞外（称为外运，export 或 excertion），都可称为分泌（secretion），但在实践中蛋白分泌到胞外的情况在细菌中较少见。

若要使外源蛋白分泌到细胞周质中需要在其 N 端融合一段细菌蛋白的疏水性信号肽，融合蛋白跨内膜后由细菌的信号肽酶将信号肽切除，因而周质分泌可获得具有天然一级结构的产物，同时，氧化性的周质间隙可以模拟真核细胞的内质网环境，便于新生肽链折叠成天然结构，从而获得具有完全生物学活性的重组蛋白。此外，周质间隙中蛋白水解酶与胞内相比少得多，可使产物不易被降解，因而周质分泌还可提高重组蛋白的稳定性。

虽然周质分泌具有上述优势，但目前达到工业化生产规模的实例还较少。而且蛋白质从细胞质转运到周质是一种相当复杂的过程，其分子机制目前并不完全清楚，信号肽的存在并不能保证蛋白质能够有效地通过大肠杆菌细胞内膜转运到周质，因为在蛋白质的跨膜转运过程中，还涉及其他的细胞结构特征。周质分泌最突出的问题是表达量低，一般仅占细菌总蛋白的 0.3%～4%，这可能是由于周质间隙容量有限以及重组蛋白的不完全跨膜转运所致；此外，当蛋白表达量稍高时也会发生聚集甚至形成包涵体，从而影响重组蛋白的产率和生物活性。

3. 重组蛋白分泌到胞外培养基中 将重组蛋白分泌到胞外不仅可以形成包括链间二硫键在内的正确折叠的空间结构，而且由于胞外的容量非常大，可以避免蛋白聚集、形成包涵体等许多胞内表达时的问题；胞外分泌还可使重组蛋白的下游纯化较为简单。正常情况下大肠杆菌的实验室菌种并不将蛋白分泌到培养基中，但目前已发展了几种使外源蛋白分泌到培养基中的系统。目前这些系统主要有细菌素释放蛋白（bacteriocin release protein，BRP）系统和 α 溶血素（haemolysin A，HlyA）系统。将外源基因融合在 HlyA 的 N 端，利用 HlyA 能直接从胞内转运到达胞外的特点，将重组融合蛋白分泌到培养基中。这一系统的特点是重组蛋白直接从胞内转运到胞外，不需要周质这一中间状态，此外，分泌信号序列位于外源蛋白的 C 端，因此转运后不需要切除。

4. 以融合形式表达重组蛋白 除了直接表达重组蛋白，也可将重组蛋白融合在某些易于高效表达和/或纯化的融合头（fusion partner）的 C 端。融合表达往往可以获得外源基因的高效表达，减少蛋白酶的降解，并提供特异、简单的纯化方法。通过人工设计的蛋白酶切割位点或化学断裂位点，可以在体外去除融合蛋白 N 端的融合头。

研究发现重组的融合蛋白通常具有较好的可溶性。目前较为广泛采用的融合表达系统，如谷胱甘肽转移酶 GST、麦芽糖结合蛋白 MBP、金黄色葡萄球菌蛋白 A 等系统，通常都能产生高效表达的可溶性融合蛋白。

五、影响外源基因表达效率的因素

1. 启动子的强弱 有效的转录起始是外源基因能否在宿主细胞中高效表达的关键步骤之一，也可以说，转录起始的速率是基因表达的主要限速步骤。因此，选择强的可调控启动子及相关的调控序列，是组建一个高效表达载体首先要考虑的问题。最理想的可调控启动子应该是：在发酵的早期阶段表达载体的启动子被紧紧地阻遏，这样可以避免出现表达载体不稳定，细胞生长缓慢或由于产物表达而引起细胞死亡等问题。当细胞数目达到一定的密度，通过多种诱导（如温度、药物等）使阻遏物失活，RNA 聚合酶快速起始转录。

2. 核糖体结合位点的有效性 SD 序列是指原核细胞 mRNA 5′端非翻译区同 16S rRNA 3′端的互补序列。按统计学的原则，一般 SD 序列至少含 AGGAGG 序列中的 4 个碱基。SD 序列的存在对原核细胞 mRNA 翻译起始至关重要。

3. SD 序列和起始密码子 AUG 的间距 AUG 是首选的起始密码子，GUG、UUG、AUU 和 AUA 有时也用作起始密码子，但非最佳选择。另外，SD 序列与起始密码子之间的距离以（9±3）bp 为宜。

4. 密码子组成 尽量避免使用罕见密码子，如 AGG、AGA（Arg）、CUA（Leu）等。

5. 表达质粒的拷贝数和稳定性 多数情况下，目标基因的扩增程度同基因表达成正比，所以基因扩增为提高外源基因的表达水平提供了一个方便的方法。对于原核表达系统而言，选择高拷贝数的质粒，以其为基础，组建表达载体。表达载体的稳定性是维持基因表达的必需条件，而表达载体的稳定性不但与表达载体自身特性有关，也与受体细胞的特性密切相关。所以在实际运用时，要充分考虑这两方面的因素来确定好的表达系统。利用选择压力，尽量减少表达载体的大小，通过建立可整合到染色体中的载体等方式，可以增强表达质粒的稳定性。

6. 表达产物的稳定性

① 组建融合基因，产生融合蛋白。融合蛋白的载体部分通过构象的改变，使外源蛋白不被选择性降解。这种通过产生融合蛋白表达外源基因，特别是相对分子质量较小的多肽或蛋白编码的基因，尤为合适。

② 产生可分泌的蛋白。如将外源基因表达产物分泌到大肠杆菌细胞的周质或直接分泌到培养基中。

③ 外源蛋白可以在宿主细胞中以包涵体形式表达。这种不溶性的沉淀复合物可以抵抗宿主细胞中蛋白水解酶的降解，也便于纯化。

④ 选用蛋白酶缺陷型大肠杆菌为宿主细胞，有可能减弱表达产物的降解。

7. 工程菌的培养条件 细菌在 100 L 以上的发酵罐中的生长代谢活动与实验室条件下 200 mL 摇瓶中的生长代谢活动存在很大差异，在进行工业化生产时，工程菌株大规模培养的优化设计和控制对外源基因的高效表达至关重要。优化发酵过程既包括工艺方面的因素也包括生物学方面的因素。工艺方面的因素如选择合适的发酵系统或生物反应器，目前应用较多的有罐式搅拌反应器、鼓泡反应器和气升式反应器等。生物学方面的因素包括多个方面，首先是与细菌生长密切相关的条件或因素，如发酵系统中的溶氧、pH、温度和培养基的成分等，这些条件的改变都会影响宿主菌的生长及基因表达产物的稳定性。生物因素的第二个方面是对外源基因表达条件的优化。在发酵罐内工程菌生长到一定的阶段后，开始诱导外源基因的表达，诱导的方式包括添加特异性诱导物和改变培养温度等。外源基因在特异的时空进行表达不仅有利于细胞的生长代谢，而且能提高表达产物的产率。生物因素的第三个方面是提高外源基因表达产物的总量。外源基因表达产物的总量取决于外源基因表达水平和菌体浓度。在保持单个细胞基因表达水平不变的前提下，提高菌体浓度有望提高外源蛋白质合成的总量。

8. 细胞的代谢负荷　外源基因在宿主菌中高效表达，必然影响宿主的生长和代谢，而细胞代谢的损伤，又必然影响外源基因的表达。合理地调节好宿主细胞的代谢负荷与外源基因高效表达的关系，是提高外源基因表达水平不可缺少的一个环节。

六、表达产物的检测

外源基因表达后，需要用有效的手段加以检测。如果表达产物是已知的某种蛋白质，则可根据其功能活性或用特异的抗血清予以检出，如蛋白质的聚丙烯酰胺电泳和N末端测序、高效液相色谱、免疫电泳、放射免疫测定（RIA）和酶联免疫吸附试验（ELISA）等，都是用完整细胞作检测系统。完整细胞系统的优点是细胞中蛋白质合成体系完好，活力强，如果注意操作，其蛋白质合成能反映体内状态。但也有以下缺点：①氨基酸必须透过质膜才能进入细胞，可能影响蛋白质合成；②细胞中存在着氨基酸库，不能真正反映细胞合成蛋白质的能力；③很难改变细胞内的成分，难以在细胞内加入mRNA或其他物质；④完整细胞太复杂，对测定其翻译后的成分，尤其对研究蛋白质合成原理或表达的某一组成测定较困难。

因此，如果我们不了解克隆基因的功能及其表达产物的特性，在宿主细胞同时表达大量其他蛋白质的复杂系统中，就很难找到这种新合成的蛋白质。为了解决上述问题，人们发展了一些新的表达检测系统，如微细胞系统和大细胞系统，还可以利用无细胞系统作为检测系统，如无细胞转译系统。

1. 微细胞系统　微细胞是某些宿主菌的突变株在培养过程中生成的一些微小的圆形无核细胞。微细胞含有质粒DNA、RNA和蛋白质，没有染色体DNA，但仍保有细胞壁、细胞膜、核糖体和能量产生系统。因为它只有质粒DNA，所以表达产物比较单纯。用SDS-聚丙烯酰胺凝胶电泳法分析重组质粒在微细胞内的表达产物，易于判定外源基因是否表达以及表达产物的分子质量。

2. 大细胞系统　所谓大细胞是指大肠杆菌的 *UVrA*、*recA* 突变株。这些菌株经低剂量的紫外线照射后，菌体内的染色质DNA降解，而质粒DNA仍可保证正常的功能活性。因此用紫外线照射已导入了外源基因的大细胞，再在含有 ^{14}C 或 ^{35}S 标记的氨基酸的培养基中培养一定时间，就能方便地检出重组质粒编码的蛋白质。通过电泳分析，更可了解表达蛋白质的分子质量。常用的大细胞突变株CSR603，具有良好的表达重组质粒的性能。

3. 无细胞转译系统　无细胞转译系统（cell-free translation system）又称体外转录-翻译的偶联系统。因为该系统需要制备无细胞提取物，所以还有人称为溶胞粗制品翻译系统。无细胞提取物的制备过程是先将细胞溶破，用机械、超声波、渗透压或适当的去污剂等方法，将细胞溶破后，高速离心，除去其质膜与细胞核等。该提取液中含有RNA聚合酶、核糖体、tRNA和能量发生系统。常用的体外无细胞转译系统有兔网织红细胞系统与麦胚系统。

（1）兔网织红细胞系统　网织红细胞没有细胞核，其合成的蛋白质90%以上为珠蛋白。苯肼溶破红细胞，造成家兔贫血，从而刺激其骨髓产生网织红细胞。连续给家兔注射少量苯肼四五天，于注射苯肼7~9 d后取血，注射后第7天的血液中网织红细胞所占比例可达90%，第9天时降至70%~

80%，但血细胞总数为第 7 天的两倍。血液以肝素抗凝，离心后，将沉淀的细胞洗涤后，在不断搅动下，用 1.5 倍体积的水溶破细胞，立即离心，去除沉淀后，即将上清液置液氮中冷冻分装保存。此溶胞制品活性可保存数年。使用时，在溶化前应加入 20 μmol 氯化高铁血红素，否则制品会迅速失活。然后加入 K^+、Mg^{2+}、氨基酸以及磷酸肌酸与肌酸酶组成的能量发生系统。氨基酸中应有一种含放射性标记的氨基酸。如果加入某种 mRNA，因这一系统已有珠蛋白 mRNA，外加的该种 mRNA 与珠蛋白 mRNA 有竞争作用，此时会同时合成两种蛋白质。反应终止时，可用热的三氯醋酸或氢氧化钠溶液沉淀蛋白质，从而测定其放射性；也可取出一部分保温液进行 SDS-聚丙烯酰胺凝胶电泳，电泳后将凝胶作放射自显影。网织红细胞系统合成蛋白质不会提前终止。但是其缺点是含有珠蛋白 mRNA，可以在该系统中加入微球菌核酸酶和 Ca^{2+}，该酶可很快地分解 mRNA，除去系统中的珠蛋白 mRNA。用网织红细胞系统加入外源性 mRNA 进行研究，有助于鉴别该外源性 mRNA 的相应蛋白质与固有的珠蛋白，甚至可以定量。

（2）麦胚系统　用组织捣碎机将麦粒捣碎，用筛子或吹风机初选，分出麦胚，然后再将粗制的麦胚加 10 倍体积的缓冲液与沙子共研磨，23 000×g 离心，所得的上清液称为 S23。将 S23 分装，保存于 −20 ℃冰箱中。使用前应进行透析。利用麦胚系统进行蛋白质翻译合成研究时，需加的物质与网织红细胞系统所需的相同。但由于该体系无 mRNA，所以必须加入 mRNA。该系统的优点是适于研究 mRNA，活力强，价格低廉等，尤其在合成分子质量较小的蛋白质时常应用麦胚系统。

4. 报告基因测试法　应用 CAT、荧光酶等报告基因产物的测试，可以检测各种表达体系对目的基因表达水平的高低。Pothier 等（1992）应用 CAT 测试法对转基因小鼠或动物细胞表达体系进行了启动子对表达水平的影响分析。这种对检测转基因小鼠或组织培养细胞系中的 CAT 报告基因构件表达活性的方法采用新的缓冲系统（0.4 mmol/L PMSF、1 mmol/L 二硫苏糖醇、0.15 mmol/L 精胺、60 mmol/L KCl、15 mmol/L NaCl）。这一措施明显增强了在制备细胞粗提液过程中 CAT 的稳定性。与其他方法相比，新方法使得 CAT 检测灵敏度上升 100 倍。实际灵敏度因不同转基因组织而异。用不同启动子/CAT 构件瞬时转移制备的细胞系中，观察到灵敏度又急剧上升（23 倍）。这样，在研究强启动子时，CAT 表达水平的分析工作可由 18 h 缩短到 1 h，并适用于分析弱启动子驱动的 CAT 表达。

此外，还有一些其他检测表达产物的方法，如非洲爪蟾卵母细胞表达外源基因检测法和其他无细胞系统表达外源基因检测法等。

外源基因在原核细胞中的表达产物是否具有生物学活性及其活性的高低，是决定其是否具有实用价值的关键。表达产物的生物活性检测方法因各个表达产物的特性及生物活性的不同而异，不可能有固定的模式和方法。如转化生长因子-β 一般是通过生长抑制实验（growth inhibition assay）和定点刺激-独立生长（stimulation of anchorage-independent growth）实验检测其活性的，而超氧化物歧化酶（superoxide dismutase，SOD）则通过化学发光法、活性测定分光法等多种化学反应与比色相结合的方法测定其活性。因此，可根据各自表达产物的具体情况采用合适的方法检测其生物活性。

七、表达实例：人生长激素基因在大肠杆菌中的表达

人生长激素（hGH）的 mRNA 最初被翻译成前体激素，它没有天然激素的生物活性，比天然激素在 N 末端多了一段信号肽。此信号肽有 23 个氨基酸残基，它与生长激素被分泌到细胞外有关，并在分泌过程中丢失，使前体激素变成有生物活性的天然激素。动物细胞内存在将前体激素变为成熟的生长激素的加工系统，所以能容易表达有生物活性的生长激素。但是，大肠杆菌中缺乏加工前体激素的系统，很难产生有活性的生长激素。为此，人们构建了在大肠杆菌中指导合成有活性的生长激素的细胞质粒。

已知由垂体获得的 hGH cDNA 在 3′端非编码区和编码区的 23~24 氨基酸位置有 *Hae* Ⅲ位点。用化学合成法合成含有 AUG 起始密码子和编码 hGH 的 1~23 氨基酸残基的 DNA 接头片段，将这些片段连接在一起成为 84 bp 的大片段，这个大片段一端为 *Eco* RⅠ黏性末端，另一端为 *Hind* Ⅲ黏性末

端。取大肠杆菌 pBR322，用 EcoR I 和 Hind III 进行双酶切，得到线性的 pBR322，一端为 EcoR I 黏性末端，另一端为 Hind III 黏性末端。将 pBR322 与合成的 DNA 连接，得到一个含 hGH（1～24）氨基酸的重组质粒 phGH3，将 phGH3 转化大肠杆菌可进行扩增（图 10-11）。

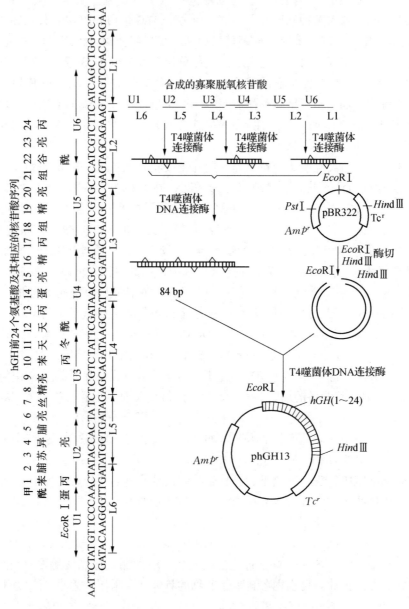

图 10-11　hGH 前 24 个氨基酸基因片段的克隆

利用人垂体提取的总 mRNA 逆转录制备的（双链平端互补）ds cDNA，用限制性核酸内切酶 Hae III 处理，纯化得到 551 bp 的 DNA 片段，在其 3′端加上多聚 C 尾。克隆 551 bp 片段，并给其载体 pBR322 用 Pst I 酶切加上多聚 G 尾。将处理过的载体片段和 Hae III 片段连接，得到重组质粒 phGH31，它含有人生长激素 24～191 氨基酸的基因，将它转化大肠杆菌扩增（图 10-12）。

通过对 phGH3 和 phGH31 质粒中的 hGH 1～23 和 hGH 24～191 氨基酸基因的重组克隆，构建了人生长激素工程菌（图 10-13）。

首先将 phGH3 重组质粒用 EcoR I 和 Hae III 进行双酶切，琼脂糖凝胶电泳后分离纯化 77 bp 的 DNA 片段，它带有 EcoR I 黏性末端和 Hae III 平头末端，它是 hGH 1～23 氨基酸编码基因。同时用 Hae III 酶切重组质粒 phGH31，凝胶电泳后分离 551 bp 的 DNA 片段，再用 Xma I 酶切，得到一个含

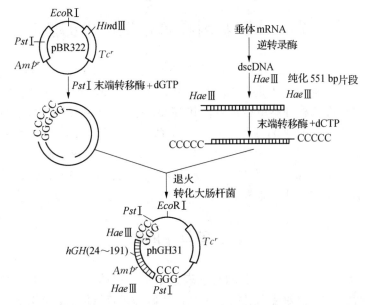

图 10-12　hGH 24～191 氨基酸基因片段克隆

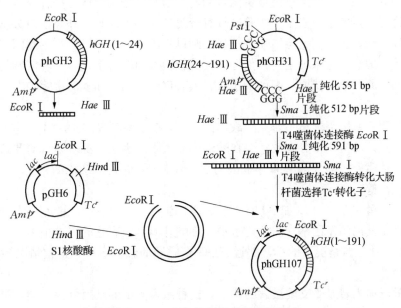

图 10-13　人生长激素工程菌的构建

HaeⅢ平头末端和 XmaⅠ黏性末端的 512 bp 和 77 bp 两段 DNA 片段，再用 EcoRⅠ和 SmaⅠ酶切，电泳纯化出带有 EcoRⅠ黏性末端和 SmaⅠ平头末端的 591 bp DNA 片段，这就是 hGH 编码基因。

pGH6 质粒上串联两个乳糖操纵子的启动子（lac），它被 HindⅢ、核酸酶 S1 和 EcoRⅠ连续酶切，除去四环素抗性基因的启动子，而将四环素抗性基因的结构基因留下，得到 pGH 带 EcoRⅠ黏性末端和一个平头末端的载体。将此载体和 591 bp DNA 片段连接，得到重组质粒 phGH107，用于转化大肠杆菌，在含有四环素的平板上选择转化子。由于在处理 pGH6 过程中除去了四环素抗性基因的启动子，必须借助 lac 启动子才能表现四环素抗性基因的功能。hGH 编码基因恰好插在 lac 启动子和四环素抗性基因结构之间，所以选择到的转化子中必然有 hGH 编码基因的大量转录。

这样获得的转化子通过同位素标记、菌落原位杂交和其他酶切实验都证明，转化子含有外源的人生长激素的编码基因并能正确表达，也就是说，已经构建了在大肠杆菌中可以大量产生人生长激素的工程菌。这是第一次将人类多肽以没有前体的形式在大肠杆菌中直接表达。在适宜的条件下，每个大肠杆菌细胞中含有 186 000 个 hGH 分子，为发酵生产人生长激素开辟了一条有效的途径。

第三节 外源基因在真核细胞中的表达

与原核细胞表达系统相比，真核细胞表达系统表达外源基因具有下列特点：①真核细胞可识别并切除外源基因的内含子，从而成功表达目的多肽，所以不必像原核细胞表达系统那样必须用 mRNA 制备 cDNA；②真核基因在真核细胞中表达时，其 SD 序列与细胞核糖体 RNA（rRNA）16S 亚基 3′末端的互补程度较高，对翻译水平的调节有利；③在真核细胞内，由外源基因表达的蛋白可被糖基化，成为糖蛋白，有利于保持或提高免疫原性；④外源基因导入真核细胞的效率较低，其在染色体 DNA 上的整合是随机的和自发的，目前还无法控制整合的位置和适当的拷贝数；⑤真核细胞的培养要求较高，大量生产比较困难，成本也高。

一、在酵母中的表达

酵母表达系统是引人注目的一个重要的真核表达系统，它具有许多优点：酵母是单细胞真核生物，具有真核细胞的特点，可以对蛋白进行多种翻译后修饰；容易培养，生长迅速，增殖一代只需几小时；具有较高的安全性，啤酒酵母已被美国食品药品监督管理局确认为一种安全的生物，因此用它表达的药剂不需进行大量的宿主安全性实验；具有分泌功能，可使某些外源蛋白分泌到胞外，易于纯化；遗传背景比较清楚，已分离鉴定出几个较强的酵母基因启动子，可以利用基因表达调控机制进行高水平表达。因此，酵母表达系统是一种很好的真核细胞基因表达系统，有着广阔的发展前景，如人乙型肝炎病毒表面抗原和核心抗原、多种干扰素、人表皮生长因子和胰岛素等均在酵母细胞中获得了成功表达。

啤酒酵母为常用的基因克隆宿主。克隆载体的应用，包括调节表达的序列（RNA 聚合酶识别位点及核糖体识别位点）的应用十分有效。要在酵母中最大限度表达外源基因，需要特异的启动子（乙醇脱氢酶、磷酸甘油激酶、酸性磷酸酶等基因的启动子）。酵母表达系统的转化方法有原生质体法、乙酸法、电击转化法等。

虽然外源基因在酵母启动子（如 ADHⅠ和 PGK 启动子）控制下，能在酵母细胞中得到表达，但表达水平常常低于其内源基因本身的表达水平。影响外源基因表达的因素很多，如启动子和起始密码子 AUG 间的距离比正常情况下的小，邻近 AUG 密码子的碱基序列和正常情况不同，有可能导致最后的翻译水平降低。

克隆基因在酵母体内转录受支配激素的调节，这种激素支配的基因分为 3 类：第一类是营养生长细胞中表达的基因，它们在支配因子支配后不再转录；第二类是在支配激素存在的情况下，表达增加 10~20 倍的基因；第三类是只有在某些支配因子处理后才能表达的基因。

使用酵母表达系统应注意以下几方面：①由于酵母不能识别和处理高等真核内含子，所以必须使用 cDNA；②注意所表达蛋白质的性质，因为这将决定在胞内表达还是向外分泌；③启动子和终止子的选择；④表达盒的稳定性；⑤外源蛋白的累积部位。

二、在昆虫细胞中的表达

昆虫细胞表达系统是利用昆虫细胞和杆状病毒载体表达哺乳动物细胞蛋白。这种表达系统与其他表达系统如大肠杆菌、酵母、哺乳动物细胞等表达系统相比，具有下列明显的优点：①允许插入较大的外源基因，采用双启动子，可以同时表达两种外源基因；②能较高水平表达不同生物来源的基因，可以实现胞内表达，也可以进行分泌性表达；③能有效地进行蛋白质翻译的加工、转运糖基化、脂酰化和磷酸化；④杆状病毒具有严格的宿主细胞专一性，对脊椎动物和植物均无致病性，也不能在非宿主细胞中繁殖或发生整合，因此使用十分安全。

1. 昆虫细胞的表达载体 昆虫细胞的表达载体主要是由核型多角体病毒改建而来的。在大肠杆菌的基础质粒上，插入多角体病毒的多角蛋白基因的部分 DNA 序列。这部分序列包括：①多角蛋白基因的启动子和它的上游序列；②多角蛋白基因的终止序列和多聚 A 序列；③在启动子和终止序列两侧用于重组的杆状病毒同源序列；④位于启动子下游的多克隆位点。昆虫细胞表达载体之所以采用多角蛋白基因的启动子，是因为多角蛋白基因编码的多角蛋白占了总蛋白的很大比例，其启动子属于强启动子；而且多角蛋白基因对于病毒的复制和感染不是必需的，可以被外源基因取代。

2. 昆虫细胞宿主 到目前为止已建立的昆虫细胞株对杆状病毒的感染都是非常敏感的，常用的昆虫细胞株主要是从草地贪夜蛾的卵巢中克隆的 sf9 和 sf21 细胞株，以及粉纹夜蛾胚胎细胞系 BTI-Tn5B1-4。正常的昆虫细胞能很好地贴壁于培养的底部，呈单层，培养 18~24 h 后细胞可扩增一倍，但被病毒感染后的细胞就变大、变圆了，且不能贴壁、不再分裂。正常的细胞传到一定的代数后也会出现这种状况。sf9 和 sf21 细胞也可以进行悬浮培养，培养时需加入庆大霉素，不需要补加 CO_2。

重组杆状病毒既可感染培养的昆虫细胞，也可感染昆虫的幼虫，这幼虫如同一个低成本的蛋白质工厂。有人做了这样一个实验，将带有人的腺苷酸脱氨酶基因的重组 CAMNPV 注射到 22 只粉纹夜蛾的幼虫体内，4 d 后人腺苷酸脱氨酶可占昆虫总蛋白的 2%~5%，最后可纯化出约 9 mg 的产物。因此昆虫幼虫也是一种很有前途的生产重组蛋白的生物反应器，经济效益十分可观。

3. 重组病毒载体的转染 在昆虫表达载体的克隆位点插入外源基因，成为重组的昆虫表达载体，但这种重组载体是不能直接感染昆虫细胞的，还必须通过共转染的方式，在昆虫细胞内发生同源重组，使外源基因的表达单元整合到杆状病毒基因组中去，成为重组病毒。

为了提高重组效率，目前采用带有致死缺失的野生型线性病毒与重组病毒载体共转染的方法，可使转染率几乎达到 100%。致死缺失的野生型线性病毒不会编码产生活的病毒，在细胞中不能复制，也不能感染细胞，只有通过共转染的方式，发生同源重组，成为重组病毒，才能感染细胞进行复制。同时用 Lipfection 脂质体代替磷酸钙，因 Lipfection 脂质体可以与细胞膜发生融合。由于脂质体是微囊结构，可以将外源 DNA 包裹在其中，一起转入细胞，且脂质体几乎不具有通透性，所以包在其中的 DNA 可以免受细胞核酸酶的降解。

4. 昆虫细胞表达系统的缺点 昆虫细胞表达系统的主要缺点是不能连续合成重组蛋白，因为重组病毒感染昆虫细胞或昆虫幼虫 4~5 d 后，细胞就裂解，幼虫死亡。为了能够连续合成外源蛋白，人们设计了两个办法：一是采用两个生物反应器来实现昆虫细胞的连续生产，先在第一个容器中培养昆虫细胞，然后转入另一个容器中进行感染和收获产物。二是采用整合的办法，将重组表达载体整合于昆虫细胞染色体上，以连续合成重组蛋白。要达到这一目的，最好选择 CAMNPV 的一个早期基因 IEL 的启动子，因为它的转录不依赖于其他病毒产物，并且在昆虫细胞中可以进行正常转录。只要把外源基因插入 IEL 启动子与终止序列之间，就可构建成整合载体。当这种载体感染宿主细胞时，载体 DNA 可以整合到昆虫细胞基因组的多个随机位点上，实现蛋白的持续表达。

三、在哺乳动物细胞中的表达

能在哺乳细胞中表达获得某种有用的蛋白质，或采用某种方式将外源基因导入细胞，改变细胞的某种状态，这一类真核细胞表达系统称为哺乳动物细胞表达系统。应用哺乳动物细胞表达系统表达高等真核基因时，比其他系统更优越。因为哺乳动物细胞能产生天然状态的蛋白质；能加工修饰表达的蛋白质，包括二硫键的形成、糖基化、磷酸化、寡聚体的形成，以及蛋白酶对蛋白进行特定位点上的切割；能表达有功能的膜蛋白，如细胞表面的受体或细胞外的激素和酶，只能由哺乳动物细胞来表达；能表达分泌性蛋白。哺乳动物细胞表达系统按其用途可分为两类，一类是用于表达大量外源蛋白，另一类用于基础研究，包括开展基因治疗的研究。基因治疗是通过合适的病毒载体将外源基因导入由基因缺陷所引起的遗传病的患者体内，产生具有治疗功能的蛋白质。

目前已构建了多种适用于哺乳动物细胞表达系统的载体。这些载体既含有在原核生物中复制和筛选的标记基因，又含有在真核生物中工作的遗传元件。真核生物遗传元件包括增强子-启动子（如SV40 增强子-启动子、LTR 增强子-启动子、人巨细胞病毒增强子-启动子、金属硫蛋白基因启动子、β-actin 增强子-启动子等）、RNA 加工的信号序列、转录终止序列和加多聚腺苷酸的信号序列以及筛选标记基因。

不同哺乳动物细胞的表达载体对宿主细胞的要求是不同的，因为载体上有各种特殊的序列，这些特殊的序列往往与细胞内的某一种细胞因子结合，从而影响基因的表达。同时，哺乳动物细胞内新翻译出来的多肽链多数是没有功能的，或者活性很低，必须在有关的细胞器内进行加工，包括糖基化、磷酸化、信号肽的切除，然后将分泌性蛋白分泌于胞外。这一系列的加工与细胞类型密切相关。动物病毒载体的受体细胞是动物细胞，如 SV40 病毒载体的细胞系是猴肾细胞系 COS1、COS3、COS7；痘苗病毒载体的细胞系是小鼠 L 细胞（小鼠皮下结缔组织培养的细胞）；腺病毒载体应用 Hela 细胞（人子宫颈癌细胞系）。由于哺乳动物细胞的转染效率较低，所以要获得含有外源基因的转染细胞必须进行大量的转染实验。为了提高转染效率，人们不断改进转染的方法，目前常用的转染方法有磷酸钙沉淀法、脂质体转染法、电击转化法、显微注射法等。哺乳动物细胞表达系统的缺点是对组织细胞培养技术要求高，培养和筛选细胞株的周期长。

四、在植物细胞中的表达

植物细胞中基因的表达受到不同层次的调控，包括转录前调控、转录水平调控、转录后加工调控、转运调控和翻译水平调控等。在这些多级调控中，转录水平的调控是主要环节。植物基因转录后的调控主要是指对前体 mRNA 加工及 mRNA 翻译起始的调控。如果转录出的前体 mRNA 不能被正确加工，则有可能被降解或在细胞中的浓度很低，从而影响被转化基因的表达。

大多数植物基因表达载体是以 Ti 质粒为基础构建而成的，其组成包括启动子、T-DNA、终止子和报告基因等。植物基因表达载体的启动子根据功能和作用方式可分为组成型启动子、诱导型启动子和组织特异性启动子等几类。外源基因在组成型启动子的调控下，其表达大体恒定在一定水平，在不同组织部位没有明显的差异，没有时空特异性。目前使用最广泛的组成型启动子为烟草花叶病毒（TMV）35S 启动子等。诱导型启动子在某些特定的物理或化学信号的刺激下可大幅度地提高外源基因的转录水平，其特点是启动子的活化受物理或化学信号的诱导，启动子具有相应的调控序列如增强子和沉默子等，能感受化学信号的序列具有明显的特异性。组织特异性启动子控制基因的表达只发生在特定器官或组织部位，并表现出受发育过程调节的特性。在构建植物表达载体时要根据实际需要选用不同类型的启动子。

不同来源的终止子对外源基因的表达有很大的影响，它不仅决定外源基因的转录活性，也决定 mRNA 在细胞中的稳定性，从而影响 mRNA 的翻译。高等植物基因转录的 mRNA 在细胞中的平均寿命只有几个小时，因此单靠提高基因转录活性是不够的，还必须保持 mRNA 在细胞中的稳定性。T-DNA 序列是构建植物基因表达载体的一个关键元件。T-DNA 的功能就是实现外源基因与染色体 DNA 整合。位于 T-DNA 两端的边界序列是与外源基因整合有关的功能单位。T-DNA 的边界序列是一长为 25 bp 的正向重复序列，在不同的 Ti 质粒中具有高度的保守性，它是外源 DNA 转移和整合不可缺少的元件。通过内含子的正确剪切，能有效提高细胞中成熟 mRNA 的含量，从而有利于基因的表达。构建植物基因表达载体时，可根据不同基因的类型，有选择地插入内含子序列，内含子能促进基因的表达。选择标记基因的功能是在选择压力下将转化子筛选出来，它对转化细胞的生长和分化不发生影响。构建植物基因表达载体常用的选择标记基因有新霉素磷酸转移酶基因、二氢叶酸还原酶基因、潮霉素磷酸转移酶基因等。报告基因主要起报告和识别作用，它的表达产物对植物细胞无毒性，它可反映外源基因在植物细胞中的转译水平。常用的报告基因有冠瘿碱基因、氯霉素乙酰转移酶基因等。

植物基因表达的受体系统指用于转化的植物细胞，它具有如下特点：①具有高效稳定的再生能力，再生率一般高于80%；②较高的遗传稳定性；③具有稳定的外植体来源；④对选择性抗生素敏感，便于转化株的筛选；⑤对农杆菌侵染敏感，能有效接受外源基因。植物基因表达的受体系统主要包括5类：愈伤组织再生系统、直接分化再生系统、原生质体再生系统、胚状体再生系统、生殖细胞受体系统。

提高外源基因在植物细胞中表达效率的策略：①构建高效表达的转化载体是提高外源基因在植物细胞中表达的有力措施之一，包括选择合适的启动子类型、构建完整的基因表达调控序列、合理插入内含子等。②正确利用增强子。③防止外源基因的失活。在实际工作中可通过分离单拷贝转基因个体或改变转化方法获得较多的转基因株系，还可以构建含有核基质支架附着区的转化载体，改进外源基因在细胞中的稳定性，从而提高基因表达效率。④优化先导序列、提高翻译效率。mRNA上与核糖体结合的序列对起始翻译起重要作用，优化先导序列可大大提高起始翻译的效率。

本章小结

外源的基因需借助表达载体在宿主细胞中进行表达。目前克隆的基因既可在原核细胞如大肠杆菌细胞中表达，也可在真核细胞如酵母细胞、昆虫细胞、哺乳动物细胞和植物细胞中实现表达。

大肠杆菌表达系统是目前应用最多的表达系统。真核基因在大肠杆菌中实现表达有一些障碍需要克服，这主要是由真核细胞和原核细胞的基因表达分子生物学方面的差异所决定的。大肠杆菌表达载体主要包括复制子、启动子、转录终止子、翻译起始序列、翻译增强子、翻译终止子等几部分。常用的表达载体有非融合型表达载体、融合型表达载体、分泌型表达载体等。外源基因既可在胞内表达，也可分泌到周质，还可分泌到胞外的培养基中。为了提高外源基因的表达水平，必须从转录、翻译、减轻细胞代谢负荷、防止蛋白质降解等方面采取措施，即外源基因高水平的表达是由外源基因、宿主细胞、培养条件、表达载体的优化等各方面的完美配合实现的。外源基因表达后，需要用有效的手段加以检测，如电泳、免疫学方法、无细胞转译系统、报告基因检测等，甚至需要根据蛋白质的生物学特性采取特定的方法以检测其生物学活性。

真核细胞表达系统相对于原核细胞表达系统有许多优点，但目前利用真核细胞表达系统表达外源基因还存在一些问题，如外源基因导入效率偏低、无法有效控制外源基因整合的位置和拷贝数等。相信随着人类对于原核基因、真核基因表达的分子机制了解的进一步深入，克隆基因表达的成功实例一定会越来越多。

思考题

1. 什么是表达载体？大肠杆菌表达载体的一般组成是什么？
2. 真核基因在大肠杆菌中表达存在的困难有哪些？
3. 怎样鉴定某一DNA片段是否为启动子？
4. 如何有效地提高外源基因的表达效率？
5. 什么是包涵体？怎样避免包涵体的形成？
6. 与原核细胞表达系统相比，真核细胞表达系统的优点是什么？
7. 酵母作为外源真核基因最理想的表达系统，其优势有哪些？

第十一章 微生物基因工程

由于微生物细胞结构简单，人们对其生理代谢途径以及基因的表达调控机制了解的相对较为清楚，并且对其易于进行遗传操作和大规模培养，因此微生物细胞是外源基因表达的良好受体系统。基因工程最早应用的表达系统是原核细胞，但为了适应大部分真核细胞基因表达产物的特点，又发展了真核微生物细胞表达系统。如果说大肠杆菌是外源基因表达最成熟的原核生物系统，则酵母是外源基因表达最成熟的真核生物系统。为此，本章重点介绍原核微生物大肠杆菌表达系统和真核微生物酵母表达系统及其应用。

第一节 原核微生物基因工程

一、原核微生物基因表达系统及其特点

原核微生物包括大肠杆菌（*Escherichia coli*）、棒状杆菌、链霉菌和梭菌等。在微生物表达系统中，最早应用且应用最为普遍的表达系统是原核细胞（主要是大肠杆菌）。随着原核生物分子遗传学研究的不断深入，大肠杆菌以外的其他原核细菌也被广泛地用作 DNA 重组和基因表达的受体细胞，其中一部分细菌还弥补了大肠杆菌在外源基因表达过程中暴露出来的缺陷。例如，芽孢杆菌的分泌系统为真核生物基因的功能表达提供了良好条件。此外，一些小分子生化物质代谢途径的基因工程日益受到人们的重视，利用重组 DNA 技术改良氨基酸、抗生素、有机酸醇的生产菌具有重要的经济价值，而在此过程中，棒状杆菌、链霉菌和梭菌则是重要的受体系统。

大肠杆菌作为一种成熟的基因克隆表达受体，被广泛用于分子生物学研究的各个领域，如基因分离克隆、DNA 序列分析、基因表达产物功能鉴定等。利用重组 DNA 技术构建大肠杆菌工程菌以规模化生产真核生物基因尤其是人类基因的表达产物，具有重要意义。在目前产业化的基因工程产品中，相当部分仍由重组大肠杆菌生产。然而，也有为数不少的真核生物基因不能在大肠杆菌中表达出具有生物活性的功能蛋白。其原因是：①由于其原核性，对真核异源蛋白的复性效率较低，很多真核生物基因仅表达出无特异性空间构象的多肽链；②缺乏真核生物的蛋白质修饰加工系统，而许多真核生物蛋白的生物活性恰恰依赖于其侧链的糖基化或磷酸化等修饰形式；③内源性蛋白酶易降解空间构象不正确的异源蛋白，造成重组表达产物不稳定；④在周质（内膜与外膜之间的间隔）中含有大量的内毒素（糖脂类化合物），痕量的内毒素即可导致人体热原反应。上述缺陷在一定程度上制约了重组大肠杆菌作为微型生物反应器在药物蛋白大规模生产中的应用。

二、大肠杆菌基因表达调控元件

（一）大肠杆菌表达系统的启动子

根据原核细胞中基因的启动子发挥作用的方式可分为组成型和调控型两类。在大肠杆菌表达载体上应用最广泛的启动子包括 lac 启动子（P_{lac}）、trp 启动子（P_{trp}）、P_L 和 T7 噬菌体启动子（P_{T7}），分别来自乳糖操纵子、色氨酸操纵子、λ 噬菌体基因组左向早期操纵子、T7 噬菌体。大肠杆菌启动子

的强弱取决于启动子本身的序列,尤其是-10区和-35区两个六联体保守序列(表11-1)以及彼此的间隔长度,同时也与启动子和外源基因转录起始位点(transcriptional start site,TSS)之间的距离相关。有些大肠杆菌启动子的转录活性还受到TSS下游序列的影响,实际上这部分序列可看作启动子的组成部分。此类启动子往往特异性启动所属基因的转录,缺乏通用性。

虽然这些启动子在-10区和-35区两个区域的序列相当保守(表11-1),但相对强弱差别较大。因此为了获得更强的启动子,除了从基因组DNA上进行筛选甄别外,还可由已知的启动子构建新型杂合启动子,以满足不同外源基因的表达要求,如由P_{trp}-35区序列和P_{lac}-10区序列重组(两者间隔16 bp)而成的杂合启动子P_{tac},其相对强弱分别是亲本P_{trp}的3倍和P_{lac}的11倍,因而广泛用于大肠杆菌表达系统中(如pGEX表达载体系列)。类似地,由P_{trp}-35区序列和P_{lac}-10区序列以17 bp间隔构成的杂合启动子称为P_{tac}(如pTac表达载体系列)。在某些情况下,两种相同启动子的同向串联也可大幅度提高外源基因的表达水平,如双启动子的强度约为单个启动子的2.4倍,但这些结果与所控制的外源基因性质有密切关系,并不具有通用性。

表 11-1 大肠杆菌中典型启动子的保守序列

启动子	-35区	-10区
P_L	TTGACA	GATACA
P_{recA}	TTGATA	TATAAT
P_{trp}	TTGACA	TTAACT
P_{lac}	TTTACA	TATAAT
P_{tac}	TTGACA	TATAAT
P_{traA}	TAGACA	TAATGT
保守序列	TTGACA	TATAAT

一般来讲,将外源基因置于一个具有持续转录活性的强启动子控制之下是高效表达的理想方法,然而外源基因的全程高效表达往往会对大肠杆菌的生理生化过程造成不利影响。此外,外源基因持续高效表达的重组质粒在细胞若干次分裂循环之后,往往会部分甚至全部丢失,而不含质粒的受体细胞因生长迅速最终在培养物中占据绝对优势,导致重组菌不稳定。利用具有可控性的启动子调整外源基因的表达时序,即通过启动子活性的定时诱导,将外源基因的转录启动限制在受体细胞生长循环的某一特定阶段,是克服上述困难的有效方法。目前,大肠杆菌调控型的启动子有以下几种。

1. 基于IPTG诱导的乳糖启动子(P_{lac}) 在不含乳糖的培养基中,重组大肠杆菌的启动子处于阻遏状态,外源基因痕量表达甚至不表达。当生长至某一阶段时向培养物中加入乳糖或化合物异丙基-β-D-硫代半乳糖苷(IPTG),P_{lac}打开并启动外源基因转录。乳糖可被大肠杆菌代谢利用,作为诱导剂使用时需要不断添加;IPTG不被大肠杆菌分解,在诱导表达外源基因过程中无须连续添加,但在生产重组蛋白多肽药物时,出于安全考虑禁止使用化学合成的IPTG诱导剂。

2. 基于3-吲哚丙烯酸诱导的色氨酸启动子(P_{trp}) 与P_{lac}的调控模式稍有不同,其阻遏作用的产生依赖于色氨酸-阻遏蛋白复合物与色氨酸操作子(O_{trp})的特异性结合。由于色氨酸能激活阻遏蛋白,因此P_{trp}的诱导需要在色氨酸耗竭的条件下才能实现,但这一条件显然不利于外源基因的高效表达。化学合成型3-吲哚丙烯酸是色氨酸的结构类似物,能与之竞争阻遏蛋白,其引起的后果是改变阻遏蛋白的空间构象,进而解除对P_{trp}的阻遏效应。然而与IPTG相似,3-吲哚丙烯酸同样不适合用于生产重组蛋白多肽药物。

3. 基于热诱导的λ噬菌体启动子(P_L) 这是一种来自λ噬菌体的启动子,在大肠杆菌中由噬菌体DNA编码的cI阻遏蛋白控制,其脱阻遏途径与宿主和噬菌体若干蛋白的功能有关,很难直接诱导,因此在实际操作中常常使用cI阻遏蛋白编码基因的温度敏感型突变体$cI ts857$控制介导的外源基因转录。将基因组上携带$cI857$突变基因的大肠杆菌工程菌首先置于28~30℃中培养。在此温度范围内,由大肠杆菌合成的cI857阻遏蛋白与P_L的操作子(O_L)区域结合,关闭外源基因的转录。当工程菌培养至合适的生长阶段(一般为对数生长中期)时,迅速将培养温度升至42℃,此时cI857失活并从O_L上脱落下来,启动子启动外源基因转录。启动子的热诱导在体积较小(1~5 L)

的培养器中通常很容易做到，但对于 20 L 以上的发酵罐而言，42 ℃诱导既耗费大量能源，诱导效果又不理想。

4. 基于乳糖和 IPTG 诱导的杂合启动子（P_{tac}）　P_{tac} 启动子是一组由 P_{lac} 和 P_{trp} 启动子人工构建的杂合启动子，它的启动能力比 P_{lac} 和 P_{trp} 都强。其中 P_{tac1} 是由 P_{trp} 启动子的－35 区加上一个合成的 46 bp DNA 片段（包括 Pribnow 框）和 lac 操纵基因构成，P_{tac12} 是由 P_{trp} 的启动子－35 区和 P_{tac} 启动子的－10 区，加上 lac 操纵子中的操纵基因部分和 SD 序列融合而成。P_{lac} 启动子是一个非常强的启动子，受 lac 阻遏蛋白的负调节，受乳糖和 IPTG 的诱导。

5. T7 噬菌体启动子（P_{T7}）　上述 P_{lac}、P_{trp}、P_L、P_{tac} 启动子均为大肠杆菌 RNA 聚合酶特异性识别和作用的转录顺式元件。外源基因转录的启动效率取决于 RNA 聚合酶与这些启动子的作用强度，然而转录效率不仅与外源基因在单位时间内的转录次数有关，而且还取决于转录启动后 RNA 聚合酶沿 DNA 模板链移动的速度。来自大肠杆菌 T7 噬菌体的 T7 表达系统利用噬菌体 DNA 编码的 RNA 聚合酶转录重组大肠杆菌中的外源基因，这种 RNA 聚合酶选择性地与 T7 噬菌体启动子（P_{T7}）结合，在不降低转录启动效率的前提下，沿 DNA 模板链聚合 mRNA 的速度（每秒 230 个核苷酸）接近大肠杆菌 RNA 聚合酶的（每秒 50 个核苷酸）5 倍。安装 P_{T7} 启动子的表达载体很多，如 pET 载体系列。

（二）大肠杆菌表达系统的终止子

外源基因在强启动子的驱动下容易发生转录过头，即 RNA 聚合酶滑过终止子结构继续转录质粒上邻近的 DNA 序列，形成长短不一的 mRNA 混合物，这种现象在 T7 表达系统中尤为明显。因此，重组表达质粒的构建除了要安装强的启动子外，还必须注意强终止子的合理设置。目前，原核微生物的外源基因表达质粒中常用的终止子是来自大肠杆菌 rRNA 操纵子的 $rrnT_1$ T_2 以及 T7 噬菌体 DNA 的 $T\varphi$，对于一些终止作用较弱的终止子，也可采取双拷贝串联的组装方式。

（三）大肠杆菌表达系统的核糖体结合位点

外源基因在大肠杆菌中的高效表达不仅取决于转录启动效率，而且在很大程度上还与 mRNA 的翻译起始效率密切相关。结构不同的 mRNA 分子具有不同的翻译效率，它们之间的差别有时可高达数百倍。mRNA 的翻译起始效率主要由其 5′端的结构序列决定，称为核糖体结合位点（ribosome binding site，RBS）。

大肠杆菌中 RBS 与基因翻译起始效率相关的 4 个要素是：①位于 mRNA 上 5′端翻译起始密码子 AUG 位于上游的 6～8 个核苷酸序列 5′- UAAGGAGG - 3′，即 Shine - Dalgarno（SD）序列，通过与核糖体小亚基中的 16S rRNA 3′端序列 3′- AUUCCUCC - 5′互补，将 mRNA 定位于核糖体上，进而启动翻译。②绝大部分基因翻译起始密码子为 AUG，但有些基因也使用 GUG 或 UUG。虽然起始 tRNA 可以同时识别 AUG、GUG、UUG 3 种密码子，但其识别频率并不相同，通常 GUG 仅是 AUG 的 50%，而 UUG 只有 AUG 的 25%。③SD 序列与翻译起始密码子之间的距离及碱基组成。SD 序列与起始密码子之间的精确距离保证了 mRNA 在核糖体上定位后，翻译起始密码子 AUG 正好处于核糖体中的 P 位，这是翻译启动的前提条件。在很多情况下，SD 序列位于 AUG 上游（7 ± 2）个核苷酸处，在此间隔中少一个或多一个碱基均导致翻译起始效率不同程度地降低。④紧接翻译起始密码子之后的两三个密码子碱基组成。调查发现，起始密码子下游第二个密码子的碱基组成对翻译起始效率也具有重要影响，在高表达的大肠杆菌基因中该位密码子呈高比例的 A。由于不同的外源基因拥有不同的第二位密码子，因而可能在同样的调控元件介导下呈不同的表达水平。

此外，mRNA 5′端非编码区自身形成的特定二级结构能协助 SD 序列与核糖体结合，任何错误的空间结构均会不同程度地削弱 mRNA 与核糖体的结合强度。由于真核生物和原核生物的 mRNA 5′端非编码区结构序列存在很大的差异，因此要使真核生物基因在大肠杆菌中高效表达，应尽量避免基因编码区内前几个密码子碱基序列与大肠杆菌核糖体结合位点之间存在互补作用。

(四) 大肠杆菌表达系统的密码子

不同生物甚至同种生物的不同蛋白编码基因，对编码同一种氨基酸的不同密码子的使用频率不同，即对简并密码子的选择具有一定的偏爱性，称为密码子偏爱性 (codon usage bias)。大肠杆菌的密码子使用频率见表 11-2。

表 11-2 大肠杆菌密码子使用频率

第一位碱基	第二位碱基 U		第二位碱基 C		第二位碱基 A		第二位碱基 G		第三位碱基
U	2.22	UUU } Phe	0.84	UCU } Ser	1.61	UAU } Tyr	0.51	UGU } Cys	U
	1.65	UUC	0.86	UCC	1.22	UAC	0.64	UGC	C
	1.38	UUA } Leu	0.70	UCA	0.20	UAA } 终止	0.09	UGA 终止	A
	1.36	UUG	0.89	UCG	0.02	UAG	1.52	UGG Trp	G
C	1.10	CUU } Leu	0.70	CCU } Pro	1.30	CAU } His	2.10	CGU } Arg	U
	1.11	CUC	0.55	CCC	0.98	CAC	2.23	CGC	C
	0.38	CUA	0.84	CCA	1.54	CAA } Gln	0.35	CGA	A
	5.31	CUG	2.34	CCG	2.90	CAG	0.54	CGG	G
A	3.04	AUU } Ile	0.88	ACU } Thr	1.76	AAU } Asn	0.87	AGU } Ser	U
	2.52	AUC	2.35	ACC	2.16	AAC	1.61	AGC	C
	0.42	AUA	0.69	ACA	3.36	AAA } Lys	0.20	AGA } Arg	A
	2.72	AUG Met	1.44	ACG	1.03	AAG	0.11	AGG	G
G	1.82	GUU } Val	1.52	GCU } Ala	3.22	GAU } Asp	2.47	GGU } Gly	U
	1.53	GUC	2.57	GCC	1.91	GAC	2.98	GGC	C
	1.09	GUA	2.01	GCA	3.97	GAA } Glu	0.79	GGA	A
	2.63	GUG	3.39	GCG	1.80	GAG	1.10	GGG	G

注：表中数字为密码子使用频率 (%)，这些数据来自 2019 年的 kazusa 数据库 (http://www.bioxyz.net/codon-usage-table/index.html)。

一般而言，至少有 3 种因素决定密码子的偏爱性。

1. 生物体基因组中的碱基含量　在富含 AT 的生物 (如梭菌属) 基因组中，密码子第三位碱基 U 或 A 出现的频率较高；而在 GC 丰富的生物 (如链霉菌) 基因组中，第三位含 G 或 C 的简并密码子占 90% 以上的绝对优势。

2. 密码子与反密码子相互作用的自由能　在碱基含量没有显著差异的生物体基因组中，简并密码子的使用频率也并非均衡，这可能由密码子与反密码子的作用强度所决定。适中的作用强度最有利于蛋白质生物合成的快速进行；弱配对作用可能使氨基酰-tRNA 分子进入核糖体 A 位需要耗费更多的时间；而强配对作用则可能使转肽后核糖体从 P 位逐出空载 tRNA 分子耗费更多的时间。以大肠杆菌中蛋白编码基因的简并密码子使用频率 (表 11-2) 为例：编码亮氨酸 (Leu) 密码子有 6 个简并密码子，各密码子的使用频率各不相同，为 0.38%~5.31%，使用频率最高的是 CUG (5.31%)，最低的是 CUG (0.38%)。就 3 个终止密码子而言，大肠杆菌 mRNA 的翻译终止由 UAA 优势介导，插入该保守型终止密码子或者延长型 UAA 能提升外源基因转录物的翻译终止效率。

3. 细胞内 tRNA 的含量　无论原核细菌还是真核生物，简并密码子的使用频率均与相应 tRNA 的丰度呈正相关，那些表达水平较高的蛋白质编码基因更是如此。表达水平较高的基因往往含有较少种类的密码子，而且这些密码子又对应于高丰度的 tRNA，这样细胞才能以更快的速度合成需求量大的蛋白质；而对于需求量少的蛋白质而言，其基因中含有较多与低丰度 tRNA 相对应的密码子，用以控制该蛋白质的合成速度，这也是原核生物和真核生物基因表达调控的共同战略之一。所不同的是，各种 tRNA 的丰度在原核细菌和真核生物细胞中并不一致。

由于原核生物和真核生物基因组中密码子的使用频率具有不同程度的差异性，如要在大肠杆菌中高效翻译外源基因尤其是哺乳动物基因，就需要考虑密码子偏爱性。一般而言，有两种策略可以使外源基因的密码子在大肠杆菌细胞中获得最佳表达。一是按照大肠杆菌密码子的偏爱性规律，采用基因化学合成法合成外源基因。其具体做法是：在确保原外源基因所编码的氨基酸序列不改变的前提下，可以通过一些网站在线软件（例如 Gene Design、Optimizer、Synthetic Gene Designer、Gene Designer 等）设计更换外源基因中不适宜的相应简并密码子，达到密码子优化，然后通过化学法合成。已在大肠杆菌中高效表达的重组人胰岛素、干扰素以及生长激素均采用了这种方法。二是同步表达相关 tRNA 编码基因。对于那些含有不和谐密码子、种类单一、出现频率较高，而本身相对分子质量又较大的外源基因而言，则选择相关 tRNA 编码基因共表达的策略较为有利。例如，人尿激酶原 cDNA 的 412 个密码子中，共含有 22 个精氨酸密码子，其中 7 个 AGG，2 个 AGA，而大肠杆菌受体细胞中 tRNA AGG 和 tRNA AGA 的丰度较低。为了提高人尿激酶原 cDNA 在大肠杆菌中的高效表达，将大肠杆菌的这两个 tRNA 编码基因克隆在另一个高表达的质粒上，由此构建大肠杆菌双质粒系统，有效地解除了受体细胞对外源基因高效表达的制约作用。

（五）大肠杆菌表达系统的 mRNA 稳定性

基因的表达水平主要由转录效率、mRNA 稳定性、mRNA 翻译的起始频率决定。在典型的大肠杆菌重组表达系统中，转录物的稳定性往往被忽视。在 37 ℃时大肠杆菌的 mRNA 平均半衰期在数秒至 20 min 的范围内变化，基因的表达水平直接取决于 mRNA 的固有稳定性。在大肠杆菌中，mRNA 可被 RNase 催化降解。RNase 主要有两类核酸外切酶（RNase Ⅱ 和 PNPase）以及一种内切酶 RNase E。mRNA 的正确折叠以及核糖体与 mRNA 的结合能在一定程度上防止细胞内 RNase 的降解作用，但外源基因转录物的二级结构未必具备有效的保护作用。大肠杆菌 BL21* 株含有 RNase E 编码基因突变（rne131 突变），因而能有效提升重组表达系统中 mRNA 的稳定性。此外，通过引入有效的 5′端和 3′端稳定序列（作为核酸酶攻击的障碍）可构建稳定的 mRNA 杂合体，例如大肠杆菌编码 F_o-ATPase 亚基 C 端区域的一段 mRNA 与编码绿色荧光蛋白（GFP）的序列相融合，可起到对 F_o-ATPase 序列的稳定效果，然而与 lacZ mRNA 的融合却没有类似效应，因此 GFP 转录物能为 mRNA 提供保护性结构元件。

（六）大肠杆菌表达系统的质粒拷贝数

蛋白质生物合成（翻译）的主要限制性因素是核糖体与 mRNA 的结合速度。在生长旺盛的每个大肠杆菌细胞中，大约含有 2 万个核糖体单位，而 600 种 mRNA 总共只有 1 500 个分子。因此，强化外源基因在大肠杆菌中高效表达，就需要提高 mRNA 的生成量。这可通过两种途径来实现：安装强启动子以提高转录效率以及将外源基因克隆在高拷贝载体上以增加基因的剂量。

目前实验室里广泛使用的表达型载体在每个大肠杆菌细胞中可达数百甚至上千个拷贝，质粒的扩增过程通常发生在受体细胞的对数生长期，而此时正是细菌生理代谢最旺盛的阶段。质粒分子的过度增殖势必影响受体细胞的生长与代谢，进而导致质粒的不稳定性以及外源基因宏观表达水平的下降。解决这一难题的一种有效策略是在细菌生长周期的最适阶段将重组质粒扩增到一个最佳水平。这方面较成功的例子是采用温度敏感型复制子控制重组质粒的复制。

三、大肠杆菌基因表达载体的构建

在大肠杆菌中表达的重组异源蛋白按其细胞学定位可分为胞质型、周质（内膜与外膜之间的空隙）型和胞外型三种模式。将重组异源蛋白引导至何种特定的细胞间隔各有利弊，在正常情况下应优先考虑采用胞质型表达策略，因其表达水平较高。异源蛋白既可单独表达，也可与具有特殊性能的受体菌蛋白融合表达，甚至以同聚体的形式串联表达。由外源基因编码序列以及介导其表达的调控元件构成的表达单位（亦称为表达盒）则可借助载体独立于受体细胞染色体 DNA 而自主复制，或者通过整合作用作为受体细胞基因组的一部分而稳定遗传。目前，构建大肠杆菌的外源基因表达载体有以下几种。

（一）包涵体型重组异源蛋白的表达载体

在某些生长条件下，大肠杆菌能积累某种特殊的生物大分子，它们致密地集聚在细胞内，或被膜包裹或形成无膜裸露结构，这种结构称为包涵体（inclusion bodies，IB）。富含蛋白质的 IB 多见于生长在含有氨基酸类似物培养基的大肠杆菌细胞中，由这些氨基酸类似物所合成的蛋白质往往会丧失其正常的理化特性而集聚形成 IB。由高效表达质粒构建的大肠杆菌工程菌大量合成非天然性的同源或异源蛋白质，后者在一般情况下也以 IB 的形式存在于大肠杆菌细胞内。

以 IB 尤其是不溶性 IB 的形式表达重组异源蛋白，其显著优点表现在：①允许重组异源蛋白高效表达。一般而言，以 IB 形式表达的重组异源蛋白可达细菌细胞蛋白总量的 20%～60%，这对规模化工业生产以及基础研究尤其是重组蛋白晶体衍射具有重要意义。②简化外源基因表达产物的分离纯化程序。基于 IB 的固相属性，可借助高速离心操作将重组异源蛋白从细胞破碎物中有效分离出来。③稳定重组异源蛋白的高水平积累。重组异源蛋白在大肠杆菌细胞内的稳定性主要取决于 IB 的形成速度。在形成 IB 之前，由于二硫键的随机形成以及多肽链侧链基团修饰的缺乏，重组异源蛋白的蛋白酶作用位点往往裸露在外，导致对酶解作用的敏感性；但在形成 IB 之后，蛋白酶的攻击基本上构不成威胁。④兼具固相和纳米双重应用优势。部分存在于不溶性 IB 中的重组异源蛋白拥有正确折叠构象及其相应的生物活性，因而可省去烦琐的固定化和纳米化工艺操作而直接用于酶促生产和组织再生医学，这些重组异源蛋白产物包括绿色荧光蛋白（GFP）、β-半乳糖苷酶、氧化还原酶、磷酸激酶、磷酸酶以及醛缩酶等。然而，对于 IB 内构象质量较低或（和）应用要求以单分子均相形式存在（如注射性药物）的重组异源蛋白而言，需要增加从 IB 中回收单分子和完善折叠型重组异源蛋白的操作工序，从而导致多重劣势：①在离心洗涤分离 IB 的过程中，难免会有 IB 的部分流失，导致收率下降；②IB 的溶解一般需要使用高浓度的变性剂，在无活性异源蛋白复性之前，必须通过透析、超滤或稀释的方法大幅度降低变性剂的浓度，这就增加了操作难度，尤其在重组异源蛋白的大规模生产过程中，这个缺陷更为明显；③误折叠重组异源蛋白的重折叠效率相当低，完善折叠型单分子的回收率难以满足应用需求且耗时、费力。

IB 型重组异源蛋白表达系统的构建是将合适的基因高效表达调控元件（如启动子、SD 序列、终止子、纯化标签序列等）安装在外源基因的上下游两侧是构建表达质粒的主要内容。由于介导外源基因高效表达的大肠杆菌调控元件种类有限，故可通过酶切重组、PCR 扩增甚至化学合成等方法将两者按照最佳间隔及碱基序列连为一体，组成大肠杆菌表达复合元件。目前广泛使用的大肠杆菌商品化表达载体均装有高效表达型复合元件，包括 TSS 与启动子之间以及起始密码子 ATG 与 SD 序列之间的最佳间隔和碱基组成，并在 ATG 处设置合适的外源基因插入位点，任何外源基因编码序列均可通过 PCR 扩增产物引入与表达载体克隆位点匹配的限制性核酸内切酶酶切位点，进而方便构建序列完整的重组表达盒。

（二）分泌型重组异源蛋白的表达载体

在大肠杆菌中表达的重组异源蛋白除了以可溶性（单分子和 IB）或不溶性（IB）状态定位于胞质中外，还能通过运输或分泌方式进入周质，甚至渗透外膜进入培养基中。这两种定位模式均要求重组异源蛋白穿透细胞质膜，而蛋白产物 N 端信号肽（signal peptide）序列的存在是蛋白质穿膜分泌的前提条件。

相对其他生物而言,绝大多数野生型大肠杆菌菌株缺乏健全的蛋白质分泌机制,只能将少数几种蛋白分泌至周质中,以被动扩散或渗漏方式穿透外膜进入培养基中的蛋白则更是寥寥无几。然而,重组异源蛋白的分泌型表达(即使仅分泌至大肠杆菌周质中)却具有很多优势:①无论分泌至细胞周质还是直接进入培养基,重组异源蛋白均能与大肠杆菌的其他内源蛋白分隔在不同的空间中,从而大大简化后续的分离纯化操作。进入培养基的重组异源蛋白通过简单离心操作除去大肠杆菌细胞便可方便获得;而位于周质中的重组异源蛋白也能通过物理、酶促、化学的细胞外直接渗透方法得以释放。②周质中含有更有效的二硫键形成酶系(如DsbA/DsbC),定位于周质的重组异源蛋白能被高效折叠成正确的单分子空间构象,并且周质中缺少蛋白酶,重组异源蛋白的稳定性得以大幅度提高。例如重组人胰岛素原合成后若被分泌至周质中,其稳定性大约相当于胞质中的10倍。③哺乳动物体内绝大多数的蛋白质在生物合成后甚至翻译过程中,必须跨膜(如内质网膜、高尔基体膜、线粒体膜、细胞质膜等)传递或运输,并经过复杂的翻译后加工修饰环节才能形成活性状态,因此相当多的天然成熟蛋白N端第一位氨基酸残基并非甲硫氨酸。然而,当哺乳动物蛋白编码序列在大肠杆菌中表达时,其重组蛋白N端第一位的甲硫氨酸残基往往不能被切除。如果将外源基因与大肠杆菌信号肽编码序列重组在一起进行分泌表达,其N端的甲硫氨酸残基便随信号肽的专一性剪切而被有效除去,从而确保重组异源蛋白的N端序列与天然蛋白一致,降低其作为药物使用的免疫原性。但需要指出的是,由于蛋白质分泌过程通常缓慢且低效,因此重组异源蛋白的分泌型表达往往需要"牺牲"表达速率和表达量。

大肠杆菌少数基因如 *ompT*、*ompA*、*pelB*、*phoA*、*malE*、*lamB*、β-内酰胺酶编码基因的5′端编码区含有周质定位序列(即信号肽编码序列)。理论上来讲,将这些信号肽编码序列与外源基因拼接,构建分泌型重组异源蛋白表达系统,即可实现重组异源蛋白在大肠杆菌中的分泌型表达。目前大肠杆菌分泌表达系统中常用的典型信号肽序列见表11-3。然而实际上信号肽的存在并不能保证分泌的有效性和高速率,不同信号肽序列所介导的分泌效率往往与异源蛋白本身的结构密切相关。除此之外,包括大肠杆菌在内的革兰氏阴性菌还因外膜结构的存在,一般不能将蛋白质直接分泌至培养基中,但由 *ompA* 所属信号肽序列介导分泌的重组异源蛋白有时能扩散至培养基中,因而得到广泛应用。革兰氏阳性菌由于不存在外膜结构,可从培养基中直接获得重组异源蛋白。

有些革兰氏阴性菌能将极少数的细菌抗菌蛋白(细菌素)分泌至培养基中,这种特异性的分泌过程严格依赖于细菌素释放蛋白的存在,后者激活定位于内膜上的磷酸酶A,导致细胞内膜和外膜的通透性增大。因此,只要将这一细菌素释放蛋白编码基因克隆在质粒上,并置于一个可控性强启动子的控制之下,即可改变大肠杆菌细胞对重组异源蛋白的通透性,形成可分泌型受体细胞。此时,用另一种携带大肠杆菌信号肽编码序列和外源基因的重组质粒转化上述构建的可分泌型受体细胞,并且使用相同性质的启动子驱动外源基因的转录,则两个基因的高效共表达同时被诱导,最终在培养基中获得重组异源蛋白。此外,将天然存在于某些大肠杆菌致病株中的分泌元件导入实验室菌株,或者突变大肠杆菌外膜蛋白的结构使其通透性增大,也能在一定程度上促进周质中的重组异源蛋白渗透至培养基中,但效率通常很低。

表11-3 大肠杆菌分泌表达系统中常用的典型信号肽序列

信号肽来源	信号肽序列
EXase(芽孢杆菌木聚糖内切酶)	MFKFKKKFLVGLTAAFMSISMFSATASA
LamBU(噬菌体受体蛋白)	MMITLRKLPLAVAVAAGVMSAQA
Lpp(胞壁质脂蛋白)	MKATKLVLGAVILGSTLLAG
LTB(热不稳定性肠毒素亚基B)	MNKVKCYVLFTALLSSLYAHG

(续)

信号肽来源	信号肽序列
MalE（麦芽糖结合蛋白）	MKIKTGARILALSALTTMMFSASALA
OmpA（外膜蛋白 A）	MKKTAIAIAVALAGFATVAQA
OmpC（外膜蛋白 C）	MKVKVLSLLVPALLVAGAANA
OmpF（外膜蛋白 F）	MMKRNILAVIVPALLVAGTANA
OmpT（蛋白酶Ⅶ）	MRAKLLGIVLTTPIAISSFA
PelB（胡萝卜软腐欧文氏菌果胶裂解酶 B）	MKYLLPTAAAGLLLLAAQPAMA
PhoA（碱性磷酸酶）	MKQSTIALALLPLLFTPVTKA
PhoE（外膜孔蛋白 E）	MKKSTLALVVMGIVASASVQA
StⅡ（热稳定性肠毒素Ⅱ）	MKKNIAFLLASMFVFSIATNAYA

注：画线部分前、后分别代表信号肽 N 端引导区和 C 端信号肽酶剪切区。

（三）融合型重组异源蛋白的表达载体

将外源基因与受体菌自身蛋白编码基因拼接在一起，作为同一阅读框进行表达，由这种嵌合（融合）基因表达出的蛋白质称为融合蛋白，其中受体菌蛋白（即融合伙伴）通常位于 N 端，异源蛋白位于 C 端。在外源基因与受体菌自身蛋白编码基因拼接融合时，将两个基因之间引入人工设计的蛋白酶切割位点或化学试剂特异性断裂位点，可在体外从纯化的融合蛋白分子中释放回收异源蛋白。

融合型重组异源蛋白表达的优点是：①重组异源蛋白稳定性大幅度提高。对于那些小分子多肽，极易被大肠杆菌的内源性蛋白酶系统降解，其主要原因是重组异源蛋白和小分子多肽不能形成有效的空间构象，使得多肽链中的蛋白酶识别位点直接暴露在外。而在融合蛋白中，融合伙伴能与重组异源蛋白形成良好的杂合构象，虽不同于两种蛋白质独立存在时的天然构象，但在很大程度上封闭了重组异源蛋白的蛋白酶水解作用位点，从而增加其稳定性。同时在很多情况下，融合伙伴对应于胞内蛋白复性和折叠系统，融合蛋白还具有较高的水溶性以及相应的正确空间构象，甚至某些重组异源蛋白的融合形式本身就已拥有生物活性。②分离纯化程序简洁且高效。由于与重组异源蛋白相连的细菌融合伙伴的结构与功能通常是已知的，因此可以利用融合伙伴的特异性抗体、配体、底物亲和层析技术来高效快速地纯化融合蛋白。如果重组异源蛋白与融合伙伴的分子质量和氨基酸组成差别较大，则融合蛋白经酶促法或化学法特异性水解后，即可获得经简便纯化的重组异源蛋白。不过，由此获得的重组异源蛋白仍有可能存在错配的二硫键，在此情况下也必须进行体外复性。③表达效率高。通常，在构建融合蛋白表达系统时所选用的细菌融合伙伴编码基因通常是高效表达的，其 SD 序列的碱基组成以及与起始密码子之间的距离为融合蛋白的高效表达创造了有利条件。目前广泛使用的外源基因融合表达系统中的融合伙伴，如谷胱甘肽转移酶（GST）、麦芽糖结合蛋白（MBP）、金黄色葡萄球菌蛋白 A、硫氧化还原蛋白（TrxA）等，均能在大肠杆菌中介导融合蛋白的高效可溶性表达。值得注意的是，当重组异源蛋白用作药物或者融合伙伴的存在干扰重组异源蛋白的结构和功能时，需要进行融合蛋白的裂解和重组异源蛋白的回收操作，这种操作有时较为烦琐和低效。为此，融合蛋白主要用于工业催化、医学诊断、蛋白基础研究中，此时可以省去融合蛋白的裂解操作，因而重组异源蛋白以融合形式表达是目前应用最普遍的策略。

构建的融合蛋白表达载体要注意 3 个方面的原则：①细菌融合伙伴应能在大肠杆菌中高效表达，且其表达产物可以通过亲和层析技术进行特异性高效纯化。②外源基因应插在融合伙伴编码序列的下游，并为融合蛋白提供终止密码子，在某些情况下融合伙伴并不需要完整的编码序列。如果需要裂解融合蛋白，两种编码序列拼接位点处的序列设计十分重要，它直接决定了融合蛋白的裂解工艺和效率，同时尽可能避免融合蛋白分子中两种组分的相对分子质量过于接近，为重组异源蛋白的分离、回收创造条件。③最重要的是，当两种蛋白编码序列融合在一起时，外源基因的正确表达完全取决于其翻译阅读框的维持。

为了确保融合蛋白中重组异源蛋白序列的正确性，一些商品化的融合蛋白表达载体通常将细菌融合伙伴的编码序列设计成三种阅读框，构成三种相应的融合蛋白表达质粒。例如，PinPoint™Xa 融合表达系列载体 Xa-1（图 11-1a）、Xa-2、Xa-3 三个质粒，被设计用于制备和纯化体内表达的生物素化的融合蛋白。将编码目的蛋白的 DNA 克隆到 MCS，该位置编码的肽段在体内可被生物素化。生物素化融合蛋白在大肠杆菌内生成，用树脂进行亲和纯化，可将融合蛋白以非变性形式洗脱出来。PinPoint™载体的特点是含有编码内源蛋白酶因子 Xa 的蛋白水解位点，使得纯化标签可从天然蛋白上分离。该载体还带有多克隆区域，MCS 内依次增加一对碱基（A-T），分别对应于三种不同的翻译阅读框（图 11-1b）。将外源基因分别插在三个质粒的任何相同位点（如 Hind Ⅲ）中，所获得的三种重组分子必有一种能维持外源基因编码序列的正确阅读框，通常蛋白产量达到 1～5 mg/L。

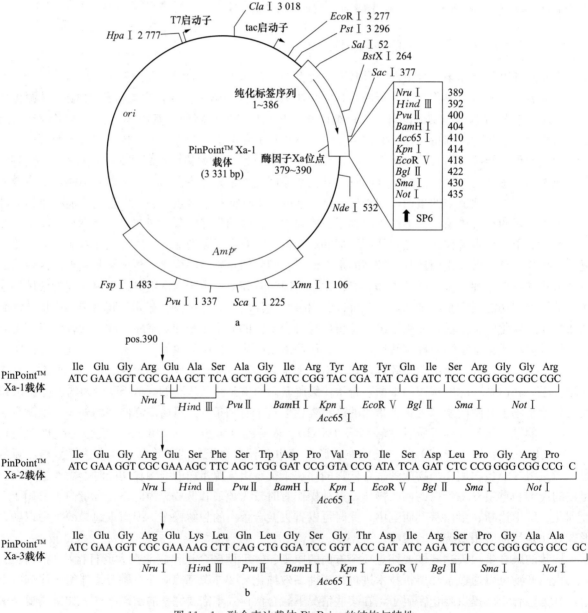

图 11-1 融合表达载体 PinPoint 的结构与特性

a. 融合蛋白表达载体 PinPoint™ Xa-1 图谱　b. 三种 PinPoint™ 载体的多克隆位点

(四) 寡聚型重组异源蛋白的表达载体

通常外源基因表达水平与受体细胞中可转录基因的拷贝数（即基因剂量）呈正相关，重组质粒拷贝数的增加在一定程度上能提高异源蛋白的产量。然而，重组质粒除含有外源基因外，还携带其他的可转录基因，如作为筛选标记的抗生素抗性基因等。随着受体细胞内重组质粒拷贝数的不断增加，大部分能量被用于合成所有的重组质粒编码蛋白，细胞的正常生长代谢却因能量不济而受到影响，并且除了外源基因表达产物外，质粒编码的其他蛋白合成无须过多，通过增加质粒拷贝数提高外源基因表达产物的产量往往不能获得预期效果。为此，另一种通过增加外源基因剂量来提高蛋白产物产量的策略是构建寡聚型重组异源蛋白表达载体，即将多拷贝的外源基因克隆在一个低拷贝质粒上，以取代单拷贝外源基因在高拷贝载体上表达的策略，这种方法对高效表达分子质量较小的异源蛋白或多肽具有很强的实用性。

外源基因多拷贝线性重组是寡聚型异源蛋白表达系统构建的关键，它包括三种不同的重组策略，其构建方法、表达产物的后加工程序以及适用范围各不相同。

1. 多表达盒型重组策略　外源基因每个拷贝均携带各自的启动子、终止子、SD 序列以及起始和终止密码子，形成相互独立的转录和翻译串联表达盒，其中盒与盒之间的连接方向可正可反，一般与表达效率无关，因此多拷贝连接较为简单。表达出的异源蛋白无须进行裂解处理，但每个产物分子的 N 端含有甲硫氨酸残基。这个策略特别适用于表达相对分子质量较大的异源蛋白，尤其是表达用于体内功能研究的重组蛋白复合物，如四亚基的血红蛋白和丙酮酸脱氢酶、三亚基的复制蛋白 A 以及两亚基的肌球蛋白和肌酸激酶等。

2. 多顺反子型重组策略　外源基因拷贝含有各自的 SD 序列以及翻译起始和终止信号，将它们串联起来后克隆在一个公用的启动子-转录起始位点下游。为了防止转录过头，通常在最后一个基因拷贝的下游组装一个较强的转录终止子，使得多个异源蛋白编码序列转录在一个 mRNA 分子中，但最终翻译出的异源蛋白分子却是相互独立的，其表达机理与原核生物中的操纵子极为相似。这种方法对中等分子质量的异源蛋白表达较为有利。使用同一套启动子和终止子转录调控元件，可以在外源 DNA 插入片段大小不变的前提下，克隆更多拷贝的外源基因。但是在体外拼接组装时，各顺反子的极性必须与启动子保持一致，有时在技术上很难满足这种要求。为解决这一难题，可采用多种质粒介导双顺反子表达策略，如采用 4 种不同的质粒各携带双顺反子允许在一个大肠杆菌细胞内共表达 8 种重组蛋白，每种质粒分别携带不同的复制起始位点（ColE1、p15A、RSF、CDF），同时使用 4 套不同的抗生素选择标记（aadA、Kan^r、Cm^r、Amp^r）。

3. 多编码序列型重组策略　将多个外源基因编码序列串联在一起，使用一套转录调控元件、翻译起始和终止密码子，各编码序列在拼接处设计引入溴化氰断裂位点甲硫氨酸密码子或蛋白酶酶切位点序列。由这种重组分子表达出的多肽链上包含多个由酰胺键相连的目的产物分子，纯化后多肽分子用溴化氰或相应的蛋白酶位点特异性裂解，形成产物的单体分子。这种方法特别适用于小分子多肽（通常小于 50 个氨基酸）的高效表达。由于小分子多肽缺乏有效的空间结构，在大肠杆菌细胞中的半衰期很短。而多拷贝串联多肽的合成弥补了上述缺陷，在提高表达率的同时，也增加了对受体细胞内源性蛋白酶系统的抗性能力。然而这种策略在实际操作中困难很大，其难点是裂解后多肽单体分子的序列不均一或（和）不正确。首先，各编码序列的分子间重组需要特殊的酶切位点，这些位点的引入势必导致氨基酸残基的增加。非限制性核酸内切酶产生的平头末端连接虽然可以避免这种缺陷，但很难保证各编码序列以极性相同的方式排列。其次，用溴化氰断裂多肽链会使单体产物分子 C 端多出一个高丝氨酸，尽管这个多余的残基可用化学方法切除，但在大规模生产中往往难以实现。最后，若用蛋白酶系统释放单体分子，产物中至少有一部分单体分子的 N 端带有甲硫氨酸。除非每个编码序列均含有甲硫氨酸密码子，才能保证单体分子序列的均一性。

寡聚型外源基因表达策略曾成功用于人干扰素、鲑鱼降钙素、人胰高血糖素样多肽等小分子质量蛋白或寡肽的高效表达，每个重组质粒分子携带4~8个外源基因编码序列拷贝，能大幅度提高重组产物的产率和稳定性。然而在某些情况下，串联的外源基因拷贝会因同源重组而表现出结构不稳定。在大肠杆菌生长过程中，重组分子中的一部分甚至全部外源基因拷贝会从质粒上脱落。这种现象与串联拷贝的数目、编码序列单体的大小及其产物性质、受体菌的遗传特性和培养条件等有密切的关系。

（五）整合型重组异源蛋白的表达载体

受体菌中重组质粒的自主复制以及编码基因的高效表达会大量消耗能量，给细胞造成沉重的代谢负担，而高拷贝质粒造成的这种负担比低拷贝质粒更大。针对这种不利影响，一部分细胞往往在其生长期间将重组质粒逐出胞外，而不含质粒的这部分细胞繁殖速度远比含有质粒的细胞要快，经过若干代繁殖之后，培养基中不含质粒的细胞最终占有绝对优势（在不施加选择压力的情况下），从而导致重组异源蛋白的宏观产量急剧下降。阻止重组质粒的丢失至少有两种方法：①将克隆菌置于含有筛选试剂（药物或生长必需因子）的培养基中生长，这样可以有效地控制丢失质粒的细胞的增殖速度，维持培养物中克隆菌的绝对优势。然而在大规模产业化过程中，向发酵罐中加入抗生素或氨基酸等筛选试剂易造成产品和环境污染，且很不经济。②将外源基因直接整合到受体细胞染色体DNA的特定位置上，使之成为染色体DNA的一个组成部分，从而提升其稳定性。后一种方法是通过构建整合型重组异源蛋白的表达载体而实现。

当外源基因表达盒与受体细胞染色体DNA进行整合时，其整合位点必须在染色体DNA的必需编码区外，否则会严重干扰受体菌的正常生长与代谢过程，因此整合必须呈位点特异性。为了达到此目的，根据同源重组交换原理，通常在待整合基因附近或两侧加装一段受体菌染色体DNA的同源序列。此外，为了保证重组异源蛋白的高效表达，待整合的外源基因应该拥有相应的可控性启动子等表达元件。整合型外源基因表达盒的构建步骤包括：①探测并确定受体菌染色体DNA的合适整合位点，以该位点被外源DNA片段插入后不影响细胞的正常生理功能为前提，如细菌的抗药性基因、次级代谢基因或两个操纵子之间的间隔区等；②克隆分离选定的染色体DNA整合位点并进行序列分析；③将外源基因以及必要的可控性表达元件连接到已克隆的染色体整合区域（同源臂，一般至少50 bp）内部（图11-2a）或邻近区域（图11-2b）；④将上述重组质粒转入受体细胞中；⑤筛选和扩增整合了外源基因表达盒的转化子。

当染色体DNA整合位点的同源序列位于外源基因两侧时，两个同源臂同时发生交叉重组反应，载体上外源基因表达盒与受体细胞染色体DNA中两个重组位点之间的区域发生位置交换（即同源交换）（图11-2a）。由于质粒不能复制扩增，受体菌繁殖几代后，不含质粒的细胞便占绝对优势，此时通过检测外源基因的表达产物以及载体骨架的存在即可分离出整合型工程菌。如果染色体DNA整合位点的同源序列位于外源基因的一侧，则重组质粒通常以整个分子的方式进入染色体DNA中即同源整合（图11-2b）。在这种情况下，整合型工程菌的筛选标记既可使用外源基因，也可使用原质粒所携带的可表达性基因，如抗生素的抗性基因等。

以同源重组为基本形式的整合频率取决于同源序列的相似程度和同源区域的大小。同源性越高，同源区域越大，整合频率也就越高，但实际上不可能达到100%的整合率。为了保证受体细胞内不存在任何形式的游离质粒分子，通常选用那些不能在受体细胞中进行自主复制的质粒或者温度敏感型质粒，后者在敏感温度时因不能复制而丢失。

在一般情况下，整合型的外源基因或重组质粒随克隆菌染色体DNA的复制而复制，因此受体细胞通常只含有一个拷贝的外源基因。但如果使用的质粒呈温度敏感型复制，且整合时质粒同时进入染色体DNA中，那么当整合型工程菌在含有高浓度抗生素（其抗性基因定位于质粒上）的培养基中生长时，整合在染色体DNA上的质粒仍有可能进行自主复制，从而导致外源基因形成多拷贝。尽管整合型质粒在染色体上的自主复制程度非常有限（通常不及游离型质粒的25%），但外源基因的宏观表达总量却远远高于游离型重组质粒上外源基因的数倍，而且定位于染色体DNA上的外源基因相当稳定。

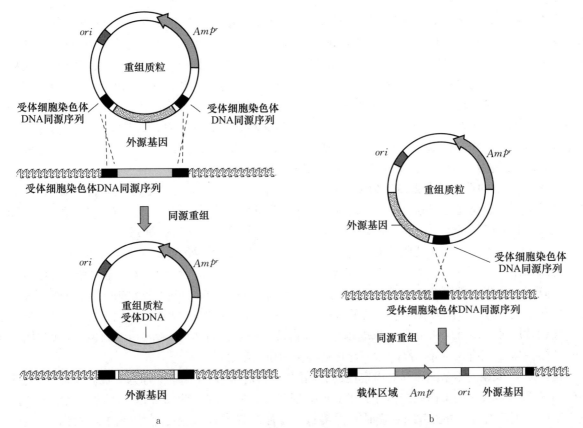

图 11-2 整合型重组异源蛋白表达载体构建与细胞中 DNA 同源重组示意图
a. 同源交换　b. 同源整合

四、大肠杆菌中重组异源蛋白的体内修饰与体外复性

在大肠杆菌中高水平表达的重组异源蛋白往往呈无活性状态，甚至因蛋白酶的降解作用而难以积累，严重影响活性目标产物的最终收率，其原因是重组异源蛋白的稳定性差和缺乏糖基化修饰系统。针对这两个方面的问题，在不影响外源基因表达效率的前提下，应尽可能减少不利因素所造成的损失。

（一）重组异源蛋白的稳定性维持

无论是在真核细胞还是原核细胞中，重组异源蛋白表达后很难逃脱被迅速降解的命运，其稳定性甚至还不如半衰期较短的细胞内源性蛋白质。在大多数情况下，重组异源蛋白的不稳定性可归结为对受体细胞蛋白酶系统的敏感性。越来越多的实验结果揭示，重组异源蛋白在受体细胞内的稳定性可以通过蛋白序列的人工设计以及受体细胞的改造加以调整和控制。

1. 蛋白酶缺陷型大肠杆菌受体细胞的改造　在大肠杆菌中，蛋白质的选择性降解由一整套庞大的蛋白酶系统所介导。绝大多数不稳定的重组异源蛋白由蛋白酶 La 和 Ti 介导降解，两者分别由 *lon* 和 *clp* 基因编码，其蛋白水解活性均依赖于 ATP。*lon* 基因由热休克等其他环境压力激活，细胞内异常蛋白或重组异源蛋白的过量表达也可作为一种环境压力诱导 *lon* 基因的表达。研究发现，*lon*⁻ 型大肠杆菌突变株可使半衰期较短的细菌调控蛋白（如 SulA、RscA、λN 等）稳定性大增，因此被广泛用于基因表达研究及工程菌的构建。然而这种突变株并非对所有蛋白质的稳定表达均有效，有些蛋白质（如 λ 噬菌体的 cⅡ）在 *lon*⁻ 型突变株中并不稳定，可能是因为其他底物特异性的蛋白酶在起作用。

很多异常或异源蛋白在大肠杆菌中的降解还直接与庞大的热休克蛋白家族的生物活性有关。这些蛋白质在无环境压力下的大肠杆菌细胞中通常以基底水平痕量表达，可参与天然蛋白质的折叠，并胁迫异常或异源蛋白形成一种对蛋白酶识别和降解较为有利的空间构象，从而提高其对降解的敏感性。热休克基因 $dnaK$、$dnaJ$、$groEL$、$grpE$ 以及环境压力特异性 σ 因子编码基因的突变株均呈现出对异源蛋白降解作用的严重缺陷，特别是 lon^-htpR^- 型双突变株，非常适用于各种不稳定蛋白质的高效表达。大肠杆菌 $hflA$ 基因的编码产物为 λ 噬菌体 cⅡ 蛋白降解所必需，在 $hflA^-$ 型突变株中，cⅡ 蛋白的半衰期显著延长，而 $degP^-$ 型突变株则能提升某些定位在大肠杆菌细胞周质中的融合蛋白的稳定性。因此，构建多种蛋白酶单一或多重缺陷型大肠杆菌突变株，并将其用于重组异源蛋白的稳定性表达比较，是重组异源蛋白工程菌构建的一项重要内容。

2. 抗蛋白酶的重组异源蛋白序列设计 系统研究蛋白质的降解敏感性决定簇序列有助于了解大肠杆菌控制蛋白质稳定性的机制，并可通过人工序列设计和修饰达到稳定表达重组异源蛋白的目的。利用缺失分析和随机点突变技术，对 λ 噬菌体阻遏蛋白降解型敏感序列的研究结果表明，存在于该蛋白质近 C 端的 5 个非极性氨基酸是提高对蛋白酶降解敏感性的重要因素。在含有非极性 C 末端的蛋白质降解作用也发生在 lon^- 和 $htpR^-$ 的突变株中，而且呈 ATP 非依赖性，暗示着这种降解作用与大肠杆菌降解异常蛋白质的机理并不相同。由此可以推测，C 端区域内极性氨基酸的存在可能会提高蛋白质的稳定性。进一步的实验结果证实了这一点：在所有的极性氨基酸中，Asp 的存在对提高蛋白质稳定性的效应最大，而且 Asp 距 C 末端越近，蛋白质的稳定性就越强，而且在多种结构和功能相互独立的蛋白质 C 端引入 Asp，都能显著延长这些蛋白质的半衰期。

蛋白质 N 末端的氨基酸序列对稳定性的影响同样显著。将某些氨基酸加入大肠杆菌 β-半乳糖苷酶的 N 末端，经改造的蛋白质在体外的半衰期差别很大，从 2 min 到 20 h 以上不等。重组异源蛋白 N 末端的序列改造可在外源基因克隆时方便实施，通常在 N 末端接上一个特殊的氨基酸，就足以使异源蛋白在大肠杆菌中的稳定性大增，而且这一策略在原核生物和真核生物中均通用。如在胰岛素原的 N 端加装一段由 6~7 个氨基酸残基组成的同聚寡肽，也能明显改善该蛋白在大肠杆菌细胞中的稳定性。具有这种稳定效应的氨基酸包括 Ala、Asn、Cys、Gln、His。相反，N 端富含 Pro、Glu、Ser、Thr 的真核生物蛋白质在真核细胞或原核细胞中的半衰期通常都很短，特别是由这 4 种氨基酸残基构成的 Pro-Glu-Ser-Thr 四肽序列（即 PEST 序列）显示出对细胞内蛋白酶系统的超敏感性。

（二）重组异源蛋白的糖基化修饰

据统计，临床上约 70% 的治疗用蛋白属于糖基化修饰型蛋白。糖基化修饰能提升蛋白质的结构稳定性、药代动力学性能以及与靶细胞表面受体的结合能力。真核生物蛋白质糖基化的主要形式为多肽链保守序列内天冬酰胺残基 N 原子上交联特定长度和糖基组成的寡聚糖苷链（即 N-糖基化修饰），但大肠杆菌细胞缺乏此类蛋白质糖基化修饰系统。自从将空肠弯曲杆菌（$Campylobacter\ jejuni$）的 N-糖基化修饰系统导入大肠杆菌获得成功后，利用大肠杆菌生产糖基化的重组异源蛋白已成为可能。

1. 降低细菌寡糖基转移酶的底物特异性 大肠杆菌虽然不含复杂糖链的合成系统，却拥有 O-抗原（由 3~6 个单糖构成的寡糖链）连接酶 WaaL，后者能将 O-抗原交联在脂质 A 上。任何在大肠杆菌中表达的异源寡糖链均可被 WaaL 交联至脂质但非目标蛋白中。因此，大肠杆菌异源蛋白糖基化能力工程化设计和引入的第一步是构建基因型为 $\Delta waaL$ 的缺失突变株，如源自大肠杆菌 W3110 株的 CLM24 突变株。

空肠弯曲杆菌的蛋白质寡糖基转移酶 PglB 能在周质环境中将寡糖链位点特异性地交联在内源性蛋白或重组异源蛋白多肽链中 D/E-X_1-N-X_2-S/T（X 为 Pro 除外的所有氨基酸）保守序列的天冬酰胺残基上，但绝大多数来自真核生物的异源蛋白糖基化位点序列往往不含带负电荷的 D 或 E 残基。由于目标蛋白的氨基酸序列一般不允许改变，因此需要通过改造 PglB 的结构特征以拓宽其对蛋白底物的识别特异性。事实上，D 或 E 的存在并非 PglB 介导寡糖链交联所必需的，但对酶促反应效率影响很大。PglB 的晶体结构显示改变其底物识别特异性或提高酶催化活性的关键氨基酸位点，但基于点突变的 PglB 改造效果并不理想，在大肠杆菌中 PglB 介导真核型寡糖链转移的效率仅为 1%。在原核细菌范围内进一步搜寻具有较低底物糖基化位点特异性的 PglB 同源物，有可能最终解决这一问题。

2. 引入真核生物的糖链合成机器 大肠杆菌天然存在十一异戊烯焦磷酸-α-N-乙酰葡萄糖胺-1-磷酸转移酶（WecA），它能将乙酰葡萄糖胺-1-磷酸转移至定位于内膜胞质一侧的原核细菌特征性寡糖链合成载体十一异戊烯焦磷酸（Und-PP）上。研究显示，在 $\Delta waaL$ 型大肠杆菌 CLM24 缺失突变株中分别导入来自酿酒酵母的异源二聚体型 β-1,4-N-乙酰葡萄糖胺转移酶（Alg13/Alg14）、β-甘露糖转移酶（Alg1）、双功能型 α-1,3-甘露糖和 α-1,6-甘露糖转移酶（Alg2）以及空肠弯曲杆菌的 PglB 编码基因，便能使大肠杆菌产生含类似真核生物寡糖侧链 $Man_3GlcNAc_2$ 的重组糖蛋白。这种经工程化改造的大肠杆菌首先在其内膜胞质一侧合成糖单位，再借助其自身存在的 O-抗原翻转酶（Wzx）将之翻转至周质一侧，最后由 PglB 交联至重组异源蛋白的相应糖基化位点上。然而，人体内天然糖蛋白的糖链结构还含有乙酰葡萄糖胺、半乳糖、唾液酸的延伸单位，上述构建的大肠杆菌工程菌距最终表达人源化糖蛋白产物的目标还有较长的路。此外，这一策略要求重组异源蛋白能分泌至大肠杆菌的周质中，表达量往往受到很大影响。

3. 提升糖基化重组异源蛋白的表达效率 限制大肠杆菌高效表达糖基化重组异源蛋白的因素很多。第一，PglB 的寡糖链转移效率具有较大的改进空间，采用密码子优化等策略可使 PglB 在大肠杆菌中的寡糖链转移效率提升至 77%。第二，减小大肠杆菌的代谢负荷被证明能有效提高重组异源蛋白的糖基化效能，提升磷酸烯醇丙酮酸依赖型单糖磷酸转移系统的效率有助于打通重组大肠杆菌的代谢瓶颈。例如基因的过表达能使多种重组异源糖蛋白的表达量提高 6.7 倍，达到大约 9 mg/L 的水平；参与寡糖链装配的异柠檬酸裂解酶的过表达也能使重组异源糖蛋白的表达量提高 3 倍。

五、重组克隆菌的遗传不稳定性及其对策

（一）重组克隆菌的遗传不稳定性的原因

在产业化应用中，重组克隆菌保存及培养过程中经常会表现出遗传不稳定性，直接影响到发酵过程中比生长速率的控制以及培养基组成的选择。这种不稳定性具有两种主要存在形式：①重组 DNA 分子上某一区域发生缺失、重排或修饰，导致其表观功能丧失；②整个重组分子从受体细胞中逃逸。这两种情况分别称为重组分子的结构不稳定性和分配不稳定性。

重组克隆菌遗传不稳定性发生的主要原因是：①受体细胞中存在的限制与修饰系统对外源 DNA 的降解作用，但目前使用的受体菌均在不同程度上减弱甚至丧失了限制与修饰酶系，因此这种因素通常不会单独发挥作用。②重组分子中所含基因的高效表达严重干扰受体细胞的正常生长代谢过程，包括能量和生物分子的竞争性消耗以及外源基因表达产物的毒性作用。这种干扰作用与自然环境中的其他生长压力（如极端温度、极端 pH、高浓度抗生长代谢剂、营养物质匮乏等）一样，可以诱导受体菌产生相应的应激反应，包括关闭生物大分子的生物合成途径以节约能源、启动蛋白酶和核酸酶编码基因的表达以补充必需的营养成分，于是工程菌中的重组 DNA 分子便会遭到宿主核酸酶的降解，造成结构缺失或重排现象。③重组分子尤其是重组质粒在细胞分裂时的不均匀分配造成重组质粒逃逸。这种情况通常取决于载体质粒本身的结构，但也与外源基因表达产物对细胞所造成的重大负荷有关。④受体细胞中内源性的转座元件致使重组分子 DNA 片段的缺失和重排。在这 4 个方面的影响中，细胞分裂时质粒的不均匀分配是造成重组质粒逃逸的最基本原因。

（二）控制基因工程菌遗传不稳定性的对策

根据工程菌不稳定性的原因，已发展出控制重组质粒结构和分配不稳定性的多种方法。

1. 改进载体宿主系统　以增强载体质粒稳定性为目的的载体宿主改进方法包括：①将 par 基因引入表达型质粒中。例如，将大肠杆菌质粒 pSC101 的 par 基因克隆到 pBR322 类型的质粒上，或将 R1 质粒上 580 bp 的 parB 基因导入普通质粒上，其表达产物可选择性地杀死由于质粒拷贝分配不均匀而产生的无质粒细胞。②正确设置载体质粒上的多克隆位点，防止外源基因插入质粒的稳定区域内。③由于 DNA 单链结合蛋白（SSB）为 DNA 复制和细菌生存所必需的，若将大肠杆菌染色体 DNA 上的 ssb 基因克隆到载体质粒上，任何丢失质粒的细胞均不能再在培养过程中增殖。④相同细菌的不同菌株有时会对同一种重组质粒表现出不同程度的耐受性，直接选择较稳定的受体菌株也会取得较好效果。另外，对于某些受体细胞而言，借助于诱变或基因同源灭活方法除去其染色体 DNA 上存在的转座元件，也可有效控制重组质粒的结构不稳定性。

2. 施加选择压力　利用载体质粒上原有的遗传标记可在工程菌发酵过程中选择性地抑制丢失重组质粒的细胞生长，从而提高工程菌的稳定性。根据载体质粒上选择标记基因的不同性质，可以设计多种有效的选择压力，其中包括：①抗生素添加法。大多数表达型质粒上携带抗生素抗性基因。将相应的抗生素加入细菌培养体系中，即可降低重组质粒的宏观逃逸率。但对于一些不稳定的抗生素来说，添加抗生素造成的选择压力只能维持较短的时间，并且加入大量的抗生素会使生产成本增加，这种方法在大规模工程菌发酵时并不实用。此外，对于重组蛋白药物的生产来说，添加大量的抗生素通常会影响产品的最终纯度。②抗生素依赖法。借助于诱变技术筛选分离受体菌对某种抗生素的依赖性突变株，也就是说，只有当培养基中含有抗生素时，细菌才能生长，同时在重组质粒构建过程中引入该抗生素的非依赖性基因。在这种情况下，含有重组质粒的工程菌能在不含抗生素的培养基上生长，而不含重组质粒的细菌的生长被抑制。这种方法可以节省大量的抗生素，但其缺点是受体细胞容易发生回复突变。③营养缺陷法。与上述抗生素依赖法较为相似，其原理是灭活某一种细胞生长所必需的营养物质的生物合成基因，分离获得相应的营养缺陷型突变株，并将这个有功能的基因克隆在载体质粒上，从而建立起质粒与受体菌之间的遗传互补关系。在工程菌发酵过程中，丢失重组质粒的细胞同时也丧失了合成这种营养成分的能力，因而不能在普通培养基中增殖。这种生长所必需的因子既可以是氨基酸（如色氨酸），也可以是某种具有重要生物功能的蛋白质（如氨基酰- tRNA 合成酶）。

3. 控制外源基因过量表达　外源基因的过量表达在某种意义上也包括重组质粒拷贝的过度增殖，均可能诱发基因工程菌的遗传不稳定性。前已述及，使用可诱导型的启动子控制外源基因的定时表达，以及利用二阶段发酵工艺协调细菌生长与外源基因高效表达之间的关系，是促进工程菌遗传稳定的一种策略。

4. 优化培养条件　基因工程菌所处的环境条件对其所携带的重组质粒的稳定性影响很大，在工程菌构建完成之后，选择最适的培养条件是进行大规模生产的关键步骤。培养条件对重组质粒稳定性的影响机制错综复杂，其中培养基组成、培养温度、细菌比生长速率尤为重要。由于细菌在不同的培养基中启动不同的代谢途径，对工程菌来说，培养基组分可能通过各种途径影响重组质粒的稳定性遗传，如含有 pBR322 的大肠杆菌在葡萄糖和镁离子限制的培养基中生长，比在磷酸盐限制的培养基中显示出更强的质粒稳定性。一般而言，培养温度较低有利于重组质粒的稳定遗传。有些温度敏感型的质粒不但其拷贝数随温度的上升而增加，而且当温度达到 40 ℃以上时，还会引起降解作用。另外，重组质粒的导入有时也会改变受体菌的最适生长温度。这两种情况均可能与重组质粒表达产物和受体菌代谢产物之间的相互作用有关。比生长速率是表现微生物生长速率的一个参数，也是发酵动力学中的一个重要参数，指每小时单位质量的菌体所增加的菌体量。细菌的比生长速率对重组质粒稳定性的影响趋势不尽一致，与细菌本身的遗传特性以及质粒的结构均有关系。如果不含重组质粒的细胞比含有重组质粒的细胞生长得慢，重组质粒的丢失不会导致非常严重的后果，反之则会加剧重组克隆菌的不稳定性。因此调整这两种细胞的比生长速率可以提高重组质粒的稳定性。

第二节 真核微生物基因工程

一、真核微生物基因表达系统

真核微生物基因的表达系统以真菌类研究较多。真菌是一个庞大家族，包括霉菌（又称丝状真菌）、酵母、蕈菌（俗称蘑菇）三大类群。在真核生物谱系中，真菌的系统发育关系非常密切，仅在其形态特征和准性生殖过程方面才显示出较丰富的多样性。此外，真菌细胞含有细胞核、线粒体，但缺少叶绿体，其细胞壁的主要成分为几丁质（即甲壳素或壳聚糖），有别于植物和细菌的细胞壁组成。由于真菌兼有微生物遗传学特征和动植物分子生物学机制，因此以真菌为受体细胞的基因工程具有重要的研究意义和应用价值。

在真菌类真核微生物中，目前已广泛用于外源基因表达的是酵母。酵母主要有酿酒酵母（*Saccharomyces cerevisiae*）、乳酸克鲁维酵母（*Kluyveromyces lactis*）、巴斯德毕赤酵母（*Pichia pastoris*）、多形汉逊酵母（*Hansenula polymorpha*）、粟酒裂殖酵母（*Schizosaccharomyces pombe*）、解脂耶氏酵母（*Yarrowia lipolytica*）、腺嘌呤阿氏酵母（*Arxula adeninivorans*）等，其中芽殖型酿酒酵母的遗传学和分子生物学研究的最为详尽。利用经典诱变技术对野生型酿酒酵母菌株进行多次改良，已成为酵母中高效表达外源基因尤其是高等真核生物基因的优良宿主系统。

酵母作为优良宿主系统的优势在于：①基因表达调控机理比较清楚，且遗传操作相对较为简单；②具有原核细菌无法比拟的真核生物蛋白翻译后修饰加工系统；③不含特异性病毒，不产内毒素，有些酵母种属（如酿酒酵母等）在食品工业中有着数百年的应用历史，属于基因工程安全受体系统；④大规模发酵工艺成熟，成本低廉；⑤能将外源基因表达产物分泌至培养基中；⑥酵母是最简单的真核模式生物，其生长代谢特征与大肠杆菌等原核细菌有许多相似之处，但在基因表达调控模式尤其是转录水平上与原核细菌有着本质的区别，因而酵母是研究真核生物基因表达调控的理想模型。利用酵母表达动植物基因能在相当大的程度上阐明高等真核生物乃至人类基因表达调控的基本原理以及基因编码产物结构与功能之间的关系。

酵母表达宿主也存在一些缺陷：①基因的表达量低。绝大多数的酵母基因在所有生理条件下均以基底水平转录，每个细胞或细胞核只产生 $1\sim2$ 个 mRNA 分子；高丰度蛋白质中96%以上的氨基酸残基是由25个密码子编码的，它们对应于异常活跃的高组分 tRNA，而为低组分 tRNA 识别的密码子基本上不被使用，这种以密码子的偏爱性控制基因表达产物丰度的模式相当普遍。②mRNA 稳定性较差。细胞中存在多种类型的结合蛋白，它们通过直接或间接的途径缩短成熟 mRNA 的 $3'$ 端 poly(A)长度，进而脱去 $5'$ 端的帽子结构，最终降解 mRNA。在重组克隆菌中，即便使用酵母自身的启动子和终止子，外源基因在酵母中的表达也相当困难。③酿酒酵母分泌效率低，几乎不分泌分子质量大于 30 ku 的外源蛋白，由于超糖基化而使所表达的外源蛋白不能正确糖基化，且表达的蛋白 C 端往往被截短。④发酵时间长，难于高密度培养。

二、酵母基因表达载体组成元件

酵母中天然存在的自主复制型质粒并不多，而且相当一部分野生型质粒属于隐蔽型。因此，目前用于外源基因克隆和表达的酵母载体质粒都是由野生型质粒与宿主基因组上的自主复制序列（autonomously replicating sequence，*ARS*）、着丝粒（centromeric）序列、端粒（telomere）序列以及用于转化子筛选鉴定的功能基因构建而成。

（一）酿酒酵母的 2μ 环状质粒

几乎所有的酿酒酵母菌株细胞中都存在一个 6 318 bp 的野生型 2μ 双链环状质粒，它在宿主细胞核内的拷贝数可维持在 50～100 个，呈核小体结构，其复制的控制模式与染色体 DNA 完全相同。

2μ 质粒上含有两个相互分开的 599 bp 反向重复序列（IRS），两者在某种条件下可发生同源重组，形成 A 和 B 两种不同的形态（图 11-3）。该质粒上有 FLP、REP1、REP2 和 RAF 四个基因，其中 FLP 基因的编码产物催化两个 IRS 序列之间的同源重组，使质粒在 A 与 B 两种形态之间转化，REP1、REP2 和 RAF 基因均为控制质粒稳定性的反式作用因子编码基因。2μ 质粒还含有三个顺式作用元件：单一的 ARS 位于一个 IRS 的边界上；STB（REP3）区域是 REP1 和 REP2 蛋白因子的结合位点，在细胞有丝分裂时对质粒均匀分配起着重要作用；FRT 存在于两个反向重复序列中，大小为 50 bp，是 FLP 蛋白的识别位点。

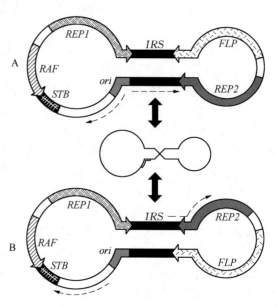

图 11-3　酿酒酵母 2μ 质粒的两种形态

2μ 质粒在宿主细胞中极其稳定，只有当一个人工构建的高拷贝质粒导入宿主菌中，或宿主菌长时间处于对数期生长时，2μ 质粒才会以不高于 10^{-4} 的频率丢失。2μ 质粒仅在细胞的分裂前期复制，由于其复制启动的控制与染色体 DNA 相同，在通常的情况下每个细胞周期它只能复制一次，但在某些环境条件下，2μ 质粒也可在一个细胞周期中进行多轮复制，而且每次复制可产生二十聚体的大分子。

除了酿酒酵母外，其他几种酵母种属的细胞内也含有类似的野生型质粒，如接合酵母属（Zygosaccharomyces）中的 pSRⅠ、pSB1、pSB2、pSR1 以及克鲁维酵母属中的 pKD1 质粒等，它们都具有相似的结构形态和大小，在各自的宿主细胞内也拥有较高的拷贝数。这些质粒的 IRS 和 ARS 的定位与酿酒酵母中的 2μ 质粒有着惊人的相似性，但其 DNA 序列以及编码产物的氨基酸序列却同源性不高。

（二）酵母基因表达载体的功能元件

酵母基因表达系统的载体常用酵母-大肠杆菌穿梭载体，可以在酵母和大肠杆菌中进行复制，其原因是大肠杆菌转化方法简单，转化效率高，从大肠杆菌制备质粒 DNA 也比较方便，并且利用大肠杆菌系统构建酵母基因表达载体可以大大简化手续，缩短时间。这种穿梭载体，除了含有酵母复制子和大肠杆菌复制子外，还包括以下五个元件。

1. DNA 复制起始区　这是一小段具有 DNA 复制起始功能的 DNA 序列，通常来自酵母天然质粒的复制起始区及酵母基因组中的自主复制序列。DNA 复制起始区赋予酵母基因表达载体在细胞每个分裂周期的分裂前期自主复制一次的能力。

2. 选择标记　用于酵母转化子筛选的标记基因主要有营养缺陷互补基因和显性基因两大类。

营养缺陷互补基因主要包括营养成分的生物合成基因，如氨基酸（Leu、Trp、His、Lys）和核苷酸（URA、ADE）等。在使用时，受体必须是相对应的营养缺陷型突变株。这些标记基因的表达虽具有一定的种属特异性，但在酿酒酵母、粟酒裂殖酵母、巴斯德毕赤酵母、白色假丝酵母（Candida albicans）以及解脂耶氏酵母等种之间大都能交叉表达。目前用于实验室研究的几种常规酵母受体系统均已建立起相应的营养缺陷型突变株。

对大多数多倍体工业酵母而言，获得理想的营养缺陷型突变株相当困难甚至不可能，故在此基础上又发展了酵母的显性选择标记系统。显性标记基因的编码产物主要是针对干扰酵母受体细胞正常生长毒性物质的抗性蛋白（表 11-4）。

表 11-4 用于酵母的显性选择标记

功能蛋白	显性基因（来源）	作用机制	说明
氨基糖苷磷酸转移酶	Aph（Tn601）	修饰灭活氨基糖苷类 G418	自身启动子
氯霉素乙酰转移酶	cat（Tn9）	修饰灭活氯霉素	需在不可发酵的碳源上培养，酿酒酵母 ADC1 启动子
二氢叶酸还原酶	Mdhfr（小鼠）	抵消氨甲蝶呤和磺胺的抑制	酿酒酵母 CYC1 启动子
腐草霉素结合蛋白	Ble（Tn5）	灭活腐草霉素	酿酒酵母 CYC1 启动子、解脂耶氏酵母 CYC1 启动子
铜离子螯合物	CUP1（酵母）	螯合二价铜离子	自身启动子
蔗糖转化酶	SUC2（酵母）	代谢分解蔗糖	巴斯德毕赤酵母 AGX1 启动子、解脂耶氏酵母启动子
乙酰乳酸合成酶	ILV2（酵母）	抗硫酰脲除草剂	自身启动子
EPSP 合成酶	aroA（细菌）	抵消草甘膦的抑制	酿酒酵母 ADH1 启动子
DAHP 合成酶	ARO4-OFP	抵消 O-氟苯丙氨酸的抑制	自身启动子（酿酒酵母）
锌指转录因子	FZF1（酵母）	促进亚磷酸盐外排	自身启动子（酿酒酵母）
亚磷酸脱氢酶	ptxD（酵母）	将亚磷酸氧化为磷酸	酿酒酵母 IPC 启动子、粟酒裂殖酵母 NMT1 启动子
渗透压调节因子	SRB1（酵母）	抗低渗透压生长	自身启动子（酿酒酵母）

注：DAHP 为 3-脱氧-D-阿拉伯糖庚糖酸-7-磷酸；EPSP 为 5-烯醇式丙酮酰莽草酸-3-磷酸。

3. 整合介导区 这是与受体菌株基因组有某种程度同源性的一段 DNA 序列，它能有效地介导载体与宿主染色体之间发生同源重组，使载体整合到宿主染色体上。根据不同的目的和要求，可通过特定的整合介导序列人为地控制载体在宿主染色体上的整合位置与拷贝数。一般地说，酵母染色体的任何片段都可作为整合介导区，但最方便、最常用的单拷贝整合介导区是营养缺陷型选择标记基因序列，基因组内的高拷贝重复序列（如 rDNA、Ty 序列等）则可作为多拷贝整合介导区。

4. 有丝分裂稳定区 游离于染色体外的载体在宿主细胞有丝分裂时能否有效地分配到子细胞中是决定转化子稳定性的重要因素之一。有丝分裂稳定区（STB）的作用就是当细胞有丝分裂时能帮助载体在母细胞和子细胞之间平均分配。常用的有丝分裂稳定区是来自于酵母染色体的着丝粒片段。此外，来自酵母 2μ 环状质粒的有丝分裂稳定区片段也有助于提高游离载体的有丝分裂稳定性。

5. 表达盒 表达盒（expression cassette）是酵母基因表达载体最重要的构件，主要由转录启动子和终止子组成。如果需要外源基因的表达产物分泌，在表达盒的启动子下游还应该包括分泌信号序列。由于酵母对异种生物的转录调控元件的识别和利用效率很低，所以表达盒中的转录启动子、分泌信号序列及终止子都来自酵母本身。

酵母启动子可分为组成型和诱导型两种（表 11-5）。启动子长度一般为 1~2 kb，下游有转录起始位点和 TATA 序列，启动子上游有各种调控序列，包括上游激活序列（upstream activating sequence，UAS）、上游阻遏序列（upstream repression sequence，URS）和组成型启动子序列等。一组称为普遍性转录因子的蛋白质能识别转录起始位点及 TATA 序列，形成转录起始复合物。转录起始复合物决定了一个基因的基础表达水平。位于启动子上游的 UAS、URS 等序列分别与一些调控蛋白相结合，并和转录起始复合物相互作用，以激活、阻遏等方式影响基因的转录效率。此外，在酵母调节转录因子基因（AMT1）启动子中存在一个由 16 个 A 组成的同源多聚腺苷酸序列，它在 AMT1 的快速自激活中起调节作用。

表 11-5 酿酒酵母基因表达载体的启动子

启动子	表达条件	状态
酸性磷酸酶（acid phosphatase，PH05）	磷酸缺乏培养基	可诱导
乙醇脱氢酶Ⅰ（alcohol dehydrogenase Ⅰ，ADHⅠ）	2%～5%葡萄糖	组成型
乙醇脱氢酶Ⅱ（alcohol dehydrogenase Ⅱ，ADHⅡ）	0.1%～0.2%葡萄糖	可诱导
细胞色素 C_1（cytochrome C_1，CYC1）	葡萄糖	可抑制
尿苷酰转移酶（uridyl transferase）	乳糖	可诱导
半乳糖激酶（galactokinase，GAL）	乳糖	可诱导
3-磷酸甘油醛（glyceraldehyde - 3 - phosphate）	2%～5%葡萄糖	组成型
金属硫蛋白 1（metallothionein 1，CUP1）	0.03～0.1 mmol/L	可诱导
磷酸甘油酯激酶（phosphoglycerate kinase，PGK）	2%～5%葡萄糖	组成型
磷酸丙糖异构酶（triose phosphate isomerase，TPI）	2%～5%葡萄糖	组成型
UDP 半乳糖差相异构酶（UDP galactose epimerase，GAL）	乳糖	可诱导

外源基因在酵母中高效表达的关键是选择高强度的启动子，以改变受体细胞基因基底水平转录的控制系统，同时控制外源基因的拷贝数。多数酿酒酵母的启动子，如酵母磷酸甘油酯激酶（PGK）基因启动子、甘油醛磷酸脱氢酶（GAPDH）基因启动子等都可用于构建载体。在大规模培养中的特定时段生产大量的重组蛋白时，一般首选调控严格、可诱导的启动子。例如，乳糖调控启动子对乳糖反应就非常迅速，一旦加入乳糖，该启动子转录效率就提高 1 000 倍左右。此外，可抑制、组成型以及综合不同启动子特点的杂合启动子也是有用的。此外，最大量的表达还依赖于转录有效的终止。

酵母终止子序列相对较短，是决定酵母中 mRNA 3′端稳定性的重要结构。酵母中 mRNA 3′末端的形成与高等真核生物相似，也经过前体、mRNA 加工和多聚腺苷酸化反应，但这些反应是紧密偶联的，而且就发生在基因 3′端的近距离内，所以酵母基因的终止子一般不超过 500 bp。

分泌信号序列是前体蛋白 N 端一段长为 17～30 个氨基酸残基的分泌信号肽编码区，主要功能是引导分泌蛋白从细胞内转移到细胞外，并对蛋白质翻译后的加工起重要作用。酵母细胞能在一定程度上识别外源分泌蛋白的信号肽进行蛋白质的输送和分泌表达产物，但其效率一般较低。所以，需要依赖酵母本身的分泌信号肽来指导外源基因表达产物的分泌。常用的酵母分泌信号序列有 α 因子的前导肽序列、蔗糖酶和酸性磷酸酶的信号肽序列。其中 α 因子前导肽序列指导表达产物最为有效，在各种酵母菌中的适用范围最广。

三、酿酒酵母基因表达载体的构建

酿酒酵母质粒载体可分为 3 类：①自主复制型载体。引入了复制子结构，在酵母细胞中可以自我复制，酵母复制质粒（yeast replicating plasmid，YRp）载体、酵母附加型质粒（yeast episomal plasmid，YEp）载体和酵母着丝粒质粒（yeast centromere plasmid，YCp）载体属于此类载体。YRp 在遗传学方面极不稳定；YEp 可以很快与酵母内源质粒重组，重组后 YEp 载体很快复制并扩增；YCp 的遗传特性是拷贝数少且遗传性稳定。②整合型载体。典型代表是酿酒酵母的酵母整合质粒（yeast integrating plasmid，YIp）载体，它带有一个酵母 URA3 标志基因、大肠杆菌的复制和报告基因。由于质粒 DNA 与酵母基因组 DNA 之间发生了同源重组，在转化的细胞中可以检测到质粒的整合复制。整合载体中的 YIp 载体的转化效率低，而且不稳定。③酵母人工染色体型载体。利用酵母的端粒序列（*TEL*）、着丝粒序列（*CEN*）和自主复制序列（*ARS*）等 DNA 元件构建的人工酵母染色体，可以克隆扩增大片段的外源DNA。

由于大肠杆菌转化方法简单，转化效率高，从大肠杆菌制备质粒DNA也比较方便，并且利用大肠杆菌系统构建酵母载体可以大大简化手续，缩短时间。因此，酵母基因表达载体常用酵母-大肠杆菌穿梭载体，它们包括来自酵母的部分基因序列和细菌的部分基因序列，既能在酵母中复制也能在大肠杆菌中进行复制。其细菌部分主要包括可以在大肠杆菌中复制的复制起点（ori）序列和特定的抗生素抗性基因序列，供在大肠杆菌中进行增殖和筛选。

1. 酿酒酵母自主复制型载体构建 酿酒酵母自主复制型载体的构建主要是引入复制子结构、选择标记基因、克隆位点（MCS）三部分DNA序列。复制子结构的来源有两种，即直接克隆宿主染色体DNA上的自主复制序列或选用2μ质粒所属的复制子，其中由染色体ARS构成的质粒称为YRp，而由2μ质粒复制子构建的杂合质粒则称为YEp，这两种质粒统称为自主复制型质粒（图11-4）。两者均为酿酒酵母-大肠杆菌穿梭质粒。由于含有酵母基因组的DNA复制起始区，在转化酿酒酵母后都能进行自主复制，每个细胞的拷贝数最高时可达200个。

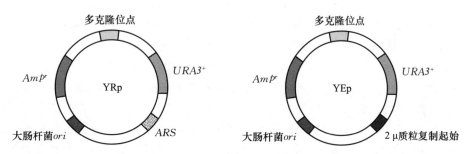

图11-4 酿酒酵母自主复制型质粒图谱

YRp载体的特点是转化效率高（每微克DNA的转化子达$10^{3\sim 4}$个），并且每个细胞的质粒拷贝数可高达上百个。然而，由于这种类型的载体在细胞分裂时很难在母细胞与子细胞之间平均分配，而且大多滞留在母细胞内，即使在有选择压力的条件下，随着转化细胞不断地分裂繁殖，质粒丢失率高达50%～70%，子代细胞中的YRp质粒拷贝数也会迅速减少，最终导致整个群体的平均拷贝数变得很低（每个细胞只有1～10个拷贝数）。如果在没有选择压力的条件下培养，丢失了载体的细胞会以每世代高达20%的速率积累。因此，YRp质粒虽然是一种较好的建库载体，也可作为试验研究的表达载体，但难以用于工业生产中高表达外源基因。

YEp载体仅含有2μ质粒自主复制序列，需要转化含有天然2μ质粒的酿酒酵母cir^+株，以提供稳定性所需的反式作用因子REP1和REP2。这些载体一般比完整的2μ质粒更具结构稳定性，但只能维持较低的拷贝数（每个细胞有10～40个拷贝数），而且随外源基因的产物性质和表达水平显著波动。由强组成型启动子介导的表达复杂产物的合成与分泌或者细胞中某条途径的过载，均会降低平均拷贝数并显著影响质粒的稳定性。

YCp是将含有CEN与ARS的质粒重组构建的杂合质粒。由于酵母着丝粒的存在可以使这种载体在细胞分裂时能像染色体那样在母细胞与子细胞之间平均分配。所以，其转化子细胞每世代丢失质粒的频率不到1%，表现出高度的质粒稳定性。然而，它的DNA复制也受到严格控制，每个细胞中的质粒拷贝数只有1～2个。YCp质粒常用于构建基因文库，它特别适用于克隆和表达那些多拷贝时会抑制细胞生长的基因。与自主复制型质粒（YRp和YEp）一样，能高频转化酵母，也可在大肠杆菌和酵母之间有效地穿梭转化并维持。

2. 酿酒酵母整合型载体构建 因在细胞内稳定维持的拷贝数不同，上述YEp和YCp载体可分别用于外源基因在酿酒酵母中的高水平和低水平表达，且使用简便。然而，两种或多种2μ型和（或）着丝粒/自主复制型质粒很难同时维持在同一个细胞中。若要同时导入多个外源基因，且希望既能保持长期稳定又能精确控制其量的差异性表达，那么最简便的方式就是将外源基因整合在酵母染色体的特定位点中。

酿酒酵母典型的整合型载体是 YIp 载体，一般携带 MCS、选择标记、整合特异性靶序列，但不含复制起始位点，因而除非整合在染色体上，否则不能在细胞中维持。整合特异性靶序列的功能是介导 YIp 或其重组分子以同源重组的方式整合在宿主基因组的相应位点上，整合位点一般选择酿酒酵母基因组上的重复序列，如 δ 元件、rDNA、逆转座子 Ty1 等，其中的 δ 元件是逆转座子 Ty1 和 Ty2 上的长末端重复序列（LTR）。酿酒酵母 S288C 株的基区组中散布着数百个 δ 元件，它们或单独存在或与逆转座子连在一起。因此，YIp 或其重组分子一旦进入细胞，在强大筛选压力的存在下，便可整合在酿酒酵母基因组的多个重复序列中，最高可达 80 处多拷贝整合。

酵母整合型载体因其转化子的高度稳定性而被广泛应用。它的不足之处主要是转化频率低（每微克 DNA 的转化子 $<10^2$ 个）和整合拷贝数少（每个细胞有 1～2 个拷贝），因而其转化子对外源基因的表达量相对较低。如果用在酵母染色体上以多拷贝形式存在的 DNA 片段，如 rDNA、Ty 序列等作为整合介导序列构建整合载体，就可以大大提高整合的拷贝数和外源基因的表达水平，这类整合载体称为酵母多重整合质粒（yeast multiple-integration plasmid，YMIp）型载体。

3. 酵母人工染色体型载体 真核生物染色体的两个游离末端称为端粒，端粒区域的 DNA 为端粒序列，这个序列的最大作用是防止染色体之间的相互粘连。由于目前已知的所有生物体 DNA 聚合酶都必须在引物的引导下由 5′ 至 3′ 方向聚合 DNA 链，且引物在新生 DNA 链中被切除，因此从理论上来说，线性染色体 DNA 在每次复制后产生的子代 DNA 必然会在其两端各缺失一段。然而真核生物的端粒 DNA 在端粒酶的作用下，可以修补因复制而损失的 DNA 片段，以防止染色体过度缺失造成宿主细胞死亡。另外，端粒 DNA 序列与端粒酶共同作用的时空特异性也决定了细胞的寿命，如果生物机体的某种组织或细胞缺少了端粒 DNA 的增补功能，则它们会在复制一定次数（或细胞分裂）后自动死亡，而其寿命的长短直接与端粒 DNA 的长度相关。

利用酵母的 *TEL*、*CEN*、*ARS* 等 DNA 元件构建人工酵母染色体，可以克隆扩增大片段的外源 DNA，这是 YAC 载体构建的基本思路。这类载体一个典型的例子是 pYAC2，它除了装有两个方向相反的 T DNA 片段外，还包括 *SUP4*、*TRP1*、*URA3* 等酵母选择标记基因以及大肠杆菌的复制子和选择标记基因 Amp^r。*SUP4* 编码 $tRNA^{Tyr}$ 的赭石抑制型 tRNA，在 *ade2* 基因赭石突变株中，*SUP4* 基因的表达使转化子呈白色，而非转化子或 *SUP4* 基因不表达时呈红色。因此，将外源 DNA 克隆在 YAC 载体的 *Sma* I 位点上，便可灭活 *SUP4* 基因，获得红色的重组克隆。pYAC2 上的大肠杆菌元件主要是为了载体质粒在大肠杆菌中的扩增与制备。YAC 载体的装载量可高达 800 kb，因而非常适用于构建人的基因组文库。

YAC 载体的克隆程序如图 11-5 所示。首先将待克隆的外源 DNA 在温和条件下随机打断或用限制性核酸内切酶部分酶切，然后采用 PAGE 技术或蔗糖梯度离心分级分离相对分子质量比载体装载量略小的 DNA 片段；载体质粒 pYAC2 用 *Bam*H I 和 *Sma* I 打开，并经碱性磷酸酶处理除去 5′ 磷酸残基后，再与 DNA 片段进行体外连接重组；重组分子转化酵母受体细胞，红色菌落即为重组克隆。用这种方法构建的一个人类基因组 DNA 文库共由 14 000 个重组克隆组成，其插入 DNA 片段的平均大小为 225 kb。在另一个利用 YAC 载体构建的人类基因组 DNA 文库中，含有完整凝血因子 IX 基因的 650 kb 重组质粒在酿酒酵母受体细胞中稳定维持了 60 代，外源基因未发生任何重排现象。此外，将 YAC 载体用于克隆 200～800 kb 人类基因组 DNA 片段的实验也获得成功，被克隆的人 *HLA*、V_K、5S RNA 以及 X 染色体的 q24～q28 亚区等 DNA 片段均表现出较高的结构稳定性。构建果蝇的基因文库大约需要 10 000 个大肠杆菌的考斯质粒重组克隆，但以 YAC 作载体，插入片段平均相对分子质量为 220 kb，则只需 1 500 个重组克隆。YAC 载体构建真核生物基因组 DNA 文库的另一优势是，克隆的 DNA 片段可通过整合型 YAC 载体在体内直接定点整合在酵母基因组中，进而研究克隆基因的生物功能。如果在 YAC 载体上进一步安装相应的基因表达调控元件，则可构建表达型人造酵母染色体载体（eYAC）。利用这种 eYAC 随机装配一组黄酮类化合物七步生物合成途径的编码基因，当转化子生长在含香豆酸的培养基上时，50%的重组克隆能产柚皮素，其稳定性与正常的 YAC 载体不差上下，黄酮类化合物的生产能力能维持 50 多代。

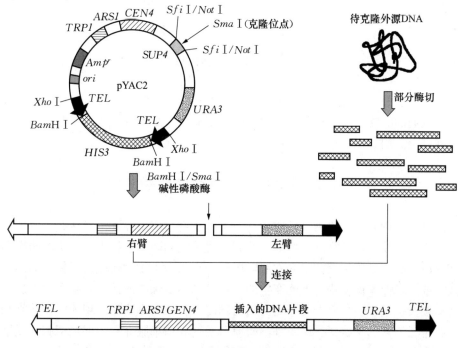

图 11-5　酵母 YAC 载体克隆程序

四、酵母的转化系统

　　一般酵母细胞的转化效率不如细菌高，但它作为一种真核系统可表达一些真核基因，因此将外源 DNA 导入酵母的方法十分重要。酵母转化有原生质体法、醋酸锂法、电击转化法和粒子轰击法等方法。

　　1. 原生质体法　　原生质体法是最早用于酵母转化的方法。其做法是用酵母裂解酶（zymolase）降解酵母细胞壁产生原生质体（球）；然后在聚乙二醇（PEG）和 Ca^{2+} 共同作用下使外源 DNA 导入原生质体；再将原生质体包埋在具有一定渗透势缓冲的琼脂中再生，并在选择培养基上筛选重组子。

　　在 Ca^{2+} 和 PEG 存在的条件下，酵母原生质体可有效地吸收质粒 DNA，在无选择压力的情况下转化细胞可达存活的原生质体总数的 1%～5%。转化效率与原生质体的状态、转化所用 DNA 的纯度、受体菌的遗传特性以及使用的选择标记类型有关。在实际操作中，要控制酵母细胞原生质体化的程度比较困难，控制不好往往会出现脱壁效果不彻底或过度，这样就会大大影响转化效率。另外，制备原生质体及其再生的过程烦琐，不但费时而且成本也高。

　　2. 醋酸锂法　　该法是用醋酸锂直接处理酵母，制成感受态细胞，然后用质粒 DNA 转化，涂布到选择培养基上进行筛选。这种方法的转化效率虽然比不上原生质体法的高，但也能达到每微克 DNA 有 10^3 个转化子，对于一般的应用来说已经足够高了。由于省去了制备原生质体及其转化后的再生过程，过程简便易于操作；转化细胞可直接涂布到培养基上而无须包埋，培养时间也缩短，对于某些对脱壁酶不敏感的酵母菌株尤为适合。另外，该方法处理所得到的感受态细胞可保存约 3 个月，而原生质体却难以长时间保存，所以这一方法被广泛采用。在此基础上，人们又建立了酵母转化的一步法。这种方法特别适用于处于静止期的酵母细胞的转化，使酵母转化的方法变得越来越简单。

　　3. 电击转化法　　电击转化法是用很短促的高压脉冲，使细胞在原生质膜上形成纳米级的小孔，DNA 直接通过这些小孔进入细胞质，转化率高，每微克 DNA 中可转化 10^5 个细胞。由于这一方法转化酵母的成功率较高，常常被用来进行一些新的酵母宿主细胞的 DNA 转化，但操作过程中的电场强度、电脉冲长度、温度、DNA 的构型和浓度以及离子浓度对转化效率都有影响，在应用该法时需花费较多的时间摸索来确定最佳条件。此外，用这一方法进行转化需要特殊的设备，推广也有一定难度。

第三节　微生物基因工程的应用

由于微生物代谢能力强、功能各具特色、产物多种多样，在农业、医学、食品及许多工业中的应用也越来越受到人们的关注，微生物基因工程在医药工业、食品工业、能源工业、化学工业、农业和环境保护也得到广泛应用。

一、重组微生物工程菌与医药工业

生物制药是基因工程开发的前沿，已成为基因工程研究与应用开发中最活跃、发展最快的一个高新技术产业。应用微生物技术研究开发新药改造和替代传统制药工业技术，加快医药生物技术产品的产业化规模和速度。随着基因工程技术的发展，更进一步为微生物制药提供了新型的工程菌，极大地提高了生产效率或生产原来微生物所不能产生的药物。如用于预防或治疗心脑血管疾病、糖尿病、肝炎、肿瘤的药物以及抗感染、抗衰老的新型药物。基因工程药物主要是生理活性多肽类和蛋白质类药物，如胰岛素、生长激素、干扰素、组织纤溶酶原激活剂、白细胞介素、促红细胞生成素、集落刺激因子等，此外还有各种基因工程疫苗。实际上，应用 DNA 重组技术和细胞工程技术所获得的工程菌和新型微生物菌种来开发各类新型药物，已经成为微生物制药研究的重点和发展方向之一。通过基因工程技术开发的重组微生物除了新型抗生素的生产之外，还有一些重要的药物。

1. 人胰岛素　胰岛素（insulin）是多肽激素的一种，具有多种生物功能，在维持血糖恒定，增加糖原、脂肪、某些氨基酸和蛋白质的合成，调节与控制细胞内多种代谢途径等方面都有重要作用，是治疗糖尿病的特效药物。在 20 世纪 80 年代初开始，胰岛素已开始用基因工程技术大量生产。人胰岛素的基因工程生产一般采用两种方式：一是分别在大肠杆菌中合成 A 链和 B 链，再在体外用化学方法连接两条肽链组成胰岛素；二是用分泌型载体表达胰岛素原，再用酶法转化为人胰岛素。

2. 人生长激素　人生长激素（human growth hormone，hGH）是人的垂体腺前叶嗜酸细胞分泌的一种非糖基化多肽激素。它有多种生物功能，主要是刺激身体生长，对慢性肾衰竭和 Turner 综合征也有很好疗效，并对一些细胞增殖和分化以及 DNA 合成有直接效应。hGH 的主要用途是治疗侏儒症。美国的 Genentech 公司采用枯草芽孢杆菌系统表达 hGH，产量达 1.5 g/L，于 1985 年 10 月批准上市，1994 年 3 月又有新产品 Nutyopin 被批准上市。

3. 干扰素　干扰素（interferon，IFN）是一类在同种细胞上具有广谱抗病毒活性的蛋白质，其活性的发挥又受细胞基因组的调节和控制，涉及 RNA 和蛋白质的合成。干扰素是一种类似多肽激素的免疫调节剂，在临床上主要用于预防、治疗恶性肿瘤和病毒性疾病，治疗的病种已达 20 多种。

4. 白细胞介素　白细胞介素（interleukin，IL）是由白细胞或其他体细胞产生的又在白细胞间起调节作用和介导作用的因子，是一类重要的免疫调节剂。已发现的 IL 达 15 种之多，它们的生物功能十分广泛，在临床上 IL 主要用于治疗恶性肿瘤和病毒性疾病（如乙型肝炎、艾滋病等）。随着分子生物学的进展，各种白介素基因已相继克隆成功，并制成基因工程白介素纯品。

5. 集落刺激因子　集落刺激因子（colony-stimulating factor，CSF）是一类能参与造血调节过程的糖蛋白分子，故又称造血刺激因子或造血生长因子。已知的 CSF 主要有 4 种：G-CSF、M-CSF、GM-CSF、Mum-CSF。CSF 的功能可概括为：刺激造血细胞增殖，维系细胞存活，分化定型，刺激终末细胞的功能活性等。CSF 在临床上多用作肿瘤化疗的辅佐药物，如化疗后产生的中性白细胞减少症,也用于骨髓移植促进生血作用,还可用于治疗白血病、粒细胞缺乏症、再生障碍贫血等多种疾病。各类 CSF 的基因结构及其功能早已研究清楚,并在各种宿主细胞中成功表达,作为新药已投入市场。

6. 红细胞生成素　红细胞生成素(erythropoietin,EPO)是一种由肾脏分泌的重要激素,在病理状态下与多种贫血尤其与终末期肾脏疾病贫血密切相关;在生理情况下,它能促进红细胞系列的增殖、分化及成熟。重组人红细胞生成素(rhEPO)已在 20 世纪 80 年代上市,成为在临床上治疗慢性肾衰竭引起的贫血和治疗肿瘤化疗后贫血的畅销药。

7. 肿瘤坏死因子　肿瘤坏死因子(tumor necrosis factor,TNF)除具有抗肿瘤活性外,对多种正常细胞还具有广泛的免疫生物学活性,如炎症活性,促凝血活性,促进细胞因子分泌,免疫调节作用,抗病毒、细菌和真菌作用,热原质作用以及参与骨质重吸收等。1985 年 TNF 获美国食品药品监督管理局(FDA)批准用于临床,在治疗某些恶性肿瘤上得到较好的效果。此外,TNF 在临床诊断及判断疾病预后中也有一定意义。

8. 组织纤溶酶原激活剂　组织纤溶酶原激活剂(tissue-type plasminogen activator,tPA)是一种丝氨酸蛋白酶,能激活纤溶酶原生成纤溶酶。纤溶酶水解血凝块中的纤维蛋白网,将阻塞的血栓溶解,主要用于治疗血栓性疾病。由于 tPA 只特异性地激活血栓块中的纤溶酶原,是血栓块专一性纤维蛋白溶解剂,对人体无抗原性,是一种较好的治疗血栓疾病的药物。重组 tPA(ytPA)已于 1987 年由美国 FDA 批准作为治疗急性心肌梗死药物投放市场,1990 年 FDA 又批准用于治疗急性肺栓塞。

9. 心钠素　心钠素(atrial natriuretic factor 或 atrial natriuretic peptide,ANF 或 ANP)又称心房利钠因子。心钠素是哺乳动物心房组织心肌细胞分泌的一种多肽类激素,具有很强的利钠、利尿、扩张血管和降低血压等作用,可调节体内的水盐平衡,可作为降血压药和利尿药,用于治疗充血性心脏衰竭、高血压、肾衰竭、水肿和气喘等疾病。人的心钠素基因(化学合成)已先后在大肠杆菌、酵母和哺乳动物细胞中表达。1986 年 Vlasuk 等已将化学合成的人心钠素 24 肽(128-151)基因成功地在酵母细胞内获得表达,而且表达产物可分泌到培养液中。

10. 重组乙型肝炎疫苗　由乙型肝炎病毒(HBV)感染引起的急慢性乙型肝炎是世界范围内的严重传染病,每年约有 200 万患者死亡,并有 3 亿人成为 HBV 携带者,其中相当一部分人有可能转化为肝硬化或肝癌患者。目前对 HBV 还没有一种有效的治疗药物,因此高纯度乙型肝炎疫苗的生产对预防病毒感染具有重大的社会效益,而利用重组酵母产生人乙型肝炎疫苗为这种疫苗的广泛使用提供了可靠的保证。重组乙型肝炎疫苗是以基因工程技术研制的第二代乙型肝炎(HBV)疫苗,用重组酵母生产 HBV 疫苗已于 1986 年正式投放市场,成为基因工程疫苗中最成功的例子。但第二代乙型肝炎(HBV)疫苗为蛋白质疫苗,对免疫功能低下或无应答者,需要增加疫苗的接种剂量;此外,疫苗接种后仍有 2%～10% 的人群在免疫后出现抗体无应答或低应答,仍面临着被 HBV 感染的风险。2000 年以来,开发的第三代乙型肝炎疫苗即乙型肝炎 DNA 疫苗或 HBsAg 多肽疫苗,与接种 HBV 蛋白质疫苗相比,DNA 疫苗的免疫效果最好,免疫力持续时间最长。

除上述主要基因工程多肽药物和疫苗外,还有抗血友病因子、凝血因子 1、超氧化物歧化酶(SOD)、其他基因工程疫苗等。此外,一大批新型的基因工程和蛋白质工程药物正处在不同的研究阶段并不断涌现出来。

二、重组微生物工程菌与农业

(一)微生物肥料

微生物肥料具有改善植物氮、磷、钾及微量元素营养,促进植物生长的显著作用。用于提高肥效的重组微生物主要包括可自生或与植物共生、能增加氮素供应的根瘤菌与联合固氮菌,用于增加磷、钾营养的解磷、解钾细菌，以及促进植物生长作用的根际促生微生物（PGPR）等。

1. 重组根瘤菌 自19世纪末以来，根瘤菌和豆科植物共生固氮一直是生物固氮研究的重点，20世纪70年代以后已深入到分子遗传学的研究范畴。目前在根瘤菌中已发现3类固氮基因：结瘤基因（nod）、固氮基因（nif）和共生固氮基因（fix），它们分别以$nodD$、$nifAL$和$fixIJ$作为主要的调节基因。近年的研究开始揭示根瘤菌与豆科植物在分子水平上的相互作用以及有关基因的调控机理，从而为进一步改造利用根瘤菌、提高共生固氮效率提供了新的线索和条件。例如，美国$Scupham$（1996）等将固氮正调节基因$nifAL$与增强碳素代谢的四碳二羧酸转移酶基因dct共同整合于苜蓿根瘤菌（$Sinorhizobium\ malilotii$）的染色体，新构建的菌株比出发菌（原始菌，original strain）增产达12.9%。该工程菌已于1997年获准进入有限商品化生产应用。我国也开展了重组大豆根瘤菌［大豆慢生根瘤菌（$Bradyrhyizobium\ japonicum$）和费氏中华根瘤菌（$Rhizobiun\ fredii$）］研究，此外还有研究室构建了含有吸氢酶基因（$hup$）、三叶草素基因（$tfx$）、竞争结瘤基因（$nefC$）、脯氨酸脱氢酶基因（$putA$）和结瘤基因（$nod$）的工程菌，部分菌株在室内条件下固氮效率和竞争结瘤能力有明显提高，但若要进一步走向田间应用还须加强生物固氮与竞争结瘤分子机理、基因的表达调控以及应用技术等方面的研究。

2. 重组联合固氮菌 以豆科植物结瘤作用为先导的生物固氮研究已有100多年的历史。作为它的一个新的分支，植物根际微生物联合固氮研究的开展不过才30年左右。然而，由于种类繁多的联合固氮菌在改善禾本科植物氮素营养方面的潜在价值，特别是具有植物内生作用的联合固氮菌的利用有可能为非豆科植物打开一条"体内固氮"的新途径，这类固氮菌的分子遗传和基因工程已成为新的研究热点。在众多的联合固氮菌中，目前国内外以肺炎克氏杆菌（$Klebsiella\ pneumoniae$）、巴西固氮螺菌（$Azospirillum\ brasilense$）和固氮类产碱菌（$Alcaligenes\ faecalis$）研究得较为深入。现已分别克隆了这些细菌的$nifHDK$、$nifLA$、$ntrBC$等固氮酶结构基因和调控基因，初步揭示了不同联合固氮菌之间在基因表达与调控上的多样性，从而为耐铵和泌铵工程菌株的构建提供了多种选择。我国研究的供试受体菌除了上述3种以外还包括阴沟肠杆菌（$Enterobacter\ cloacae$）、催娩克氏杆菌（$Klebsiella\ oxytoca$）、类球红细菌（$Rhodobacter\ sphaeroides$）、日勾维肠杆菌（$Enterobacter\ gergoviae$）等。涉及的基因有固氮酶正调控基因（$nifA$）、一般氮代谢调节基因（$ntrC$、$ntrA$、$glnB$）、四碳二羧酸转移酶基因（$dctA$）、吸氢酶基因（hup）、固氮酶负调控基因（$nifL$）、固氮酶活性抑制基因的突变基因（$draT$）以及铵运输蛋白基因（amT、$nrgA$、$mebI$）等。多年的试验研究结果表明，经过重组修饰的耐铵工程菌能显著提高固氮效率，有效减轻铵对固氮的阻遏作用，但田间效果常受到诸多生态因子的影响而不太稳定。

（二）微生物农药

微生物农药是指非化学合成、具有杀虫防病作用的微生物制剂，如微生物杀虫剂、杀菌剂、农用抗生素等。这一类微生物包括杀虫防病的细菌、真菌和病毒。

1. 杀虫微生物 杀虫微生物中研究最多、用量最大的是苏云金芽孢杆菌（$Bacillus\ thuringiensis$，Bt）。Bt在生成芽孢时菌体中可形成一个或多个具有强烈杀虫作用的蛋白晶体，称为δ-内毒素（cry），能广泛用于粮食作物、经济作物、蔬菜、林业以及一些卫生害虫的防治。Bt的另一突出优点是选择性强，对人畜、天敌、植物都非常安全，堪称"无公害农药"。但是，Bt也存在一些缺点与不足，如毒素蛋白晶体易受环境因素作用而分解；杀虫作用不持久，田间防治效果仅能维持3～4 d；杀虫谱偏窄，仅对部分鳞翅目害虫有效；常年使用可能导致害虫产生抗药性等。20世纪80年代以来，对Bt杀虫作用的分子机理已有大量研究，国际上迄今已命名的杀虫蛋白基因已达130余个。这些基因大多定位在质粒上，通过质粒的修饰与交换，基因的体外重组或杀虫基因向其他受体细菌的转移，可以有效地对Bt进行遗传改良而达到扩大杀虫谱和提高杀虫毒力的目的。国外目前已有10余种工程菌获准进入市场销售，国内中国农业科学院生物技术研究所和植物保护研究所、华中农业大学等鉴定

发现了 *crylAc10*、*crylFb3*、*p21zb* 等十余种新的杀虫蛋白或分子伴侣（molecular chaperone）基因，并在此基础上分别构建了对棉铃虫、小菜蛾、甜菜夜蛾、斜纹夜蛾和马铃薯甲虫等害虫高效的工程菌，现已投入应用。

昆虫杆状病毒（baculovirus）也是一类重要的、较早应用的昆虫病原微生物。这类病毒同 Bt 一样对人畜与环境十分安全，但野生型病毒也存在作用缓慢（从害虫感染病毒到死亡需 1～2 周）、杀虫谱狭窄等不足。为了进一步扩大应用，也需要对它们进行遗传改良。杆状病毒基因工程的基本路线是：去除某些不影响病毒复制和感染的基因，在其强启动子后面插入能增强杀虫毒力的外源基因，如利尿激素基因、昆虫保幼激素酯酶基因、Bt 杀虫蛋白基因、蝎神经毒素基因等。例如，国内外先后将蝎毒基因 *Aalt* 或 *Belt* 插入苜蓿银纹夜蛾核多角体病毒（AcNPV）后，工程病毒对害虫致病的时间可缩短 25%～40%，进食量可减少 30%～50%，防治效果有明显改善。此外，研究较多的基因还有在侵染早期表达的蜕皮类固醇 UDP-葡萄糖基转移酶基因 *egt* 和在侵染后期表达的蜕皮核转录因子基因 *CHR3*，结果表明 *egt* 的缺失或 *CHR3* 的大量表达可使害虫迅速蜕皮和停止取食而加快死亡。

昆虫病原真菌对害虫具有广泛的寄生性和致病性，因其遗传背景复杂、杀虫分子机理和遗传改良的研究较昆虫病原细菌和病毒相对滞后，但近年来的研究已有显著的进展，如从绿僵菌（*Metarhizium anisopliae*）中分离的一种类似枯草菌素（subtilisin）的蛋白酶，该蛋白酶的编码基因 *prl* 在工程菌中高表达后使烟草天蛾的食量减少了 40%，死亡时间缩短了 1/2 以上。

2. 防病微生物 微生物之间相互竞争是自然界普遍的现象。早已发现，许多微生物对植物病原菌具有抑制和拮抗作用。例如，不少细菌、放线菌和真菌通过产生抗生素或争夺营养与生存空间而阻止病害的发生与蔓延，但防治病害的效果也受到复杂环境条件的影响而不能稳定或持久。现在，有些问题已经可以通过基因工程加以克服和解决。例如，澳大利亚的 Kerr 等对放射土壤杆菌（*Agrobacterium radiobacter*）中控制质粒转移的 *tra* 基因作了缺失处理，从而阻止了质粒编码的抗生素 agrocin84 合成基因向致病根癌农杆菌（*Agrobacterium tumefaciens*）转移，构建的工程菌在应用中对多种果树根癌病保持了稳定的防治效果。荧光假单胞菌是土壤中常见的拮抗细菌，国内外分别采用外源几丁质酶基因（*chiA*）导入和转座子诱变抗生素过量产生等方法获得了一些对全蚀病、纹枯病等植物真菌病害防治效果明显提高的工程菌。

农用抗生素在农作物病害防治中占有重要地位。例如我国南方地区普遍应用井冈霉素防治水稻纹枯病，平均每年防治面积达到 1 000 万 hm^2 以上。但是，确有不少抗生素产生菌由于效价低而难以实现大规模生产应用。利用基因工程提高抗生素效价是一条理想的、具有很大潜力的微生物遗传改良途径。然而，抗生素一般是微生物次生代谢产物，它的生物合成不是由单一基因而是由多个基因组成的基因簇控制的，基因的表达调控更为复杂，这就增加了遗传分析与操作的难度。

通过改造病原细菌而防治病害的研究也取得了进展。国内南京农业大学王金生、广西大学冯家勋等采用转座子诱变等分子操作，分别对水稻白叶枯病菌（*Xanthomonas oryzae*）致病性和激发外寄主植物过敏反应的基因 *hrp* 及另一种致病性基因 *rpf* 作了缺失突变处理，新构建的工程菌显示了良好的防病效果。此外山西大学赵立平等对病原细菌中的过敏素（harpin）基因开展了研究，并将该基因转移到另一种生防细菌——草生欧文氏菌（*Erwinia herbicola*）初步证实工程菌具有一定的诱导植物抗性的作用。这类"以毒攻毒"策略的进一步研究有可能为植物病害防治找到一种新的方法。

（三）饲料用酶制剂

饲料微生物学在国际上正在发展成为畜牧与饲料学科的一个新的分支。新型饲料微生物制剂的研究已经成为饲料产业技术革新和产品更新换代的主要手段，对于消除抗营养因子、提高资源利用率、开辟新的饲料来源以及解决畜牧业环境污染都有重要作用。近年饲料用酶基因工程的研究十分活跃，国外一些企业已开发出多种工程酶制剂进入国际市场。中国农业科学院饲料研究所姚斌（1998）等自黑曲霉（*Aspergillus niger*）中克隆了一种新的植酸酶基因，并进行了分子结构的优化，首次运用毕赤酵母（Pichia pastoris）系统获得了植酸酶基因 phyAz 的高效表达，表达量可达 $8×10^5$ U/mL，比国外曲霉菌株提高了 80 倍。这项研究已经实现产业化。它的应用将使植物性饲料中磷的利用率提高 60%，并能大大减少由于植酸磷难以利用而排出体外所造成的污染，具有十分广阔的前景。

三、重组微生物工程菌与食品工业

1. 发酵菌种性能的改良 面包酵母是最早采用基因工程改造的食品微生物。将优良酶基因转入面包酵母菌中后，其含有的麦芽糖透性酶及麦芽糖的含量比普通面包酵母高，面包加工中产生的 CO_2 气体量提高，最终可生产出膨发性良好和松软可口的面包。

天然酿酒酵母缺乏分解淀粉的酶类，用作发酵原料的淀粉需经液化、糖化等复杂步骤变成葡萄糖后才能被利用。构建具有较强水解淀粉和产生酒精能力的酿酒酵母工程菌有利于简化发酵工艺，降低生产成本。淀粉酶和糖化酶（即葡萄糖淀粉酶）等可分别催化液化和糖化反应，目前工业上最常用的耐高温 α 淀粉酶来源于地衣芽孢杆菌，其最适 pH 为 6.0，与最常用的来源于黑曲霉的糖化酶的最适 pH（4.0~5.0）差别较大。淀粉经淀粉酶水解的液化液在糖化前需要调整 pH，因此获得耐酸性的 α 淀粉酶对改进淀粉转化工艺有重要意义。将激烈火球菌（Pyrococcus furiosus）的胞外 α 淀粉酶基因克隆到酵母表达载体中，在酿酒酵母中成功表达出了具有较高热稳定性的 α 淀粉酶，且最适 pH 为 4.5~5.0，与来源于黑曲霉的糖化酶的最适 pH 一样，因此在淀粉用淀粉酶水解后获得的消化液用于糖化前不需要调整 pH，即可直接利用淀粉发酵，简化了生产流程，改进了工艺。

构建分解淀粉的酿酒酵母的另一方面工作集中于将糖化酶基因引入酿酒酵母中。在发酵生产中，淀粉酶或糖化酶不能完全水解淀粉，只有两种酶同时作用，淀粉才可完全糖化。将糖化酵母的糖化酶基因和降解淀粉的芽孢杆菌 α 淀粉酶基因转化酿酒酵母，构建的工程菌可产生双功能淀粉酶，其水解效率比单酶高。罗进贤等（1998）将黑曲霉糖化酶 cDNA 与大麦的 α 淀粉酶基因重组，重组表达质粒转化酿酒酵母，获得含 α 淀粉酶和糖化酶双基因的酵母工程菌，在酵母 PGK 基因启动子和终止信号的调控下，α 淀粉酶和糖化酶基因获得高效表达，99% 的表达产物分泌至胞外。利用遗传工程技术改造的乳酸菌可提高生产菌在食品发酵过程中的稳定性，通过控制蛋白酶基因的表达，可提高发酵乳制品的营养价值；通过导入天然香料、甜味蛋白或多肽的合成基因，可改善产品的风味口感，而且还可缩短生产周期，降低生产成本。

进入 21 世纪以来，结合高通量 DNA 合成技术和高效的遗传操作新工具，基因组编辑技术不断推陈出新，能更有效地解决食品微生物改造中的许多瓶颈问题，包括基因组上多重位点的同步组合优化、无需抗生素辅助筛选的高效基因组修饰、大片段基因组的改造和复杂表型的改造等。新的基因组编辑技术的应用，极大提升了食品工业菌种的改造速度，现已成为应用研究领域的一大热点。但这些技术的快速发展也面临一些问题，如一些高效的基因组编辑技术只能在一些容易遗传操作的模式菌中应用，难以应用到其他微生物；菌株的改造靶点需要由较为成熟的计算机工具辅助，这些方面仍需要不断地完善。

2. 酶制剂生产的改良 目前已可以按照需要定向改造酶，甚至创造新的酶。例如，从枯草芽孢杆菌（Bacillus subtilis）中分离纯化的高产淀粉酶基因，用限制性核酸内切酶 EcoR I 降解 DNA，克隆到质粒并将其转移到枯草芽孢杆菌淀粉酶的突变株中，枯草芽孢杆菌重组体的基因又以同样方式引入生产菌株中，淀粉酶产量提高 7~10 倍，这在食品和酿酒工业中已广泛应用。

3. 氨基酸生产菌的改造 氨基酸在食品工业上具有广泛用途，可作为抗氧化剂、营养补充剂和增鲜剂等。通过基因工程将氨基酸生物合成途径的限速酶基因导入生产菌，或强化表达氨基酸输出系统的关键基因，或降低某些基因产物的表达速率，尽可能解除氨基酸及其生物合成中间产物对合成途径的反馈抑制，或者将一种完整的氨基酸生物合成操纵子导入另一种氨基酸的生产菌中，构建能同时合成两种甚至多种氨基酸的工程菌。例如，色氨酸生物合成途径中，邻氨基苯甲酸合酶（anthranilate synthase)是限速酶，在野生型谷氨酸棒杆菌中引入编码该酶的基因，色氨酸的产量可提高130%。如果同时将该基因连同其他两个色氨酸合成的关键酶基因一同转移到谷氨酸棒杆菌中，色氨酸的产量更高。通过应用基因工程进行上述遗传改良，可大大提高氨基酸发酵生产量和效率，降低成本，缩短周期。

4. 食用菌的基因工程 基因工程在食用菌中的应用主要有两个方面：一是利用食用菌作为新的基因工程的受体菌，生产人们所期望的外源基因编码的产品（即作为生物反应器）。由于食用菌还具有很强的外泌蛋白能力，利用食用菌作为新的受体菌将更为安全，更易被消费者接受；二是利用基因工程技术定向培育食用菌新品种，包括抗虫、抗病、优质（富含蛋白质、必需氨基酸或延长货架寿命等）的新品种，以及将编码纤维素或木质素降解酶基因导入食用菌体内，以提高食用菌菌丝体对栽培基质的利用率或开拓新的栽培基质，最终提高食用菌产量和质量。

四、重组微生物工程菌与环境保护

随着社会的发展，人类在为自己生产出越来越多的生活资料的同时，也向大自然排放了越来越多的有害和难降解物质，如农药、塑料和各种芳香烃类化合物。这些物质正严重破坏环境和危害人类的身体健康。目前，人们有意识地利用一些生物的净化能力进行生物治理，已成为环境治理的主要手段。自然界中的生物，往往在有毒物质的选择压力下经过基因突变、基因重组、物种间基因的交流，进化出代谢这些有毒物质的能力。传统的生物治理方法是将自然生长的微生物群体加以驯化、繁殖后利用。在处理过程中，细菌、真菌、藻类和原生动物等共同参与净化作用，代谢过程复杂，能量利用不经济，加之各种微生物间可能存在拮抗作用，使污染物的降解缓慢。现代生物治理，特别是废水或污水治理多采用纯培养的微生物菌株，高效菌种的选育工作是其核心的技术之一。但从自然环境中分离筛选得到的菌株，降解污染物的酶活性往往有限，同时菌种选育工作耗时费力。为克服上述不足和提高对污染物的处理效果，许多研究者开展了基因工程菌的构建及其应用方面的研究，已取得了较好的结果，今后研发各种安全高效基因工程菌剂将成为微生物强化技术研究的主流方向。

1. 降解卤代芳烃的基因工程菌 卤代芳烃是一种主要的潜在性环境污染物，是人工合成农药、染料、药物和炸药的有毒副产品，包括氯代苯邻二酚、氯代-O-硝基苯酚、3-氯苯甲酯等。自然界中JMP134菌株体内存在降解氯代苯邻二酚的质粒基因，将其克隆重组并转化到合适的假单胞杆菌细胞中，构建的工程菌能分解、去除环境中的氯代邻苯二酚。该质粒基因也可用于构建降解氯代-O-硝基苯酚的工程菌。有一种能降解3-氯苯甲酯的工程菌引入模型曝气池后可存活8周以上，能较快地利用3-氯苯甲酯作碳源，提高降解环境中的3-氯苯甲酯的效率；而从活性污泥中筛选出的降解3-氯苯甲酯的土著菌，需经过长期的驯化过程方可产生一定的降解功能。研究表明，基因工程菌一般不会对其他微生物和高等的生物产生有害影响。

2. 降解除草剂的基因工程菌 除草剂苯氧酸，特别是2,4-二氯苯氧乙酸（2,4-D）在世界上使用极为广泛。美国农民仅1976年一年在大田喷洒的2,4-D除草剂就超过1980万kg，它是美国"农业支柱"之一。但长期接触这种除草剂，患非金氏淋巴瘤的可能性要远远高于未接触者。美国科学家从细菌质粒中分离得到一种能降解2,4-D除草剂的基因片断，将其组建到载体上并转化到另一种繁殖快的菌体细胞内，构建出的基因工程菌具有高效降解2,4-D除草剂的功能，大大减少2,4-D除草剂在环境中的危害，减少了食品中2,4-D的残留量，很大程度上消除了2,4-D除草剂带来的致癌隐患。中国科学家曾从龙葵植物的变形株系叶绿体DNA基因文库中，分离得到抗均二氯苯类除草剂的基因，将该抗性基因转入大豆植株中，获得转基因大豆植株。该植株不再吸收环境中的均二氯苯类除草剂，生产的大豆也不富集这类除草剂残毒，避免了该类除草剂对人类健康的危害。

3. 完善杀虫剂性能的基因工程菌 人工合成的杀虫剂污染农作物后，对人类和其他动物都会产生严重的危害，导致动物急性致死、诱导癌变发生等。一些野生型的微生物虽然具有杀虫作用，但存在着杀虫慢、毒力低、杀虫范围窄等缺点，直接应用效果往往不好，通过基因工程对野生型杀虫微生物进行遗传改良，可显著改善应用效果。在病毒方面，应用杆状病毒表达苏云金芽孢杆菌杀虫晶体蛋白和昆虫神经毒素等外源毒蛋白，或调节昆虫正常生活周期的保幼激素、利尿激素等的有关基因，杀死昆虫或扰乱昆虫的正常生命周期而致死；在细菌方面，基因工程最为成功是苏云金芽孢杆菌，改造的策略有增强毒力、延长持效期及拓宽杀虫谱以及克服可能出现的抗性。例如，将苏云金芽孢杆菌杀虫晶体蛋白基因转入枯草芽孢杆菌，成功获得杀蚊和杀虫并能抗水稻纹枯病的重组菌。在昆虫病原微生物中，种类最多的是真菌，占到昆虫病原微生物的60%以上，其数量达到750种，但是目前还很少有报道对杀虫真菌进行遗传改良的报道。

4. 分解尼龙寡聚物的基因工程菌　尼龙寡聚物在化工厂污水中难以被微生物分解。目前发现在黄杆菌属、棒状杆菌属和产碱杆菌属细菌中，存在分解尼龙寡聚物的质粒基因。但上述三属的细菌不易在污水中繁殖。利用基因重组技术，可以将分解尼龙寡聚物的质粒基因转移到污水中广为存在的大肠杆菌中，使构建的工程菌也具有分解尼龙寡聚物的特性。

5. 防治重金属污染的基因工程菌　重金属污染环境，会对人类造成严重的毒害作用。汞污染物进入人体，随着血液透过脑屏障损害脑组织。镉污染物在人体血液中可形成镉硫蛋白，蓄积在肾、肝等内脏器官。日本有名的公害病——痛骨病，就是镉污染的最典型例子。重金属进入人体，一般都有致癌病变等毒性作用，损害人体的生殖器官，影响后代的正常发育生长。清除环境中的重金属污染物，也是基因工程的重要任务。

生长于污染环境中的某些细菌细胞内存在抗重金属的基因。这些基因能促使细胞分泌出相关的化学物质，增强细胞膜的通透性，将摄取的重金属元素沉积在细胞内或细胞间。目前已发现抗汞、抗镉和抗铅等多种菌株，不过这些菌株生长繁殖缓慢，直接用于净化重金属污染物的效果欠佳。人们现正试图将抗重金属基因转移到生长繁殖迅速的受体菌中，使后者成为繁殖率高、金属富集能力强的工程菌，并用于净化重金属污染的废水或土壤等。

6. 清除石油污染物的基因工程菌　利用基因工程技术构建工程菌清除石油污染物，是生物恢复技术的发展方向之一。据报道，美国有人率先利用基因工程技术把4种假单胞菌的基因组整合到同一个菌株细胞中，构建了一种有超常降解能力的超级菌。这种超级细菌降解石油的速度奇快，几小时内就能吃掉浮油中2/3的烃类；而用天然细菌则需一年多才能消除这些污油烃。

综上所述，将基因工程技术应用到环境保护和污染治理方面已取得一定的成就，但目前利用基因工程菌进行生物降解，实验室研究偏多，实际应用较少。造成这种情况的原因主要有：①进行系统的遗传工程育种缺乏一个生物有效降解菌种资源库；②对于污染物降解基因在各种有效降解菌体内的定位需做大量的研究工作；③由于人们对基因工程菌释放到环境后的生态影响缺乏充分的认识，目前除细胞融合技术、原生质体融合技术、诱变技术和传统杂交繁殖技术等外，其他遗传工程菌向野外释放的行为还需要经过各国政府的严格审查和批准。

本章小结

微生物表达系统包括原核微生物和真核微生物表达系统。在原核微生物基因表达系统中，应用最为普遍的是大肠杆菌。大肠杆菌基因表达调控元件主要有启动子、终止子和核糖体结合位点。启动子可分为组成型和调控型两类，其强弱取决于启动子本身的序列，尤其是－10区和－35区的碱基组成以及彼此的间隔长度，同时也与启动子和外源基因转录起始位点之间的距离相关。表达载体构建一般应考虑调控型启动子、强终止子以及调整核糖体结合位点。此外，异源基因尤其是真核生物的基因在大肠杆菌中表达，需要考虑密码子偏爱性。大肠杆菌外源基因表达载体有包涵体型表达载体、分泌型表达载体、融合型表达载体、寡聚型表达载体和整合型表达载体。针对大肠杆菌中表达的重组异源蛋白大多呈无活性状态、因蛋白酶的降解作用而难以积累的缺陷，通过蛋白序列的人工设计、蛋白酶缺陷型受体细胞的改造、抗蛋白酶的重组异源蛋白序列设计，以及重组异源蛋白的糖基化修饰而加以改良。对于重组克隆菌的遗传不稳定性问题，可通过改进载体宿主系、施加选择压力、控制外源基因过量表达以及优化培养条件而得以改善。

真核微生物基因表达系统以真菌类研究较多，包括霉菌（又称丝状真菌）、酵母、蕈菌（俗称蘑菇）三大类群，其中广泛用于外源基因表达的是酵母。酵母中天然存在的自主复制型质粒并不多，应用最多的是 2μ 质粒。用于外源基因克隆和表达的酵母质粒载体由自主复制序列（ARS）、着丝粒序列（CEN）、端粒序列（TEL）以及用于转化子筛选鉴定的功能基因构建而成。酵母基因表达系统的载体常用酵母-大肠杆菌穿梭载体，除了含有酵母复制子和大肠杆菌复制子外，还包括 DNA 复制起始区、营养缺陷互补基因或显性基因选择标记、整合介导区、有丝分裂稳定区以及由转录启动子和终止子组成的表达盒。酿酒酵母基因表达载体有自主复制型载体、整合型载体、酵母人工染色体型载体。酵母的转化方法有原生质体法、醋酸锂法、电击转化法和粒子轰击法等，其中以电击转化法应用最为普遍。

微生物基因工程在在医药工业、食品工业、能源工业、化学工业、农业和环境保护已得到广泛应用，如新型抗生素、人胰岛素、干扰素、组织纤溶酶原激活剂等药物生产，新型微生物肥料和生物农药开发，食品发酵工业菌种性能的改良以及在环境保护和污染治理中的应用等。

1. 名词解释

密码子偏爱性　信号肽　包涵体　同源重组　整合介导区　纯化标签序列

2. 试述大肠杆菌表达系统的特点。

3. 生物体密码子偏爱性的决定因素是什么？如何纠正宿主菌密码子偏爱性对外源基因表达的影响？

4. 试述大肠杆菌中重组异源蛋白包涵体表达形式的优缺点。

5. 如何实现重组异源蛋白在大肠杆菌中的分泌表达？

6. 如何解决大肠杆菌中重组异源蛋白被降解的问题？

7. 如何提高外源基因在大肠杆菌中的表达效率？

8. 试述重组克隆菌遗传不稳定的原因及改善对策。

9. 试述酵母表达系统的优势和不足之处。

10. 简述酵母载体的构成元件和功能。

11. 试述酵母载体的构建方法。

12. 简述酵母转化的基本方法。

13. 酵母质粒载体有哪几种？各有何特点？

第十二章
植物基因工程

自1983年科学家们利用根癌农杆菌的 Ti 质粒将外源基因导入烟草及矮牵牛获得转基因植物以来，植物基因工程技术得到了长足的发展。目前，人类所获得的转基因植物已达200多种，改良的性状涉及抗虫、抗病、抗除草剂、抗胁迫、提高品质或产量、雄性不育等数十种。此外，利用转基因植物作为生物反应器，人们还在烟草、马铃薯、苜蓿等植物中表达生产了抗体、疫苗及人胰岛素、干扰素等多种药用蛋白。转基因植物及其产品已开始走向商品化。与此同时，植物基因工程的理论和技术体系也逐步得到完善。本章将从植物基因工程载体构建，外源基因的导入、检测与遗传特性以及植物基因工程的应用等几个方面分别加以阐述。

第一节 植物基因工程载体及其构建

一、植物基因工程载体的种类

不同的分类标准，可将植物基因工程载体分为不同的类型。根据植物基因工程载体的功能和构建过程，可将有关载体分为4大类型9种载体（图12-1）。

图12-1 植物基因工程载体的分类
（引自王关林，2002）

（1）克隆载体 该载体与微生物基因工程类同，通常是由多拷贝的大肠杆菌质粒为载体，其功能是保存和克隆目的基因。

（2）中间克隆载体 中间克隆载体由大肠杆菌质粒插入 T-DNA 片段及目的基因、标记基因等构建而成，为构建中间表达载体的基础质粒。

（3）中间表达载体 中间表达载体是含有植物特异启动子的中间载体，其功能是作为构建转化载体的质粒。

（4）卸甲载体 卸甲载体即解除武装的 Ti 质粒或 Ri 质粒，其功能是作为构建转化载体的受体质粒（大质粒）。

（5）转化载体 该载体是最后用于目的基因导入植物细胞的载体，故亦称工程载体。它由中间表达载体和卸甲载体构建而成。根据它的结构特点又可分为两种转化载体，即一元载体系统和双元载体系统。双元载体系统是目前普遍采用的植物基因转化载体系统。

由于传统的植物基因载体携带的基因片段有限，科研工作者开发了植物病毒与非病毒两大类可以携带较大基因片段的载体。植物病毒载体具有许多优点，但也存在稳定性差、受外源基因大小限制以及可能诱发植物产生病害等问题。目前已有十几种植物病毒被改造成不同类型的外源蛋白表达载体，包括烟草花叶病毒（TMV）、马铃薯X病毒（PVX）、豇豆花叶病毒（CPMV）以及番茄丛矮病毒（TBSV）等。

自2000年以来，在基因治疗中非病毒基因载体的开发备受关注，目前常用的非病毒基因载体有阳离子聚合物、碳酸钙以及脂质体等，纳米材料载体也属于非病毒基因载体这一类。纳米材料载体通常是由生物兼容性材料制备而成纳米微囊或纳米粒子，可以通过包裹或吸附外源DNA等核酸分子形成纳米材料载体基因复合物。其中，纳米颗粒作为一种非病毒基因载体，与传统基因载体相比，具有以下优点和特点：①不受植物种类、组织细胞类型限制，既适合动物细胞又适合植物细胞；②能调节与其结合的基因数量来克服基因沉默现象；③能通过功能化来提高转化效率；④能实现多基因转导，而不涉及传统的复杂质粒的构建方法；⑤纳米颗粒比表面积大，能装载大片段、大容量的DNA；⑥具有生物亲和性，能在其表面偶联靶向分子，实现基因治疗的特异性；⑦避免常规病毒载体引起的免疫原性以及宿主正常核苷酸序列发生改变的潜在危险。按纳米颗粒活性功能基团不同，其可分为三大类：天然生物大分子材料、合成高分子材料和无机材料（表12-1）。

表12-1 制备纳米颗粒常用的提供活性功能基团的材料

天然生物大分子材料	合成高分子材料	无机物材料
葡聚糖、壳聚糖、淀粉、纤维素及其衍生物、琼脂糖、明胶、血清白蛋白、磷酯类等	聚乙烯醇（PVA）、聚丙烯酸、聚乙二醇（PEG）、聚苯乙烯、硅烷衍生物、聚乙烯亚胺（PEI）等	二氧化硅（SiO_2）、氧化铁（Fe_3O_4）、铁氧体、氧化铬、碳酸钙、金颗粒、量子点等

目前纳米颗粒作为基因载体和药物载体已经成功地应用到动物细胞中，近年来，纳米颗粒开始应用到植物转基因研究中。2007年，F. Torney等利用多孔二氧化硅纳米基因载体分别将含GFP的质粒DNA、含GFP的质粒DNA和GFP基因表达激活剂（β-雌二醇）转入烟草植物细胞中，成功获得GFP基因的表达，并证明了激活剂的协同转入可以提高转化效率。2008年，刘俊等制备了多聚赖氨酸修饰的带有钌吡啶（RuBPY）的淀粉纳米粒子（PLL-StNP），利用其将外源基因导入盾叶薯蓣细胞中，证明了PLL-StNP可作为基因载体用于植物基因转导。2017年，Zhang等利用磁性纳米颗粒结合花粉磁转化成功将外源基因导入棉花，并选育获得了抗虫新材料。尽管纳米基因载体在植物应用中起步不久，但凭借其优势，在对农杆菌转化不敏感的植物材料中的应用已成为研究热点。

二、植物基因工程载体的构建

下面以根癌农杆菌为例，介绍植物基因工程载体的构建过程。

（一）根癌农杆菌的生物学特征

根癌农杆菌（*Agrobacterium tumefaciens*）又称根癌土壤杆菌，是土壤杆菌属（*Agrobacterium*）的一种革兰氏阴性细菌，细胞呈杆状，大小为0.8 μm×（1.5～3.0）μm，以1～4根周生鞭毛进行运动；常有纤毛，不形成芽孢，菌落无色，大多光滑，随着菌龄的增加，光滑的菌落逐渐有条纹。

根癌农杆菌在土壤中含量极其丰富，好氧，但也能在氧含量低的植物组织中生长。其最适生长温度为25～30 ℃，最适pH为6.0～9.0。根癌农杆菌的宿主十分广泛，绝大多数双子叶植物和裸子植物都可受它的侵染，据不完全统计，约有93属643种双子叶植物对农杆菌敏感。单子叶植物由于其创伤反应与双子叶植物不同，在单子叶植物的伤口附近往往发生木质化或硬化，而且没有明显的细胞分裂发生，因而大多数单子叶植物不是根癌农杆菌的天然宿主。在自然状态下，根癌农杆菌可以通过创伤侵染敏感植物，产生冠瘿瘤，但细菌本身并不进入宿主植物细胞。

1974年，Zaenen等在根癌农杆菌体内分离出了一种与肿瘤诱导有关的质粒，称为Ti质粒（tumor inducing plasmid）。并发现丢失了Ti质粒后，农杆菌的致瘤能力就会完全丧失，从而证明Ti质粒就是农杆菌的肿瘤诱导因子。后来，Chilton等利用分子杂交技术证明植物肿瘤细胞中存在一段外来DNA，它与Ti质粒的DNA有同源性，是整合到植物染色体的农杆菌质粒DNA片段，称为转移DNA（transferred DNA，T-DNA）。现在，人们已能利用改造后的Ti质粒作为转化载体，将外源基因导入受体植物细胞中。

（二）Ti质粒的结构和功能

1. Ti质粒的类型与分区 Ti质粒为根癌农杆菌核外的一种双链环状DNA分子，大约200 kb。根据其诱导植物细胞产生冠瘿碱种类的不同，可将Ti质粒分为4种类型，即章鱼碱型（octopine type）、胭脂碱型（nopaline type）、农杆碱型（agropine type）、农杆菌素碱型（agrocinopine type）或琥珀碱型（succinamopine type）。

各种Ti质粒在结构上都可分为4个部分（图12-2）。

（1）毒性区 毒性区（virulence region）又称Vir区，由于该区段的基因激活T-DNA的转移，使农杆菌表现出毒性，故而得名。

（2）T-DNA区 T-DNA区（transferred-DNA region）在农杆菌侵染植物体时，从Ti质粒上被切割下来，转移到植物细胞中去。T-DNA区域中的大部分基因只有在T-DNA插入植物基因组后才能激活表达。由于该段DNA上含有与肿瘤形成有关的基因，因此T-DNA的整合导致植物肿瘤的发生。

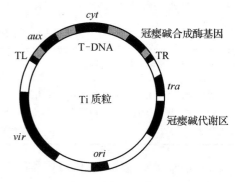

图12-2 章鱼碱型Ti质粒的图谱

（3）接合转移区 接合转移区（conjugative transfer region）上存在着与细菌间进行接合转移有关的基因 tra，调控Ti质粒在农杆菌之间的转移。冠瘿碱能激活 tra 基因，诱导Ti质粒的转移，从而使肿瘤扩散。

（4）复制起始区 复制起始区（origin of replication region）的存在可保证Ti质粒进行自我复制。

由此可知，上述Ti质粒的4个部分中，与冠瘿瘤生成直接相关的是Vir区和T-DNA区。

2. Vir区的结构与功能 Vir区位于T-DNA左侧，大小为30~40 kb，分 $virA$~$virM$ 等十多个操纵子，不同类型的Ti质粒所含操纵子数目不等。这些操纵子上的基因决定了T-DNA的加工和转移过程，但它们自身并不整合进植物基因组中。目前，对操纵子 $virA$~$virH$ 上的基因功能已了解得比较清楚。$virA$ 基因为组成型表达，其产物为一种细胞膜内蛋白，分子质量92 ku，是植物细胞释放的酚类化合物等的感受器。VirG蛋白位于胞质内，接收VirA蛋白释放的信号后被活化，作为转录激活因子诱导其他 vir 基因的表达。$virB$ 操纵子由11个基因组成，这些基因的产物构成跨膜复合体，供T-DNA越膜转移。$virC$ 和 $virD$ 基因产物与形成T-DNA拷贝有关，VirD2和VirE2蛋白与T-DNA拷贝结合形成T链复合体，并加速T-DNA转移。VirF蛋白可促进T-DNA的运输，其作用方式类似于VirE，对T区具有转移互补的作用。$virH$ 基因编码两种类似细胞色素 P_{450} 酶的蛋白质，由于 P_{450} 酶可催化 $NADH^+$ 参与的芳香族烃类、类固醇的氧化反应，因此其功能可能在于降解植物伤口细胞产生的杀菌物质。$virH$ 基因对肿瘤形成并非必不可少，但是它突变后则减弱了农杆菌对植物细胞的侵染能力。

此外，大部分胭脂碱型菌株的 Ti 质粒上均有反式玉米素合成酶基因（trans-zeatin synthetase gene，tzs），该基因在细菌中表达后将玉米素分泌到细胞外，从而促进农杆菌感染部位的植物组织脱分化和细胞分裂，提高植物对农杆菌转化的感受性。

3. T-DNA 区的结构与功能 T-DNA 区两端左、右边界（TL、TR）各为 25 bp 的重复序列，其中 14 bp 是核心，分 10 bp（CACGATATAT）及 4 bp（GTAA）两组，是完全保守的。左边界缺失突变仍能致瘤，但右边界缺失则不再能致瘤，这时几乎完全没有 T-DNA 的转移，说明右边界在 T-DNA 转移中的重要性。

T-DNA 区上的编码基因主要有两类：第一类是编码冠瘿碱合成酶及分解代谢的基因，另一类是诱发肿瘤的基因。

编码冠瘿碱合成酶的基因具有真核生物的转录信号，因而当 T-DNA 整合到植物基因组中后，它们能在植物体内有效表达，合成冠瘿碱。冠瘿碱是一类低分子质量的碱性氨基酸衍生物，根癌农杆菌能选择性地利用这些化合物作为自己的唯一能源、氮源和碳源。

肿瘤诱发基因主要有生长素基因（auxin gene，aux）和细胞分裂素基因（cytokinin gene，cyt）。前者突变将诱导肿瘤细胞茎芽产生，因此又称为肿瘤形态茎芽基因（tumour morphology shoot gene，tms）；后者突变引起易生根特性，故又称为肿瘤形态根基因（tumour morphology root gene，tmr）。通常将编码生长素和细胞分裂素的基因称为致瘤基因（onc），这是因为这两种基因的表达将导致转化植物细胞内激素平衡紊乱，冠瘿瘤细胞无限生长而形成肿瘤。除此之外，T-DNA 区上还有大肿瘤基因（large tumour gene，ltm），其表达产物以非激素的方式抑制自身细胞的分化，从而形成大型的冠瘿瘤。

（三）Ti 质粒的转化机理

T-DNA 转移至植物细胞的过程可分为如下几个步骤：①农杆菌对植物细胞的识别和附着；②农杆菌对植物信号物质的感受；③农杆菌 vir 基因的活化；④T 链复合体的形成；⑤T 链复合体的转运；⑥T-DNA 整合到植物基因组中（图 12-3）。在这一系列过程中，有 3 类不同来源的成分起作用：首先是农杆菌 Ti 质粒上 vir 基因编码的蛋白；其次是农杆菌染色体毒性基因（chromosome virulence gene，chv），如 chvA、chvB 等至少 10 个基因的编码蛋白参与农杆菌的附着和 T-DNA 的转移；最后是植物细胞的一些基因产物也与 T-DNA 转移有密切关系。

1. 农杆菌对植物细胞的识别和附着 农杆菌感染植物细胞的第一步是识别和附着，然后产生纤维丝锚定在植物细胞表面，这一过程与细菌某些染色体组基因，如 chvA~chvE、chvG、chvI、att、exoC（又称 pscA）、cel 等的表达蛋白有关。这些基因表达的蛋白质促进农杆菌对细胞的附着，使细菌能紧密地聚积在植物细胞表面；同时，植物细胞的一些蛋白和糖分子对细胞识别有作用，可作为农杆菌的细胞表面受体。

2. 农杆菌对植物信号物质的感受 植物受到农杆菌感染后，由于农杆菌与植物细胞发生相互作用，可诱导产生一些酚类化合物，如乙酰丁香酮（acetosyringone，AS）、木质素、黄酮化合物前体等，这些酚类化合物就作为信号分子，通过 VirA 和 VirG 蛋白的作用间接诱导其他 vir 基因的表达。VirA 蛋白的 N 端位于周质内并有两个功能区，一个功能区能感受温度和 pH 的变化，另一个功能区则直接感受酚类化合物的存在，故又称为感应蛋白。在自然情况下以同源二聚体的形式结合于质膜上，当 VirA 蛋白的 N 端接收信号后，其构象发生变化，并将这一信号传递给 C 端，导致 C 端的一个保守的 His 残基被磷酸化修饰，这样 VirA 蛋白就具有蛋白激酶活性。然后 VirA 激酶又将 His 残基上的磷酸基团转移至 VirG 蛋白 N 端的保守 Asp 残基上，使 VirG 蛋白处于活化态。VirG 蛋白位于胞质内，其 C 端又结合到其他 vir 基因启动子上游的 Vir 盒（Vir box）上并作为转录激活因子促进这些基因的表达，这样 VirA 和 VirG 蛋白就形成了一个信号级联放大系统，共同调控其他 vir 基因的表达。VirA 和 VirG 蛋白的这种调控作用称为双因子调控系统（two-component regulatory system）。

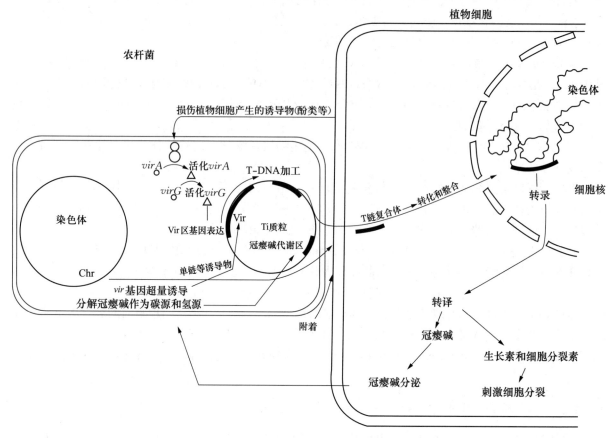

图 12-3 农杆菌转化植物细胞的分子机理

3. 农杆菌 vir 基因的活化 VirG 是一种细胞质传导蛋白，具有磷酸化稳定性，磷酸化后可以作为 vir 基因表达的转录调控因子，具有与启动子结合的高亲和性，它通过与 vir 基因启动子中 12 bp 的保守序列特异性地结合而加强与转录有关的其他蛋白的聚集，从而活化 Vir 区其他基因。与 virA 一样，virG 也是组成型表达，并具有自行活化表达功能，可以产生足够的 VirG 而有效地活化 Vir 区其他基因。植物信号分子完成信号传递后，VirG 诱导 virH 表达，VirH 具有对酚类物质的解毒功能，避免过多酚类对细胞的伤害。

4. T 链复合体的形成 vir 基因被诱导表达后即产生一条与编码链 T-DNA 区相同的单链 DNA 分子，即 T 链（T-strand）。T 链的产生起始于 T-DNA 右边界的 25 bp 重复序列，首先由一个 VirD1-VirD2 复合体在超螺旋结构的 Ti 质粒的 T-DNA 边界结合，其中 VirD1 具有拓扑异构酶活性，使 DNA 松开，VirD2 具有位点和链特异性内切酶特性，在 T-DNA 下（底）链右边界左起第 3 和第 4 碱基之间切割 T-DNA，然后从缺口 3′端开始合成新的 DNA 链，并一直延伸到左边界第 22 碱基处，置换出原来的下链，从而释放一条线性单链分子，即为 T 链。然后 T 链与 VirD2 和 VirE2 缔合后形成 T 链复合体。VirD2 共价结合到 T 链的 5′端，将伴随它完成整个转移过程。在 VirD2 蛋白 C 端有特异的保守序列作为核定位信号（nuclear localization signal, NLS），因而起着一种导航蛋白（pilot protein）的功能，与 T 链的极性转移有关；同时该保守序列还可防止外切酶对 T 链的降解作用。在 T 链复合体的转运过程中，VirE2 蛋白也具有与 VirD2 蛋白类似的功能。

5. T 链复合体的转运 农杆菌 T 链的跨膜转运复合体是由 virB 操纵子编码的 11 种蛋白和 VirD4 装备构成一纤细的 T 菌毛和一个跨膜通道。T 菌毛由 VirB2 和 VirB5 组成，它的作用是与植物受体细胞感受连接，然后把信号传导给转运复合体而启动 T 链复合体运输。跨膜通道由 VirD4 蛋白和其余的 VirB 组成，这些蛋白质形成一个转运体通道，并提供能量引导 T 链复合体进入转运复合体。装备好的毒性菌毛和转运复合体尚不能输出 T 链复合体，还需要与受体植物细胞的物理接触活化，否则通道处于关闭状态，而使 T 链复合体在细菌内积累。

值得注意的是，人们发现一些宿主植物细胞蛋白与 VirD2 和 VirE2 分别发生作用，有助于农杆菌对受体植物的转化。如一些属于肽基脯氨酸顺反异构酶亲环素家族的植物蛋白（DIP1）与 VirD2 发生作用，起维持 VirD2 构象的作用。该异构酶的抑制剂可阻止农杆菌对拟南芥和烟草的转化。有研究发现，一种定位于拟南芥细胞膜的碱性拉链蛋白 VIP1 和 VIP2 特异性地与 VirE2 相互作用，VIP1 和经 GFP 标记的 VirE2 共同表达时可促进哺乳动物和酵母细胞中 VirE2 进入细胞核。

6. T-DNA 整合到植物细胞中 T-DNA 在植物染色体上的插入大多是随机整合的，可以插入任意一条染色体上的任何区域，拷贝数也不确定。但 T-DNA 优先插入转录活跃区域，且在 T-DNA 的同源区与 DNA 的高度重复区整合效率较高。这种整合可以引起受体基因组发生重复、缺失、重排等突变。同时 T-DNA 自身也有一定程度的缺失、重复和倒位等现象。T-DNA 整合一般不需要靶位点的特殊序列，但其末端和植物 DNA 靶位点间 5~10 bp 的同源区段对整合起重要作用。目前已有研究发现 VirD2 和 VirE2 与 T-DNA 整合的真实性有关。T-DNA 整合进受体基因组后，由于具有典型的真核生物转录信号，如 5'TATA 盒、CAAT 盒和 3'poly（A）尾等，能够随真核基因一起转录和翻译。

总之，T-DNA 的转移过程受到农杆菌基因组的精确调控，但又不是农杆菌单独作用的结果，而是农杆菌和受体细胞相互作用的结果，同时受到环境因素的影响。许多植物因子参与了 T-DNA 的加工、转移和整合过程，如受体植物分泌酚类物质诱导 *vir* 基因表达；一些酶类也参与 T-DNA 整合；对拟南芥突变体的研究还表明，组蛋白 H2A 也与 T-DNA 的整合过程有关。环境因素如温度、pH 对转化效率的影响也是明显的。因此要获得 T-DNA 的高效转移，必须同时考虑供体和受体的互作及环境因素的影响。

（四）农杆菌 Ti 质粒载体的改造与表达载体的构建

通过对农杆菌及其 Ti 质粒的了解，我们可以看出，农杆菌对植物的转化是一种天然的转化子系。根据其转化机理，我们可以设想，如果将目的基因拼接在 Ti 质粒的 T-DNA 区，就有可能利用这一转化体系实现外源基因对植物的转化。但事实上，要想利用野生型的 Ti 质粒作为植物基因工程的载体，有诸多障碍需要克服。这主要表现在：①Ti 质粒分子过大，一般在 160~240 kb，比 pBR322 质粒大 50 倍左右，因而在基因工程中操作起来十分麻烦；②大型的野生 Ti 质粒上分布着各种限制性核酸内切酶的多个酶切位点，不论用何种限制性核酸内切酶切割，都会被切成很多片段，而且即使在 T-DNA 上也难以找到可利用的单一限制性核酸内切酶位点；③T-DNA 区的 *onc* 基因产物将干扰受体植物内源激素的平衡，导致冠瘿瘤的产生，阻碍细胞的分化和植株的再生；④野生型的 Ti 质粒没有大肠杆菌的复制起始点和作为转化载体必需的筛选标记基因。因此，野生型的 Ti 质粒要想成为理想的植物基因工程载体，必须进行改造。

近年来人们已经通过中间载体途径构建了多种适于侵染植物细胞的基因转化载体系统（由于这些载体是由两种或两种以上质粒构成的复合型载体，故称为载体系统），目前应用较多的有以下 4 种：共整合载体系统、双元载体系统、隔端载体系统、Ri 质粒载体系统。

1. 共整合载体系统 该载体系统是由两种载体，即受体卸甲 Ti 质粒载体和中间表达载体通过同源重组共整合而构建的。这里的卸甲 Ti 质粒载体由于删除了 T-DNA 上的 *onc* 基因和冠瘿碱合成酶基因等序列，而失去了侵染能力，它是构建转化载体的受体质粒；而中间表达载体含有植物特异启动子，能在植物体内表达特定筛选标记基因或目的基因，其功能是作为构建转化载体的给体质粒（donor plasmid）。下面以卸甲载体 pGV3850 和中间表达载体 pLGVneo1103 共整合形成的质粒共合体为例来介绍共整合载体系统（co-integrate vector system）的特征（图 12-4）。

pGV3850 质粒从胭脂碱型 Ti 质粒 pTiC58 衍生而来，它具有如下结构特点：其 T-DNA 区仅保留了 T-DNA 边缘区和靠近右侧边缘区（RB）编码胭脂碱合成酶的 nos 基因作为鉴定转化细胞的标记基因；编码致瘤功能的 T-DNA 核心区被质粒 pBR322 序列取代，以保证被转化的植物细胞正常分化和以 pBR322 的 DNA 序列作为同源区段的同源重组。这种质粒解决了野生型质粒的致瘤问题，又能把 T-DNA 转入植物细胞核基因组，而且由于在其 T-DNA 中存在 pBR322 的 DNA 序列，它便成为一种通用的受体质粒（versatile acceptor plasmid），但它仍具有分子质量过大而难以找到单一的限制性核酸内切酶位点等缺陷而不适宜作为基因工程的原初载体。如

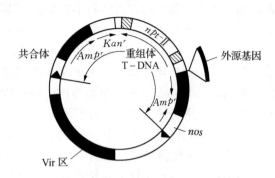

图 12-4　由质粒 pLGVneo1103 和 pGV3850 通过同源重组形成的共整合载体

果将外源基因先克隆在 pBR322 派生的中间表达载体上，将这一载体与卸甲载体 pGV3850 进行同源重组形成质粒共合体则可解决作为基因工程载体的难题。

pLGVneo1103 质粒是一种典型的中间表达载体，由于它能够在大肠杆菌和根癌农杆菌中来回穿梭，因而又称穿梭载体（shuttle vector）。该质粒除具有 pBR322 的 DNA 序列外，还含有一个与 nos 基因的启动子序列相融合的植物选择标记基因新霉素磷酸转移酶Ⅱ基因（Npt-Ⅱ）和一个细菌筛选标记基因 Kan^r，将要转移到植物体中的外源目的基因也被克隆在该载体上。

由于中间表达载体质粒 pLGVneo1103 和受体卸甲 Ti 质粒 pGV3850 都含有 pBR322 的 DNA 序列，因此很容易发生同源重组，形成质粒共合体。其中质粒 pLGVneo1103 序列被整合在 T-DNA 区，当携带这种共合体的根癌农杆菌感染植物细胞后，重组的 T-DNA 区便会整合到植物细胞的核基因组中，根据 Npt-Ⅱ 基因表达产生的卡那霉素抗性的表型特征，就可选择出转化的细胞。

值得注意的是，中间表达载体是克隆在大肠杆菌中的，它必须从大肠杆菌宿主细胞进入根癌农杆菌以后，才能同受体卸甲载体发生共整合。但是 pBR322 及其派生的质粒都是不能自我转移的缺陷型载体，因此必须借助一定的方法才能转移，目前常用的方法有接合转移法和三亲交配法两种，这将在本章第二节具体介绍。

2. 双元载体系统　共整合载体的实质是利用农杆菌 Ti 质粒的 Vir 区和 T-DNA 边界序列参与外源基因转移与整合的功能，从而实现对外源基因的转化。虽然这种载体具有稳定性好的优点，但构建过程复杂，且转化效率也不高。在构建这一载体系统的同时，有人尝试将带有外源目的基因的 T-DNA 和 Vir 区分别安置在两个彼此兼容的质粒载体上，将它们导入农杆菌转化植物。这样由两个分别含 T-DNA 和 Vir 区的兼容性突变 Ti 质粒构成的双质粒系统，就称为双元载体系统（binary vector system）。其中含有 T-DNA 边界的质粒一般作为目的基因的载体，由于其分子质量大多较小，故称为微型 Ti 质粒（mini-Ti plasmid）；含有 Vir 区段的 Ti 质粒因其主要作用是表达毒性蛋白，激活处于反式位置的 T-DNA 转移，故称为辅助 Ti 质粒（helper Ti plasmid）。

双元载体系统的优点在于不需要构建质粒共合体，因而构建过程相对简单，且转化效率较高，是目前普遍采用的植物基因转化载体系统。Bevan 等构建的 Bin19 微型 Ti 质粒是目前应用最为广泛的微型质粒，其结构特点如下：①具有广宿主质粒 PK2 的复制和转移起始位点，可以在大肠杆菌和根瘤农杆菌中复制，并且同辅助 Ti 质粒是兼容的；②具有章鱼碱型 Ti 质粒 pTiT37 的 T-DNA 左右边界序列，使位于其中的目的基因和植物筛选标记基因可以转移到植物细胞；③带有新霉素磷酸转移酶Ⅱ基因 Npt-Ⅱ，供作转化植物筛选标记；④含有来自噬菌体 M13mp19 的内含多种单一限制性核酸内切酶切点的 lacZ 基因，外源目的基因可以较方便地插入其中，同时可引起该基因的失活，据此可筛选转化子。转化子涂布在含有 IPTG 和 X-gal 的培养基中，含重组子质粒的转化子菌落呈现白色。

最常用的辅助 Ti 质粒是根癌农杆菌 LBA4404 所含有的 Ti 质粒 pAL4404，它是章鱼碱型 Ti 质粒 pTiAch5 的衍生质粒，其 T-DNA 区已发生缺失突变，但仍保留有完整的 Vir 区基因。目前的研究

表明，野生型 Ti 质粒即不卸甲的 Ti 质粒，同样可以作为辅助 Ti 质粒，且毒性更强。

双元载体系统 Bin19 和 pAL4404 结构见图 12-5。

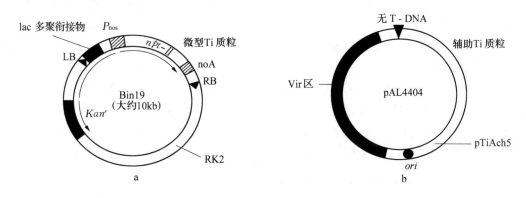

图 12-5 双元载体系统 Bin19 和 pAL4404
a. Bin19 b. pAL4404

3. 隔端载体系统　与前面提到的共整合载体系统不同，这种载体系统在发生重组之前，T-DNA 的边界序列是分别位于 2 个独立分离的载体，因此称为隔端载体（split-end vector，SEV）系统。

在 SEV 系统中，使用的中间表达载体为 pMON200 质粒系列，它们具有与受体 Ti 质粒同源的 T-DNA 左边界内部同源区（left inside homology，LIH）、胭脂碱合成酶基因、T-DNA 右边界序列及与复制、筛选和整合外源目的基因有关的 DNA 序列。该系统使用的受体质粒是野生型的章鱼碱型 Ti 质粒 pTiB6S3 及其突变体。它们的转移 DNA 左边界（TL-DNA）上的 onc 基因已经缺失，但保留有左边界（TL）及左边界内部同源区（LIH），vir 基因和其他正常功能基因也没有改变。

pMON200 质粒及其派生质粒可以通过接合作用从大肠杆菌导入根瘤农杆菌细胞。在这里同细菌中已经存在的 pTiB6S3 质粒之间通过 LIH 发生同源重组，形成共合体质粒 pTiB6S3：PMON200。

共整合载体和隔端载体的 T-DNA 区和 Vir 区连锁在同一质粒中，故称这两类载体为顺式载体（cis-vector），相反，双元载体由于 T-DNA 区和 Vir 区分别存于不同的质粒中，因此又称为反式载体（trans-vector）。

4. Ri 质粒载体系统　Ri 质粒（root inducing plasmid）是存在于发根农杆菌（*Agrobacterium rhizogenes*）中的巨大质粒，与根癌农杆菌中的 Ti 质粒诱导细胞产生冠瘿瘤相似，Ri 质粒可侵染植物，在被感染部位合成冠瘿碱，诱导产生大量不定根，即发状根。根据其合成冠瘿碱种类的不同，可将 Ri 质粒分成农杆碱型、甘露碱型和黄瓜碱型 3 种。

目前对 Ri 质粒的分子结构已经有了深入的研究。与 Ti 质粒一样，Ri 质粒与转化相关的结构也主要是 Vir 区和 T-DNA 区两部分。Ri 质粒的 Vir 区与 Ti 质粒的高度同源，其上面有 *virA*、*virB*、*virC* 等多个操纵子，其功能也主要是促进 T-DNA 的转移。农杆碱型 Ri 质粒的 T-DNA 区可以分为 TL 区和 TR 区，两区之间有约 15 kb 的非转移 DNA，甘露碱型和黄瓜碱型 Ri 质粒的 T-DNA 区都只有一段单一的长约 20 kb 的连续 T-DNA。3 种质粒的 T-DNA 区段中，除了含有两个与 Ti 质粒高度同源的 T-DNA 边界序列外，还含有编码与生长素合成有关的酶基因（*iaaM* 和 *iaaH*）和与冠瘿碱合成有关的酶基因。Ri 质粒 TL-DNA 有 11 个开放阅读框（ORF），它与 Ti 质粒上的 TL-DNA 没有同源性。研究表明，Ri 质粒 TL-DNA 上有多个称为根座位（root locus）的基因 *rol*，目前发现其中的 *rolB* 和 *rolC* 两个基因对 Ri 质粒转化细胞产生发状根起关键作用。

天然的 Ri 质粒也必须经过改造才能应用于植物的遗传转化。其转化载体的构建与 Ti 质粒的改造类似，主要是采用共整合和双元载体系统。在构建共整合 Ri 质粒载体时，将含有目的基因的中间载体如 pCGN529 导入大肠杆菌作为供体菌，把含有天然 Ri 质粒的发根农杆菌作为受体菌，二者与另外一种含有可带动供体菌质粒进行结合转移的质粒的大肠杆菌一起共培养,使供体菌含有的中间载体通过结合作用转移到发根农杆菌中。此时,中间载体中插入有目的基因的 T-DNA 便可通过与发根农杆菌中 Ri 质粒上的 T-DNA 同源序列进行同源重组,而使目的基因转移到 Ri 质粒的 T-DNA 中。利用发根农杆菌中所含的与转化有关的基因及某些诱导物,便可实现对植物细胞的转化。从这里不难看出,和 Ti 质粒不同的是,在构建共整合载体系统时,被改造后的 Ri 质粒可以利用野生型的 Ri 质粒作为中间载体的受体。

Ri 质粒诱发产生的合成冠瘿碱的不定根组织,经过离体培养后,一般都可再生成可育的完整植株。因此,利用 Ri 质粒作为植物基因工程的载体,同样具有诱人的前景。目前,在理论研究中,人们利用 Ri 质粒在研究根与根际微生物的关系,阐明共生固氮机制上取得了一定的进展。在实际应用中,Ri 质粒系统已经被用于大量生产生物碱、蒽醌、萜类等次生代谢物和改良作物品种等诸多方面。

(五) 载体构建中常用的标记基因及报告基因

科学家们一直试图在转化体上带一个标记,从而便于选择和筛选,故植物基因工程中所构建的载体,除含有外源目的基因和各种表达调控元件外,还插入供选择用的标记基因或报告基因。至今已建立了许多选择标记基因和报告基因,并已插入各种转化载体中。在第二章中介绍了植物遗传转化中常用的标记基因和报告基因,在此不再赘述。

第二节 外源目的基因的导入

在人们对农杆菌 Ti 质粒转化植物的分子机理的了解日渐深入的同时,以农杆菌介导法和基因枪法为主的各种植物基因转化方法体系相继建立起来并逐步得到完善。到目前为止,应用于植物转化的方法已近 20 种。本节选择其中几种技术较成熟、应用较广的方法进行介绍。

一、植物转化的受体系统

建立良好的受体系统是进行植物遗传转化的第一步。植物转化的受体系统,一般是指用于转化的外植体通过组织培养途径或其他非组织培养方法,产生能高效稳定地繁殖无性系,并能接受外源 DNA 整合、对转化选择抗生素敏感的再生体系。根据受体系统的特征,可以将它们分成愈伤组织再生系统、原生质体再生系统、胚状体再生系统、直接分化再生系统和生殖细胞受体系统等 5 类。

良好的受体系统是基因转化成功的前提,关系到基因转化的成败。大多数转化受体系统的建立主要依赖于植物组织培养技术,但与一般的组织培养相比,要求更高,因而需要考虑的因素更多。一般而言,建立一个良好的受体系统主要考虑以下几方面的因素。

1. 具有稳定的外植体来源 目前植物基因转化的频率还很低,往往需要多次反复的实验,而且要建立优良的无性系,植物组织培养条件的摸索和优化也必须以大量的外植体作基础。植物转化的外植体一般采用无菌实生苗的子叶、胚轴、幼叶等,或快速繁殖的试管苗的幼嫩部位。

2. 具有高效稳定的再生能力 尽管从理论上讲,植物的任何体细胞多具有再生成完整植株的能力,即植物细胞的全能性。但在组织培养实践中,不同分化程度的细胞,其脱分化的能力不同。一般而言,植物细胞分化程度越低,代谢越活跃,则使其脱分化成为胚性细胞越容易,因而应尽量选择植物的幼嫩部位或代谢活跃、增殖能力强的部位作为组织培养的外植体。同时,要实现植物已分化细胞的脱分化,必须满足两个条件:一是使该细胞从原有植物组织中解脱出来,使其处于独立发育的离体条件下;二是对该细胞进行激素调控,改变其原有生理状态,使其恢复全能性。

植物基因转化的频率本来就很低,因而要获得足够的转化植株,必须使基因转化受体具有高效的再生能力。一般认为,用于基因转化的受体系统应具有 80%~90% 的再生频率,且每块外植体上必须能再生出丛生芽，其丛生芽数量越多越好。此外，这种再生频率必须具有良好的稳定性和重复性。

3. 具有较好的遗传稳定性 植物组织培养中的无性变异具有普遍性。无性系变异与外植体的基因型、再生途径和组织培养方法与时间等有密切的关系，因此在实验中应充分考虑这些因素，针对不同基因型、同一基因型个体不同组织部位来源的外植体反复摸索最佳组织培养方案，缩短组织培养时间，以减少组织培养中的无性系变异。

4. 对选择性抗生素敏感 目前一些主要的转化方法如农杆菌介导法和基因枪法等，都建立了用抗生素筛选转化植物细胞的手段，这主要是通过将目的基因与对某一抗生素能产生抗性的筛选标记基因偶联在一起，构成嵌合基因。把这种嵌合基因转入宿主细胞后，在培养基中加入一定浓度相应的抗生素，则被转化的细胞由于具有抗性而能够正常生长、分化，而非转化细胞则被淘汰。这样，为能淘汰非转化细胞，就要求使用的植物受体材料对高浓度的相应抗生素敏感，但又不能对其产生严重的毒性，否则转化细胞也不能成活。

此外，如果是采用农杆菌转化法，还要求受体材料对农杆菌侵染敏感，如果作为规模化生产应用考虑，则还应当尽量降低成本。

二、基因的导入方法

基因的导入是指通过某种特定的途径将目的基因导入受体细胞，使之整合到受体细胞基因组中，而实现其功能表达的过程，它是基因工程的一个重要技术环节。

（一）农杆菌介导法

农杆菌介导法是目前应用最为广泛的植物转化方法。前面已经提到，当中间表达载体构建好以后，就需要将它进一步转移到含有经改造过的 Ti 质粒的农杆菌中，才能实现其转化植物细胞的功能，这样制备成的农杆菌称为工程农杆菌。

1. 工程农杆菌的制备 目前把中间表达载体由大肠杆菌转移到农杆菌的方法主要有三亲交配法和直接转化法两种，这里以中间表达载体 pBI121 和受体农杆菌 LBA4404 为例，介绍这两种方法的操作过程。

（1）三亲交配法 三亲交配法是将含有中间表达载体质粒的大肠杆菌、含有迁移质粒（助手质粒）的大肠杆菌和含有 Ti 质粒的农杆菌混合培养，使其发生接合转移，然后通过含抗生素的培养基筛选含有共合体的农杆菌株。

（2）直接转化法 直接转化法就是用含有目的基因的中间表达载体质粒 DNA 直接转化农杆菌，而获得工程农杆菌。此法转化频率比三亲交配法稍低，但快速、简单，是目前采用较多的一种方法。

2. 农杆菌对受体植物的转化 在长期的研究中人们已建立了多种利用农杆菌 Ti 质粒系统转化植物的方法。但这些方法的基本过程都是通过农杆菌与植物受体系统共培养一段时间，使农杆菌对植物发生感染，并将带有外源目的基因的 T-DNA 片段转入被感染的受体细胞，而获得转化子，再经过适当的筛选方法而选出转化子，进而将其培养成转化植物。

（1）整株感染法 此法是模仿农杆菌天然的感染过程，人为地在整体植株上造成创伤，然后把农杆菌接种在创伤面上，或把农杆菌注射到植物体内，使农杆菌在植物体内进行侵染实现转化。为了获得较高的转化频率，多采用无菌种子的实生苗或试管苗。用去除了致瘤基因的农杆菌进行整株感染后，受伤部位一般不会出现肿瘤，筛选转化子时，可将感染部位的薄层组织切下来放入选择培养基上进行筛选。另外，也可以不用创伤过程进行感染，例如，拟南芥开花植物通过真空渗透或农杆菌浸泡，然后筛选萌芽种子的方法，每株处理的植株后代中平均可以得到 5 个转化株（Bechtold，1993）。又如，通过使拟南芥植物的顶端苗基受伤，再用农杆菌处理受伤部位，由感染部位上长出的新枝中有 5.5% 开花结实后形成转化的后代（Chang，1994）。利用这种整株感染方法的最大优点是免去了组织培养过程，简单、实验周期短，但产生的嵌合体多，需要进行反复的筛选。这种方法对于难以进行组织培养或再生困难的植物材料是很有利用价值的。

（2）叶盘转化法　叶盘转化（leaf dish transformation）法是Morsch等人（1985）建立起来的一种转化方法。其操作步骤是：首先用打孔器从消毒叶片上取得叶圆片或用剪刀剪成小块，用培养至对数生长期的农杆菌液浸泡几秒钟后，置于培养基共培养2～3 d，再转移到含有头孢霉素或羧苄青霉素等抑菌剂的培养基中，除去农杆菌，与此同时在该培养基中加入抗生素进行转化子的筛选，使转化细胞再生为植株。如果在感染之前先撕去叶的下表皮，增加受伤组织的面积，有利于细菌的附着，可明显提高转化效率。这一方法已在多种双子叶植物中得到成功的应用。实际上，其他多种外植体，如茎段、叶柄、胚轴、子叶愈伤组织以及萌发的种子等均可采用类似的方法进行转化。该方法的优点是适用性广且操作简单，是双子叶植物遗传转化中应用最多的方法之一。

（3）原生质体转化法　该法的操作过程是：将处于再生壁时期的原生质体与农杆菌共培养1～2 d，然后离心，洗涤除去残留的农杆菌，置于含抗生素的选择培养基上选出转化细胞，进而将其再生成植株。利用这一方法得到的转化子出现嵌合体的比例一般很少，但其原生质体培养过程复杂，成本很高。

（二）基因枪法

基因枪（gene gun）法又称微弹轰击（microprojectile bombardment）法、粒子轰击（particle bombardment）法等，是一种借助高速金属微粒将DNA分子引入活细胞的转化技术。美国Cornell大学的Sanfrod等于1987年研制出火药引爆的基因枪后，Klein等（1987）首次在洋葱上对细胞进行试验，将氯霉素乙酰转移酶基因 *cat* 导入洋葱表皮细胞。1990年美国杜邦公司推出了PDS-1000型商品基因枪，此后，高压放电、压缩气体驱动等各种类型基因枪相继出现，并都在实际应用中得到了不断的改进和发展，开创了基因技术的新局面，使基因枪法成为继农杆菌介导法之后又一广泛应用的转化技术。

1. 基本原理　基因枪法的基本原理是利用火药爆炸、高压放电或高压气体作驱动力，将载有外源DNA的金（或钨）粉等金属微粒加速，射入受体细胞或组织，从而达到将外源DNA分子导入细胞中的目的。

根据动力系统，可将基因枪分为三种类型：第一类是火药爆炸力作为驱动力，这是最早出现的一种基因枪，如杜邦公司的PDS-1000系统以及中国科学院生物物理研究院研制的JQ-700基因枪。其特点是以塑料子弹为载体，其前端载有结合了DNA的金属微粒，火药爆炸时驱动塑料子弹向下运动，最后击中样品室的靶细胞。其粒子速度主要是通过火药的数量控制，可控度较低。

第二类是以高压气体作为驱动力，如氦气、氢气、氮气等，其中以氦气压缩后冲击力最大，杜邦公司又推出了PDS-1000HE氦气型基因枪。该基因枪的驱动原理为：以不同厚度的聚酰亚胺制成的可裂圆片（rupture disk）来控制氦气压力，其压力范围为3 103～15 216 kPa。当氦气压力达到可裂圆片的临界压力时，可裂圆片破裂并释放出一阵强劲的冲击波，使微粒子弹载体（由直径为2 mm、厚度为51 μm的聚酰亚胺膜制成的可裂圆片）携带微粒子弹高速向下运动，当达到金属阻挡网时，圆片被挡住，微粒子弹继续向下运动直至击中靶细胞。这种基因枪的输出功率可以调节，微粒分散均匀，而且安全、清洁。在这种基因枪的基础上，人们还发展了无需中介微粒子弹载体的粒子流基因枪和微靶点射击基因枪。

第三类是以高速放电为驱动力，它是通过高压放电引起水滴气化所产生的冲动力驱动着金属微粒载体向上加速。当微粒载体被阻挡网挡住后，带有DNA的金属粒子会穿过阻挡网继续向上运动，直至击中真空中的靶细胞或组织。这种枪的最大优点是可以无级调速，通过改变工作电压便可精确控制粒子速度和射入深度。这一点非常重要，因为不同的外植体需要不同的工作电压参数。

总之，基因枪种类多样，不同的受体植物和外植体材料，应选用不同类型的基因枪。一般来讲，高压放电基因枪和高压气体基因枪轰击材料的转化率比火药基因枪高。

2. 操作步骤　尽管基因枪有各种不同类型，但其转化过程一般都包括这样几个步骤：受体细胞或组织的预处理、DNA微弹的制备、装弹轰击、过渡培养与筛选培养等。

（1）受体细胞或组织的预处理　这种预处理是为提高转化率而进行的辅助过程，主要是通过渗透剂处理来调节受体细胞的渗透压，维持细胞的高渗状态，使其在轰击受伤后细胞质的外渗减少，从而有利于细胞的成活。常用的渗透剂有甘露醇、山梨醇等。处理方法是：将一定浓度的渗透剂加入培养基中配制成高渗培养基，将欲转化的材料转入该培养基中培养4~6 h，待转化后再培养12~16 h。许多研究表明，通过这种处理可显著提高转化率。

（2）DNA微弹的制备　这一过程是将外源基因通过$CaCl_2$、亚精胺和无水乙醇处理以一定比例附着在金属微粒（金粉或钨粉）载体上制备成DNA-金属微粒。钨粉微粒的直径一般以0.7~1 μm为好，金粉微粒的直径以1~1.6 μm为好。与钨粉相比较，金粉对细胞的伤害与毒性更小，也不易引起DNA降解，但成本较高。

（3）装弹轰击　在无菌条件下取受体外植体于培养皿中，外植体的大小按不同基因枪的要求选择，一般在不影响分化生长能力的前提下，尽量小一点，以增大接受粒子轰击的面积。如用愈伤组织作轰击受体，用打孔器取直径为3 mm左右的组织块为宜。轰击压力与距离往往是基因枪法转化成功的关键因素之一，应按照不同的基因枪操作说明作调整。以上过程均要求在无菌条件下操作。

（4）过渡培养与筛选培养　轰击后的材料不是马上转入加有选择压力的培养基上进行筛选，而是先在不含选择压力的培养基中过渡培养一段时间（一般1~2周），以利于受轰击细胞的恢复并充分表达外源基因（包括选择压力抗性基因），再转入有选择压力的培养基中进行培养，以抑制非转化细胞的生长，而转化细胞则继续生长分化，从而被筛选出来。

（三）花粉管通道法

花粉管通道（pollen-tube pathway）法是利用植物受精过程中形成的花粉管通道将外源DNA导入植物的技术。该法是由我国学者周光宇先生提出并建立的一种非常实用的转基因技术。1983年，利用此法成功地将外源DNA导入棉花中。至今，许多国内外学者通过这一方法将外源目的基因或总DNA导入了许多农作物中，获得了一批有实用价值的转化材料。与此同时，这一方法也在实际应用中得到了不断发展和完善。

1. 基本原理　花粉管通道法的基本原理是授粉后外源DNA能沿着花粉管渗入，经过珠心通道进入胚囊，转化尚不具备正常细胞壁的卵、合子或早期胚胎细胞。

周光宇等认为在受精及胚胎发育的初期是植物接受远缘遗传物质的敏感时期。就生殖细胞的结构而言，在胚胎中的精子、卵细胞类似天然的原生质体，而且在精子入卵细胞时卵膜有一个开闭的过程，即使到了合子期，胞壁的形成也尚未完备，胞壁的屏障作用仍然很小，因而外源基因进入受体卵细胞及合子的阻力也较小；此外，雄配子体花粉萌发时，顶部也拥有无壁的小孔，外源遗传物质也容易进入。

在花粉管伸入胚珠的过程中可形成花粉管通道，这为外源DNA分子进入胚囊提供了天然的途径，龚蓁蓁等（1988）用^3H标记法观察证明了这一点，即将棉花大分子DNA用^3H标记，并用放射自显影法追踪观察，发现外源DNA是沿棉花花粉管通道进入胚囊的，并在胚囊中观察到了标记DNA的存在，从而得到了转化的胚细胞。另外，受精过程是一个多精子进入胚囊的过程，如曾君祉等（1993）对小麦受精生物学的观察表明，小麦授粉后48 h内，有大量花粉管及其内含物仍经过花柱等组织不断流向胚囊，在卵细胞受精后甚至合子分裂时都可看到后来的花粉管内含物以及精子进入胚囊或卵细胞。因此，这给外源DNA进入胚囊或卵细胞甚至合子提供了更多的机会。

2. 操作方法　利用花粉管通道导入外源DNA的技术已发展出了多种行之有效的操作方法，可归纳为以下三类：

（1）柱头切除法　在受体植物自花授粉后一定时间（一般 2~3 h）切去花柱，然后马上在切口上滴入供体 DNA 溶液，然后套袋隔离至种子成熟。

（2）花粉粒吸入法　收集新鲜花粉加入供体 DNA 溶液中混匀，使外源 DNA 吸入花粉粒，然后取混合液滴于预先套雄蕊袋隔离的雌蕊上进行人工授粉，再继续套袋至种子成熟。

（3）柱头涂抹法　在未授粉前先用 DNA 溶液涂抹柱头，然后人工授粉套袋隔离，通过花粉管的伸长将外源 DNA 带入胚囊，成熟后收获种子。

3. 基本特点　由于此法是利用自然繁殖过程中整株植株的卵细胞、受精卵或早期胚细胞作为转化受体，无需细胞、原生质体等组织培养和诱导再生植株等一整套人工培养过程，也就避免了原生质体再生以及组织培养过程中可能导致的染色体变异或优良农艺性状丧失的问题，而且此法不受植物种属的限制，在具备有性生殖过程的任何植物上都能应用。另外，此法简便，易于掌握，可以在大田、盆栽或温室中进行，育种时间短。但此法的使用在时间上受开花季节的限制。

总之，花粉管通道法目前已有了更多的理论基础和大量的实践证明，并且无植物组织培养过程、无基因型依赖性，并且具有可以直接得到转化种子的优点结合纳米颗粒载体的花粉管磁转染已有组织培养困难的棉花中获得了成功。

（四）聚乙二醇法

聚乙二醇（polyethylene glycol，PEG）法是从促进原生质体融合的方法中衍生出来的，于 1980 年由 Davey 等首先建立。Pazkowski 等（1984）报道了第一例用 PEG 法转基因成功的植物，后来随着单子叶植物原生质体分离培养植株再生技术的发展，PEG 法转化植物成功的报道越来越多，方法本身也得到很大的改进，转化率已由最初的 10^{-5}~10^{-4} 达到了 3% 甚至更高。2018 年年底 PEG 转化试剂盒已市场化，该方法已成为了一种常用且比较成熟的植物原生质体转化方法。

1. 基本原理　PEG 是一种选择性化学渗透剂，相对分子质量为 1 500~12 000，pH 为 4.6~6.5，因多聚程度不同而异。它可以使细胞膜之间或 DNA 与膜形成分子桥，促使相互间接触和黏性增加，并可通过改变细胞膜表面的电荷，引起细胞膜透性变化，从而促进外源大分子进入原生质体，PEG 诱导所引起的膜透性改变是可以恢复的。在 PEG 转化过程中常需要加入 Ca^{2+}，这种二价阳离子可与 DNA 结合成 DNA-磷酸钙复合物而使 DNA 沉积于原生质体的膜表面，并促进细胞发生内吞作用。此外，高 pH 可诱导原生质体的融合和外源 DNA 分子的摄取，因此，PEG 转化时常将溶液 pH 调到 8 左右，但高于 10 时则会损伤原生质体。PEG 法正是利用以上条件作用于植物原生质体，使加在培养液中的外源 DNA 分子进入细胞而实现转化目的的。

2. 基本特点　PEG 法是植物遗传转化研究中较早建立，而且应用广泛的一种化学转化方法。它的主要优点是：①实验成本低廉，不需要特殊的仪器设备；②受体植物不受种类的限制，只要能建立原生质体再生系统的植物都可以采用此法；③所得到的转化子中，嵌合体很少，因 PEG 法获得的转化再生植物来自一个原生质体；④结果比较稳定，重复性也较好；⑤有实验证明，此法可使两个非连锁基因的共转化率达 50% 左右；⑥有研究表明，用植物总 DNA 进行转化，其转化频率与用质粒 DNA 接近；⑦此法还可与电击转化法、脂质体法、基因枪法和激光微束穿刺法等方法结合使用，可大大提高转化率。应用这种方法已获得了水稻、小麦、玉米、高粱的转基因植株。但它也有较大的局限性，即必须以原生质体为受体，而建立原生质体再生系统往往是十分困难的，另外，它的转化频率也偏低。

（五）电击转化法

电击转化法也称电穿孔法，是利用高压电脉冲作用使细胞膜上形成可逆性的瞬间通道，从而使外源 DNA 分子进入细胞的转化方法。此法是 20 世纪 80 年代初发展起来的，最初主要用于原生质体的转化，曾在烟草、胡萝卜等模式植物的原生质体转化中得到标记基因的瞬时表达，后又相继在禾谷类作物以及一些蔬菜作物的原生质体转化中得到成功应用。

1. 基本原理　细胞膜主要由脂类组成，每一个脂质分子都有极性的头部和疏水的尾部，因此细胞膜可以视为一种电容，其静息膜电势约为 100 mV。当细胞处于一个外加电场中时，膜电势（U）增高。U 的高低与电场强度（E）成正比，随着 E 的不断增大，U 也不断升高，于是膜被压缩变薄。当 U 升高到一定值时，膜被击穿形成微孔，此压称为击穿电压（U_c），如果电场强度不再增大，此时所形成的膜孔数量少、孔径小，间隔一段时间后即可复原，这称为可逆击穿。对受体细胞施以可逆击穿电场强度即可达到电击穿孔转化的目的。

2. 基本特点　电击转化法在转化原生质体上取得了良好的效果，已被国际公认为是一种成熟可靠的转化方法。它除了具有 PEG 法的同样优点外，还具有操作简便、转化效率较高的特点，特别适用于瞬间表达的研究。另外，这种方法无宿主的限制，胚性愈伤组织、悬浮细胞、分生组织均可采用，并有研究表明，此法与 PEG 法结合使用，可大大提高转化频率。其缺点是易造成细胞膜的损伤，使植板率降低，而且仪器也较贵，各项转化参数还有待进一步的优化。

（六）显微注射法

显微注射（microinjection）法是利用显微装置将大分子物质或细胞器注射到培养细胞中的一项技术。该技术历史悠久，最初主要用于两栖类动物的核移植以及哺乳类和鱼类卵细胞的遗传转化。在 20 世纪 80 年代中后期这一技术被应用于原生质体的转化。2009 年以来，植物悬浮细胞、花粉粒以及多细胞结构的分生组织、胚状体等都可用作显微注射的受体材料，使该方法在理论上和技术上都有了进一步的发展。

1. 基本原理　其基本原理是利用显微注射仪将外源 DNA 直接注入受体细胞，并使其成活、增殖而发育成为转基因个体。显微注射中的一个重要环节是固定受体细胞，动物细胞培养时因为有独特的贴壁生长特性，因而无须再进行人工固定。但是，植物细胞在使用显微注射法时，必须首先将受体细胞进行人工固定。目前采用的固定方法有 3 种：第一种是琼脂糖包埋法，即把低熔点的琼脂糖熔化，冷却到一定温度后将制备的细胞悬浮液混合于琼脂糖中，并使细胞体的一半埋在琼脂糖中起固定作用，一半暴露在琼脂糖表面以便于进行微针注射；第二种是多聚-L-赖氨酸粘连法，即先用多聚-L-赖氨酸处理玻片表面，由于多聚-L-赖氨酸对细胞有粘连作用，因此当分离的细胞或原生质体与玻片接触时，就可被固定在玻片上；第三种方法是吸管支持法，即用一固定的毛细管将原生质体或细胞吸附在管口，起到固定作用，并且吸管可以旋转或移动位置，使操作者能选择最佳位置进行注射。

2. 基本特点　显微注射法的突出优点是转化率高。有研究表明，它的瞬时表达频率可达 30% 或更高，这是其他方法所不及的。另外，它是一种纯粹的物理方法，能适用于各种植物和各种材料，2009 年有人利用改良后的这一方法对植物的子房、穗颈等进行直接注射，也获得了理想的结果。此法的整个操作过程对受体细胞无药物毒害，有利于转化细胞的生长发育。其缺点是操作烦琐、耗时，工作效率低，并需要精细的操作技术和精密的仪器设备，难以进行大批量的转化工作。

（七）浸渍法

浸渍法是指将子叶、胚、胚珠、子房、花粉粒、幼穗、悬浮细胞甚至幼苗等直接浸泡在外源 DNA 溶液中，利用渗透作用把外源基因导入受体细胞并得到整合与表达的一种转化方式。这种方法实际上在经典的基因工程诞生之前就有人开始探索了，这一想法的萌芽是受细菌转化现象的启发。早在 1969 年，德国学者 Hess 便报道了用外源 DNA 浸泡矮牵牛的萌动种子而出现变异性状的结果。

1. 基本原理　浸渍法的原理主要是利用植物细胞自身的物质运转系统将外源 DNA 分子直接导入受体细胞。关于植物细胞运输系统的结构与功能已有很多的研究，现已证明植物细胞至少可以通过以下几种途径将外源 DNA 吸入细胞内：①外源 DNA 可以通过细胞间隙与胞间连丝组成的网络化的运输系统而被运输到每个细胞内；②植物细胞也可以通过内吞作用将外源 DNA 摄入细胞内；③植物组织中传递细胞的膜透性改变也可以为大分子物质透过细胞膜提供机会。尤其是在生殖细胞、胚胎细胞以及分生细胞中，外源 DNA 进入细胞中的机会更多。

2. 基本特点 浸渍法是高等植物遗传转化技术中最简单、快速、便宜的一种转化方法。它不需要什么昂贵的仪器设备和复杂的组织培养技术，可以进行大批量的受体转化工作，并且此法容易推广普及，但该法的转化频率较低、重复性较差，而且筛选和检测也困难。

除上述较为常用的方法外，在植物转基因中用到的方法还有超声波导入（ultrasonic transformation）法、激光微束（laser microbeam）法、碳化硅纤维（silicon carbide fiber）介导法、电泳转化法、脂质体介导法、病毒介导法、转座子介导法等。

总之，随着植物分子育种研究的不断深入和发展，外源 DNA 的导入方法会日益增多，转化程序也将日趋简化。在已建立的这些导入方法中，它们所使用的载体、转化原理及受体细胞均有明显的差异，它们的宿主范围、转化频率及操作复杂性等各方面也均有不同。评价一个导入方法，必须考虑它是否高效、是否易于重复、难易程度及其应用范围。对一个成熟、实用性强的导入法而言，必须具备高效、重复性高、简易、快速、适应性广等特点。因此，在应用时应该充分认识和了解各种导入法的特点，根据不同的研究对象和研究目标选择适当的方法。

第三节 转基因植物的检测

进行基因转化后，外源基因是否整合到植物基因组中并得到有效表达，是我们必须回答的问题。因为只有整合有外源基因的植株才被认为是转基因植株；得到有效表达的植株才可能在生产上应用。随着植物遗传转化技术的发展，将外源基因导入宿主植物并得到再生植株已逐渐成为一项相对常规的技术。相应地，导入的外源基因在宿主中的分子生物学行为则由于其复杂性和重要性而越来越为人们所关注。

目前鉴定外源基因的方法很多，根据检测的基因功能来划分，可分为调控基因（包括启动子、终止子等）检测法、标记基因检测法及目的基因直接检测法。根据检测的不同阶段区分，有 DNA 整合水平、转录水平及翻译水平的检测法。外源基因整合的检测方法目前常用的有 Southern 印迹杂交、PCR、RFLP 和 RAPD 等几种方法；此外，在转录水平的检测方法有 Northern 印迹杂交、逆转录 PCR（RT-PCR）；在翻译水平的检测方法有酶联免疫吸附法（enzyme-linked immuno sorbent assay，ELISA）、Western 印迹杂交等。由于这些方法的具体操作大多已在前面的章节详细介绍，我们这里只侧重介绍广泛用于植物遗传转化的报告基因检测法。

一、报告基因的表达检测

植物外源基因表达检测最简便、使用广泛的是利用报告基因的检测。报告基因是一种指示基因，它们一般编码一个特殊的酶，这些酶所催化的反应很容易用普通的生化反应检测出来。而在正常的非转基因植物中，这些酶及其所催化的反应几乎完全不存在。目前常用的报告基因主要有 β-葡萄糖苷酸酶基因（gus）、卡那霉素抗性基因（Npt-Ⅱ）、荧光素酶基因、胭脂碱和章鱼碱合成酶基因、氯霉素乙酰转移酶基因（cat）、除草剂抗性基因（pat）、二氢叶酸还原酶基因（DHFR）等。这些基因由于其检测简单方便，在大多数植物中背景小而得到广泛应用。下面简要介绍一下几个主要报告基因的检测原理及方法。

1. gus 基因的检测 gus 基因存在于大肠杆菌等一些细菌基因组内，编码 β-葡萄糖苷酸酶。β-葡萄糖苷酸酶是一个水解酶，以 β-葡萄糖苷酯类物质为底物，其反应产物可用多种方法检测出来。由于绝大多数植物没有检测到葡萄糖苷酸酶的背景活性，因此这个基因被广泛应用于基因调控的研究中。根据 gus 基因检测所用的底物不同，可选用 3 种检测方法，即组织化学法、分光光度法和荧光法

（灵敏度较分光光度检测法高），其中最为常用的是组织化学法。

组织化学法以 5-溴-4-氯-3-吲哚-β-D-葡萄糖苷酸酯（X-Gluc）作为反应底物。将被检材料用含有底物的缓冲液浸泡，若组织细胞发生了 gus 基因的转化，并表达出 GUS，在适宜的条件下，该酶就可将 X-Gluc 水解生成蓝色产物，这是由其初始产物（一种无色的吲哚衍生物）经氧化二聚作用形成的靛蓝染料，它使具 GUS 活性的部位或位点呈现蓝色，用肉眼或在显微镜下即可看到，且在一定程度上根据染色深浅可反映出 GUS 活性。因此利用该方法可观察到外源基因在特定器官、组织，甚至单个细胞内的表达情况。

2. Npt-Ⅱ 基因的检测　卡那霉素抗性基因（Npt-Ⅱ）编码新霉素磷酸转移酶Ⅱ（Npt-Ⅱ），它是一个小分子质量的酶（相对分子质量为 25 000），由转座子 Tn5 编码，催化许多氨基酸糖苷类抗生素（新霉素、卡那霉素、庆大霉素、巴龙霉素和 G418 等）发生磷酸化反应而失活。在转基因植物、动物和原核生物中，Npt-Ⅱ 基因广泛地被作为选择标记，用来研究基因的表达及其调节。其检测原理是利用放射性标记的（$\gamma-^{32}P$）ATP，通过 γ-磷酸基团的转移，生成带放射性的磷酸卡那霉素，从而利用其放射性进行检测。具体方法有点渍法、层析法和凝胶原位检测法等。对于高等植物的检测常用凝胶原位检测法。

在含蛋白酶抑制剂的缓冲液中研磨转化的植物材料，制取细胞提取物。将提取物点在非变性的聚丙烯酰胺凝胶上以避免酶的不可逆变性。电泳后，将胶从胶槽中取出，放在反应缓冲液里平衡，然后在聚丙烯酰胺凝胶上面注入一层含卡那霉素和（$\gamma-^{32}P$）ATP 底物的琼脂糖固定。Npt-Ⅱ 接触底物后，酶促反应在凝胶夹层中进行并得到具有放射性的磷酸卡那霉素。再用一张 Whatman P81 磷酸纤维素滤纸（一种在特定条件下对卡那霉素有专一吸附作用的离子交换纸）盖在琼脂糖凝胶上，将磷酸化的卡那霉素转移到磷酸纤维素滤纸上。基本分子卡那霉素和磷酸卡那霉素可以结合在滤纸上，ATP 则不能。经过洗涤除去背景的 ATP，通过放射自显影显示出放射性的卡那霉素，从而确定在聚丙烯酰胺凝胶上哪些条带上的蛋白质具有 Npt-Ⅱ 的活性。进一步的定量分析可以将滤纸上反映出 Npt-Ⅱ 活性的条带切下用闪烁计数器进行测量。

3. 荧光素酶基因检测　荧光素酶基因是一种动物蛋白基因，目前研究较多的是萤火虫荧光素酶及细菌产生的荧光素酶。荧光素酶催化的底物都是荧光素，但各种荧光素的化学结构有一定差异。其中萤火虫荧光素酶催化的底物是 6-羟基喹啉类。在镁离子、ATP 及氧的作用下酶使底物脱羧，生成激活态的氧化荧光素，发射光子后，转变为常态的氧化荧光素。由于这类酶的活性不需要转录后修饰，无二硫键，不需要辅酶因子和结合金属，因此几乎可以在任何宿主细胞中表达。荧光素酶基因作为一个报告基因还有一个优点，即检测灵敏度高、检测迅速，而且操作方便，对于研究低水平表达的基因有较大的意义。由于生物中普遍缺少内源荧光，该基因几乎不存在背景干扰问题。荧光素酶与反应底物混合后所产生的荧光持续数秒到数分钟即消失。检测需要闪烁计数器和荧光计。

4. 胭脂碱和章鱼碱合成酶基因检测　冠瘿碱合成酶基因存在于农杆菌 Ti 质粒或 Ri 质粒上，该基因与 Ti 质粒的致瘤作用无关，故在构建载体时，有时将该基因保留作为报告基因使用。该基因的启动子是真核性的，在农杆菌中该基因并不表达，整合到植物染色体上后即行表达，编码与冠瘿碱合成有关的酶，催化冠瘿碱合成。目前已发现的催化冠瘿碱合成的酶主要有两种，一种是胭脂碱合成酶，另一种是章鱼碱合成酶。其检测原理是将植物材料直接挤压在电泳图谱纸上，进行电泳。在电场作用下，胭脂碱和章鱼碱可以同正常组织中含有的精氨酸分离开，用菲醌这一敏感的荧光染料进行染色，即可进行观察。通过纸电泳分析即可筛选出存在胭脂碱和章鱼碱的转化植物材料。

5. cat 基因的检测　cat 基因编码氯霉素乙酰转移酶（CAT），该酶催化酰基由乙酰 CoA 转向氯霉素，形成乙酰化产物，乙酰化了的氯霉素不再具有氯霉素的活性，失去干扰蛋白质合成的作用。真核细胞不具有氯霉素乙酰转移酶基因，无该酶的内源性活性，因而 cat 基因可以作为真核细胞转化的标记基因及报告基因。cat 基因转化的植物细胞能够产生对氯霉素的抗性，而非转基因植物则不具有这种抗性。CAT 活性可以通过反应底物乙酰 CoA 的减少或反应产物乙酰化氯霉素及还原型乙酰 CoA

的产量来测定，目前常用的方法有硅胶 G 薄层层析法及 DTNB [5，5′-二硫双（2-硝基苯甲酸）] 分光光度计法。cat 基因不仅用来检测外源基因是否转化成功，而且在研究转化的外源基因在植物体内的表达调控中起重要作用，是目前研究基因表达调控最常用的报告基因之一。

6. pat 基因的检测　pat 基因为抗除草剂基因，它编码 PPT 乙酰转移酶（PAT）。PPT 是一种谷氨酸结构类似物，能竞争性地抑制植物体内谷氨酰胺合成酶（GS）的活性。当 PPT 存在时，GS 活性被抑制，细胞内 NH_4^+ 积累，细胞中毒而死亡。pat 基因编码的 PPT 乙酰转移酶可以催化乙酰基由乙酰 CoA 分子转移到 PPT 分子的游离氨基上，使 PPT 乙酰化。乙酰化的 PPT 失去对 GS 的抑制作用，因而转化了 pat 基因的植物表现出对除草剂 PPT 的抗性。PPT 是商用广谱除草剂 Basta 和 Herbiace 中的主要活性成分。

二、外源目的基因的表达检测

人们利用转基因植物的目的就是要使导入的外源基因高水平地表达以获得所需要的性状。因而，外源基因能否在转基因植物中稳定、高效表达是影响转基因植物应用前景的重要因素。

1. Northern 印迹杂交　转基因植株中外源基因的转录可以通过细胞总 RNA 或 mRNA 与探针的分子杂交来分析，它是研究转基因植株中外源基因表达及调控的重要手段。

同 Southern 印迹杂交一样，Northern 印迹杂交是将 RNA 或 mRNA 样品进行电泳分离然后转移到固相膜上，再与探针杂交。它可对外源基因的转录情况进行较详细的分析，如 RNA 转录体的大小及丰度等。

Northern 印迹杂交程序分为三步：植物细胞总 RNA 或 mRNA 的提取、探针的制备、印迹及杂交。

Northern 印迹杂交中除第一步总 RNA 或 mRNA 变性凝胶电泳分离与 Southern 印迹杂交不同外，其他步骤与之相同。

RNA 电泳时必须解决两个问题：一是防止单链 RNA 形成高级结构，故必须采用变性凝胶；二是电泳过程中始终要有效抑制 RNase 的作用。

一般 Northern 印迹杂交使用的植物总 RNA 用量为 10～20 μg 或 mRNA 0.5～3.0 μg。实验要有严格的阳性对照及阴性对照，同时，为确定电泳分离的 RNA 分子的大小，还需要有分子质量标准样品。

RNA 变性凝胶电泳时一般使用低电压（3～4 V/cm）。RNA 电泳过程中要注意监测电极液的 pH，由于电极缓冲液的缓冲容量有限，电泳一段时间后两电极槽中缓冲液的 pH 会发生变化，而 pH 超过 8 h 会引起甲醛-RNA、乙二醛-RNA 复合物的解离，因此在 RNA 变性电泳过程中，要不断循环缓冲液，无循环设备时，每隔半小时更换一次缓冲液或混合两槽的缓冲液。

进行甲醛变性凝胶电泳时上样缓冲液中可加入一定量的 EB，以便胶直接放紫外光下观察、照相。对于丰度低的 RNA 变性时，采用电泳后染色。

2. RT-PCR 检测　1992 年 Larrick 报道了用 RT-PCR 方法检测外源基因在植物细胞内的表达。其原理是以植物总 RNA 或 mRNA 为模板进行逆转录，然后再经 PCR 扩增，如果从细胞总 RNA 提取物中得到特异的 cDNA 扩增带，则表明外源基因实现了转录。

逆转录有两种做法：一种是以 oligo（dT）作引物，合成出各种 mRNA 的第一链 cDNA，然后加入特异引物，利用 DNA 合成酶扩增出特异的 DNA 片段；另一种是以 mRNA 3′端的互补序列为引物，进行逆转录，得到特异的 cDNA，再加入 3′端及 5′端的引物，进行 PCR 扩增，得到特异 cDNA 的扩增带。

该方法简单、快速，但对外源基因转录的最后确定，还需与 Northern 印迹杂交结果结合起来分析。

3. Western 印迹杂交　在证明外源基因表达出特异的 mRNA 后，还需要进一步证明表达出的 mRNA 能翻译成特异蛋白质。若外源基因的表达产物是一种酶，则可以通过测定转化植株中该酶的活性来达到检测该外源基因表达情况的目的。若表达产物不是酶，就要采用免疫学方法检测。

Western 印迹杂交是将蛋白质电泳、印迹、免疫测定融为一体的特异蛋白质检测方法。其原理是：转化的外源基因正常表达时，转基因植株细胞中含有一定量的目的蛋白。从植物细胞中提取总蛋白或目的蛋白，将蛋白质样品溶解于含去污剂和还原剂的溶液中，经 SDS-聚丙烯酰胺凝胶电泳（SDS-PAGE）使蛋白质按分子质量大小分离，将分离的各蛋白质条带原位转移到固相膜上，膜在高浓度的蛋白质溶液中温育，以封闭非特异性位点。然后加入特异抗体（一抗），印迹上的目的蛋白（抗原）与一抗结合后，再加入能与一抗专一结合的标记的二抗，最后通过二抗上标记化合物的性质进行检测。根据检测结果，可知被检植物细胞内目的蛋白表达与否、表达量的高低及大致的分子质量。

Western 印迹杂交全过程包括转基因植物蛋白质的提取、SDS-PAGE 分离蛋白质、蛋白质条带印迹、探针制备、杂交与杂交结果的检出 6 个步骤。

转基因植物蛋白质的提取过程中要保持蛋白质分子的结构完整。Western 印迹杂交的蛋白质样品一般不需要制备出来，粗提液即可。稀盐溶液和缓冲液对植物蛋白质稳定性好、溶解度大，在提取时最为常用。提取的第一步是细胞破碎，可以采用核酸提取时的液氮冷冻研磨法，也可以采用砂或氧化铝研磨，加入大致为样品体积的 3~6 倍提取缓冲液，制成匀浆后离心，上清液为总蛋白样品液。如果目的蛋白含量极微，可经透析或用 PEG 浓缩。

不同分子质量的蛋白质与 SDS 形成的复合物，短轴相同、长轴与分子质量成正比，相对分子质量为 $1\times10^4 \sim 2\times10^5$，复合物的迁移率与分子质量对数呈线性关系。用一组已知分子质量的蛋白质作为标准，以标准蛋白的迁移率对分子质量对数作图可得标准曲线。利用标准曲线可求出在相同条件下进行电泳的蛋白质样品的分子质量。

为提高 SDS-PAGE 的分辨力，又发展出 SDS-PAGE 梯度凝胶电泳。蛋白质分子在电场作用下沿浓度由低向高的凝胶泳动。电泳过程中凝胶的孔径越来越小，蛋白质分子所受阻力越来越大，不同大小的蛋白质颗粒将分别被阻滞在孔径与其分子大小相当的凝胶区段。样品中分子大小相同的同一组分将在电泳的过程中逐步集中在凝胶的同一区段，而得以浓缩，形成狭窄而清晰的条带。谱带一旦形成后，其位置不因电泳时间延长而改变，这一点很适合印迹的要求。此外，梯度凝胶电泳的另一个优点是同一块胶分离蛋白质的分子质量范围增大，如一块 4%~30% 梯度的凝胶可同时分离分子质量为 $5\times10^4 \sim 2\times10^6$ u 的不同蛋白质。电泳方向为负极向正极。样品在浓缩胶中，使用较低的电压；当进入分离胶后，就可以提高电压。电泳时间一般为 4~5 h。

蛋白质印迹是指利用某种动力（毛细作用、扩散作用或电动力），将经 SDS-PAGE 分离的蛋白质谱带由凝胶转移到固相膜的过程。蛋白质印迹使用的固相膜有硝酸纤维素膜、重氮化纤维素膜、阳离子化尼龙膜（zeta-探针膜）和 DEAE-阴离子交换膜。硝酸纤维素滤膜（NC 膜）使用最广泛，它是通过疏水作用与蛋白质非共价结合，结合容量为 80 $\mu g/cm^2$，使用时无需活化。在 pH=8.0 时，蛋白质较易吸附于膜上。存在的问题是小分子质量的蛋白质与 NC 膜的结合力较差。

转移后的凝胶需用印迹缓冲液洗涤、平衡，以除去凝胶中的 SDS，并使凝胶的 pH 及离子强度与印迹缓冲液一致，防止胶变形。固相膜、滤纸需用印迹缓冲液平衡。在进行快速转移及转移大分子蛋白质时应注意进行有效的冷却。电泳时采用恒定电流 20~100 mA，电泳 4~16 h。转移后可用考马斯亮蓝染色法染凝胶，检查转移是否完全。

探针是针对目的蛋白的抗体，又称为一抗。一抗探针的质量是影响杂交效果的主要因素之一。只有得到特异性强、效价高的抗体，目的抗原的检出才能达到一定的灵敏度。一抗可使用由目的蛋白制成的抗血清或单克隆抗体。

Western 印迹杂交使用的一抗一般不标记，与一抗结合的二抗带有特定标记。标记物有同位素及非同位素两种。同位素标记主要使用 ^{125}I、^{32}P 等，非同位素标记主要是酶。酶标记中最常用的是过氧化物酶及碱性磷酸酶。酶可直接连接在二抗上，如碱性磷酸酶标记的羊抗兔 IgG。有时酶标记物不直接连在二抗上，而是二抗与生物素相连，酶与抗生物素蛋白相连，生物素与抗生物素的特异结合使酶与二抗相连。不管哪种机制，目的蛋白的最终检出还是通过放射自显影或酶的显色反应来完成。总之 Western 印迹的检出过程较复杂，要通过一系列的抗原-抗体的免疫反应、大分子与配基的亲和反应、酶催化的显色反应使转移到固相膜上的目的蛋白显示出来。

三、转基因沉默及提高外源基因表达水平的策略

在实践中，人们发现许多情况下外源基因整合进受体植物的基因组后，即使没有发生突变或丢失，但表达水平很低甚至不表达，人们把这种现象称为转基因沉默（transgene silencing）。目前植物转基因沉默或不稳定表达已严重降低了转基因植物的成功概率。

（一）转基因沉默

转基因沉默按其发生的阶段可分为转录沉默（transcriptional gene silencing，TGS）和转录后沉默（post-transcriptional gene silencing，PTGS）两种。按其产生的原因主要可分为同源依赖性沉默（homology-dependent gene silencing，HDGS）和位置依赖性沉默（position-dependent gene silencing）等。同源依赖性沉默是由于转基因出现多拷贝导致发生转基因之间或转基因与内源基因之间相互作用而诱发的失活，这种沉默是同源或互补核苷酸序列间相互作用产生的。位置依赖性转基因沉默是由于转基因整合到宿主基因组的一定位置而引起的转基因失活。事实上，转基因沉默的原因极其复杂，远非是这两方面原因能够解释清楚的，下面具体谈谈引起转基因沉默的一些主要机理。

1. DNA 甲基化 DNA 甲基化在植物基因表达的发育性调节中起重要作用，同时也是植物防卫外源入侵 DNA 的重要手段，但这又是转基因位置依赖性沉默的直接诱因，其他原因造成的转基因失活往往也与 DNA 甲基化有关或者通过甲基化直接表现出来。当转基因侵入基因组时，整合产生的中间产物，如发夹结构，也能够成为重新甲基化的目标。据研究，甲基化序列导致基因沉默主要有两方面的原因：①甲基化序列与甲基化 DNA 结合蛋白（MeCP2）结合，甲基化 DNA 结合蛋白（MeCP2 再与协同抑制蛋白 mSin3A、组蛋白去乙酰酶等形成多蛋白抑制复合物，阻碍了转基因启动子与转录因子的接触，从而引起转录抑制。②甲基化导致 DNA 构象偏离标准的 B 型，转为 Z 型，从而降低转录水平，造成转基因失活。

2. 多拷贝整合 早年的研究中，人们试图通过插入多拷贝外源基因来提高其表达水平，但研究中发现，插入多拷贝反而造成转基因表达水平低下，这种现象称为重复序列诱导的基因沉默。根据多拷贝外源基因在染色体上整合位置的不同，又可将这一现象分为两种：顺式失活（*cis*-inactivation），指相互串联或紧密连锁的转基因间产生的失活；反式失活（*trans*-inactivation），指失活的转基因对具有同源序列的等位或异位转基因产生作用而导致的失活。多拷贝转基因引起沉默，主要是因为重复转基因序列之间以及转基因与转录产物之间的配对，造成染色体构型或构象（异染色质化）变化，阻碍了转录因子与转基因及其启动子的结合，从而使转录受到抑制。通过顺式作用或其他原因失活的转基因还可以作为一种沉默子，对其他与之分离的具有同源性的靶基因施加一种反式作用，使其发生甲基化而失活。

3. 位置效应 目前人们通常使用的转化方法还难以实现转基因的定点整合，转基因在宿主基因组上的随机整合容易导致转基因沉默，这主要有两个方面的原因：植物基因组的异染色质区和转录不活跃区域占整个基因组的 90% 以上，整合到这些区域的基因常常会异染色质化导致转基因沉默；高等植物基因组中存在固定的 GC 碱基对比例，没有相同特征的转基因易被宿主特定的识别机制认出而发生甲基化，导致转基因沉默。

4. 后成修饰作用 后成修饰作用是指转基因的表达在个体发育的某一阶段受到细胞内因子的修饰作用而关闭。随着发育的推移，在一定阶段这种修饰作用又会被解除而使转基因重新恢复活性。这一现象是植物发育调控在转基因上的体现。

总之，引起转基因沉默的原因很多，除上述一些研究较为广泛的原因以外，启动子活性不高、外

源基因不具备某些内源调控序列、与内源基因竞争性结合某些转录翻译所需的元件、细胞周期调控因子的介入、mRNA 的降解等都是转基因失活的重要原因；对于微生物来源的外源基因，因密码子的偏爱性与高等植物不同，转基因转录产物的翻译困难也可造成转基因失活。

根据目前已有的知识，将控制转基因沉默的一些可能措施列于表 12-2。

表 12-2 转基因沉默的控制

转基因失活的可能原因	控制失活的可能措施
多拷贝插入	采用农杆菌转化法； 选择完整单拷贝插入事件； 避免同源序列，包括导入不同基因采用不同的启动子和标记基因、建立删除选择标记基因的技术体系
位置效应	建立位点特异重组体系； 用 MAR 建立独立的结构域； 从大量转基因植株中筛选稳定表达的个体
转基因甲基化	利用去甲基化序列； 采用去甲基化试剂； 对异源转基因进行密码子优化

（二）提高外源基因表达水平的策略

前面已经提到，转基因的高效表达是植物基因工程应用中必须解决的关键环节之一，也是植物基因工程的生命力所在，因而加强这方面的研究显得尤为重要。而事实上，众多研究者们也逐渐把研究的重心往这方面转移，并取得了诸多进展。需要指出的是，克服转基因沉默和提高转基因的表达水平实际上是同一个问题的两个方面，克服转基因沉默的措施，大多也是提高转基因表达水平的手段。

1. 启动子的选择和改造 启动子是决定外源基因转录效率的关键因素，选择合适的启动子对于增强外源基因的表达至关重要。目前植物转基因中所使用的大多是组成型启动子，如花椰菜花叶病毒 35S 基因启动子、胭脂碱合成酶基因启动子、玉米泛素基因（*ubiquitin*）启动子等。这些启动子驱动的基因在植物体内的表达属于组成型表达，但实践中往往需要转基因在特定时期和植物的特定部位表达，这就需要使用特异性启动子或诱导型启动子。

此外，人工构建复合式启动子也是提高外源基因表达的重要途径，Ni 等（2000）人将章鱼碱合成酶基因启动子的转录激活区（Aocs，−116～−333）与甘露碱合成酶基因启动子（*pmas*，+68～−318）结合构成了多个复合式启动子，其中（Aocs）3Pmas-Gus 结构的表达活性比 35S 启动子高 156 倍，比双增强子的 35S 启动子高 26 倍。

2. 利用增强子序列 增强子的合理利用可明显提高外源基因的表达水平。SV40 增强子能在所有类型细胞中发挥作用，而其余大多数增强子具有相对的组织特异性，动物中免疫球蛋白 K 链基因中的一个增强子可在细胞发育的特定阶段局部去甲基化（direct regional demethylation）从而启动基因的转录。在植物基因中分离相应的增强子并构建嵌合基因，可望消除转基因表达受到宿主植物时空上的抑制而造成的失活问题。

3. 利用真核基因的调控序列 真核生物的基因表达往往受到许多顺式调控元件的作用，如果导入的目的基因只含有蛋白质的编码而不含有这些元件的话，往往难以实现有效表达。除增强子外，这些调控序列还包括 5′端与 3′端非翻译区（UTR）序列，如 5′端 Ω 因子、kozak 序列、3′端 poly（A）序列、内含子等。

4. 利用定位信号提高外源基因表达产物的含量 外源基因在植物组织细胞中表达时，其表达产物受细胞中大量蛋白酶的作用而降解，造成外源蛋白积累量的减少。因此，采取措施保护外源蛋白不受降解是实现转基因成功的重要一环。以植物抗虫基因工程为例,增加外源抗虫物质在植物细胞内的稳定性可有效提高转基因植物的抗虫效果。朱祯等(2001)将大豆胰蛋白酶抑制剂(Skti)的信号肽和内质网定位信号 KDEL 的编码序列与豇豆的胰蛋白酶抑制剂基因 $Cpti$ 偶联,得到融合基因 sck,其编码的蛋白具定位于内质网表达并滞留于内质网的特性,将其转入水稻后表现了良好的抗虫效果。

5. 叶绿体转化 1988年,Boynton 等人将带有野生型 $atpB$ 基因的叶绿体 DNA 导入 $atpB$ 基因突变的衣藻叶绿体中,结果使突变体恢复了光合作用能力,标志着叶绿体基因工程的诞生。近年来由于该系统独特的优越性,该系统已引起人们的广泛关注。叶绿体基因拷贝数多,为实现外源基因的超量表达提供了前提;可以定点整合方式导入外源基因从而消除位置效应和转基因沉默;具有原核表达方式,可直接表达来自于原核生物的基因,且能以多顺反子的形式表达多个基因。这些都使叶绿体转化系统极具提高转基因表达的潜能。目前利用叶绿体转化已有一些成功的例子。

第四节 转基因植物的整合特性及遗传特性

一、转基因植物中外源 DNA 的整合特性

自 1983 年首例转基因植物问世至今,转基因植物的研究和应用发展突飞猛进。然而外源基因表达的不稳定和多样化,在一定程度上限制了植物基因工程的应用。外源基因的表达与外源基因的整合情况,即整合形式和插入位点直接相关,因此分析外源基因的整合情况,可为构建高效表达载体、获得稳定表达外源基因的转基因材料提供参考,同时为转基因作物的推广及应用提供安全保障。Fladung 等(1999)认为转基因植物中外源基因的表达稳定性取决于目的基因在宿主中的整合特性及其旁侧序列性质。

(一)外源 DNA 的整合方式

转基因的不同整合方式,不但影响外源基因在转基因植株中的表达性能,而且还有可能对宿主基因组中的固有基因的表达产生影响。目前,外源基因整合方式有异常重组整合、位点特异重组整合、同源重组整合。

1. 异常重组整合 异常重组整合(illegimate recombination)是外源基因整合到植物基因组最常见的方式。目前植物基因工程中所用的外源基因或是同植物基因组无同源或是同源区段较短,故整合时采取这一方式,即便是一些同源性较高的外源基因的整合也以这一方式为主。整合机制不因导入方式的不同而变化,不同导入方式的区别主要在整合频率、整合状态等方面。

2. 位点特异重组整合 生物体的位点特异重组整合(site-specific recombination)的发生局限于 DNA 的特定位置,由特异的重组蛋白催化。这类重组又可分保守的位点特异重组整合和转座两种。所谓保守的位点特异重组整合即重组位点准确断裂,随后发生链的交换和连接,重组是对称的,没有发生 DNA 的丢失和合成。相比较而言,转座过程不需要同源序列,在 DNA 双链的断裂和重接过程中伴随着 DNA 的合成,重组表现为非对称。

位点特异重组系统在植物中可用于外源基因的位点特异整合。先将重组位点稳定整合到染色体上,然后将带有外源基因和整合位点的环状 DNA 分子导入植物细胞中,一旦细胞内有重组酶基因表达,外源基因就可以整合到染色体特定的位置上。这里稳定整合的关键是一旦整合后就要关闭重组酶基因的表达,以防再次切割。实践证明这一系统的效率很高。在哺乳动物细胞中,用这一系统获得的转化子有 60% 属于位点特异重组整合。

3. 同源重组整合 同源重组整合(homologous recombination)发生在两个具有一定程度同源性的 DNA 分子之间或同一分子的两个同源性区段之间,它们相互重组。同源重组的发生对于碱基序列本身并无专一性要求,但它们一定要有序列的同源性。同源重组技术起初主要用于反向遗传学的研

究，将与内源目标基因两侧同源的序列置于转化载体目标基因的两侧，利用农杆菌介导法转化宿主材料，外源基因与内源目标基因发生同源重组，使宿主的内源基因发生突变，进而研究基因的功能。

（二）整合位点和拷贝数

1. 整合位点 现在普遍认为在转基因的宿主染色体内整合位点是随机的，外源 DNA 可以插入植物基因组的任何一条染色体的任何位点上，优先插入转录活跃的区域。Leeuwen 等（2001）认为在不同转化子间外源基因的定量表达差异通常归因于转基因的不同整合位点。Ambros 等（1986）用原位杂交方法证明，发根农杆菌的 Ri 质粒 T-DNA 在还阳参（*Crepics capillaris*）的每一条染色体上都可以整合。他们的结论是发根农杆菌 Ri 质粒 T-DNA 的插入是随机的。若 T-DNA 整合需要特定的植物 DNA 序列或染色质结构，那么它们就广泛分布在还阳参的基因组上，但整合的概率似乎与染色体的大小有关。

总之，外源 DNA 在植物基因组中整合的随机性表现在染色体的选择是随机的，每条染色体的整合位点是随机的，一个基因组中发生的整合事件次数是随机的，一条染色体上发生的整合事件次数也是随机的，一个整合位点的拷贝数还是随机的。此外，整合的外源 DNA 结构变化同样有一定的随机性。

2. 整合拷贝数 尽管外源基因在宿主染色体中的整合有其不确定性，但许多研究表明外源基因的插入拷贝数方式有单拷贝单位点插入、串联多拷贝单位点插入、多拷贝多位点插入。

一般情况下，外源基因是以单拷贝单位点整合。这种整合方式是最简单最易于分析的整合方式，许多转化事件中都采用该方式。但单位点的单拷贝插入并非都是完整的单拷贝插入。在多数情况下 T-DNA 及其边界序列都有修饰发生。Forsbach（2003）在整合有单拷贝 T-DNA 的转基因拟南芥的系统研究中发现在多数情况下单拷贝 T-DNA 插入伴随基因组的重排发生，如目的位点序列的删除或复制、T-DNA 序列的部分删除或复制以及染色体上的变化（如易位及倒位的发生）等。

在同一位点有较多的拷贝串联整合的现象是普遍存在的。已有许多报道通过农杆菌介导转化和基因枪转化得到的多拷贝单位点整合的转基因植株。这样整合的 DNA 有两种存在方式：①转化过程中转化的质粒 DNA 以完整的多拷贝串联的形式整合到宿主染色体基因组上。其形式主要有顺向重复和反向重复两种。其中反向重复又有头对头式串联和尾对尾式串联两种。②另一种也是串联的多联体整合方式，只是这种整合方式中一般只有一个或几个完整的质粒 DNA 整合到受体染色体基因组上，而一端或两端连有不完整的质粒 DNA。同样这种截短的 DNA 片段也有顺向重复和反向重复两种。

多拷贝多位点插入的现象也普遍存在。这种整合方式比较复杂，不易分。有报道表明，在农杆菌介导和基因枪转化法所获得的转基因植株中都发现了这种整合方式。Akama 等（1992）在用农杆菌转化拟南芥时发现有 10% 的转基因植株为多拷贝多位点插入。Du 等（1994）在苜蓿转化研究中发现，*Npt*-Ⅱ 基因的拷贝数可多至 30~50 个整合在苜蓿基因组的 1~4 个插入位点上。这种整合方式可能更多地存在于基因枪转化法所获得的转基因植株中。总之，外源 DNA 插入的拷贝数也是随机的，而且整合的拷贝数与基因转化的方法有着密切的关系。但从实验分析结果看，单拷贝的插入点占多数，这对于基因工程是有利的。

二、转基因植物的遗传特性

外源基因的遗传特性主要包括外源基因的稳定性和遗传传递规律。而外源基因稳定性的含义又包括两方面：其一是转化外源基因的受体细胞在无性繁殖过程中的稳定性；其二是外源基因在植株繁育过程中的稳定性。

转化的外源基因与体细胞的其他基因一样，在细胞培养和再生过程中基本是稳定的，而且外源

DNA 一旦整合到植物细胞的基因组后，其稳定性与核基因是同等的，能够通过细胞分裂稳定地传递给下一代。但外源基因的不稳定性也是存在的，因为组织培养过程中存在一定程度的无性系变异，包括染色体的断裂、缺失、扩增、异位、倒位和基因突变等。

通过大量的常规杂交育种实验发现，整合一旦发生，多数情况下插入的外源基因在减数分裂中就能保持下来，并稳定地通过有性生殖过程传递给后代，保持高度的减数分裂稳定性。但也有外源基因在减数分裂过程中丢失的报道，对此有以下几种解释：在减数分裂配子形成过程中外源基因丢失；外源基因在细胞质基因组（叶绿体或线粒体）中整合，使细胞质成为嵌合体，外源基因在随后的细胞质分裂过程中逐渐变弱或丢失；在配子中，外源基因诱发隐性的致死或半致死突变；外源基因插入引起的基因重排、丢失；外源基因的共抑制效应及甲基化致使基因可遗传性失活。

对外源基因的遗传规律的研究，一般从分子杂交、标记基因的表达、表型传递等方法进行研究。许多研究结果表明：转化的外源基因遵守典型的孟德尔遗传规律。但是，外源基因插入植物基因组的位点和拷贝数大多是随机的。复杂的整合方式决定了其遗传传递规律也有一定的复杂性。

值得一提的是，外源基因的遗传特性与转化方法有较为密切的关系。通过农杆菌 Ti 质粒将 T-DNA 导入植物基因组实现外源基因转化被认为是自然界存在的一种天然的遗传工程。在农杆菌介导转化细胞中，T-DNA 结构完整，大多是单位点整合，拷贝数少或为单拷贝整合。整合位点比较稳定，外源基因结构变异较少，显性表达率高。但是农杆菌转化的外源基因也会出现结构的变化，主要表现在 T-DNA 的串联和截短现象。用裸露 DNA 直接转化时，整合的外源 DNA 往往出现很复杂的杂交图谱，在转化当代及子代中常出现 DNA 环化、甲基化（methylation）、片段分离、丢失和重排等现象，遗传稳定性差。因此，在同等情况下，农杆菌转化法为植物遗传转化方法的首选。

第五节 植物基因工程的应用

自19世纪80年代起，植物基因工程技术开始兴起和发展，它给绿色植物和人类生产生活带来了前所未有的巨大变化。这一技术的发展，一方面为人类认识植物本身提供了全新的手段，使人们不断加快和加深对植物本身的认识；另一方面，扩大了植物基因工程的应用领域，在农业、医药、食品、环保、化工等领域将获得丰硕的成果。

一、植物分子生物学研究

1. 转座子标签 转座子是染色体上广泛存在的一种 DNA 片段，它可在转位酶的作用下从基因组的一个位点转移到另一个位点。当转座子跳跃而插入某个功能基因中时，就会引起该基因的失活，并诱导产生突变型，而当转座子再次转座或切离这一位点时，失活基因的功能又可得到恢复。遗传分析可确定某基因的突变是否由转座子引起。由转座子引起的突变便可以转座子 DNA 为探针，从突变株的基因组文库中钓出含该转座子的 DNA 片段，并获得含有部分突变株 DNA 序列的克隆，进而以该 DNA 为探针，筛选野生型的基因组 DNA 文库，最终得到完整的基因；同时根据转座子插入引起的表型改变可初步判断突变基因的功能（图 12-6）。

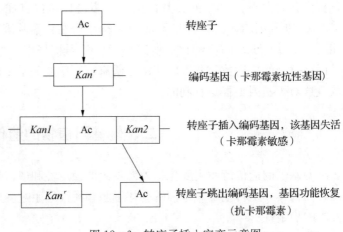

图 12-6 转座子插入突变示意图

转座子分为两种，一种是自主转座子，另一种是非自主转座子，前者可以自主转座，后者则需要在自主转座子存在时才能转座。目前，在植物转座子标签（transposon tagging）法中应用较为广泛的是非自主转座子标签法（又称双转座子标签法）。以玉米的 Ac/Ds 转座子为例，玉米转座子 Ac（activator）是第一个被发现的可移动的遗传元件，长度约 4.6 Kb，两端具有 11 bp 不完全的反向重复（inverted repeat，IR）序列，编码一个由 807 个氨基酸组成的蛋白，即 Ac 转座酶（AcTPase）。Ac 能在自身 AcTPase 的作用下进行转座，因此 Ac 被称为自主性转座子。Ds（dissociation）元件含有 Ac 因子中两端的 IR 序列和完整的转座序列，但缺失或部分缺失合成转座酶的序列，不具有 AcTPase 活性，所以 Ds 元件单独存在时不发生转座，只有与 Ac 同时存在时 Ds 才能从原位点切离插入新位点中，同时在原位点留下足迹，因此 Ds 被称为非自主性转座子。根据这一原理，人们构建了分别含 Ac（可合成转座酶，但缺少末端反向重复序列）和含 Ds（不能合成转座酶，只含末端反向重复序列）的质粒载体。这两种质粒分别感染农杆菌后，再分别用于转化异源植物，通过转化植株的杂交（Ac×Ds），使子代植株中既含合成转座酶的 Ac，又含转座成分 Ds，从而导致转座事件的发生，转座引起的突变既可稳定遗传（Ac 与 Ds 分离），也可由于再次转座而产生新的突变（Ac 与 Ds 在同一细胞中）。因此可利用 Ac/Ds 作探针，去筛选突变株的染色体基因库，从而钓出与突变有关的基因（图 12-7）。

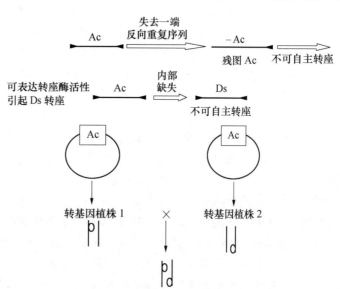

图 12-7 转座子 Ac/Ds 的结构及转基因植株杂交示意图

应用较多的转座子有玉米中的 Ac/Ds、En/Spm 和金鱼草中的 Tam 转座子系统等。随着转座子标签法在应用中的不断改进，应用这一方法克隆基因由最初只在同源植物玉米和金鱼草中取得成功，发展到目前成功应用于矮牵牛、拟南芥、烟草、番茄、亚麻等多种植物中，分离和克隆了几十个重要性状的基因。

转座子标签法分离基因需要创建转座子插入突变库，并进行筛选鉴定。这项工作需要投入大量人力、物力。目前国外已建立了拟南芥的突变基因库，初步建立了水稻突变基因库。

2. T-DNA 标签法 与转座子功能类似的根癌农杆菌 T-DNA 也可用来分离植物基因。通过农杆菌介导的方法，T-DNA 能够转移并稳定地整合到宿主基因组中，使整合位置上的基因失活或产生突变。利用在 T-DNA 上构建的标记基因（如卡那霉素抗性基因）就可检测突变位置，得到与 T-DNA 相连的宿主植物 DNA 片段。以此 DNA 片段制备探针筛选野生型基因文库，就可得到与突变相应的完整基因；同时根据插入灭活植物基因所带来的性状改变，可鉴定灭活基因的功能。目前，该方法已成功地应用于拟南芥、水稻、二穗短柄草、烟草等有关基因的分离。

从理论上讲，T-DNA 的插入突变能引起任何基因的突变，对于基因组较小的物种，情况的确如此。在拟南芥中，以 T-DNA 标签和转座子标签为主的突变体研究，将帮助我们对植物生理和发育的基因调控展开全方位的探索。但对于基因组较大的植物，T-DNA 就难以形成足够数量的突变体，有时插入突变体的 T-DNA 和突变表型不能共分离。21 世纪 10 年代，利用纳米颗粒等功能性化学物质的介导，T-DNA 的插入突变在棉花等基因组较大的植物中得以实现。

3. 反义 RNA 技术 有关突变体的产生是植物基因功能及生理代谢调控研究的一个重要前提。目前在真核生物中获得突变体的一条有效途径是抑制相关基因的表达，然而在许多情况下，对某些基因的完全抑制所产生的突变对生物体来说又是致死的。因此，利用反义 RNA 技术对基因表达部分地抑制不失为产生某些缺失突变的好方法。

查尔酮合酶（chalcone synthase，CHS）基因是第一个利用反义 RNA 技术研究的植物内源基因。有关结果表明，CHS 不但在植物花色形成上有重要作用，而且还与查尔酮黄烷酮异构酶（chalcone flavanone isomerase，CHI）及二氢黄烷醇（dihydroflavonol，DFR）之间存在着相互作用。目前模式植物拟南芥中有多个基因的功能都是通过反义 RNA 技术揭示出来的，如控制花器发育的 *agamous* 基因、与花粉育性有关的 *Bcp1* 基因等。

在植物光合作用研究中，反义 RNA 技术发挥了巨大作用，并取得一系列的重要成果。在对表达反义 RNA 的转基因植物的研究中发现，将核酮糖二磷酸羧化酶（ribulose bisphosphate carboxylate，Rubisco）的含量降至野生型的 1/2，对光合作用的速率几乎没有什么影响，对二磷酸核酮糖激酶的活性、电子传导以及叶绿素的含量也没有多大关系，说明此基因与光合作用的诸如此类的其他组分之间并无关联。但在强光照以及高密度 CO_2 作用下，无论 C_3 植物还是 C_4 植物，Rubisco 的活性是决定光合作用速率的一个主要因素。

反义 RNA 技术并非仅局限于反义基因表达载体的构建、植物转化的单一途径，还可利用反义 RNA 与靶 RNA 的特异结合，以标记的反义 RNA 为探针，对靶 RNA 的存在及代谢活动进行标定。

4. 位点特异性重组系统 位点特异性重组是指在重组酶介导下，在特异的重组位点间发生重组，导致重组位点间交互交换的一种精确重组形式。一个位点特异性重组系统至少需要重组酶和一对相应的重组位点。最简单的位点一般为 20～30 bp 的双链 DNA 序列，具反向重复的两臂被二聚体重组酶识别结合，如大肠杆菌噬菌体 P1 编码的 Cre/lox 系统和酵母 2μ 质粒编码的 Flp-frt 系统。

位点特异重组的应用一般分为两步：一是通过置换型载体进行同源重组，向基因组靶位点引入选择标记基因，并在其两侧引入两个同向排列的 loxP 位点；二是通过 Cre 重组酶介导的 loxP 位点特异重组。这一技术由于实现了位点间的精确重组，可用于植物的多方面研究：①定位并克隆基因。将 Cre/lox 系统与转座子标签系统结合，当 Ds 转座时，根据转座引起的突变表型克隆相应的基因。②研究基因及 DNA 序列的功能。可用位点特异性重组的方法使目标基因失活、激活、倒位或切离，从而研究基因的表达情况和基因的作用；同时也可研究调控元件的功能和作用机制。③研究植物的发育及生理。用发育特异性启动子或组织特异性启动子引导重组酶的表达，经重组使目标基因激活或失活，从而研究目标基因在特定发育时期或特异的组织中的发育功能和生理作用。④建立大片段物理图谱。直接提取已整合有重组位点的染色体，在体外与寡核苷酸重组位点发生重组断裂后可以得到大片段 DNA，适于作大片段物理图谱；同时也可用大片段构建染色体区段文库。

另外，位点特异性重组系统和转座子相结合，也是今后的发展方向。例如，把 Cre/lox 系统的 1 个 lox 位点放在 Ds 内部，同时将另 1 个 lox 位点克隆在 T-DNA 区。Ds 转座到 T-DNA 附近后，这两个 lox 位点再经 Cre 的反式作用而重组，使 T-DNA 和 Ds 之间的 DNA 产生重排（缺失或倒位）。这一种突变方式可能比转座子插入影响的范围大，更容易找到突变体。

二、改良植物品种

通过植物基因工程技术，人们可以有目的地将从不同物种分离得到甚至是人工合成的外源目的基因导入特定植物体内进行表达并产生新的性状，从而突破了原来采用常规育种难以逾越的物种间的生殖隔离，使人类掌握了全新的创造植物新品种的快捷途径。采用这一手段，一大批抗虫、抗病、抗除草剂、耐寒、耐旱的转基因玉米、棉花、大豆、油菜、番茄和马铃薯等植物品种培育成功；人们还获得了品质和产量均得到提高的转基因番茄、小麦等多种作物；甚至在花卉生产上，通过转基因手段调整其生理代谢途径，花的颜色也可以人为改变。植物基因工程正在向人们昭示着极其诱人的应用前景。

1. 抗虫转基因植物 虫害是困扰作物生产的重要因素之一，每年都能造成作物的大量减产。目前对作物害虫的防治主要依赖化学农药，其给生态环境和人类自身带来的负面影响很大。基因工程技术的发展为培育抗虫作物提供了有力手段。利用基因工程技术把外源抗虫基因转化至农作物中并使其表达，可使农作物获得抗虫性。

目前用于植物抗虫基因工程的基因主要包括苏云金芽孢杆菌（*Bacillus thuringiensis*，Bt）的杀虫晶体蛋白基因、蛋白酶抑制剂基因、淀粉酶抑制剂基因、植物外源凝集素类基因、昆虫特异性神经毒素基因等。这些基因的表达产物都具有相当的杀虫活性并具有一定的专化性，对哺乳动物并不构成危害。

上述基因中使用最为广泛的是 Bt 杀虫晶体蛋白基因。Bt 是一种在自然界中广泛分布的革兰氏阳性菌，在其芽孢形成时期，菌体内会产生一个或多个不同形状的伴孢晶体。伴孢晶体的主要成分是具有杀虫活性的蛋白质，即杀虫晶体蛋白（insecticidal crystal protein，ICP），对鳞翅目、双翅目和鞘翅目等多种昆虫具有特异的杀虫活性。当 ICP 被目标昆虫取食后，在昆虫中肠的碱性环境下，ICP 被蛋白酶消化降解成有毒性的多肽。活化的毒性多肽与昆虫中肠道上皮纹缘膜细胞上的特异受体相结合，导致细胞膜穿孔，细胞的渗透压平衡受到破坏，引起细胞膨胀裂解，使昆虫停止摄食，最后死亡。Bt 杀虫晶体蛋白的杀虫作用具有高效广谱、特异性强、对非靶标生物安全的优点，同时又不污染环境，因此 Bt 杀虫晶体蛋白基因已经成为植物转基因工程及作物育种领域应用最广泛、最具有应用前景的抗虫基因。截至 2019 年，已分离测定了 100 多个杀虫晶体蛋白基因序列。

1987 年 Vaeck 等首次将杀虫晶体蛋白基因转入烟草获得转抗天蛾的转基因植株，随后杀虫晶体蛋白基因相继被转化到棉花、水稻、玉米等 50 多种植物中，获得的植物均有不同程度的抗虫性。其中转基因抗虫玉米、棉花、马铃薯和番茄已批准商品化上市。

在我国，中国农业科学院生物技术中心等单位将我国自行改造或人工合成的杀虫晶体蛋白基因导入我国自育棉花品种中，获得了我国第一批高抗棉铃虫的转基因棉花，在此基础上，又将修饰后的豇豆胰蛋白酶抑制剂（CpTI）基因与杀虫晶体蛋白基因通过花粉管通道转化技术一同导入我国不同棉花生产区的主栽品种，已获得了数十个双价转基因抗虫棉株系，从而使我国在抗虫棉的研制领域居于国际领先水平。目前，我国的转基因抗虫棉已大面积推广。浙江大学的研究人员用农杆菌介导法将密码子经优化的 *cryIA(b)* 基因（杀虫晶体蛋白基因的一种）导入水稻中，获得了高抗二化螟、稻纵卷叶螟等鳞翅目害虫的品系，中国科学院亚热带农业生态研究所的科研人员于 2017 年将 *cry2Aa#* 基因（Bt 杀虫晶体蛋白基因的一种）导入水稻中，获得了抗虫水稻新品系；湖南农业大学于 2019 年利用农杆菌介导成功地将 *cry2Aa#* 基因导入新型能源作物南荻（*Miscanthus lutarioriparia*）中。

已有的研究证明，害虫长期接受抗虫物质之后容易产生耐受性。因此，如何防止或延缓害虫产生抗性，在抗虫基因工程中显得尤为重要。目前解决这一问题的相关对策主要有：①采用特异性的启动子，使目的基因在适当的时间和特定的组织进行表达；②在同一植物中转入两种以上抗虫基因；③在种植模式上控制昆虫的抗性。

2. 抗病转基因植物 植物病害是农业生产上的最大威胁，如何控制病害发生一直是农业生产上的难题。近年来随着植物抗病机制的分子生物学研究不断深入，植物抗病基因工程有了许多突破，为分子标记辅助的基因工程抗病育种打开了新的局面。

植物病害按引起致病的微生物类型，可分为病毒病、细菌病和真菌病。从广义上讲，能够忍耐和阻止上述病原菌侵染的基因都可称为抗病基因，包括病原菌的无毒基因和拮抗蛋白基因、动物干扰素基因、抗体基因、抗菌肽基因以及植物本身的防卫基因等。根据广义上抗病基因的来源，植物抗病基因工程可利用外源种质抗病基因资源和植物内源抗病基因来实现（表 12-3）。

针对病毒引起的作物病害，目前应用的策略中导入病毒外壳蛋白（coat protein，CP）基因是研究最早也是最为成功的一种。自 20 世纪 90 年代起，研究者已经针对许多病毒成功地构建出了各种抗病毒植株，如番茄花叶病毒（ToMV）、马铃薯 X 病毒（PVX）、马铃薯 Y 病毒（PVY）、苜蓿花叶病毒（ALMV）、黄瓜花叶病毒（CMV）等抗性植株。21 世纪以来，美国已批准转基因抗病毒马铃薯、

表12-3 植物抗病基因工程所使用的基因类型

类型	所利用的主要外源抗病基因	所利用的主要内源抗病基因
抗真菌型	细胞毒素RNase基因、RNase抑制剂编码基因	几丁质酶基因，葡聚糖酶基因，核糖体失活蛋白基因，病程相关基因，植物凝集素基因，植物抗毒素、抗真菌蛋白、抗真菌蛋白抗体编码基因
抗细菌型	鸟氨酸甲酰基转移酶基因、乙酰转移酶基因、昆虫抗菌肽基因、抗细胞毒素编码基因	细菌细胞壁降解酶编码基因、抗病蛋白编码基因
抗病毒型	病毒的基因或其cDNA、病毒反义RNA、卫星RNA、外壳蛋白编码基因、复制酶基因	核糖体失活蛋白基因、抗复制酶或病毒的外壳蛋白的抗体编码基因

西葫芦、番木瓜品种进行商业化生产。我国也有转基因抗病毒烟草、番茄、甜椒和木瓜品种获准商业化应用，2016年转基因木瓜在广东省被商品化种植。

在抗真菌病害方面，比较成熟的方法是导入病程相关蛋白基因。1994年，Zhu等将水稻几丁质酶和苜蓿β-1,3-葡聚糖酶双基因转入烟草植株获得对真菌有较强抑制作用的转化株系。冯道荣等（1999）将上述两种基因串联在一起导入水稻基因组中，共表达双基因的水稻植株同时提高了对稻瘟病和纹枯病的抗性。截至2018年，转几丁质酶基因的大豆、棉花、小麦、水稻、玉米、番茄、马铃薯、莴苣、甜菜、油菜、杜仲等相继报道。

在抗细菌病害方面比较成功的是抗菌肽基因转化。用 $Xa21$ 基因转化水稻，转基因水稻对白叶枯病、细菌条斑病的抗性明显提高。

3. 抗除草剂转基因植物 杂草是农业生产中的一大危害，不仅与作物争夺水分、养分，而且严重影响作物的产量和品质。培育抗除草剂的作物是一种高效、低成本、无公害控制杂草的手段。目前，世界上采用的除草剂主要分为两大类：一类是通过破坏氨基酸合成途径来杀死杂草；另一类是通过破坏植物光合作用中电子传递链的蛋白来杀死杂草。根据除草剂的特点，抗除草剂基因工程采用三种策略：①产生靶标酶或靶标蛋白质，使作物吸收除草剂后，仍能进行正常代谢作用；②产生除草剂原靶标的异构酶或异构蛋白，使其对除草剂不敏感；③产生能修饰除草剂的酶或酶系统，在除草剂发生作用前将其降解或解毒。根据以上原理，目前已得到并应用的抗除草剂基因有PPT乙酰转移酶基因等（表12-4）。

表12-4 已获得并利用的抗除草剂基因

基因	名称	抗除草剂名称
bar（pat）	PPT乙酰转移酶基因	草丁膦、双丙氨酰膦
gox	草甘膦氧化-还原酶基因	草甘膦
$aroA$	鼠伤寒沙门氏菌EPSP突变基因	草甘膦
$PsbA$	光系统ⅡQB蛋白突变基因	三氮苯类（莠去津等）
$tfDA$	2,4-D单氧化酶	2,4-D

抗除草剂转基因植物是最早进行商业化应用的转基因植物之一。20世纪80年代美国孟山都（Monsanto）公司以其拥有广谱、高效除草剂农达（草甘膦）的优势而率先开始抗除草剂基因的转移研究与抗性品种的开发。自此，促进了全球抗除草剂转基因研究的蓬勃发展，抗除草剂作物种类不断增加，抗性品种范围快速扩大，现已有水稻、玉米、棉花、大豆、油菜、甜菜等作物的抗除草剂转基因品种进行商业化生产。

4. 抗逆境转基因植物 植物在自然界中生长，需要不断地与周围环境进行物质和能量的交换，外界环境对植物的影响决定着植物能否生存及其生存的适应状况。不良环境（如低温、高温、干旱、盐渍及有毒气体等）作用于植物，将会引起植物体内发生一系列的生理代谢反应，表现为代谢和生长的可逆性抑制，严重时甚至引发不可逆伤害导致整个植株死亡。研究植物对各种环境胁迫的耐受性及抗性，提高植物对这些胁迫的忍耐能力有着重要的现实意义。将转基因技术应用于植物抗逆境，主要从以下几方面着手。

（1）导入抗渗透胁迫相关基因　植物在抵御渗透胁迫过程中，体内将积累大量的糖类和脯氨酸等渗透调节物质。在植物中导入甘露醇、果聚糖、甜菜碱、海藻糖、脯氨酸等小分子相溶性溶质或渗透调节剂生物合成的关键酶基因以增加植物中这些小分子物质的含量，能提高植物的抗旱性、抗盐性以及抗冻性。

（2）导入抗冻蛋白基因　抗冻蛋白（anti freezing protein，AFP）最初是从极区海鱼中发现的，在鱼类和昆虫类中研究较深入，在冷驯化的冬黑麦等植物中也有内源 AFP 的产生。研究发现，AFP 的一个显著特征是具有热滞活性，即该蛋白能以非依数性形式降低水溶液的冰点而不影响水溶液的熔点。AFP 能结合到冰核的表面抑制冰晶的生长，避免冰晶所造成的细胞物理性损伤。目前人们已将多种抗冻蛋白基因导入植物中，大大提高了植物的抗寒能力。

（3）导入胚胎发生晚期丰富基因或其相关基因　大多数胚胎发生晚期丰富（late-embryogenesis abundant，LEA）蛋白主要由碱性的亲水氨基酸组成，没有半胱氨酸和色氨酸。不同来源、大小的 LEA 蛋白都存在保守的结构域，其中 11 个氨基酸的重复序列可形成亲水的 α 螺旋，其疏水面有利于形成同二聚体，而外表面的带电基团可中和因脱水而增加的离子。为此，人们推断 LEA 蛋白的积累与植物抗逆性有关。

Xu 等（1996）用编码大麦 LEA 蛋白的 $HVA1$ 基因转化水稻，使转基因水稻具有更强的抗缺水和耐盐能力。研究结果表明，大麦 $HVA1$ 基因在水稻肌动蛋白 Act1 启动子引导下，在转基因水稻根和叶片组织中大量积累 HVA1 蛋白。

（4）表达解毒酶和氧化胁迫相关的酶　非生物胁迫通过引发氧化伤害影响植物的生长发育。通过敏感性代谢反应提高清除氧自由基的能力，保护和稳定蛋白复合体和膜结构，这是提高植物抗逆境能力的又一个重要策略。因此通过导入解毒酶和氧化胁迫相关酶的基因，有助于植物耐受逆境的能力提高。

5. 改良作物营养品质基因工程　近年来，随着人民生活水平的提高以及对外贸易的发展，作物营养品质研究日益引起人们的关注。利用基因工程技术改良作物营养品质的研究始于 20 世纪 90 年代，虽起步较晚，但通过近 30 年的发展，现也已取得了一些可喜的成绩。

21 世纪以来，利用植物基因工程技术进行的品质改良主要集中在改良种子贮藏蛋白、淀粉、油脂等的含量和组成上。其改良途径主要有：①将编码广泛氨基酸组成或高含硫氨基酸的种子贮藏蛋白基因导入植物，如将蚕豆富含 Lys 和 Met 的蛋白基因导入玉米以改善其蛋白质的营养品质等；②将某些蛋白质亚基因导入植物，如将麦谷蛋白亚基（HMW）基因导入小麦以提高其烘烤品质等；③将与淀粉合成有关的基因导入植物，如将脱支酶基因导入水稻以改善其蒸煮品质等；④将与脂类合成有关的基因导入植物，如将脂肪代谢相关基因导入大豆、油菜以改善其油脂品质等。自 2010 年以来已有经油脂改良的转基因大豆、油菜品种，糖类代谢改造的甜菜在美国获得商业化生产许可。

6. 改变花色、花形的转基因植物　花卉业是当今世界最具活力的产业之一，20 世纪 50 年代初，世界花卉的贸易额不足 30 亿美元，1985 年发展为 150 亿美元，1990 年为 305 亿美元，1992 年上升到 1 000 亿美元，此后以每年 10% 的速度递增，到 20 世纪末，世界花卉消费总额已近 2 000 亿美元。市场对在颜色、花形上标新立异的花卉品种的需求也越来越强烈，因此花色、花形的改良一直是育种工作者的重要目标，而基因工程已成为改变花色、花形最有前途的技术。

花的颜色主要由色素决定，其中最主要的色素是黄酮类色素。不同的花色素苷使花的颜色产生从红色到紫色的变化，如花葵素显现橘红色，花青素显现红色，翠雀素显现紫色。用基因工程的方法对花色素合成途径中的酶基因进行操作，即可达到改变花色的目的。目前花色基因工程主要采用的方法有反义抑制法（即反义 RNA 技术）、共抑制法、导入新的基因。1988 年荷兰自由大学在世界上首次将黄酮类色素合成途径中的关键酶查尔酮合成酶基因的反义 RNA 导入矮牵牛植株之后，转基因植株表现出不同程度的花色变异；北京大学邵莉等（1995）利用共抑制法将 CHS 基因导入开紫色花的矮牵牛中，得到了开白花和紫白相间花的转基因植株。自 20 世纪 90 年代起，人们已经成功地将外源基因转入玫瑰、矮牵牛、康乃馨、郁金香、菊花、兰花、蔷薇、夜来香等花卉植物，获得了形形色色的转基因花卉。

此外，基因工程对植物性状的改良还包括提高作物产量、控制果实成熟、增加果实甜味、人工创造雄性不育等。

总之，随着上述一大批具有各种优良性状的转基因植物问世和陆续走向大田生产，21 世纪农作物基因工程的发展前景将是广阔的。随着转化技术的不断完善，结合基因编辑，人们还可能培育出集高产、优质、抗病虫、抗逆境等且对环境友好的作物新品种。许多科学家甚至预言，22 世纪的所有主导农作物都将是基因工程产品。当然，要实现这一目标尚需时间和努力，但我们深信，植物基因工程将在第二次绿色革命中发挥巨大的作用。

三、植物分子辅助育种

基因工程技术拓宽了植物可利用的基因库，按照人们事先制订好的方案产生定向变异已成为现实，给植物育种带来了变革。分子标记辅助已经成为植物育种和作物改良的重要工具，并且分子标记育种较常规育种，大大提高了育种效率和准确率，使之更好地服务于人类。本部分将主要从以下四个方面介绍分子标记辅助在植物育种中的育种策略：标记辅助育种群体的评估、标记辅助回交（MABC）、标记辅助循环选择（MARS）、标记辅助聚合。

1. 标记辅助育种群体的评估 标记辅助选择（marker-assisted selection，MAS）可以帮助选择难以测定表型的所有靶标等位基因。Stam（1986）提出通过限制性片段长度多态性（RFLP）对生物有机体的基因组进行标记，利用标记基因型能非常准确地估计数量性状的育种值，以该育种值为基础的选择称为标记辅助选择。人们进一步将 MAS 定义为以分子遗传学和遗传工程为手段，在连锁分析的基础上，运用现代育种原理和方法，实现农艺性状最大的遗传改进。特别是在早期的一代，育种者通常限制它们的选择活动来保持高度遗传特性，因为复杂性状如产量，视觉选择是不可能的。因为每块地只有少量的植物有用，所以 MAS 被认为是有效的，成本低廉，节省时间。与目标基因紧密连锁的分子标记，可以最低的成本获得最大的增益，用于丰富早期世代分离群体内的靶基因座。

（1）确定品种，评估纯度　实际上，在作物育种中，不同品系的种子往往混杂在一起，纯化大量种子样品很困难，而标记可以用来确认不同植物品种的真实身份。为了利用杂种优势，在谷类杂交种生产中保持亲本的高水平遗传纯度是必不可少的。在杂交水稻中，使用简单重复序列（SSR）和序列标记位点（STS）标记来确认纯度，这比标准的生长试验要简单得多，这些标记序列涉及植物发育程度、形态和花的特征等不同农艺性状。

（2）遗传多样性和亲本选择的评估　群体的遗传多样性是选育不同类型的优良自交系，进而利用杂种优势的基础。因此，作物群体改良要尽量减少群体遗传多样性的丧失。很多研究者在利用轮回选择进行群体改良时，都将群体遗传多样性的变化作为重要的研究内容，现代分子生物学技术的发展为从 DNA 分子水平研究作物种质的遗传多样性提供了有效的方法。拓宽核心育种材料的遗传基础需要鉴定与优良品种杂交的不同品系。21 世纪以来，针对主要农作物的群体遗传多样性评估已有了大量报道。随着遗传多样性评估的发展，DNA 标记已经成为表征遗传资源不可缺少的工具，并为育种者提供了更详细的信息来帮助选择父母本。在一些情况下，关于育种材料内特定基因座［例如特定抗性基因或数量性状基因座（QTL）］的信息是非常需要的。小麦几乎所有染色体上都已经有抗赤霉病基因座的报道，涉及多个 QTL 位点。从已有赤霉病抗性的研究结果来看，染色体上的赤霉病抗性 QTL

不仅具有抗扩散性，而且具有抗侵染性。该抗性区域的标记开发、精细定位和基因的克隆均是研究的热点。

（3）杂种优势研究　对于杂交作物生产，特别是玉米和高粱，DNA标记用于筛选自交优势亲本，以利用杂种优势。自交系开发的使用在生产优良的杂交种上是非常耗时且成本高。遗憾的是，目前还不能根据DNA标记数据预测杂种优势的量化评分，尽管已有报道给合适的杂种优势群分配亲本系。

（4）鉴定选定的基因组区域　鉴定基因组内等位基因频率的变化可能是育种者需要的重要信息，因为它提醒他们监测特定的等位基因或单倍体，并可用于设计适当的育种策略。通过选择，鉴定基因组区域可用于QTL作图：选择的区域可作为QTL分析的目标或用于验证先前检测到的标记-性状关联。最终，与相关优良性状相关的特异QTL位点可以用于利用MAS方案，开发出具有特定等位基因组合的新品种，例如标记辅助的回交或早期选择。

2. 标记辅助回交　自20世纪20年代以来，回交一直是植物育种中广泛使用的技术，其常用于将一个或几个基因整合到适应或优良品种中即将供体植物有利的性状转入优良品种（回交亲本）中。在回交中使用DNA标记大大提高了选择的效率。标记辅助回交（MABC）可分三个层次。

在第一个层次中，标记可以与目标基因或QTL组合使用，也可代替目标基因，甚至代替QTL的筛选，这称为前景选择。这对于费力、费时的表型性状筛选可能特别有用。DNA标记也可以在作物苗期时用来选择繁殖期性状，使状态最好的植物被选作回交亲本。此外，DNA标记还可以选择隐性等位基因，这是使用常规方法难以做到的。

第二个层次是选择具有目标基因的回交（BC）后代，同时对目标基因座和连接的侧翼标记之间进行重组选择。重组选择的目的是缩短含有靶基因座的供体染色体片段的长度（即转入基因的大小）。回交将不断提高回交后代中轮回亲本的基因组成，不断减少供体亲本的基因组成。与目标基因非连锁的供体基因组成分每回交一次将以50%的速度迅速减少，而与目标性状基因连锁的供体成分被轮回亲本置换的进程相对缓慢，其减缓的程度依连锁的紧密程度而异。不少学者对回交后代目标基因位点所在的供体染色体长度作了估算，认为即使回交8~10次，目标基因位点所在的供体染色体长度仍有20 cM左右被保留下来，这就意味着回交不仅转移了目标基因，而且也转移了与目标基因连锁的其他基因。这种连锁累赘是导致育成的近等基因系与轮回亲本的目标性状表现不一致的主要原因。21世纪以来，主要农作物都相继建立了较饱和的遗传连锁图谱，在对目标质量性状基因定位的基础上，借助分子标记辅助选择就可有效地消除连锁累赘，直接选择到目标基因附近发生了重组的个体。据推算，在150个BC_1群体中，至少有1株在目标基因的某一侧1 cM处发生交换的概率为95%，而在300个BC_2群体中，至少有1株在目标基因另一侧的1 cM处发生交换的概率也为95%。因此采用目标位点两侧的双标记进行标记辅助选择，就可以获得含有目标基因的供体染色体片段长度不大于2 cM的理想个体。而采用传统育种的方法，至少需要100代才能达到。

第三个层次涉及选择轮回亲本（RP）基因组中最大比例的BC后代。背景选择是指使用紧密连接的侧翼标记进行重组选择，并使用非连接的标记来选择RP。背景标记是标记与所有其他染色体上的目标基因或QTL不连锁，换句话说，可以用于针对供体基因组进行选择的标记。这是非常有用的，因为RP恢复可以大大加快。传统的回交需要至少6代BC进行RP修复，而使用标记，它可以在BC_4、BC_3甚至BC_2实现，从而节省了2~4代的时间。

对于玉米来说，MABC是最直接的、最有利的MAS形式。但是，必须考虑到这一点，回交是非常保守的育种策略，不应该成为主要的育种方法，因为它几乎不能以实质性的方式扩大植物的遗传基础。如果将单个等位基因转移到不同的遗传背景，MABC是特别有效的，如改善某一特定性状的现有品种。但是，如果植物的表现是由复杂的基因型决定的，那么不可能只通过MABC获得这种理想的基因型。为了克服这个缺点，只有提高现有优良品种的基因型，或者通过其他方法如标记辅助循环选择（MARS）。

3. 标记辅助循环选择　通过表型循环选择来改善复杂性状是可行的，但是长期的选择周期限制了这种育种方法的可行性。

使用标记可大大加快循环选择。在连续的育苗中，提前开花的基因型信息可用于标记辅助选择和人工授粉。在一年内可以进行几个选择周期，在育种中积累有利的 QTL 等位基因。因此，可以将有利的 QTL 等位基因与理想的基因型相关联。如果个体基于其分子标记基因型进行杂交，经过几代连续杂交，则有可能接近理想的基因型。通过 MARS 育种计划可能获得比通过 MABC 更高的遗传效益。

4. 标记辅助聚合 朱立煌等（1999）认为利用分子标记等技术和方法聚合多个抗性基因，是培育具有持久抗性和综合抗性品种的有效策略。郑康乐等（1998）证明将多个抗性基因聚合后，可以增强水稻品种对白叶枯病的抗性。Sanchez 等（2000）对 $xa5$、$xa13$、$xa21$ 的研究表明，含一个以上的抗性基因材料的抗谱比含有单基因材料的宽，抗性水平比含有单基因的材料强。邓其明等（2005）利用分子标记得到了含 $xa21$、$xa23$、$xa24$ 三基因聚合系，增强了抗性，拓宽了抗谱。Narayanar 等（2002）将 $piz-5$ 和 $xa21$ 基因聚合到水稻品种 IR50 中，同时提高了对白叶枯病和稻瘟病的抗病能力。倪大虎等（2005）利用分子标记辅助选择聚合了 $xa21$ 和 $pi9$（t）基因，聚合系同时抗白叶枯病和稻瘟病；他们于 2007 年证实了利用分子标记辅助聚合不同类型的抗性基因的有效性，所获得的水稻聚合系中 $xa23$ 和 $pi9$（t）基因均能独立表达，同时抗白叶枯病和稻瘟病，抗性及抗谱和抗性亲本相当。改良可直接应用于生产或作为资源加以应用。

四、转基因植物生物反应器

人类将基因工程运用于植物遗传转化的初衷或许只是想对植物进行遗传改良，使之更好地服务于人类。但随着科学的发展，人们越来越认识到，转基因植物能带给人类的远远不止是改良植物本身。

利用微生物和动物细胞发酵系统作为生物反应器已经为人们所熟知，但这些系统条件要求苛刻，程序精细而复杂，技术含量高，因而表达的产物价格昂贵。自 20 世纪 90 年代以来，人们已将疫苗、抗体等药用蛋白的基因转入某些植物进行表达生产并应用于临床获得成功，这些发现的意义非同小可。与复杂、昂贵的以细胞培养为基础的表达系统相比，植物作为生产异源蛋白的生物反应器充分利用了光合作用这一自然界成本最低的有机物合成系统，具有安全、廉价、高效以及便于规模化生产等许多优点，因而从其一开始出现便备受人们关注，其发展异常迅速。

到今天，除了在医药工业领域，人们利用转基因植物已经表达生产了食（饲）用疫苗、抗体及其他多种蛋白质和多肽类医药制品外，在食品和化工领域，人们已经开始利用转基因植物生产加工工业用糖类、油脂类、酶等，转基因植物合成的原料还可生产生物降解的塑料、天然棉花-聚酯混合纤维等。

1. 转基因植物生产疫苗 利用转基因植物生产疫苗开始于 1990 年，Curtiss 等人利用转基因烟草表达链球菌变异株表面蛋白抗原 A（spaA），用该转基因烟草饲喂小鼠，能引起免疫反应。从此，用转基因植物生产食（饲）用疫苗因其独特的优势成为植物基因工程研究的新热点。

与传统的疫苗表达系统相比，植物表达系统生产疫苗至少具有以下的优点：①成本低廉。植物细胞具有全能性，植物细胞培养、植株种植条件简单，一旦获得高效表达的转基因植株，就能迅速形成产业化规模。故其成本较其他疫苗低得多。②免疫活性高。植物表达系统生产的蛋白质疫苗可以准确地进行翻译后加工。植物具有完整的真核细胞表达系统，表达产物可糖基化、酰基化、磷酸化，亚基可以正确装配等，保持了自然状态下的免疫原性。③安全性高。动物细胞生产基因工程疫苗，常用动物病毒作为载体导入抗原基因，生产过程中也可能污染动物病毒；而植物病毒不感染人类，且植物表达系统不涉及公众目前非常关心的有关转基因动物伦理道德的问题。④易于贮存和运输。和传统疫苗不同，植物表达系统生产的疫苗可以直接储存在植物种子和果实中，无需冷凝系统或设备进行贮藏运输，故易于长距离运输和普及推广。⑤使用方便。通过直接食用达到免疫，方法简便，易于推广普及。

利用转基因植物生产疫苗主要采用两种不同的表达系统：稳定表达系统和暂态表达系统。前者是将编码结构性抗原决定簇参与诱导保护性免疫应答的病原体 DNA 序列，利用农杆菌介导或基因枪法等方法，转化到植物细胞中并与植物基因组整合，获得稳定表达的转基因植株。后者主要是应用植物病毒如烟草花叶病毒（TMV）和豇豆花叶病毒（CMPV）作为载体，将抗原基因插入病毒基因组中，然后将重组病毒接种到植物叶片等部位，任其蔓延，外源基因随病毒的复制而高效表达。

自 2005 年以来，利用这两种方法已生产的疫苗主要有大肠杆菌热不稳定毒素 B 亚单位疫苗（LTB）、乙型肝炎疫苗、HIV 表面抗原、口蹄疫病毒蛋白等几十种，所涉及的宿主植物也有烟草、番茄、胡萝卜、玉米、马铃薯等十多种，表 12-5 中列出了其中的一部分。

表 12-5 利用植物生物反应器生产的重组疫苗

宿主植物	病原体	重组疫苗
烟草	霍乱弧菌	霍乱毒素 B 亚基与人胰岛素 B 链融合蛋白（CTB-InsB3）
烟草、水稻	霍乱弧菌	霍乱毒素 B 亚基（CTB）
烟草	霍乱弧菌和猪红斑丹毒丝菌	霍乱毒素 B 亚基-菌体表面保护性抗原 A（CTB-SpaA）
生菜	霍乱弧菌	霍乱毒素 B 亚基蛋白筛选序列（sCTB-KDEL）
花生	霍乱弧菌和狂犬病病毒	霍乱毒素 B 亚基-狂犬病糖蛋白（CTB-RGP）
番茄	霍乱弧菌	霍乱毒素 B 亚基 P4/P6/霍乱弧菌菌毛毒素蛋白
烟草、西伯利亚参、大豆、胡萝卜	大肠杆菌	大肠杆菌热不稳定毒素 B 亚单位疫苗（LTB）
烟草、马铃薯	猪流行性腹泻病毒（PEDV）	猪流行性腹泻病毒中和抗原表位蛋白
烟草、番茄、香蕉、马铃薯	乙型肝炎病毒（HBV）	非病毒性乙肝表面抗原
番茄	乙型肝炎病毒（HBV）	乙肝表面抗原决定基
拟南芥、烟草	乳突淋瘤病毒（HPV）	乳突淋瘤病毒壳蛋白
番茄	白喉杆菌、百日咳杆菌和破伤风杆菌	百日咳鲍特菌、白喉杆菌、破伤风痉挛毒素抗原决定簇
烟草	狂犬病病毒	狂犬病病毒糖蛋白（RGP）
花椰菜	牛痘病毒和 SARS 病毒	牛痘病毒 B5 衣壳蛋白和冠状病毒糖蛋白的抗原决定簇
羽衣甘蓝、烟草	牛痘病毒	牛痘病毒 B5 衣壳蛋白
番茄	人类免疫缺陷病毒（HIV）	HIV-1 穿梭蛋白
番茄	狂犬病病毒	狂犬病病毒核糖核蛋白（RNP）
番茄	引起神经变性病毒	人类 B 胶化纤维素（Aβ）
水稻	引起关节软骨炎症病毒	二型胶原蛋白肽
花生	蓝舌病病毒	组成病毒衣壳蛋的基因-VP2
木瓜	猪肉绦虫	猪带绦虫囊尾蚴合成肽
烟草	禽流感病毒 H5/HA1	禽流感病毒血凝素蛋白
番茄、烟草、莴苣	鼠疫杆菌	鼠疫杆菌融合蛋白（F1-V）
烟草、拟南芥	人体免疫缺陷病毒-1（HIV-1）和乙型肝炎病毒（HBV）	HIV-1/HBV 重组体病毒

(续)

宿主植物	病原体	重组疫苗
紫花苜蓿	轮状病毒	人类 A 组轮状病毒蛋白（PBsVP6）
水稻	鸡新城疫病毒（NDV）	鸡新城疫病毒包裹蛋白和糖蛋白的融合蛋白
烟草	猪繁殖与呼吸综合征病毒（PRRSV）	猪繁殖与呼吸综合征病毒结构蛋白

植物疫苗安全、有效、廉价、易于推广应用，对于急需大量疫苗用以防治一些可能大规模暴发的流行病的广大发展中国家来说，无疑是一大福音。但要真正实现规模化生产，仍有一些问题尚待解决，这主要是疫苗在植物中的表达效率较低，有些产物的免疫活性不高，且口服后易降解；如果转基因疫苗表达在植物的不能直接食用部位，从中提纯疫苗则较为困难。

植物口服疫苗（oral vaccine）或食用疫苗（edible vaccine）是转基因植物疫苗的研究热点和主要发展方向，自进入 21 世纪以来，利用番茄、香蕉等植物生产疫苗已成为人们关注的焦点，因为番茄、香蕉是一种大众化的、日常食用的蔬菜、水果，利用特异性启动子在番茄、香蕉果实中表达疫苗，通过食用这些植物果实达到防病的目的将使人类受益无穷。1996 年狂犬病病毒糖蛋白等已在番茄中成功表达；2011 年，利用香蕉作生物反应器，已将乙肝疫苗转入香蕉中。

2. 转基因植物生产抗体 将编码全抗体或抗体片段的基因导入植物，即可在植物中表达出具有功能性识别抗原及具有结合特性的全抗体或部分抗体片段。1989 年美国 Haitt 分离出一种催化抗体（IgG1）的重链（H）和轻链（L）基因，并用农杆菌介导法将它们分别导入烟草，得到转基因植株。用 ELISA 方法筛选转基因烟草植株，然后将两种烟草进行有性杂交，获得了表达完整抗体的转基因烟草。经检测，这种植物抗体具有与抗原结合的活性，开创了植物抗体的先河。

截至 2019 年，已经有 20 多个完整抗体或各种抗体片段在植物中表达，这些抗体或抗体片段有针对不同病毒抗原开发的，如乙肝病毒、血液艾滋病病毒、单纯疱疹病毒、HSV-2、人源抗狂犬病病毒、汉坦病毒、西尼罗河病毒 Hu-E16；针对不同酶开发的，如马铃薯脱支酶、人端粒酶、逆转录酶、人肌酸激酶；针对不同病毒蛋白粒子开发的，如狂犬病病毒蛋白、内肠杆菌毒素蛋白粒子 A；针对其他抗原的，如人源抗恒河猴 D、磷酸酯、NP 半抗原、神经肽、光敏色素、人的 IgG、癌胚抗原、膀胱癌抗原、人白细胞介素 L-4 及 L-6 等。受体植物主要包括烟草、马铃薯、大豆、拟南芥、小麦、紫花苜蓿、水稻以及玉米等。

抗体作为一种特异性生物制剂已经应用于肿瘤、免疫缺陷病以及骨髓移植的治疗中。由于免疫治疗需要大剂量抗体并反复给药，因此利用植物大规模生产医用抗体，不仅能提高产量，降低成本，而且还有望改善给药途径。此外，用植物表达的抗体耐储藏，便于运输，这是植物抗体的独到之处。已有试验证明，烟草种子中的 scFv 在常温下保存一年后，活性仍保持不变。

除了作为医用蛋白，植物抗体还可以与一些调控因子、植物激素和代谢产物结合，封闭原有活性成分，调节植物的代谢和发育；同时，靶向导入植物细胞的细胞质、叶绿体、细胞膜和非原质体空间的抗体分子在抗虫、抗病方面也表现出良好的效果。

已有的研究结果显示，植物体内能生产从小分子抗体到全抗体等各种工程抗体，它们都具功能性。因此，由抗体基因工程同植物转基因技术结合后，产生的工程抗体植株是基因工程技术的又一成就。它除了在抗体的医学传统研究和制药业的发展上发挥作用外，还将在植物生理、植物抗病虫育种的研究等方面开辟新的领域。

3. 转基因植物生产其他多肽与蛋白质类药物 生产具有药学活性的植物蛋白和多肽是 2000 年以来植物生物反应器应用的另一个迅速发展的领域，例如细胞因子、酶及其他药用蛋白和生物活性肽等。

最早的转基因药物是在烟草中生产神经肽，它是 1988 年由比利时 PGS 公司研制的，此后，许多科学家纷纷加入这一领域，并取得了显著的成果。截至 2019 年，已经在植物中表达成功的转基因药用蛋白除了有前面介绍的疫苗和抗体外，还有胰岛素、干扰素、溶菌酶、人生长激素、人表皮生长因子、人凝血因子、白细胞介素、脑啡肽、促红细胞生长素、人血红蛋白、人表皮生长因子、巨噬细胞集落刺激因子、干扰素等。表达的宿主植物主要有烟草、马铃薯、拟南芥、玉米、水稻和大豆等（表12-6）。

表12-6 转基因植物表达的部分药用蛋白

重组蛋白名称	基因来源	表达宿主	应用
凝乳酶	小牛	烟草	促进消化
右旋糖苷转移酶	疱疹病毒	马铃薯	代血浆
脑啡肽	人	苜蓿、油菜、拟南芥	麻醉剂
促红细胞生长素	人	烟草	调节红细胞水平
生长激素	鳟鱼	烟草、拟南芥	刺激生长
α干扰素	人	芜菁	抗病毒
β干扰素	人	烟草	抗病毒
溶菌酶	鸡	烟草	杀菌
肌醇六磷酸酶	真菌	烟草	肌醇代谢
血清白蛋白	人	马铃薯	造血浆
表皮生长因子	人	烟草	促进特殊细胞增殖
水蛭素	人工合成	油菜、烟草	凝血酶抑制剂
人乳铁蛋白	人	烟草	造血
天花粉蛋白	栝楼	烟草	抑制HIV复制
血管松弛素抑制因子	牛奶	烟草、番茄	抗过敏
单克隆抗体（CaroRxTM）	杂交瘤B细胞克隆	烟草	预防龋齿
鸡新城疫病毒HN基因表达产物	鸡新城疫病毒	烟草	预防鸡新城疫
人乳铁蛋白、人溶菌酶	人	拟南芥	预防维生素B_{12}缺乏
白血病-淋巴瘤疫苗	逆转录人T细胞白血病-淋巴瘤病毒	烟草	预防非霍奇金淋巴瘤
胰岛素	人	红花	治疗糖尿病
乙肝疫苗	乙型肝炎病毒	烟草	预防乙肝

转基因植物表达蛋白的分离纯化被认为是影响其应用的一大障碍。为了降低植物表达蛋白的提取、纯化成本，研究人员设法将种子的油脂体作为在植物中表达的蛋白质或多肽的载体，然后利用油脂体中所含的油质蛋白的亲脂性简化下游的纯化工作。这一方法使得植物表达蛋白在植物成熟收获时才具有活性，也限制了在环境中的暴露。目前，加拿大已经上市了利用这一系统生产用作凝血因子的水蛭素。

4. 利用转基因植物生产糖类、脂类物质 利用转基因植物生产所需糖类物质目前已有了成功的例子。将细菌的ADP葡糖焦磷酸化酶基因转入马铃薯，可以使淀粉含量低的马铃薯的淀粉含量提高60%。

植物中糖类的主要贮存形式是淀粉，人们可以设法改变植物的代谢途径，从而使植物成为寡糖生产的生物反应器。例如将枯草芽孢杆菌果糖转移酶（fructosyl transferase）基因转入烟草和马铃薯后，可以在这两种基本不含果糖的植物中贮存果糖。在转基因烟草中获得的果糖可达植物干重的3%～8%；转基因马铃薯叶中果糖含量达到了叶片干重的1%～3%，在块茎中可达到1%～7%。来源于大肠杆菌的甘露醇-1-磷酸脱氢酶基因（mtlD）转入烟草后，新鲜的转基因植株中的甘露醇含量可达6 μmol/g，并且转基因植物的耐盐、耐旱能力也大大提高。海藻糖是一种食品添加剂，它能提高食品的鲜味，20世纪90年代主要是从酵母中提取，成本高，难以大规模推广使用。1995年，

Mogen 公司和 Calgene 公司启动用转基因植物生产海藻糖项目，在 20 世纪末获得成功并上市。

科学工作者也在积极探索利用转基因植物生产脂肪类物质。Calgene 公司已经用转基因油菜生产工业用润滑剂和 12 碳的脂肪酸来生产洗涤剂。由于油菜容易栽培并产生大量优良油脂，Calgene 公司进一步获得了生产芥子酸的转基因油菜，用来生产润滑剂和尼龙。

5. 利用转基因植物生产可降解生物塑料 聚-3-羟基链烷酸酯（poly-hydroxy alkanoate，PHA）可用于制造可降解的生物塑料，生产 PHA 的主要方法是细菌发酵，成本很高，难以推广。20 世纪末，科学家正在研究用转基因植物的方法生产 PHA，以达到降低成本的目的，从而大力推广可降解塑料的使用，消除白色污染。21 世纪初，某些种类的 PHA 已在拟南芥、油菜、马铃薯等植物中相继表达成功，其中定位在拟南芥质体中表达的 PHB（聚-3-羟基丁酸酯，PHA 中的一类）产量最高可达叶片干重的 14%，转基因的拟南芥植株生长和种子产量正常。但由于转基因拟南芥中 PHB 含量还没有达到商业化生产的要求，因此距离大规模投产还有一定距离。

Agracetus 公司的研究人员把 PHB 合成途径移植到棉花中以提高棉花的品质同样获得成功，为开发新一代纤维产品提供了思路。

此外，利用转基因植物还可以生产植酸酶、葡聚糖酶等多种工业用酶，也可以生产自然界中难得到的物质，如蜘蛛丝等。人们还将植物转基因技术应用于提高某些药用次生代谢产物的产量。

总之，利用转基因植物作为生物反应器生产人类所需的各种原料已成为一个颇具前途的新领域，与采用微生物及动物细胞生产上述产品相比，由于其独特的优势而备受人们关注。随着转基因植物作为生物反应器的研究和开发的深入发展，必然会有更多的物质从转基因植物中生产出来，传统的农业、制药业、工业及其他产业将产生重大的变革。

本章小结

天然存在的根癌农杆菌可侵染植物产生冠瘿瘤，这主要是由于农杆菌体内存在 Ti 质粒。Ti 质粒主要包括 Vir 区、T-DNA 区、接合转移区和复制起始区四个部分，其中前两部分与冠瘿瘤的产生直接相关。

在植物细胞释放的酚类化合物等的诱导下，Vir 区基因表达产生一系列蛋白质，其中的 VirD2 和 VirE2 与由 T-DNA 区产生的单链 DNA 分子（T-DNA）缔合后形成 T 链复合体。由于上述两种 Vir 区蛋白质中存在核定位信号，使 T 链复合体向细胞核转运；之后，T-DNA 随机整合到宿主染色体上进行表达。位于 T-DNA 区的冠瘿碱合成酶基因在植物细胞内表达产生冠瘿碱，根癌农杆菌能选择性地利用它作为自己的唯一能源、氮源和碳源；onc 基因表达产生生长激素和细胞分裂素，导致转化植物细胞内激素平衡紊乱，冠瘿瘤细胞无限生长而形成肿瘤。这是根癌农杆菌侵染植物产生肿瘤的一般机理。

野生的 Ti 质粒必须经过改造才能作为目的基因的良好载体，改造的内容主要包括除去 onc 基因等影响植物生长发育的结构基因；去掉 Ti 质粒中的非必要序列，以尽量减小分子长度，便于在基因工程中操作；引入单一的限制性核酸内切酶位点，以便于外源基因的插入；加入大肠杆菌的复制起点和作为转化载体必需的筛选标记基因等。根据以上原则，目前对 Ti 质粒进行改造已获得了共整合载体系统、双元载体系统和隔端载体系统等作为理想的植物基因工程载体。

获得转基因植物的基本程序包括建立良好的转化受体系统，采用合适的转化方法将目的基因导入转化受体，筛选转化子和对转化植株进行检测与鉴定。

良好的转化受体必须具有如下几个基本特征：具有稳定的外植体来源，具有高效稳定的再生能力，有良好的遗传稳定性，对选择性抗生素敏感。

将外源基因导入受体植物的方法以农杆菌介导法为主，同时还有基因枪法、花粉管通道法、PEG 法、电击转化法、显微注射法、浸渍法等。这些导入方法的转化原理、所使用的载体及受体细胞均有明显的差异，它们的宿主范围、转化频率及操作复杂性等各方面也均有不同，应根据不同的研究对象和研究目标进行选择。

转基因的丢失、沉默和表达水平低是当前制约植物基因工程进一步发展的主要因素。转基因沉默按其产生的原因主要可分为同源依赖性沉默和位置依赖性沉默。具体原因包括DNA甲基化、多拷贝整合、位置效应、后成修饰作用、缺乏某些内源调控序列等。据此，提高外源基因的表达水平可通过采用强启动子、利用增强子序列和真核基因的调控序列、使用定位信号、应用质体转化系统等进行。

检测外源基因表达与否可利用报告基因进行。常用的报告基因有 gus 基因、Npt-Ⅱ基因、荧光素酶基因、胭脂碱和章鱼碱合成酶基因、cat 基因、除草剂抗性基因等。

转化的外源基因与体细胞的其他基因一样，在细胞培养和再生过程中基本是稳定的。但由于目前的转化方法使外源基因插入植物基因组的位点和拷贝数大多是随机的，因而容易引起一些变异，包括染色体的断裂、缺失、扩增、异位、倒位和基因突变等。复杂的整合方式决定了其遗传传递规律也有一定的复杂性，外源基因的遗传特性与转化方法有较为密切的关系。

植物基因工程的发展，一方面为人类认识植物本身提供了全新的手段，使人们不断加快和加深对植物本身的认识；同时，将植物基因工程应用于农业、医药、食品、环保、化工等领域结出了丰硕的成果。

应用植物基因工程技术，一大批抗虫、抗病、抗除草剂、耐寒、耐旱的转基因玉米、棉花、大豆、油菜、番茄和马铃薯等品种培育成功，许多作物的品质和产量也得到提高；在医药工业领域，人们利用转基因植物已经表达生产了食（饲）用疫苗、抗体及其他多种蛋白质和多肽类医药制品；在食品和化工领域，人们已经开始利用转基因植物生产加工工业用糖类、油脂类、酶等，转基因植物合成的原料还可生产可生物降解的塑料、天然棉花-聚酯混合纤维等。

思 考 题

1. 在植物基因工程载体的应用中，为什么要对 Ti 质粒进行改造？Ti 质粒的改造包括哪些基本内容？
2. Ti 质粒有哪些主要的生物学特点？这一质粒在基因工程中的作用如何？
3. 比较共整合载体系统和双元载体系统的优缺点。
4. 列出你所了解的植物转基因方法，并分别简要谈谈这些方法的技术要点。
5. 农杆菌介导法和基因枪法是目前较为重要的两种植物转化方法，试比较这两种方法的优缺点。
6. 影响外源基因在受体植物中表达的因素有哪些？
7. 如何克服转基因沉默？在转基因植物中实现外源基因高效表达的策略有哪些？
8. 简述植物基因工程技术在农业领域应用的现状和前景。
9. 谈谈你对植物基因工程应用中的生物安全性问题的看法。
10. 植物基因工程发展到今天，你认为目前制约其进一步发展的因素是什么？当前植物基因工程研究的前沿领域有哪些？

第十三章
动物基因工程

在动物遗传改良中，应用传统选育技术，包括本品种选育和杂交育种都不可能在较短时间内获得明显的选择进展，而现代分子育种技术在这方面却显示出明显的优势。动物分子育种包括两方面内容：一是基因组扫描育种，即通过寻找对动物性状有显著影响效应的主基因或数量性状基因座（quantitative trait loci，QTL）来辅助育种；二是转基因育种，即决定遗传性状的基因在个体间或物种间的直接转移。动物基因工程技术是20世纪80年代初发展起来的一项现代生物技术，是常规基因工程技术在研究层次上的拓展和延伸。

第一节 动物基因工程的概念与发展

动物基因工程，即利用基因工程技术来人为地改造动物的遗传特性的技术体系。它的具体应用就是生产转基因动物，即用基因工程的方法获得目的基因并导入动物的受精卵中，使外源基因与动物本身的基因组DNA整合到一起，并随细胞的分裂而增殖，从而在动物体内得到表达，产生具有特定性状的个体。在这里，被转入并整合到动物基因组中的外源基因称为转入基因，携带了外源基因并能将此稳定遗传给后代的动物称为转基因动物。通过转基因操作，人类可定向地改造动物基因组，从而选育出人类需要的具有某些特定性状的动物，达到畜禽的超高产育种、抗病育种和生产生物反应器等目的。另外，可以在动物活体水平上研究特定基因的结构和功能，为从分子水平到个体水平多层次、多维度地研究基因功能提供了新思路。

转基因动物技术的创立可追溯到1980年美国科学家Gordon的有益探索。Gordon将CAT的基因注入小鼠受精卵中，在所产小鼠的组织细胞中检测到外源基因的整合。紧接着，Palmiter（1982）等利用该技术获得了整合外源生长激素基因的首批转基因小鼠，标志着动物基因工程领域的研究进入了一个崭新的阶段。之后，世界各国纷纷开展此方面的研究，并将研究对象逐渐扩展到猪、牛、羊等大家畜。在基因导入方法上，研究者们对显微注射法、胚胎干细胞介导法、逆转录病毒载体法、精子载体法和基因打靶等进行了系统研究。

1985年，Lovell-Badge首次提出利用转基因动物乳腺生产重组蛋白质的科研思路。1987年，Gordon首次证明了转基因小鼠乳腺能分泌有生物活性的人组织纤溶酶原激活剂（tPA）。在以后短短几年内，先后有利用不同的乳蛋白基因启动子及调控区指导不同目的基因在乳腺中表达分泌的报道，这表明乳腺特异性表达的转基因动物作为商用生物反应器具有可行性。但这些研究的不足在于外源基因在动物基因组的整合是随机的，这会引起转基因表达水平的不稳定性或低水平表达，甚至不表达，并对动物本身的发育造成不可避免的影响。1997年，Wilmut等通过体细胞核移植技术制备了表达人凝血因子Ⅸ的转基因绵羊，为转基因克隆动物的生产提供了新思路。随着基因打靶技术的发展和完善，利用体细胞基因打靶与核移植技术生产转基因动物的研究使外源基因的定位整合成为可能，它将有效地克服转基因随机整合而带来的位置效应。位置效应，是指由于转基因的整合基因座不同，受其周围染色体侧翼区（如沉默子和增强子）的影响不同，从而导致转基因表达水平不一致或表达抑制的现象。2000年，英国PPL公司的科学家将α1-抗胰蛋白酶（α1-antitrypsin，AAT）基因定位整合到羊胎儿成纤维细胞的Procollagen基因座，用转基因细胞生产的克隆绵羊乳中的AAT蛋白含量达到 650 mg/L，远远超过了随机整合转基因绵羊 18 mg/L 的水平，并成为世界首例基因打靶家畜。直到 2016 年，在中国相继建立了转人乳铁蛋白基因、人溶菌酶基因、人岩藻糖基因等在内的转基因奶牛新群体 30 多头，重组人乳蛋白在转基因牛乳腺中获得高效表达，平均表达量达 1 g/L 以上；同时进一步提高人工授精等扩繁技术，获得二代和三代转基因奶牛 300 多头。

第二节 动物目的基因的选择与表达载体的构建

一、动物转基因操作的一般程序

动物转基因技术是一项高度综合的技术，涉及重组 DNA 技术、胚胎工程技术和细胞培养技术等，因而需要多学科的交叉和融合。另外，基因导入细胞的方法有多种，并且有各自的特点和优势，但在整个转基因动物生产过程中，其基本原理应该是相同的。因此，这里以显微注射法为例，简要介绍动物转基因操作的一般程序。

制备转基因动物首先要获得人们所需要的目的基因，并在体外进行重组和扩增，通过与基因表达调控成分的拼接，构建出具有表达活性的基因表达载体。同时，从动物的体内取出受精卵，或收集卵母细胞，在体外培养成熟并发生受精作用后用作转基因的受体。重组的目的基因经显微注射导入另一个同种或者异种动物的受精卵精原核中，然后对转基因胚胎筛选后进行胚胎移植，让转基因胚胎在受体母本体内正常发育成胎儿，并能成熟产出。转基因后代产出后，需要对转入基因在动物基因组中整合的情况进行检测，并对转基因的表达特征进行鉴定，阳性者即为转基因动物。

转基因动物的主要技术路线步骤包括目的基因的分离与克隆，表达载体的构建，受体细胞的获得，基因导入，受体动物的选择及转基因胚胎的移植，转基因整合表达的检测，转基因动物的性能观测及转基因表达产物的分离与纯化，转基因动物的遗传性能研究以及性能选育，组建转基因动物新类群，等等，如图 13-1 所示。

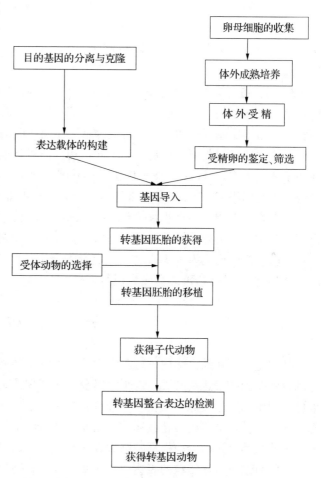

图 13-1 生产转基因动物的步骤示意图

二、目的基因的选择

生产转基因动物的目的不同所选择的目的基因也不同。根据不同的研究目标，选择目的基因的类型有以下几种。

1. 编码或调控机体生长发育或特殊形态表征的基因 如生长激素（growth hormone，GH）基因、胰岛素样生长因子-1（insulin growth factor-1，IGF-1）基因及人生长激素释放因子基因等。

还有促进产毛的基因，如1993年Roger等在澳大利亚对小鼠和绵羊导入了丝氨乙酰转移酶基因和O-乙酰丝氨硫化氢裂解酶基因，结果体内胱氨酸合成均有增加趋势。

2. 增强抗病作用的基因及免疫调控因子 如人类促衰变因子基因（$hDAF$）、鸡马立克氏病毒基因等，其目的在于培育出抗某些疾病或具有广谱抗病性的品系。

3. 治疗人类疾病所需的蛋白质基因 目的在于制作动物生物反应器，生产某些昂贵的特殊药用蛋白质。如1987年Gordon等将组织纤溶酶原激活剂（tissue plasminogen activator，tPA）与小鼠乳清酸蛋白（whey acidic protein，WAP）启动子重组后转入小鼠以生产tPA。2000年，英国一家公司利用体细胞基因打靶和核移植技术生产的转基因绵羊，其乳中能分泌AAT。在国内，以人β珠蛋白基因、人凝血因子、人血清白蛋白基因和tPA基因等为目的基因生产的转基因动物，其乳腺中都有外源蛋白的有效表达。

4. 与动物经济性状相关的主效基因 改变畜产品质量和数量已成为转基因动物研究的一个重要研究方向。如荷兰一家公司于1990年培育出世界上第一头转基因乳牛，其乳中含有人乳铁蛋白；2010年我国获得转$Fat-1$基因的转基因牛，提高了牛肉中多不饱和脂肪酸的含量。自2005年以来，研究者们培育出敲除肌肉生长抑制素（myostatin，MSTN）基因的牛、猪、羊等动物，提高了动物的产肉量。

5. 需要进行功能验证的基因 在生物学的基础研究中，要知道一些获得的基因的功能，大多利用转基因模式动物（如小鼠等）来验证，即在模式动物中干扰和超表达外源基因后，通过观察动物的性状变化来鉴定基因的功能，这已成为基因功能研究的重要方法之一。

在实验研究过程中，转基因的不同结构特征对其表达有较大的影响。有研究表明，在转基因的活性转录表达方面，基因组DNA优于微小基因，微小基因优于cDNA，其主要原因可能在于cDNA序列缺乏了基因组DNA中的那些非编码成分，而这些非编码区段可能在基因的表达调控中具有重要作用。但在实际应用中，有些目的基因的基因组DNA由于其过长的内含子部分而使基因操作的过程变得复杂和困难，另外也很难寻找到适宜全基因序列克隆的表达载体等，所以，从细胞中提取mRNA逆转录获得基因已成为重要的途径。随着大容量的酵母人工染色体载体的发展，目的基因的基因组DNA序列的完整转移可能会成为现实。

三、表达载体的构建

外源基因要在动物体内进行正常表达，有两个必要的前提：一是选用的表达调控成分能正确指导并调控转基因的表达及其表达水平，以及表达产物的正确加工修饰、存储和释放等；二是整合到动物染色体组中的表达载体要处在一个开放并活跃转录的状态，因为有时外源基因插入着丝粒这一类异染色质区时，往往会造成表达载体的压缩而使转录因子无法接近，即使此时调控成分是有效的，外源基因也无法表达。这两个前提都归结到表达载体如何构建上，而表达载体又可区分为不同类型，使用较为广泛的有基于普通质粒的表达载体、基于基因打靶的表达载体、基于酵母人工染色体的表达载体以及CRISPR/Cas系统表达载体等。

（一）基于普通质粒的表达载体的构建

动物染色体由许多分散的、独立的染色体区域组成，两末端结合在核基质上的区域形成一个独立的结构与功能单位。每个区域内包含单个或多个转录单元，包括了调控基因表达的所有调控成分，它们可大体分为3种类型：调控基因转录的元件、促使染色体变构和开放的元件、与转录后翻译有关的元件等。

1. 调控基因转录的元件 调控基因转录的元件包括启动子、增强子、内含子、反式作用因子和激素应答元件等。

（1）启动子　启动子将决定外源基因在体内能否表达及表达效率的高低。在构建目的基因表达载体时一般选择具有表达活性的强启动子。把外源基因及其相配套的启动子按一定方式重组后，再导入受体细胞，并在其染色体特异位点上进行定向重组、整合与表达，是实现转基因动物高效选择的关键环节。对非特异性表达基因而言，一般选用组成型或广谱型启动子与之重组。对特异性表达基因而言，所选用的启动子必须具有严格的时空作用特异性，如组织细胞特异性启动子、生长发育特异性启动子和诱导特异性启动子等。对组织细胞特异性启动子而言，其组织细胞特异性的产生是由于基因两侧翼或基因内部某些顺式作用元件与特定的反式作用因子结合相互作用的结果。生长发育特异性启动子与动物的发育调控和细胞生长、发育、分化相关基因的表达有关，如甲种胎儿球蛋白基因在转基因小鼠中表达就是先在卵黄囊内表达，然后才在肝和肠中表达。在生长发育特异性启动子/基因选配设计时，要注意避免外源基因与内源基因竞相结合调控区而出现共抑制的现象，以保证外源基因启动子特异性结合反式作用因子的单一优势。一切环境因子对基因表达的诱导调控，均涉及可诱导特异性启动子与基因间的匹配关系及其与诱导底物间的作用方式等。如小鼠重金属结合蛋白基因-1（$mMT-1$）启动子、转铁蛋白基因和半乳糖苷酶基因（$\beta-gal$）等，它们均具有诱导底物的特异性。

（2）增强子　基因的启动子不是单独起作用的，它的活性受到其他调控区域的影响，转录效率还受到远端调控元件的控制。能极大增强转录效率的这种远端调控元件称为增强子。增强子的作用无方向性和位置性，因而构建基因时带有增强子序列，将会有效地提高目的基因的表达水平。另外，有研究发现某些增强子具有组织特异性，对实现目的基因的组织特异性表达具有重要作用。通过人 βE-珠蛋白转基因小鼠的研究证实，人 βE-珠蛋白基因在转基因小鼠中的高表达需有增强子结构存在。并且有研究证实，当基因在多个组织中表达时，每个表达部位可能有它自己的增强子。

（3）内含子　转基因动物中外源基因能否有效表达在很大程度上取决于转入基因是否含有内含子，这是由内含子的作用决定的。一般认为，内含子中存在增强子和其他顺式作用元件，它们同某些蛋白质结合可影响转录的起始和延伸；内含子的剪接增强了 mRNA 在核内的稳定性，导致在细胞质中积累更多的成熟 mRNA；内含子可能含有一些能够开放染色体的功能域，通过影响核质成分、位置等也许能提高转基因动物的表达水平等。因此，在动物转基因研究中用基因组 DNA 比 cDNA 有更适宜的表达水平。

Brinster 和 Palmiter 等（1982）研究了内源性内含子对表达效率的影响，他们将鼠生长激素（rGH）基因组序列（含 A、B、C、D 4 个内含子）与鼠金属硫蛋白基因（$rMT-1$）启动子连接，注入鼠受精卵中，在出生的转基因鼠肝脏中检测到的 mRNA 水平是 cDNA 编码基因表达的 10 倍。当更换不同的启动子时，含有内含子的构件，其转录效率明显高于 cDNA 构件。同时，在产生转基因阳性鼠中，检测到的表达个体数目也大为增加，有的组别可高达 80%。但有的研究者认为，基因的各个内含子的功能及它们之间的相互作用有待进一步探讨。

内源性内含子对提高转基因动物基因表达有较大影响，但由于内含子在 mRNA 剪接上的特殊作用，以及在研究外源基因特别在采用 cDNA 构件时，研究异源内含子对转基因表达的影响更具有意义。Palmiter 等（1991）将几种异源内含子分别置于已删除内含子的 rGH 基因的 5′端、3′端以及中间位置，探讨其对表达水平的影响。将鼠的胰岛素基因Ⅱ（rat insulin Ⅱ，$rInS$-Ⅱ）内含子 A 置于 rGH cDNA 的 5′端，与 cDNA 构件相比可以提高 mRNA 转录近 7 倍。将 $rInS$-Ⅱ基因内含子 A 置于人的神经生长因子（human nerve growth factor，hNGF）cDNA 的 5′端，提高表达约 75 倍。但两个相同的异源内含子共同置于 cDNA 5′端，其表达水平与 cDNA 表达相近。另有一些试验同时也验证了异源内含子在基因中的放置位置对基因表达有很大影响。

（4）反式作用因子　反式作用因子在外源基因的特异表达中也充当重要角色，它不仅能激活不同种外源基因转录，而且能结合到染色体的不同位点，同时将一个基因的调控序列与另一个基因的结构序列重新组合可以产生新的组织特异性表达。一个反式作用因子可对几个基因表达起作用，且具有组织特异性。Gordon 等（1987）将人的 *Thy-1* 基因导入小鼠中，发现该基因的表达模式与人完全相同，也主要是在胰脏、血管内皮及外周神经中表达，表明 *Thy-1* 的反式作用因子处在小鼠和人体中的相同组织。

（5）激素应答元件　一些乳蛋白基因的表达需要某些信号因子的诱导，如催乳素、胰岛素、糖皮质激素和细胞间质等。它们作用的一般途径为：激素诱导→转录因子结合到启动子位点上→促进 RNA 聚合酶结合→促进乳蛋白基因表达。例如，糖皮质激素进入细胞后与受体结合并进入核内，再与乳蛋白基因上的糖皮质激素受体结合区（glucocorticoid regulatory element，GRE）结合，促进 RNA 聚合酶结合，从而促进乳蛋白基因转录。而催乳素进入细胞后引起 STAT5 的酪氨酸磷酸化，酪氨酸磷酸化的 STAT5 再与乳蛋白上的结合位点结合。对于乳清酸蛋白基因来说，糖皮质激素受体结合区位于 $-720 \sim 830$ bp 处，而 STAT5 与另一些转录因子如 NF-Ⅰ、YY1、C/EBP 相互作用控制着乳清酸蛋白基因的开放与关闭。

2. 促使染色体变构和开放的元件　一些元件，如位点控制区（loci control region，LCR）和核基质黏附区（matrix attachment region，MAR）等，能减少或消除邻近基因对转基因的表达抑制，使染色体上的该区域处于活跃转录状态，也就是说它们具有克服位置效应的能力。因而，在转基因研究中这些元件被广泛研究和使用。

（1）位点控制区　位点控制区是位于基因 5′端的调控序列，是大区域的 DNase Ⅰ高敏区。位点控制区最早发现于 β 球蛋白中，其作用机理可能为：位点控制区内包含多个 DNase Ⅰ高敏区，各个高敏区与其反式作用因子结合成一个单元，各单元相互作用成一个整体，再对启动子复合物起作用，它具有染色体变构和开放的功能。在转基因载体构建时，位点控制区对同源或异源的启动子起作用，使转基因表达呈位点依赖性，一般认为它具有增强子和沉默子（silencer）的双重功效。

（2）核基质黏附区　多数核基质黏附区位于功能域的两端，它可能与功能域的独立性有关，即可能起到沉默子的作用。有研究表明，核基质黏附区也具有染色体变构和开放的功能，同时还具有转录增强活性，因此也就成为对抗位置效应的有效元件。核基质黏附区使功能域结合在核基质上，核基质内富含 RNA 聚合酶等转录因子，而核基质黏附区又具有这些转录因子的结合位点，这样就形成了一个增强转录的良好环境。

3. 与转录后翻译有关的元件　有些基因的 5′和 3′非翻译区对 mRNA 的加工、稳定性、翻译效率都有影响，如 β 酪蛋白的 5′非翻译区能增强外源基因的表达。另外，poly（A）位点也是决定 mRNA 的转运和稳定性的因素之一。

此外，原核载体的序列对某些基因，包括 β 球蛋白、α 肌动蛋白及 α 脂蛋白基因的适当表达具有高度抑制作用。所以，大部分研究者在把基因注入胚胎之前就先把原核载体的序列去掉，以免对基因表达产生干扰。

（二）用于基因打靶的表达载体的构建

在基因组随机位点进行外源基因多拷贝整合的转基因动物中，外源基因表达水平一般比内源基因低，这可能是染色体结构和插入位点的多拷贝整合等的影响。于是人们通过研究插入位点的独立性等来解决此问题，如在构建基因时，插入位点控制区、核基质黏附区和基因的共注射等，但效果并不是很显著。自从 1987 年，Thomas 等首次报道利用基因打靶技术在胚胎干细胞（embryo stem cell，ESC）上对小鼠基因组进行遗传修饰而产生转基因小鼠以来，基因打靶技术为单拷贝基因定位整合提供了新思路，并在转基因动物的研究和应用上得到了非常迅速的开展。

转基因动物表达水平的不可预测性，使这方面的研究耗时长且成本高。而基因打靶在解决这些问题上表现出明显的优势，它能在基因整合过程中对插入位点与整合的拷贝数进行有效的控制，在利用内源基因 5′和 3′侧翼序列的情况下，单拷贝外源基因能达到内源基因的表达水平。另外也有研究表明，打靶载体的同源臂长度在 8～12 kb 并不影响打靶效率，而插入的基因片段可为 1.6～5.8 kb。

基因打靶的载体通常可分为两种类型，一种是插入型载体，一种是置换型载体。插入型载体需在同源区制造一个线性化缺口，同源重组的发生将导致整个载体插入染色体同源区；置换型载体其同源区和整个质粒骨架均保持线性化，同源重组后载体上仅同源区插入染色体，并将靶基因的同源序列置换下来。

在基因打靶过程中，研究者在这两种载体的基础上发展了一些巧妙的策略，其大致原理如下。

1. 基因敲除　基因敲除（gene knock out）是指通过同源重组而使特定的靶基因失活的技术，其原理如图 13-2 所示。

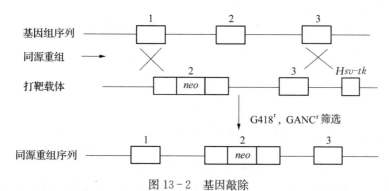

图 13-2　基因敲除

（1、2、3 为基因的外显子，为研究该基因功能把该基因进行定点删除，在基因敲除时，把正筛选标记基因 neo 放在该基因的编码区，通过置换的方法替换掉该基因的部分区域，用于研究该基因被敲除后的生物学功能）

载体上含有一段与要灭活的靶基因有高度同源性的外源基因，并在外源基因中插入带有启动子的选择标记基因（neo 基因）作为阳性选择标记。为增加阳性克隆中同源重组的概率，在载体上同源序列的一侧或两侧连接上一个带启动子的阴性选择基因（Hsv-tk 基因）。此载体导入细胞后，如果发生了随机的非同源重组，Hsv-tk 基因也会随之整合到染色体上，表达 Hsv-tk 基因的细胞会被培养基中毒性核苷酸类似物的代谢产物杀死，如丙氧鸟苷（ganciclovir，GANC）。如果在细胞中发生的是同源重组，Hsv-tk 基因会因为在同源序列的外侧被删除，细胞也因为不表达此基因产物而在毒性培养基上存活下来。

2. hit and run 法　此法可将位点特异的突变通过两步同源重组引入无选择表型的靶基因，其打靶载体含有靶基因的同源序列，包括设计的突变，另外还含有 neo 基因、Hsv-tk 基因。如图 13-3 所示，在第一步同源重组时，发生单位点的交叉，打靶载体整个插入基因组的靶基因中，基因组中同时串联两个同源区，中间隔以质粒序列和选择标记基因。第二步，发生单位点的染色体内同源重组，将 neo 基因、Hsv-tk 基因、质粒序列以及一个拷贝的同源序列切除，这一突变的同源重组可通过 Hsv-tk 基因的活性丧失进行筛选。

3. 双置换法　该方法原初的设计思路如图 13-4 所示。第一步，用含 hprt 基因的打靶载体转染 hprt⁻ ES 细胞，hprt 基因双侧是靶基因的同源序列，通过在 HAT 培养基上生长并用 PCR 进行基因组分析，筛选发生同源重组、hprt 基因整合到染色体中的阳性克隆。第二步，再用只携带含突变的同源序列的打靶载体转染第一步获得的 hprt⁺ ES 细胞，同源重组发生后，突变序列整合到染色体中，hprt 被置换出来，hprt⁻ 细胞可在 6-TG 培养基上筛选并用 PCR 进行分析。

4. 基因敲入　基因敲入（gene knock in）的设计很简单，如图 13-5 所示，它是一个类似普通基因敲除方法的一步同源重组过程。但它也有独特要求，即在设计打靶载体时，要将靶基因第 1 外显子的 N 端序列缺失，并将新的替换基因置于靶基因的调控序列之下，使其能精确地按照靶基因的调控模式表达。

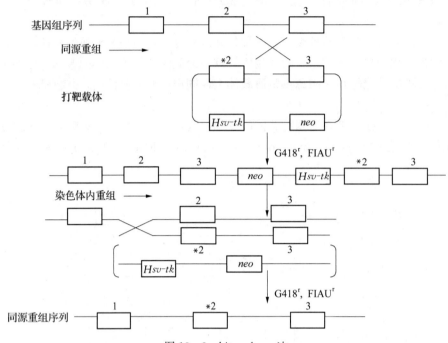

图 13-3 hit and run 法

（1、2、3 为基因的外显子，先把突变了的第 2 外显子的基因打靶载体通过插入法插入基因组的特定位点，然后通过基因内重组删除掉标记基因 neo、Hsv-tk，这样就形成了突变后的外显子 2 对原来外显子的置换。从而对该基因特定区域进行了有效的改变）

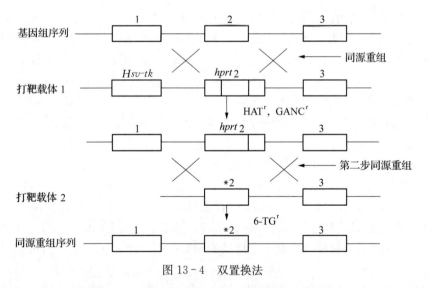

图 13-4 双置换法

（该方法就是利用两步同源重组的方法对目的基因进行精确改造。第一步同源重组利用双筛选标记基因法将 hprt 基因定位整合到基因的外显子 2 处，由于 hprt 具有双筛选功能，它又可以作为负筛选标记，利用突变的外显子 2 把它置换掉。从而实现突变的外显子 2 对原来的外显子 2 的定点置换）

（三）基于酵母人工染色体的表达载体的构建

基于普通质粒的表达载体所包含的那些调控元件可能来源于不同的物种，这些元件或多或少地留下了人工拼接和雕琢的痕迹，并且可能有很多有用的调控元件没有被发现和使用，这就在一定程度上影响了外源基因的有效表达。另外，基于普通质粒的表达载体所携带的外源基因片段的大小有一定的限制，而为了保持表达调控序列的天然状态，减少人工组装的过程，有必要利用整个区域的调控序列

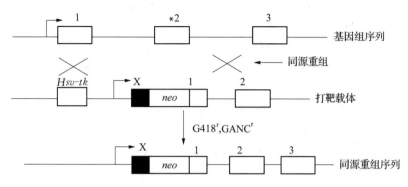

图 13-5 基因敲入

(该方法就是利用含有双筛选标记基因的打靶载体将外源基因精确整合到内源基因的调控区后接受内源基因的调控)

来表达外源基因。要克隆大片段、完整的调控序列，酵母人工染色体（YAC）载体是一理想工具。它是一种新型载体，它的大容量为处理大片段 DNA 提供了有力的技术支持。YAC 主要由 3 个部分组成：着丝粒、端粒和自主复制序列。1983 年，有研究者将分离的着丝粒、端粒和自主复制序列进行了组装并导入酵母细胞中，创建了第一个 YAC。1996 年，Brem 就通过 YAC 和原核显微注射技术，成功获得了整合有 250 kb 包含小鼠酪氨酸激酶基因的转基因兔。但这个实验的成功在当时并未引起重视，直到 1997 年，Fujiwara 等建立了 210 kb 人乳清蛋白的高水平表达载体，该技术才引起广泛关注，成为制备转基因动物的又一有力武器。2017 年 3 月 10 日，Science 以封面的形式同时刊发了中国科学家完成的 4 条酿酒酵母染色体从头设计与化学合成的 4 篇研究长文。研究结果突破了合成型基因组导致细胞失活的难题，设计构建了染色体成环疾病模型，开发了长染色体分级组装策略，证明人工设计合成的基因组具有可增加、可删减的灵活性等。

四、外源基因的组织特异性表达

转基因动物中外源基因的组织特异性表达依赖于组织特异性启动子和上游调控区，如心肌球蛋白轻链-2（cardiac myosin light-chain-2）基因、唾液分泌蛋白基因、胶原基因启动子分别实现了目的基因在心肌、唾液腺、胶原组织的特异性表达。在转基因动物实际生产应用方面，乳腺生物反应器的制备尤其受到世人的关注。

转基因要在乳腺组织中特异性表达需要 3 部分有效的构件，即乳蛋白基因启动子及 5′ 上游调控区、目的基因、包含 poly（A）信号的基因 3′ 端及下游区。乳蛋白基因的 5′ 上游调控区包含激素应答元件等时空特异性表达调控位点，能准确地控制目的基因表达的时间阶段。基因 3′ 端及下游区可以是目的基因本身结构的一部分，也可以是乳蛋白基因的固有元件，有研究证实，该部分对目的基因的高效表达没有过多的影响。

第三节　基因导入的方法

基因导入是获得转基因动物的一个重要环节，真核基因导入方法很多，除了磷酸钙沉淀法、脂质体介导法、血影细胞（blood shadow cell）介导法和电击转化法等方法外，还有以下方法。

一、DEAE-葡聚糖转染法

DEAE-葡聚糖是一种高分子质量的多聚阳离子试剂，能促进动物细胞获取外源基因片段，实现转基因的瞬间表达。一般认为，DEAE-葡聚糖转染细胞的机理是：DEAE-葡聚糖与 DNA 结合成复合物可以保护 DNA 免受核酸酶的降解作用，或者 DEAE-葡聚糖与细胞膜发生作用使 DNA 能够容易通过细胞表面从而进入细胞内。

DEAE-葡聚糖介导的细胞转染有两种不同的途径：一种是 DEAE-葡聚糖与 DNA 混合，形成 DNA-DEAE-葡聚糖混合物，然后滴到受体细胞表面上，实现外源基因的转移；另一种是受体细胞先用 DEAE-葡聚糖溶液进行预处理，然后再用 DNA 进行转染。DEAE-葡聚糖转染细胞，使用的 DNA 一般是病毒 DNA，并且在转染细胞前对培养细胞必须进行漂洗，除去培养基中的一些血清成分。

DEAE-葡聚糖溶液的浓度应根据细胞类型和实验途径的不同进行适当调整，一般认为在低浓度和较长处理时间条件下，细胞可以具有较强的获取外源 DNA 的能力，同时避免 DEAE-葡聚糖的毒性对细胞长时间的影响。

细胞的数量和 DNA 浓度对实验的效率也有显著影响。另有研究认为，DMSO 对该法转染细胞有一定的促进作用。但此法的缺点是不能形成稳定的转染细胞系。

二、显微注射法

显微注射法是指借助显微操作仪将外源基因直接注入受精卵原核的方法。1980 年，自 Gordon 等首次将显微注射技术用于小鼠受精卵的基因导入以来，该技术已广泛用于制作转基因动物，并成为目前世界上一种常规的基因转移方法。

DNA 显微注射法的具体操作步骤如图 13-6 所示。首先，对供体雌性动物注射激素，使其超数排卵，交配，以便获取大量的用于 DNA 显微注射的受精卵。然后，从这些雌性动物的输卵管中取出受精卵，检查鉴定后，将外源基因注射进受精卵的精原核中。其中，所用的外源基因通常是删除了原核载体序列的线性 DNA。哺乳动物的精子进入卵细胞后的 1 h 内，精原核和卵细胞的核都是分开的。等到卵细胞核完成减数分裂，成为卵原核时，核融合才开始进行。DNA 显微注射对精原核注射效果较好，因为精原核比卵原核大，容易观察和操作。在显微镜下找到处在精原核状态下的受精卵，并对受精卵进行取向和固定，然后进行 DNA 显微注射。注射完成后，对胚胎进行检查鉴定，并将适当数目的受精卵用外科手术方法移植到同期发情的代孕雌性动物的子宫内。然后，让其自然发育成胎儿并生产。

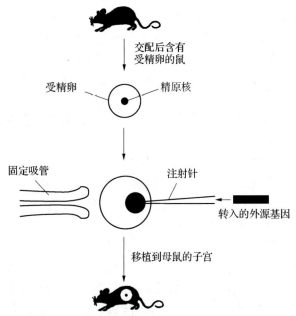

图 13-6 通过显微注射法生产转基因动物

DNA 显微注射法看起来简单，但实际操作时技术性要求很强，即使是受过严格训练的专业人员操作，在显微注射中存活下来的受精卵也只有 60%～70%，能发育成转基因动物的受精卵也只占注射受精卵的 5%。因此人们往往采用增大显微注射受精卵的数目来弥补这一缺陷。显微注射法所注射的 DNA 在宿主基因组中是随机整合的，因此外源基因有可能碰巧整合到具有重要功能的基因位点上，从而干扰该基因的正常表达，影响转基因动物的正常发育和代谢；有些个体可能因基因插入位点不合适产生位置效应而使转基因无表达产物。并且，显微注射法有可能发生多拷贝整合的现象，致使有些个体转基因拷贝数过多而导致表达过量，干扰宿主自身的正常生理活动。由于这些原因，DNA 显微注射法的总效率还是比较低，但是这种方法有其独特的优点：基因的转移率较高，整合效率也较为理想；可直接用不含有原核载体 DNA 片段的外源基因进行转移；不需嵌合体途径便可得到纯系动物等。

三、病毒转染法

借助病毒转染细胞来实现外源基因的转移是病毒感染法的基本思路。该技术使用的病毒主要有逆转录病毒、腺病毒和痘苗病毒等。

1. 逆转录病毒载体介导的基因转移　随着分子病毒学研究的不断深入，人们对逆转录病毒的分子生物学特性有了较深刻的了解，并发现利用逆转录病毒的高效率感染和在 DNA 上的高度整合特性，可以提高基因的转移效率。因此，以逆转录病毒作为目的基因的载体，通过感染实现外源基因转移的方法得到广泛的研究。

产生重组病毒的主要步骤是用重组 DNA 技术将目的基因插入载体的适当位点上，实现基因重组，再通过 DNA 转染技术将重组子传递到特殊构建的包装细胞，收获重组病毒。用重组病毒感染靶细胞，外源基因随病毒整合到宿主细胞染色体上使其得以表达。

逆转录病毒转染法的优点：病毒可自主感染细胞，转染率高，操作方便，宿主广泛，且对细胞无伤害；插入宿主染色体后能稳定遗传；因感染细胞的能力由外膜上的糖蛋白决定，故选择不同的外壳蛋白进行包装，可赋予病毒特定的宿主，从而达到靶向导入的目的。但是，该法具有很难克服的缺点：病毒载体具有相当大的潜在危险性，即使把它改建成缺陷型病毒，但仍不能保证绝对的安全；病毒的序列可能干扰外源基因的表达；病毒载体容纳外源基因的能力有限。

尽管如此，国内外学者仍积极进行利用逆转录病毒载体的转基因研究。例如，Salter 等（1987）首先用鸡白血病病毒作为载体生产了转基因鸡；Bosselman 等（1989）用网状内皮组织增生病毒作载体将 GH 的基因导入牛胚胎；Biery 等（1995）用劳式肉瘤病毒（RSV）为载体导入牛的胚胎，生产出转基因牛。随后，Anthony 等（1998）发现逆转录病毒载体感染处于减数分裂Ⅱ中期的卵母细胞，将更利于转基因牛的产生。

虽然载体在设计时缺失了复制功能序列，但是复制大量载体 DNA 所需的辅助病毒基因组也可能与目的基因一起整合到同一细胞核中。即使采取了特别的预防措施，转基因动物自身还有可能产生辅助病毒株。到时候，转基因动物可以合成人们所需的产品，也可以大量复制病毒。就目前的技术水平而言，要完全杜绝逆转录病毒在转基因动物生产的商品中的污染是很难做到的。由于还有其他方法可供选择，一般人们很少用逆转录病毒载体来生产用于商业生产的转基因动物。

2. 腺病毒载体介导的基因转移　腺病毒为双链线性 DNA 病毒。由它改建的载体的优点在于可插入的外源基因的片段较大，稳定性和安全性较好。但该载体仍然存在潜在的危险性，并且它所产生的一些生物活性蛋白对细胞有一定的毒性，可引起强烈的免疫反应。重组腺病毒载体很难整合到宿主细胞的基因组中去，而是以附加体的形式存在。

3. 痘苗病毒载体介导的基因转移　重组痘苗病毒载体是 Moss 和 Paoletti 研究小组首先构建的，已经被广泛用于外源基因的表达、生产异源蛋白等。重组痘苗病毒载体具有其他载体无法比拟的优点：宿主广泛，能感染几乎所有培养的动物细胞，表达的外源蛋白能在感染细胞内进行有效的加工修饰，并分泌到细胞外；具有较大的容纳外源基因的能力和较高的表达效率。有研究表明，重组痘苗病毒载体在插入 25 kb 的外源基因后，其功能没有受到影响。但在具体应用时，还应注意以下事项：基因组序列较大，酶切位点多，且复杂，不能直接插入外源 DNA 片段，只有通过重组方式才能将外源基因引入其基因组中，因而增加了操作过程；病毒基因组不能有效整合到宿主基因组中。

四、胚胎干细胞介导法

胚胎干细胞（ESC）是从早期胚胎的内细胞团分离出来的经过体外培养建立起来的多潜能细胞系。它具有与胚胎细胞相似的形态特征及分化特征，在含有成纤维细胞的饲养层或白血病抑制因子的饲养层上生长时，保持其未分化状态及其潜在的分化能力。利用 ESC 的最大优点是，在对 ESC 的培养过程中，可以对它进行基因工程操作和特定的遗传修饰而不改变它的分化能力。借助于同源重组技术使外源基因整合到靶细胞染色体的特定位点上，实现其基因定位整合，这对研究基因结构与功能及基因的表达调控等都有十分重要的意义。

利用电击等多种方法将外源基因定位导入 ESC 基因组中的特定基因位点上，然后对这些细胞进行筛选培养，用于制备转基因动物（图 13-7）。这种方法避免了其他方法所造成的基因随机整合和多拷贝整合现象。研究表明，胚胎干细胞介导法可使受体动物细胞中外源基因整合率达 50%，其中生殖细胞整合率可达 30%。

正确整合的转基因胚胎干细胞系经培养后就可以移入胚泡期的胚胎。将这些胚胎移植到假孕雌性动物的子宫内，这样产生的子代，其部分生殖系细胞就是由转基因的 ESC 形成的。然后在得到的转基因动物间进行杂交，子代再配对杂交。根据孟德尔遗传定律，将有 1/4 的可能获得纯合的转基因动物。

现今，ESC 已被公认是转基因动物、细胞核移植、基因治疗和功能基因研究等领域的一种非常理想的实验材料，具有广泛的应用前景。但 ESC 不易建株，目前小鼠的胚胎干细胞系已成功建立，其他动物如仓鼠、猪、牛、兔以及山羊的胚胎干细胞系也相继建立，在牛和兔上已获得了转基因嵌合体动物。

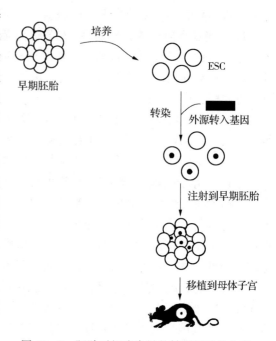

图 13-7　胚胎干细胞介导的转基因动物生产

五、精子载体法

精子载体法，就是将成熟的精子与外源 DNA 进行共培养，通过携带外源 DNA 的精子与卵子结合并受精，使外源 DNA 整合到宿主染色体组中的一种转基因方法。它克服了当前生产转基因动物劳动强度大、成本高等缺点，简化了繁杂的操作程序，避免了复杂而昂贵设备的购置和使用。

1989 年，Lavitravo 等首次报道了对精子载体法的研究，把 CAT 编码基因与小鼠附睾中的精子共孵育 30 min 后，进行体外受精和胚胎移植，获得了转基因阳性鼠，并能将该性状遗传给后代。这一研究结果立即引起同行的关注，但是一些实验室无法重复此类实验，并对此法提出过质疑。然而，由于该法便利经济，仍吸引众多的研究者在不断探索与改进。

关于外源 DNA 与精子结合的机制，20 世纪 90 年代有些研究者提出了精子细胞结合和吸附 DNA 的可能模式。此模式认为：在精子头部赤道段和顶体后区膜上分布有 30~35 ku 的蛋白质，可与外源 DNA 非特异性结合，并且这种结合是可逆的，能被带负电荷的酸性蛋白质所置换，DNA 分子所带负电荷越多越易与精子结合，也越易穿透精子。外源 DNA 与精子的结合强度受精子膜上的主要组织相容性复合体 II（major histocompatibility complex II，MHC II）因子调控，精液中抑制因子 1（inhibitory factor-1，IF-1）抑制精子与外源 DNA 结合，可保证物种的稳定遗传。IF-1 是分子质量为 37 ku 的 DNA 结合蛋白，作用区域为完整精子顶体后区，IF-1 的抑制作用无种的特异性，在该蛋白质存在时，35 ku 的蛋白质与 DNA 的结合受到抑制。

精子结合外源 DNA 的量是恒定的，部分外源 DNA 在 CD4 蛋白的作用下进入精子核内，并牢固结合在精子的核骨架上，然后整合到染色体上，少数外源 DNA 在精子核区内以附加体形式存在。外源 DNA 整合到染色体的过程中，在重组位点两侧总是具有重复序列的特征，说明重组并不是随机发生的，精子染色体中可能存在某些优先选择的重组位点。

那么，进入精子核内的外源 DNA 分子结构是否发生变化呢？编码乳球蛋白的 DNA 与小鼠附睾精子共培养，从精子核内分离外源 DNA 经 Southern 印迹杂交分析发现：用低浓度 DNA（每 10^6 个精子中含 1～10 ng DNA）处理，外源 DNA 分子仍然完整，用较高浓度的 DNA（每 10^5 个精子中含 300～500 ng DNA）处理，DNA 分子大量降解，这表明大量外源 DNA 进入可能引起附睾精子内核酸酶的活性增高，这可能与精液中某些因子有关。

随着研究的深入，精子载体法呈现多元化发展，从转染精子到转染精原干细胞。此外，胞浆内单精子注射与精子载体法相结合可以生产转基因动物；通过显微注射法把外源 DNA 注射到睾丸、曲细精管或输精管，可以不断地产生转基因精子。

六、基因同源重组法

（一）基因打靶的概念与发展

基因打靶（gene targeting）技术是 20 世纪 80 年代发展起来的基因操作技术，是指利用同源重组的原理，体外构建打靶载体，对受体细胞进行一系列的体外转染、筛选，获得含特定遗传修饰的基因型或造成特定基因功能的缺失。这样一种基因操作技术称为基因打靶。在真核生物中，基因打靶首先在酵母中得到应用，随后，基因打靶技术先后经历了以自身作为选择标记的同源重组、采用正负选择系统的同源重组和进行靶位精细操作的同源重组 3 个阶段后，很快发展成一种日臻成熟的基因操作技术，广泛应用于发育生物学、基因功能研究、医学病理模型建立、基因治疗方法学的研究以及转基因动植物制备等多个领域。

（二）基因打靶的分子基础

基因打靶的原理，就是两条具有相同或类似核苷酸序列的同源 DNA 分子之间能发生遗传信息的重组。这就要求在基因打靶时，在外源打靶基因与内源基因组目标基因间必须有一段适当长度的同源 DNA 序列。

它的基本程序为：将外源打靶基因与特异性打靶位点同源的 DNA 片段等克隆到具有选择标记基因的载体上，构建专用的基因打靶载体；基因打靶载体用适当的内切酶消化后，转化受体细胞；在细胞内重组酶的作用下，打靶载体与基因组打靶位点的两条同源 DNA 的相应部位间就会发生单链断裂、链的交换、磷酸二酯键的形成和缺口重新封闭等一系列变化，并最终完成同源重组，实现外源基因在动物基因组中的定位整合。

（三）基因打靶的应用

1. 提高基因打靶效率的策略　在对培养的细胞进行基因打靶时，由于同源重组率非常低，所以应非常重视打靶载体的构建和标记基因的筛选等。一般而言，对胚胎干细胞进行基因打靶的同源重组率为 10^{-7}～10^{-5}，而在体细胞中的打靶概率要低 3 个数量级，并且中靶细胞的非同源重组率又非常高，有时要比同源重组率高出几个数量级。因而，提高打靶效率和中靶细胞的富集率成为基因打靶事件的关键环节。为此，人们研究了利用正负标记筛选提高基因打靶效率的策略，但其在体细胞打靶中的可应用性并不容乐观。而体细胞可能将是今后基因打靶的一个主要对象，启动子诱捕法对打靶细胞的富集通常达到 100～5 000 倍，因而无启动子载体是一种非常有效的打靶载体。另外，基于 Cre/loxP 系统介导的同源重组能有效地提高基因打靶效率。在 Cre/loxP 系统中，Cre 酶能对 loxP 位点特异性识别，并能在两个 loxP 位点间发生高频率的 DNA 大片段缺失、插入和置换，且反应过程中无须辅助因子的参与。

通过建立在特定位点插入 loxP 序列的通用表达细胞系，以后便可以把任何有益的外源基因导入该位点进行表达，并且 Cre 酶介导的位点特异性重组没有插入基因长度的限制。Tuc 等（1998）在小鼠基因组中引入两个 loxP 位点，两个位点之间有 His3 基因的终止序列，在 Cre 酶的作用下基因表达终止信号删除，使基因得以表达，这说明 Cre/loxP 系统在小鼠 ESC 中进行基因敲除是有效的，并且基因组中存在的单拷贝 loxP 位点对基因的表达影响不大。

转基因在特异类型细胞中表达需要特殊的转录调控元件，然而完整的调控元件很难获得，而在 ESC 上进行特殊基因位点的打靶，把外源基因定位敲入该启动子下游则能在内源调控成分的指导下使外源基因有效表达。该策略弥补了外源基因调控成分不全、排列顺序不当和表达抑制的位置效应等缺陷。

2. 基因打靶的应用 Kolb 等（1999）利用同源重组在 ESC 中先把 loxP 位点敲入高水平表达的 β 酪蛋白基因座上，然后通过位点特异性重组把单拷贝的外源基因 *Luc* 插入预先存在的 loxP 位点构成乳腺特异性表达盒。在 Cre 酶介导的同源重组中，细胞中的基因插入事件和删除事件处于一个动态平衡中，细胞中遗留的部分 Cre 重组蛋白使一些细胞具有了中靶细胞所拥有的标记基因抗性，所以在中靶细胞的筛选时就会出现一部分假阳性克隆。为检测位点特异性重组所组成的 β 酪蛋白启动子与外源基因转录活跃表达盒构建的有效性，对该基因连接体进行克隆并在 HC11 细胞中进行瞬间表达，结果得到 *Luc* 基因的高效表达。1999 年 Andreas 等利用双置换法先把 loxP 位点引入 β 酪蛋白基因，然后把单拷贝的报告基因定位整合到已经存在的 loxP 位点，从而得到位点特异性重组的打靶 ESC。利用 Cre/loxP 系统介导的位点特异性重组，Fukushige 等（2003）把人 β 肌动蛋白（β-actin）基因启动子调控的 *lacZ* 基因打靶到 CHO 细胞基因组中，携带了 β-actin/*lacZ* 基因、loxP 位点和启动子的质粒与基因组的重组，很容易通过无启动子的 *neo* 基因的激活而被检测到。结果是 *lacZ* 基因被高水平表达，克隆间的差异小于 10%。

Cre 酶在特定组织的表达，使 Cre/loxp 系统介导的基因打靶可选择性地在一些类型细胞中造成特定基因的缺失或失活，这样就可以在不影响小鼠或其他动物生存的情况下研究该基因的功能。于是基因打靶成为基因功能研究的有利手段。Gu 等在 1994 年利用该策略研究了 *pol* 基因的功能。在国内，杨晓等（2000）、周江等（2001）利用条件性基因打靶技术分别在 ESC 和小鼠上进行了 *Smad2*、*Smad5* 基因功能的研究。

先前的基因转移，其受体细胞大多是受精卵或配子，而受精卵和配子在体外操作时间是有限的，因而无法直接实现基因打靶。胚胎干细胞是一种非常适宜基因打靶的细胞，并且基因打靶技术的发展就是以胚胎干细胞为对象的。体细胞核移植技术的成功使基因打靶技术在体细胞上有了更大的应用空间。

体细胞基因打靶与核移植技术的并用克服了大家畜由于没有可以分化成生殖系的 ESC、基因打靶应用受到限制的这一局面。该技术可在体外培养条件下对整合外源基因的体细胞进行大量增殖和筛选，并可以进行外源基因的体外表达分析，然后将整合外源基因并能高效表达的体细胞核移植到去核的卵母细胞中，得到转基因克隆动物群系。它们将具有相似的遗传特征和转基因表达水平。2000 年，McCreath 等利用无启动子载体的基因打靶技术，把 BLG-AAT 基因连接体定位整合到绵羊胎儿成纤维细胞的 COLIA1 基因座上，并通过体细胞核移植获得了 2 只成活的转基因克隆绵羊。随后，各国相继开展了该领域的研究。2001 年，Denning 等得到了体细胞基因打靶绵羊。2002 年，Dai 等得到了体细胞基因打靶猪。

七、基因组编辑技术

从 2008 年以来，基因组编辑技术得到迅速发展，先后出现了锌指核酸酶（ZFN）技术、转录激活效应样因子核酸酶（TALEN）技术以及 CRISPR/Cas9 系统，并得到广泛应用，关于这些技术的详细叙述在前面已经描述。

第四节 转基因动物的鉴定

转基因动物的鉴定是制备转基因动物过程中的关键环节，它是对之前所做一切工作的检验。目前，转基因动物的鉴定方法同样主要集中在 DNA、RNA 和目的蛋白 3 个研究层面上。其具体方法有诸多种，并且新方法不断涌现。

一、DNA 水平的检测

在 DNA 水平上对转基因动物进行检测鉴定，其具体方法包括 Southern 印迹杂交、聚合酶链式反应（PCR）和斑点杂交（Dot blotting）等。

Southern 印迹杂交是应用最早的也是最权威的转基因鉴定方法。其具体步骤为：提取待检动物的组织样（如鼠尾巴）或血液中的基因组 DNA，一般选择导入基因中的单一限制酶切位点，消化后电泳，转膜后选择适当的探针进行杂交，通过放射自显影获得结果。该方法的检测结果明确可靠，但过程复杂，工作量大。

PCR 技术以其方便快捷的特点得到研究者的广泛应用。但该方法有时存在假阳性，因而需要在该方法所获结果的基础上进行 Southern 印迹杂交验证。针对如何消除假阳性这一问题，研究者们提出了需要改进的方案。首先，要注意引物的设计。在目的基因上合成一对引物，应遵循的原则是：尽量寻找所扩增片段与内源性基因无同源性的区域；如目的基因与内源性基因存在较高的同源性，所设计的引物应保证在 $3'$ 端有几个碱基与内源性基因不一致，并且在 PCR 扩增时要提高退火温度以消除非特异性扩增；所扩增的区域应选择在外源基因的外显子上。即使如此，如果外源基因与内源基因有高的同源性，在 PCR 过程中假阳性现象也无法避免。为弥补其不足，有研究者提出在导入基因的调控序列上合成一引物，在目的基因上再合成一引物，就可扩增出有特定长度的 DNA 片段，从而排除了内源性扩增片段的影响。但这种方法并不能排除扩增非特异性片段，所以在实验过程中必须设立阴性和阳性对照来筛选最适宜的 PCR 反应条件。1994 年，Drew 等提出三引物法来进行转基因的检测。其引物设计方法为：在导入基因的调控序列上合成一条引物，在目的基因上合成第二条引物，在内源基因上合成第三条引物。利用这 3 条引物同时进行 PCR 扩增，则阳性扩增会出现两条 DNA 条带，而阴性扩增只出现一条特定的内源性 DNA 带。

另有研究者提出用 PCR 与酶切、Southern 印迹杂交相结合的方法进行转基因鉴定。在转入基因的调控序列和目的基因上各合成一条引物，然后进行 PCR 扩增，扩增产物用限制性核酸内切酶进行消化，然后根据酶切片段的大小进行判定。但该结合方法有时不是很准确，常会多出一条或两条 DNA 带，因此需进行 Southern 印迹杂交进一步分析。该结合方法与传统的基因组 DNA 的 Southern 印迹杂交分析相比，有明显的优势：简便快捷，对基因组 DNA 的数量、质量等要求不严格，因为 PCR 扩增产物的量一般较高，便于做酶切和 Southern 印迹杂交分析。但该结合方法也要求在引物设计时需考虑在所扩增的区域内应有不同于内源基因的单一酶切位点。

另外，Kuipers 等在 1996 年在对转基因猪鉴定时采用了染色体原位杂交的方法。该方法虽然操作复杂，但能确定外源基因在染色体上的整合位点和整合状态。He 等（1996）把 DNA 序列分析法也引入转基因动物鉴定上。该方法能准确无误地鉴定出转基因的整合，同时又可检测整合过程中是否发生了碱基突变或导入片段的缺失等。

二、RNA 水平的检测

可用 Northern 印迹杂交、RT-PCR 以及 RNase 保护性实验在 RNA 水平对转基因的整合表达进行检测。这些方法的关键就是设计特异性探针。

Northern 印迹杂交就是将 RNA 分子从电泳凝胶转移至硝酸纤维素滤膜或其他化学修饰的活性滤纸上，进行核酸分子杂交的一种实验方法。后来又发展了可用于 RNA 分子转移的尼龙滤膜，由于它不必预先制备活性滤纸，操作过程更简单方便了。

RT-PCR 技术与 Northern 印迹杂交一样，同样可用来检测外源基因转移整合至受体动物基因组序列中后的表达情况，它们都能对特定的 mRNA 进行定量检测。不同的是，RT-PCR 具有更高的敏感性，能检测含量稀少的 mRNA，所以对于转基因表达活性低的这一状况，它具有较强的适用性。

三、目的蛋白的检测

制备转基因动物的商用目的之一就是构建乳腺生物反应器，而构建乳腺生物反应器的最终目的就是要得到有活性的目的蛋白，而目的蛋白的主要检测方法有如下几种。

1. SDS-聚丙烯酰胺凝胶电泳法 SDS-聚丙烯酰胺凝胶电泳（SDS-PAGE）法敏感直观，能结合凝胶密度扫描仪对蛋白进行定量检测。但若目的蛋白分子质量与乳液中主要蛋白的分子质量一致时，则 SDS-PAGE 对目的蛋白难以定量分析。

2. 酶联免疫吸附测定 酶联免疫吸附测定（ELISA）是一种灵敏度和特异性都较高的免疫学方法，能对目的蛋白进行定性或定量检测。但由于乳液中含有大量蛋白质，可能影响对目的蛋白检测的灵敏度，而对于一些目的蛋白来说，其抗体可能与乳蛋白和（或）脂类反应，造成假阳性，因此应注意设立严格的对照。

3. Western 印迹杂交法 应用目的蛋白的特异性抗体从混合抗原中检测出的目的抗原（蛋白）。该法具有凝胶电泳分辨率高和固相免疫测定的特异敏感等优点。

建立乳腺生物反应器的最终目的就是获取有生物活性的目的蛋白，所以蛋白的生物活性检测至关重要。由于表达的目的蛋白不同，其生物活性也千差万别，应根据不同的蛋白采取不同的活性检测方法。如纤维蛋白-琼脂糖-平析法可用于组织纤溶酶原激活剂（tissue plasminogen activator，tPA）的活性检测，细胞病变抑制实验可测定干扰素的活性等。

第五节 动物基因工程技术的应用及存在的问题

一、动物基因工程技术的应用

（一）动物性状的改良

1. 动物超高产育种 转生长激素（growth hormone，GH）基因超级小鼠的成功为动物育种学家培育转基因大型动物开辟了新的思路，国内外许多研究机构先后以巨大的人力、财力投入该方面的研究。获得产奶量更大、生长更快的优秀个体是进行转基因牛研究的一个重要目的。由于家畜的很多性状，如生长速度、产奶量等都受到激素的调控，很多转基因动物中转入的都是能够提高激素水平的基因。牛生长激素（bovine growth hormone，bGH）基因是最早投入使用的目的基因之一。将超量表达的牛生长激素基因转入牛体内，培育转基因牛，可提高产量，减少消耗。另外转基因还有其他用途，如 2012 年 4 月，世界首例转乳糖酶基因奶牛"克拉斯"诞生，所产的牛奶中乳糖含量大大降低，适合于乳糖不耐症的人群饮用。牛奶中乳脂的产量与 K 酪蛋白的含量直接相关，转入一个超量表达的 K 酪蛋白基因应该能够增加 K 酪蛋白的产量。

研究证明，转 GH 基因猪增长速度提高，同时也得到较高的饲料报酬。Pursel 等（1989）将 *MSV-CSKI* 基因导入猪基因组，在获得的 10 头转基因猪中，5 头表现大腿部和肩部肌肉肥大。

生产转基因鸡可以改进现有品种的遗传特性。例如提高喂食效率，降低鸡蛋中的脂肪含量和胆固醇水平，提高鸡肉质量等。

利用转基因技术改变鱼的遗传品质也成为人们的重要研究目标之一。中国科学家在1985年首先报道了第一例成功的转基因鱼。目前在转基因鱼中，很大一部分转入的基因都是生长激素基因，转入这种基因的鱼的生长速度大大提高。要获得转基因鱼，首先要选择适当的鱼类品种作为基因的受体。人们已经运用显微注射法向很多种鱼的受精卵中导入了外源基因，鱼类品种包括鲤鱼、鳟鱼、鲑鱼和罗非鱼等。受精后鱼的精前核在立体显微镜下很难看清楚，因此人们把目的基因显微注射到鱼受精卵或发育到四细胞胚胎的细胞质中。与哺乳动物胚胎发育不同的是，鱼卵的发育是在体外进行的，因此无需进行细胞移植，只要将注射了目的基因的鱼卵放入控制好水温的水池中就可进行胚胎发育。鱼的胚胎在显微注射后成活率很高，能达到35%～80%，转基因鱼的转化率则在10%～70%。在20世纪90年代，电击转化法已经成为将外源DNA转入鱼类胚胎细胞的一种新方法，其转化率可以达到20%以上。

2. 动物抗病育种 如果要通过转基因进行动物抗病育种，先要取得抗病基因的克隆，再将克隆的抗病基因导入动物胚胎细胞，正确整合到染色体中后，获得能遗传的抗病个体，然后通过常规育种技术扩大群体，育成抗病品系，对特定病毒的感染应该具有一定的抵抗力。

一般情况下抗病基因有5种来源：第一种是存在于动物体内的抗病基因，如主要组织相容性复合体（MHC）基因；第二种是各种病原体的结构蛋白基因，如病毒的衣壳蛋白基因；第三种是针对病原体的RNA可人工合成的反义RNA或核酶基因；第四种是细胞因子及其受体基因，如白细胞介素2（interleukin-2，IL-2）基因、干扰素（interferon，IFN）基因及其受体基因；第五种是病毒中和性单克隆抗体（monoclonal antibody，McAb）基因。目前的基因工程技术可以将两个或多个抗病毒基因克隆到同一载体中，将这样的多重抗病毒基因导入动物体中，能使不同抗病毒功能基因协同作用。另外，将反义核酸与单抗可变区基因融合，可同时在核酸和蛋白质水平产生抗病毒作用。

人们对家畜进行基因工程改造，可以培育出对细菌、病毒及寄生虫疾病具有抗性的动物。例如，某些家畜品种天然就有对牛的乳腺脓肿病、猪的痢疾等细菌疾病的遗传抗性。假如每种抗性都受单个基因控制，那么就有可能制造出对这些细菌侵染有抗性的转基因动物。人们甚至可以将细胞因子的编码序列转入受体动物，从整体上提高动物的免疫能力，从而提高对各种病原物侵染的抗性。现在人们已将干扰素基因转入奶牛，培养的奶牛乳汁中含有人干扰素。目前，控制家畜病害多采用疫苗、药物、隔离、细心监测的方法，其费用相当高，占总成本的10%～15%。人们认为还有一种或许能培育出抗病原物侵染的动物品系的方法，就是通过转基因技术产生可遗传的免疫特性。许多在免疫系统中起作用的基因，如主要组织相容性复合体（MHC）基因、T细胞受体基因及淋巴激活素（lymphokine）基因，都有望应用于这一研究。还有，有人设想把编码单克隆抗体重、轻链的基因转入鼠、兔和猪，不用注射疫苗就可完成免疫。这种将可结合特异抗原的抗体基因转入生物体的想法称为体内免疫。为了验证这一设想是否行得通，研究人员将一种鼠单克隆抗体的重链和轻链基因一前一后克隆在载体上，这种抗体是一种结合4-羟-3-硝基苯乙酸的抗体的抗体（抗抗体）。然后将克隆的基因通过显微注射转到鼠、兔和猪的受精卵内，结果在3种转基因动物的血清中都发现了这种单克隆抗体的活性。另外，人们已经获得了转入禽类白血病病毒（ALV）的外壳蛋白基因 *env* 的转基因鸡。实验证明，获得的转基因鸡对禽类白血病病毒具有一定的抗性。

尽管动物抗病育种已取得阶段性成果，随着胚胎工程和基因工程等技术的不断进步，抗病育种将不断深入并取得很大进展。

3. 提供可移植器官 当今，世界范围内人供体移植器官的严重缺乏，使人们不得不重视异种器官移植的研究。然而，异种移植所面临的重要问题是超急性排斥反应。为了克服这一障碍，研究人员将抑制排斥反应的衰变加速因子（decay accelerating factor，DAF）基因、补体激活调节剂（regulators of complement activation，RCA）基因和转膜因子蛋白（membrane-cofactor protein，MCP）基因等导入猪的基因组中，试图把DAF、RCA或MCP的转基因组织和器官移植到人体。从发展趋势看，这可能是解决移植器官来源匮乏的一个有前途的研究方向。

1992 年，英国剑桥大学的 White 首次培育出带有人 DAF（hDAF）基因的转基因猪，并且对 hDAF 在猪体内不同组织中的分布进行了研究。结果表明，在转 hDAF 基因猪体内内皮细胞和血管平滑肌细胞上有较强的人 DAF 表达，将这种转基因猪的心和肺做人体血浆体外灌注实验，证实这些心、肺器官获得了抵御人补体系统损伤的能力。Yannoutsos 等（1995）构建了含 DAF 基因 5′端非编码区及信号肽系列、第一外显子、第一内含子和其他所有外显子构成的 6.5 kb 长的 hDAF 微小基因以及含有整个 MCP 基因组序列的酵母人工染色体，通过显微注射法导入猪的受精卵，获得了转 hDAF 基因猪。hDAF 在各动物体内的表达量有所差异，而且均未达到人相应组织中的表达量，在同一动物中，hDAF 的表达量有很大差异。Carrington 等（1995）也深入的研究了 hDAF 和 MCP 在转基因猪中的表达情况。

美国 Duke 大学的研究人员试验了另一组转基因猪器官，这种转基因猪的内皮中表达 CD59 或同时表达 DAF 和 CD59，表达量低，但可测出。用这种转基因猪的器官移植给狒狒时，器官仅存活 2～3 h，成活时间几乎不比对照组长。但是，经活体解剖检查，被移植的转基因猪器官在很大程度上显示出正常组织的特征，他们进一步用 β 肌动蛋白的启动子控制 CD59，用 H－2K 启动子控制 DAF，获得了 CD59 和 DAF 的表达水平比球蛋白启动子系统高得多的转基因猪，把这种转基因猪的心脏移植给狒狒，被移植心脏中沉积的绝大部分补体被清除，转基因猪的心脏能持续跳动 30 h，而普通猪心脏持续跳动 90 min。

（二）动物生物反应器

1. 动物生物反应器的概念　一般把目的基因在血液循环系统或乳腺中特异表达的转基因动物称为动物生物反应器。该研究已引起了国内外相关学者和开发商的高度重视，现已成为生物技术研究利用的热点。用转基因动物的乳腺可代替生物发酵，大规模生产供人类疾病治疗和保健用的药用蛋白或其他生物活性物质。动物乳腺生物反应器被认为是目前转基因动物研究中最具有发展前景的方向之一，也是基因工程制药中极富有诱人前景的行业。

动物乳腺生物反应器，又称动物个体乳腺表达系统，就是利用哺乳动物乳腺特异性表达的启动子元件构建转基因动物，指导并调控外源基因在乳腺中表达，并从转基因动物的乳汁中获取重组蛋白。

哺乳动物乳汁中主要有 6 种蛋白质，它们可分为两类：一类是酪蛋白类（包括 αS1、αS2、β 和 K 4 种），另一类为乳清蛋白类（主要是乳白蛋白、乳球蛋白等）。它们各自作为一个独立的表达单元，其表达受到各自调控元件的指导。常用的乳腺特异性表达启动子元件有以下 4 类。

第一类是 β 乳球蛋白（b－lactoglobulin，BLG）基因调控元件。Simons 等（1987）将绵羊的 BLG 基因转入小鼠，绵羊的 β 乳球蛋白在小鼠乳腺中得到特异表达。

第二类是酪蛋白基因调控元件。常用牛 αS1-酪蛋白基因和羊 β 酪蛋白基因的调控序列，如国内牛 αS1-酪蛋白基因调控序列指导 tPA 微小基因已在转基因小鼠乳腺中特异表达。

第三类是乳清酸蛋白（whey acidic protein，WAP）基因调控序列。WAP 是啮齿类动物乳液中的主要蛋白质，在家畜乳液中没有 WAP 的表达，但 WAP 基因调控序列可以指导外源基因在家畜乳液中表达。

第四类是乳清白蛋白基因调控序列。

要完善转基因动物乳腺特异性表达外源基因这一系统，关键问题是如何提高外源基因在转基因动物乳腺中表达的效率。作为表达构件框架的乳蛋白基因的表达具有高度的组织、阶段特异性，受到甾体类、肽类及其他孕期发育信号等的控制，对乳汁蛋白基因结构的研究表明它具有许多特点，不仅有多种激素受体的结合位点，而且有特有的启动子序列，极端保守的 5′、3′端序列，5′上游及内含子中的调控序列，因此对乳蛋白基因本身表达调控机制的研究有可能对提高外源基因在乳腺中的表达效率有所帮助。但如果应用基因同源重组的原理对乳蛋白基因座进行外源基因的定位敲入的话，这些研究将会变得更加简单明了,并会使外源基因得到与内源基因基本相似的表达水平。

2. 动物生物反应器的应用　　人们最早在转基因鼠乳腺中表达的药用蛋白为人的组织纤溶酶原激活剂(htPA),但是从鼠的乳汁中获取这类用于人体的药用蛋白一方面产量较低,另一方面人们从心理上难以接受食用鼠乳。把人们的心理需要和转基因动物制作成本及难度等因素综合起来考虑,羊可以算是最佳的选择。目前在家畜中表达的药用蛋白基本都是在转基因羊中获得的,转基因奶牛成功的例子也很多。

抗胰蛋白酶(antitrypsin,ATT)可用于治疗遗传性 ATT 缺乏症及肺气肿。1991 年,英国一家公司首先用羊乳球蛋白启动子驱动抗胰蛋白酶基因,构成目的基因。然后通过显微注射法将基因转入绵羊,最终共获得了四雌一雄 5 只转基因绵羊,4 只雌绵羊都生出了杂合体羊羔,经过进一步交配就可以获得纯合的转基因绵羊。实践证明,在 4 只雌绵羊产乳期产生的乳汁中均含有 ATT,含量高达 $1\sim35$ g/L,而每只绵羊在产乳期可产乳汁 $250\sim800$ L,已具有商业开发的价值。用同样的方法,人们已获得了可在乳汁中表达 htPA 的山羊,产量也达到了每升乳汁含几克到 25 g 的 htPA。由此可见利用转基因动物生产药用蛋白有巨大潜力。

有些药用蛋白质,如各种细胞因子,如果使用组成型启动子大量表达外源基因会危害宿主动物的发育,可以考虑使用诱导表达的启动子和乳腺特异性启动子,这样可使外源基因只在诱导后才表达。金属硫蛋白基因启动子是常用的诱导表达的启动子之一,在获得转基因羊之后,需要表达外源基因时,只要在转基因羊的饲料中添加适量的诱导物就可以诱导外源基因的表达。利用这种方法,人们已构建出了人生长激素基因,并将其转入绵羊,获得了诱导下可在乳汁中表达人生长激素的转基因绵羊。

1990 年,荷兰一家公司培育出了含有人乳铁蛋白的转基因牛,每升乳汁中含有人乳铁蛋白 1 g。乳铁蛋白不仅能够促进婴儿对铁的吸收,而且能够提高婴儿免疫力,抵抗消化道疾病的感染。1992 年荷兰科学家又成功培育出了含有促红细胞生成素(erythropoietin,EPO)的转基因牛,EPO 能够促进红细胞的生成,对肿瘤化疗以及肾脏机能下降引起的红细胞减少具有积极的治疗作用。

美国 Genezyme Transgene 公司(GTC)与日本 Somitomo Metals 合作,共同开发了凝血酶原Ⅲ转基因山羊以及用于治疗Ⅰ型糖尿病的谷氨酸脱羧酶和可溶性 CD4 的转基因动物研究。

1992 年,Veader 等利用小鼠乳清酸蛋白(WAP)基因的启动子在母猪的乳汁中表达出可用于医学临床抗凝、抗血栓的人血 C 蛋白。

有些科学家还建议鸡蛋可以用来生产药用蛋白质,因为母鸡的一些细胞通常会表达、分泌大量的卵清蛋白,在这些细胞中表达转入基因可以使合成的蛋白质累积起来,包裹在蛋壳内,就可以从鸡蛋中分离到所需的外源蛋白质。但由于鸡是卵生动物,转基因操作程序复杂而困难且工作量大,这方面的研究进展缓慢。

利用动物血液进行转基因生物反应器的研究已取得了一定进展。虽然血液生物反应器生产的蛋白质或多肽进入转基因动物血液循环时,会影响该动物的健康,如重组后表达的激素、细胞介素、tPA 等具有生物活性的蛋白质很难在不影响转基因家畜健康的情况下表达。但是,这种生物反应器却适合生产人血红蛋白、抗体或非活性状态的融合蛋白。截至 21 世纪初,人们已用这种反应器生产出具有功能的人血红蛋白、多肽等。

(三)转基因动物模型与生物学研究

与原核生物相比,真核生物基因表达的程序、时间和空间受更多层次严格、精密的控制,真核基因组 DNA 以核小体形式形成染色质,进一步通过超螺旋形成紧密的结构。DNA 的这种存在形式,使真核基因在表达调控方面要复杂得多。真核生物中转录和翻译分别在细胞核、细胞质中进行,其基因表达调控可以在多个水平上进行,涉及很多的蛋白质因子参与,不同组织和细胞类型所需的蛋白质因子不同。真核生物大多数是复杂的多细胞个体,从受精卵开始,细胞要经历个体发育的不同分化阶段。分化是不同基因表达的结果,其分化和发育是不可逆过程,依靠机体产生的某些蛋白质因子、肽激素等以及其他信号分子作为基因的调控物质。用转基因动物技术研究基因的表达调控，可以将分子、细胞和整体动物水平的研究统一起来，从时间和空间的角度进行综合研究，其结果更能反映活体内的情况。

鼠类的转基因是最早发展并较为完善的系统。从20世纪80年代初期到21世纪10年代，人们已经将上百种不同的基因转入了小鼠，这些研究为进一步了解高等动物的基因表达调控、肿瘤的发生、免疫特异性、胚胎发生、发育过程以及分子遗传学等基础生物学过程做出了重要贡献。同时，在判断利用家畜生产人类蛋白药物的可行性、构建人类各种遗传疾病的生物医学模型方面，转基因鼠也发挥了重要的作用。

（四）利用转基因动物研究基因的功能与表达调控

同源异形盒基因（homeotic genes）HOX与胚胎发育和细胞分化调控密切相关，在控制体节特征、调控中枢系统、确定前后分化关系等方面有重要作用。HOX基因表达的时空性是复杂的，但可以使用转基因动物来研究其顺式作用元件的作用，其方法是在该基因的5′和3′端调控区之间连接一个报告基因，构成融合基因，建立转基因动物。用转基因动物研究HOX基因发育功能时，常采用胚胎干细胞和基因打靶技术特异性敲除HOX基因，从而获得丧失某种功能的突变或通过HOX基因的异常突变获得基因异常表达动物。

人们利用胚胎干细胞法把转入基因定点整合到鼠基因组的某一位置，可以得到敲除了某一特定功能基因的转基因鼠，这为对这一基因功能进行深入的研究打下了基础。以主要组织相容性复合体Ⅰ（MHCⅠ）为例，它具有许多重要的免疫学功能，主要分布在细胞表面，β2微球蛋白是它的重要组成部分。为了对MHCⅠ的功能进行深入了解，研究人员构建了含有β2微球蛋白基因序列（包括前3个内含子）的载体，并将新霉素抗性基因插入了第二个内含子中。这一载体可与内源的β2微球蛋白基因发生同源重组。利用正负筛选法，筛选到在目的位点插入了外源基因的胚胎干细胞，并获得了转基因鼠。由于外源基因插入了鼠的内源β2微球蛋白基因中，该基因的功能被破坏了。众所周知，缺失了β2微球蛋白的MHCⅠ无法行使正常的功能。人们在杂交得到纯合的转基因鼠以后，发现转基因鼠完全缺失了MHCⅠ，但是它们的发育与野生型鼠毫无区别，由此可以证明，MHCⅠ在发育过程中可能没有作用。但是由于纯合的转基因鼠缺少$CD4-8^+$细胞毒性淋巴细胞，因而对病毒侵染的抵抗力非常弱。

上面的例子中MHCⅠ在转基因鼠中完全没有表达，这称为无效突变（null mutation）。这种突变可用来研究非必需基因。如果人们要深入了解在发育及动物正常生活中所必需的管家基因的功能，就不能使用这种方法。为此，人们设计了一种称为hit and run的方法，来产生一些较小的突变。在产生的突变中，仍会有基因产物产生，但是产生的蛋白发生了一些小的改变，虽不会致死，却也无法保持正常的功能。具体的方法为：将带有突变的目的基因、新霉素抗性基因和tk基因的载体通过同源重组插入到鼠的某一位置，用G418筛选出确实带有外源基因的转基因细胞。由于外源基因的插入使得同一染色体上存在两个相同的基因，通过染色体间重组，细胞中的内源基因就会在此过程中丢失。因此最后的结果是原有的基因被人们设计的突变基因所取代，在染色体上精确地引入了一种细微的突变，这一方法对于研究复杂的遗传系统具有十分重要的意义。

基因的多级调控（MGR）系统是指在转基因动物体内，目的基因必须在另一种基因的表达产物激活后才能表达，从而对目的基因的功能和调控进行研究的实验体系。Byrne等在1985年首先用转基因小鼠建立了一种转VP16-IE-CAT基因的MGR系统，该基因是通过转基因激活剂——病毒多肽颗粒（VP16）激活单纯疱疹病毒（HSV）最早期基因（IE）进行调控。

转基因动物在基础理论研究领域的应用，大多集中在研究真核细胞中基因的表达与调控、基因的组织特异性表达和不同发育阶段的特异性表达等方面，最关键的问题是基因表达调控区的作用机制问题，如用转基因动物研究内含子对基因表达的影响，研究癌基因表达的调控机制，研究自体免疫性甲状腺炎引起的甲状腺功能低下与碘化钠共运载基因表达的关系等，随着分子生物学的发展，已经能够搞清楚各种基因的表达特性及表达调控的机制。

（五）利用转基因动物研究细胞的功能

如果用合适的启动子控制目的基因，就可以使目的基因只在特定类型的细胞中表达。因此可以设计将毒素基因置于细胞类型特异性的启动子之后，这样就可杀死某一类特殊的细胞，并可进一步确定缺失这类细胞的转基因鼠在发育过程中是否有异常表现，从而确定该类细胞在发育过程中的作用。

利用诱导表达系统，研究人员确定了促乳素合成细胞与生长激素合成细胞之间的关系。研究人员将生长激素合成细胞特异性启动子-tk基因和促乳素合成细胞特异性启动子-tk基因两种载体分别转入两只鼠，给两只转基因鼠分别注射核苷酸后，发现转入前者的转基因鼠的生长激素合成细胞死亡，一段时间后，该鼠体内的促乳素合成细胞也几乎全部消失，而转入后者的转基因鼠的所有细胞都很正常。这一研究结果表明，促乳素合成细胞在体内是不会分裂的，因而不会在细胞分裂时产生有毒物质而造成该类细胞死亡；也说明生长激素合成细胞在发育过程中可进一步转化为促乳素合成细胞。因此，在杀死生长激素合成细胞一段时间后，促乳素合成细胞的数目也大大减少，这样利用转基因鼠杀死某种特异细胞的方法就证明了生长激素合成细胞与促乳素合成细胞在发育过程中的联系。

（六）利用转基因动物建立医用动物模型

转基因动物在建立疾病动物模型方面具有重要作用。该技术对揭示人类疾病的发病过程、阐明发病机理并探索治疗途径具有极其重要的作用，特别是对于人类后天免疫缺陷、恶性肿瘤和遗传疾病更是如此。截至2019年，已建立了阿尔茨海默病、地中海贫血、肺气肿、成骨不全、唐氏综合征、乙型肝炎、镰状细胞贫血和淋巴组织缺陷、真性皮炎及前列腺炎等人类疾病的转基因动物模型。

通过基因敲除技术建立的转基因小鼠，能够完全排除其他基因的影响，以检测一个精确的遗传改变所产生的效应，从而研究致病基因的功能，并探究基因型与环境因素的关系。然而随着对人类遗传病发病的分子机制研究，对转基因动物模型要求也越来越严格，这反过来有利于转基因技术的日臻完善。

除了用于由基因突变造成的人类遗传疾病的研究外，人类疾病的转基因动物模型还可用于人类病毒病的研究。众所周知，病毒具有一定的宿主特异性，很多用作模型的实验动物根本不能被人类病毒所侵染，这给这类病毒病的研究带来了很大的困难。而转基因技术恰恰提供了解决这一难题的方法，即可将病毒的基因通过转基因技术转到实验鼠体内进行研究。例如，一种称为JC的人类乳多空病毒可以引起人的多灶性白质脑病，其主要原因是产生髓鞘质的细胞的解体，造成髓鞘质不足，导致多种中枢神经系统病变。将JC病毒基因序列转入鼠以后，转基因鼠会产生中枢神经系统病变，随着年龄的增长，中枢神经系统病变引起的震颤日益严重，同时人们发现这些鼠的中枢神经系统的髓鞘质也在不断减少，由此研究人员推断JC病毒侵入人体后可以破坏中枢神经系统的髓鞘质生成细胞，导致中枢神经系统病变。这种转基因鼠就成了人类病毒病研究的动物模型。

随着人类基因组计划研究的日益深入和功能基因组计划的逐步开展，关于人类自身遗传信息的知识会得到更多的积累，相信不久的将来会有更多更完善的人类疾病的转基因动物模型问世。

二、动物转基因技术存在的问题

转基因动物的建立是一个艰辛、复杂的系统工程，从第一例转基因动物建立以来，转基因动物研究已经取得突破性进展，但仍有许多问题亟待解决。

1. 生产成本太高，成功率太低 有人计算，生产一头转基因猪需花费2.5万美元，生产一头机能正常的转基因牛需要50万美元，这是按供体进行超排、获取受精卵来计算的，如果用卵子体外成熟和体外受精方法，成本约可降低 1/3。

2. 转基因整合和表达效率低 有研究表明，显微注射法的转基因动物总效率为 0.38%，其中牛、羊等大家畜的转基因阳性率则更低。另外，并不是所有整合的基因都能被表达，转基因有时还会在非目的组织中表达，表达时间也会发生变化，同一启动子在不同的个体或不同的动物中表达行为不同。一般认为，转基因不表达或表达异常可能与位置效应有关。如果一个外源基因整合在非常活跃的基因附近，其行为可能会受到内源基因影响；有些转基因位于不具有转录活性（异染色质）区，因而可能会受异染色质影响而失去活性。转基因的整合还可造成宿主细胞基因的突变，导致四肢畸形、死胎、木乃伊等现象的发生。

3. 转基因的遗传率低 许多研究表明，转基因动物及其后代并不能够保证外源基因世代传递，外源基因很容易从基因组中丢失。只有单位点整合才能以孟德尔方式遗传。另有研究表明，在制备转 pGH 基因猪时，相当一部分原代转基因个体（G_0）并没有将外源基因遗传给后代，$G_0 \times G_0$ 和 $G_0 \times$ 非转基因猪后代的阳性率分别为 30% 和 15.2%，与理论值（75%、50%）相比差异极显著。究其原因，可能涉及外源基因在转基因动物染色体上的位置效应、插入诱变、从头甲基化、调控元件缺失和镶嵌-杂合效应等因素的影响。

4. 转基因动物疾病模型可能与预期不符 在镰状细胞贫血动物模型的研究中，人们试图将突变的血红蛋白基因转入小鼠以获得镰状细胞贫血动物，但结果使研究者大失所望，所有的转基因动物都只表现出镰状红细胞的病变而未表现贫血。此外，在高血压转基因动物模型的建立中，多数结果与预期不符。造成这些结果的原因可能为：一是因物种间的差异，可能同一种疾病在不同的物种中发病机制不同；二是物种体内有复杂的调控和平衡机制，在内源基因功能正常时，单一的外源基因对动物整体的作用可能是有限的；三是转基因的整合、表达和调控尚不能真正达到人为控制等。这些均给转基因动物疾病模型的建立带来一定的困难。

5. 转基因产品制备导致了一些社会问题 用转基因动物制备基因产品，在食用时可能会存在不适心理，如食用是否对人体有害等。另外，在病毒等致病基因的转基因研究中，不可避免地会产生一些有害的转基因动物，虽然至今未见有由转基因动物向社会扩散的报道，但人们总存在着担心。

三、提高转基因动物外源基因表达水平的方法与途径

1. 采用适当的外源基因导入方法与整合方式 外源 DNA 导入宿主细胞后，一般认为其并非全部立即整合在染色体中，一部分外源 DNA 拷贝在染色体 DNA 复制和细胞分裂几次之后丢失，只有部分才整合入染色体。外源基因导入的方法不同，整合机制不同。逆转录病毒整合的频率最高，有利于整合基因的表达调控，但该方法由于病毒容量的限制，要求外源 DNA 片段不能太大，且得到的动物是嵌合体，使逆转录病毒介导的方法在一定程度上受到限制。同源重组虽然整合频率不高，但对靶细胞和外源 DNA 的影响小，并且是目前能精确地修饰基因组的最有效办法。同源重组使外源 DNA 与受体细胞基因组上的同源序列发生重组，并整合到预定的位点上，定向改变细胞或整体的遗传结构和特征。

一般来讲，通过显微注射法将外源 DNA 导入细胞后，大部分在细胞经过几次分裂后就丢失，只有一小部分 DNA 得以整合，因此，从技术角度说，显微注射受 DNA 浓度、缓冲液的组成成分、外源 DNA 的构型及注射部位等因素的影响。随着所注射外源 DNA 浓度的增加，整合效率也随之提高，但大量外源 DNA 的注射将使细胞成活率降低。实验证明，将 DNA 浓度稀释到 $1\sim 2$ ng/μL，DNA 拷贝数为数百个时，整合的总体效率最高。对缓冲液的选择，多采用 $5\sim 10$ mmol/L Tris-HCl（pH=7.5）和 $0.1\sim 0.25$ mmol/L EDTA。另外多采用细胞核注射，线性 DNA 分子整合效率远高于超螺旋 DNA 分子的整合效率。

关于 DNA 随机整合机制，Brinster 等（1985）提出这样的假说：DNA 随机整合在染色体 DNA

的断裂处，这些断裂决定其整合率，在注射的 DNA 末端和染色体的断裂点之间的相互作用使外源 DNA 整合进基因组。由注入的 DNA 分子游离末端所诱导的修复酶可能引起染色体的随机断裂，断裂处可能就是外源 DNA 的整合位点。正因如此，整合位点常出现宿主序列的重排、缺失、重复或易位，但是导入的 DNA 也并非总能整合到宿主基因组中。小鼠实验证明，无论是注入基因拷贝数还是整合位点均是多变的，通常单一染色体位点可随机整合几个拷贝，但也有例外，如多位点整合或重排分子的自主复制，这些变化可能是注射后胚胎成活率不高的原因。

Costantini 在 1986 年发现将人 β 珠蛋白基因转入 β 地中海贫血小鼠中时，如果转基因的拷贝数大于 50，则地中海贫血可被校正，而拷贝数低到 1 时则无效，这说明转基因整合的拷贝数也有可能影响转基因的表达和功能的发挥。Tseng 和 Patrick（1999）研究均表明，细胞内质粒拷贝数增加会提高转基因的表达，大量拷贝数可以提高 DNA 在细胞内的降解中存在下来的可能性。

2. 利用位点独立性元件提高转基因的整合表达效率　　20 世纪 90 年代以来，有关整合位点的研究是人们一直关注的，目前转基因的整合具有位置效应已被公认。从理论上讲，顺式作用元件决定着外源基因的特异性表达，但 Chada 等在 1986 年研究表明，使用结构相同的外源基因所制备的转基因动物，其表达水平存在着很大的差异，即使携带组织特异性调控元件的外源基因，其表达也并不一定具有明显的特异性。Leder 等 1986 年将融有乳腺病毒启动子的癌基因 $C-myc$ 导入小鼠，发现癌基因的表达并不完全定向于乳腺，在某些转基因鼠的其他组织也有肿瘤的自发形成，此类研究表明整合位点对转基因的表达影响很大。整合位点对转基因表达的影响可通过在转基因构件中加入调控因子来解决。核基质黏附区（MAR）或位点座控制区（LCR）的序列可产生拷贝数依赖或不依赖位置的转基因整合表达。这种位置效应不仅影响外源基因的表达水平，而且也影响外源基因的发育模式，以致具有同一外源基因但不同染色体整合位点的转基因小鼠中，该基因的转录在不同时期和不同组织中被激活。一般来讲，转基因的整合位点是高度可变的，由于受整合位点周围染色质侧翼区的影响，因而在许多情况下影响到表达水平以及组织特异性表达。但已有实验指出，在转基因鼠的整合位点上一些基因表现出独立表达。在某些情况下，这种表达的提高是由于受到转基因编码 $5'$ 或 $3'$ 侧翼区 DNA 的影响，它可能具有转录的调控作用。

核基质黏附区和位点控制区的研究，使外源基因整合并提高表达出现突破性进展。MAR 元件被置于人 β 珠蛋白 DNA 结构域的界限区，能起到转录激活作用，并显示出与核基质分子有较高的亲和力。MAR 的研究为转基因的随机整合的位置独立性和高水平表达提供了资料。

3. 选择合适的目的基因与表达载体　　目的基因的结构对转基因动物外源基因表达水平的影响已经引起人们的注意。目的基因采用基因组序列可以提高表达水平，但很多情况下由于基因组序列很大，而且有时内含子比外显子还大，操作起来相当困难，因而很多学者提出使用微小基因进行转基因研究。微小基因在构建中，删除了某些相当大的内含子，因而便于操作。然而，靠近 $5'$ 端的内含子应最大可能的保留，以利于 mRNA 的正确拼接。

外源基因在转录表达过程中的错误拼接是影响转基因表达的因素之一。英国爱丁堡动物研究所在对凝血因子 Ⅸ 转基因小鼠的研究发现，凝血因子 Ⅸ 的乳腺表达量非常低。他们利用 RT-PCR 的方法从小鼠乳腺中获得了凝血因子 Ⅸ 基因。序列分析表明，该基因在小鼠乳腺组织中存在翻译水平的剪切错误。他们将 RT-PCR 获得的该基因重新构建后又获得了转基因小鼠，结果发现凝血因子 Ⅸ 高水平表达。在国内，卢一凡等在 1998 年关于修正 RNA 的错误剪接对基因表达水平的影响研究结果发现，修正后的 G-CSF 基因在乳腺中的表达水平是修正前的 5.4 倍。

另外，转基因表达载体的结构也是影响转基因表达的一个重要因素，除转基因位点独立性元件等以外，载体的原核序列也是一个要考虑的因素。Chada 和 Townes 等（1986）研究发现，当携带质粒载体的 β 珠蛋白基因转入小鼠中时，珠蛋白基因不表达或表达极低；当删除载体序列时，β 珠蛋白的表达可提高 100～1 000 倍。尽管并非所有的转基因表达都受载体序列抑制，但在转基因工作中，考虑到载体序列对表达的影响还是必要的。

4. 通过共注射提高外源基因的表达水平 不同的基因构件以首尾相连的形式共整合，在某种程度上形成相对独立的区域，或形成一个开放的染色体域，将特定的高水平表达基因与构件共注射，可以协同作用，从而提高外源基因的表达水平。这一方法是英国 Clark 为首的研究小组首先提出，他们将因子Ⅸ和 α 抗胰蛋白酶基因与 BLG 启动子相连的载体进行了共注射。Pieper 等 1992 年将人血清白蛋白（human serum albumin，HSA）克隆成 3 个片段，结果在建立的转基因鼠中，均发现 HSA 完整基因，并检测到 HSA 基因的表达。Perry（2001）为了研究细胞周期中外源基因的最佳整合时期，将精子与小于 5 kb 的外源基因共注射入卵母细胞，得出细胞分裂中期外源基因整合入细胞的效率最高（11%～47%），且 95% 能遗传给后代。Wong 和 Capecchi（1986）将两个均含有仓鼠腺嘌呤磷酸核糖转移酶基因的质粒共注射入大鼠细胞中，使之短时表达，测其表达效率，表明线性 DNA 分子的整合效率高于闭环 DNA 分子。如将两种线性 DNA 分子共注射，其整合效率比共注射两种闭环 DNA 分子高 20～70 倍，且线性 DNA 能在宿主基因组中稳定整合。Jankowsky 等（2001）用共注射法研究了双基因转基因动物的制作策略，一种是两种基因各带有自己的启动子元件，共注射入受精卵精原核，另一种是把两种基因共同克隆于同一启动子的控制之下共注射，发现两种策略均节省时间，同时提高了基因整合的百分率（相对于单个基因）。Small 和 Blair（1986）把两种分别含 $SV40$ 和 v-myc 的质粒共注射入小鼠胚胎，得到 13 只活鼠，其中一只分析表明其组织中有 $SV40$ 和 v-myc 基因。在国内，陈汉源等（1998）用共注射法建立了 myc 和 ras 癌基因共整合转基因小鼠，有 4 只含有 myc 和 ras 基因，其中两只发生肿瘤。2001 年，周江等利用将受控于羊 β 乳球蛋白（BLG）的长效组织纤溶酶原激活剂（LAtPA）表达载体 BLG-LAtPA 与鼠 WAP 共注射，提高了 LAtPA 在转基因小鼠乳腺中的表达水平。

5. 利用酵母人工染色体技术制备转基因动物 酵母人工染色体（YAC）载体具有克隆百万碱基对级的大片段外源基因的能力。该技术的运用有着很大的理论与实践意义：它能保证巨大目的基因的完整转移；保证所有顺式作用元件的完整并与结构基因的位置关系不变；目的基因上下游的侧翼序列可以消除或减弱基因整合后的位置效应，从而提高转基因的表达；能在大片段外源基因的转移中，提高转基因的整合率。目前，利用 YAC 载体技术已经在小鼠乳腺中高水平表达了人乳白蛋白。

6. 利用基因打靶技术制备转基因动物 基因打靶技术的出现和发展使转基因的定位整合成为可能，并有望成为未来转基因研究的主要发展方向。虽然基因打靶的效率非常低，但它却能有效地克服转基因的位置效应和充分利用打靶位点固有的内源调控成分，因而得到了科学家的高度重视。对于乳腺生物反应器来说，基因打靶的效果将更加显著。将外源基因定位敲入乳蛋白基因座的启动子下游，转基因的表达就可以获得天然乳蛋白基因的调控成分。1997 年，Ruker 等通过第一步基因打靶，在 ESC 的内源乳清酸蛋白基因中引入 loxP 位点，在第二步基因打靶中利用 Cre 酶介导的 loxP 位点重组将 neo 基因敲入内源乳清酸蛋白基因启动子之下，实现了利用内源基因调控成分指导外源基因表达的构想。在此基础上，Andreas 等（1999）把一荧光素酶报告基因定位敲入内源酪蛋白基因的启动子之下，结果获得了报告基因的高效表达。基因打靶与体细胞核移植技术的结合使转基因动物的研究出现前所未有的广阔前景，它将极大地促进乳腺生物反应器的研究发展。但是由于基因打靶的准确性较差、效率低等问题，以及新技术的发展，关于基因打靶技术的应用如今鲜见报道。

四、转基因动物的应用前景

自 20 世纪 80 年代开始转基因动物的研究，至今已有 40 年左右的历史了，在此期间，这一技术经历了多次发展和完善，以及数次方法上的创新，例如，从超级小鼠的成功，人们提出了乳腺生物反应器的科研思路，并成功制备了外源基因在乳腺组织高表达的牛、羊等大家畜；提出了提供异体器官的转基因猪的科研方案。在基因导入方法上，已在原先显微注射法的基础上发展了近十种转基因方法，并大大提高了基因转移的效率。在外源基因的整合方式上，已由原来的随机整合发展到现今的定位整合，它不仅克服了转基因表达的位置效应，还可充分利用内源性表达调控元件，实现了外源基因达到内源性表达水平。这一切，无不展示了转基因的美好前景，虽然现今世界仍有许多人对转基因产品存在顾虑，但可以预见，在不久的将来，随着功能基因组研究的进一步深入和拓展，转基因研究的结果一定能更好地满足人们的需要，并会实现又一次质的飞跃。

第六节 基因诊断

一个生物的各种性质和特征都是由它所含的遗传物质决定的，一个基因的改变就可使人或动物患上遗传病，任何一个决定生物特性的DNA序列都是独特的，都有特有的遗传标记，这就是基因诊断（gene diagnose）的基础。所以基因诊断就是通过DNA分析技术对引起遗传病的DNA序列或遗传标记的诊断，以揭示遗传病的发病机制。20世纪90年代以来基因诊断的兴起和蓬勃发展，使遗传病有了更直接和更有效的检测手段，为基因型确定和基因治疗提供了重要的理论基础。

基因诊断是根据基因型来判断表型，与以前只能通过表型特征和基因产物的变化及系谱分析间接地推测和估计基因型的诊断程序相反，故又称为逆向诊断（reverse diagnosis），解决了迟发性遗传病的早期诊断问题，具有重大的实用价值。对于携带者的检出，基因诊断只要根据是否存在致病基因就能做出准确判断。而以往的遗传学方法只能推测某个体是否可能为携带者，因为一些致病基因在杂合子中无法辨别。

一、基因诊断的基本方法

DNA分析技术是基因诊断的关键所在。人类基因组计划的完成，人类4万个以上基因的重要遗传学信息，将为检测人类DNA突变、预测基因表达产物等提供非常有力的工具。从应用层次看，基因诊断有以下几种方法：

1. DNA分子杂交法 通过提取羊水细胞的DNA与已知序列的cDNA或放射性同位素标记的寡核苷酸探针，进行分子杂交，以测定待检测基因是否缺失。例如，用羊水细胞的DNA与珠蛋白基因的cDNA杂交，可测定胎儿的珠蛋白基因是否缺失。这种方法快速、灵敏、简便，具有广泛的应用价值。

利用该方法已经检出性连锁遗传的Becker型肌营养不良、甘油激酶缺陷症、视网膜母细胞瘤、多囊肾、囊性纤维化、X连锁眼白化病等。

2. 限制性核酸内切酶酶谱分析法 DNA限制性核酸内切酶能识别DNA分子中特定的核苷酸序列，并能在特定位点上将DNA分子切割成一定长度的DNA片段，利用DNA的这种特性可作产前诊断。利用此方法已检出镰状细胞贫血、珠蛋白生成障碍性贫血纯合子等，还应用于糖尿病、生长激素缺乏症等10多种疾病的诊断。

镰状细胞贫血多发于非洲西部及中东地中海盆地，是由于β血红蛋白基因第6密码子上的单核苷酸突变引起，第6密码子上的GAG突变为GTG。该突变虽不改变β血红蛋白基因的长度，但损伤了包括 $Mst\text{II}$ 在内的限制性核酸内切酶的切点，因而改变了限制性核酸酶酶切片段长度，通过Southern印迹杂交可直接观察基因型，做出确切的诊断（图13-8）。

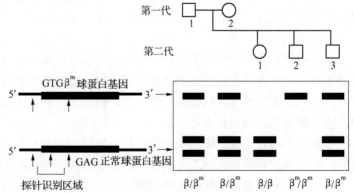

图13-8 Southern印迹杂交诊断镰状细胞贫血

限制性片段长度多态性（RFLP）还可用于疾病的连锁分析。多数致病基因与特异的多态片段连锁，可以利用 RFLP 标记的多态性间接地判断致病基因是否存在。例如镰状细胞贫血、苯丙酮尿症、亨廷顿舞蹈症、血友病、动脉粥样硬化、Ⅱ型糖尿病等都是利用本办法检出的。据估计，人类基因组中有 300 种以上的遗传病具有多态性标记。

3. PCR 方法 此方法是对突变的基因经序列分析后，设计出特异性的扩增引物。如扩增出的产物出现特异性的带，说明携带致病基因；无特异性带出现，说明不含致病基因。此方法快捷，但假阳性检出比例也高。

二、基因芯片与疾病诊断

基因芯片（gene chip 或 DNA chip）技术是 21 世纪初生物技术领域的一项重大的发明。关于基因芯片的基本原理将在第十四章中详细讨论。

基因芯片按应用可分为：①诊断芯片，如肝癌诊断芯片、糖尿病芯片等。②检测芯片，如商品检疫芯片、病原体检测芯片等。③表达谱基因芯片，用于基因功能研究的一种基因芯片。用不同的荧光染料通过逆转录反应将不同组织或细胞的 mRNA 分别标记成不同的探针，将探针混合后与芯片上的基因进行杂交、洗涤，再用特有的荧光波长扫描芯片，得到这些基因在不同组织或细胞中的表达谱图片，最后通过计算机分析这些基因在不同组织中的表达差异，从而为基因功能研究提供重要信息。

基因芯片的应用范围较为广泛，可以用于疾病诊断、药物筛选、寻找靶基因、序列测定、基因分型、遗传作图、基因突变等领域，其中最为常用的是基因表达谱、疾病诊断、药物筛选及寻找靶基因。

下面将以 Gulop 等（1999）在 *Science* 发表的白血病分型研究为例，介绍基因芯片在疾病诊断上的应用。

在临床上，肿瘤的分型一直依赖于生物学特征而没有找到合理、系统的方法，许多形态学形似的肿瘤疾病如白血病的几种亚型、淋巴瘤等都有相似的临床症状，但它们却需要不同的治疗方法，临床诊断存在极大困难，易延误病程，导致死亡。

Gulop 认为，肿瘤亚型的发现和分类，即找出人类未知的肿瘤亚型和将一些特殊的病例归入人类已发现的肿瘤类型中，这是肿瘤诊断和治疗的关键。Gulop 等首先研制出一个点有 6 817 个人类基因的芯片，用来自 38 个白血病患者的骨髓样本制备 RNA，样品与芯片进行杂交反应，通过荧光扫描检测基因表达图谱与急性粒细胞白血病（AML）和急性淋巴细胞白血病（ALL）这两种肿瘤类型的相关性。采用 Gulop 等人建立的邻近分析法（neighborhood analysis），发现 6 817 个人类基因中有大约 1 100 个基因与 AML 及 ALL 相关，用形态学、免疫学、细胞学等各项测定指标建立 AML 和 ALL 数据库，通过数据分析，可以排斥相关组织基因表达的干扰。

在 1 100 个基因中选择 50 个与 AML 及 ALL 紧密相关的基因，与来源于急性白血病患者的 38 个样本杂交，其临床诊断符合率达到 98%，38 个样本中有 36 例被准确归类为 26 例 AML 和 10 例 ALL，只有两例不明确。

用于检测白血病分型的基因芯片的问世给临床带来了极大的方便，为肿瘤的分类提供了一个强有力的工具，可以准确分析肿瘤的最初病变位置、监控病人治疗后的结果、药物反应和存活率，使临床医生能更快、更早地预测病情的发展阶段。但芯片诊断并不能完全取代传统的白血病诊断方法，只是对传统诊断方法的补充和发展。

可见，基因芯片技术能将序列的变异和生物学功能结合起来，而且芯片扫描将建立大量多态的数据库，利用单核苷酸多态性芯片揭示单核苷酸多态性与疾病的关系。

基因诊断不仅是一个疾病诊断问题，而且在遗传咨询和优生学中具有重要价值。从 21 世纪初发展起来的基因芯片技术，到现在的全基因组关联分析（GWAS），使基因诊断更加方便实用，快速准确，为产前诊断和遗传咨询及优生优育展示了广阔的前景。

第七节 基因治疗

一、概述

根据临床统计，25%的生理缺陷、30%的儿童死亡和60%的成年人疾病都是由遗传病引起的。随着分子生物学和分子遗传学等学科的飞速发展，人们对于遗传疾病的分子机理有了较为深入的了解。现在人们已经知道人体基因的缺失、重复或突变，基因的异常表达等都会造成遗传病。

在了解遗传病的发病机理后，人们研究的重点是寻找治疗各种遗传病的方法。按照遗传病的类型预防和治疗的方法一般可在4个水平上，即临床、代谢、酶和基因水平上进行。前3个可概括为环境工程（environmental engineering），环境工程主要是在临床水平、代谢水平和酶水平上预防和治疗遗传病，例如对于遗传性综合征的传统治疗方法包括服药和手术以及替代疗法等，即通过静脉注射，把具有正常功能的蛋白引入患者体内，以达到缓解症状的目的。这些方法只能治"标"，而不能治"本"。后一个水平可归结为基因工程，即基因疗法。到20世纪80年代，随着人们对遗传病发病机理的认识逐渐深入，人的基因分离技术的发展，以及分子遗传学和医学及生物技术的进步，人的体细胞基因治疗逐渐变为现实。人们正式提出了基因治疗（gene therapy）的概念，指在基因水平上，向靶细胞或组织中引入外源基因DNA或RNA片段，以纠正或补偿基因的缺陷，关闭或抑制异常表达的基因，从而达到治疗的目的。

美国是世界上最早开展基因治疗的国家，也是目前开展基因治疗最多的国家。此外，英国、意大利、荷兰、日本和中国也都是世界上较早开展基因治疗的国家。中国在1991年7月开始基因治疗的临床研究，最早的工作是复旦大学研究人员进行的"成纤维细胞基因治疗血友病B"项目，此外中国科学家还开展了针对肿瘤和血液病的基因治疗研究。2019年9月，陈虎、邓宏魁、吴昊研究组利用CRISPR基因编辑技术，对人成体造血干细胞上进行CCR5基因编辑，结果病人的T淋巴细胞呈现一定程度上对HIV的抵抗力，且未发现脱靶效应和副作用，这将进一步促进和推动基因治疗在临床上的应用。

二、基因治疗的方式

基因治疗的靶细胞可分为两大类：体细胞和生殖细胞。将遗传物质引入人的体细胞进行基因治疗的方法称为体细胞基因疗法（somatic cell gene therapy）；以生殖细胞为对象的基因治疗方法称为生殖细胞基因疗法（germ cell gene therapy）。如果进行生殖细胞基因治疗，就能使生殖细胞中缺陷的基因得到修正，使遗传病既能在当代得到治疗，也能将校正的基因传给患者后代，从而治"本"。然而生殖细胞的基因治疗涉及一系列伦理学问题，很难为人们所接受。加之生殖细胞系统复杂，一旦发生错误，将会给后代造成严重后果。因此，美国政府在1985年就已经规定基因治疗只能限于体细胞。这样，基因治疗的靶细胞就只能是体细胞了。基因治疗的对象是基因发生了缺失或突变的体细胞，所以一般以这些体细胞作为靶细胞。靶细胞的选择与基因治疗的方式有关，不同的疾病要选择不同的治疗方式，不同的治疗方式有不同的靶细胞。

概括地讲，目前主要的基因治疗方式有体外-原位基因治疗、体内基因治疗、反义疗法、通过核酶的基因治疗和自杀基因疗法等。

1. 体外-原位基因治疗 体外-原位基因治疗（*ex vivo* gene therapy）通常包括以下几个步骤：①从患者体内取出带有基因缺陷的细胞并培养；②通过基因转移进行遗传修正；③将经过遗传修正的细胞进行选择和培养；④将修正后的细胞通过融合或移植的方法转入患者体内。

（1）供体细胞的选择　一种是选取患者体内的细胞（即自体细胞，autologous cell），这样能够保证细胞融合和移植后不发生有害的免疫排斥反应。这种方法要求对每位病人的基因缺陷细胞进行细胞培养，培养成适合其个人的自体细胞或完全相容的供体细胞。研究人员利用基因工程的方法获得一种全能性干细胞，通过细胞融合或移植将其转入患者体内，弥补患者体内由于基因突变造成的某些细胞功能的缺失。另一种是开发一种广谱供体（universal donor），这种供体细胞外表面上的抗原多数已破除掉，转入不同的患者体内也不会产生有害的免疫排斥反应。

（2）导入基因的定位与表达　在体外-原位基因治疗中，人们最关心的是治疗效果的问题。这首先决定于基因转移技术是否成熟；其次，转入的正常基因能否在转化后的细胞中稳定存在和表达。让导入的基因正常表达的方法很多，最理想的方法当然是导入的基因与靶细胞染色体定点整合，且整合部位刚好是靶细胞基因缺失或突变的部位，即整合后达到了基因纠正的目的。这样纠正后的基因与正常基因一样，而且位置也同正常的一样，纠正后的基因就可以在细胞基因组的调控系统下正常表达了。这种方法也称为基因打靶（gene targeting）技术。该法在动物试验中已经获得了一些成功的例子。但是定点重组整合的概率极低，难以应用到基因治疗的临床实践中去。

人们已用这种方法进行了白血病患者骨髓移植基因疗法的尝试，并取得了一定的疗效。还有人正在动物系统中验证体外-原位基因治疗是否可适用于治疗肝病。利用逆转录病毒将具有正常功能的基因转入肝细胞，然后再将转基因肝细胞重新植回受试动物体内。如果在肝脏中建立起转化的肝细胞系，就可以对遗传疾病进行永久性的治疗了。例如，低密度脂蛋白受体（LDLR）基因突变会造成血液中的胆固醇含量过高，即为家族性高胆固醇症。人们将低密度脂蛋白受体基因转入患低密度脂蛋白受体缺乏症的兔子的体外培养的肝细胞中后，把此细胞再移植回患病兔子体内，结果兔子的症状得到了缓解，血清中的胆固醇浓度在 6.5 个月的时间里显著降低。

2. 体内基因治疗　体内基因治疗是指将具有治疗功能的基因直接转入病人的某一特定组织中。采用的方法可以用逆转录病毒载体感染法和质粒直接注射法。目前利用逆转录病毒载体已成功地将真核基因转入了动物细胞，但通过质粒 DNA 的直接操作，将更加省时而且产量较高。此外，利用逆转录病毒载体进行基因治疗时要求靶细胞处在分裂期，但实际上在许多需要进行基因治疗的组织中，多数细胞都处在静止状态。因此，人们开始研究利用温和病毒载体将修正基因直接运送到人体细胞内而进行基因治疗的方法。

目前，采用温和病毒载体的体内基因治疗主要是通过逆转录病毒、腺病毒、腺相关病毒和单纯疱疹病毒来完成的，即将载有矫正基因的载体直接注射需要这些基因的组织。这种疗法对一些只需局部治疗的疾病效果特别好。已有人将基因直接注入动物的肌肉组织中，以研究重建肌体制造正常肌肉蛋白的可能性。这种选择肌肉细胞为靶细胞的方法可以用来治疗肌肉萎缩症。另外，囊性纤维化也可采用体内基因治疗，即把带有外源基因的载体导入网胞管的衬细胞中，以达到治疗的目的。

3. 反义疗法　与体外基因治疗和体内基因治疗不同，反义疗法主要是通过阻遏或降低目的基因的表达而达到治疗的目的。反义疗法是通过引入目的基因的 mRNA 的反义序列而达到上述目的。当引入的反义 RNA 与 mRNA 相配对后，用于翻译的 mRNA 的量就大大减少，因而合成的蛋白质的量也相应大大减少。引入的反义序列也可能与基因组 DNA 互补配对，从而阻遏 mRNA 的转录。这两种情况都会使细胞中靶基因编码的蛋白合成大大减少，以达到基因治疗的目的。如遗传病和癌症的致病基因由于失去控制会大量表达，造成基因产物的大量积累，导致细胞功能紊乱。在这种情况下，仅靠提供正确表达的基因是不足以治愈这类疾病的。而利用药物减少蛋白质的合成又有可能影响细胞的正常功能。这时，反义治疗就较为合适。

4. 通过核酶的基因治疗　核酶（ribozyme）是指具有催化裂解活性的 RNA 分子。它是在 20 世纪 80 年代初由 Altman 和 Cech 所独立领导的两个研究小组发现的，两人也因此于 1989 年获得了诺贝尔化学奖。现在人们已经发现核酶广泛存在于从低等到高等多种生物中，它们参与细胞内多种 RNA 及其前体的加工和成熟过程。

(1) 核酶的结构与功能　　目前已发现核酶具有如下催化功能：①催化 RNA 的裂解；②催化 RNA 分子间的转核苷酰反应（核苷酸转移酶活性）；③催化 RNA 的水解反应（RNA 限制性核酸内切酶活性）；④催化 RNA 的连接反应（RNA 聚合酶活性）；⑤催化淀粉的分支反应（脱支酶活性）；⑥具有肽转移酶活性；⑦催化氨基酸与 tRNA 之间的酯键的水解。

人们对核酶自身拼接活性的研究表明，一类核酶在其切割位置附近常形成锤头结构和 13 个保守核苷酸，另一类具有自身拼接活性的核酶则具有发夹结构。

(2) 核酶在基因治疗中的应用　　随着对核酶催化活性中心二级结构的了解，科学家们自然想到了可以人工合成核酶并将其应用于基因治疗。由于锤头结构较为简单，设计出的分子较小，易于应用，因而这一结构的核酶在目前应用最广。

1988 年 Haseloff 和 Cerlach 根据锤头结构设计出了第一个具有特异切割活性的人造核酶，且在体外证实它确实具有特异性的切割活性。目前在利用核酶的锤头结构进行基因治疗方面进行了大量的工作，其中利用核酶抗 HIV 感染的工作尤其受到重视，细胞试验结果表明核酶确实具有切割 HIV 基因组 RNA 并阻断其复制的效果。美国 FDA 已经批准将根据锤头结构或发夹结构设计的核酶导入细胞的试验。另外，人们构建了针对鼠肝病毒多聚酶基因的具有锤头结构的核酶，在动物试验中也表现出了一定的治疗效果。

(3) 核酶进行基因治疗的优越性　　利用核酶进行基因治疗具有以下优越性：①由于核酶的本质是 RNA，RNA 引起有害的免疫排斥反应的可能性更小，有效地解决了引入外源蛋白可能造成的免疫排斥问题；②核酶分子较小，易于插入表达载体中，在基因治疗的过程中便于操作。

核酶不会对细胞基因组产生任何副作用，因此核酶作为一种既安全又有效的分子生物学工具受到越来越多研究者的关注。核酶的这一特性可用于基因治疗，针对某些病原或肿瘤的基因设计特异性核酶，并将其导入细胞以阻断或降低这些基因在细胞内的表达，最终达到抑制病原增殖、肿瘤扩散的目的。为了研究核酶在抗肿瘤中的作用，人们针对多药耐药性（multidrug resistance，MDR）基因设计核酶。Gao 等（2007）在体外成功地使重组人核酶的 pEGFP - RZ - muc 仅在乳腺癌细胞中表达，而在非乳腺癌细胞中不表达，化学敏感性评估结果显示，经转染的细胞对阿霉素的抗药性降低了 15 倍，对长春碱的抗药性降低了 32 倍，表明在体外培养的人乳腺癌细胞中 pEGFP - RZ - muc 逆转 MDR 是有效的且具有选择性。

5. 自杀基因疗法　　自杀基因疗法（suicide gene therapy），又称病毒介导的酶/药物前体疗法（virus-directed enzyme prodrug therapy，VDEPT），是恶性肿瘤基因治疗领域最有希望的方法之一，已广泛用于各种恶性肿瘤的基础和临床试验性治疗。它是用药物敏感基因转染肿瘤细胞，其基因表达的产物可以将无毒性的药物前体转化为有毒性的药物，影响细胞的 DNA 合成，从而引起该肿瘤细胞的死亡。这类前药转换酶基因称为自杀基因（suicide gene），也称前药敏感基因（prodrug sensitive gene）。

自杀基因有多种，其中研究较多的主要有单纯疱疹病毒胸苷激酶基因/丙氧鸟苷（$Hsv-tk$/GCV）和大肠杆菌胞嘧啶脱氨酶基因/5-氟胞嘧啶化（$CD/5-FC$）两种自杀基因系统。1993 年 Freeman 等在对实验动物肿瘤模型的基因治疗研究中发现，自杀基因治疗中还存在一种旁观者效应（bystander effect），即在体外混合细胞中，不但经转染的 $Hsv-tk$（＋）肿瘤细胞被杀灭，而且其周围的未被转染的 $Hsv-tk$（－）肿瘤细胞也被杀灭。Moolten 等（1986）把 $Hsv-tk$ 基因转入小鼠肿瘤细胞中，当转染了自杀基因的肿瘤细胞仅占肿瘤细胞总数的 10% 时，便可观察到明显的旁观者效应，给予 GCV 治疗后肿瘤组织会明显消退。旁观者效应的意义在于只需少量肿瘤细胞被转染自杀基因，就会对邻近的肿瘤细胞产生广泛的杀伤作用，它明显扩大了自杀基因的杀伤作用，在相当程度上弥补了 VDEPT 转导效率低的问题，对恶性肿瘤的治疗有着十分重要意义。

所以，该方法的优点表现在：①由于它是应用先转染后治疗的途径，使整个基因治疗过程变的相对容易控制，具有可诱导性，也具有可靶向性特点；②它只需一小部分肿瘤细胞表达基因就可以杀伤绝大部分甚至全部肿瘤细胞；③它既可特异地杀伤基因表达的细胞，又可杀死未被转染的肿瘤细胞，即具有一种旁观者效应。

三、基因治疗涉及的问题及前景

自从基因治疗的概念提出以来，发展很快，已出现许多临床治疗的方案。但总的来说，基因治疗的方法和途径还处在探索的阶段，许多问题还有待于从理论和实践上得到解决。

（一）基因治疗涉及的问题

1. 基因治疗的社会和伦理问题 基因治疗不仅仅是一种医疗方法，它还涉及很多其他的问题。因为当人们试图想去"纠正"人类自身"不正常"的基因时，这种纠正的后果是无法预料的。由于人类的遗传信息非常复杂，转基因也可能带来不可预料的后果，谁也不能保证这种基因结构的改变绝对不会造成人类某一未知功能的缺失。另外，当人们试图把基因治疗引入生殖细胞时，又涉及后代基因结构的改变问题，这个改变将直接影响这个"未来人"，这是一个很难以解决的伦理问题。

2. 基因治疗的技术问题 目前，基因治疗的对象是单基因的缺陷，但许多疾病涉及多个基因之间复杂的调控和表达关系。对这类疾病的基因治疗难度很大，因为向细胞中导入多个基因后，使几个基因之间能保持正常的调控关系几乎是不可能的。即使是单基因缺陷症，使导入细胞的基因能正常表达也是一个较复杂的问题。将基因导入细胞后，其表达量的多少是直接影响能否达到治疗的目的和有无副作用的关键。这个问题将会随着人类基因组计划完成，人类后基因计划弄清了人类基因之间复杂的调控联系后而最终得到解决。即能在基因治疗中尽量做到使导入的基因处于正确的调控下，取得治疗效果，消除副作用。

（二）基因治疗的前景

以基因转移为基础的基因治疗要在临床上很好地应用，还有待理论和各种技术的进一步发展。搞清人类基因组中复杂的调控机理，解决基因转移中的调控问题，将是这类基因治疗方法广泛应用的基础。当然一些基因治疗方法，如反义RNA技术、核酶技术等这些类似药物治疗的基因治疗方法，在调控方面问题不大，因为它们可以通过控制剂量来调控；但这些方法也有其问题，那就是如何使RNA、DNA分子能导向到靶细胞且不被降解，一旦这个问题有了进展，这几种疗法将会在临床上广泛应用。在未来若干年中，新的基因转移方法会不断出现，尽管如此，在人类的基因治疗中，安全性始终是首先考虑的重要因素。对此必须建立起一套关于人类体细胞基因治疗安全性检测的法律法规。

目前，正在进行基因治疗或进行基因治疗研究的疾病达数十种。由于基因治疗会带来丰厚的经济效益，全世界已有许多生物大公司投资进行基因治疗的研究。总之，随着分子生物学、分子遗传学以及临床医学的发展，基因治疗也会不断发展，日趋成熟，很多难题一定会得到解决，并在临床上得到广泛应用。

第八节 基因工程疫苗

疫苗接种是预防和控制传染病的有效手段之一。传统的疫苗主要包括天然或人工致弱的活疫苗和用理化方法将病原微生物杀灭制成的灭活疫苗，这些疫苗在畜禽传染病防治中发挥了重要作用，但存在毒力返强或诱导免疫应答不全面等缺点。

基因工程疫苗是利用重组DNA技术，将病原微生物的毒力基因删除，或将保护性抗原基因插入合适的载体，用重组微生物或其表达产物制成的疫苗。基因工程疫苗具有较好的安全性，能克服传统疫苗制备困难和成本高等缺点。尽管目前普遍存在免疫保护效果较差等缺点，但是疫苗研究和发展的方向，并有可能逐步取代传统的疫苗。

一、基因工程活载体疫苗

基因工程活载体疫苗是以基因转移载体，根据同源重组原理将病原微生物的保护性抗原基因插入低（无）致病力的病毒或细菌制成的疫苗。制备过程主要包括抗原基因的克隆、基因转移载体的构建和重组微生物的获得，重组病毒的构建策略如图13-9所示。为了不影响重组微生物的复制，一般要求将外源基因插入载体微生物基因组的复制非必需区。

基因工程活载体疫苗具有安全性较好、便于构建多价疫苗或标记疫苗、诱导免疫应答较全面等优点，是目前研究较多、应用前景较好的一类基因工程疫苗。目前基因工程活载体疫苗面临的主要问题是免疫效果受母源抗体的干扰较大，具体表现为对无特定病原体（specific pathogen-free）动物的免疫保护效果较好，而对普通动物的效果欠佳。

1. 重组菌活载体疫苗 目前研究较多的重组菌活载体疫苗主要有沙门氏菌活载体疫苗和大肠杆菌活载体疫

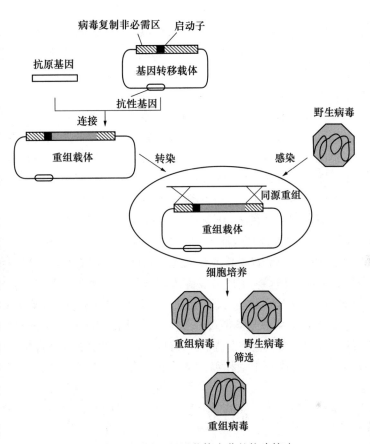

图13-9 基因工程活载体疫苗的构建策略

苗，除能表达目的抗原基因外，载体菌本身还具有佐剂作用，因此能产生较强的体液免疫应答和细胞免疫应答。上述两种细菌都能在动物的肠道内定殖和繁殖，因此不仅无需注射，而且能诱导黏膜免疫。在我国，仔猪腹泻大肠杆菌K88/K99基因工程二价疫苗是第一个实现商品化的基因工程疫苗。

2. 重组病毒活载体疫苗

（1）痘病毒活载体疫苗 痘病毒是基因组最大的DNA病毒，也是最早研究的病毒疫苗载体。现有主要的痘病毒载体包括痘苗病毒、牛痘苗病毒、鸡痘病毒（fowlpox virus，FPV）、猪痘病毒（swinepox virus，SPV）、金丝雀痘病毒（canarypox virus，CNPV）和羊痘病毒（capripox virus，CPV）等活载体。CRISPR/Cas9基因编辑技术已应用于痘病毒重组病毒活载体疫苗的构建。该技术也具有高效率、特异性、简单性和成本低等特点，特别适用于具有多种免疫原疫苗的构建。

重组痘病毒是最早用于商品化的兽用活载体疫苗，20世纪90年代之后，表达新城疫病毒（Newcastle disease virus，NDV）F基因的重组鸡痘病毒、表达NDV HN和F基因的重组鸡痘病毒疫苗和表达H5亚型禽流感病毒（avian influenza virus，AIV）血凝素（HA）蛋白的禽痘病毒载体疫苗陆续通过美国农业部（USDA）的认证并商品化。除此之外，兽用疫苗领域应用禽痘病毒载体已成功表达了传染性法氏囊病毒（infectious bursal disease virus，IBDV）$VP0$、$VP2$和$VP243$基因、马立克氏病病毒（Marek's disease virus，MDV）gB和gC基因，传染性喉气管炎病毒（infectious laryngotracheitis virus，ILTV）gB和gD基因，传染性支气管炎病毒（infectious bronchitis virus，

IBV) *S1* 基因，猪繁殖与呼吸综合征病毒（porcine reproductive and respiratory syndrome virus，PRRSV）*GP3* 和 *GP5* 基因，猪圆环病毒 2 型（porcine circovirus type 2，PCV2）*ORF1* 和 *ORF2* 基因以及口蹄疫病毒（foot and mouth disease virus，FMDV）和小反刍兽疫病毒（peste des petits ruminants virus，PPRV）的衣壳蛋白基因等。IL-18、IL-6、IFN Ⅱ 等细胞因子基因也与抗原基因分别或串联插入载体中，在机体中同时表达可增强载体疫苗免疫效力。山羊痘病毒载体已应用于反刍类动物疫苗研究，包括表达 O 型 FMDV *VP1* 基因、牛瘟病毒（rinderpest virus，RPV）H 蛋白、PPRV H 蛋白、蓝舌病病毒（blue tongue virus，BTV）VP7 蛋白等疫苗的开发。猪痘病毒载体应用于表达 PCV2 型 Cap 蛋白、PRRSV 多表位肽、猪链球菌 2 型（*Streptococcus suis* type 2，SS2）保护性抗原的活载体疫苗的构建。金丝雀痘病毒载体系统已被用作一系列兽医疫苗的平台，包括针对犬瘟热病毒、猫白血病病毒、狂犬病病毒等兽医疫苗平台。

（2）腺病毒活载体疫苗　腺病毒的致病力较低，主要存在于人和动物的上呼吸道和消化道，能诱导黏膜免疫，而且能感染多种细胞，所以也是较常用的病毒载体。腺病毒种类较多，宿主范围广，不同腺病毒基因组大小差异较大（26～45 kb）。目前构建重组腺病毒活载体疫苗与培养的技术简单而成熟。兽用疫苗研究中广泛用的腺病毒载体仍是 *E1* 或 *E3* 基因缺失的腺病毒载体、禽腺病毒（FAdV）和人腺病毒 5 型载体（human adenovirus type 5 vector，Ad5）。禽腺病毒 FAdV-Ⅰ *ORF8*、*ORF9*、*ORF10* 可作为外源基因插入位点，目前已报道的 FAdV 载体疫苗有表达 IBDV 的 *VP2* 基因、IBV 的 *S1* 基因和 AIV 的 *HA* 基因重组禽腺病毒，其都能起到良好的免疫保护效果。腺病毒载体在禽类上主要用于禽流感病毒疫苗的开发。人腺病毒 5 型载体（Ad5）系统可以作为猪用疫苗载体，已有研究人员构建出表达 FMDV 核衣壳蛋白、CSFV E2 蛋白和 PRRSV GP5 蛋白的重组腺病毒。

3. 疱疹病毒活载体疫苗　几乎所有动物都存在疱疹病毒，其病毒基因较大，含有多个复制非必需区，因此适合构建多价基因工程疫苗。在动物疱疹病毒中，研究较多的有火鸡疱疹病毒、伪狂犬病病毒、牛疱疹病毒Ⅰ型和鸡传染性喉气管炎病毒。其中，已完成动物试验并显示良好应用前景的有表达口蹄疫病毒、猪瘟病毒、猪繁殖与呼吸综合征病毒、猪流感病毒抗原基因的重组伪狂犬病病毒疫苗，以及表达鸡传染性法氏囊病病毒抗原基因的重组马立克氏病病毒疫苗等。

二、基因缺失疫苗

基因缺失疫苗是用重组 DNA 技术将病原微生物的毒力相关基因敲除，使其毒力减弱但保持免疫原性的一类疫苗。这种疫苗不仅免疫原性较好，不易返祖，而且缺失的基因及其编码产物可以作为一种鉴别标志，便于与野生病原的鉴别诊断和传染病的净化，是应用前景较好的一类基因工程疫苗。目前研究较多的有伪狂犬病病毒基因缺失疫苗和牛传染性鼻气管炎病毒基因缺失疫苗，由于其非必需的毒力相关基因较多，不仅可敲除两个或三个毒力相关基因，使其毒力显著降低，而且可在这些非必需区域插入其他病原的抗原基因。其中，哈尔滨兽医研究所引进并已在国内推广使用多年的伪狂犬病弱毒疫苗实际上是 *gE/gI* 双基因缺失疫苗，实践证明其免疫效果和安全性都较好。四川农业大学和华中农业大学等单位也研制成功了伪狂犬病病毒三基因或双基因缺失疫苗。

三、基因工程亚单位疫苗

基因工程亚单位疫苗（subunit vaccine）又称生物合成亚单位疫苗或重组亚单位疫苗，是指将保护性抗原基因在原核或真核细胞中表达，并以基因产物-蛋白质或多肽制成的疫苗。通常以大肠杆菌、酵母菌和杆状病毒等体外表达系统表达的保护性抗原蛋白来制成疫苗。这类疫苗不仅具有良好的安全性，而且便于工厂化生产。其中，大肠杆菌表达系统的产量较高，成本较低，但由于缺少真核细胞的蛋白质翻译后加工修饰能力，所以有些重组大肠杆菌表达的病毒抗原，特别是糖蛋白抗原可能缺少免疫原性；重组杆状病毒介导的昆虫细胞表达系统的产量较高，而且具有与真核细胞类似的蛋白质加工修饰能力，但生产成本相对较高；酵母表达系统兼有大肠杆菌和杆状病毒表达系统的优点，但有时表达水平较低。尽管如此，目前已研制出几十种基因工程亚单位疫苗，有病毒性疾病的，有细菌性疾病的，也有激素类的亚单位疫苗，较为成功的有人乙肝病毒、马立克氏病毒、口蹄疫病毒和牛瘟病毒基因工程亚单位疫苗。基因工程亚单位疫苗或基因工程蛋白质疫苗仍然是疫苗发展的主要方向。

四、合成肽疫苗

合成肽疫苗是在弄清病原微生物抗原表位及其序列的基础上，用化学方法人工合成抗原肽，配以适当的佐剂制成的疫苗。这种疫苗的突出优点是安全性好，而且可根据流行毒株的变化及时进行调整，也便于疫苗接种和自然感染动物的区别诊断，主要缺点是成本较高。目前比较成功的有口蹄疫合成肽疫苗，其成本已接近兽医临床可接受水平，具有一定的应用前景。

五、转基因植物可食疫苗

转基因植物可食疫苗是将病原微生物的保护性抗原基因导入植物，用从转基因植物提取的重组蛋白制成的口服疫苗，或直接用转基因植物加工而成的饲料饲喂动物使其获得免疫力。转基因植物主要适用于肠道病原微生物或能耐受肠道环境抗原的表达，20世纪90年代以来，已将乙肝病毒表面抗原、大肠杆菌热敏肠毒素B亚单位、霍乱毒素B亚单位、传染性胃肠炎病毒抗原等基因在转基因植物中获得成功表达。这类疫苗的突出优点是可食性、使用方便和成本较低，主要问题是由于肠道内的特殊免疫耐受机制和动物个体食入量的不一致，免疫效果参差不齐。使用特殊的佐剂有可能增强其免疫效果，但同时也增加了使用成本。尽管转基因植物可食疫苗存在一些难以克服的缺点，但由于其优点突出，仍受到医学界和国际社会的高度重视，也是许多国家列为重点发展的高科技项目之一。

六、DNA疫苗

DNA疫苗又称核酸疫苗、基因疫苗或质粒疫苗，其基本原理是将病原微生物的保护性抗原基因插入真核表达载体，用获得的重组载体注射动物，通过体内表达的抗原蛋白诱导保护性免疫应答。DNA疫苗的突出优点包括制备相对简单、成本较低、性质稳定、易于保存运输和便于制备多价疫苗等。由于重组质粒本身含具有免疫刺激作用的CpG序列，所以具有一定的佐剂作用。重组质粒在细胞内的表达能模拟病原的自然感染方式，所以表达产物能诱导体液免疫和细胞免疫，而且表达时间和免疫刺激作用较为持久，受母源抗体的干扰较小。重组质粒的本质是仅表达抗原基因的质粒，不表达与免疫保护作用无关的基因，所以副作用较小且相对安全。鉴于DNA疫苗的上述诸多优点，有人称之为第四代疫苗或新一代基因工程疫苗，目前已有数十种表达病毒、细菌或寄生虫抗原的动物DNA疫苗如伪狂犬病病毒疫苗、猪流感病毒疫苗等在生产上应用。2005年国外已有马西尼罗河病毒和鱼传染性造血坏死病毒两种DNA疫苗批准上市。

目前DNA疫苗面临的主要问题是免疫原性较差和生物安全性问题。随着载体构建策略的不断改进和相关佐剂的使用，DNA疫苗的免疫效果有可能逐步提高。生物安全性问题主要包括质粒DNA与宿主基因组整合、产生抗宿主基因组DNA抗体和诱发免疫病理损伤等可能性，但没有直接的试验研究和临床试验提供相关的证据。值得指出的是，这些安全性问题主要是从人的健康考虑，对其他动物应当考虑的安全性问题主要是注射质粒的直接伤害及其在产品中的残留，但在动物试验中也未发现明显的不良反应和产品中的残留问题。

本章小结

动物基因工程是基因工程技术在动物遗传操作上的进一步发展与应用。转基因动物技术是把有功能的基因或基因簇导入动物的基因组中去，并使其后代能够得到表达的一种操作技术。生产转基因动物的步骤包括：①选择能有效表达的蛋白质；②克隆与分离编码这些蛋白质的基因；③选择能与所需组织特异性表达方式相适应的基因调控序列；④把调控序列与结构基因重组拼接，并在培养细胞中预先检验其表达情况；⑤把拼接的基因注射到受精卵的细胞核中；⑥把注射后的受精卵移植到代孕母畜子宫，完成胚胎发育；⑦检测幼畜是否整合外源基因、外源基因的表达情况以及外源基因在其后代中的传递情况。在这个技术中涉及基因工程技术、胚胎工程技术和分子诊断等技术。转基因动物技术的关键仍是提高成功率。

外源基因导入动物细胞的方法有多种，有些借助载体，有些不需载体，其方法有病毒转染法、磷酸钙沉淀法、脂质体介导法、血影细胞介导法、显微注射法、精子载体法、胚胎干细胞介导法、DEAE-葡聚糖转染法、电击转化法、基因同源重组法等。外源基因导入细胞后，还需扩增、鉴定和筛选，以获得外源基因表达的细胞和转基因动物。

基因诊断就是通过DNA分析技术对引起遗传病的基因序列进行检测，以揭示遗传病的发病机制。常采用的方法有DNA分子杂交法、限制性核酸内切酶酶谱分析法及连锁分析法、PCR方法等。随着分子生物学技术不断发展，基因芯片将会广泛用于基因诊断等领域。

基因治疗是基因工程技术的在治疗遗传病上的应用。它是在基因水平上向靶细胞或组织中引入外源基因DNA或RNA片段，以纠正或补偿基因的缺陷，关闭或抑制异常表达的基因，达到治疗疾病的目的。基因治疗采用的方法有体外-原位基因治疗法、体内基因治疗法、反义疗法、通过核酶的基因治疗法及自杀基因疗法。基因治疗的方法和途径还处在不断探索之中，许多问题还有待于从理论和实践上得到解决。

思考题

1. 基因导入动物细胞有哪些方法？试说明各种方法的利弊。
2. 基因打靶有几种途径？并阐述基因打靶的应用。
3. 转基因动物鉴定有哪些方法？
4. 试述基因治疗的方法及其现状。
5. 试说明转基因动物在育种上的应用价值和医学应用前景。
6. 试述动物反应器目前的研究现状和今后要解决的问题。
7. 动物转基因技术现存的问题及解决途径有哪些？
8. 试设计一种你认为最有效的动物转基因实施方案。
9. 简述转基因动物的制备程序。
10. 基因治疗为什么目前只限于体细胞？在什么情况下，反义疗法的效果较好？
11. 人类基因组的全序列分析对于基因诊断有何意义？基因诊断的根据是什么？它和传统诊断有何本质区别？
12. 试述基因工程疫苗的种类及其优缺点。

第十四章
分子标记技术和其他技术及应用

第一节 分子标记技术及其应用

自现代遗传学在20世纪初建立以来，在一个多世纪的发展当中，遗传标记（genetic marker）作为一种必不可少的研究手段，已经随着遗传学研究的深入而逐步经历了由少量到大量、由粗放到精确、由宏观到微观的发展过程。从孟德尔用豌豆（*Pisum sativum*）的形态性状为最初的遗传标记开始，经历了形态标记（morphological marker）、细胞标记（cytological marker）、生化标记（biochemical marker）和分子标记（molecular marker）4个主要的阶段，而每一次变革都给遗传学的研究带来了巨大的飞跃，使人们在更高的层次上来认识并逐步接近现象发生的真实本质。尤其是自20世纪50年代DNA的双螺旋结构问世以来，人们对核酸结构和功能的认识越来越深入，即构成DNA的碱基变化是一切生物变化的基础，碱基对的变化比大的DNA重排更频繁，异质性不只局限于编码区。因此，DNA水平上的多态性比其他水平上的多态性大得多。特别是20世纪80年代出现的限制性片段长度多态性分析技术，使人们认识到DNA水平上的多态性可以作为分子标记应用到动物、植物的选择上，并且它还具有其他的优越性，如每个位点遗传方式遵守孟德尔定律，不受环境影响等。因而这方面的研究进展非常快，现已形成了许多分子标记系统。

一、分子标记的概念

1. 分子标记概念的界定 广义的分子标记是指可遗传的并可检测的DNA序列或蛋白质。蛋白质标记包括动物、植物蛋白和同工酶（指由一个以上基因位点编码的酶的不同分子形式）及等位酶（指由同一基因位点的不同等位基因编码的酶的不同分子形式）。狭义的分子标记概念只是指DNA标记，这个界定现在被广泛采纳。目前人们对分子标记的概念一般限定在DNA标记范畴。

2. 理想的分子标记的要求 理想的分子标记必须达到以下几个要求：①具有丰富的多态性；②共显性遗传，即利用分子标记可鉴别二倍体中杂合和纯合基因型；③能明确辨别等位基因；④遍布整个基因组；⑤除特殊位点的标记外，要求分子标记均匀分布于整个基因组；⑥选择中性（即无基因多效性）；⑦检测手段简单、快速（如实验程序易自动化）；⑧开发成本和使用成本尽量低廉；⑨在实验室内和实验空间重复性好（便于数据交换）。

虽然目前发现的任何一种分子标记均不能满足以上所有要求，但从总体上来看分子标记具有以下优点：直接以DNA的形式出现，没有上位性效应，不受环境和其他因素的影响；多态性几乎遍及整个基因组；表现为中性标记；不影响目标性状的表达，与不良性状无必然连锁；有许多分子标记为共显性；部分分子标记可分析微量DNA和古化石样品。因此，它在遗传育种、生物进化分析、疾病检测等方面的应用越来越广泛。

二、分子标记的类型

分子标记是以DNA多态性为基础的遗传标记，研究DNA分子由缺失、插入、易位、倒位、重排或因存在长短与排列不一的重复序列等机制而产生的多态性。它大致可分为三类：第一类是以分子杂交技术为核心的分子标记，包括限制性片段长度多态性（RFLP）、可变数目串联重复位点（variable number of tandem repeat，VNTR）多态性；第二类是以PCR技术为核心的分子标记，包括随机扩增多态性DNA（random amplified polymorphic DNA，RAPD）、简单重复序列（simple sequence repeat，SSR）多态性、扩增片段长度多态性（amplified fragment length polymorphism，AFLP）、DNA单链构象多态性（single strand conformation polymorphism，SSCP）、微卫星间隔区DNA多态性等；第三类是以DNA序列为核心的分子标记，其代表性技术有转录间隔区（internal transcribed spacer，ITS）测序分析技术、单核苷酸多态性（single nucleotide polymorphisms，SNP）分析等。

（一）以分子杂交为核心的分子标记技术

这一类分子标记技术涉及DNA片段的克隆、基因组DNA的提取、限制性核酸内切酶消化、琼脂糖凝胶电泳、Southern印迹转移、DNA探针制备及分子杂交等一系列分子生物学技术，其效率的高低取决于探针是否合适。

1. 限制性片段长度多态性分析　限制性片段长度多态性（RFLP）指用某种限制性核酸内切酶切割基因组DNA时，在同一种生物的不同个体间出现含同源序列的酶切片段长度差异，这是最早发展的目前最为广泛应用的一种分子标记。

（1）RFLP分析的原理　生物在长期进化的过程中，种属、品种间在同源DNA序列上会发生变化，改变了原有酶切位点所在的位置，从而使两个酶切位点间的片段长度发生变化，这种变化经酶切、杂交及放射自显影后就会表现出条带的不同，由此可对生物的多态性进行分析。

（2）RFLP分析的优点　主要有：①个体的稳定性。RFLP标记不受性别、年龄的局限，也不会因表达的组织、发育阶段或外界环境的不同而受影响。②共显性特征。RFLP标记座位的等位基因间是共显性，通过杂交后电泳带型可以直接区别出杂合子与显性纯合子。这种带型稳定，一般为2～3条带。③非等位的RFLP位点之间不存在上位互作效应，因而互不干扰。④RFLP标记源于基因组DNA自身变异，在数量上几乎不受限制。只要选用特异的探针或限制性核酸内切酶，就可产生足够多的RFLP标记。

（3）RFLP分析的缺点　主要有：①DNA需要量大（5～10 μg）。②需要的仪器设备较多。③技术较为复杂。④大多数RFLP表现为二态性，杂合率低于50%，所提供的信息量较低。⑤RFLP与限制性核酸内切酶的选用密切相关，只有选用合适的限制性核酸内切酶，某个位点方才可能表现出多态性。

自20世纪90年代以来，又产生了一种高分辨率RFLP分析法。其原理是先利用PCR反应，对大片段DNA分成若干片段分别扩增，然后酶切电泳，进行分析。相对于常规的RFLP方法，这种高分辨率RFLP可精确地控制片段大小，以控制每个片段内的切点数，故不受整个片段的切点数及整个片段长度的限制。可用有多种识别位点、覆盖率较高的、识别四碱基的限制性核酸内切酶进行酶切，提高酶切位点覆盖率，即大大提高分辨率。还可进行微量DNA样品分析，适用于群体遗传研究中大范围检测DNA遗传多态及确定变异位点，也可用于疾病相关基因突变的检测中。

2. 可变数目串联重复序列多态性分析

（1）基本原理　1980年，Wyman和White在进行人的基因文库研究中偶然发现了人类基因组DNA的一个高度变异位点，以后其他研究者陆续发现了其他数个高度变异区（hypervariable region，HVR），这些高度变异区又称为小卫星DNA（minisatellite DNA）或微卫星DNA（microsatellite DNA）。这些高度变异区具有共同的结构特点，即都是由一较短的重复单位首尾相连，多次重复而成，所以又称可变数目串联重复序列（VNTR），每个重复序列都含有相同的核心序列（core sequence）。

小卫星 DNA 描述的是较长的 DNA 重复序列，主要存在于近端粒处的一些重复单位在 11～60 bp（也有 16～100 bp 的说法）处，总长度由几百个碱基到几千个碱基组成的串联重复序列。在不同个体间存在串联数目的差异，表现出与人的指纹高度相似的个体特异性。

微卫星 DNA 描述的是简单重复 DNA 序列，是一类由几个核苷酸（一般为 1～6 bp，也有 2～10 bp 的说法）为重复单位组成的长达几十个核苷酸的串联重复序列。早在 1974 年，Skinner 等就在寄居蟹的基因组中发现了含 TAGG 重复单位的简单重复序列。随后人们在人、动物和酵母的基因组中都发现了大量的简单重复序列，因为其重复单位比小卫星 DNA 的短，故称为微卫星 DNA。微卫星 DNA 存在于真核生物的基因组中，呈多拷贝均匀分布。就某一微卫星 DNA 而言，其重复数是可变的，一般为 10～20 次，这构成了微卫星 DNA 多态性的基础。微卫星 DNA 在结构上类似于小卫星 DNA，二者的区别是：微卫星 DNA 的核心序列更小，且在基因组中呈均匀分布；而小卫星 DNA 的核心序列稍大，为 10～25 bp，且主要分布于非编码区，如基因间的间隔区和基因的内含子中。同一类微卫星 DNA 可分布于整个基因组的不同座位上。重复单位数可由下式（Epplen，1998）计算可能的单位数：

$$N=4^{n-1}+2$$

式中，N 为单位数；n 为重复序列碱基数。

由上式可得，2 个核苷酸重复序列可形成 6 个重复单位，3 个核苷酸重复序列可形成 18 个重复单位，4 个可形成 66 个。但实际上在一个动物基因组中不可能出现全部单位，因为各单位的分布有很大差异。其中，单位 $(TG)_n$ 重复最多，其次为 $(TC)_n$、$(TGC)_n$ 等。但是，微卫星 DNA 重复序列在植物中出现的概率比在动物中小得多。在植物中，约 29 kb 中有 20 bp 的微卫星 DNA 重复序列。植物中最丰富的微卫星 DNA 是 A_n，其次是 $(AT)_n$，再次是 $(GA)_n$。微卫星 DNA 的重复单位有 A、AC、TA、AAN、AAAN、CATT 等，尤以二核苷酸重复单位 AC/TG 构成的为最多。据微卫星 DNA 本身的结构，可以将它分为三大类，即完全、不完全和复合微卫星 DNA。完全的微卫星 DNA 是指由不中断的重复单位构成的微卫星 DNA；不完全的微卫星 DNA 是指微卫星 DNA 重复中间有 3 个以下的非重复碱基，且两端部分的重复数大于 3；而复合的微卫星 DNA 是指两类或两类以上的串联重复单位由不多于 3 个非重复碱基分隔开，但各个不中断的重复单位的重复数在 5 次以上，这类标记广泛均匀地分布在整个基因组上。由于重复单位数可变，以及重复单位序列可能不同，故每个微卫星 DNA 座位蕴含的多态性很大。微卫星 DNA 是 DNA 的最小重复单位，通常小于 100 bp（重复次数的不同造成大小差异），具有复等位性和共显性的特点，有时会隐藏于单一 DNA 序列中，通常存在于外显子区段。每一重复单位由 1 个、2 个、3 个或 4 个核苷酸的短序列单位所组成，也有人认为每一重复单位长 1～6 bp 或 2～10 bp。关于重复的次数不同研究者也有不同的看法，有人认为变化次数为 5～100 次间，也有人认为变化次数为 20～100 万次。

目前，被广泛用作遗传标记的串联重复序列包括小卫星 DNA 和微卫星 DNA，揭示这种多态性的分子生物技术有 DNA 指纹技术等。

（2）DNA 指纹技术　DNA 指纹可理解为用分子生物学方法制备的、来自 DNA 重复序列片段的、具有高度个体特异性的 DNA 带纹图谱。DNA 指纹的多态性反映了卫星 DNA 的多态性。DNA 指纹技术是 Jeffreys 等于 1985 年建立的，并首先用于人类的基因组分析。此后，越来越多地用于动物、植物和微生物的遗传分析，并不断扩大了在动植物育种等领域应用的可能性。

DNA 指纹制备的第一步是从组织和含核细胞中分离所需的 DNA，接着用一种限制性核酸内切酶消化，限制性核酸内切酶能识别特定的 DNA 序列位点并切割。因为这些切点在整个基因组中是随机分布的，就会出现不同长度的 DNA 片段。接着借助于琼脂凝胶电泳使其分开。电泳后，DNA 通过 Southern 印迹转移从凝胶转移到一个膜上，使其固定。然后用某一小卫星或微卫星 DNA 探针杂交。杂交前，DNA 双链片段通过碱性试剂的处理变为单链，以至于在随后的杂交期间探针能与互补的 DNA 单链片段结合。所用的探针事先被标记，标记可采用放射性或非放射性方法，接着，探针所结合的位置通过相应的方法来显示。在放射性标记情况下，通过覆盖X胶片的放射性自显影。在非放射性方法中，通过一个免疫染色反应而显现。借此，在放射性方法中一个复杂的带谱出现在X胶片上，或在非放射性方法中出现在一个膜上（图14-1）。

(3) DNA指纹技术的统计分析　统计的参数主要有相似系数、变异程度、共有带率、平均等位基因频率、平均杂合率和DNA指纹图相同概率的计算。

① 相似系数（F）用来表现两个个体DNA指纹图的相似程度，其计算公式为

$$F = \frac{2N_{ab}}{N_a + N_b}$$

式中，N_a和N_b分别为个体a和个体b所具有的DNA指纹图带数；N_{ab}为两个体含有相同的DNA指纹图带数。

② 变异程度（S），其公式为

$$S = 1 - F$$

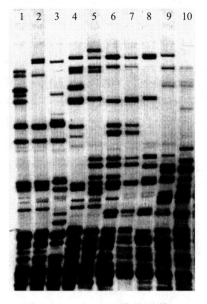

图14-1　人DNA指纹图谱

③ 共有带率（probability of band sharing），即个体a与个体b共有的DNA指纹图带的平均概率（x），其公式为

$$x = 1/2(N_{ab}/N_a + N_{ab}/N_b)$$

④ 平均等位基因频率（q），其公式为

$$q = 1 - \sqrt{1-x}$$

⑤ 平均杂合率（H_t），即基因多样性。群体的杂合率表示某位点为杂合子的概率，其公式为

$$H_t = 1 - q = \sqrt{1-x}$$

⑥ DNA指纹图相同概率（p），其公式为

$$p = (1 - 2x + 2x^2)^{n/x}$$

式中，n为a、b个体指纹图平均带数。

(4) DNA指纹的特点

① 多位点性。由于基因组中存在着上千个卫星DNA位点，某些位点的重复单位含有相同或相似的核心序列，所以在一定的杂交条件下，一个卫星DNA探针可以同时与多个卫星DNA位点上的等位基因杂交。不少研究表明，个体的DNA指纹图中的带很少成对连锁遗传，所代表的位点广泛地分布于整个基因组中，可见DNA指纹图能够全面反映基因组的变异性。

② 高变异性。DNA指纹图的变异性取决于两个因素，一是可分辨的图带数，二是一个条带在群体中出现的频率。DNA指纹图所检测的位点是基因组中有很高变异性的位点，由多个位点上的等位基因所组成的图谱必然具有更高的变异性。

③ 简单而稳定的遗传性。DNA指纹图中的图带是可以遗传的，这正是其不同于人的指纹之处，亲代中的可分辨杂合图带像杂合的孟德尔遗传标记一样独立地分配给子代，亲代的各图带平均传递给50%的子代，子代DNA指纹图中的每一条带都可以在双亲之一的图带中找到，除非是因为基因突变而产生的个别新带。

④ 体细胞稳定性。用同一个体的不同组织（如血液、精液、肌肉、脏器等）的DNA做出的指纹图是一致的，但组织细胞的病变或组织特异性碱基甲基化可导致个别图带的不同。

由于DNA指纹的上述特点，所以在植物分子育种、医学、动物学研究中得到了广泛的应用，主要有：①个体识别与血缘关系的鉴别；②测定品种（系）的遗传纯度和品种（系）间的遗传距离；③监测育种和遗传操作效应；④寻找与控制重要经济性状的基因相连锁的分子遗传标记；⑤开发位点

特异性高度变异的小卫星 DNA 和微卫星 DNA 探针。

（二）以 PCR 为核心的分子标记技术

这一类分子标记技术主要包括随机扩增多态性 DNA 分析、扩增片段长度多态性分析、简单重复序列的特异 PCR 扩增以及微卫星间隔区 DNA 多态性分析、DNA 单链构象多态性分析等，主要用于生物遗传多样性分析。

1. 随机扩增多态性 DNA 分析

（1）基本特征　随机扩增多态性 DNA（random amplified polymorphic DNA，RAPD）分析是用随机引物对基因组进行 PCR 扩增，扩增产物通过电泳技术进行检测的技术。RAPD 广泛应用于家系分析及鉴定、种群及种系遗传分析、遗传连锁图的构建、基因定位、特定区域连锁标记确定，以及杂交后导入基因的追踪等方面。

RAPD 分析一般采用 9~10 bp 的多种引物，分别对基因组 DNA 作 PCR 扩增，扩增的带多且清楚者，可作为进一步研究分析用的引物（图 14-2）。退火温度为 38 ℃，扩增 35~45 个循环，模板 30~300 ng。PCR 扩增后，扩增产物用凝胶电泳分离而产生不同个体多态性 DNA 片段。尽管 RAPD

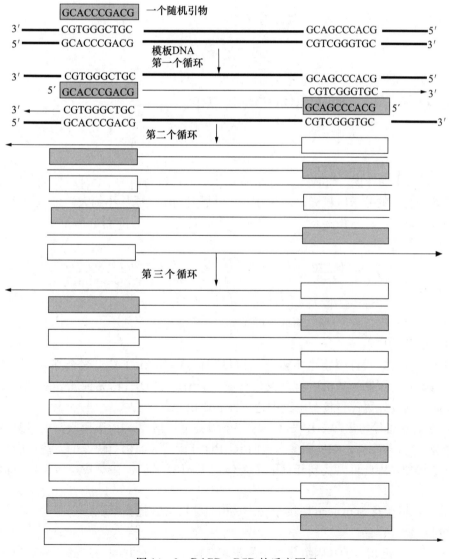

图 14-2　RAPD-PCR 的反应原理

所用的引物是随机的，对某一特定序列的引物来说，只要该引物在模板 DNA 上有两个或两个以上不同链上的互补序列，且这些位置之间的距离适当就可扩增出 DNA 片段。因此在下列情况下，可检测出 DNA 在这些区域的多态性：①引物互补位点发生碱基突变，导致互补位点减少；②出现新的互补位点；③互补位点之间的 DNA 发生插入或缺失，使扩增产物长度发生变化；④插入片段过大，导致不能扩增。不同引物由于其在模板 DNA 上互补位置及数目不同，扩增产物片段的大小及数量也会不同，同一种引物可能只能检测到模板基因组 DNA 部分区域上的多态性，但一系列引物的检测范围可覆盖整个基因组。

(2) 统计分析　目前，RAPD 电泳结果的统计分析方法基本上有以下几个方面。

① 只记录那些电泳后条带清晰的 RAPD 条带。任意两个个体间的遗传变异用遗传距离指数（D）来衡量，$D=1-F$。F 为 RAPD 片段共享度，由下式获得

$$F = \frac{2N_{ab}}{N_a + N_b}$$

式中，N_{ab} 为 a、b 两个个体共享的 RAPD 条带数；N_a、N_b 分别为 a、b 个体的 RAPD 条带数。

② 依照欧氏距离法所介绍的带频率统计方法计算带频率（v）和平均带频率（$\bar{v}$）。

$$v = \sum_{i=1}^{n} f_i / n$$

式中，f_i 为第 i 个个体带系数，有带为 1，无带为 0；n 为统计的个数。

$$\bar{v} = \sum_{i=1}^{n} v_i / n$$

式中，v_i 为第 i 条带的频率；n 为统计的个体数。

③ 群内片段共享度（F）和群内遗传距离指数（D）。

$$F = \sum_{i=1}^{n} f_i / n$$
$$D = 1 - F$$

④ DNA 片段大小的计算。E. B. Southern 提出了一种比较精确的估测 DNA 分子质量的方法，即从凝胶上选取 3 个相邻的分子质量标记，其分子质量从大到小（或从小到大）依次为 I_1、I_2、I_3；其迁移距离为 m_1、m_2、m_3。一个分子质量为 I（迁移距离为 m）的待测带谱位于 m_1 和 m_2 之间，则 $I = K_1/(m-m_0) + K_2$。其中：

$$m_0 = \frac{m_3 - m_1[(I_1-I_2)/(I_2-I_3) \times (m_3-m_2)/(m_2-m_1)]}{I - [(I_1-I_2)/(I_2-I_3) \times (m_3-m_2)/(m_2-m_1)]}$$
$$K_1 = (I_1-I_2)/[I/(m_1-m_0) - I/(m_2-m_0)]$$
$$K_2 = I_1 - K_1/(m_1-m_0)$$

(3) RAPD 分析的优点

① 不需 DNA 探针，设计引物也不需要知道序列信息；RAPD 覆盖整个基因组，它不像 RFLP 检测时受到探针数目的限制。随机引物可大量合成，同时 RAPD 引物无种属界限，同一套引物可以适用于任何生物的研究，因此它具有广泛的适用性和通用性。

② 用一个引物就可扩增出许多片段（一般一个引物可扩增 6～12 条片段，但对某些材料可能不能产生扩增产物），分辨率高，在检测多态性时 RAPD 分析是一种相当快速的方法；由于 RAPD 引物原则上可以任意增加，因此可以找到任何一个个体的 RAPD 标记，在寻找遗传标记方面有着巨大的潜力。

③ 技术简单，不涉及 Southern 印迹杂交、放射自显影或其他技术。

④ 只需少量 DNA 样品。

⑤ 每个 RAPD 标记相当于基因组分析中的靶序列位点，这对共同协作的研究项目可简化信息的转移过程。

⑥ RAPD 标记可以对那些 RFLP 标记难以区分的基因组区域做出遗传连锁图。

⑦ RAPD 分析能自动化，减少了像 RFLP 标记那样的麻烦手续。

⑧ 成本较低，因为随机引物可在公司买到，其价格不高。

⑨ RAPD 标记一般是显性遗传（极少数是共显性遗传的），这样对扩增产物的记录就可记为"有"或"无"，但这也意味着不能鉴别杂合子和纯合子。

(4) RAPD 分析的缺点及应注意的问题。

① RAPD 标记是一个显性标记，因此无法在杂交二代（F_2）中区别显性纯合体和杂合体的基因型。另外在基因定位、做连锁遗传图时，会因显性遮盖作用而使计算位点间遗传距离的准确性下降。

② RAPD 分析对反应条件相当敏感，模板浓度、Mg^{2+} 浓度、PCR 反应中条件的变化会引起一些扩增产物的改变，所以最大问题是实验重复性差。但是，如果把条件标准化，还是可以获得好的重复结果。

③ 由于存在共迁移问题，在不同个体中出现相同分子质量的带后，并不能保证这些个体拥有同一条（同源）的片段；同时，在胶上看见的一条带也有可能包含了不同的扩增产物，因为所用的凝胶电泳类型（一般是琼脂糖凝胶电泳）只能分开不同大小的片段，而不能分开有不同碱基序列但有相同大小的片段。

④ RAPD 分析的工作量大，每次做多个样，容易产生交叉污染。可以每次用同一个模板和引物作对照，如果每次结果一样，即可定为扩增有效。尽量减少反复吹吸取样，以免产生气溶胶；每个样品均用新离心管和枪头；戴手套操作。

另外，将 RAPD 标记转化序列特异性扩增区域（sequenced-characterized amplified region, SCAR）、等位基因特异性引物（allele-specific primer, ASP）标记，可得到较好的重显性。SCAR 是由 Kesseli、Paran 和 Michlmore 等在标记莴苣抗霜霉病基因上时发展起来的。ASP 是对筛选出特定片段的两个末端进行测序，合成约 24 个碱基的两个引物，进行 PCR 扩增，退火温度为 50～65 ℃，只扩增出一条特异带。这条特异带与原来的 RAPD 片段的长度一致，通过片段的有无，即可进行选择。

2. 扩增片段长度多态性分析 扩增片段长度多态性（amplified fragment length polymorphism, AFLP）分析是由 Zabeau 等于 1992 年发明的一种选择性的扩增限制性片段的分析方法，是 PCR 与 RFLP 相结合的一种技术。其基本原理是将基因组 DNA 用两种限制性核酸内切酶（一种长度为 6 bp，如 EcoR I、Pst I 等；另一种长度为 4 bp，如 Mse I）切成许多大小不等的片段，之后在每个片段两端加相应的双链人工接头作为扩增反应模板，接头与其相邻的酶切片段的 12 bp 序列作为引物的结合位点，经两步扩增后在序列胶上进行扩增产物的电泳分离。由于第二次扩增时 6 bp 引物用 ^{32}P 标记，因而电泳后的扩增产物可放在一张胶片上曝光显出清晰的带型。第二次扩增也可用 6 bp 非标记的引物，扩增产物采用变性聚丙烯酰胺凝胶电泳后，银染显出清晰的带型。由于接头和引物是人工合成的，所以在事先不知道 DNA 序列信息的前提下，就可以对酶切片段进行 PCR 扩增。

AFLP 引物的设计对 PCR 扩增的成功至关重要，而引物的设计主要取决于人工接头的设计。接头为双链的寡核苷酸，其设计遵循随机引物的设计原则，应避免自身配对并具有合适的 G、C 含量。引物选择碱基的数目一般不超过 3 个，当引物具有 1 个或 2 个选择碱基时，引物的特异选择性较好，选择碱基加到 3 个时，引物的选择特异性仍可以接受。

AFLP 扩增片段的谱带数取决于采用的限制性核酸内切酶及引物 3′端选择碱基的种类。AFLP 所采用的引物长度一般为 16 bp，由 3 个部分组成：①核心碱基序列，该序列与人工接头互补；②限制性核酸内切酶识别序列；③引物 3′端的选择碱基。选择碱基延伸到酶识别序列外，这样就只有那些两端序列能与选择碱基配对的限制性片段被扩增。选择碱基包括 1～10 个数量不等的随机核苷酸序列，由此可以调节 AFLP 产物的条带特异性和数量，提供较多的基因组多态性信息，也克服了 RAPD 重复性差的问题。

AFLP 分析可以采用的酶有许多种，包括 *Eco*R I、*Bgl* II、*Hind* III、*Pst* I、*Xba* I、*Taq* I、*Mse* I 等。为了使酶切片段大小分布均匀，反应中采取两个限制性核酸内切酶，一个酶为多切点，另一个酶的切点数较少，因此，AFLP 反应过程中产生的主要是两个酶共同酶切的片段。采用双酶切的原因主要有：①多切点酶产生较小的 DNA 片段，切点数较少的酶能够减少扩增片段的数目，因为扩增片段主要是多切点酶和切点数较少的酶组合产生的酶切片段，这样就可以减少选择扩增时所需的选择碱基数；②双酶切可以对扩增片段进行灵活调节，并防止形成双链造成的干扰；③可以通过少数引物产生许多不同的引物组合，从而产生大量不同的 AFLP DNA 片段。在 AFLP 分析过程中，要确保 DNA 完全酶切，当 DNA 不完全酶切时，反映的并不是真实的多态性。

AFLP 有以下优点：①每个样品每次扩增反应后可产生 50～150 条带，因此可以用最少量的引物得到较多的标记；②绝大部分为显性标记，但也有一少部分为共显性标记，不受环境影响，无复等位效应；③由于带型清晰和相对较低的背景影响，具有高分辨能力；④由于用两种引物经两步选择的扩增，带型稳定，带纹丰富，灵敏度高，快速高效，并且重复性较好；⑤人工设计合成了限制性核酸内切酶的通用接头及可与接头序列配对的专用引物，为此在不需要事先知道 DNA 序列信息的前提下，就可对酶切片段进行传统的扩增。AFLP 兼具 RFLP、RAPD 两种特长，而且能提供更多的基因组多态性信息。AFLP 的缺点是这种方法需经多步操作，并且费用较高。

3. 简单重复序列的特异性 PCR 扩增分析 简单重复序列（simple sequence repeat，SSR）也称微卫星 DNA。在所有检测过的真核生物基因组散布着大量的微卫星 DNA。微卫星 DNA 中各位点上不同等位基因的重复单位数目是高度特异性的，而且重复单位的序列也可能不完全相同，因此微卫星 DNA 显示了高度的多态性。由于微卫星 DNA 位点序列简短，在不同品种或个体核心序列的重复次数不同。微卫星 DNA 位点是由微卫星 DNA 的核心序列与其两侧的侧翼序列构成，两侧的侧翼序列多是较保守的单拷贝序列，侧翼序列使某一微卫星 DNA 特异地定位于染色体的某一部位，而微卫星 DNA 本身的核心序列的重复次数不同是形成微卫星 DNA 位点多态性的基础。某一个体基因组中两条同源染色体的相对（侧翼序列相同）位置上，如两侧翼序列间所包含的微卫星 DNA 重复单位数相同，则该个体在该卫星位点基因型是纯合的，如微卫星 DNA 重复单位数不同则表现为杂合基因型。目前发现微卫星 DNA 核心序列的重复数与该位点等位基因数间有强的正相关，即微卫星 DNA 核心序列的重复数越大其变异性越大，其等位基因数也就越多。

微卫星 DNA 位点两侧的侧翼序列多是较保守的单拷贝序列，我们可以根据侧翼序列设计一对特异的引物，扩增出每个位点的序列，再经聚丙烯酰胺凝胶电泳，比较扩增产物的大小，即可检测出不同的个体在每个微卫星 DNA 位点的多态性。电泳后，PCR 扩增片段在凝胶中表现出不同的等位基因型（图 14-3），根据迁移位置的不同，分别定为不同的基因型。在电泳结果中，经常会遇到同一泳道可分辨出很多条带，一般表现较弱又无重复性的条带，不作为基因型的结果判定。

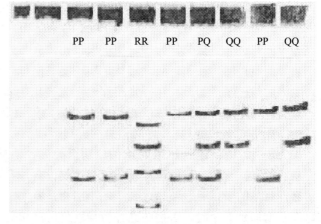

图 14-3 微卫星 DNA 多态性分析结果

利用特异 PCR 技术的最大优点是它产生的信息非常可靠，而不像 RAPD、AFLP 和利用随机探针产生的 RFLP 存在某种模糊性（如难以鉴别片段的来源）。微卫星 DNA 标记是目前发展最快的一类分子标记。它具有以下特点：①共显性的遗传标记；②丰富的多态性。一旦标记的引物发表后，所有实验室可共用。但微卫星标记也存在一定的缺点，主要是在进行微卫星 DNA 标记的开发应用时，必须首先克隆微卫星 DNA 位点，得到微卫星 DNA 两端的侧翼序列用以设计引物，这给微卫星 DNA 标记的应用带来一定困难，而且引物设计非常费时、耗资。

4. 微卫星间隔区 DNA 多态性分析　微卫星间隔区 DNA（inter-simple sequence repeat，ISSR）多态性是根据基因组内某种简单重复序列位点设计出的一系列特异性引物，包括双核苷酸、三核苷酸和四核苷酸等微卫星 DNA 片段（一般为 20 bp），通过 PCR 反应扩增微卫星 DNA 位点以及其间隔区，以检测其扩增片段的多态性。可以在 ISSR 引物 3′端添加 1～2 个锚定碱基，PCR 扩增时，只产生部分微卫星 DNA 和 2 个微卫星 DNA 间隔处的 DNA 片段，其产物一般较短，为 100～500 bp。ISSR 多态性分析的操作程序与 RAPD 分析基本相似，模板用量 10 ng 左右，循环次数一般采用 40 个，退火温度为 45～55℃，高于 RAPD 分析。

ISSR 标记的特点：①引物在设计上是根据几个核苷酸（多数为 2～4 个）为单位多次串联重复的微卫星 DNA 序列，无须预先知道微卫星 DNA 的侧翼顺序，具有通用性。②ISSR 多态性分析用的 DNA 模板量极少，一般为 5～10 ng，少于 RFLP、RAPD 及 SSR 分析，这使 DNA 分离比较困难的物种的遗传分析成为可能。③同 RAPD 分析相比，ISSR 多态性分析由于退火温度高且在反应体系中加入了甲酰胺，大大降低了非特异性扩增的产生，因此所得到的信息更准确，重复性和稳定性更好。④ISSR 扩增的 DNA 片段是基因组内的微卫星 DNA 的间隔区片段。因此，所得到的信息比 RAPD 更明确，这对于基因组指纹图谱的构建更有效。ISSR 多态性分析技术是最近几年发展起来的一项新遗传标记技术，在遗传变异检测、确定品种（品系）的遗传分化、基因定位、目标基因早期鉴定和遗传图谱构建等多个方面得到应用，并获得有意义的结果。

5. DNA 单链构象多态性分析　DNA 单链构象多态性（single stranded conformation polymorphism，SSCP）是 1989 年由 Orita 等建立的方法，它被认为是当前真核生物基因突变分析的一种十分简便和灵敏的方法，有可能突破散布重复序列不能作遗传标记的禁区。其基本原理是：与蛋白质一样，自然状态下的单链 DNA 会折叠卷曲，形成一定的空间构象，其特异性是由 DNA 链的一级结构特定碱基顺序决定的。在非变性的中性聚丙烯酰胺凝胶电泳中，由于 DNA 分子在电泳中的迁移率与分子质量和空间构型有关，不同碱基组成的 DNA 分子在分子内力的作用下形成不同的空间结构，因而得以在电泳中分离，从而能够检测出 DNA 分子间的差异。SSCP 就是按照此原理，利用一种标记引物或标记底物，通过 PCR 技术定点扩增出基因组 DNA 分子上的某一目的序列，然后将扩增产物进行变性分析，这时双链 DNA 分开成单链，获得足够多的单链 DNA 信号，再用非变性的聚丙烯酰胺凝胶电泳分离。如果被扩增的目的片段任意一条 DNA 链中碱基序列发生了变异，则可能会由于这种变异而影响其构象和电泳迁移率，使其带纹出现在电泳图谱的不同位置，从而显示不同生物个体的 DNA 特异性，达到了指纹分析的目的（图 14-4）。底物标记或引物标记虽然可使 SSCP 分析得到应用，但由于其操作仍较费时，不利于大规模检测。目前，人们已发展了用溴化乙锭染色和银染显色的检测方法，其中银染比溴化乙锭检测灵敏性更高。

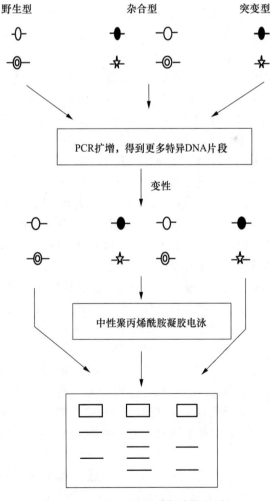

图 14-4　PCR-SSCP 分析步骤和原理

PCR-SSCP分析技术是一种有效的DNA多态性检测手段。从理论上说它能检测出待分析DNA片段内的基因突变、碱基插入或缺失等所有的DNA多态性位点。与其他的分子标记技术相比，PCR-SSCP分析最大优点是能检测出DNA片段长度相同，而碱基序列组成发生变化的所有基因突变位点。但SSCP分析不能指出碱基突变的位置，而且所检测的片段不能太长，否则多态性检出率就会受影响。一般认为，当DNA片段在100~300 bp时，SSCP检出率约为99%；当DNA片段为300~450 bp时，则其检出率约为89%。

DNA双螺旋结构是通过氢键和碱基的疏水作用维持的。在温度、有机溶剂、pH等因素的影响下，氢键受到破坏使双链解离为单链（变性）。根据上述原理，分别在聚丙烯酰胺凝胶中采用化学变性剂梯度/温度梯度将DNA变性，由于不同碱基组成的DNA片段在不同的梯度范围内产生变性，含有单链片段的DNA迁移率明显下降，因而经电泳可将大小相同而序列不同的DNA片段分离，这就是变性梯度凝胶电泳/温度梯度凝胶电泳（denaturing gradient gel electrophoresis or temperature gradient gel electrophoresis，DGGE/TGGE）。在变性条件适当的情况下，该技术的分辨力可达一个碱基对，因此在人类遗传性疾病的筛选分析、育种、突变个体的检测、遗传多样性等研究中得到较为广泛的应用。

（三）以DNA序列分析为核心的分子标记技术

DNA测序工作的自动化使DNA序列分析越来越普遍地应用于各种遗传研究。以DNA序列分析为核心的第三类分子标记最为典型的代表有单核苷酸多态性（single nucleotide polymorphism，SNP）和表达序列标签（expressed sequence tag，EST）标记。

SNP是指同一位点的不同等位基因之间只有一个或几个核苷酸的差异。因此，在分子水平上对单个核苷酸的差异进行检测是很有意义的。理论上人类基因组中含有300万以上的SNP位点。随着全基因组关联分析的应用，越来越多的标记定位于人类染色体上。在拟南芥上大约66个碱基对中就有一个SNP位点。在这些SNP标记中大约有30%包含限制性位点的多态性能够转化为酶切扩增多态性序列（CAPS）标记，可在胶上也可不在胶上就能检测到SNP。检测SNP的最佳方法是DNA芯片技术，微芯片电泳（microchip electrophoresis）可以高速地检测临床样品的SNP，它比毛细管电泳和板电泳的速度分别提高10倍和50倍。因此，单核苷酸多态性又称为第三代的DNA分子标记。

至少从理论上来说，SNP是目前覆盖了基因组所有DNA多态性的唯一标记方法。根据人类基因组测序的结果，大约每隔1.91 kb就会出现一个SNP，在人类总长为2.9×10^9 bp的DNA序列中，有$1.6 \times 10^6 \sim 3.2 \times 10^6$个SNP。这还仅仅是两个序列的比较，如果将群体考虑在内，人类SNP的数量会远远高于此数。另外一个极有意义的发现是，人类几乎每个编码基因都有SNP（称之为cSNP），意味着每一个基因都以多种等位形式存在，了解cSNP造成的基因差异将是关注的热点。由于SNP可以检测出生物基因组序列每一个核苷酸的变异，作为全面检测遗传差异的根本性手段，它对生命科学、医学的贡献无可估量。SNP的技术基础是全基因组测序，已经应用到各个物种的研究中，对遗传病基因、分子进化、功能基因组研究等方面产生了重大影响。

EST是基因表达序列片段，其长度为150~500 bp。EST就是将mRNA逆转录成cDNA并克隆到载体构建成cDNA文库后，大规模随机挑选cDNA克隆，对其3′或5′进行测序，所获得的序列与EST数据库或GenBank已知序列进行比较，从而发现新基因。

许多研究以PCR技术和测序技术相结合，即通过PCR技术扩增出特定的DNA序列，然后经纯化后测序，分析基因的结构、物种的起源进化关系等。

三、标记系统在应用时的选择

几种常用的分子标记技术的比较见表14-1，常用的分子标记及其主要特征见表14-2。在众多的标记系统中，动物、植物育种家怎样选择分子标记才能达到省时、省力、准确的目的呢？这要根据

表 14-1　几种常用的分子标记技术比较

(引自钱惠荣，1998)

比较项目	RFLP	RAPD/AP-PCR	SAP	微卫星 DNA	小卫星 DNA	AFLP
遗传特性	共显性	显性	显性/共显性	显性	共显性	显性/共显性
多态性水平	低	中等	低	高	高	高
可检测座位数	1～4	1～10	1	几十至100	几十	100～200
检测基础	分子杂交	随机PCR	专一PCR	专一PCR	分子杂交	专一PCR
检测基因组部位	单/低拷贝区	整个基因组	整个基因组	重复序列区	重复序列区	整个基因组
使用技术难度	难	易	易	易	难	易
DNA质量要求	高	低	低	低	高	低
DNA用量	5～10 μg	<50 ng	<50 ng	50 ng	5～10 μg	50 ng
是否使用同位素	是	否	否	否	是	是/否
探针	DNA短片段	随机引物	专一性引物	专一性引物	DNA短片段	专一性引物
费用	中等	低	高	高	中等	高

表 14-2　常用的分子标记及其主要特征

(引自钱惠荣，1998)

标记类型	PCR分析	单位点	共显性	家系鉴定	一次可检测的位点数	数据的连续性/通用性	变异检测范围	分辨力	技术复杂程序
线粒体、叶绿体标记									
DNA序列	是	是	是	准确	少(1)	好	低至高	高	较复杂
RFLP	否	是	是	准确	少(1)	好	低至中等	高	复杂
核基因组多位点标记									
SSR/VNTR	否	否	否	否	许多	一般	高	高	复杂
RAPD/AP-PCR	是	否	否	否	许多	一般	高	高	简单
AFLP	是	否	否	否	许多	较好	高	高	较简单
DAF	是	否	否	否	许多	一般	高	高	较简单
核基因组单位点标记									
同工酶（等位酶）	否	是	是	否	中等	好	低至中等	低至中等	简单
SSR	是	是	是	否	许多	较好	高	高	复杂
VNTR	极少	是	是	否	中等	较好	高	高	复杂
DGGE/TGGE	是	是	是	否	少(1)	好	低至中等	高	较复杂
SSCP	是	是	是	否	少(1)	好	低至中等	高	较简单
SNP	是	是	是	是	极多	好	极高	极高	较复杂

每种标记的特点、研究的目标、群体结构以及现有的条件等进行选择。一般在选择标记系统时考虑以下几个因素：

1. 标记的显性类型与群体　前面已叙述过 RFLP 和 SSR 为共显性标记，它们能鉴定出杂合型类型，即在 F_2 个体中带型表现为 3∶1。因此，在构建遗传图谱时，如果一个群体是回交群体或双二倍体群体，几种方法都可以用；如果一个为自交所得 F_2 群体，就只能用共显性标记系统。所以，如果实验室不具备做 RFLP 或 SSR 的条件,一定要将群体构建成双二倍体或回交群体,否则将给出错误信息。

2. 实验室的现有条件　在 RFLP、AFLP 标记系统中,同位素核苷酸必不可少。^{32}P 的半衰期为 15 d,能否保证新鲜的放射性核苷酸、是否有同位素操作实验室决定这类反应能否进行。尽管 RFLP 和 SSR 为共显性标记,但是如果没有进行分子杂交的探针源,RFLP 反应也不能进行;如果没有种属特异的 SSR 引物,该系统也不能采用。

3. 种属的多态性　尽管自然界中动物、植物在 DNA 水平上存在着丰富的多态性,但有的是在单拷贝的序列上,像小麦、大麦等麦类作物 80% 以上的 DNA 为重复 DNA,单拷贝上的多态性极少,而在重复序列上存在着大量的多态性,这就需要根据标记的特点和种属的多态性进行选择。例如,RAPD 在番茄上多态性就很高、很有效,而在重复序列很高的禾本科作物上多态性就很低,PCR 系统的优点就显示不出来。这种情况下,SSR 是最好的选择,但是产生这样的标记花费的时间和成本是相当大的。另外,检测一个种的 RFLP 探针和 SSR 引物也适用于同一个种的其他群体,但对于另一个物种是不适合的。RAPD 和 AFLP 构建的图谱可以在较短的时间内完成,但这样的标记在群体间不适合,因为每一个标记基本上被它的长度所限制,在不同群体或种间扩增出的分子质量相同的带并不意味着它们具有相同的序列,除非经杂交检验后。

4. 不同系统的重复性(稳定性)　不同的标记系统由于反应的原理不同,产生的标记的稳定性有差异,而育种家需要的是稳定的标记。1997 年欧洲十大实验室用同样的 DNA、同样的方法对几种标记系统的重复性作了检验,结果表明 SSR 与 RFLP 一样,重复性非常高,且为共显性。RAPD 所需 DNA 量少,操作简单,灵敏度高,但由于它使用单引物且引物较短,因而错配扩增产物率较高,而且它对模板浓度、聚合酶的浓度和 Mg^{2+} 的浓度变化非常敏感,并且不同的 PCR 仪或相同的 PCR 仪不同的操作者所得结果都有差别,因此 RAPD 标记重复性很差。AFLP 标记首先是限制性核酸内切酶片段,另外采用两步扩增策略,错配扩增的机会很少,而且模板浓度、聚合酶浓度以及 Mg^{2+} 浓度在一定范围内的变化不影响结果。因此,AFLP 标记像 RFLP 与 SSR 标记一样稳定,而且有 RAPD 中 DNA 用量少的优点,并且由于限制性核酸内切酶组合不同及引物组合不同,多态性特别高。所以,条件允许情况下,尽量少用 RAPD,多用 RFLP 和 AFLP。

5. 成本与所花费的时间　每个单信息所需要的时间与成本的多少是分子标记技术能否走向育种实践的根本因素,而它是由许多因素所决定的。例如 RFLP 为共显性标记,但它需要烦琐的程序,还需要一定的操作经验、大量的 DNA 样本、应用同位素和大量的探针,可用信息量极少,因而所需成本与时间都很多。PCR 在分子标记上是一场深刻革命,它操作简单,所需样本 DNA 少,降低了成本,但 RAPD 标记不稳定,在应用上有一定的困难。SSR 虽然操作简单,为理想的标记,但要设计这样的引物所花费的时间和成本是相当多的。AFLP 一开始需要一定的操作技术,但一经掌握,它产生的多态性比其他几类高得多,标记非常稳定,且可进行大规模数量的样本操作(一次反应最多可达 96 个样)。因此,如条件允许,平均得到一个标记所需时间和成本较低,这也是自这个方法问世以来 (1995 年) 在图谱构建、基因定位上发展迅速的原因。

四、分子标记技术的应用

(一) 分子标记遗传图谱的构建和基因定位

遗传连锁图谱既是遗传学的重要内容,又是动、植物资源育种许多应用的理论依据和基础。利用高密度的遗传图谱可以很方便地对新发现的基因进行定位,并找到与该基因紧密连锁的分子标记。构建遗传图谱和基因定位的主要环节包括:①根据遗传材料之间的多态性确定亲本组合,建立作图群;②群体中不同植株或品系的标记基因型分析;③标记间连锁群的确立。根据分子标记、生化标记之间的交换值,即三点测验,通过 Map Maker 软件建立连锁群。其中构建分离群体是作图成功的关键。

建立作图群的主要群体构成有测交群体、F_2 群体、重组近交系（RI）群体、永久 F_2 群体、双单倍体（DH）群体等类型。F_2 群体是指杂种二代组成的群体。RI 群体是指由两个性状优良自交系通过杂交，自交得到 F_2 个体，通过单粒传方法，经过足够世代的自交，得到的一系列高代家系（如 F_6）。DH 群体是指利用花药培养技术产生的单倍体，经过染色体加倍后，可获得的双单倍体（DH）。由 DH 系构成的 DH 群体称为永久性群体。永久 F_2 群体是由永久性群体中的每个纯合株系按一定组配方案两两杂交获得的群体。其既具有 F_2 群体信息量大、可以估计显性效应以及与显性有关的上位效应的优点，又具有重组自交系或加倍单倍体等永久性群体可以组配出足量的种子满足多年多点试验需要，以取得准确的表现观测值，有利于鉴别紧密连锁的 QTL 标记的优点。

建立好作图群体后，选择适当的分子标记对群体中每一个体进行基因型分析，并做记录。统计 F_2 代中两亲本多态性的分离比例，可以判定新基因与标记基因的连锁关系。一般情况下，如果重组率为 0，表示完全连锁，即 AB 两基因之间没有发生交换，所以没有重组类型的出现。如果重组率等于 50%，表示独立遗传，两基因间不存在连锁关系。如果重组率小于 50%，表示不完全连锁。但是，有时当重组率等于 0 或等于 50% 时，也不一定就是完全连锁或独立遗传。假如两个基因在染色体上的距离很近，其间的重组率很小，那么当 F_2 群体太小时，就发现不了重组类型。如果加大试验群体，则很小的重组率也能发现，以至于原来认为完全连锁的基因，实际上是不完全连锁的。同样，当重组率等于 50% 时，也不一定是独立遗传的。如果两基因在同一染色体上，但距离很远，甚至在着丝粒的两端，也可以使重组率为 50%，所以此时应该增加分子遗传标记来进行进一步检测。

对所有的资料进行同时估算遗传图距一般需借助于计算软件，如 MAPMARKER II。对于来自于不同实验群体的资料进行整合可以利用 JOINMAP 进行。将群体中每一个体的标记结果输入计算机，计算机即可给出要定位基因与所有有连锁关系的分子标记之间的线性排列顺序和遗传图距。例如在定位一个耐低钾的隐性突变基因（low-K^+ tolerance gene，*lktl*）时，就是利用 Columbia 和 Landsberg 杂交的 F_2 群体，并利用以 PCR 为基础的 CAPS 标记和 SSCP 标记，其结果借助 MAPMARKEF II 进行分析，最后将 *lktl* 定位于第一染色体的 nga248 和 UFP 之间，与两标记遗传距离分别为 3.3 cM 和 3.8 cM。

1. 分子标记对质量性状的基因定位　许多重要的农艺性状都表现为质量性状遗传的特点，如抗病性、抗虫性、育性、某些抗逆性（抗盐、抗旱等）和部分株高的特性等。质量性状一般有显隐性，因而在分离世代无法通过表型来识别目的基因的位点是纯合还是杂合。此外，质量性状虽然受少量基因控制，但其中的许多性状仍受遗传背景、微效基因及环境因素的影响。利用与目标性状紧密连锁的分子标记，是进行质量性状选择的有效途径。

（1）用 RAPD 可以对近等位基因进行基因定位　近等位基因系是由提供目标基因的供体亲本同轮回亲本杂交，并多次回交，经每代对目标基因选择而获得，除目标基因外其余性状大部分都用轮回亲本相同的品系。这样可利用 RAPD 对这两个——轮回亲本和近等位基因系——基因组 DNA 进行多态性检测，找出两个基因组扩增产物的差异，以这些差异产物为标记，经 RFLP 分析，即可定位此基因。

（2）用 RAPD 对目标基因有分离的 F_2 群体进行基因定位　根据 F_2 代个体中目标基因的分离构建 DNA 库，如有 F_2 自交后代 F_3，就可判断所研究的目标基因是否纯合及其等位基因是否纯合。这样将 F_2 分为两组，各组 10~20 个样本，分别提取 DNA 并等量混合、建库。这两个库除目标基因 DNA 区域完全不同外，其余近似相同。这样通过 RAPD 即可找到目标区域相连锁的 DNA 多态性标记，进而定位此基因。

2. 数量性状基因座（QTL）分子标记对定位的研究　大多数重要的经济性状都表现为数量性状的遗传特点，如产乳量、产蛋量、产量性状、成熟期、品质、抗旱性等。随着分子标记技术的发展，人们已能将复杂的数量性状进行分解，像研究质量性状基因一样对控制数量性状的多个基因进行研究。应用分子标记定位 QTL 的程序一般包括：①检测、筛选亲本并构建遗传群体；②检测群体的分子标记基因型并构建分子标记连锁图谱；③应用根据统计模型及方法编写的计算机软件处理分析实验数据，确定分子标记与 QTL 的连锁关系及 QTL 在染色体上的区域等，达到定位 QTL 的目的。

(二) 分子标记辅助选择

动、植物育种中分子标记辅助选择是通过分析与目的基因紧密连锁的分子标记的基因型来判断目的基因是否存在。这种间接的选择方法因不受其他基因效应和环境的影响，因而结果较为可靠，同时，可在早期进行选择，从而大大缩短育种周期。分析方法与遗传图谱、基因定位类同。

(三) 比较基因组分析

动、植物遗传作图研究在猪、鸡、牛和番茄、水稻、玉米等20多种动物、农作物中全面展开，比较作图法受到了人们的重视。以比较作图法为主要手段的比较基因组研究已成为新兴的基因组学的重要研究领域之一。比较作图就是利用共同的分子标记（主要是cDNA标记及基因克隆）在相关物种中进行物理或遗传作图，比较这些标记在不同基因组中的分布情况，提示染色体或染色体片段上同线性或共线性的存在，从而对不同物种的基因组结构及基因组的进化历程进行精细的分析。

(四) 分子标记应用于种质鉴定的研究

1. 良种登记、系谱记录的建立及亲缘关系鉴定 用微卫星DNA作为探针与基因组DNA杂交获得的DNA指纹图，可准确地反映个体的遗传特性，因而可作为家畜个体识别的可靠遗传标记，用于建立优良畜禽个体档案，合理解决涉及拥有权的争端问题。此外，在现代育种中，要利用各种亲属的表型信息，因此准确的系谱记录是十分重要的。然而在有些情况下，我们不能准确地确认某些个体的父本，实际的例子包括混合精液受精所得到的后代以及使用多头公猪进行复配的母猪所产仔猪等。在这种情况下，用微卫星DNA探针绘制DNA指纹图可进行准确的个体及亲子鉴定。

通过遗传距离的计算和遗传纯度的计算，可以有效地预测杂交优势，可大大减少繁重的配合力测定工作，节省育种费用。微卫星DNA探针较小卫星DNA探针及其他遗传标记在亲子鉴定、同胞半同胞分析方面更加简单易行、准确可靠。

随着微卫星DNA研究的深入，人们开始使用另一种策略，即利用微卫星DNA位点的多态性，以多个微卫星DNA位点在一定群体中各等位基因的频率为基础，计算排除概率来进行血缘鉴定和血缘控制。研究表明，组合5个多态微卫星DNA位点（每个位点6个以上的等位基因）可使排除概率达到0.98，使用10个这样的位点，排除概率达到0.996。

2. 品种或品系遗传纯度的测定及遗传关系确定 遗传指纹图除具有个体特异性外，还具有物种特异性。用微卫星DNA所作的DNA指纹图上有十多个甚至几十个位点的等位基因，对基因组的代表性明显高于其他任何单个遗传标记。它能够正确反映畜禽品种间的遗传关系以及品种或品系的近交程度。

第二节 基因芯片技术及其应用

基因芯片（gene chip）技术是分子生物学及医学诊断技术的重要进展，该技术通过把巨大数量的寡核苷酸或cDNA固定在一块面积很小的硅片、玻片或尼龙膜上而构成基因芯片。由于该技术同时将大量的探针固定于支持物上，所以可以一次性对大量序列进行检测和基因分析，解决了传统的核酸印迹杂交操作复杂、检测序列数量少等缺点。基因芯片技术的突出特点在于其高度的并行性、多样化、微型化和自动化。

一、基因芯片的概念

基因芯片是指采用原位合成或直接点样的方法将大量DNA片段或寡核苷酸片段以预先设计的方

式排列在硅片、玻片等介质上形成微矩阵，待检样品用荧光分子标记后，与微矩阵杂交，通过荧光扫描及计算机分析即可获得样品中大量的基因序列及表达信息，以达到快速、高效、高通量地分析生物信息的目的。

根据概念，我们可以看出，在这项技术中，有如下三点是非常关键的：①是要有大量的已知序列基因或基因片段。随着人类基因组计划的实施，我们可以得到大量基因序列信息，可以将一个文库的所有 cDNA 序列测到并加以记录，从而可以将一个文库排列成一个 DNA 阵列。因此，从理论上讲，可以做成从微生物到人类各组织器官的文库阵列。②从工艺的角度讲，要求能够将不同的 DNA 片段以很高的密度点印在普通玻片大小的介质上，从而使得在很小的面积上可以排列成千上万个基因而不至于相互混杂，这个过程要求相当高水平的工艺技术。③要有一种很好的检测手段。目前看来，用不同的荧光标记核酸来进行检测是一种比较简单，而且安全可靠的方法。同时，不同的荧光可以使得我们同时检测几种样品。这样，对于差异显示这类实验来说，就显得尤为简便。

二、基因芯片的类型

基因芯片一般可分为两种，一种为点印阵列，另一种为直接合成阵列。点印阵列是将较大的片段（大于 100 bp）通过物理方法固定在介质上，而直接合成阵列则是直接在介质上合成较短的片段。一般而言，DNA 样本都是收集在 96 孔或 384 孔板上，这些样本可以是 PCR 产物，也可以是从质粒上直接得到的片段等。然后，用机械手将 DNA 通过特制的加样头进行点样。点样完成后对介质进行处理以使 DNA 能够十分稳定地附着在介质上，同时还要使介质尽量减少结合非特异性的探针。

按具体情况不同，基因芯片的分类如下：

① 按载体材料分类，芯片可分为玻璃芯片、硅芯片、陶瓷芯片。目前，玻片材料因易得、荧光背景低、应用方便等优点在国际上被广泛接受。通常在玻片上接上活性基团，如氨基、醛基、巯基等，使 DNA 分子通过共价键或离子键牢固地固定在玻片上。

② 按点样方式分类，芯片可分为原位合成芯片、微矩阵芯片（分喷点和针点）和电定位芯片三类。

③ 按 DNA 种类分类，即按照载体上所点的 DNA 的种类不同，芯片可分为寡核苷酸芯片和 cDNA 芯片两种。

④ 按用途分类，芯片可分为表达谱芯片、诊断芯片、指纹图谱芯片、测序芯片和毒理芯片等。

⑤ 三维芯片。三维芯片（MAGIchip）是 microarrays of gel - immobilized compounds on a chip 的简称。它被认为是直接点样技术的一种，主要利用官能团化的聚丙烯酰胺凝胶块作为基质来固定寡核苷酸。将有活性基团的物质或丙烯酰胺衍生物或丙烯酰胺单体在玻璃板上聚合，机械切割出三维凝胶微块，再将带有活性基团的 DNA 点加到胶上进行交联。但是这种方法形成的阵列形式必须先用凝胶做成阵列形式，凝胶块之间的玻璃必须是疏水表面以防止样品产生交叉污染；而且样品 DNA 分子需要较长的时间才能进入凝胶内部与探针分子发生杂交。

⑥ PNA 芯片。虽然 DNA 芯片在许多情况下都取得了成功，但由于探针、靶核酸形成杂交体需要的缓冲液也可以使靶核酸参与非期望的杂交而变得复杂化了。例如，当 dsDNA 作为分析物时，靶与互补链会复性；ssDNA 也会形成二级、三级结构，这些副作用导致探针分子无法接近靶核酸，严重影响探针与靶核酸的杂交，导致杂交信号减弱甚至丧失。解决这一问题的一个重要途径就是利用物理性质与靶核酸不同的探针。目前人们已开发利用 DNA 类似物肽核酸（peptide nucleic acid，PNA），PNA 是一种以 N - (2-氨乙基)-甘氨酸为骨架的核酸衍生物。在生理条件下，每掺入一个 PNA 单体，杂合体的解链温度会提高 1.5 ℃；与 DNA 探针相比，PNA 探针具有更高的亲和力及序列特异性。Geiger 研究了 PNA 阵列进行突变检测的条件及可行性，发现 PNA 在低盐浓度下，双链靶 DNA 不需要变性即可直接进行检测，而且 PNA 具有更好的碱基错配识别能力。

三、基因芯片技术的流程

基因芯片制作好后,关键就是用它来完成特殊的检测。其基本原理是将研究的细胞或组织 RNA 加以标记,与基因芯片上所点印的基因片段进行杂交,从而探测特定基因的表达。

(一) 准备探针

与传统的 Northern 印迹杂交正好相反,这里将所有表达的 RNA 作为探针来源。所以探针的准备工作要包括 RNA 的提取和标记。

1. RNA 的提取 提取 RNA 的方法很多,现在市场上有很多提取 RNA 的试剂盒,用起来十分方便。不管用什么方法,提取 RNA 的质量和产量是问题的关键。对于研究基因表达的实验来说,最好应用纯化 mRNA 作为逆转录模板。如果用荧光 cDNA 探针,需要至少 1 μg 的 mRNA 或 100 μg 总 RNA。

2. 标记 用 RNA 制作标记探针,其方法有好几种,常用的是在 oligo(dT)引物进行的逆转录反应中直接掺入荧光素标记的核苷酸,有时也用随机引物 cDNA 合成法标记。一般基因芯片中片段来自基因 3′端时较适宜用 oligo(dT)引物 cDNA 探针,而基因芯片中片段来自全长 cDNA 序列或预期开放阅读框时用两种方法均可。也可在第一链 cDNA 合成后再行标记。

3. 荧光染料 目前市场上有许多荧光染料标记的脱氧核苷酸,特别是用 Cy3 和 Cy5 标记的 dUTP。这两种染料在光谱上分得很开,而且对于许多酶都有较高而特异的掺和活性。当干燥后,荧光强度很亮,可以放大成像效果。除此之外,R110(Pek in Elmer)、TAMRA(Pek in Elmer)和 Spectrum Orange(Vysis)的效果也比较好。

(二) 杂交反应

与普通的 Northern 印迹杂交相比,基因芯片杂交反应过程显得十分简便,即将标记好的探针样品经高速离心去除一切沉淀物后只用移液器滴在基因芯片的中央即可,该过程应尽量避免产生气泡及带进沉淀杂质。滴好后在载玻片 DNA 阵列部位上方放一盖玻片,然后在周围滴上 3 滴 5 μL 3×SSC 溶液以保持杂交池中的湿度。最后将载玻片用塑料膜包起来放到 65 ℃水浴中杂交 4~16 h。

(三) 杂交后处理

和 Northern 印迹杂交一样,杂交完成后要进行清洗,以除去剩余的探针。清洗的方法是用 2×SSC、0.1%SDS 溶液浸泡,然后用 1×SSC 浸泡,最后再用 0.2×SSC 清洗。但是,应当注意,整个清洗过程都在室温下进行,清洗的时间也要严格把握。

(四) 试验设计

基因芯片可以容纳很多信息,所以在使用时要充分考虑试验设计,要合理设计各种对照,以便在分析结果时能得出正确的结论。

1. 异种 DNA 平行实验 为了检测探针标记等过程,可以利用异种生物的 RNA 进行平行实验。对于人类基因序列,可以用酵母的基因进行平行实验。选择异种基因时应避免与所研究基因有同源性,从而不至于产生杂交,但要求在 DNA 性质上 [如 G+C 含量、长度、poly(A) 尾端等] 基本相似。可以选择上百个这样的异种基因,点印在所研究的阵列上。将这些基因除了点印在阵列块上以外,还要将它们克隆到带有噬菌体 RNA 聚合酶结合位点及人工 poly(A)尾端的质粒上,从而扩增大量的 RNA。利用这种 RNA 作对照,分别标记 Cy3 和 Cy5,可以检测正式实验中 Cy3 和 Cy5 的比值,亦可检测杂交的反应程度,同时还可作为输入输出比率的校正以及分析的灵敏度。

2. RNA 质量检测对照　一定核酸序列的 DNA 片段与相应基因结合的量，受其共同区域大小的影响。因此，对于一定的 cDNA 进行杂交时的信号强度，就会因 RNA 的质量而发生变化，这就会使基因芯片杂交的结果产生错误。一般可以按照下列方法来检测 RNA 的质量：将一个基因按 100～200 bp 分段，每一段都点印在基因芯片块上，然后杂交不同样品 RNA 后检测该基因的信号。如果 RNA 在某一区段降解时，就不能检测到该区段的信号，由此可以判定所用 RNA 的质量不好。亦可用以上平行实验中的 RNA 在每一步来检测该基因各个片段的表达，从而确定各个步骤中 RNA 是否降解。这里最关键的几步是收获细胞、mRNA 分离提纯、探针标记和杂交。另外，当 RNA 质量不同时，用其合成的相同量的 cDNA 在比较时就会产生明显差异，在分析时就不能得到 1∶1 的比例，这个问题可通过选择合适的序列片段来解决。如用 oligo（dT）引物 cDNA 探针时，将序列片段限定在基因的 3′端，就可防止产生偏差。

3. 封闭对照　许多杂交反应需要加入未标记的 DNA 来封闭由于探针与目标片段相似性而引起的非特异性结合。这对于重复性的区段更为重要，可以设一个封闭对照来检测这种非特异性结合被封闭的程度。例如，在人的基因芯片中，可以用 cot-1 来作为封闭对照。如果 cot-1 点几乎无信号，就说明封闭完全。另外，还可以用 oligo（dA）、oligo（dT）、质粒 DNA 或人类基因组 DNA 作为封闭对照。事实上，封闭对照就是一种阴性对照。

4. 归整化对照　在样本多的情况下标记探针时，很难十分精确地让所加 RNA 的量相等。因此，就有必要设一对照，希望其杂交信号在不同样本杂交后是相同的。这相当于我们在作 Northern 印迹杂交时采用 Actin 或 GAPDH 作对照一样。通常在酵母基因表达实验中，采用总酵母基因组 DNA 作归整化对照。对人类基因来说，由于只有少部分基因表达，故用总基因组 DNA 时产生的信号会十分弱。因此，有人还是用 Actin 或 GAPDH 作对照。

（五）成像分析

杂交以后，就要对基因芯片进行荧光成像分析。一般用激光共聚焦显微镜作为扫描器。扫描器有激光光源，可以产生激发不同荧光染料的光（对 Cy3 为绿光，波长为 540 nm；对 Cy5 为红光，波长为 650 nm）。当然也可以用其他设备，如 CCD 照相机，但效果不如激光共聚焦好。

在分析时，目的是测量出阵列中每个点的相对荧光强度，其方法是将图像分成对应于每个点的小块，然后测定每个小块中的平均荧光强度。两个样本中每个单元的相对量就是平均荧光强度比率。具体分析时采用计算机处理。应当考虑消除背景、校正相对荧光强度比率等，同时还应考虑上述的各种对照处理。

四、基因芯片技术的应用

1. 基础医学研究方面　基因芯片可用于基因表达谱研究、基因突变研究、基因组分型及测序和重测序等方面。将大量的功能基因点于芯片上，制成表达谱芯片，用各类组织的样品与之杂交，从中对基因表达的个体特异性、组织特异性、发育阶段特异性、分化特异性、病变特异性和刺激特异性表达进行分析和判断，可以将某些基因与疾病联系起来，极大地加快这些基因功能的确立，同时进一步研究基因与基因间相互作用的关系。通过对大量肿瘤标本的基因表达谱及聚类分析，找到不同亚型之间的分子特征，既有助于研究不同亚型的不同起源，还可以发现新的亚型，并可用于对肿瘤及亚型的分子诊断。

2. 药物筛选方面　基因芯片对认识中药、西药和一些药物功能食品作用的靶基因，筛选药物的有效成分，阐明药物的毒性作用和致畸致突变作用的分子机制都是非常有效的手段。特别是对于中药这一宝贵的民族财富，如何用现代医学知识从分子水平阐述它的作用机制，是将中药推向国际市场的关键。

3. 临床诊断方面 基因芯片在诊断领域的应用将会引入一个新的概念，带动诊断产业的革命。它的优势在于一次能做许多种传染病或遗传病的检测，将已知的多种传染病或遗传病的基因作为靶基因点于芯片上，就可以对一个标本同时进行多种病的检测，并且具有灵敏度高、特异性好、结果快速可靠的优点。通过分析肿瘤基因突变情况，可对肿瘤患者进行早期诊断。

4. 指导用药方面 目前越来越多的致病菌有了耐药性，因此在用药前对感染的病菌进行耐药性的鉴定，对于如何有效地用药具有很好的指导作用。不同的个体在用药过程中会对药物产生不同的药效反应，有些药甚至对用药对象不产生治疗效果，反而产生毒性和剧烈的不良反应，这是由于不同个体药物靶基因的差异造成的，所以用药前对患者进行药物敏感性基因位点的检测相当重要。

5. 预防医学研究方面 同样原理，基因芯片可以用于大规模的毒理学研究、化合物的致突变作用、疾病分子水平的病因学研究和遗传特性测定。

6. 环境保护方面 基因芯片可用于快速大规模检测污染源，寻找保护基因、防治危害的基因工程药品，寻找能够治理污染源的基因产品。

7. 军事、司法方面 基因芯片可用于开发生物战病原体检测系统，研制生物战保护剂，进行血型、亲子鉴定及 DNA 指纹图谱分析。

8. 农业方面 对具有重大经济价值的农作物来说，基因芯片可用于筛选基因突变的农作物，寻找高产、抗病、抗虫、经济价值高的作物，进行农药的筛选以及动植物疾病的快速诊断。

五、使用基因芯片时应注意的问题

1. 基因芯片类型的选择 在选择基因芯片时，应根据研究课题的需要来选取相关基因芯片。比如，研究某药对机体代谢的影响，应选择代谢相关基因芯片；要研究对机体免疫功能的影响，应选择免疫相关基因芯片等。不要选择与研究目的关系不大的芯片，以免浪费时间和财力。

基因芯片的类型选择好了以后，还面临一个选择单点基因芯片和双点基因芯片的问题。单点基因芯片是指基因芯片上的每一个基因只有一个点；双点基因芯片是指基因芯片上每一个基因有两个点。在检测中，双点基因芯片的每个基因的两点相当于做一次重复性检测，结果的可信度较高。如果经费许可的话应尽量选用双点基因芯片。

2. 基因芯片的数量 在进行有关药理学的研究中，根据统计学要求，每一实验组一般有 10 只左右的实验动物才有统计学意义。从统计学和节约经费的角度来说，每实验组应最少有 5 块基因芯片才有统计学意义。

3. 取材 基因在机体的表达有时间特异性和组织特异性，因此，在利用基因芯片时必须了解在什么时间取材和取什么组织进行检测。研究某药对免疫功能的影响，应取脾、淋巴结等组织；研究对呼吸功能的影响，应取肺进行检测。取材的部位相对易确定，取材的时间相对比较难确定，在什么时间取材需要研究者根据有关文献和实验目的而定。取材时应注意不要将无关组织带入实验材料中，以免影响取材的准确性。取材后，对材料的处理有两种情况：一种情况是立即抽提材料中的 mRNA 进行基因芯片检测，这种情况适应于有技术力量和设备的单位；另一种情况是对于没有相应技术力量和设备的单位来说，可以将采取的材料先立即冻存在液氮中，再送与基因芯片公司检测。总之，在取材的过程中应注意不要让组织中的 mRNA 被降解了。

4. 取材量 基因芯片的检测过程大体如下：组织取材→组织匀浆→mRNA 提取→cDNA 标记合成→与基因芯片杂交→杂交信号检测。从上述过程可知，利用基因芯片检测某类基因表达情况首先要从组织提取出 mRNA，再逆转录成标记 cDNA，基因芯片要求有一定量的标记 cDNA 才能有效检测。

组织的取材量由两个因素决定：第一个因素是组织类型，不同组织的 mRNA 含量不同，因此对不同组织的取材量不同。一块表达型基因芯片大约需要 3 μg mRNA，如取胚脑则要 0.75 g 脑组织，而取胚肝则要 0.166 7 g 肝组织。第二个因素是基因芯片的一次成功率，由于实验过程中有许多影响因素，使用基因芯片时有一定的风险。目前，基因芯片的一次成功率在 60%～70%，要求取材的量应满足进行最少 2 次实验。

5. 对基因芯片结果的分析　基因芯片上每一点杂交信号由 Cy3 和 Cy5 两种荧光标记的强度比值表示，Cy3 和 Cy5 可分别标记正常组和实验组 cDNA，如果某点荧光强度比值为 0.5～2，则该基因的表达没有变化；如果比值小于 0.5，则该基因的表达下调；如果比值大于 2，则该基因的表达上调。由于基因功能组学还没有研究清楚芯片上所有基因的功能及基因与基因之间的相互关系，可能有的基因的轻微下调或上调会影响其他基因的表达。这种根据比值的大小来确定基因的表达情况，对那些比值在 0.5 或 2 附近的基因的表达情况下结论时应慎重。另外，基因芯片反映的信息量相当大，成百上千个基因的表达情况通过一次实验就能检测出来，这是基因芯片的优点，却也给我们对结果的分析带来了一些困难。面对如此众多的基因表达信息，它们相互之间的生理和病理关系如何？在目前还不完全清楚基因之间相互关系的情况下，不能单凭基因芯片检测结果而对不同表达的基因之间的关系做出结论。

6. 多种芯片结合应用　基因芯片实验结果为我们检测某基因表达情况提供了一个前提条件，但不能就此判断这种表达是否产生生理和病理意义。有人认为基因芯片能说明一切。这种观点是片面的，因为基因由 DNA→mRNA→蛋白质要经过许多转录、加工、翻译过程，其中某个环节出现差错都会影响基因能否翻译出功能蛋白。如果将基因芯片技术看作检测基因表达可能性的话，那么可将蛋白芯片技术看作检测基因表达的现实性。随着蛋白芯片技术的发展，将基因芯片技术与蛋白芯片技术结合使用，则实验结果的可靠性和准确性将更高。

第三节　酵母双杂交技术

蛋白-蛋白的相互作用（protein - protein interaction，PPI）在生物学领域中发挥着举足轻重的作用，从抗原-抗体相互作用到信号的转导级联需要多种类型蛋白的相互作用将信息从细胞质膜传递至细胞核。识别蛋白与蛋白之间的相互作用能够很好地认识它们的功能，而在这个过程中被广泛应用的方法就是酵母双杂交（yeast two - hybrid，Y2H）技术。

一、酵母双杂交技术的原理

酵母双杂交（Y2H）系统是由 Fields 和 Song 在 1989 年创建的，基于对真核细胞转录因子特别是酵母转录因子 GAL4 性质的研究。GAL4 由两个可以分开的、功能上相互独立的结构域组成，N 端有一个由 147 个氨基酸组成的 DNA 结合域（binding domain，BD），C 端有一个由 113 个氨基酸组成的转录激活域（activation domain，AD）。BD 可以和上游激活序列（upstream activating sequence，UAS）结合，而 AD 则能激活 UAS 下游的基因进行转录。但是，单独的 AD 无法激活基因转录，而单独的 BD 虽然能和启动子结合，却无法激活转录，它们之间只有结合在一起才具有完整的转录激活因子的功能（图 14 - 5a）。

酵母双杂交系统主要利用酵母 GAL4 的特性，通过两个杂交蛋白在酵母细胞中的相互结合及对报告基因的转录激活来研究活细胞内蛋白质的相互作用，对蛋白质之间微弱的、瞬间的作用也能够通过报告基因敏感地检测到。实验中在分析蛋白 X 和蛋白 Y 的结合关系时，可以让这两个蛋白在酵母中以融合蛋白表达，蛋白 X 再与 BD 蛋白结合域融合，蛋白 Y 与转录激活域 AD 融合。如果蛋白 X 和蛋白 Y 之间存在相互作用，就会将 DNA 结合域和转录激活域拉到一起，激活报告基因（一般为 *lacZ*）的转录。有时候也会将 BD - X 的融合蛋白称为诱饵（bait），AD - Y 称为猎物（prey），而 X 蛋白一般为已知蛋白（图 14 - 5b）。

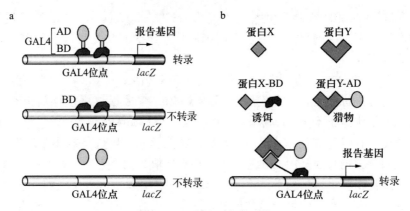

图 14-5 酵母双杂交系统

二、酵母双杂交技术的流程

酵母双杂交技术的实验操作流程是首先需要构建 BD-BAIT 表达载体，再转入酵母菌株，然后构建 AD-LIBRARY 表达载体并转入酵母菌株，经筛选和测定后把两者均转入酵母菌株，通过报告基因的检测，证明两种蛋白是否存在互作。其具体操作流程如下（图 14-6）：①构建 BD-BAIT 表达载体，也称诱饵蛋白载体，即 DNA-BD 与诱饵 DNA 融合构建成诱饵重组质粒；②把构建好的诱饵蛋白重组质粒转化酵母菌株，并检测诱饵蛋白自身激活能力；③构建 AD-LIBRARY 表达载体，即靶蛋白载体；④把靶蛋白载体转化到酵母菌株，并进行阳性克隆筛选及质粒提取与鉴定；⑤AD-LIBRARY 载体转化到含有诱饵重组质粒的酵母菌菌株中，也可以将 AD-LIBRARY 载体与 BD-BAIT 载体共转化至酵母菌菌株，并筛选阳性克隆与鉴定；⑥对筛选到的阳性克隆进行质粒的提取和

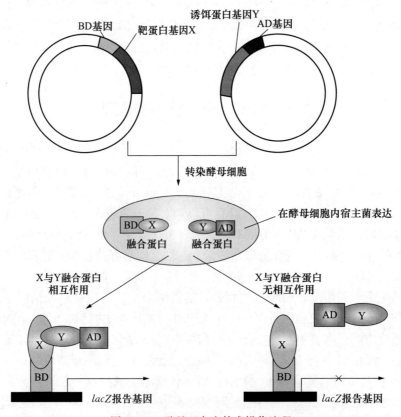

图 14-6 酵母双杂交技术操作流程

保存；⑦阳性克隆再验证，阳性克隆在加有 X-α-gal 的营养缺陷培养基的平板上进行筛选；⑧筛选酵母阳性克隆，对其中的质粒进行提取及 PCR 酶切分析，同时通过报告基因的检测，说明两种蛋白质是否存在互作；⑨如果存在互作，对相互作用的蛋白质再进行质谱和序列比对分析。

三、酵母双杂交技术的应用

酵母双杂交系统是在真核模式生物酵母中进行的，研究活细胞内蛋白质相互作用，对蛋白质之间微弱的、瞬间的作用也能够通过报告基因的表达产物敏感地检测到，是一种具有高灵敏度的研究蛋白质之间关系的技术。大量的研究表明，酵母双杂交技术既可以用来研究哺乳动物基因组编码的蛋白质之间的互作，也可以用来研究高等植物基因组编码的蛋白质之间的互作，同时也是发现新基因的主要方法之一。因此，酵母双杂交技术在许多研究领域中有着广泛的应用。

1. 发现新基因及其蛋白质和蛋白质的新功能 酵母双杂交技术已经成为发现新基因的主要方法。将已知基因作为诱饵，在选定的 cDNA 文库中筛选与诱饵蛋白相互作用的蛋白，从筛选到的阳性酵母菌株中可以分离得到 AD-LIBRARY 载体，并从载体中进一步克隆得到随机插入的 cDNA 片段，通过对该片段编码序列在 GenBank 中进行比较，研究该片段 DNA 编码序列特征及其与已知基因在生物学功能上的联系。另外，该方法也可作为研究已知基因的新功能或多个筛选到的已知基因之间功能相关性的主要方法。

2. 在细胞体内研究抗原和抗体的相互作用 酶联免疫吸附分析（ELISA）、免疫共沉淀技术都是利用抗原和抗体间的免疫反应来研究抗原和抗体之间的相互作用。但是，它们都是在体外非细胞的环境中研究蛋白质与蛋白质的相互作用，而酵母双杂交技术可以检测细胞体内的抗原和抗体的聚集反应。来源于矮牵牛的黄烷酮醇还原酶 DFR 与其抗体 scFv 的反应中，抗体的单链的 3 个可变区 A4、G4、H3 与抗原之间作用有强弱的差异。Geert 等利用酵母双杂交技术，将 DFR 作为诱饵，编码抗体的 3 个可变区的基因分别被克隆在 AD-LIBRARY 载体上，将 BD-BAIT 载体和每种 AD-LIBRARY 载体分别转化到改造后的酵母菌株中，并检测报告基因在菌落中的表达活性，从而在活细胞水平上检测抗原和抗体的免疫反应。

3. 筛选药物作用位点及药物对蛋白相互作用的影响 酵母双杂交的报告基因的表达取决于诱饵蛋白与靶蛋白之间的相互作用。对于能够引发疾病反应的蛋白间相互作用可以采取药物干扰的方法，阻止它们的相互作用以达到治疗疾病的目的。Dengue 病毒能引起黄热病、肝炎等疾病，研究发现它的病毒 RNA 复制与依赖于 RNA 的 RNA 聚合酶 NS5、拓扑异构酶 NS3 及细胞核转运受体 BETA-importin 的相互作用有关。研究人员通过酵母双杂交技术找到了这些蛋白之间相互作用的氨基酸序列。如果能找到相应的基因药物阻断这些蛋白之间的相互作用，就可以阻止 RNA 病毒的复制，从而达到治疗此类疾病的目的。

4. 建立基因组蛋白连锁图 众多的蛋白质之间在许多重要的生命活动中都是彼此协调的，基因组中编码蛋白的基因之间存在着功能上的联系。通过基因组测序和序列分析发现了很多新的基因和 EST 序列。科学家利用酵母双杂交技术，将所有已知基因和 EST 序列作为诱饵，在表达文库中筛选与诱饵相互作用的蛋白，从而找到基因之间的联系，建立基因组蛋白连锁图。这对于认识一些重要的生命活动，如信号转导、代谢途径研究等有重要意义。

四、酵母双杂交技术的局限性

酵母双杂交系统是分析蛋白-蛋白间相互作用的有效和快速的方法，有多方面的应用，但仍存在一些局限性，主要是以下两个方面：①双杂交系统分析蛋白间的相互作用定位于细胞核内，而许多蛋白间的相互作用依赖于翻译后加工如糖基化、二硫键形成等，这些反应在核内无法进行。另外有些蛋白的正确折叠和功能有赖于其他非酵母蛋白的辅助,这限制了某些细胞外蛋白和细胞膜受体蛋白等的研究。②酵母双杂交系统的一个重要问题是"假阳性"。由于某些蛋白本身具有激活转录功能或在酵母中表达时发挥转录激活作用,使 DNA 结合域杂交蛋白在无特异激活域的情况下可激活转录。另外某些蛋白表面含有对多种蛋白的低亲和力区域,能与其他蛋白形成稳定的复合物,从而引起报告基因的表达,产生"假阳性"结果。

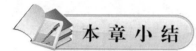

本章小结

可遗传的并可检测的 DNA 序列均可作为分子标记。目前分子标记有 3 种类型,第一类是以电泳技术和分子杂交技术为核心的分子标记;第二类是以电泳技术和 PCR 技术为核心的分子标记;第三类是以 DNA 序列为核心的分子标记。因为分子标记具有可随时检测、数量极多、多态性好且许多标记为共显性、信息完整等优点,所以被广泛应用在分子标记遗传图谱的构建和基因定位、分子标记辅助选择、比较基因组的分析、种质鉴定的研究、良种登记、系谱记录的建立及亲缘关系鉴定等方面。在众多的标记系统中,动物、植物育种家要根据每种标记的特点、项目的目标、群体结构以及现有的条件等进行选择。一般在选择时应考虑标记的显性类型与群体、实验室的现有条件、种属的多态性、不同系统的重复性(稳定性)、成本等因素,才能达到省时、省力、准确的目的。

基因芯片是采用原位合成或直接点样的方法同时将大量的探针以预先设计的方式固定于支持物上,可以一次性地对大量序列进行检测和基因分析。基因芯片技术的突出优点在于其高度的并行性、多样化、微型化和自动化。基因芯片目前有 6 种类型,操作者在使用时应选择一种基因芯片类型适合于本研究,另外还应该考虑基因芯片的数量、取材部位、取材量、对基因芯片结果的分析等环节。基因芯片用途广泛,利用基因芯片既可以高通量、灵敏、快速研究基因的表达差异,也可以寻找和发现新基因。

酵母双杂交系统主要利用酵母 GAL4 的特性,通过两个杂交蛋白在酵母细胞中的相互结合及对报告基因的转录激活来研究活细胞内蛋白质的相互作用。该技术主要应用于发现新基因及其蛋白质和蛋白质的新功能研究、细胞体内抗原和抗体的相互作用研究、筛选药物作用位点及药物对蛋白相互作用影响和建立基因组蛋白互作连锁图等。所以,酵母双杂交技术既可以用来研究生物基因组编码蛋白质之间的互作,也是发现新基因的途径。

思考题

1. 分子标记的类型有哪些?各有哪些优缺点?它们在动、植物遗传研究中有何用途?
2. DNA 指纹图的特点是什么?应用在哪几方面?
3. 微卫星 DNA 标记的优缺点是什么?微卫星 DNA 探针与小卫星 DNA 探针有哪些区别?
4. 使用基因芯片的步骤有哪些?使用时应注意什么问题?
5. 试述以 PCR 为基础的分子标记技术的原理和应用。
6. 举例说明基因芯片和酵母双杂交系统的应用。

第十五章 核酸测序技术

核酸测序技术是最常用的分子生物学技术之一，对推动本学科发展发挥了巨大的引擎作用。核酸测序技术始于 20 世纪 70 年代，至今已经历三个阶段的快速发展。第一代测序技术主要有化学降解法、双脱氧链终止法和荧光自动测序仪，第二代测序技术进入了高通量、低成本时代，目前已经出现单分子测序的第三代测序技术。

第一节 第一代测序技术

一、化学降解法

化学降解法由 Maxam 和 Gilbert 于 1977 年发明，其基本原理是先将双链 DNA 变性成单链，将其 5′ 端用同位素标记后，用不同化学试剂进行核苷酸裂解，最后进行凝胶电泳分离和放射自显影，根据不同泳道的条带信息获得 DNA 分子的碱基序列（图 15-1）。

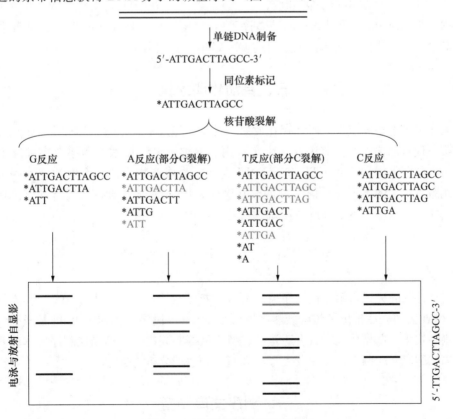

图 15-1 化学降解法的基本原理
（引自 Matheus and van Holde，1996）
（灰色字母和条带表示部分裂解）

化学降解法的显著特点是所测序列是DNA分子本身而不是酶促反应产物,避免了DNA合成过程中可能产生的人为错误。另外,该方法可以分析DNA的甲基化修饰、构象和蛋白质-DNA相互作用。缺点是操作较复杂,目前已被其他测序方法取代。

二、双脱氧链终止法

双脱氧链终止法由Sanger等于1977年发明,测序包括四个独立的DNA合成反应,每个反应由DNA模板、测序引物、DNA聚合酶、足量脱氧核苷三磷酸(dNTP)和限量同位素标记双脱氧核苷三磷酸(ddNTP)组成。其中,DNA聚合酶负责互补链的引物延伸,当添加dNTP时,因能形成3′,5′-磷酸二酯键而使DNA链得以延伸;但当添加缺少3′羟基的ddNTP时,因不能形成3′,5′-磷酸二酯键而使DNA链延伸终止。四个反应产物是不同长度的寡核苷酸聚合物,分别在A、T、C和G处终止,经凝胶电泳分离和胶片

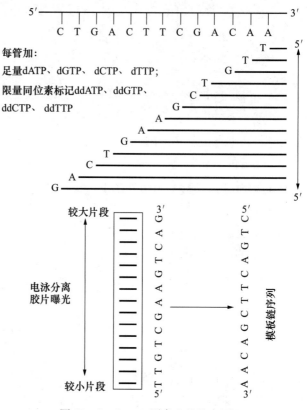

图15-2 Sanger测序法的基本原理

曝光后,根据条带信息可以获得DNA的碱基序列(图15-2)。双脱氧链终止法具有准确性高等优点,是使用最多的第一代测序技术,也是目前DNA测序的金标准。

三、自动化测序仪

第一代测序技术主要缺点是耗时和存在放射性污染。经过不断改进,1987年Applied Biosystems公司推出了第一代自动化测序仪AB370,由于采用了毛细管电泳技术,测序效率和准确性均有显著提高。因使用不同荧光标记的ddNTP进行DNA合成,合成产物可在一个电泳泳道内分离,通过计算机处理激光激发产生的不同波长信号获得碱基序列。1998年推出的第二代自动化测序仪AB370xl至今仍在广泛使用,读序可达900 bp,准确性可达99.9%。

第二节 第二代测序技术

人类基因组计划的完成对第二代测序技术开发发挥了巨大的推动作用。2005年以来,454、Solexa和Agencourt公司先后推出了焦磷酸测序平台、Illumina测序平台和SOLiD测序平台,此三大平台是第二代测序技术的典型代表,具有通量高、费用低等共同优点。第二代测序技术的基本程序大体相同,主要包括测序文库制备、文库放大、序列测定和数据分析与显示。

一、测序文库制备

1. 核酸片段制备

(1) 双链DNA 双链DNA片段制备方法主要有机械剪切法和酶切法,其中机械剪切法需用专

门的超声波仪进行，由于不同功率超声波仪制备的DNA片段长度不同，所以必要时需用凝胶电泳进行DNA片段选择。酶切法可用DNase I 或其混合物进行，虽然与机械剪切法同样有效，但产生的插入或缺失较多。另外，转座酶能同时进行双链DNA切割和接头分子插入，具有省时、高效等优点。DNA测序文库的插入片段长度一般为500 bp左右，但取决于不同的测序仪和测序目的。

（2）RNA 在多数情况下，制备RNA测序文库也需要进行片段化，但可在逆转录前或逆转录后进行。逆转录前的RNA片段化可在温控条件下用镁、锌等金属阳离子进行消化，通过调整消化时间可以获得长度合适的片段。逆转录后的cDNA片段化与双链DNA相似。RNA测序文库插入片段的大小同样取决于研究目的。

2. 片段末端修补 在获得DNA片段后，需要对片段两端进行化学修饰。5'端平端化和磷酸化可用T4噬菌体多核苷酸激酶、T4噬菌体DNA聚合酶和DNA聚合酶Klenow片段混合物进行，3'端腺苷酸加尾可用 *Taq* 聚合酶或Klenow片段进行，其中 *Taq* 聚合酶的加尾效率较高，不需要加热时可选用Klenow片段。

3. 接头分子连接 在进行连接反应时，接头分子与DNA片段的比例一般为10∶1，接头过多不仅容易形成接头二聚体，而且更容易被PCR扩增。在连接反应后，接头二聚体可用凝胶层析等方法去除。为了便于多重测序，每一样品可与不同条形码接头连接，或用条形码引物进行PCR扩增。

由于天然miRNA带有5'磷酸基，其测序文库制备十分简单。先用截短T4噬菌体RNA连接酶2将3'端封闭的腺苷酸化接头分子与RNA样品连接，由于该酶仅以3'腺苷酸化的接头分子为底物，所以RNA样品中的非miRNA无法连接。因3'端被封闭，接头分子也不能相互连接。然后加入RNA接头分子、ATP和RNA连接酶1，与5'磷酸化的RNA分子进行连接，将逆转录引物与3'接头分子杂交后便可进行RT-PCR扩增。

在制备mRNA测序文库时，可用随机或oligo（dT）引物进行cDNA合成，也可将接头分子与mRNA片段连接后进行RT-PCR扩增。当用随机引物进行cDNA合成时，要尽量去除核糖体RNA，或用oligo（dT）偶联琼脂糖珠进行mRNA富集。

二、测序文库放大

测序文库放大主要有固相放大和乳滴PCR（emulsion PCR）放大。固相放大可在称为流动池的特制玻璃板表面进行，每块板有若干泳道，每泳道包被与接头分子互补的寡核苷酸。当单链测序文库在泳道中流动时，DNA片段通过接头分子与互补寡核苷酸结合，经过桥接PCR（bridge PCR）反复放大后，每个片段能在原位获得数百万倍的扩增，形成所谓的克隆集群（clonal cluster）（图15-3）。

乳滴PCR放大在特制的PTP板上进行，这种反应板各孔仅能容纳一个琼脂糖珠。当加入带有琼脂糖珠的测序文库时，每孔仅允许单个糖珠-DNA片段进入，各孔间以油乳剂相隔成独立的微反应器，经过PCR扩增后可以获得含数百万个拷贝的克隆集群（图15-4）。

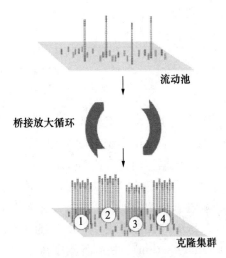

图15-3 测序文库固相放大原理

三、测序系统

1. 454焦磷酸测序系统 焦磷酸测序（pyrosequencing）最先由美国454生命科学公司研发，罗氏公司于2005年引进后推出了第一代454基因组测序仪。测序反应是将PCR扩增产物、DNA聚合

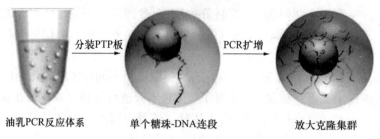

图 15-4 乳滴 PCR 扩增原理

酶 I、ATP 硫酸化酶（ATP sulfurylase）、荧光素酶（luciferase）、腺三磷双磷酸酶（apyrase）、腺苷酰硫酸（adenosine phosphosulfate）、D-荧光素（D-luciferin）和 PCR 引物加入 PTP 板进行 PCR 扩增，每次循环添加一种核苷酸。其中，DNA 聚合酶 I 负责将互补核苷酸添入延伸链，释放的焦磷酸（PPi）由 ATP 硫酸化酶转化产生 ATP，荧光素酶再将 ATP 转化为光信号，未整合核苷酸和 ATP 由腺三磷双磷酸酶负责清除。由于光信号的产生及其强度取决于整合的核苷酸种类，所以通过光信号检测即可判定模板链的 DNA 序列（图 15-5）。

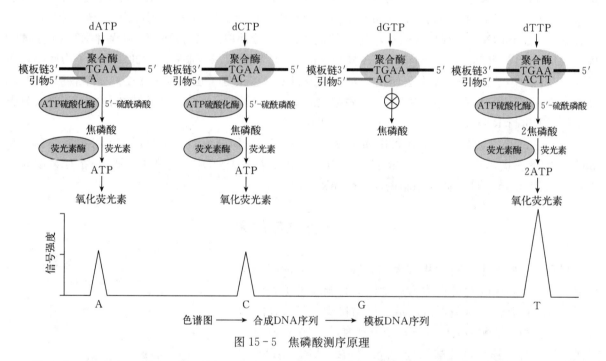

图 15-5 焦磷酸测序原理

第一代 454 测序系统的读序长度仅为 150 bp 左右，每次可读取 20 多万条序列。2008 年推出的 GS FLX Titanium 系统的读序长度可达 700 bp，准确性达 99.9%，每日可输出 0.7 Gb 数据。2009 年升级版的数据输出量可达 14 Gb，测序文库制备和数据处理更为简单。454 测序系统的最大优势是速度快（仅需 7～10 h），缺点是所用试剂较昂贵和测序准确性相对较低，适合单核苷酸多态性基因分型、病毒和细菌分型、特异基因突变检测和基因转录分析等研究。

2. SOLiD 测序系统 SOLiD 测序系统通过检测寡核苷酸连接进行序列测定（sequencing by oligo ligation detection）。在制备测序文库时，先将 DNA 片段与接头分子连接，再与琼脂糖珠连接后，在 PTP 上进行 PCR 扩增。测序利用独特的 8 碱基探针进行 DNA 模板链探测，探针第一碱基为连接部位，第五碱基为裂解位点，第八碱基连有 4 种不同的荧光染料。测序反应的第一步是将通用引物 N 与 DNA 片段上的接头分子杂交结合，然后添加荧光素标记探针和连接酶。如果探针与 DNA 模板链互补，测序引物则能被连接，结果能检测到荧光信号。在洗去非互补探针并裂解去除互补探针的荧光基团后，再用通用引物（N）进行连接反应。但经过一轮连接反应后，仅能测得部分核苷酸序列，对应于探针简并碱基的序列需用短 1~2 个碱基的引物重新进行测序，直到测完为止（图 15-6）。

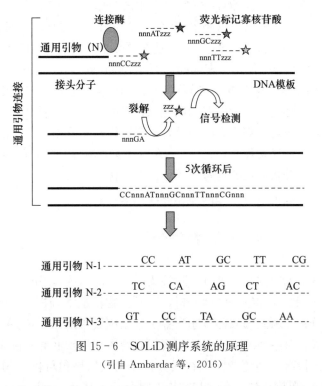

图 15-6　SOLiD 测序系统的原理
（引自 Ambardar 等，2016）

SOLiD 测序系统的主要缺点，是续序长度较短（35~85 bp），续序长度意味着测序时间较长和组装序列的错误较多。

3. Illumina 测序系统　2006 年，Solexa 公司推出了第一代基因组测序仪。Illumina 公司兼并 Solexa 公司后推出了 GA/HiSeq 测序系统。此测序系统采用边合成边测序策略，先在 DNA 片段两端连接特定的接头分子，变性成单链后加入流动池，让 DNA 片段与包被在流动池表面的互补寡核苷酸结合，通过桥接 PCR 扩增后，每一 DNA 片段放大为一个克隆集群。再用线性化酶将各克隆集群变性成单链后，加入 DNA 聚合酶和 4 种荧光标记的终止寡核苷酸进行 DNA 合成。由于终止核苷酸的 $3'$ 羟基被化学灭活，所以每次添加一个碱基，通过检测每一克隆集群发出的荧光信号波长和强度即可判定添加的碱基。荧光基因和 $3'$ 端封闭端用化学方法去除后进行下一轮碱基整合循环，测序完成后对每一克隆集群序列进行计算机处理，并滤除质量不高的读序（图 15-7）。

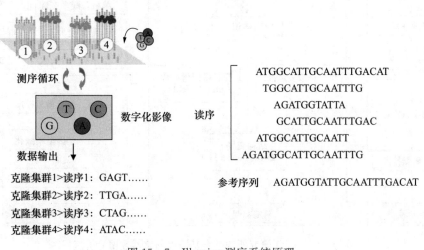

图 15-7　Illumina 测序系统原理

目前，Illumina 公司推出了系列测序仪，以满足不同数据输出量和时间的需要。其中，MiSeq 是快速、实验室使用的小型测序仪，测序可在 4 h 内完成，适合基因定位和较小基因组测序。HiSeq2500 为高通量测序仪，27 h 内可以测定 30 个人基因组，而且成本较低。2014 年，该公司又推出了适合实验室使用的快速测序仪 NexSeq 500 和适合群体全基因组测序的 HiSeq X。

Illumina 测序系统的优点包括使用了末端配对测序（paired-end sequencing）和多重测序（multiplexing sequencing）。由于末端配对测序在 DNA 片段两端同时进行，并对正、反向读序进行比对分析，所以测序准确性更高。通过分析读序对的间隔长度还可发现和去除 PCR 重复序列。另外，与单次测序相比，末端配对测序还可发现更多的单核苷酸多态性。多重测序是将多个文库合并后进行同时测序，这是因为在制备多重测序文库时，每一 DNA 片段都连有序列独特的条形码接头分子（barcoded adaptor），所以最终数据分析可以鉴定每一读序。这些优点加之多种文库制备方法和测序仪器可供选用，Illumina 测序系统占据 80% 以上的高通量测序市场。

四、数据分析与显示

在测序完成后，所获原始数据需要进行去除接头序列、低质量读序的前加工、与已知参考序列的比对分析、从头测序的序列组装和编码序列分析，以及生物信息学分析。生物信息学分析包括插入、缺失、单核苷酸多态性分析、新基因或调节序列鉴定、基因转录水平、RNA 剪接替代机制以及转录起始和终止部位的确定等，某些情况下还包括疾病相关的体细胞或生殖细胞基因突变分析。

目前，生物信息学分析有很多免费网上在线分析工具或软件包可供使用，序列比对分析工具有 MAQ、BWA 和 SOAP 等，单核苷酸多态性和结构变异分析工具有 BreakDancer、VarScan 和 MAQ 等，基因组、蛋白质组、转录组和代谢组分析工具可通过 OMICtools 入口（www.omictools.com）进行。

数据可视化是基因组分析的重要组成部分，但因高通量测序数据通常很大，用个人电脑难以读取整个数据或搜寻特定序列，因此多数程序将这些数据档案处理为数据库，以便有效获取数据进行分析。数据库的索引可使次级数据搜索更为快捷，可供个人桌面使用的可视化工具有 Tablet、BamView、Savant、Artemis 和 UCSC 基因组浏览器等，Broad 研究所的整合基因组阅读器（integrative genomics viewer，IGV）是使用最多的高效可视化工具，其分析流程如图 15-8 所示。

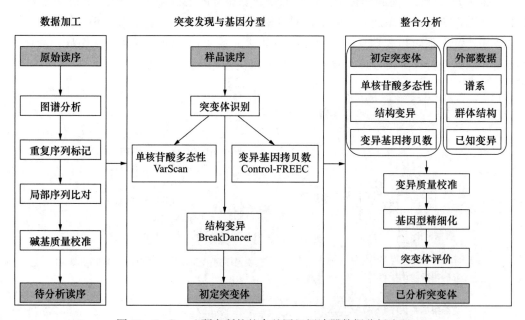

图 15-8　Broad 研究所的整合基因组阅读器数据分析流程
(引自 Bahassi 和 Stambrook, 2014)

第三节 第三代测序技术

第三代测序技术以全新概念进行 DNA 序列测定，具有快速、实时两个重要特点，主要有单分子测序技术、单分子实时测序技术、纳米孔测序技术、全基因组测序技术、微滴珠测序技术等。

一、单分子测序技术

HeliScope 测序仪是单分子测序技术的典型代表。测序文库制备不需要基因片段连接和克隆放大，先用末端转移酶和某一双脱氧核苷酸将 DNA 片段进行腺苷酸加尾和 3′羟基封闭，此 DNA 片段与固定在流动池表面的 oligo（dT）杂交结合后，再用荧光标记核苷酸进行 DNA 合成和序列测定。另外，由于真核细胞 mRNA 能直接与流动池表面的 oligo（dT）结合，所以不需逆转录即能进行 mRNA 测序和定量检测。HeliScope 测序仪的缺点包括读序较短（24～70 bp）和数据输出量较低（20 Gb），需要进一步改进。

二、单分子实时测序技术

单分子实时测序（single molecule real-time sequencing，SMRT）是使用基因修饰酶来实时观察酶促反应。SMRT 测序仪具有数以百万计的零模式波导（zero mode waveguide，ZMW），测序反应在纳米级零模式波导孔内进行，反应体系包括 φ29 噬菌体 DNA 聚合酶、荧光素标记核苷酸和单链 DNA 模板。在酶促反应过程中，DNA 聚合酶先将核苷酸添加到模板链，然后将标记的荧光素切除，反应信号由专门配备的相机实时记录，包括荧光信号及其时空变化。与第二代测序技术相比，SMRT 技术具有样品制备快速（4～6 h）、不需 PCR 扩增和读序较长（可达 40 kb）等优点，但测序准确性较低，适合临床实验室使用，特别是微生物学研究。

三、纳米孔测序技术

纳米孔测序（nanopore sequencing）基于离子通道的生物学功能，在生物膜离子通道内进行核酸测序。例如，金黄葡萄球菌 α 溶血素可自我装配成七聚体跨膜通道，能耐受 100 mV 电压和 100 pA 电流，因此非常适合作为纳米孔组件。在连续提供离子流条件下，单链 DNA 通过纳米孔导致的电导率改变可用电生理学技术检测，读值大小取决于 4 种 dNTP 的差异。纳米孔测序能用裂解细胞直接进行，既不需要 PCR 放大，也不需要核苷酸标记和酶的参与。与利用 DNA 聚合反应的测序方法相反，纳米孔测序利用 DNA 链解聚反应进行，因此可显著缩短样品制备时间。2014 年商业化的小型纳米孔测序仪 MinION 有 512～2 000 个纳米孔，每孔测序速度为 120～1 000 bp/min。该测序仪很像一个 U 盘，能在田间进行 DNA 测序，但仅能使用一次，而且测序错误率高（38.2%），需要进一步改进。

四、全基因组测序技术

第三代全基因组测序技术使用杂交与连接原理进行。在制备测序文库时，先将 4 个约 70 bp 的接头分子有规律地插入基因组 DNA，这种组合式探针-锚定连接（combinatorial probe-anchor ligation，cPAL）测序技术可延长读序长度。经过一次克隆放大后，每一基因片段形成可用于序列测定的 DNA 纳米球。与 SOLiD 测序技术相比，cPAL 测序技术具有读序较长、重复碱基测序与序列分析准确性较高等优点。

五、微滴珠测序技术

微滴珠测序技术使用微流与油乳放大技术进行，一步即能制备高通量测序文库，每微滴含基因组PCR放大产物和5 000个左右的6 bp引物。每一引物连有特定染料的条形码，能否与PCR产物结合用专门设计的软件确定，测序系统配备的电脑可准确地描绘序列和结构差异。微滴珠测序技术将整个测序步骤整合到一个平台，包括目的序列选择或富集、PCR放大、序列测定及分析。每一微滴犹如一个独特的微小反应器，优化的工作流程不仅可降低试剂成本和便于动态分析，而且能在桌面进行不同规模的序列测定。

第四节　高通量测序技术的应用

高通量测序技术包括第二代和第三代测序技术，其应用范围越来越广，几乎能回答基因组学、转录组学和表观遗传学的任何问题。

一、基因组测序及变异分析

高通量测序技术具有灵活、可扩展等特点，可用于任何生物的基因组测序，具体方法包括全基因组测序（whole genome sequencing）、外显子组测序（exome sequencing）、从头测序（de novo sequencing）和靶向测序（targeted sequencing）等。其中，从头测序是在无参考序列情况下对新基因组进行的序列测定。靶向测序是有目的地对某个基因组片段或一组基因进行的序列测定。外显子组测序也属于靶向测序，是指基因组所有外显子的序列测定。

高通量测序技术可用于宏观和微观基因组结构变异分析，宏观分析包括不小于1 kb基因组片段的重复、缺失和重排，微观分析主要包括单核苷酸变异。利用高通量测序技术进行重新测序，到21世纪10年代末，已经发现人基因组有近400万个单核苷酸变异和数10万个短序列插入或缺失，其中数百个突变基因的功能丧失。用高通量技术测得的人基因组已有数10万个，为人类DNA遗传多样性和疾病相关研究提供了丰富资料。

二、基因组调节信息分析

高通量测序技术不仅仅用于基因组的从头测序或再测序，更重要的应用是全基因组DNA调节元件的高精度分析，特别是转录因子结合DNA或染色质修饰区域的定位。常用的方法有染色质免疫沉淀测序（chromatin immunoprecipitation sequencing，ChIP‑seq）和DNase测序（DNase sequencing，DNase‑seq），前者是对免疫沉淀选择的转录因子结合DNA或染色质修饰区域进行测序，后者是对DNase I切割基因组开放区获得的DNA片段两端进行测序。其中，DNase测序法较为常规，约50%鉴定区域被染色质免疫沉淀测序法证实为转录因子结合区。2017年出现的转座子易接触染色质测序（transposon accessible chromatin sequencing，ATAC‑seq）先用转座子将接头分子插入开放染色质，然后用接头引物进行序列测定，不仅更为简单，而且可对少量或单个细胞进行测序，因此很快取代了DNase测序。通过对不同基因组或不同组织细胞基因组的序列分析，可以提供大量、富有价值的基因表达调节信息，包括转录因子结合网络、表观遗传图谱和转录子注释，截至2019年初，已有350多万个调节元件在不同细胞类型基因组获得定位。

三、基因组立体结构描绘

高通量测序技术的应用已经使染色体宏观结构及其分区研究获得突飞猛进的进展。使用末端配对标签测序（paired-end tag sequencing）、高通量染色体构象捕获（high-throughput chromosome conformation capture，Hi-C）等多种方法，可以立体解析染色质的相互作用。其中，高通量染色体构象捕获是第一个全基因组水平的无偏差染色质结构分析技术，可将染色质大体区分为开放和关闭两种状态。另外，该技术显示基因组含拓扑学相关结构域，并且大量的结构域内存在相互作用。这些结构域在不同种属和不同类型细胞中较为保守，交界处富含持家基因和绝缘蛋白结合部位。

四、转录组分析

利用高通量测序技术可对RNA种类、结构、蛋白质相互作用和基因组定位进行系统分析，目前对RNA的细胞功能多样性有了更加深入的了解。利用基因表达分析和RNA测序对转录本进行深入分析，能够更为准确地测定mRNA丰度、异构体使用、RNA编辑和基因位点特异表达。利用RNA测序及相关技术，目前已发现许多非编码RNA，包括长链非编码RNA、小核仁RNA和微小RNA。反过来，这些新发现对RNA结构和生物学的认识又进一步扩展了高通量测序技术的应用。例如，利用RNA末端平行分析对miRNA介导的mRNA衰变标签进行序列测定，可有助于miRNA靶标的发现。高通量测序技术还可用于转录因子的体内外结构分析，为了解不同结构特点对翻译效率、剪接加工和多腺苷酸化的影响提供更多的线索。

五、微生物群系分析

随着高通量测序技术的快速发展，目前已经能对宏基因组样品进行详尽分类，为分析多种来源微生物的种类多样性提供重要线索。例如利用16S核糖体RNA基因测序，可以更加准确地确定微生物的遗传进化关系；运用广泛鸟枪测序法，可以快速确定未知微生物的种类及其基因组成。近年来，高通量测序技术在动物体内微生物群系分析中的应用尤为值得关注，已经发现不同个体及其不同栖息部位的微生物组存在广泛差异，并可能与某些疾病相关，据此提出了"个人"微生物组概念。

六、重要疾病基因组测序

通过基因组、外显子组和转录组的高通量测序分析，目前对罕见疾病、癌症等重大疾病的重新认识已经产生了深刻的影响。已有记录的人遗传疾病有7800多种，其中已知致病基因的不足50%。通过健康个体与发病个体或相同家族不同个体的外显子组测序分析，目前已经鉴定了多种遗传疾病的致病基因位点。对于有些遗传性疾病患者，外显子组测序还能为制订治疗方案和判断疾病预后提供参考。

高通量测序技术在癌症研究领域的应用尤其值得关注。癌症基因组图谱计划和国际癌症基因组联盟已经对数千个肿瘤和正常人群对进行了基因组和外显子组测序，并已描绘了20多种癌症的基因突变图。利用高通量测序技术的规模性和敏感性，目前已经能对肿瘤异质性、克隆进化和药物抗性机制等进行整体描述。此外，高通量测序技术还可用于原发和复发肿瘤的比较分析，为制订化疗方案和分析抗药机制提供参考。

 本章小结

在过去的40多年里,尽管核酸测序技术获得了突飞猛进的进展,但Sanger法仍是DNA测序的金标准。第二代和第三代测序技术的应用使得分子生物学研究获得了突破性进展,具有高通量、低成本等共同优点,但也存在测序准确性偏低等缺点。随着核酸测序技术的不断改进,有些测序技术势必将被淘汰,而个体和群体基因组测序有望成为重要疾病诊断和治疗的常规手段。

 思考题

1. 试比较第一代测序技术的优缺点。
2. 第二代测序技术的基本流程是什么?
3. 基因组测序分析内容主要有哪些?
4. 简述高通量测序技术的应用。

第十六章 生物信息学

生物信息学（bioinformatics）是建立在生物学、计算科学和信息学基础上的一门交叉学科，是最为活跃的边缘学科和研究领域。各种生物信息资源的迅猛增长，特别是蛋白质和核酸序列以及大分子结构数据的指数级增长，是推动生物信息学产生和发展的根本动力。对于生物学研究者而言，掌握生物信息学研究方法日益成为一种必须具备的基本技能。本章将从以下6个方面介绍生物信息学的基本概念、研究内容和基础的分析方法：①生物信息学概论，主要介绍生物信息资源的来源，生物信息学的概念、研究内容以及研究进展。②生物信息数据库，主要介绍一些重要的核酸、蛋白质及其他生物学相关数据库。③生物信息资源相关数据的查询和提交，通过Entrez和SRS介绍数据查询的基本方法。④序列比对及应用，介绍序列比对的基本原理及基于Blast的数据库的应用。⑤多序列比对及系统发育分析，介绍多序列比对分析原理及基于多序列比对的系统发育树的构建。⑥测序数据分析方法，介绍目前应用最广的测序数据的生物信息学分析方法。

第一节 概 述

一、生物信息学的基本概念及研究内容

什么是生物信息学？不同的人有不同的理解。以下是美国国家生物技术信息中心（National Center of Biotechnology Information，NCBI）关于生物信息学的定义：生物信息学是生物学、计算机科学和信息技术相互融合而产生的一门交叉学科，其目的在于透过海量的生物信息发现新的生物学逻辑，并为生物学提供一个全新的、统一的、全局的视角。生物信息学主要包括3个研究领域：①开发新的算法和统计学方法以阐明大量数据集间的内在关系。②分析和阐明包括核酸和氨基酸序列、蛋白质结构域、蛋白质三维结构以及染色质三维结构等在内的各种生物学数据及其规律。③开发管理和使用各种不同生物信息的方法和工具，即建立各种分类的和整合的数据库系统，开发数据检索、比较、管理的软件工具。

对于实验生物学研究者而言，生物信息学是开展研究必备的工具，只有很好地掌握和运用这一工具，才能充分利用已有的各种生物信息资源加速研究进程。对于计算生物学研究者而言，生物信息学是通过海量的生物信息资源发现新的生命逻辑的过程，为实验生物学研究者提供分析数据的方法和模型。对于生物信息学研究者而言，他们的任务是建立各种各样的生物信息数据库以及开发应用各种数据分析软件，为计算和实验生物学研究者提供便利的数据描述和查询方式。

二、生物学信息的迅猛增长

自1953年Watson和Crick提出DNA双螺旋结构后，生命科学进入了前所未有的高速发展阶段。其一是在这期间累计了大量的生物学信息资源，其中最多的是生物学文献，仅分子生物学和遗传学文献数量每3～4年翻两番，每年增长近30 000篇。这些生物学文献记录了原始的试验数据，是研究的第一手资料。然而这些信息五花八门，杂乱而难以规整。生物文献的数字化和网络化改变了这种状况，使得生物学文献更易检索、交流和利用。其二是蛋白质和核酸数据库的迅猛扩充。1979美国

建立核酸数据库GenBank，1982年欧洲建立核酸数据库EMBL，1986年日本建立核酸数据库DDBJ（DNA Data Bank of Japan），这些是世界上公认的三大核酸数据库。2011—2016年，中国政府依托深圳华大生命科学研究院成功建立了我国首个读、写、存于一体化的综合性生物遗传资源基因库——国家基因库（CNGB），这是继世界三大数据库之后全球第四个国家级数据库。在40多年内核酸数据的记录迅猛增长，核酸测序技术的突破和各种基因组计划的开展加速了这一过程（图16-1）。其三是生物大分子及大分子复合体空间结构数据库，特别是蛋白质空间结构数据不断增加。虽然蛋白质结构的测定相对于序列测定要复杂和昂贵许多，但由于空间结构对于阐明其生物功能至关重要，故蛋白质空间结构的解析呈迅速增长趋势。除此之外，在这些数据库基础上派生、整理出来的数据库总数已有上千个。这一切构成了一个生物信息的海洋。与呈指数式增长的生物学数据相比，人类相关知识的增长速度却相当缓慢。这种巨大的反差为生物信息学的快速发展提供了动力和空间。

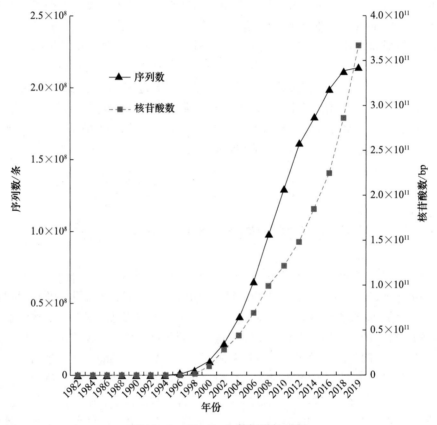

图16-1　GeneBank数据增长过程

三、生物信息学研究的热点领域

1. 基因组信息学　基因组是一个物种全部的遗传信息，是一个物种区别于其他物种的遗传基础。基因组序列的测定为基因组的结构和组成提供了全局的视角，并提供了所有潜在基因的序列。1990年，由美国国家人类基因组研究中心联合国际合作机构发起人类基因组计划（Human Genome Project，HGP），开启了生命领域的一扇大门，截至2004年这个计划耗时15年绘制出人类基因组30亿对碱基，被认为是最具历史意义的科学成就之一。人类基因组计划的完成标志着人类对于生命现象和过程的认识进入了以规模化技术为主线的阶段。到2020年3月，数以千计的病毒、细菌、古细菌、真核生物、线粒体、叶绿体的完整的基因组测序均已经完成（表16-1），还有多种真核生物的基因组测序正在进行中。基因组信息学贯穿在基因组计划的每一个环节中，如质量控制、序列拼装、序列标注、信息整合和发布等。质量控制用于评价测序结果。序列拼装将测序获得的短片段通过专门的程序拼装成叠连群（contig）。序列标注主要是通过同源比对或模式识别算法在测定序列中标注基因位置和结构。信息的整合和发布则是将基因组序列和其他各种信息整合起来，并以一种友好便捷的形式提供给广大研究者。基因组计划获得了一个物种遗传的第一手资料，然而这一资料像一本考古发现的天书，如何破译这本天书需要花费更多的时间，在破译过程中生物信息学无疑将发挥关键作用。通过基因组间的比较阐明基因功能和进化也是基因组信息学的一个重要分支。

表16-1　一些真核生物基因组的大小及其基因组测序状态

名称	拉丁学名	单倍体染色体数目/条	基因组大小/Mb	状态
人	Homo sapiens	24	2 490.390	已完成
果蝇	Drosophila melanogaster	5	137.668	已完成
小鼠	Mus musculus	21	2 689.600	已完成
大鼠	Rattus norvegicus	21	2 743.3	已完成
牛	Bos taurus	30	2 715.85	已完成
牦牛	Bos grunniens	30	2 832.78	已完成
猪	Sus scrofa	19	2 459.03	已完成
山羊	Capra hircus	30	2 922.81	已完成
绵羊	Ovis aries	27	2 767.82	已完成
鸡	Gallus gallus	39	1 043.19	已完成
鸭	Anas platyrhynchos	39	1 136.42	已完成
斑马鱼	Brachydanio rerio	25	1 411.76	已完成
线虫	Caenorhabditis elegans	6	102.04	已完成
拟南芥	Arabidopsis thaliana	5	119.68	已完成
水稻	Oryza sativa	12	490.155	已完成
小麦	Triticum aestivum	21	15 418.8	已完成
玉米	Zea mays	10	2 171.65	已完成
大豆	Glycine max	20	995.21	已完成
番茄	Solanum lycopersicum	12	828.34	已完成
裂殖酵母	Schizosaccharomyces pombe	3	12.591	已完成

注：本表数据来源于NCBI数据库（https://www.ncbi.nlm.nih.gov/genome/），数据更新至2020年3月。

2. 基因表达信息学　基因表达信息学的发展同样和生物学的研究策略密切相关。如前所述，生物学研究已进入后基因组时代，后基因组时代不仅要确证基因组序列中哪些部分是基因，它的结构是怎样的，而且要阐明各个基因的时空表达模式和调控模式。为了改变原来从单一基因入手研究基因功能的模式，人们已研发出一些高通量研究基因表达的方法，如基因芯片、蛋白质组学、RNA-seq等。DNA芯片是生物芯片的一类，它是按照特定的方式将大量已知的DNA片段固定在硅片、玻片或金属片上，然后用该芯片监测不同细胞、组织中各种mRNA的表达水平。比如，将人的所有的基因固定在一个DNA芯片上，然后分别将正常组织和癌变组织中的所有mRNA标记后作为探针并与该芯片杂交，通过比较两种组织与芯片杂交结果的不同，可以发现哪些基因在正常组织中表达，哪些基因在癌变组织中表达，哪些基因在两种组织中的表达量有所变化。蛋白质组学的研究方法与利用基因芯片分析基因表达谱的策略类似，只不过蛋白质组学主要研究不同细胞、不同组织和不同发育阶段蛋白产物的差异。其基本的方法是通过高分辨的双向电泳获得不同组织的所有蛋白的表达谱，比较不同组织表达谱可确定出关键的蛋白产物，结合测序质谱可从蛋白水平监测基因的表达调控。RNA-seq 即转录组测序技术，就是把 mRNA、小 RNA、非编码 RNA（如 miRNA、lncRNA、cirRNA）等其中一种或全部用高通量测序技术把其序列测出来，并通过相应的软件计算出基因或转录本的表达水平。相比芯片微阵列测序，RNA 测序有很高的灵敏度和精确度，检测范围也很广，无需了解物种基因信息，能够直接对任何物种进行测序分析，同时不存在传统微阵列杂交的荧光模拟信号所带来的交叉反应和背景噪音问题。鉴于其优势，二代高通量 RNA 测序技术已成为目前科研工作者应用最广的测序技术。目前，三代高通量技术已成为科研工作者研究 RNA 测序的新方向。

3. 大分子空间结构的预测及药物设计　蛋白质空间结构是由其独特的一级结构决定的，而蛋白质功能是由其独特的空间结构决定的。随着基因组和功能基因组研究的不断深入，人们获得了大量基因的序列，并通过翻译获得了其对应的蛋白质序列，那么能否通过这些蛋白质序列预测其空间结构进而预测其功能？利用蛋白质的一级结构预测其二级结构目前有较好的结果，然而通过一级结构预测空间结构还需要不断改进。尽管蛋白质空间结构预测存在很多的局限，但如果一旦能够预测和模拟蛋白质空间结构，人们就可减少甚至避开通过 X 射线衍射和核磁共振获得蛋白质空间结构，直接人工设计蛋白质分子。人们通过传统方法获取蛋白质空间结构，希望这些数据的累积能进一步提高预测的准确率，另一方面人们还在不断地改进蛋白质结构预测的算法。当前，蛋白质空间结构的模拟主要有三类方法，即同源模建（homology modeling）、折叠识别（fold recognition）和从头计算法（abinitio）。蛋白质空间结构模拟和药物设计密切相关，药物之所以能够起到药效，是因为它能和特异的靶蛋白分子相互作用。相反，如果已经知道了药物作用的靶标，就可以将该蛋白质和已知的化合物进行模拟结合，从而从大量化合物中快速筛选出治疗疾病的药物。由于药物和人类健康息息相关，利用计算机模拟蛋白质结构及结合位点进行药物设计成为目前生物信息学研究的热点之一。

4. 表观基因组学　自 20 世纪 40 年代以来，DNA 一直被认为是决定生命遗传信息的核心。但我们发现同卵双胞胎有着相同的遗传信息，为何相貌和行为不同呢？这是因为生命遗传信息不是由基因完全决定，已有研究表明，可以在不影响 DNA 序列的情况下改变基因组的修饰，这种改变不但可以影响个体发育，而且还可以遗传下去。这种在基因组水平上基于 DNA 序列一级结构不改变的情况下研究生物性状的表观修饰称为表观遗传学。

表观遗传学可以在不同水平进行调控，目前其研究主要集中在以下 4 个方面：DNA 甲基化、染色质重塑、组蛋白修饰、非编码 RNA 调控。这些调控事件常常协同发挥作用，相互影响，进而构成表观遗传"密码"，影响基因转录过程从而对生物体正常的生命过程产生深远影响。①DNA 甲基化通过募集参与基因抑制的蛋白质或通过抑制转录因子与 DNA 的结合来调节基因表达。甲基化异常可能会产生严重的后果，例如基因印记、性染色体失活、癌症或肌肉营养不良症等疾病都与 DNA 甲基化相关。②染色质结构的紧密折叠限制了转录因子或其他 DNA 结合蛋白接近 DNA 诱导基因表达，这种染色质开放的过程称为染色质重塑。③组蛋白修饰是发生在核小体的组蛋白游离在外的氨基酸残基上的一种共价修饰，也参与调控基因的表达。例如，组蛋白乙酰化与基因转录活性相关，组蛋白去乙酰化则与基因表达失活有关。④随着高通量测序技术的发展，科学家们发现以前被认为是垃圾 DNA 的基因组"暗区"也具有转录活性，这些 DNA 转录产生的非编码 RNA 元件在转录抑制和激活中同样发挥着许多重要的功能。自 20 世纪 40 年代以来，DNA 一直被认为是决定生命遗传信息的核心物质，但是进入 21 世纪后的研究表明，生命遗传信息从来就不是基因所能完全决定的，而这种在基因组水平研究表观遗传修饰的领域称为表观基因组学（epigenomics），表观基因组学使人们更深入地重新认识了基因组，基因组不仅是序列包含遗传信息，而且其修饰也记载并传承遗传信息。

四、蛋白质和核酸序列的测定

蛋白质和核酸是组成生命体最重要的两类生物大分子，核酸作为遗传信息的携带者，蛋白质作为生命活动的实现者。1957 年 Crick 提出的中心法则阐明了生命活动中信息传递的基本通路，表明决定蛋白质执行其独特功能的空间结构的一级序列是由其对应的核酸序列决定的。中心法则也暗含了两个基本的技术难点，即获得蛋白质和核酸一级序列。

蛋白质一级结构的测定已有60多年的历史。最初，人们致力于建立蛋白质和多肽的分离技术，并确定其氨基酸种类及含量。1953年，Frederick Sanger测定了第一个多肽激素——胰岛素的全序列。截至2020年3月，在SWISS-PORT蛋白质数据库中共有114 033条蛋白质序列，而在PIR蛋白质数据库中共有283 227条蛋白质序列。最初蛋白质序列测定主要通过手工测序完成，目前蛋白质测序可通过蛋白质自动测序仪完成。自动测序不仅提高了测序的效率，而且也大大提高了灵敏度。无论是手工测序还是自动测序其基本的原理都是一致的，即首先利用特异的蛋白酶或化学试剂将蛋白质切割成小的肽，然后通过艾德曼降解法获得每一个小肽的序列，最后根据序列将各个短肽再拼接成一个完整的蛋白质序列。另外一种重要的蛋白测序技术是质谱法，质谱法测序的突出优点是可以识别翻译后修饰而得到的修饰氨基酸残基。

1977年核酸测序技术取得了突破性进展，有两种DNA测序方法在这一年提出，一种是Alan Maxam和Walter Gilbert提出的化学降解法，另一种是Frederick Sanger提出的双脱氧链终止法。无论是哪种方法，都先获得4组末端标记的核酸片段，每一组核酸片段3′端的核苷酸是相同的，然后利用可以区分相差一个核苷酸的DNA分子电泳系统，把4组末端标记的核酸片段在同一张凝胶的4个泳道中进行分离，最后通过不同片段在凝胶中的迁移位置可直接读出测定DNA的序列。改进后的双脱氧链终止法已广泛应用于DNA自动测序。DNA自动测序仪大大提高了测序的速度和灵敏度，流水线化的自动测序在大规模基因组序列分析中起到核心作用。

随着基因组学的快速发展，第一代DNA测序方法已不能满足现在海量数据的测定和分析。在此背景下，第二代测序（next generation sequencing，NGS）技术已成为解决基因组变异检测、基因表达量测定、表观遗传分析等领域的主要分析手段。然而，NGS技术具有读数短和其产生的数据在基因组上覆盖不均匀等局限性，随之而生的第三代测序（third generation sequencing，TGS）技术因读数长、耗时短等优势得到了快速的发展，并在生物、医学、农业等领域得到越来越广的应用。在转录组学研究上，第三代测序技术产生的读数平均长度约为10 kb，超过了大部分的转录本的长度，因此适用于转录组组装。除此之外，单细胞转录组测序（scRNA-seq）能够精确定量单个细胞的转录组状态，并开辟了在单细胞分辨率上分析生物组织复杂性的时代；结合高通量测序技术靶向开放染色质的研究方法ATAC-seq的出现揭开了染色质开放性的神秘面纱。

蛋白质序列和核酸序列中蕴含着丰富的信息。如蛋白质的一级结构包含其形成独特空间结构、电荷性质、作用机制、进化关系等信息；核酸序列中包含着基因转录所需的顺式作用元件、转录后加工所需的内含子和外显子位置、翻译起始信息、蛋白质编码信息等。最初的生物信息学的研究目的就是对这些蛋白质和核酸序列进行整理和分析。

五、生物大分子空间结构的测定

生物大分子空间结构的确定对于其功能的确定和作用机制的阐明至关重要，X射线衍射和核磁共振（NMR）是研究生物大分子三维结构的两种基本方法。当一束X射线通过一种蛋白质晶体时，射线会与蛋白质中的电子相互作用，使其发生衍射现象，可以通过衍射图像计算出蛋白质晶体中每个原子的空间位置。利用X射线衍射不仅可以测定蛋白质或DNA的空间结构，也可以确定酶和底物复合体或蛋白质和核酸复合体的三维结构。核磁共振可用于确定溶液环境中中小型蛋白质分子的空间结构。质子在强磁场中被射频激发后产生质子松弛谱，这种松弛谱可被测定并可根据其解析出质子的相对位置，最终确定出蛋白质的空间结构。核磁共振和X射线衍射获得的大分子空间结构通常能很好地吻合，这表明通过X射线衍射获得的大分子结构和生物体内的结构是吻合的。

生物大分子空间结构的解析是确定结构和功能之间对应规则的基本方法。到2020年3月，在蛋白质数据库（protein data bank，PDB）的三维结构数据库中有 156 365 个记录，相对核酸序列和蛋白质序列数据而言，大分子空间结构的数据仍远远不足。利用蛋白质一级结构预测其空间结构和功能是研究蛋白质结构和功能的重要策略，然而这种方法必须建立在有足够量的蛋白质空间结构和功能数据的基础上。因而，大分子及大分子复合体空间结构的解析成为蛋白质结构和功能预测的瓶颈之一。值得注意的是，冷冻电子显示显微镜对于解析蛋白空间高级结构也是一种非常好的方法。

三维基因组学是指在考虑基因组序列、结构及其调控元件的同时，对基因组序列在细胞核内的三维空间结构，及其在基因转录、调控、复制和修复等生物过程中功能的研究。目前，基因组三维空间结构与功能的研究已经成为基因组学的新发展趋势。2002 年，Job Dekker 等研究人员提出了染色质构象捕获（chromatin conformation capture，3C）技术用于测定基因组上特定的单点与单点之间的染色质交互作用。随后，更多的研究染色质高级结构的测序技术被相继开发出来。例如，环形染色质构象捕获（circularized chromatin conformation capture，4C）技术用来分析单点与其他多个位点间的互作，碳拷贝染色体构象捕获（carbon-copy chromatin conformation capture，5C）技术用于测定片段内多位点与多位点间的染色质交互作用，高通量染色体构象捕获（Hi-C）技术用于捕获全基因组范围的染色质相互作用，染色质免疫共沉淀联合循环（chromatin immunoprecipitation combined loop，ChIP-loop）和染色质相互作用分析与双端标记测序（chromatin interaction analysis with paired-end tag sequencing，ChIA-PET）技术用于测定蛋白质介导的染色质交互作用（图 16-2）。

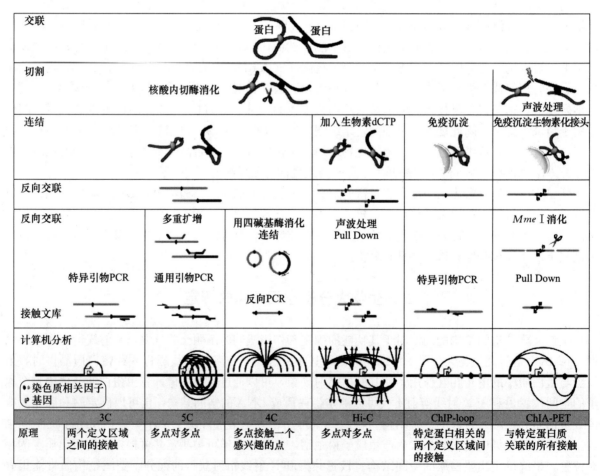

图 16-2　染色质构象捕获及其衍生技术
(引自 Hakim，2012)

第二节 生物信息数据库

随着生物学研究的不断深入以及基因组计划和后基因组计划的实施,核酸和蛋白质序列数据在迅速增长,生物学文献数量在不断增长,生物大分子结构数据也在不断增长。为了便于查询检索,这些数据被整理、整合形成种类繁多的数据库。这些数据库由国际著名的生物信息系、中心、大学、研究所和一些商业机构进行管理和维护,如核酸数据库 GenBank 和生物文献数据库 Medline 由美国国家生物技术信息中心(NCBI)维护,核酸数据库 EMBL 由欧洲生物信息学研究所(EBI)管理,核酸数据库 DDBJ 由日本国立遗传学研究所(NIG)管理,蛋白质数据库 SWISS-PROT 由瑞士生物信息学研究所(SIB)管理,蛋白质数据库 PIR 由 PIR-International 管理。蛋白质结构数据库 PDB 由美国结构生物学合作研究机构管理。2011 年,中国政府依托深圳华大生命科学研究院建设我国首个读、写、存于一体化的综合性生物遗传资源基因库——国家基因库(CNGB)。历时 5 年,国家基因库于 2016 年 9 月 22 日完成并开始运营。随着互联网的发展和普及,生物学研究者可方便地通过互联网将他们的研究结果提交给各个数据库中,并通过互联网从各种数据库中找到他们所需的序列、结构和文献。生物信息学数据库可分为两类,即一级数据库和二级数据库。一级数据库是生物信息学的基本数据资源,包括基因组数据库、蛋白核酸数据库、大分子三维结构数据库。二级数据库则是根据不同研究领域的实际需要,对基因组图谱、核酸蛋白序列、空间结构及文献数据进行分析、整理、归纳、注释,建立的具有特殊意义和专门用途的数据库。一些重要的生物信息学数据库及其网址见表 16-2。

表 16-2 重要的生物信息学数据库及其网址

数据库名称	数据库内容	网址
GenBank	核酸数据库	http://www.ncbi.nlm.nih.gov
EMBL	核酸数据库	http://www.ebi.ac.uk
DDBJ	核酸数据库	http://www.ddbj.nig.ac.jp/
SWISS-PROT	蛋白质数据库	http://www.expasy.ch/sprot/sprot-top.html
PIR	蛋白质数据库	http://pir.georgetown.edu
PDB	蛋白质三维结构数据库	http://www.rcsb.org/pdb/
PFAM	蛋白家族数据库	http://www.sanger.ac.uk/Software/Pfam/
DBEST	EST 数据库	http://www.ncbi.nlm.nih.gov
UniGene	UniGene 数据库	http://www.ncbi.nlm.nih.gov/UniGene/
CNGB	核酸数据库	https://www.cngb.org

一、核酸数据库

EMBL、GenBank 和 DDBJ 是国际上三大主要核酸数据库。1982 年 EMBL 由欧洲分子生物学实验室创建,目前由欧洲生物信息学研究所管理。20 世纪 80 年代美国国家健康研究所(NIH)委托 Los Alamos 实验室建立 GenBank,目前由 NCBI 管理。DDBJ(DNA Data Base of Japan)创建于 1986 年,由日本国立遗传学研究所负责管理。1988 年三大数据库建立合作关系,每天都要交换数据以保证查询者不论从哪个数据库搜索都能得到完整的序列信息,并举办两个国际年会——国际 DNA 数据库咨询会议和国际 DNA 数据库协作会议,互相交换信息,因此,这三个库的数据实际上是相同的。为了实现对数据库的快速搜索又将其分为一些子库,子库的分类主要是根据种属来源进行的,如哺乳类动物、植物、病毒、原核生物等。最初各个数据库的序列主要来自散布在各处的研究者个人提交的研究结果，随着各种基因组计划的开展，各种基因组测序机构提交的数据大大超过了其他来源的数据，将这些数据单独分类可以提高搜索效率。其中包括表达序列标签（expressed sequence taq，EST）、高通量基因组测序（high-throughput genomic sequencing，HTG）、序列标签位点（sequence tag site，STS）和基因组概览序列（genome survey sequence，GSS）。

和其他数据库一样，核酸数据库也有其特定的格式。下面以 GenBank 和 EMBL 数据库为例分析核酸序列数据的基本格式。无论是 GenBank 还是 EMBL，每一个序列记录都包括了许多固定的字段，这些字段主要包括序列的名称、说明、关键词、来源、相关文献编号、序列特征、序列起始等。虽然 GenBank 和 EMBL 所用的字段标识有所不同但其字段的内容基本是对应的。如 EMBL 中用 ID 表示序列名称，而 GenBank 用 LOCUS 来表示；EMBL 中用 OS 表示来源的物种名，而 GenBank 用 SOURCE 来表示等。序列特征包括了序列的多种特性，该部分包括多种子字段，序列不同则子字段的数目和名称不同。序列特征还包括蛋白编码区、翻译所得的蛋白质序列、外显子和内含子位置、启动子位置、poly（A）信号、重复序列等。下面以拟南芥的胆色素原脱氨酶基因为例比较 GenBank（表 16-3）和 EMBL 数据库（表 16-4）中表述序列的异同。左边部分为序列信息，右边部分是注释部分（其中删除了一些信息，用"……"表示）。

表 16-3 GenBank 数据格式

LOCUS ATHEM 3 422 bp DNA linear PLN 24-JUL-1995	//名称　长度　类型　分类
DEFINITION *A. thaliana* gene for *hemC*.	//描述
ACCESSION X73839	//AC 编号，像一个人的身份证号码
VERSION X73839.1 GI：313837	
KEYWORDS HEM3 gene; hemC gene; hydroxymethylbilane synthase; porphobilinogen deaminase; tetrapyrrole synthesis enzyme.	//关键词
SOURCE *Arabidopsis thaliana*（thale cress）	//物种来源
ORGANISM *Arabidopsis thaliana* Eukaryota; Viridiplantae; Streptophyta; Embryophyta; Tracheophyta; Spermatophyta; Magnoliophyta; eudicotyledons; core eudicots; Rosidae; eurosids Ⅱ; Brassicales; Brassicaceae; *Arabidopsis*.	//物种系统分类
REFERENCE 1（bases 1 to 3422）	//参考文献
AUTHORS Lim, S.H., Witty, M., Wallace-Cook, A.D., Ilag, L.I. and Smith, A.G.	//参考文献作者
TITLE Porphobilinogen deaminase is encoded by a single gene in *Arabidopsis thaliana* and is targeted to the chloroplasts	//参考文献标题
JOURNAL Plant Mol. Biol. 26（3），863-872（1994）	//参考文献刊名
MEDLINE 95093027	
REFERENCE 2（bases 1 to 3422）	
AUTHORS Smith, A.G.	//参考文献作者
TITLE Direct Submission	
JOURNAL Submitted（01-JUL-1993）A.G. Smith, University of Cambridge, Dept of Plant Sciences, Downing Street, Cambridge CB2 3EA, UK	
FEATURES Location/Qualifiers	
source 1..3422	//序列特征
/organism=""	//来源信息
/strain="ecotype Landsberg erecta"	
/db_xref="taxon：3702"	
/clone="LAT1"	
/clone_lib="genomic library in lambda Charon-35"	
promoter 1..1600	//启动子位置

	/note="putative"	
mRNA	join（1603..1950，2208..2613，2715..2921，3037..3213，3309..3422）	//mRNA 对应区域
exon	1603..1950	
	/number=1	
gene	join（1706..1950，2208..2613，2715..2921，3037..3213，3309..3422）	
	/gene="hemC"	
CDS	join（1706..1950，2208..2613，2715..2921，3037..3213，3309..3422）	//编码区
	/gene="hemC"	//基因名
	/EC_number="4.3.1.8"	//酶编号
	/codon_start=1	//阅读框起始
	/product="hydroxymethylbilane synthase"	//产物名称
	/protein_id="CAA52061.1"	//蛋白 ID
	/db_xref="GI：313838"	
	/db_xref="SWISS-PROT：Q43316"	
	/translation="MDIASSSLSQAHKVVLTRQPSSRVNTCSLGSVSAIGFSLPQISSPALGKCRRKQSSSGFVKACVAVEQKTRTAIIRIGTRGSPLALAQAYETREKLKKKHPELVEDGAIHIEIIKTTGDKILSQPLADIGGKGLFTKEIDEALINGHIDIAVHSMKDVPTYLPEKTILPCNLPREDVRDAFICLTAATLAELPAGSVVGTASLRRKSQILHKYPALHVEENFRGNVQTRLSKLQGGKVQATLLALAGLKRLSMTENVASILSLDEMLPAVAQGAIGIACRTDDDKMATYLASLNHEETRLAISCERAFLETLDGSCRTPIAGYASKDEEGNCIFRGLVASPDGTKVLETSRKGPYVYEDMVKMGKDAGQELLSRAGPGFFGN"	//翻译得到的蛋白序列
intron	1951..2207	//内含子位置
	/gene="hemC"	
	/number=1	
exon	2208..2613	//外显子位置
	/gene="hemC"	
	/number=2	
intron	2614..2714	
	/gene="hemC"	
	/number=2	
exon	2715..2921	
	/gene="hemC"	
	/number=3	
intron	2922..3036	
	/gene="hemC"	
	/number=3	
exon	3037..3213	
	/gene="hemC"	
	/number=4	
intron	3214..3308	
	/gene="hemC"	
	/number=4	
exon	3309..3422	
	/gene="hemC"	
	/number=5	
BASE COUNT	1056 a 745 c 647 g 974 t	//序列碱基组成
ORIGIN		//序列起始

1　gagctcttca gaaaaattat gaataaacgt attctgtaaa atctttcaat agtaaaaagt 　　61　ttcattttcg tatccatcgt tggtacttgg tagacaaatg gtgtacatat acataaccca 　121　ggaagatcaa agatgcatat acataaaccc aacggcttcc aaatttcatt tcactgaatc 　　　　　　　　…　… 3361　tgggaaaaga cgcggggcaa gaattgctat ctcgtgctgg tcctggcttc ttcggcaact 3421　ga	
//	//记录结束

表 16-4　EMBL 数据格式

ID　　ATHEM　　　standard；DNA；PLN；3422 BP.	//序列名称
XX	
AC　　X73839；	//每一序列有一个唯一的 AC 编号，像一个人的身份证号码
XX	
SV　　X73839.1	
XX	
DT　　12-JUL-1993 (Rel. 36，Created)	//发布日期
DT　　24-JUL-1995 (Rel. 44，Last updated，Version 4)	
XX	
DE　　*A. thaliana* gene for *hemC*	//描述
XX	
KW　　HEM3 gene；hemC gene；hydroxymethylbilane synthase；	//关键词
KW　　porphobilinogen deaminase；tetrapyrrole synthesis enzyme.	
XX	
OS　　*Arabidopsis thaliana*（thale cress）	//物种来源
OC　　Eukaryota；Viridiplantae；Streptophyta；Embryophyta；Tracheophyta；	//物种系统分类
OC　　Spermatophyta；Magnoliophyta；eudicotyledons；core eudicots；Rosidae；	
OC　　eurosids Ⅱ；Brassicales；Brassicaceae；*Arabidopsis*.	
XX	
RN　　[2]	
RP　　1-3422	
RA　　Smith A. G.；	//作者
RT　　；	
RL　　Submitted (01-JUL-1993) to the EMBL/GenBank/DDBJ databases.	
RL　　A. G. Smith, University of Cambridge, Dept of Plant Sciences, Downing	
RL　　Street, Cambridge CB2 3EA, UK	
XX	
RN　　[3]	
RP　　1-3422	
RX　　MEDLINE；95093027.	
RA　　Lim S. H.，Witty M.，Wallace-Cook A.，Ilag L. I.，Smith A. G.；	
RT　　″Porphobilinogen deaminase is encoded by a single gene in *Arabidopsis*	//参考文献
RT　　*thaliana* and is targeted to the chloroplasts″；	

(续)

RL	Plant Mol. Biol. 26: 863-872 (1994).		
XX			
DR	GOA; Q43316; Q43316.		
DR	SWISS-PROT; Q43316; HEM3_ARATH.		
XX			
FH	Key	Location/Qualifiers	//序列特征
FH			
FT	source	1..3422	//来源信息
FT		/db_xref="taxon: 3702"	
FT		/organism="Arabidopsis thaliana"	
FT		/strain="ecotype Landsberg erecta"	
FT		/clone_lib="genomic library in lambda Charon-35"	
FT		/clone="LAT1"	
FT	mRNA	join (1603..1950, 2208..2613, 2715..2921, 3037..3213,	//mRNA对应区域
FT		3309..3422)	
FT	promoter	1..1600	//启动子位置
FT		/note="putative"	
FT	CDS	join (1706..1950, 2208..2613, 2715..2921, 3037..3213,	//编码区
FT		3309..3422)	
FT		/db_xref="GOA: Q43316"	//GOA数据库对应的编号
FT		/db_xref="SWISS-PROT: Q43316"	//Swiss-Prot对应编号
FT		/EC_number="4.3.1.8"	//酶的编号
FT		/product="hydroxymethylbilane synthase"	//产物名称
FT		/gene="hemC"	//基因名称
FT		/protein_id="CAA52061.1"	//蛋白ID
FT		/translation="MDIASSSLSQAHKVVLTRQPSSRVNT CSLGSVSAIGFSLPQISSP	//翻译得到的蛋白序列
FT		ALGKCRRKQSSSGFVKACVAVEQKTRTAIIRIGTRGSPLALAQ AYETREKLKKKHPELV	
FT		EDGAIHIEIIKTTGDKILSQPLADIGGKGLFTKEIDEALINGH IDIAVHSMKDVPTYLP	
FT		EKTILPCNLPREDVRDAFICLTAATLAELPAGSVVGTASLRRKS QILHKYPALHVEENF	
FT		RGNVQTRLSKLQGGKVQATLLALAGLKRLSMTENVASILSLDEML PAVAQGAIGIACRT	
FT		DDDKMATYLASLNHEETRLAISCERAFLETLDGSCRTPIAGYASK DEEGNCIFRGLVAS	
FT		PDGTKVLETSRKGPYVYEDMVKMGKDAGQELLSRAGPGFFGN"	
FT	exon	1603..1950	//外显子位置
FT		/number=1	
FT	intron	1951..2207	//内含子位置
FT		/number=1	
FT	exon	2208..2613	
FT		/number=2	
FT	intron	2614..2714	
FT		/number=2	

(续)

FT	exon	2715..2921		
FT		/number=3		
FT	intron	2922..3036		
FT		/number=3		
FT	exon	3037..3213		
FT		/number=4		
FT	intron	3214..3308		
FT		/number=4		
FT	exon	3309..3422		
FT		/number=5		
XX				
SQ	Sequence 3422 bp; 1056 A; 745 C; 647 G; 974 T; 0 other;			//序列碱基组成
	gagctcttca gaaaaattat gaataaacgt attctgtaaa atctttcaat agtaaaaagt		60	//序列
	ttcattttcg tatccatcgt tggtacttgg tagacaaatg gtgtacatat acataaccca		120	
	ggaagatcaa agatgcatat acataaaccc aacggcttcc aaatttcatt tcactgaatc		180	
	atgttcgaag caagtagtta catacataaa tggagaacaa ccgaaacagt aagcaaaaac		240	
	……			
	tgggaaaaga cgcggggcaa gaattgctat ctcgtgctgg tcctggcttc ttcggcaact		3 420	
	ga		3 422	
//				//记录结束

二、蛋白质数据库

PIR、SWISS-PROT、TrEMBL、GenPep 为目前主要的蛋白质数据库。

PIR 蛋白质数据库是由美国国家生物医学研究基金会（NBRF）的 Margaret Dayhoff 在 20 世纪 60 年代早期发展建立的，Margaret Dayhoff 收集蛋白质序列来研究蛋白质的进化关系。1988 年，美国国家生物医学研究基金会、日本的国际蛋白质信息数据库和慕尼黑蛋白质序列中心联合成立了国际蛋白质信息中心（PIR-International），该数据库将它们各自的 PIR、JIPID 和 MIPS 数据整合在一起。PIR 蛋白质数据库按照数据的性质和注释的层次分为 4 个不同的部分，即 PIR1、PIR2、PIR3 和 PIR4。PIR1 包含的序列已经被分类和注释。PIR2 包含序列初步的信息，这些信息还没有被完全检验，可能含有一些重复的信息。PIR3 包含一些未被验证的条目。PIR4 中的信息又分成 4 类：①人工合成序列的概念上的翻译（conceptual translation）；②没有转录或翻译的序列的概念上的翻译；③蛋白质序列或基因工程序列的概念上的翻译；④没有基因编码和没有生成核糖体的序列。在 NBRF-PIR 数据库网页上提供了数据搜索和序列查找的程序。

SWISS-PROT 是由 Geneva 大学药学生物化学系和 EMBL 于 1986 年共同合作开发的。该数据库目前由 SIB 和 EBI 共同维护。该数据库力图能够提供高水平的数据注释信息，包括对蛋白质功能、结构域的结构、蛋白质翻译后的修饰、突变体等的描述。SWISS-PROT 数据库的目标是提供尽可能详尽的、很少冗余的数据，在数据库中的超级链接可以直接连接到其他资源上。该数据库中所有的序列都是由有经验的分子生物学家和蛋白质化学家通过计算机工具并查阅相关文献进行了核实。

SWISS-PROT 数据库采用了 EMBL 核酸数据库相同的格式和双字母标识字。表 16-5 以大肠杆菌胆色素原脱氨酶为例分析 SWISS-PROT 数据库的基本结构及其所呈现的蛋白质信息。

表16-5 SWISS-PROT数据格式

ID	HEM3_ECOLI STANDARD; PRT; 313 AA.	//名称 类别 长度
AC	P06983; P78125;	//AC编号
DT	01-APR-1988 (Rel. 07, Created)	//发布日期
DT	01-NOV-1997 (Rel. 35, Last sequence update)	
DT	16-OCT-2001 (Rel. 40, Last annotation update)	
DE	Porphobilinogen deaminase (EC 4.3.1.8) (PBG) (Hydroxymethylbilane	//描述
DE	synthase) (HMBS) (Pre-uroporphyrinogen synthase).	
GN	HEMC OR POPE OR B3805.	//通用名
OS	*Escherichia coli*.	//物种来源
OC	Bacteria; Proteobacteria; gamma subdivision; Enterobacteriaceae;	//物种系统分类
OC	*Escherichia*.	
OX	NCBI_TaxID=562;	//物种系统分类号
RN	[1]	
RP	SEQUENCE FROM N. A.	//序列从核酸序列翻译获得
RC	STRAIN=K12;	
RX	MEDLINE=86312890; PubMed=3529035;	
RA	Thomas S. D., Jordan P. M.;	//参考文献作者
RT	"Nucleotide sequence of the hemC locus encoding porphobilinogen	//参考文献标题
RT	deaminase of Escherichia coli K12.";	
RL	Nucleic Acids Res. 14: 6215-6226 (1986).	//期刊名称
RN	[2]	//可同时列出多个参考文献
RP	SEQUENCE FROM N. A.	
RC	STRAIN=K12/CS520;	//通用名
RX	MEDLINE=89041586; PubMed=3054815;	//物种来源
RA	Alefounder P. R.;	//物种系统分类
RT	"The sequence of hemC, hemD and two additional E. coli genes.";	
RL	Nucleic Acids Res. 16: 9871-9871 (1988).	//物种系统分类号
RN	[3]	
	……	//序列从核酸序列翻译获得
RN	[12]	
RP	X-RAY CRYSTALLOGRAPHY (1.9 ANGSTROMS).	
RX	MEDLINE=92396207; PubMed=1522882;	
RA	Louie G. V., Brownlie P. D., Labert R., Cooper J. B., Blundell T. L.,	//参考文献作者
RA	Wood S. P., Warren M. J., Woodcock S. C., Jordan P. M.;	
RT	"Structure of porphobilinogen deaminase reveals a flexible	//参考文献标题
RT	multidomain polymerase with a single catalytic site.";	
RL	Nature 359: 33-39 (1992).	//期刊名称
CC	-!-FUNCTION: TETRAPOLYMERIZATION OF THE MONOPYRROLE PBG INTO THE	//CC：评价标识字 //功能
CC	HYDROXYMETHYLBILANE PREUROPORPHYRINOGEN IN SEVERAL DISCRETE STEPS.	
CC	-!-CATALYTIC ACTIVITY: 4 PORPHOBILINOGEN+H(2)O=	//催化活性

(续)

CC	HYDROXYMETHYLBILANE + 4 NH (3).				//辅因子
CC	-！- COFACTOR：COVALENTLY BINDS A DIPYRROMETHANE COFACTOR TO WHICH				//代谢途径
CC	THE PORPHOBILINOGEN SUBUNITS ARE ADDED.				
CC	-！- PATHWAY：FOURTH STEP IN PORPHYRIN BIOSYNTHESIS BY THE C5 PATHWAY.				
CC	-！- SUBUNIT：MONOMER.				//亚基
CC	-！- MISCELLANEOUS：ARGININE RESIDUES THAT ARE CLOSELY ASSOCIATED WITH				
CC	ONE ANOTHER MIGHT BE INVOLVED IN SUBSTRATE BINDING.				//其他特性
CC	-！- SIMILARITY：BELONGS TO THE HMBS FAMILY.				//相似性
CC	——————————————————————————				
CC	This SWISS - PROT entry is copyright. It is produced through a collaboration				
CC	entities requires a license agreement (See http://www.isb-sib.ch/announce/				
CC	or send an email to license@isb-sib.ch).				
CC	——————————————————————————				
DR	EMBL；X04242；CAA27813.1；-.				//DR：数据库连接标志字
DR	EMBL；X12614；CAA31132.1；-.				//EMBL 核酸数据库连接
DR	EMBL；M87049；AAA67601.1；ALT_INIT.				
DR	EMBL；AE000456；AAC76808.1；ALT_INIT.				
DR	EMBL；X66782；CAA47279.1；-.				
DR	PIR；A25512；IBEC.				//PIR 蛋白质数据库连接
DR	PIR；S19283；S19283.				
DR	PIR；S30695；S30695.				
DR	PIR；S24974；S24974.				
DR	PDB；1PDA；31 - OCT - 93.				//PDB 蛋白质三维结构数据库
DR	PDB；1AH5；15 - OCT - 97.				连接
DR	PDB；1YPN；02 - MAR - 99.				
DR	PDB；2YPN；02 - FEB - 99.				
DR	EcoGene；EG10429；hemC.				
DR	InterPro；IPR000860；Porphobil_deam.				
DR	PFAM；PF01379；Porphobil_deam；1.				//PFAM 蛋白家族数据库连接
DR	PRINTS；PR00151；PORPHBDMNASE.				
DR	PROSITE；PS00533；PORPHOBILINOGEN_DEAM；1.				//活性位点数据库连接
KW	Porphyrin biosynthesis；Lyase；3D - structure；Complete proteome.				//关键词
FT	BINDING	242	242	PYRROMETHANE COFACTOR.	//序列特征　底物结合位点
FT	MUTAGEN	7	7	R ->L：NO LOSS OF ACTIVITY.	//突变　与活性变化
FT	MUTAGEN	11	11	R ->L：LOSS OF ACTIVITY.	
……					
FT	MUTAGEN	176	176	R ->L：LOSS OF ACTIVITY.	
FT	CONFLICT	137	137	A ->G (IN REF. 3).	//不同来源数据中的冲突位点
FT	CONFLICT	186	186	A ->G (IN REF. 3 AND 4).	
FT	CONFLICT	241	241	G ->A (IN REF. 1).	
FT	CONFLICT	261	261	A ->G (IN REF. 1).	
FT	CONFLICT	265	265	A ->R (IN REF. 3 AND 4).	

(续)

FT	STRAND	5	10	//二级结构信息
FT	HELIX	14	30	
FT	TURN	32	33	
FT	STRAND	35	40	
......				
FT	HELIX	299	304	
FT	TURN	305	306	
SQ	SEQUENCE 313 AA; 33851 MW; 7276981B52C7D1E3 CRC64;			//蛋白质的氨基酸数 相对分子质量
	MLDNVLRIAT RQSPLALWQA HYVKDKLMAS HPGLVVELVP MVTRGDVILD TPLAKVGGKG			
	LFVKELEVAL LENRADIAVH SMKDVPVEFP QGLGLVTICE REDPRDAFVS NNYDSLDALP			
	......			
	EILAEVYNGD APA			
//				//记录结束

　　TrEMBL 创建于 1996 年，其数据来自对 EMBL 核酸数据库中编码序列的翻译，由于其中包含了大量预测基因对应的蛋白质序列，所以其数目远远超过了 SWISS-PROT 数据库，但这些数据的标注大多是通过计算机自动完成，并不像 SWISS-PROT 中的数据得到了多方的确认。GenPept 蛋白质数据库和 TrEMBL 数据库类似，其数据来自对 GenBank 核酸数据库中的编码序列的翻译。这两个数据库中的序列错误率较大，均具有较大的冗余度。

三、大分子空间结构数据库

　　20 世纪 70 年代，蛋白质结构数据库（Protein Data Bank，PDB）就已创建。PDB 最初由美国 Brookhaven 国家实验室负责维护和管理，现在由结构生物学联合研究协会（RCSB）管理。PDB 是目前最主要的蛋白质三维结构数据库，到 2019 年 9 月共收录了 156 365 个生物大分子空间结构。其中绝大部分为蛋白质空间结构，此外还包括一些核酸蛋白复合物、核酸、多糖和病毒的空间结构（表 16-6）。

表 16-6　PDB 中结构数据总览

方法	聚合物类型					
	单一蛋白质	混合蛋白质	DNA	RNA	其他	总和
X 射线衍射	130 547	6 836	1 101	853	4	139 341
核磁共振	11 205	314	726	517	8	12 770
电子显微镜	2 792	975	2	30	—	3 799
其他方法	423	9	4	5	14	455
合计	144 967	8 134	1 833	1 405	26	156 365

　　PDB 中的结构数据主要通过 X 射线衍射技术和核磁共振技术获得，数据库中的每一个结构以文本形式保存，每一个结构为一个独立的文件。在该文件中主要记录了该结构中每一个原子的坐标、化合物名称、来源、作者、相关文献等，还包括分辨率、一级序列、二级结构、配体、配体分子式等信息。总之，通过这些信息不仅可以获得各个原子的空间位置，而且还可以了解全面的相关信息。表 16-7 以大肠杆菌胆色素原脱氨酶的空间结构为例分析 PDB 文件的基本结构及其能反映出的相关信息。

表 16-7　PDB 文件格式

HEADER	LYASE (PORPHYRIN)　　　　　　　17-NOV-92　1PDA	1PDA	2	//名称、编号
COMPND	PORPHOBILINOGEN DEAMINASE (E.C. 4.3.1.8)	1PDA	3	//化合物名称
SOURCE	(ESCHERICHIA COLI)	1PDA	4	//来源
AUTHOR	G. V. LOUIE, P. D. BROWNLIE, R. LAMBERT, J. B. COOPER, T. L. BLUNDELL,	1PDA	5	//作者
AUTHOR	2 S. P. WOOD, M. J. WARREN, S. C. WOODCOCK, P. M. JORDAN	1PDA	6	
REVDAT	1　31-OCT-93 1PDA　0	1PDA	7	//发布日期
JRNL	AUTH　G. V. LOUIE, P. D. BROWNLIE, R. LAMBERT, J. B. COOPER,	1PDA	8	//相关文献
JRNL	AUTH 2 T. L. BLUNDELL, S. P. WOOD, M. J. WARREN, S. C. WOODCOCK,	1PDA	9	
……				
JRNL	REF　NATURE　　　　　　　　V.　359　33 1992	1PDA	14	
JRNL	REFN　ASTM NATUAS UK ISSN 0028-0836　　　006	1PDA	15	
REMARK	1	1PDA	16	//注释
REMARK	2	1PDA	17	
……				
REMARK	6 BEEN INCLUDED IN THE ATOMIC MODEL.	1PDA	63	
SEQRES	1 313 MET LEU ASP ASN VAL LEU ARG ILE ALA THR ARG GLN SER	1PDA	64	//序列
SEQRES	2 313 PRO LEU ALA LEU TRP GLN ALA HIS TYR VAL LYS ASP LYS	1PDA	65	
……				
SEQRES	24 313 ARG GLU ILE LEU ALA GLU VAL TYR ASN GLY ASP ALA PRO	1PDA	87	
SEQRES	25 313 ALA	1PDA	88	
FTNOTE	1	1PDA	89	
FTNOTE	1 THE SIDE CHAINS OF ARG 44, LYS 59, AND LEU 61 HAVE POOR	1PDA	90	//特性描述
FTNOTE	1 ELECTRON DENSITY, AND THE ATOMIC MODEL INCLUDES ONLY THE	1PDA	91	
FTNOTE	1 CB ATOMS FOR THESE SIDE CHAINS.	1PDA	92	
HET	DPM　　314　　30　　DIPYROMETHANE COFACTOR	1PDA	93	
HET	ACY　　315　　 4　　ACETATE ION	1PDA	94	
FORMUL	2　　DPM　　C20 H19 N2 O8	1PDA	95	//分子式
FORMUL	3　　ACY　　C2 H3 O2-	1PDA	96	
FORMUL	4　　HOH　　*249 (H2 O1)	1PDA	97	
HELIX	1　1-1 PRO　　14　SER　　30　1	1PDA	98	//螺旋
HELIX	2　2A1 ARG　　44　VAL　　47　1	1PDA	99	
……				
HELIX	14　H6　　PRO　280　PRO　280　5	1PDA	111	
HELIX	15　2-3 ALA　283　ASN　296　1	1PDA	112	
HELIX	16　3-3 ALA　299　GLU　305　1	1PDA	113	
SHEET	1　1 5 VAL　　35　MET　　41　0	1PDA	114	//折叠
SHEET	2　1 5 VAL　　 5　THR　　10　1 O LEU 6 N GLU 37	1PDA	115	
……				
SHEET	1　3 3 ILE　246　ILE　253　0	1PDA	124	
SHEET	2　3 3 GLU　256　ALA　265　-1 N GLU 256 O ILE 253	1PDA	125	
SHEET	3　3 3 GLN　270　GLY　278　-1 O GLN 270 N ALA 265	1PDA	126	
TURN	1　T1 HIS　31　LEU　34　TYPE I	1PDA	127	//转角

(续)

TURN	2	T2	GLY	60	VAL	63	TYPE I			1PDA	128	
......												
TURN	12	T12	ALA	265	GLY	268	TYPE I			1PDA	138	
SITE	1	DPM	1	CYS	242					1PDA	139	//底物结合位点
CRYST1	88.000	75.900	50.500	90.00	90.00	90.00	P	21	21 2 1	1PDA	140	
ORIGX1	1.000 000	0.000 000	0.000 000	0.00 000						1PDA	141	
ORIGX2	0.000 000	1.000 000	0.000 000	0.00 000						1PDA	142	
ORIGX3	0.000 000	0.000 000	1.000 000	0.00 000						1PDA	143	
SCALE1	0.011 364	0.000 000	0.000 000	0.00 000						1PDA	144	
SCALE2	0.000 000	0.013 175	0.000 000	0.00 000						1PDA	145	
SCALE3	0.000 000	0.000 000	0.019 802	0.00 000						1PDA	146	
ATOM	1	N	ASP	3	6.515	18.741	−2.041	1.00	54.87	1PDA	147	//原子坐标
ATOM	2	CA	ASP	3	7.452	19.337	−1.057	1.00	53.67	1PDA	148	
ATOM	3	C	ASP	3	8.890	18.829	−1.236	1.00	51.4	1PDA	149	
ATOM	4	O	ASP	3	9.162	17.673	−1.678	1.00	54.71	1PDA	150	
......												
ATOM	2245	OH	TYR	307	5.811	−7.735	29.183	1.00	71.39	1PDA	2391	
TER	2246		TYR	307						1PDA	2392	
HETATM	2247	C1A	DPM	314	15.792	0.736	27.331	1.00	16.96	1PDA	2393	//配体原子坐标
HETATM	2248	C2A	DPM	314	16.421	0.239	28.504	1.00	18.11	1PDA	2394	
HETATM	2249	C3A	DPM	314	17.111	1.296	29.086	1.00	22.11	1PDA	2395	
......												
HETATM	2526	O	HOH	649	30.630	3.734	47.656	1.00	62.52	1PDA	2672	
HETATM	2527	O	HOH	650	24.866	−6.369	4.303	1.00	63.91	1PDA	2673	
HETATM	2528	O	HOH	651	15.550	4.782	41.562	1.00	64.67	1PDA	2674	
HETATM	2529	O	HOH	652	12.384	−12.203	41.454	1.00	63.57	1PDA	2675	
CONECT	1752	1751	2256							1PDA	2676	//化学键
CONECT	2247	2248	2256	2257						1PDA	2677	
CONECT	2248	2247	2249	2251						1PDA	2678	
CONECT	2249	2248	2250	2253						1PDA	2679	
......												
CONECT	2280	2277								1PDA	2710	
MASTER	48	4	2	16	13	12	1	62528	1 35 25	1PDA	2711	
END												

通过文本编辑器直接打开PDB格式的文件，看到如表16-7所示的信息。然而这种方式无法直观地看到蛋白质的空间结构，在网络上有许多免费和商业化的软件可以将PDB格式的结构可视化，我们能直观地观察蛋白质的空间结构。RasMol是一个小巧的分子结构显示软件，它是完全免费的。CN3D是NCBI开发的分子结构显示软件，目前版本为4.3.1，该软件不支持通用的PDB格式，支持NCBI独特的三维结构文件格式。该软件的优点在于其包含两个窗口，一个窗口用于显示结构信息，另一窗口用于显示第一序列信息或多序列比对的信息，可以方便地观察感兴趣的结构对应的序列或者感兴趣的序列对应的结构。DS Viewer Lite是Accelrys公司（www.accelrys.com）开发的蛋白质分

子模拟平台的一部分，该软件是免费的，目前版本为 5.0，该软件可以显示出非常精美的分子结构图。Chime 是 MDL 公司（www.MDL.com）开发的用于在网络浏览器中显示分子结构的插件，目前版本为 Chime26SP4，该软件最大的优点在于其和浏览器进行了整合，可直接打开网页中 PDB 格式的文件链接。图 16-3 为 DS Viewer Lite 显示的大肠杆菌胆色素原脱氨酶的空间结构。

图 16-3　大肠杆菌胆色素原脱氨酶的空间结构

四、基因组数据库

基因组数据库随着各种基因组计划的开展而产生。基因组数据库内容丰富、格式不一，分布在世界各地的信息中心、测序中心、大学和研究机构。基因组数据库的主体是模式生物基因组数据库，通常一种模式生物建立一个基因组数据库，如线虫、拟南芥、果蝇、酵母、人、大鼠、小鼠、斑马鱼等。也有一些基因组数据库整合了两个或多个物种，以便于基因组间的比较。

GDB（Genome Data Base）是在 1990 年由美国 Hopkins 大学建立，现由加拿大儿童医院生物信息中心管理。GDB 以图形方式给出了人类基因组结构数据，包括基因单位、PCR 位点、细胞遗传标记、EST、叠连群、重复片段等；可显示基因组图谱，包括细胞遗传图、遗传连锁图、放射杂交图、物理图、转录图等；并给出了等位基因等基因多态性数据。GDB 可连接到 GenBank、OMIM、Medline 等数据库。

AceDB 是专门为管理线虫的基因组数据而开发的。该系统具有友好的图形界面，使用户能够从整个基因组到单个基因序列多层次观察和分析基因组数据。该数据库还可整合限制性核酸内切酶谱、质粒图谱、序列数据、参考文献等，并可以将常用的序列分析软件集成到其中，如 Blast、ClustalW 等。该系统最初主要适用于本地计算机系统，随着互联网的发展，新开发的 WebAce 和 AceBrowser 则适用于网络浏览器。Sanger 中心将该数据库系统用于线虫和人类基因组数据库的浏览，世界各地利用该系统构建了多个物种的基因组数据库，如水稻基因组数据库（RiceDB）。

NCBI 提供了 Map Viewer 基因组图浏览工具，该软件整合了细胞遗传图、遗传连锁图、物理图、序列图，并将基因、基因组元件、分子标记整合在该图上，为各种基因组信息的浏览提供了一个可视化的软件平台。目前该系统成功地应用到人、大鼠、小鼠、拟南芥、果蝇、线虫等基因组序列测定已经基本完成的物种，并为一些正在进行测序的物种提供了浏览。只不过有些基因组的信息全面，而另一些还需要不断完善。

第三节　数据的查询和提交

对于生物学研究人员而言，进行各种数据库的查询和搜索是经常性的工作。数据库查询（database query）和数据库搜索（database search）是两个不同的概念。数据库查询是指对序列、结构、文献等数据根据其字段内容进行精确或模糊查找。如要查找拟南芥 Rubisco 小亚基基因的序列，可以输入 arabidopsis 和 Rubisco 两个关键词进行查询。数据库搜索在分子生物学中有特别的含义，它通常指通过特殊的相似性比对算法，找出与提交序列具有相似性的序列。假如我们通过实验获得了一段未知 DNA 序列，就可以通过数据库搜索找到与未知序列具有相似性的序列，然后根据数据库中这些已知序列的标注确定未知序列的功能。各种数据库中的数据是全球的研究者或研究机构提交的，通过实验获得序列或结构数据可以通过特定的格式提交给各种数据库，以供其他研究者共享。下面以 NCBI 的 Entrez 系统和 Lion 公司的 SRS 系统为例介绍数据库查询。

第十六章 生物信息学

一、Entrez 数据库查询系统

NCBI 是国际权威的生物信息研究机构之一，它是 GenBank 的创建者和维护者。NCBI 的 Entrez 系统不仅提供了对核酸数据库的查询，而且可以对蛋白质序列、大分子结构、全基因组等多个相互关联的数据库进行查询和检索。Entrez 数据库查询系统提供的数据库如表 16-8 所示。

表 16-8 Entrez 提供的主要数据库

数据库名称	内容
PubMed	生物医学文献
Protein	蛋白质数据库
Nucleotide	核酸数据库
Genome	基因组数据库
Structure	蛋白质三维结构数据库
Taxonomy	系统分类数据库
PopSet	群体研究数据集
OMIM	人类遗传疾病和遗传缺失数据库
Books	相关书籍
ProbeSet	基因表达探针数据集
3D Domains	蛋白质三维结构域数据库
UniSTS	标记和序列标签信息数据库
SNP	单核苷酸多态性数据库

利用 Entrez 查询和通常的其他文献检索是类似的。首先进入 NCBI 主页（http://www.ncbi.nlm.nih.gov），即可看到图 16-4a 所示页面。在页面上方有一检索栏如图 16-4b 所示。点击图 16-4b 中的"Search"下拉框，出现数据库选择框如图 16-4b 所示，先选择目标库，然后在数据框中输入关键词，点击"Go"按钮即可开始查询。例如我们要查询人胰岛素基因的核酸序列，就应该选择核酸数据库，并在输入框中输入关键词"insulin"和"Homo sapiens"。关键词间默认为"并"关系，查询结果如图 16-4c 所示。上述条件的查询结果显示有 13 157 个相关序列。出现这一结果主要是因为对查询的字段没有做限制，系统在每一条序列记录的每一个字段进行搜索，只要符合条件就列出。对于我们的问题，应该在记录的"Title"字段中查找"insulin"，而同时应该满足"Organism"字段为"Homo sapiens"。要设置限制条件可进入图 16-4d 中所示的限定查询页面。在该页面可以设置要查询序列的日期、搜索字段、分子类型等。查询条件设置越详细，获得的结果越特异。查询结果通常直接在浏览器中查看，也可保存到本地计算机中。Entrez 提供了多种查看和存储方法。点击图 16-4c 中的"Send to"按钮旁的下拉框，再点击图 16-4e 中的"File"，可选择数据显示和存储方式，如 GenBank 格式、Fasta 格式、XML 格式等，通常选用 GenBank 格式或 Fasta 格式，因为这两种格式有利于用其他软件做进一步分析。如果要将查询结果保存到文件中，则点击"Creat file"按钮后，系统将提示保存文件。点击序列链接可直接进入具体的一个序列，序列的信息如图 16-5 所示。

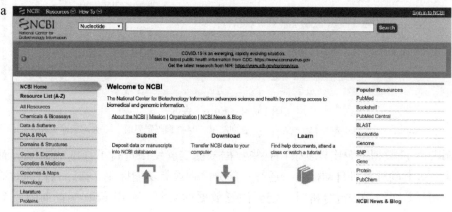

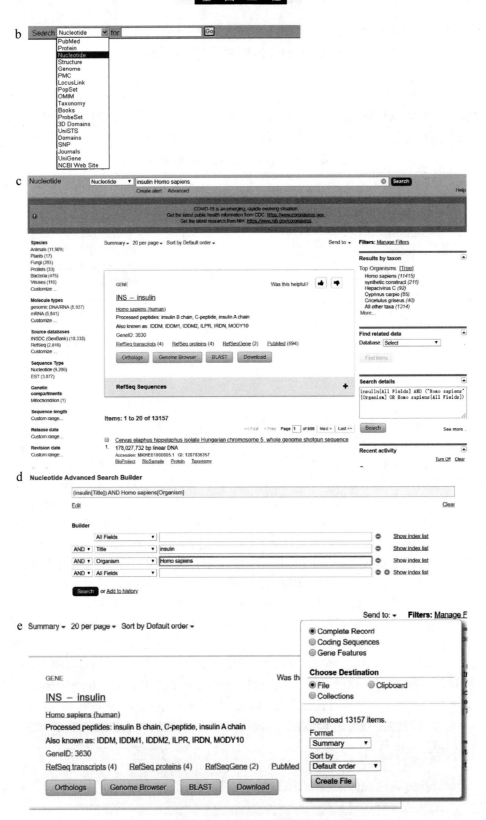

图 16-4 Entrez 查询

a. NCBI 主页面 b. 选择目标数据库 c. 查询结果 d. 查询限定界面 e. 查询条件组和界面

由于 GenBank 的数据来源比较复杂，有些数据根据实验结果进行了详细的标注，而有大量序列是通过序列比对进行的计算机自动标注，还有一部分序列没有功能标注。在序列查询时通常会出现同一基因的不同序列，对结果进行分析时一定要注意数据的来源。利用 Entrez 查询的一个显著优点在于它提供了各种数据库之间的相互连接。比如我们检索到了人的胰岛素的核酸序列，很容易就可以连接到其蛋白质序列、空间结构、染色体定位等信息。

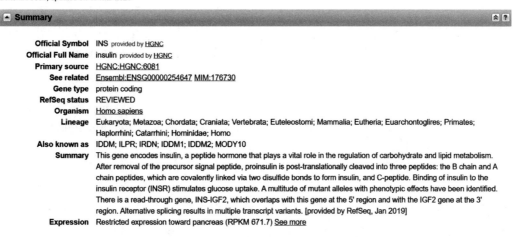

图 16-5　序列信息截图

二、SRS 数据库查询系统

SRS（Sequence Retrieval System）是欧洲生物信息学研究所采用的数据检索系统。该系统是一个开放的系统平台，在该平台上可以整合几乎所用的生物信息学数据库。该系统在全球已有许多镜像站点。在我国，北京大学的中国生物信息学研究所（http://www.cbi.pku.edu.cn）、中国科学院微生物研究所（http://www.im.cas.cn）、中国科学院上海营养与健康研究所和中国科学院-马普学会计算生物学伙伴研究所（PICB）下属的生物医学大数据中心（http://www.biosino.org）都采用 SRS 系统提供序列检索服务。利用 SRS 系统进行数据库查询非常便捷，以下通过实例来了解该系统。

利用 SRS 系统查询的第一个步骤是选择目标数据库。不同站点的 SRS 系统的整个数据库有所差别，各个站点对数据的更新速度不同。表 16-9 至表 16-12 是北京大学生物信息学研究所 SRS 系统整合的数据库查询步骤。从中我们可以发现该系统整合了大量核酸蛋白序列、三维结构、基因组、SNP 等多种数据库，这也说明该系统具有非常好的扩展性。进行信息搜索时首先点击目标数据库前的复选框（表 16-9）。

表 16-9　选择目标数据库的格式

—	Sequence databanks – complete				//序列数据库，一般为初级的序列库
all	☐ EMBL	☐ REFSEQ	☐ REFSEQP	☐ TREMBL	
	☐ SWALL	☑ SWISS-PROT	☐ PIR	☐ ENSEMBL	//此处选择了 SWISS-PROT 蛋白质数据库
	☐ IPI	☐ NRL3D	☐ IMGT	☐ OWL	
	☐ HOVERGEN	☐ HOBACGEN	☐ HOBACPRO	☐ GPCRDB	//可以同时选取多个数据库
	☐ WORMPEP	☐ IMGTHLA	☐ MALPEP	☐ SBASE	
	☐ REPBASE	☐ GBCONTIG	☐ MTINVRT	☐ KABATN	
	☐ KABATP	☐ ENSEMBLPEP	☐ ENSEMBLCDNA	☐ EMGPEP	
	☐ EMGLIB				
+	Sequence databanks – subsections				//序列数据库子集，点击前面的

(续)

[+]	SeqRelated	"+"该部分展开，如序列数据库一样，出现许多数据库
[-]	InterPro&Related	
	[all] [ ] IPRMATCHES [ ] INTERPRO	
[+]	Metabolic Pathways	//代谢途径数据库
[+]	Databases Catalog	//数据库分类
[+]	Application Results	//应用结果数据库
[+]	Protein3Dstruct	//蛋白质三维结构数据库
[+]	Genome	//基因组数据库
[+]	Mapping	//一些遗传图、物理图等
[+]	Mutations	
[+]	Locus Specific Mutations	//位点特异突变
[+]	Others	
[+]	SNP	//单核苷酸多态性
[+]	Amino Acid properties	

　　选择了数据库范围后，便可设置具体的查询条件。SRS 提供了两种查询条件设置面板，一种称为标准查询，一种称为扩展查询。标准查询提供了几个下拉选项及其对应的数据输入框。首先下拉左边的下拉选项，选择查询的字段，然后在其对应的数据输入框中输入数据。下拉选项中的内容会随着所选数据库的不同有所差异。比如在第一个下拉选项中选择 AccNumber，表示希望在数据库的 AccNumber 字段中进行查找，在其对应的输入框中输入"Q8YVU6 | Q8XAP3"则表示在 AccNumber 字段中查找编号为 Q8YVU6 或 Q8XAP3 的记录（表 16-10）。也就是说对于每一个字段，查询条件可以是由逻辑运算符连接形成的组和查询条件。字段之间也需要设置逻辑关系，以确定查询时各个字段设置条件之间的关系。设置好查询条件后直接点击"Submit Query"按钮提交查询。

表 16-10　设置具体查询条件的格式

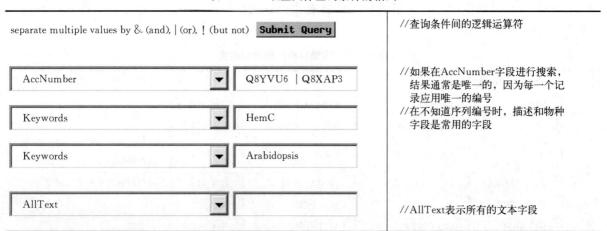

扩展查询条件设置，即扩展查询面板提供了更为详细的条件设置。它将选择的目标数据库的所有字段都列出来，允许用户对每个字段的内容进行详细的定义，最终将所有条件综合起来提交给服务器进行检索（表 16-11）。图 16-6 是选择了 SWISS-PROT 蛋白质数据库出现的扩展查询面板。按照

查询条件提交后，服务器会给出查询结果。比如用 GeneName＝Hemc 为条件进行查询可获得 58 个记录符合条件，这些记录按表列出。查询结果的显示格式事实上是可以人为设定的，通常每页为 30 个记录，如果超过则以多页表示，要进入下一页直接点击"next"按钮（图 16-6）。如果要直接查看某一记录的详细信息直接点击该序列名称；如果要查看多个序列的详细信息，首先点击要查看记录前的复选框。序列的显示格式是可以按照用户的习惯进行设置的。

表 16-11　扩展查询条件设置的格式

字段	值	说明
AllText		//所有文本字段
ID		//ID
AccNumber		//编号
Description		//描述
GeneName	HemC	//基因名
Keywords		//关键词
DateCreated	>= <=	//创建日期
LastUpdated	>= <=	//升级日期
Organism	Arabidopsis	//物种该字段常用
NCBI_TaxI	>= <=	//NCBI中对应的物种ID
Organelle		//细胞器
ProteinID		//蛋白质
Checksum		
DbName ◉or ○and	aarhus/ghent-2dpage anu-2dpage compluyeast-2dpage dictydb eco2dbase	//关联数据库名
DBxref		
SeqLength	>= <=	//序列长度

　　查询结果的保存。通常可以直接在浏览器中观察查询的结果，但有时候查询者希望将查询的数据保存起来，以备用其他软件工具对这些数据进行分析。不能用保存网页的方式直接保存查询结果，这样的结果中包含一些网页的信息，不符合标准的格式。利用 SRS 提供的数据保存功能可以将感兴趣的数据子集保存下来。首先选择输出方向，有两种选项，一种是输出到文件，另一种输出到浏览器，如果要保存结果可选直接输出到文件。"UseView"下拉选项用来设置输出格式，通常选用"Complete entries"将记录中所有的内容按照固有的格式保存起来。默认数据按照"Fasta"格式保存起

Query"[swissprot-GeneName:hemc*]" found 58 entries

SWISS PROT	Accession	Description	SeqLength
☐ SWISSPROT:HEM3_AGRT5	Q8UC46	Porphobilinogen deaminase (EC 4.3.1.8) (PBG) (Hydroxymethylbilane synthase) (HMBS) (Pre-uroporphyrinogen synthase).	309
☐ SWISSPROT:HEM3_ANASP	Q8YVU6	Porphobilinogen deaminase (EC 4.3.1.8) (PBG) (Hydroxymethylbilane synthase) (HMBS) (Pre-uroporphyrinogen synthase).	323
☐ SWISSPROT:HEM3_BRUME	Q8YJB0	Porphobilinogen deaminase (EC 4.3.1.8) (PBG) (Hydroxymethylbilane synthase) (HMBS) (Pre-uroporphyrinogen synthase).	314
☐ SWISSPROT:HEM3_CAUCR	Q9ABZ8	Porphobilinogen deaminase (EC 4.3.1.8) (PBG) (Hydroxymethylbilane synthase) (HMBS) (Pre-uroporphyrinogen synthase).	322
☐ SWISSPROT:HEM3_ECO57	Q8XAP3	Porphobilinogen deaminase (EC 4.3.1.8) (PBG) (Hydroxymethylbilane synthase) (HMBS) (Pre-uroporphyrinogen synthase).	313

图 16-6　SWISS-PROT 蛋白质数据库出现的扩展查询面板截图

来，大多数序列分析软件都支持该格式。"Save as XML"复选框用来选择是否将序列保存为 XML 格式。XML 是目前流行的通用格式数据存储形式，该格式对于数据传送和数据在程序间的共享非常有利。设置好文件的格式和输出方向后直接点击"Save"按钮保存查询结果（表 16-12）。

表 16-12　查询结果的保存格式

[Save界面：Output To: to file (text)]	//选择结果输出方向
Use View: *Complete entries; Number of entries to download: 30; Save As Type: ☐ Save as XML	//XML格式复选框
☐ Save table as ASCII text/table with Column Separator \t ; Record Separator \n	//设置文本输出格式

三、数据提交

通过序列测定得到核酸或蛋白质序列后需登录到 GeneBank、EMBL 或 SWISS-PORT 数据库，以便更多的人引用。数据的提交有专门的格式，可以通过专门的软件将数据填好，然后将生成的文件通过邮箱发送给 NCBI 或 EBI。常用的软件有 Sequin 等。提交到 GeneBank 的邮箱地址为：gb-sub@ncbi.nlm.nih.gov。

第四节 序列比对及其应用

如前所述,数据库查询区别于数据库搜索,数据库搜索指通过特殊的相似性比对算法,找出与提交序列具有相似性的序列。序列比对(alignment)是指通过一定算法对两个 DNA 或蛋白质序列进行比较,找出两者之间的最大相似性匹配。序列比对是数据库搜索和多序列比对的基础。序列比对可以分为两类,一类是基于序列的局部相似性,另一类则基于序列的全局相似性。在序列比对中需要区分几个相互区别的基本概念。同一性(identity)指两序列完全匹配;相似性(similarity)指两序列间的直接数量关系,如部分相同或相似的百分比;同源性(homology)则是指从数据中推断出的两序列在进化上具有共同祖先的结论。具有很高的相似性并不等于具有同源性,但在大多数情况下相似性可以表明两序列间的同源性。

一、序列比对原理

1. 空位与空位罚分 如图 16-7a 所示,将两个序列上下排列,如果上下对应的残基相同,则用竖线表示。可以通过插入空位(gap)使它们具有最好比对,即两个序列间所对应的残基最多。在不加入空位时两序列间只有 6 个残基可以匹配,引入空位后,两序列间有 9 个残基可以配对。如果用配对残基的数目作为评判,显然第二种比对方式是合理的。但在序列的比对中引入空位就意味着蛋白质序列中氨基酸残基的缺失,这种缺失可能意味着功能的丧失或改变,所以过多的空位引入可能使比对失去意义。如图 16-7b 所示,第一种比对方式通过 5 次引入空位得到了残基的全部配对,而第二种方式引入一次(多个)空位使大部分残基得以配对,虽然第一种配对残基的数目多,但事实上第二种比对可能更具有生物学意义。两个序列比对时,结果并不是唯一的,要从多种不同的比对结果中选取最佳比对,这就需要一个合理的评分标准。通常的评分系统是用匹配残基的总分值减去空位罚分,空位罚分包括,空位起始罚分和空位延伸罚分两部分,一般空位起始罚分高,而空位延伸罚分相对较低。

插入空位前	序列 1	AGGVLIIQVG	多空位起始	序列 1	ARGLGIVKLIEKRPAGGVLE
		‖‖‖‖‖‖			‖ ‖ ‖ ‖ ‖ ‖
	序列 2	AGVLIQVG		序列 2	A-G-G-V-L-E
插入空位后	序列 1	AGGVLIIQVG	减少空位起始	序列 1	ARGLGIVKLIEKRPAGGVLL
		‖‖‖‖‖ ‖‖‖‖			‖‖‖‖‖
	序列 2	AGGVL-IQVG		序列 2	--------------- AGGVLE
a			b		

图 16-7 利用插入空位获得最佳比对
a. 插入空位前后序列比对 b. 两种比对方式比较

2. 突变和取代矩阵 在上述序列比对过程中我们忽略了一个问题:在进化过程中同种类型的氨基酸发生替代对蛋白质的性质、结构和功能影响不大,符合进化规则的替代是可以被容许的。也就是在比对和利用打分函数对一种比对结果打分时要考虑残基替代的情况。如图 16-8 所示,如果不考虑残基替代,只有 19 个残基可以配对;如果考虑残基替代则有 25 个残基匹配,而且减少了 3 次空位起始和一些空位延伸罚分。考虑残基替代可以获得更好的比对结果,如何判断残基之间是否可以发生替代以及按照什么规则计算这些可替代的残基的分值呢?这里主要介绍两种相似性计分矩阵,即突变数据矩阵(PAM)和残基片段替代矩阵(BLOSUM)。

突变数据矩阵计分方法基于蛋白质序列中的单点可接受突变(point accepted mutation)的概念。1 个 PAM 进化距离对应的残基发生突变的概率依每 100 个残基中有一个可接受单点突变而取。将一个 PAM 进化的概率矩阵多次自乘,可以获得进化距离更远的 PAM。PAM250 的计分矩阵,其相似

```
                     序列1  GPGFTKALGHGVDLGHIYGNDLERQYQL
不考虑残基替代的比对          ||  ||||   |||||  ||||   ||||  |
                     序列2  GPAFTKGKNHGVDLSHIYGES LERQHKL

                     序列1  GPGFTKALGHGVDLGHIYGNDLERQYQL
考虑残基替代的比对            ||*|||  *   |||||*|||| **|||  *  |
                     序列2  GPAFTKGKNHGVDLSHIYGESLERQHKL
```

图 16-8 序列比对中的可替代残基

（＊为可替代残基）

性相当于两个序列间具有 20% 的相同残基。在实际比对过程中，通常取概率值的对数来计算序列中对应残基匹配的分值。图 16-9a 为 PAM250 计分矩阵，分值大于 0 的元素两残基间发生突变的概率大，小于 0 的残基间发生突变的概率小。在矩阵的对角线上是各个残基向其自身突变，所以其值都是正值。除了对角线外还有一些带有灰色本底的元素大于 0，说明对应的两种残基可以发生突变。如最后一行的缬氨酸（V）可突变为异亮氨酸（I）、亮氨酸（L）和甲硫氨酸（M），其中突变为异亮氨酸的概率最大。同样在最后一行中，色氨酸（W）所对应的元素值为 -6，这说明缬氨酸最不可能突变为色氨酸。有了这样的矩阵，在寻找两序列最佳比对时就有了精确的度量标准。

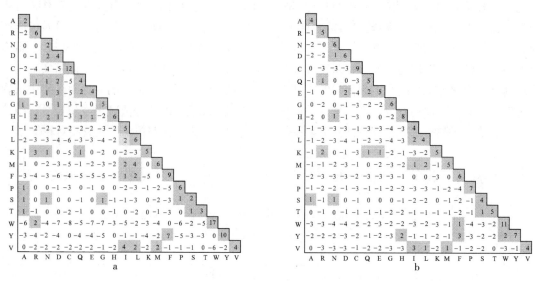

图 16-9 计分矩阵

a. PAM250　b. BLOSUM62

PAM 的产生基于相似性较高（高于 85%）的序列比对的结果，那些进化距离远的矩阵是通过相似性高的序列获得的矩阵自乘而获得的，所以其准确性受到了一定限制。为了克服上述问题，Henikoff 夫妇从蛋白质模块数据库 BLOCKS 中找出了另一组计分矩阵——BLOSUM。利用同源性高于 80% 的序列产生了 BLOSUM80 矩阵，利用同源性高于 62% 的序列产生了 BLOSUM62 矩阵（图 16-9b），依此类推产生其他计分矩阵。BLOSUM 计分矩阵的相似性是根据真实数据产生的，而 PAM 计分矩阵是通过矩阵自乘外推而来。

3. 比对结果数学模型和评价　引入上述空位罚分和计分矩阵后，序列的比对从生物学角度来看趋近于真实。然而要获得两序列的最佳比对还需要专门的数学模型。比对的数学模型分为两类，一类考察两序列的整体相似性，称为全局比对；另一类则着眼于序列中的某些特殊片段，比较这些序列的相似性，称为局部比对。Needlemen-Wunsch 算法是典型的全局比对算法，而 Smith-Waterman 算法是典型的局部比对算法，在这两种算法中都用到动态规划思想，将复杂问题分解成与之相似的子问题，在通过求解各个子问题后最终解决整个问题。

序列比对实际上是根据特定的数学模型找出两序列之间的最大匹配残基数。在此模型中采用不同的空位罚分、不同的计分矩阵得到不同的结果，因而需要对结果进行统计检验。常用的序列比对程序会给出一些统计值，用来表示结果的可信度。如 BLAST 程序中用到了概率 p 和期望值 e。p 越接近 0 则表明比对结果可信度高。期望值 e 表示搜索数据库时，出现随机匹配序列的可能性，如果 e 为 1 可以解释为搜索过程中由随机产生匹配的可能性为 100%；而 e 为 0 则说明搜索结果不可能是随机的。

数据库搜索实质上就是将查询序列和数据库中的序列进行比对分析，找出和查询序列具有相似性的序列。理论上看，上述提到的局部比对算法和全局比对算法可用于数据库搜索，但这些算法需要较多的运行时间，如果用于数据量迅速增长的序列数据库的搜索，则非常耗时，甚至行不通。于是产生了用于快速搜索相似序列的 FASTA 和 BLAST 程序。这两种程序都为了获得局部最佳比对，但它们没有采用 Smith-Waterman 的算法，而是先找到匹配的短片段，然后在这些短片段的基础上获得最终比对结果。由于 BLAST 能快速从庞大的数据库中找出查询序列的相似性，所以已成为生物信息学分析的基本工具。

二、BLAST

序列的同源性比较是阐明基因功能的主要手段，BLAST（basic local alignment search tool）是 NCBI 开发的用于序列同源性分析的软件，该软件是目前速度最快、应用最广的数据库同源搜索软件。

1. BLAST 的功能模块 BLAST 分为 5 个基本的功能模块：
① blastn，核酸对核酸库的同源性分析。
② blastp，蛋白质对蛋白质库的同源性分析。
③ tblastn，蛋白质对核酸库的同源性分析。
④ blastx，核酸对蛋白质库的同源性分析。
⑤ tblastx，核酸对核酸库的同源性分析，不过都要通过 6 种可能的 ORF 翻译成蛋白质，然后对蛋白质序列进行比较。

2. 数据提交的 Fasta 格式 Fasta 是一种通用的蛋白质或核酸序列的表述方式，可以是单序列也可以是多序列。在使用 BLAST 进行同源分析时序列应以 Fasta 格式提交。

单序列 Fasta 格式示例：

>BAB26974（BAB26974）ES cells cDNA, RIKEN full-length enriche MAPKKAKRRAGAEGSSNVFSMFDQTQIQEFKEAFTVIDQNRDGIIDKEDLRDTFAAM GRLNVKNEELDAMMKEASGPINFTVFLTMFGEKLKGADPEDVITGAFKVLDPEGKGT IKKQFLEELLTTQCDRFSQEEIKNMWAAFPPDVGGNVDYKNICYVITHGDAKDQE	// 注释行（以">"为标志） // 序列行（可以多行）

多序列 Fasta 格式示例：

>AC BG262144；dev_stage=Adult plant TTAGGTTAGGCTAGGGGCTTCGCAGAGCTCGCGGAATGGTGGCCTTCAGGTTCCAT GTACCAGGTGGTGGGTCGCGCGCTGCCGACGCCCGGCGATGAGCAGCCGAAGATC CCGCATGAAGCTCTGGGCGACCAACGAGGTGCGCGCCAAGAGCAAG	// 注释行（以">"为标志） // 序列行（可以多行）
>AC BG262145；dev_stage=Adult plant CTGCCACTATCTCAACAACAACAGTTGGGTCAAGGTACTCTCGTCCAAGGCCAGGC CATCCAACCTCAGCAACTAGCTCAATTGGAGGCGATCAGGTCATTGGTGTTGCAAA CTTCCAACCATGTGCAACGTGTATGTCCCACCTGAGTGCTCCATCATCATGCACCAT TGTGTGACCCCGACCAGTGCTAGTTCAAGCTTGGGAATAAAAGACAAACAGAGTT TGTTTGCCC	// 注释行 // 序列行（可以多行）

3. BLAST 查询参数设置　以 blastn 为例，介绍 BLAST 查询参数的设置（图 16-10）。

① 选择子程序，可选择 blastn、blastp、tblastn、blastx、tblastx。

② 选择查询的目标数据库，可选标准数据库、rRNA 数据库、基因组＋转录本数据库、病毒数据库等。

③ 输入查询的序列，使用 Fasta 格式。

④ 选择一个查询比对算法，可选择 megablast、不连续的 megablast 以及 blastn。

⑤ 提交查询。

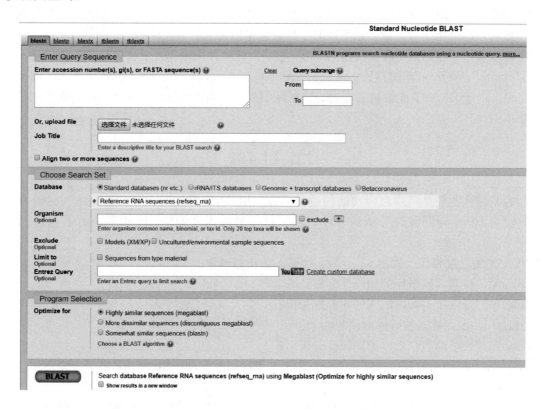

图 16-10　BLAST 查询参数的设置页面

第五节　多序列比对及系统发育分析

一、多序列比对分析

对多个相似序列进行多序列比对（multiple alignment）具有现实的生物学意义。对多个蛋白质序列进行比对可以从比对结果中找出序列的保守区域，并以此为基础阐明蛋白质的功能、必需残基、活性中心等，并能够发现其中隐含的蛋白质间系统发育关系。对于核酸序列而言，可以通过比对除了发现蛋白质编码区序列的保守区域外，还可以发现一些调控相关的保守顺式作用元件，核酸序列比蛋白质序列提供了更丰富的多态性，为系统发生关系提供了更多信息。

1. 多序列比对的原理　多序列比对的基础是序列比对。如果把序列比对问题看作是在二维矩阵中使用全局比对或局部比对的动态规划算法寻找最佳路径的过程，多序列比对问题则可以看作是在一个多维矩阵中寻找最佳路径的过程。正如在数据库进行搜索的过程中由于考虑到比对的效率问题不能采用局部和全局比对的动态规划算法，在对多序列进行比对时也由于考虑到比对效率问题不能直接利用局部和全局比对的动态规划算法。目前的多序列比对程序都采用了渐进比对（progressive alignment)。渐进比对的方法假设参与比对的序列存在亲缘关系。比对的过程中，先对所有的序列进行两两比对，并计算出相似性分值，然后根据分值将它们分为若干组，然后在组和组之间进行比对并计算相似性分值，依此类推直到获得最终比对结果。比对过程中相似性高的序列先进行比对，而距离远的序列添加在后面。

采用渐进比对的典型程序是 Clustal。Clustal 有多种不同的版本，其中 ClustalW（Thompson，1994）是最为流行的一种，该软件是免费软件。除了一些免费软件外，还有序列商业软件可以完成多序列比对，如 GCG、DNAStar、VectorNTI Suite 等。

2. 多序列比对数据库及例子 多序列比对的意义在于它可以把不同种属相关序列的比对结果按照特定的格式输出，并且在一定程度上反映了它们的相似性。于是便产生了一些以多序列比对结果为内容的二级数据库，其中典型的有 PFAM 和 PRINTS 数据库。PFAM 是以多序列比对结果为内容的蛋白质家族数据库。其采用迭代算法在未经人工检查的情况下自动形成多序列比对。PRINTS 为蛋白质指纹数据库，其中的多序列比对结果是通过手工比对获得的，因而在可靠性上要高于 PFAM 数据库。图 16-11 中的多序列比对结果来自 pfam 01379.7，Porphobil_deam，从中可以很明显地看到蛋白质中关键的氨基酸残基。图 16-12 为通过 CN3D 可视化的胆色素原脱氨酶的空间结构，通过选取多序列比对结果中的高度保守残基，并通过 CN3D 将这些残基在整个空间结构中的位置显示出来，从中可以清晰地观察到，这些保守残基都处于和底物结合的区域（图 16-12b）。从这个例子中可切实体验到多序列比对对于蛋白质功能阐释的重要性。

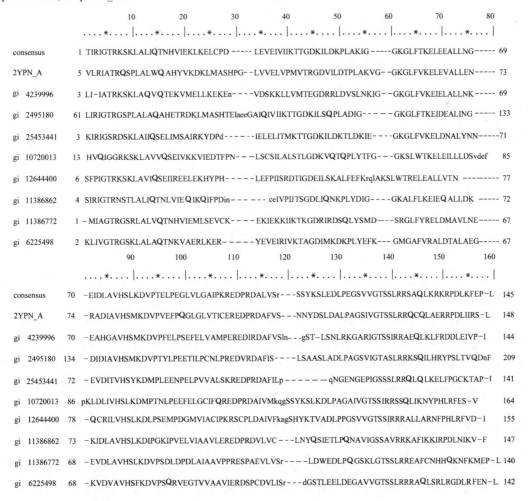

```
                    170       180       190       200       210       220       230
                    ....*....|....*....|....*....|....*....|....*....|....*....|....*....|..
consensus     146   RGNVDTRLRKLDEG--EYDAIILAAAGLKRLGLEDRITqR-FPPEDMLPAVGQGALAIECRKDDEEILALLK   214
2YPN_A        149   RGNVGTRLSKLDNG--EYDAIILAVAGLKRLGLESRIRaA-LPPEISLPAVGQGAVGIECRLDDSRTRELLA   217
gi  4239996   145   RGNVQTRIKKITEE--NLDGIILAAAGLKRLGMEDVISdY-FDPKVFLPAIGQGALGIECL-KGGEFNDYFK   212
gi  2495180   210   RGNVQTRLRKLSEG--VVKATLLALAGLKRLNMT--ENVtstlsIDDMLPAVAQGAIGIACRSNDDKMAEYLA  278
gi  25453441  142   RGNVQTRLKKLDSG--EFSAIVLAAAGIKRLGLESRIGrY--FSVDEILPAASQGIIAVQG--RVGENFDFLK  208
gi  10720013  165   RGNIQTRLNKLDQPnnEYCCLILASAGLIRLGLGHRITs--YLDDMYYAVGQGALGIEIRKGDDNIKSILK   233
gi  12644400  156   RGNVGTRLAKLDAPdsQFDCLVLAAAGLFRLGLKDRIAq-mLTAPFVYYAVGQGALAVEVRADDKEMIEMLK  226
gi  11386862  148   RGNVDSRIKKLMTG--EVDAIILSYAGLKRLNVFNQKYchlieYSKMLPCIGQGVIAVEIRKDDNAMFNICS  217
gi  11386772  141   RGNIDTRIRKVMDG--EVHATIMAEAGLKRLGLEEHIKr-rFPVEYFTPAAGQGALAVITRADSELISSIGR  209
gi  6225498   143   RGNLDTRLRKLREG--NYDAIVVAEAGLKRLGLDREVEyqpFPPEVIVPPANQGIIAIATRKGEEDLVAFLn  212
```

图 16-11 来自 pfam 01379.7，Porphobil-deam 的多序列比对结果

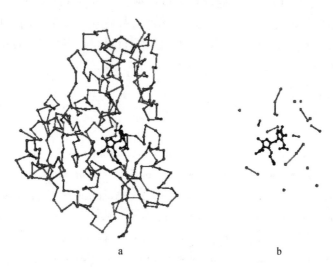

图 16-12 CN3D 显示的大肠杆菌胆色素原脱氨酶
a. 酶蛋白和底物　b. 通过多序列确定的保守残基和底物

二、系统发育分析

系统发育学（phylogenetics）研究的是进化关系，系统发育分析就是要推断和评估这些进化关系。在传统的进化分析中，化石和生物的形态特征是关键的证据。随着蛋白质和核酸序列数量的急剧增长，以这些序列为依据的进化分析方法成为现代系统发育分析核心。以 16S rRNA 为依据构建物种系统发育树就是一个典型的例子。从另外一个角度看，当获得大量的蛋白和核酸序列后，我们期望通过系统发育分析找到各种孤立序列之间的进化关联，为分析其结构和功能奠定基础。

（一）系统发育树的构建过程

通常系统发育树的构建包括 4 个基本步骤，为多序列比对、确定取代模型、建立系统发育树及系统发育树评估。

1. 多序列比对　多序列比对是构建系统发育树的基础，该过程可用 ClustalW 等多序列比对程序完成。基于序列的系统发育树的构建过程中，序列的选择和比对结果对最终结果有决定性的影响。将本来不具备进化关系的序列进行比对，并以此为基础构建的系统发育树在根本上是错误的，因而比对

的过程一方面要找到序列间的最佳匹配，另一方面通过比对可将那些不能归类的序列剔除。利用不同的多序列比对程序获得的比对结果有所差异，相同的序列由于采用不同的比对方法最终获得的系统发育树有所不同。通常我们不会完全相信计算机给出的比对结果，会在自动比对结果的基础上进行人工调节。

2. 确定取代模型 多序列比对完成后，要以比对的结果为基础提取系统发育树构建所需要的数据。所谓取代模型就是指在将比对结果量化过程中采用的标准。取代模型的确定不仅会影响系统发育树的构建，而且会影响多序列比对的结果。以核酸序列为例，常用的替代模型为碱基取代速率模型和位点间取代速率差异模型。从某一类碱基变成同类型碱基的过程称为转换，而不同类型碱基的置换称为颠换，在DNA序列中转换的频率高于颠换的频率，采用碱基取代速率模型可依据碱基间取代速率的不同分析序列间的分歧。位点间取代速率差异模型主要考虑了密码子不同位置的碱基替代速率不同的事实。对于一个密码子而言通常第三位的碱基发生变异不会影响其编码的氨基酸，多以第三位的变异率最高，其次是第二位碱基，再次是第一位碱基。位点间取代速率差异模型在某些情况下多序列间的分歧更加敏锐。

3. 建立系统发育树 系统发育树分为有根树和无根树。有根树反映了树上物种或基因的时间顺序，而无根树只反映分类单元之间的距离而不涉及谁是谁的祖先问题。用于构建系统发育树的数据有两种类型：一种是特征数据，它提供了基因、个体、群体或物种的信息；另一种是距离数据或相似性数据，它涉及的则是成对基因、个体、群体或物种的信息。距离数据可由特征数据计算获得，但反过来则不行。这些数据可以矩阵的形式表达。距离矩阵是在计算得到的距离数据基础上获得的，距离的计算总体上是要依据一定的遗传模型，比如上述的取代模型。系统发育树的构建质量依赖于距离估算的准确性。

常用的系统发育树构建方法有两类，一类是基于距离的建树方法，一类是基于特征符的建树方法。

（1）距离建树法 根据多序列比对的差异度（距离）建立系统发育树，如果所有分歧事件都很精确地记录在序列中，那么距离建树法将会重建真实的系统发育树。距离建树法的优点在于其计算强度小，可使用序列进化的相同模型，然而这种方法会屏蔽真实的特征数据。常用的距离建树法有UPGMA（unweighted pair group method with arithmetic mean）法、NJ（neighbor joining）法、FM法（Fitch-Margoliash）和ME法（minimum evolution）等。UPGMA法是一种聚类方法，它按照配对序列的最大相似性和连接配对平均值的标准将系统发育树的分枝连接起来，在该法中假定进化的速率是相同的，即每一个内部节点到末端节点的距离都是相等的。NJ法通过确定距离最近（或相邻）的成对分类单位来使系统发育树的总距离达到最小。该方法是最快的算法，并且只产生一个系统发育树。FM法与UPGMA法类似，但在该算法中并不假定各个分枝的进化速率相同，而是允许不同的分枝具有不同的进化速率。ME法使用与FM法相同的计算方法计算出路径长度，然后根据路径长度优化出最短的系统发育树。总之利用距离建立系统发育树的方法是多样的，就目前来看，NJ法、ME法和MF法的应用最广。

（2）特征符建树法 基于特征符的建树方法之间有很大差异，相同的是它们都用到了特征符数据。简约法（maximum parsimony，MP）和最大似然法（maximum likelihood，ML）是两种常用的基于特征符的系统发育树构建方法。简约法是分子系统学中应用最广的一种方法。该方法的原则是在所有可能的系统发育树中，最能反映进化历史的树具有最短的树长，即进化的步数最少。该法注重每一物种观测的特征值，而不是概括特征值之间差异的序列间距离。最大似然法最初用于构建基于基因频率的系统发育树，后来Felsenstein将该法引入到基于核酸和蛋白质序列的系统发育树的构建。该方法先选定一个进化模型，计算该模型下各种分枝树产生现有数据的可能性，具有最大可能性的系统发育树为最优。该法要优化取代模型和系统发育树同时进行搜索，其计算量大得惊人。然而随着算法的优化、计算机技术的发展，最大似然法在分子系统发育分析中越来越流行。

（3）系统发育树评估　对获得的系统发育树进行评估是系统发育树构建的环节之一。评价系统发育树中每一分枝的可靠性，统计学上用重复取样的方法来排除随机误差的影响。在系统发育树构建过程中，一般不可能真正地进行重复取样，只能由原有数据产生假定的重复数据。对于整个系统发育树的评估通常用一致性指数和保持性指数衡量。一致性指数越大，系统数越可靠。同样保持性指数越大，系统发育树越稳定。

（二）常用的进化分析软件及网址

常用的进化分析软件及网址见表 16-13。

表 16-13　进化分析软件及网址

软件名称	网址	说明
PHYLIP	http://evolution.genetics.washinton.edu/phylip.html	目前发布最广、用户最多的通用系统发育树构建软件，由美国华盛顿大学 Felsenstein 开发，可免费下载，适用绝大多数操作系统
PAUP	ftp://onyx.si.edu/paup	国际上最通用的系统发育树构建软件之一，美国 Simthsonion Institute 开发，仅适用 Apple-Macintosh 和 UNIX 操作系统
Time tree	http://www.timetree.org/	美国 Temple University 建立的系统发育方面网站
MEGA	http://www.megasoftware.net	美国宾夕法尼亚州立大学 MasatoshiNei 开发的分子进化遗传学软件
MOLPHY	http://www.ism.ac.jp/ismlib/soft-other.e.html molphy	日本国立统计数理研究所开发，最大似然法构树
PAML	http://abacus.gene.ucl.ac.uk/software/paml.html	英国 University College London 开发，最大似然法构树和分子进化模型
EvolView	http://www.evolgenius.info//evolview login	中国科学院北京基因组研究所研发的一款强大的系统发育树可视化、编辑和管理的在线程序
Simple Phylogeny	http://www.ebi.ac.uk/Tools/phylogeny/simple-phylogeny	欧洲生物信息学研究所（EBI）的系统发育分析软件

第六节　测序数据分析方法

随着高通量测序技术的发展，单一的测序技术已经不能满足目前科研工作者的研究需要。故针对不同的研究目的，全世界各大科研团队产生了各种各样的测序数据。而为了分析这些浩大的数据，科研人员们又根据需求对不同的测序数据灵活运用其相应的数据分析流程以及配套的软件算法，进而获得真实可靠的研究结果。在此处，我们简单介绍目前应用最广泛的 3 种测序数据的分析流程，以供参考。

一、DNA-seq 数据

DNA-seq 数据的主要分析流程如下：

① 对下机得到的 Raw data 进行质量控制，再去除低质量的 reads 或接头序列以得到 Clean data。质量控制软件有 Fast QC，处理 reads 的软件有 Trimmomatic、PRINSEQ 等。

② 将 Clean data 比对到参考基因组上，相应的比对软件有 BWA 等。

③ 根据比对结果，进行 SNP、InDel、SV 和 CNV 的检测及注释，对应的软件有 GATK、samtools 等。

二、RNA-seq 数据

RNA-seq 数据的主要分析流程如下：

① 对下机得到的 Raw data 进行质量控制，再去除低质量的 reads 或接头序列以得到 Clean data。质量控制软件有 Fast QC，处理 reads 的软件有 Trimmomatic、PRINSEQ 等。

② 将 Clean data 比对到参考基因组上，相应的比对软件有 Boewtie、TopHat、STAR、HISAT 等。

③ 对上一步比对得到的文件进行转录本组装，并估算所有基因和转录本的表达水平，相应的软件有 HTSeq、Cufflinks、StringTie 等。

④ 根据不同样本分类的基因或转录本的表达量，计算差异表达的基因或转录本，对应的软件有 Cuffdiff、DESeq2 或 Ballgown 等。

注意：对于长链非编码 RNA（lncRNA），需要预测非编码 RNA 的蛋白编码能力，所用到的软件有 CPC、CNCI 等。

三、ChIP-seq 数据

ChIP-seq 数据的主要分析流程如下：

① 对下机得到的 Raw data 进行质量控制，再去除低质量的 reads 或接头序列以得到 Clean data。质量控制软件有 Fast QC，处理 reads 的软件有 Trimmomatic、PRINSEQ 等。

② 将 Clean data 比对到参考基因组上，相应的比对软件有 Boewtie、TopHat、STAR、HISAT 等。

③ 根据上一步得到的比对文件，进行 peak 信号的检测与注释，所用到的软件有 macs2、deeptool、R 包-ChIPseeker 等。

④ 依据上步的 peak 文件来寻找 motif，利用到的软件有 homer、MEME 等。

本章小结

生物信息学是生物学、计算科学和信息学相互渗透形成的边缘学科，是基因组和后基因组时代最为关键的交叉学科。生物信息学研究的主要任务有两个：一是组织和管理各种迅速增长的生物学信息，特别是核酸和蛋白质的序列信息及结构信息；二是从海量信息中发掘生命有机体组织结构、生长发育的本质规则。目前基因组信息学、基因表达信息学、结构模拟和药物设计是该领域研究的热点问题。

核酸数据库、蛋白质数据库、结构数据库和生物文献数据库是最基本的生物信息数据库，在这些数据库的基础上又派生出其他专门的数据库。不同的数据库有不同的数据格式，只有理解这些数据结构，才能从中迅速获取目的信息。GenBank、EMBL 和 DDBJ 是国际三大核酸数据库，SWISS-PROT、PIR、TrEMBL 和 GenPep 是主要的蛋白质数据库，PDB 和 MMDB 是主要的结构数据库。2011—2016 年，中国政府依托深圳华大生命科学研究院成功建立了我国首个读、写、存于一体化的综合性生物遗传资源基因库——国家基因库（CNGB）。这是继世界三大数据库之后，全球第四个国家级数据库。

从公用数据库查询序列和结构等信息是必备的基本技能。NCBI 的 Entrez 和 EBI 的 SRS 系统是目前常用的两种平台。两种平台都提供了便捷的数据检索能力，提供了不同数据库之间的超级链接。数据搜索是另一种必备的基本技能。数据搜索的基础是序列比对。为了获得最佳比对通常要引入空位，并通过空位法机制抑制过度的空位引入。考虑到进化过程中某些突变并不影响目的序列的功能，所以产生了各种取代矩阵，取代矩阵的引入同样有助于获得最佳比对。BLAST 是最为流行的同源搜索工具，该软件应能够熟练使用。

多序列比对的基础是双序列比对，但多序列比对的结果更容易看出同一基因家族成员间的保守域，对于理解基因的功能和作用机制非常有用。多序列比对通常也是研究基因进化的基础。基于蛋白质或核酸序列的同源性所构建系统发育树是研究进化的新策略，是从分子水平研究基因及物种进化的基本途径。

为适应科研的需求，针对不同类型的测序数据，也产生了不同的数据分析方法。对于核酸和蛋白质，有 DNA‑seq、RNA‑seq、ChIP‑seq、ATAC‑seq 以及 scRNA‑seq 等。对于染色质空间高级结构，有 3C、4C、5C、Hi‑C、ChIP‑loop、ChIA‑PET 等。

思 考 题

1. 什么是生物信息学？生物信息学研究的任务是什么？
2. 浏览 NCBI 的主页，利用 Entrez 系统检索人胰岛素相关的序列、结构及文献。
3. 利用 BLAST 搜索人胰岛素的同源序列。
4. 将搜索出的不同物种的胰岛素进行多序列比对，并以此为基础构建系统发育树。
5. 对于不同类型的测序数据，它们的分析方法分别是什么？
6. 请阐明染色质构象捕获（3C）技术、环形染色质构象捕获技术（4C）和碳拷贝染色体构象捕获技术（5C）、高通量染色体构象捕获技术（Hi‑C）的概念和用途。

第十七章 基因工程规则、专利及安全性

顾名思义，基因工程是一种从基因水平改造、改变甚至创造物种的工程。它使人类可以按照自己的意愿改变经过亿万年进化形成的自然界生物甚至人类自身。这种能力是一把双刃剑，它既可能成为推动人类进步的新动力，也可能成为导致人类倒退甚至毁灭的工具。自基因工程诞生之日起，各国政府便开始制定一系列政策和法规，并在实践中不断完善。这些规则贯穿了基因工程产品的研究、审批、生产、销售的每一个环节，促使基因工程成为人类可持续发展的强大动力。生物技术产品的应用前景极为广阔，其中蕴藏着巨大的经济利益，因而生物技术领域吸引了大量的研究者和投资者。如何修正原来的法规使其适应生物技术领域的新问题，促使形成合理竞争机制是各国政府的职责；如何利用专利保护自己的研究结果和投资则是研究者和投资者的必修课。由于基因工程直接影响到自然环境、社会环境、食物、健康等人类生存的基本问题，所以基因工程的安全性问题和由其引起的道德伦理问题受到人们空前的关注，特别是转基因食品、基因治疗和克隆技术所引起的安全性问题和社会伦理问题。

第一节 基因工程研究实验室安全性基本要求

基因工程产品的源头在于从事该类研究的实验室，从源头上规范基因工程研究是实现基因工程安全性的基本环节。1974年美国国立卫生研究院（NIH）就成立了一个专门委员会，负责处理有关对DNA重组技术的诉讼事宜，1976年制定了《重组DNA分子研究规则》，1980年进行了修订。我国在1990年起草了《重组DNA工作安全管理条例》，1993年发布了《基因工程安全管理办法》，2017年科技部颁布了《生物技术研究开发安全管理办法》。在这些规则中规定了基因工程研究实验室必须遵守的基本准则。准则主要通过两方面对此类实验室加以约束：一方面是生物学的约束，即对研究对象、采用的生物材料加以严格限制；另一方面是物理学约束，即根据实验室的安全要求对其建筑设施、实验装备、安全防护、实验条件、实验环境以及操作规则等方面加以约束，通过这些约束防止新的重组杂种生物从实验室逸出，保护实验操作人员和外部环境。

按照潜在危险程度，将基因工程工作分为4个安全等级。安全等级Ⅰ，该类基因工程工作对人类健康和生态环境尚不存在危险；安全等级Ⅱ，该类基因工程工作对人类健康和生态环境具有低度危险；安全等级Ⅲ，该类基因工程工作对人类健康和生态环境具有中度危险；安全等级Ⅳ，该类基因工程工作对人类健康和生态环境具有高度危险。具体的看，基因工程的安全性与研究的对象，采用的载体系统、转化方法等密切相关。一些研究在研究阶段安全性要求高，在释放过程中的要求相对较低；一些研究在研究过程中安全性要求较低，而在释放时的要求较高。比如，利用大肠杆菌表达干扰素的研究在研究阶段安全性要求较低，而真正要应用到临床，则要求经过严格的临床试验。从事基因工程研究要获得相关部门的许可，有关部门对研究的安全级别进行评价，并审核该研究单位是否具备进行该研究的条件。如获得许可，研究单位则要根据所从事研究的安全级别按照要求进行研究，不可擅自改变从事研究的安全级别。

确定了安全级别后，应按照安全级别的要求建立和运行实验室。根据研究生物对象所要求的安全性差异，将生物实验室分为4种级别：BSL1、BSL2、BSL3和BSL4。大多数实验室处于BSL1或BSL2级，此类实验室可开窗，不需过滤空气；实验台面应防碱、防酸、较耐热；具有通风柜；严禁

用嘴抽吸刻度吸管；必须使用机械微量移液装置；所有生物材料在排放以前必须高压消毒；在实验室内需穿工作服，不准在实验室内饮食、吸烟；离开实验室需要洗手等。BSL3、BSL4级实验室的规定非常严格，其中必须有特殊空气双过滤系统和排放液体的消毒系统等，比如一些以传染性疾病为研究对象的实验室。大多数基因工程实验室都会使用同位素，所以有关同位素的操作及废弃物的处理必须符合相关的规定。

总之，基因工程研究实验室安全性要求的目的在于保护好研究者的自身健康、保护环境不受污染、避免具有潜在危险的生物从实验室逃逸出来。

第二节 基因工程产品的释放规则及要求

基因工程产品在研究阶段只会影响到少数人的健康和局部的环境安全。在基因工程药物投放市场或转基因作物大面积推广之前必须进行严格的审查，在此问题上的不谨慎可能会产生无法挽回的严重后果。

一、基因工程药物投放的规则和要求

1. 基因工程药物审批的一般程序 一般来说，基因工程药物在正式上市之前要经过实验研究、小量试制、中间试制、试生产、正式生产5个阶段。而且在此期间要完成动物实验，Ⅰ、Ⅱ、Ⅲ、Ⅳ期临床试验。

（1）实验研究 实验研究主要是指在实验室完成的工作，为以后的大规模生产提供理论依据。这些工作主要包括基因的克隆与鉴定、表达载体的构建、结构和遗传特性的研究；同时还要注意载体组成各部分的来源和功能，如复制起点、启动子、抗生素抗性基因来源，以及宿主细胞株来源、名称、传代历史等；制备好的重组菌株应具有稳定的遗传性，稳定的表达量，并在50~100代内不会发生突变。

（2）小量试制 根据实验研究结果，确定配方、建立制备工艺和检定方法，试制小批量样品，需进行临床前的安全性和有效性实验，并制定制造与检定的基本要求。

（3）中间试制 生产工艺基本定型，产品质量和产率相对稳定，并能放大生产。具有产品质量标准、检定方法、可保存稳定性资料，并有测定效价用的参考品或对照品。提供自检和中国食品药品检定研究院生物制品检定所复检合格证，并能满足临床研究用量的连续三批产品。制定较完善的制造检定试行规程和产品使用说明书。临床试验前的动物实验则要求进行一般药理实验，如动物的急性毒性和长期毒性试验、药物代谢动力学试验，以及药物的致肿瘤、致畸、致突变作用等试验，在得到较为可靠的动物试验结果后才可申报进行临床试验。其中Ⅰ期临床试验主要考虑药物的安全性，其对象为志愿健康受试者，20~30例即可，要求检测正常人对生产出的基因工程药物的耐受性。Ⅱ期临床试验主要观察疗效和剂量，这时要选择典型的病例，一般试验组和对照组都不低于100例。Ⅱ期临床试验完成后，需对疗效做出初步的评价，以决定是否可以进行Ⅲ期临床试验。Ⅲ期临床试验要求试验组不低于300例，对照组与试验组的比例不高于1∶3。

（4）试生产 在试生产阶段，完善生产工艺和质量标准及其检定方法；同时按有关规定完成Ⅳ期临床试验、制品长期稳定性研究和国家药品监督管理局要求进行的其他工作。Ⅳ期临床试验一般可不设对照组，受试者数不少于2 000例。

（5）正式生产 按要求完成试生产期工作后，经国家药品监督管理局批准转入正式生产。

基因工程药物的审批是一个漫长的过程，特别是临床试验过程。一般而言，一种基因工程药物从研发到正式生产需要5~9年的时间。

2. 基因工程药物生产环境的要求 基因工程产品，特别是基因药物在进入试生产阶段之后，各国都对基因工程药物的生产车间、操作人员及工厂的管理、质量保证等方面做了详细的规定。一般来说，基因药物在进入试生产阶段之后，要求获得GMP认证。GMP（good manufacturing practice for drug）是各国政府对本国的医药业进行评审的一种质量标准。《中华人民共和国药品管理法》已由中华人民共和国第十三届全国人民代表大会常务委员会第十二次会议于2019年8月26日修订通过，并于2019年12月发布实施。该办法强化动态监管，取消药品生产质量管理规范（GMP）认证和药品经营质量管理规范（GSP）认证，药品监督管理部门随时对GMP、GSP等执行情况进行检查，从事药品生产活动，应当遵守药品生产质量管理规范，建立健全药品生产质量管理体系，保证药品生产全过程持续符合法定要求。

为了避免微生物污染、微粒污染和热源污染，生产必须在一个洁净环境中进行，进入该环境的人员、设备和材料都要经过一个密封舱。洁净区要维持适当的洁净标准，并且提供经过充分过滤的空气。不同的操作，例如原料准备、产品准备和灌装过程，应该在洁净环境不同的区域中进行。无菌医药产品的生产环境通常分为A、B、C、D 4个等级。生产基因工程药物工厂可分为4个区域，即一般性区域，辅助生产区域，生产区域和成品、半成品存放区域，各个区域有不同的温度、湿度、洁净度要求。因此，在这类工厂应建有洁净室。为了使洁净室符合要求，一方面要采取隔离装置，另一方面要采取严格的灭菌方法。气相过氧化氢灭菌法是一项目前使用广泛的灭菌技术，它具有灭菌效率高、快速、无残渣、无需排放、不会产生有害的副产品等多项优点。灭菌方法还有高压脉冲电场灭菌法、低温等离子体灭菌法、常温瞬时超高压灭菌法等。这些新型灭菌方法具有灭菌处理时间短、耗能低、升温幅度小、灭菌效率高、不影响药物的有效成分、灭菌全面、可连续化生产等显著优势，具有广阔的市场应用前景。随着洁净技术的不断发展，会有越来越多的新技术应用到生产中，提高基因工程药物的无菌水平。

二、转基因植物品种的释放要求

考虑到转基因植物可能存在的安全性隐患，在转基因植物研究、中间试验、环境释放等环节都必须按照已有的法规严格遵守。2001年，国务院颁布了《农业转基因生物安全管理条例》，对在中国境内从事的农业转基因生物研究、试验、生产、加工、经营和进出口等活动进行全过程安全管理。《农业转基因生物安全管理条例》颁布实施后，农业部（现为"农业农村部"）和国家质量监督检验检疫总局（现为"国家市场监督管理总局"）先后制定了5个配套规章，发布了转基因生物标识目录，建立了研究、试验、生产、加工、经营、进口许可审批和标识管理制度。此后，2011年1月8日《国务院关于废止和修改部分行政法规的决定》和2017年10月7日《国务院关于修改部分行政法规的决定》对《农业转基因生物安全管理条例》进行了修订，农业部也先后几次修订《农业转基因生物安全评价管理办法》。目前实施的《农业转基因生物安全评价管理办法》（2017年11月30日修订版）。转基因植物品种的释放是转基因植物研究的下游环节，主要考虑的问题在于其是否会对自然环境和生态系统造成影响。

在农业转基因生物实验研究结束后，拟转入中间试验的试验单位应当向农业转基因生物安全管理办公室报告。试验单位向农业转基因生物安全管理办公室报告时应当提供下列材料：①中间试验报告书；②实验研究总结报告；③农业转基因生物的安全等级和确定安全等级的依据；④相应的安全研究内容、安全管理和防范措施。在农业转基因生物中间试验结束后拟转入环境释放的，或者在环境释放结束后拟转入生产性试验的，试验单位应当向农业转基因生物安全管理办公室提出申请，经国家农业转基因生物安全委员会安全评价合格并由农业农村部批准后，方可根据农业转基因生物安全审批书的要求进行相应的试验。试验单位提出前款申请时，应当提供下列材料：①安全评价申报书；②农业转基因生物的安全等级和确定安全等级的依据；③有检测条件和能力的技术检测机构出具的检测报告；④相应的安全研究内容、安全管理和防范措施；⑤上一试验阶段的试验总结报告。申请生产性试验的，还应当按要求提交农业转基因生物样品、对照样品及检测方法。在农业转基因生物生产性试验结束后拟申请安全证书的，试验单位应当向农业转基因生物安全管理办公室提出申请，经农业转基因生物安全委员会安全评价合格并由农业部农村批准后，方可颁发农业转基因生物安全证书。

在环境释放时要具备完善的安全管理和安全防范措施。这些措施包括：①控制系统。指通过物理控制、化学控制和生物控制建立的封闭或半封闭操作体系。②物理控制措施。指利用物理方法限制转基因生物及其产物在实验区外的生存及扩散，如设置栅栏，防止转基因生物及其产物从实验区逃逸或被人或动物携带至实验区外等。③化学控制措施。指利用化学方法限制转基因生物及其产物的生存、扩散或残留，如生物材料、工具和设施的消毒。④生物控制措施。指利用生物措施限制转基因生物及其产物的生存、扩散或残留，以及限制遗传物质由转基因生物向其他生物的转移，如设置有效的隔离区及监控区、清除试验区附近可与转基因生物杂交的物种、阻止转基因生物开花或去除繁殖器官，或采用花期不遇等措施，以防止目的基因向相关生物的转移。⑤环境控制措施。指利用环境条件限制转基因生物及其产物的生存、繁殖、扩散或残留，如控制温度、水分、光周期等。⑥规模控制措施。指尽可能地减少用于试验的转基因生物及其产物的数量或减小试验区的面积，以降低转基因生物及其产物广泛扩散的可能性，在出现预想不到的后果时，能比较彻底地将转基因生物及其产物消除。

三、ISO 认证

利用生物技术制造的药物除了应符合其所在国家颁布的 GMP 标准外，很多生物技术公司还努力让他们的医药产物获得国际标准组织（International Standard Organization，ISO）的证书。该组织的总部设在日内瓦，截至 2020 年 3 月，有 247 个国家和地区参加，其宗旨是促进国际技术标准的发展和促进遵守这些标准的活动，以保证国际贸易中的产品具有同样的质量标准。ISO9000 不是指一个标准，而是一系列标准的统称，这些标准覆盖了质量标准的不同方面。这些文件适用于所有的工厂、产品和服务，并指明了达到这些质量标准的关键之处。目前对医药行业来说，虽然 ISO 证书只在一些国家是必需的，但获得该证书对于产品的出口和国际竞争很有帮助，能改善公司的形象。ISO9000 系列不是一种监管，也不是绝不可少的。GMP 与 ISO9000 的区别之一在于 GMP 是由各国政府来监管并验收，而 ISO9000 是由政府、工厂之外有资格的第三方来验收。

ISO 标准也在不断修正，主要有 5 个版本（1987、1994、2000、2008、2015）。下面以最近的 4 个版本为例进行介绍。

1. 1994 版 ISO 1994 版的 ISO 对企业的要求主要体现在 3 个标准：① ISO9001：1994，设计、开发、生产、安装和服务的品质保证模式，最难获得。② ISO9002：1994，生产、安装和服务的品质保证模式，较难获得。③ISO9003：1994，最终检验和试验的品质保证模式，较易获得。

2. 2000 版 ISO 2000 版的 ISO 包括 4 个核心文件。

（1）ISO9000：2000《质量管理体系　基础和术语》 本标准规定了质量管理体系的术语和基本原理。本标准提出的 8 项质量管理原则，是在总结了质量管理经验的基础上，明确了一个组织在实施质量管理中必须遵循的原则，也是 2000 版 9000 族标准制定的指导思想和理论基础。本标准第二部分提出 10 个部分 87 个术语。

（2）ISO9001：2000《质量管理体系　要求》 本标准取代了 1994 版 3 个质量保证标准（ISO9001、ISO9002 和 ISO9003）。2000 版的质量管理体系要求采用过程方式模型，在一定情况下，体系要求允许删减。本标准规定的质量管理体系要求包括了产品质量保证和顾客满意两层含义。

（3）ISO9004：2000《质量管理体系　业绩改进指南》 本标准给出了质量管理的应用指南，描述了质量管理体系应包括的过程，强调通过改进过程，提高组织的业绩。ISO9004：2000 和 ISO9001：2000 是一对协调一致并可一起使用的质量管理体系标准，两个标准采用相同的原则，但应注意其适用范围不同，而且 ISO9004 标准不拟作为 ISO9001 标准的实施指南。通常情况下，当组织的管理者希望超越 ISO9001 标准的最低要求，追求增长的业绩改进时，往往以 ISO9004 标准作为指南。

（4）ISO/DIS19011：2000《质量和/或环境管理审核指南》 本标准为审核基本原则、审核大纲的管理、环境和质量管理体系的实施以及对环境和质量管理体系评审员资格要求提供了指南。

从形式上看，1994 版和 2000 版 ISO 的区别在于结构和内容上的变化，而从实质上看是理念上的变化。这些理念概括起来有质量管理的8项原则,质量管理体系的12项原理,以及原则、原理所包含的2项基本目标和4种方法。2项基本目标是顾客满意和持续改进;4种方法是系统管理方法、过程方法、以事实为基础的决策方法以及质量管理体系方法。

3. 2008版ISO 2008版ISO9000族标准的核心标准有以下4个。

(1) GB/T 19000—2008 idt ISO9000:2005《质量管理体系 基础和术语》 本标准起着奠定理论基础、统一术语概念和明确指导思想的作用,具有很重要的地位。本标准给出了与质量管理体系有关的10个部分84个术语,用较通俗的语言阐明了质量管理领域所用术语的概念,它统一了各国的标准使用者对标准内容的理解,为理解ISO9000族标准奠定了基础。

(2) GB/T 19001—2008 idt ISO9001:2008《质量管理体系 要求》 本标准规定了质量管理体系的要求,取代了1994版ISO9001、ISO9002和ISO9003 3个质量保证模式标准,成为用于审核和第三方认证的唯一标准。本标准可用于组织证实其有能力稳定地提供满足顾客要求和适用法律法规要求的产品;也可用于组织通过质量管理体系的有效应用,包括持续改进质量管理体系的过程及保证符合顾客和适用法律法规的要求,实现增强顾客满意目标,可用于内部和外部(第二方或第三方)评价组织提供满足组织自身要求、顾客要求、法律法规要求的产品的能力。

(3) GB/T 19004—2009 idt ISO9004:2009《质量管理体系 业绩改进指南》 本标准提供了超出GB/T 19001标准要求的指南,它不是GB/T 19001标准的实施指南。本标准充分考虑了提高质量管理体系的有效性和效率,进而考虑开发改进组织绩效的潜能。该标准应用"以过程为基础的质量管理体系模式"的结构,鼓励组织在建立、实施和改进质量管理体系及提高其有效性和效率时,采用过程方法,通过满足相关方要求提高相关方的满意程度,对组织改进其质量管理体系总体绩效提供了指导和帮助,是指南性质的标准。这个标准不能用于认证、审核、法规或合同之目的。

(4) GB/T 19011—2003 idt ISO19011:2002《质量和/或环境管理体系审核指南》 本标准取代了1994版ISO10011-1、ISO 10011-2和ISO10011-3 3个质量管理体系审核指南标准,兼容了质量管理体系审核和环境管理体系审核的特点。本标准为审核原则、审核方案的管理、质量管理体系审核和环境管理体系审核的实施提供了指南,也对评价质量和环境管理体系审核员的能力提供了指南。

4. 2015版ISO 2015版ISO9000族标准有以下3个核心标准。

(1) ISO9000/GB/T 19000《质量管理体系 基础和术语》 本标准为正确理解和实施ISO9001标准提供必要的基础。该标准详细描述了质量管理原则。在ISO9001标准制定过程中考虑了质量管理原则,这些原则本身不作为要求,但构成了ISO9001标准所规定要求的基础。ISO9000还定义了应用于ISO9001标准的术语和概念。

(2) ISO9001/GB/T 19001《质量管理体系 要求》 本标准规定的要求旨在为组织的产品和服务提供信任,从而增强顾客满意。正确实施本标准也能为组织带来其他预期利益,如改进内部沟通、更好地理解和控制组织的过程。ISO9001:2015版标准主要有以下几个模块发生变化:质量管理原则、标准的结构、标准的内容。以顾客为关注焦点—领导作用—全员参与(involvement)—过程方法—管理的系统方法—持续改进—基于事实的决策—与供方的互利关系转变为:以顾客为关注焦点—领导作用—全员参与(engagement)—过程方法—改进—循证决策—关系管理。

(3) ISO9004/GB/T 19004《追求组织的持续成功 质量管理方法》 本标准为组织选择超出ISO9001《质量管理体系 要求》标准要求提供指南。该标准关注能够改进组织整体绩效的更加广泛的议题。ISO9004包括自我评价方法指南,以便组织能够对其质量管理体系的成熟度进行评价。

第三节 现代生物技术专利

现代生物技术的主要目的就是生产商品,创造经济利润。如果研究出来的成果得不到法律的保护,那么任何一种工业都不会对这种风险高、见效期长的项目进行投资。要实现这一目标,一种策略就是政府赋予发明者一种特权。这些用法律规定下来的特权就统称为知识产权(intellectual property right)。知识产权包括商业机密、版权、商标和专利四大类。

专利的本义是公开发明证书。早期欧洲各国的王室和皇家通过向发明人颁发这种证书，赋予发明人对自己的发明成果的独占经营权。这种做法大大鼓励了发明创造，也推动了生产力的迅速发展，后来衍变为现代专利制度。对于生物技术而言，专利是知识产权最重要的形式。一方面，一项专利就是一份法律文件，它可以赋予专利拥有者以特权来完成其所述发明的商业开发过程。而且，在一项专利的基础上，专利拥有者可以从最初的发明直接开发出其他衍生产品，而对其他竞争者来说则需要购买这种权利来开发该发明衍生出来的产品。另一方面，一项专利又是一份公开的文件，它必须包含发明的详尽说明，因此它可以告诉其他人该项发明的本质和局限性，让人决定是否还应在某一方向上继续工作下去，或是考虑干脆就购买这项已获专利的发明，以加快新产品的开发进程。

各国的专利法之间差异很大，但目前已有很多有识之士在致力于发展一种国际通用的标准。在美国，一项专利的年限是自专利授予之日起17年，而在加拿大是20年，在许多欧洲国家专利的有效期为20年。一般来说，自开始申请专利起，要花2~5年的时间申请才能被批准。由于一项专利被批准以后就意味着可以从中创造出可观的经济效益，因此这不是一件小事。基于这个原因，对发明的认定必须有一套非常严格的衡量标准。

一、专利申请的要求

一般来说，无论是一项产品发明，还是一种技术方法发明，要申请专利都必须要满足以下3个基本要求：

1. 发明必须具有新颖性 也就是说，该项发明不是一项其他公司、其他人已拥有的专利，也不是一项业已存在的产品或技术方法，而应该是在专利申请日之前找不到一项公开的与专利申请请求保护的发明相同的产品或方法。世界各国对于专利的新颖性各有规定，有的国家要求绝对新颖性，而有的国家只要求相对新颖性，也有的国家对不同的专利申请有不同的新颖性要求，为混合型新颖性。由于现代生物技术产品或方法的特殊性，对于它的新颖性的判定就会遇到一些具体问题。例如微生物菌种或培养物，如果向专利局指定的菌种和培养物保存中心提供了样品，但还没有向公众提供样品，这时新颖性是否已经丧失了呢？各国专利法对于请求获取保藏菌种样品的时间要求不同，公开的时间限制也不尽相同。在美国，其专利申请实行的是早期公开延续审查制度，即一项发明可以允许在公布一年以后申请专利审查，而其他大多数国家都是在专利申请公布18个月以后才可以向公众提供样品。

2. 发明必须有创造性 创造性与新颖性是两个完全不同的概念，发明的创造性应该是指该发明对于同一个技术领域中的普通技术人员来说是显而易见的进步，与现有的技术相比也应该具有显而易见的进步；换句话说，创造性的发明应该是一种超出现有技术的进步，而不是没有突出实质性特点的产生于现有技术的简单的改进。

3. 发明必须具备实用性 无论是一种技术方法、一种仪器、一种化合物、一种微生物，还是一种多细胞生物体，都必须可以在工农业生产中制造或使用。这是因为专利权的实质内容就是独占实施的权利。如专利法保护的发明毫无用处，没有任何实用性，那么也就没有必要去保护它的权利了。

另外，每一个专利申请都必须包含一个详尽的发明描述，使在同一领域的其他人能了解执行。有一些发明和发现是不能申请专利的，例如科学理论、数学方法、美学创造以及对人或动物的医用治疗等。另外，专利法中还有一个原则，即专利不能授予任何自然产品，也就是说，一个东西自然存在，本应属于大家共有，如果把它划为由某个人或少数人拥有，那么就不合适了。当然申请对一种自然产品纯化过程的专利，是不会占有这种自然产品的。

二、现代生物技术专利类型

《中华人民共和国专利法》从1985年4月1日起施行开始，先后经过了4次修改，目前现行的专利法是在 2018 年修订后于 2019 年 3 月 1 日施行的修正版。我国专利法中涉及生物技术专利保护制度，扩大和完善了生物技术领域专利保护的范围，为生物创新技术的保护提供了法律保障。目前，我国生物技术领域的专利保护范围主要包括动物和植物新品种生产方法、生物材料及其生产方法、生物制品及其生产方法、治疗疾病的生物药品和非治疗目的方法等方面。现代生物技术的发明专利主要可分产品发明专利、方法发明专利和生物特性的利用发明专利三大类。

1. 产品发明专利 产品发明专利是现代生物技术专利申请中最为普遍的一类，它主要包括动物和植物新品种、新的微生物重组菌、新的宿主细胞类型以及其他一些现代生物技术中常用的单一物质或复合体，如新载体、新的限制性核酸内切酶等。大家都知道，长期以来人们一直就有为农业、发酵、医疗和药用工业的发明申请专利的传统，这些传统意义上的生物技术专利为社会的进步和发展做出了极为突出的贡献。但是，由于重组 DNA 技术的介入，现代生物技术在专利申请上遇到了前所未有的挑战，人们关注的焦点集中在"经过基因工程改造过的生物物种是否可以申请专利"这一问题上，而对于这一问题的解答和接受则是经历了许多波折和争论的。目前，基因片段和重组质粒作为基因工程技术的化学发明阶段的产物，其本质是化学物质，只要其具备专利性，即专利申请的新颖性、创造性和实用性等条件，均可以对其授予专利权。

2. 方法发明 方法发明是现代生物技术发明的另一大类，它主要包括改造动物、植物、微生物甚至生物的部分组织的方法，分离、纯化、培养、增殖和检测生物或生物类物质的方法等。例如，利用 Ti 质粒转化植物细胞的方法，DNA 克隆的方法等。其中最著名的方法发明就是 PCR 技术，这项发明是 1985 年美国的 Cetus 公司人类遗传研究室的 Mullis 完成的，它被认为是现代生物技术的一次革命，现在已被广泛地应用于生物技术的各个领域。

3. 应用发明 应用发明主要是指对植物、动物、微生物和生物类物质的新应用，例如有一项应用发明专利，是对一种克隆载体的应用，该项发明包括载体本身以及相应的真核宿主细胞的培养。这项专利中的真核宿主细胞本身不能产生胸苷激酶，如果培养基中没有胸苷激酶，那么该真核宿主细胞不能生长；专利中的克隆载体则带有编码胸苷激酶的基因，它转入该真核宿主细胞以后，细胞能在没有胸苷激酶的培养基中生长。

目前已经批准的专利包括对核酸序列、酶、抗生素、克隆基因、杂合质粒、基因克隆或纯化化学物质的所有方法，以及经过基因工程改造修饰过的微生物、植物和动物。其中值得一提的是对克隆的人的基因（cDNA）申请专利的问题，由于人类目前已发现有几千种遗传病，对于各种遗传病基因的专利拥有，无疑将在这种遗传病的治疗竞争中处于有利地位。

三、专利的地域性

申请专利的过程和专利审核的标准在各国有所不同。1989 年美国生物技术公司 Genentech 在英国对利用 DNA 重组技术生产人的组织纤溶酶原激活剂（tPA）申请专利时，就遇到了问题。在申请专利书上美方提出了高达 20 项的要求申请专利保护，其中有些是特定范围，有些却涵盖相当广泛。这些要求包括该公司发展的重组 DNA 技术、克隆载体系统和转化的宿主大肠杆菌；同时还申请保护其将人的 tPA 作为一种治疗药物的专利权。英国专利局拒绝授权此项专利，Genentech 公司上诉到英国法庭。经过详细审议，最终法庭再次逐项拒绝了 Genentech 公司的专利申请。与之相反，Genentech 公司在美国顺利地申请到人的 tPA 专利，美国的专利不仅保护 Genentech 公司以人的 tPA 形式进入市场的产品，而且还特别保护该公司对与人的 tPA 相似但不同的活性形式的产品的专利权。在日本情况又稍有不同，日本授予 Genentech 公司的专利只限于 Genentech 公司克隆并申请的人的 tPA 的氨基酸序列，因此在日本，其他公司可以售卖其他形式的人的 tPA，如氨基酸序列发生了细微变化的 tPA。从上述例子可以看出不同国家在专利审核标准上的差异。

另一个专利的地域性问题是专利权适用的地域性。专利权具有极严格的地域性，一个国家的专利局依照本国的专利法所授予的专利权，只在本国法律管辖范围内有效，在其他国家或地区是无效的。国内一些生物技术公司正是利用专利权的地域性，为一些在国外已经申请专利而在国内尚未申请专利的产品申请专利。

四、专利与基础研究

专利的申请在一定程度上会限制竞争，导致高价格，减少新发明。如果一些基础研究的成果也申请专利，则可能影响到科技的整体发展。尽管有众多不同的意见，专利系统仍然存在，并在不断完善。许多基础研究，如科学理论、数学方法、美学创造等不能申请专利，这意味着从事这方面研究的人员不能通过专利获取相应的回报。然而，应用研究是建立在基础研究的基础上的，基础研究的滞后意味着应用研究缺乏稳固的根基，基础研究的突破才可能推动应用研究的大发展。基础研究可分为纯基础研究和应用基础研究。对于前者而言研究结果大多不能申请专利，主要依靠国家基金资助。对于后者则鼓励申请专利，这方面的研究一方面可得到国家的资助，也可以得到企业的资助。

第四节 现代生物技术的社会伦理问题

现代生物技术与传统生物技术的最根本的区别就在于前者是在基因水平上进行操作，改变已有的基因，改良甚至创造新的物种。这是一项崭新的工作，因此没有人知道这一新技术将会带来什么后果，这也是现代生物技术自问世以来就备受关注、争议的重要原因。除了安全性问题外，现代生物技术还可能引起一系列社会伦理问题。

这一技术受到部分宗教界人士的强烈反对。众所周知，有些宗教界人士至今仍不肯接受达尔文的进化论，而现代生物技术则比达尔文理论更进一步，部分宗教界人士也感到难以接受。

除了宗教界外，在动物保护者眼中，利用动物作为模型进行各种基因操作也是对生物生存权的损害。他们请求政府通过法律取缔动物实验。尽管美国等已有法律规定，当动物的生存权与人的生存权发生冲突时，以人的生存权更为重要，从而在法律上肯定了在医学领域合理使用实验动物的可行性，但因信仰、观念、动物福利保障力度不够等原因，利用动物进行各类研究的伦理问题依然存在。

素食主义者同样也感到自己的人权被现代生物技术侵犯了。他们认为生物学家们试图在植物中表达动物蛋白，并将转基因植物在市场上销售，就会使他们非自愿地摄入动物蛋白，从而违背了素食的原则，这是对他们基本人权的侵犯。上述几种人不仅通过他们自己的组织向各国政府施加压力，试图使政府立法全面禁止现代生物技术的开展，而且他们还常常出现在有关现代生物技术会议的会场上，直接向与会的科学家们提出抗议。

克隆技术和基因治疗同样会带来社会和伦理问题。1997年，克隆羊多莉诞生，当时许多人虽对其真实性产生怀疑，但人们仍为克隆技术的突破感到兴奋。2002年12月，法国科学家、克隆人组织Clonaid协会主席布里吉特-布瓦瑟利耶宣布，他们已经成功地利用克隆技术产下了一名女婴。此时克隆技术可能引起的社会和伦理问题被空前关注。基因治疗是在基因水平修复、替换或关闭基因以达到治疗疾病的目的，在基因治疗过程中是否会影响患者的心理和后代，是否会通过基因治疗使自我更完美，这些经过基因治疗和改造的人是否等同于未经过治疗和修饰的自然人。人们担心基因诊断的结果可能被用人公司作为招收员工的依据，导致基因歧视。克隆人技术可能被别有用心的人掌握，造成人类灾难。

总之，现代生物技术已经在改变着人们的生活和思想，它已不仅仅是生物学家的研究领域，而正在变成全人类所关注的热点问题。

第五节 基因工程产品的安全性问题

1983年，科学家成功建构了首例转基因植物。1985年，第一尾转基因鱼问世。1986年，转基因植物被批准进入田间试验。1993年，Calgene公司研制的延熟番茄通过安全性评价，成为首例被批准商业化的转基因植物。鉴于转基因可改善粮油作物的产量、营养品质和加工特性，延长果蔬产品的储藏期，提高作物抗病虫害性能，改善动物性食品的成分比例，改善发酵食品的风味，提高产量的能力，全球对遗传改造生物体（genetically modified organisms，GMO）的研究迅猛增长。转基因农作物种植面积由1996年的170万hm^2，到2006年突破1亿hm^2，再到2017年达到1.898亿hm^2，创历史新高；1996—2017年，全球转基因农作物商业化22年间，种植面积增长了约112倍。随后，2018年全球转基因作物种植面积达到1.917亿hm^2，五大转基因作物种植国（美国、巴西、阿根廷、加拿大和印度）占全球转基因作物面积的91%，转基因作物种植国从1996年到2016年获得的经济收益为1861亿美元，其中仅2016年的产值就达到了182亿美元。目前，中国实现商业化生产的转基因作物仅有棉花和木瓜两种，根据相关的报告，2018年中国转基因作物种植面积为290万hm^2，在亚洲地区排第二。从转基因大豆、玉米、水稻，转基因牛奶、肉制品、水产品等食品原料到转基因甜椒、番茄等蔬菜，GMO就存在我们所处的环境中，GMO来源的食品已经放在了我们的餐桌上。然而，人们对基因工程产品的安全性的质疑从未间断，在欧洲甚至有反对转基因食品的状况。基因工程产品的安全性问题主要集中在两个方面，一是环境安全性，二是食品安全性。

一、环境安全性

转基因生物的环境安全性评价的核心问题是转基因生物释放到环境中是否会将其基因转移到环境生物中，或是否会破坏自然生态环境，打破原有生物种群的动态平衡。以转基因植物为例，存在以下3方面的可能极低的安全隐患。

1. 转基因植物演变成农田杂草的可能性　植物在获得新的基因后会不会增加其生存竞争性，在生长势、越冬性、种子产量和生活力等方面是否比非转基因植株强？从目前在水稻、玉米、棉花、马铃薯、亚麻、芦笋等转基因植物的田间试验结果来看，转基因植物在生长势、越冬能力等方面与传统的植物相似，但是其在生长的过程中比传统的植物更不易成活，成活率较低。也就是说大多数转基因植物的生存竞争力并没有增强，故演变为农田杂草的可能性也极低。事实上，不光转基因植物存在生存竞争性的问题，传统遗传改造的微生物、动物同样存在这样的问题。

2. 基因漂流到近缘野生种的可能性　在自然生态条件下，有些栽培植物会与周围生长的近缘野生种发生天然杂交，从而将栽培植物中的基因转入野生种中。若在这些地区种植转基因植物，则转入基因有可能漂流到野生种中，并在野生近缘种中传播。因此在进行转基因植物安全性评价时，应从两个方面考虑这一问题。一个可能是转基因植物释放区不存在与其可以杂交的近缘野生种，则基因漂流就不会发生。另一个可能是存在近缘野生种，基因可从栽培植物转移到野生种中。这时就要分析、考虑基因转移后会有什么效果。如果是一个抗除草剂基因，发生基因漂流后会使野生杂草获得抗性，从而增加杂草控制的难度。特别是若多个抗除草剂基因同时转入一个野生种，则会带来灾难。但若是品质相关基因等转入野生种，由于不能增加野生种的生存竞争力，所以影响也不大。

3. 对自然生物类群的影响　以植物为例，在植物基因工程中所用的许多基因是与抗虫或抗病性有关的，其直接作用对象是生物。如转入Bt杀虫基因的抗虫棉，其目标昆虫是棉铃虫等植物害虫，如大面积和长期使用，昆虫有可能对抗虫棉产生适应性或抗性，这不仅会使抗虫棉的应用受到影响，而且会影响Bt农药制剂的防虫效果。不过这可以利用更换农药、更换作物品种、改变栽培制度等方法有效控制这种害虫，并不会产生所谓的超级害虫。除了目标昆虫外，我们还要考虑转基因植物对非靶昆虫的影响。如转Bt基因的油菜会对蜜蜂的传粉产生较为严重的影响，这在传统油菜生长过程中是不存在的，但是这种影响相对来说并不能够对周围的自然环境产生极为严重的破坏，不会导致环境安全性和可持续发展战略决策的应用落实受到阻碍，所以转基因植物的环境安全性还是具有极高的保障。

二、转基因食品安全性

　　食品安全性是转基因生物安全性评价的另一个重要方面。转基因植物的食用安全性从转基因技术诞生之日起就是科学界、消费者以及政府关注的焦点问题。为了促进转基因产业健康发展、消除消费者对转基因食品的疑虑，世界经济合作与发展组织在 1993 年提出使用实质等同性原则（substantial equivalence）作为转基因食品安全评估的重要原则，关键成分分析、营养学评估、毒理学评估与致敏性评估等是转基因食品食用安全性评估的主要内容。其概念是：如果某种新食品或食品成分与已经存在的某成分在实质上相同，那么在安全性方面，前者可以与后者等同处理及新食品与传统食品同样安全。需要指出实质等同性本身并不是危险性分析，而是对新食品与传统市售食品相对的安全性比较。它是一种动态的过程，既可以是很简单的比较，也可能需要很长时间，这完全取决于已有经验和食品成分的性质。实质等同性的概念将基因工程食品归为 3 类。

　　1. 转基因食品或食品成分等同于现有的食品　　如果某一转基因食品或食品成分与某一现有食品具有实质等同性，那么就没有必要考虑独立和营养方面的安全性，两者应同等对待。如转病毒外壳蛋白质基因的抗病毒植物及其产品，因为传统产品就含有病毒，人们长期使用后并未见有中毒史，故对这类产品可不必做进一步的安全性评估。

　　2. 除了某些特定差异外，具有与现有食品实质性等同的食品　　如果除了新出现的性状，该食品与现有食品具有实质等同性，则应该进一步分析两种食品确定的差异，包括引入的遗传物质是编码一种蛋白质还是多种蛋白质，是否产生其他物质，是否改变内源成分或产生新的化合物。引入 DNA 和 mRNA 本身不会有安全性问题，但应对引入基因的稳定性及发生基因转移的可能性做必要的分析。比如转 Bt 基因的抗虫植物，或转入新的蛋白基因后获得的抗病植物及其产品。其安全性评估应集中针对插入基因的表达产物，不应过分强调分析其他性状。

　　3. 某一食品没有比较的基础，即与现有食品没有实质性等同的食品　　若某一食品或食品成分没有比较的基础，也就是说，没有相应或类似的食品作为比较，这并不意味着它一定不安全，但必须考虑这种食品的安全性和营养性。首先应分析受体生物、遗传操作和插入 DNA、基因工程体及其产物特性如表型、化学和营养成分等，若插入基因功能不是很清楚，同时应考虑供体生物的背景资料。

　　对于食品的安全性最常关注的问题是过敏性、毒性。食物过敏是一个世界关注的公共卫生问题。有资料表明有近 2％的成年人和 4％～6％的儿童患有食物过敏。食物过敏是指食品中存在的抗原分子的不良免疫介导反应。过敏源大多是蛋白质，但过敏蛋白并非会引起所有人过敏。比如北美和西欧的人群发生花生过敏的频率很高，但在其他食用花生的国家则极少发生。对过敏反应的安全评价程序首先是了解被转移的基因来源的特征。若编码一种蛋白质的基因来自于已知的过敏源，或其蛋白质的氨基酸序列分析结果显示其有过敏的可能性，并且其编码蛋白在基因工程体的食用部分表达，则需进行检测以确定其是否编码某种过敏源。如美国有人将巴西坚果中的 2S 清蛋白基因转入大豆，虽然使大豆的含硫氨基酸增加，但因该转基因大豆会导致一些人过敏，所以未获批准进入商品化生产。许多食品生物本身就能产生大量的毒性物质和抗营养因子，如蛋白酶抑制剂、溶血剂、神经毒素等以抵抗病原菌和害虫的入侵。评价的原则应该是转基因食品不应含有比其他同种食物更高的毒素含量。

　　另外，在转基因研究中经常要利用抗生素抗性标记基因以达到快速筛选转基因个体的过程，那么抗生素抗性基因是否存在安全性隐患？对抗生素抗性基因的安全性主要考虑转基因植物中的标记基因是否会在肠道中水平转移至微生物。目前尚无基因从植物转移到肠道微生物的证据，也没有人类消化系统中细菌转化的报告，可见这种基因水平的转移可能性极小，但在评估任何潜在健康问题时，都应该考虑人体或动物抗生素的使用以及胃肠道微生物对抗生素的抗性。目前普遍认为 Npt-Ⅱ 蛋白（新霉素磷酸转移酶）不存在安全性问题，美国 FDA 已批准番茄、棉花、油菜等中使用 Npt-Ⅱ。目前，研究人员致力于各种安全标记开发和无选择标记的转基因技术的研究，避免抗性筛选基因的安全性隐患，消除社会疑虑。无抗性标记转基因技术中，*pmi*、*xylA* 和 *gfp* 等安全标记已经广泛应用到植物的遗传转化研究中；共转化法则是研究较深入且适用面较广的无抗性标记转基因方法。

由于基因工程产品直接关系到人类的生存和健康，所以基因工程产品从研发到推广的每一个环节都要加以严格的管理。但也不能因噎废食，限制或抑制基因工程的发展。应该注意到，目前国际上关于转基因食品的安全性争论的实质并不纯粹是科学问题，而是经济和贸易问题，一些国家在利用转基因产品的安全性问题构筑贸易的技术壁垒，以达到保护本土经济的目的。

第六节　基因编辑技术的安全性问题

作为一种将外源物质导入生物体的新型技术，基因工程技术已经被广泛地运用到农业科技中。传统的基因工程技术是将遗传物质随机插入基因组内，但是随机插入的方式会对受体模型产生较大影响。20世纪80年代，基因编辑技术逐渐兴起，利用基因编辑技术对动物性状进行改良取得了重大成果。由于其设计简单和操作方便的特点，科学家们成功构建了大量实验动物模型，为人类重大疾病的研究提供了坚实的基础。然而，基因编辑仍存在一定的技术缺陷，特别是脱靶效应的问题仍未得到有效解决，因此它还并不是成熟的基因工具。与此同时，基因编辑的伦理问题也饱受社会关注，随着研究的深入，基因编辑技术仍需要不断完善。为此，本部分内容重点介绍基因编辑技术存在的安全性问题，主要包括技术安全问题和伦理问题。

1. 技术安全问题　基因编辑是指对基因组特定位置的 DNA 片段进行修饰，使基因编辑生物的遗传性状发生改变并可以稳定遗传给后代的技术。因其依赖于经过基因工程改造的核酸酶，也称为分子剪刀，所以它们能在基因组中特定位置发挥作用产生位点特异性 DNA 双链断裂（DSB），诱导生物体通过非同源末端连接（NHEJ）或同源重组（HR）来修复 DSB，从而实现基因的靶向修饰。基因编辑的关键是在基因组内特定位点创建 DSB，常用的限制性核酸内切酶在切割 DNA 方面是有效的，但它们通常在多个位点进行识别和切割，特异性较差。为了克服这一问题并创建特定位点的 DSB，人们对 4 种不同类型的核酸酶进行了生物工程改造，它们分别是巨型核酸酶（meganuclease）、锌指核酸酶（ZFN）、转录激活样效应因子核酸酶（TALEN）和成簇规律间隔短回文重复（CRISPR/Cas）系统。随着 CRISPR/Cas 系统的深入研究，技术安全问题也随之暴露出来，尤其是脱靶效应，它严重制约了该技术的发展，也是急需解决的关键性问题。CRISPR/Cas 技术的脱靶效应主要是由于靶向 DNA 的前间序列邻近基序（PAM）造成的，也就是识别到非靶标基因也会进行基因编辑。虽然已经有基于 CRISPR/Cas9 技术的多种衍生改良技术出现，例如为降低脱靶效率设计的 CRISPR/Cas9-nickase 基因编辑技术、CRISPR/Cas9-FokⅠ基因编辑系统和能与 Cas9 系统实现功能互补的 CRISPR/Cas12a 基因编辑技术，还有能实现对 RNA 进行基因编辑的 Cas13a、Cas13b、Cas13d 系统，这些技术降低了脱靶率并且提高了精准度，但是依旧无法完全解决这个问题。

2. 伦理问题　目前，国内外对基因编辑的边界和红线都达成了共识，对胚胎发育阶段的细胞或生殖系细胞进行体外基因编辑的研究是被允许的，但绝不能用于生殖的目的，而且其研究的过程需要政府主管部门进行严格的监管，流程需要公开透明。基因编辑技术尚不成熟，其技术的安全性问题没有完全保障，对于人体编辑的影响是长久而巨大的。在科技创新的同时，也应该兼顾道德伦理的因素，科技的发展是有底线的，建立并完善与科技进步相匹配的法律制度是有必要的。基因编辑技术虽有无限潜力，但若滥用，也将为人类带来灾难。科研人员加强自身能力，去完善科学技术上的缺陷，才能最大程度上降低那些未知的风险，并且要重视对科研人员的科研素养的培养，树立正确的科研安全意识，同时，科研工作也迫切需要建立相关的法律法规，完善管理体制。

本章小结

基因工程是人类在认识生命本质的基础上，从基因水平改变（改造）生物的一种新技术。基因工程对于人类健康、农业革命、社会发展的推动作用毋庸置疑，但基因工程引起的安全性问题和社会伦理问题也必须引起高度的重视。各个国家制定了相应的法规，以规范基因工程产品研发、生产、销售的每一个环节。

基因工程实验室的安全性规则要达到两个目的，其一是保证研究人员的安全，其二是防止环境受到污染，防止具有潜在危险的生物从实验室逃逸。为达到这一目的，从实验室的建设、实验室的规范等方面都有严格要求。根据研究生物的安全级别不同，将安全等级分为四级，不同安全级别的实验室具有不同的安全防护要求。

基因工程药物在正式上市之前要经过试验研究、小量试制、中间试制、试生产、正式生产5个阶段，而且在此期间要完成动物试验，Ⅰ期、Ⅱ期、Ⅲ期、Ⅳ期临床试验。一般来说，基因药物在进入试生产阶段之后，要求获得药品生产质量管理规范（GMP）认证，而2019年12月我国颁布并实施《中华人民共和国药品管理法》强化动态监管，取消药品生产质量管理规范（GMP）认证和药品经营质量管理规范（GSP）认证，药品监督管理部门随时对GMP、GSP等执行情况进行检查。从事药品生产活动，应当遵守药品生产质量管理规范，建立健全药品生产质量管理体系，保证药品生产全过程持续符合法定要求。转基因植物在释放之前必须按照规定的程序进行严格的审核，在试验阶段要采用多种防护手段，以防止未经许可的转基因植株逃逸到环境中。ISO认证不同于GMP认证，GMP是由各国政府来监管并验收，而ISO是由政府、工厂之外有资格的第三方来验收。GMP认证对制药企业是必需的，对制药企业而言，ISO认证是非必需的，但ISO认证有利于提高企业的国际竞争力。ISO是关于质量体系、企业管理等多层次、全方位的认证，适用于各行各业。

生物技术孕育着巨大的财富，专利是保护研究者和投资者利益的有力工具。申请专利必须要满足三个基本要求：新颖性、创造性和实用性。现代生物技术的发明专利可分为产品发明专利、方法发明专利和应用发明专利三大类。专利权具有极严格的地域性，一个国家的专利机构依照本国的专利法所授予的专利权，只在本国法律管辖范围内有效，在其他国家或地区是无效的。不同国家对专利的审核标准有较大差异。

生物技术的安全性问题以及由其引起的社会伦理问题受到空前关注。基因工程的安全性问题主要集中在两个方面，一是转基因食品的安全性问题，二是转基因生物释放环境的安全性问题。随着生物技术的发展，生物技术和传统宗教理念之间的冲突、克隆技术对传统生殖繁衍模式的挑战、基因治疗和"完善"带来的人与自然人之间的区别等社会伦理问题也接踵而来。处理好安全性和社会伦理问题，生物技术才能日趋完善，才能成为人类社会可持续发展的动力。

基因编辑技术是人为的对基因片段进行修改的一种新技术。新型基因编辑技术集中在人工核酸酶剪切技术领域，主要为ZFN技术、TALEN技术、CRISPR技术。基因编辑技术的不断完善促进了农业、畜牧业和生物医学等领域的快速发展，但与此同时，基因编辑技的技术安全问题和伦理争议也为其自身的发展带来了巨大的挑战。

思考题

1. 基因工程药物审批要经过哪些环节？
2. GMP和ISO认证有何不同？
3. 专利有几种类型？申报专利应满足哪些要求？
4. 转基因生物可能存在哪些安全性隐患？
5. 基因编辑存在哪些问题？

主要参考文献

安立龙,效梅,窦忠英,等,2000.利用动物胚胎干细胞生产转基因动物研究进展.中国牛业科学,26(6):28-32.
奥斯伯,布伦特,金斯顿,等,1998.新编分子生物学实验指南.北京:科学出版社.
白建荣,郭秀荣,候变英,1999.分子标记类型、特点及在育种中的应用.山西农业科学,27(4):33-38.
常智杰,张淑平,2000.基因芯片分析技术.生物学通报,35(7):5-7;(8):7-8.
陈国珍,1990.荧光分析法.2版.北京:科学出版社.
陈志宏,吴梧桐,聂凯,1999.固定化——提高基因工程菌稳定性的新策略.药物生物技术,6(2):122-128.
邓兵兵,熊凌霜,2000.外源蛋白在芽孢杆菌中分泌表达的研究进展.生物工程进展,20(5):62-65.
范士靖,李建粤,程磊,等,2002.基因工程改良作物营养品质的研究.生物工程学报,18(3):381-386.
顾红雅,瞿礼嘉,明小天,等,1995.植物基因与分子操作.北京:北京大学出版社.
郭蔼光,2001.基础生物化学.北京:高等教育出版社.
贺淹才,1998.简明基因工程原理.北京:科学出版社.
侯文胜,郭三堆,路明,2002.利用转基因技术进行植物遗传改良.生物技术通报(1):10-15.
侯云德,金冬雁,1994.现代分子病毒学选论.北京:科学出版社.
贾盘兴,蔡金科,等,1992.微生物遗传学实验技术.北京:科学出版社.
晋康新,李晴,1999.新基因克隆技术进展.医学分子生物学杂志,21(3):136-140.
黎裕,贾继增,王天宇,1999.分子标记的种类及其发展.生物技术通报(4):19-22.
李德葆,徐平,1994.重组DNA的原理和方法.杭州:浙江科学技术出版社.
李劲平,2001.使用基因芯片时应注意的几个问题.生物技术通讯(4):332.
李芦江,陈文生,兰海,等,2015.不同轮回选择方法对玉米窄基群体遗传多样性的影响.核农学报,29(1):21-28.
李如亮,1998.生物化学实验.北京:科学出版社.
李余先,2018.轮状病毒VP7基因在拟南芥种子中的表达及免疫效果评价.长春:吉林农业大学.
李玉峰,姜平,蒋文明,等,2006.猪繁殖与呼吸综合征病毒GP5蛋白重组腺病毒的构建与免疫原性测定.中国病毒学,21(4):364-367.
李育阳,2001.基因表达技术.北京:科学出版社.
梁国栋,2001.最新分子生物学实验技术.北京:科学出版社.
梁雪莲,王引斌,卫建强,等,2001.作物抗除草剂转基因研究进展.生物技术通报(2):17-21.
廖美德,谢秋玲,林剑,等,2002.外源基因在大肠杆菌中的高效表达.生命科学,14(5):283-287.
林万明,杨瑞馥,黄尚志,等,1993.PCR技术操作和应用指南.北京:人民军医出版社.
刘俊杰,魏小春,齐树森,等,2008.反义基因技术及其在植物研究上的应用.生物技术通报(15):78-84.
刘培磊,李宁,连庆,等,2013.利用植物生物反应器生产药用蛋白的研究进展.生物技术进展,3(5):309-316.
刘树兵,2005.小麦近等基因导入系的建立及高大山羊草与小麦杂交后代的鉴定.北京:中国农业科学院.
刘占磊,黄丛林,张秀海,等,2009.海藻糖的应用及其合酶基因TPS在植物转基因中的研究进展.中国农学通报,25(6):54-58.
刘柱,胡新文,2001.分子标记及其在遗传育种中的应用.华南热带农业大学学报,7(1):21-32.
龙建银,王会信,1997.外源基因在大肠杆菌中表达的研究进展.生物化学与生物物理进展(2):126-131.
楼士林,杨盛昌,龙敏南,等,2002.基因工程.北京:科学出版社.
卢圣栋,马清钧,刘培得,1999.现代分子生物学实验技术.2版.北京:中国协和医科大学出版社.
骆蒙,孔秀英,贾继增,2000.几种cDNA差减文库构建方法的比较.生物技术通讯(6):14-17.
马承旭,王宏伟,杨艺萱,2016.猪带绦虫基因组学及猪囊尾蚴病候选疫苗的研究进展.中国寄生虫学与寄生虫病杂志,34(2):161-165.

马大龙,2001. 生物技术药物. 北京:科学出版社.

马建刚,2001. 基因工程学原理. 西安:西安交通大学出版社.

马利加 P,克莱森 D F,卡什莫尔 A R,等,2000. 植物分子生物学实验指南. 刘进元,吴庆元,等译. 北京:科学出版社.

马庆军,宋国立,党耕町,2000.mRNA 差异显示方法研究进展. 中华外科杂志,38(2):154-156.

倪大虎,易成新,杨剑波,等,2007. 利用分子标记辅助选择聚合 $Pi9$(t)和 $Xa23$ 基因. 分子植物育种,5(4):491-496.

彭秀玲,袁汉英,谢毅,等,1997. 基因工程实验技术.2 版. 长沙:湖南科学技术出版社.

彭毅,步威,康良仪,2000. 甲醇酵母表达系统. 生物技术(1):38-41.

邱松波,樊俊华,2000. 动物基因转移技术——逆转录病毒载体法研究进展. 黄牛杂志,26(1):59-63.

邱泽生,1993. 基因工程. 北京:首都师范大学出版社.

翟礼嘉,顾红雅,胡苹,等,1998. 现代生物技术导论. 北京:北京大学出版社.

萨姆布鲁克 J,拉塞尔 D W,2002. 分子克隆实验技术指南.3 版. 黄培堂,译. 北京:科学出版社.

沈琪,沈子龙,2002. 转基因植物技术及其在生物制品制备中的应用. 药物生物技术,9(2):117-122.

沈新莲,张天真,2003. 作物分子标记辅助选择育种研究的进展与展望. 高技术通讯,2:105-110.

苏金,朱汝财,2001. 渗透胁迫调节的转基因表达对植物抗旱耐盐性的影响. 植物学通报,18(2):129-136.

隋广超,胡美浩,1994. 影响大肠杆菌中外源基因表达的因素. 生物化学与生物物理进展(2):128-132.

孙树汉,2001. 基因工程原理与方法. 北京:人民军医出版社.

谭景莹,董志伟,2000. 英汉生物化学及分子生物学词典. 北京:科学出版社.

谭小燕,陈高峰,周晓冰,等,2015. 转 Bt 基因水稻的食用安全性评价研究进展. 食品科学,36(21):297-302.

田波,许智宏,叶寅,1995. 植物基因工程. 济南:山东科学技术出版社.

田孝威,2015. 抗除草剂抗旱转基因栽培稻材料创新与新品系选育. 北京:中国农业大学.

汪家政,范明,2000. 蛋白质技术手册. 北京:科学出版社.

王关林,方宏筠,2002. 植物基因工程.2 版. 北京:科学出版社.

王加,2011. 望水白×Alondra's 群体分子标记遗传图谱构建及小麦赤霉病抗性相关 EST 定位. 南京:南京农业大学.

王建华,文湘华,2001. 现代环境生物技术. 北京:清华大学出版社.

王昕,张志强,张智英,2012.TALE 核酸酶介导的基因组定点修饰技术. 中国生物化学与分子生物学报,28(3):211-216.

王宗仁,贾凤兰,吴鹤龄,1990. 动物遗传学实验方法. 北京:北京大学出版社.

吴丹,仇华喆,董光志,2002. 几种表达系统的比较. 生物技术通报(2):29-34.

吴冠芸,1999. 生物化学与分子生物学实验常用数据手册. 北京:科学出版社.

吴乃虎,1999. 基因工程原理:上册.2 版. 北京:科学出版社.

吴乃虎,2001. 基因工程原理:下册.2 版. 北京:科学出版社.

项鹏,2001. 基因表达差异显示方法研究进展. 国际检验医学杂志,22(4):179-181.

谢友菊,王国英,林爱星,2005. 遗传工程概论. 北京:中国农业大学出版社.

徐武,刘建丰,张戈,等,2019. 小麦几丁质酶基因家族的全基因组鉴定及禾谷镰刀菌胁迫下的表达分析. 河南农业科学,48(11):7-17.

阎隆飞,张玉麟,1997. 分子生物学.2 版. 北京:中国农业大学出版社.

晏慧君,黄兴奇,程在全,2006.cDNA 文库构建策略及其分析研究进展. 云南农业大学学报,21(1):1-2.

杨喆,李太华,徐维明,2000. 大肠杆菌中外源基因表达的研究进展. 微生物学免疫学进展,28(2):69-72.

姚连梅,胡晓晴,周菲,等,2019. 白桦反义 CCoAOMT 基因调控木质素生物合成. 植物研究,39(1):123-130.

叶梁,王焘,宋艳茹,1999. 转基因植物生产生物可降解塑料的研究进展. 科学通报,44(12):1249-1257.

叶寅,王苏燕,田波,1995. 核酸序列测定:实验室指南. 北京:科学出版社.

袁蓓,李京生,吴燕民,2013. 利用植物生产药用蛋白的进展局限及应对策略. 草业学报,21(4):283-299.

张丰德,1990. 现代生物学技术. 天津:南开大学出版社.

张红梅,孟继鸿,戴星,等,2006. 戊型肝炎病毒第 IV 基因型毒株中和抗原表位的鉴定. 中华微生物学和免疫学杂志,26(12):1096-1101.

主要参考文献

张惠展，2000. 基因工程概论. 上海：华东理工大学出版社.

张霖，赵国屏，丁晓明，2010. 位点特异性重组系统的机理和应用. 中国科学（生命科学），40（12）：1090-1111.

张惟杰，2002. 生命科学导论. 北京：高等教育出版社.

赵国屏，等，2002. 生物信息学. 北京：科学出版社.

赵微平，1996. 植物基因组：构建、表达和调控. 北京：首都师范大学出版社.

赵亚华，高向阳，2000. 生物化学实验技术教程. 广州：华南理工大学出版社.

钟向阳，石歆莹，周宏灏，2001. 外源蛋白在大肠杆菌中的表达定位策略. 生物工程进展，21（6）：50-52.

Andreas D Baxevanis，Francis Ouellette B F，2000. 生物信息学：基因和蛋白质分析的实用指南. 李衍达，孙之荣，等译. 北京：清华大学出版社.

Attwood T K，Parry Smith D J，2002. 生物信息学概论. 罗静初，等译. 北京：北京大学出版社.

Bernard R Glick，Jack J Pasternak，2005. 分子生物技术：重组DNA的原理与应用（第三版）. 陈丽珊，任大明，译. 北京：化学工业出版社.

Sambtook J，Frish E F，Maniatis T，et al，2002. 分子克隆实验指南. 3版. 金冬雁，黎孟枫，等译. 北京：科学出版社.

Ahmadian A，Ehn M，Hober S，2006. Pyrosequencing：history，biochemistry and future. Clinica Chimica Acta，363：83-94.

Ambardar S，Gupta R，Trakroo D，et al，2016. High throughput sequencing：an overview of sequencing chemistry. Indian Journal of Microbiology，56（4）：394-404.

Andreas D Baxevanis，Francis Ouellette B F，2001. Bioinformatics：a practical guide to the analysis of genes and proteins. 2 ed. John Wiley & Sons Inc.

Castellanos-Huerta I，Banuelos-Hernandez B，Tellez G，et al，2019. Recombinant hemagglutinin of avian influenza virus H5 expressed in the chloroplast of *Chlamydomonas reinhardtii* and evaluation of its immunogenicity in chickens. Avian Dis，60（4）：784-791.

Ceccaldi R，Rondinelli B，D'Andrea A D，2016. Repair pathway choices and consequences at the double-strand break. Trends Cell Biol，26（1）：52-64.

Chen X，Liu J L，2011. Generation and immunogenicity of transgenic potato expressing the GP5 protein of porcine reproductive and respiratory syndrome virus. J Virol Methods，173：153-158.

Chia M Y，Hsiao S H，Chan H T，et al，2011. Evaluation of the immunogenicity of a transgenic tobacco plant expressing the recombinant fusion protein of GP5 of porcine reproductive and respiratory syndrome virus and B subunit of *Escherichia coli* heat-labile enterotoxin in pigs. Vet Immunol Immunopathol，140：215-225.

Chiaiese P，Minutolo M，Arciello A，et al，2011. Expression of human apolipoprotein A-I in *Nicotiana tabacum*. Biotechnol Lett，33：159-165.

Chugunova A A，Dontsova O A，Sergiev P V，2016. Methods of genome engineering：a new era of molecular biology. Biochemistry，81（7）：662-677.

Cunha N B，Murad A M，Cipriano T M，et al，2011. Expression of functional recombinant human growth hormone in transgenic soybean seeds. Transgenic Res，20（4）：811-826.

Dai Y，Vanght T D，Broone J，et al，2002. Targeting disruption of the α-3-galactosy 1 transferase gene in cloned pigs. Nature Biotechnology（20）：251-255.

Deng W，Chen L，Liang X，et al，1999. VirE1 is a specific molecular chaperone for the exported single-stranded-DNA-binding protein VirE2 in Agrobacterium. Mol Microbial，31（6）：1795-1807.

Glick B R，Pasternak J J，1998. Molecular Biotechnology. New York：ASM Press.

Hashizume F，Hino S，Kakehashi M，et al，2008. Development and evaluation of transgenic rice seeds accumulating a type II-collagen tolerogenic peptide. Transgenic Res，17：1117-1129.

He Z M，Jiang X L，Qi Y，et al，2008. Assessment of the utility of the tomato fruit-specific E8 promoter for driving vaccine antigen expression. Genetica，133：207-214.

Henryk Lubon，Carol Palmer，2000. Transgenic animal bioreactors-where we are? Transgenic Research（9）：301-304.

Hsu P D，Lander E S，Zhang F，2014. Development and applications of CRISPR-Cas9 for genome engineering. Cell，157（6）：1262-1278.

Kim Y G, Cha J, Chandrasegaran S, 1996. Hybrid restriction enzymes: zinc finger fusions to *Fok* I cleavage domain. Proc Natl Acad Sci USA, 93 (3): 1156-1160.

Kim Y S, Kim B G, Kim T G, et al, 2006. Expression of a cholera toxin B subunit in transgenic lettuce (*Lactuca sativa* L.) using *Agrobacterium* - mediated transformation system. Plant Cell Tiss Organ Cult, 87: 203-210.

Ko S, Liu J R, Yamakawa T, et al, 2006. Expression of the protective antigen (SpaA) in transgenic hairy roots of tobacco. Plant Mol Biol Rep, 24 (2): 251.

Li J T, Fei L, Mou Z R, et al, 2006. Immunogenicity of a plant - derived edible rotavirus subunit vaccine transformed over fifty generations. Virology, 356: 171-178.

Liu L, Li Y, Li S, et al, 2012. Comparison of next - generation sequencing systems. Journal of Biomedicine and Biotechnology, 2012: 1-11.

Louis Marie Houdebine, 2000. Transgenic animal bioreators. Transgenil Research (9): 305-320.

Luchakivskaya Y, Kishchenko O, Gerasymenko I, et al, 2011. High - level expression of human interferon alpha - 2b in transgenic carrot (*Daucus carota* L.) plants. Plant Cell Rep, 30 (3): 407-415.

Mali P, Yang L, Esvelt K M, 2013. RNA - guided human genome engineering via Cas9. Science, 339 (6121): 823-826.

Mardis E R, 2008. The impact of next - generation sequencing technology on genetics. Trends in Genetics, 24 (3): 1-8.

Marraffini L A, Sontheimer E J, 2008. CRISPR interference limits horizontal gene transfer in staphylococci by targeting DNA. Science, 322 (5909): 1843-1845.

Marraffini L A, Sontheimer E J, 2010. CRISPR interference: RNA - directed adaptive immunity in bacteria and archaea. Nat Rev Genet, 11 (3): 181-190.

Mccreath K J, Howcroft J, Campbell K H, et al, 2000. Production of gene - targeted sheep by nuclear transfer from cultured somatic cells. Nature, 405: 1066-1069.

Mei Y, Wang Y, Chen H Q, 2016. Recent progress in CRISPR/Cas9 technology. Journal of Genetics and Genomics, 43 (2): 63-75.

Mishra S, Yadav D K, Tuli R, 2006. Ubiquitin fusion enhances cholera toxin B subunit expression in transgenic plants and the plant - expressed protein binds GM1 receptors more efficiently. J Biotechnol, 127: 95-108.

Mustapha E M, Stambrook P J, 2014. Next - generation sequencing technologies: breaking the sound barrier of human genetics. Mutagenesis, 29 (5): 303-310.

Mysore K S, Nam J, Gelvin S B, 2000. An arabidopsis histone H2A mutant is deficient in agrobacterium T - DNA integration. Proc Natl Acad Sci USA, 97: 948-953.

Nykiforuk C L, Shen Y, Murray E W, et al, 2011. Expression and recovery of biologically active recombinant apolipoprotein AI (Milano) from transgenic safflower (*Carthamus tinctorius*) seeds. Plant Biotechnol J, 9 (2): 250-263.

Old R W, Primrose S B, 1994. Principles of gene manipulation. Oxford: Blackwell Scientific Publication.

Pareek C S, Smoczynski R, Tretyn A, 2011. Sequencing technologies and genome sequencing. Journal of Application Genetics, 52: 413-435.

Phan H T, Ho T T, Chu H H, et al, 2017. Neutralizing immune responses induced by oligomeric H5N1 - hemagglutinins from plants. Vet Res, 48 (1): 53.

Reuter J A, Spacek D V, Snyder M P, 2015. High - throughput sequencing technologies. Molecular Cell, 58: 586-597.

Rosales - Mendoza S, Alpuche - Sols AG, Soria - Guerra R E, et al, 2009. Expression of an *Escherichia coli* antigenic fusion protein comprising the heat labile toxin B subunit and the heat stable toxin, and its assembly as a functional oligomer in transplastomic tobacco plants. Plant J, 57: 45-54.

Rosales - Mendoza S, Soria - Guerra R E, López - Revilla R, et al, 2008. Ingestion of transgenic carrots expressing the *Escherichia coli* heat - labile enterotoxin B subunit protects mice against cholera toxin challenge. Plant Cell Rep, 27: 79-84.

Sack M, Rademacher T, Spiegel H, et al, 2015. From gene to harvest: insights into upstream process development for the GMP production of a monoclonal antibody in transgenic tobacco plants. Plant Biotechnol J, 13 (8): 1094-1095.

Sander J D, Joung J K, 2014. CRISPR - Cas systems for editing, regulating and targeting genomes. Nat Biotechnol, 32

（4）：347-355.

Sharma M K, Singh N K, Jani D, et al, 2008. Expression of toxin co-regulated pilus subunit A (TCPA) of *Vibrio cholerae* and its immunogenic epitopes fused to choleratoxin B subunit in transgenic tomato (*Solanum lycopersicum*). Plant Cell Rep, 27：307-318.

Spitsin S, Andrianov V, Pogrebnyak N, et al, 2009. Immunological assessment of plant-derived avian flu H5/HA1 variants. Vaccine, 27：1289-1292.

Stéphane D, Julien S, Aldecinei B, et al, 2018. Integrative analysis of the late maturation programme and desiccation tolerance mechanisms in intermediate coffee seeds. Journal of Experimental Botany, 69（7）：1583-1597.

Sundberg C D, Rean W, 1999. The *Agrobacterium tumefaciences* chaperone-like protein, VirE1, interacts with VirE2 at domains required for single-stranded DNA binding and cooperative interaction. J Bacteriol, 181（21）：6850-6855.

Tiwari S, 2008. Genetic transformation in peanut (*Arachis hypogaea* L.) and studies on the expression of promoters and a δ-endotoxin coding insecticidal gene. India：University of Lucknow.

Wang H F, La Russa M, Qi L S, 2016. CRISPR/Cas9 in genome editing and beyond. Annual Review of Biochemistry, 85：227-264.

Westra E R, Swarts D C, Staals R H, et al, 2012. The CRISPRs, they are a-changin'：how prokaryotes generate adaptive immunity. Annu Rev Genet, 46：311-339.

Xia Y N, Xu J, Duan J Y, et al, 2019. Transgenic *Miscanthus lutarioriparius* that co-expresses the Cry 2Aa♯ and bar genes. Canadian Journal of Plant Science, 99（6）：841-851.

图书在版编目（CIP）数据

基因工程／陈宏主编．—3版．—北京：中国农业出版社，2020.6（2024.6重印）
普通高等教育"十一五"国家级规划教材　普通高等教育农业农村部"十三五"规划教材
ISBN 978-7-109-26802-9

Ⅰ.①基…　Ⅱ.①陈…　Ⅲ.①基因工程－高等学校－教材　Ⅳ.①Q78

中国版本图书馆CIP数据核字（2020）第071511号

中国农业出版社出版
地址：北京市朝阳区麦子店街18号楼
邮编：100125
责任编辑：宋美仙　刘　梁
版式设计：王　晨　　责任校对：刘丽香
印刷：中农印务有限公司
版次：2003年11月第1版　2020年6月第3版
印次：2024年6月第3版北京第3次印刷
发行：新华书店北京发行所
开本：889mm×1194mm　1/16
印张：25.25
字数：780千字
定价：68.50元

版权所有·侵权必究
凡购买本社图书，如有印装质量问题，我社负责调换。
服务电话：010-59195115　010-59194918